D1726719

LA MAL-MESURE DE L'HOMME

STEPHEN JAY GOULD

LA MAL-MESURE
DE
L'HOMME

Nouvelle édition revue
et augmentée

Traduit de l'anglais (États-Unis) par
Jacques Chabert et Marcel Blanc

EDITIONS
ODILE JACOB

L'édition originale du présent ouvrage a été publiée en 1996
chez W.W. Norton & Company
sous le titre : *The Mismeasure of Man*

© Stephen Jay Gould, 1981, 1996

© Éditions de la Cité des Sciences et de l'Industrie, 1995 pour
la traduction française de « La courbe en cloche du temps jadis joue les revenants »
© Éditions du Seuil, septembre 1996 pour la traduction française
de « La moralité à Tahiti et celle de Darwin »

Pour la présente édition en langue française :

© ÉDITIONS ODILE JACOB, 1997
15, RUE SOUFFLOT, 75005 PARIS
INTERNET : http://www.odilejacob.fr

ISBN 2-7381-0508-4

Grande est notre faute, si la misère de nos pauvres découle non pas des lois naturelles, mais de nos institutions.

Charles DARWIN,
Voyage d'un naturaliste autour du monde.

À la mémoire de ma grand-mère et de mon grand-père qui émigrèrent aux États-Unis, y luttèrent et y prospérèrent, malgré M. Goddard.

Remerciements

Les gènes peuvent être égoïstes dans une acception métaphorique limitée, mais il ne doit pas exister de gène de l'égoïsme si je considère le nombre d'amis et de collègues qui m'ont proposé leur aide. Je remercie Ashley Montagu non seulement pour ses suggestions bienvenues, mais aussi pour le combat qu'il a mené pendant de si longues années contre le racisme scientifique sans être devenu cynique sur les possibilités humaines. Plusieurs collègues qui ont écrit ou sont en train d'écrire leur propre ouvrage sur le déterminisme biologique ont accepté de me faire part de leurs informations et même de me laisser utiliser leurs découvertes personnelles avant parfois d'avoir pu les publier eux-mêmes : G. Allen, A. Chase, S. Chorover, L. Kamin, R. Lewontin. D'autres, ayant eu vent de mon projet, m'ont de leur propre initiative envoyé des documents et des suggestions qui ont largement contribué à enrichir ce livre : M. Leitenberg, S. Selden. L. Meszoly a préparé les illustrations originales du chapitre V. Peut-être après tout Kropotkine avait-il raison ? Je ferai toujours partie de ceux qui espèrent.

Un mot sur les références bibliographiques : au lieu des notes de bas de page traditionnelles, j'ai utilisé un système que l'on trouve dans la littérature scientifique du monde entier : nom de l'auteur et année de publication cités entre parenthèses dans le texte. (On pourra alors se reporter à la bibliographie à la fin du livre.) Je sais que de nombreux lecteurs pourront se sentir gênés au premier abord et que le texte leur paraîtra bien alourdi. J'espère cependant qu'après quelques pages, chacun saura parcourir rapidement ces citations en se rendant compte qu'elles n'interrompent pas le cours de la pensée. À mes yeux les avantages de ce système l'emportent largement sur ses inconvénients esthétiques : il évite d'avoir à se reporter sans cesse du texte aux notes en fin de volume (aucun éditeur n'accepte désormais de rassembler toutes les notes en bas de page) pour s'apercevoir qu'une majorité irritante de ces notes n'apportent aucune information supplémentaire pour l'agrément du lecteur, mais ne font que fournir une référence bibliographique sèche*. Ce système qui donne immédiatement accès à ces deux éléments indispensables à toute enquête historique — qui et quand — constitue, à mon avis, l'une des contributions que les hommes de science, généralement gens de faible culture littéraire, peuvent apporter aux autres domaines du savoir écrit.

Une remarque à propos du titre : j'espère qu'on ne se méprendra pas sur l'intention qui est derrière cette formulation d'apparence sexiste. Ce n'est pas seulement un jeu de mots sur le célèbre aphorisme de Protagoras ; c'est aussi une critique visant les méthodes du déterminisme biologique, discutées dans ce livre. Ceux qui les employèrent les ont effectivement appliquées à l'étude de l'« homme », c'est-à-dire du mâle européen blanc, catégorie devant laquelle toutes les autres devaient se montrer moins bonnes. Et puisqu'ils ont mal mesuré l'« homme », ils se sont donc doublement trompés.

---

* Les notes purement informatives se retrouvent alors en bas de page à leur place naturelle.

Quelques réflexions, quinze ans après
(Introduction à la nouvelle édition de ce livre)

─────────

Le contexte de La Mal-Mesure de l'homme

Le titre que j'avais envisagé à l'origine pour *La Mal-Mesure de l'homme* devait rendre hommage à mon héros personnel, Charles Darwin, en reprenant la formule merveilleusement pénétrante par laquelle il avait conclu sa dénonciation de l'esclavage dans *Le Voyage d'un naturaliste à bord du Beagle*. Je voulais appeler ce livre *Grande est notre faute* — d'après la phrase citée en épigraphe : « Grande est notre faute, si la misère de nos pauvres découle non pas de lois naturelles, mais de nos institutions. »

Je n'ai pas suivi ma première idée (et je suis sûr que j'ai bien fait), parce que j'ai pensé que mon livre aurait alors couru grand risque de se retrouver, pour y être oublié, dans le rayon « religions » de beaucoup de librairies (de la même façon que mon recueil d'essais sur l'évolution, *Le Sourire du flamant rose*, a terminé dans le rayon « ornithologie » d'un grand établissement de Boston dont il vaut mieux taire le nom). Mais on a vu pire. Dans un grand magasin également prestigieux de Boston, j'ai un jour trouvé un exemplaire de ce manifeste estudiantin des années 1960, *The Student as a Nigger* (« L'étudiant en tant que nègre ») sur une étagère intitulée « Relations entre les races ». Mon ami Harry Kemelman, auteur de la merveilleuse série de romans policiers ayant pour héros un rabbin-détective nommé David Small, m'a raconté que le premier ouvrage de cette collection — *Friday the Rabbi...* (« Vendredi, le rabbin... ») — est un jour apparu dans une liste de livres pour enfants sous le titre « Freddy le lapin*»... Mais les événements invraisemblables peuvent parfois prendre un tour favorable. Mon copain Alan Dershowitz m'a dit qu'une cliente avait réussi à se procurer dans une librairie son livre *Chutzpah* en demandant au vendeur : « Je voudrais cet ouvrage dont je n'arrive pas à prononcer le titre, par cet auteur dont je ne me souviens pas du nom. »

Je me suis finalement décidé pour le titre *La Mal-Mesure de l'homme* parce que la force de ce livre, qui n'a pas faibli au long de ces quinze années depuis sa publication initiale, réside paradoxalement dans les limitations imposées à ses objectifs. En effet, *La Mal-Mesure de l'homme* ne traite pas fondamentalement de la perversité des théories biologiques déterministes appliquées à la réalité sociale (comme mon titre original emprunté à Darwin l'aurait laissé entendre). Ce livre ne dresse même pas le registre complet des arguments erronés portant sur les bases génétiques des inégalités humaines. Il traite d'une *hypothèse particulière en vertu de laquelle on pourrait prétendûment classer hiérarchiquement* les êtres humains *sur une échelle quantitative*. Cette hypothèse affirme, en effet, qu'il est possible de caractériser abstraitement l'intelligence de chaque individu par un seul chiffre ; il s'ensuit que l'on pourrait ranger, en une gradation linéaire, tous les hommes en fonction de leur valeur mentale, laquelle serait, pour chacun d'eux, intrinsèque et inchangeable. Ce sujet peut paraître restrictif, mais si je l'ai délimité de cette façon, c'est parce qu'on peut y mettre en évidence, de manière très claire, l'erreur philosophique la plus profonde, à l'impact social le plus fondamental, que l'on commet très souvent lorsqu'on aborde cette troublante question des rapports entre le biologique et le culturel, autrement dit du rôle éventuel de facteurs génétiques dans le fonctionnement de la société humaine.

Si j'ai appris quelque chose, depuis plus de vingt ans que j'assure ma chronique mensuelle dans la revue *Natural History*, c'est qu'il est très efficace d'aborder les grands problèmes d'ordre général, en partant de petits détails. Cela ne sert à rien de vouloir écrire un livre sur le « sens de la vie » (bien que nous désirions tous connaître les réponses à ce genre de vastes questions, tout en soupçonnant, à juste titre, qu'il n'existe pas de vraies solutions !). Mais un essai sur « la signification d'une moyenne de réussite à la batte de 0,400 au base-ball » peut permettre de saisir d'importantes notions, susceptibles, de façon étonnante, d'être appliquées à un très grand nombre de sujets, tels que la nature des tendances, la signification de la notion d'excellence, et même (croyez-le ou non) la structure de la réalité matérielle. Il faut s'attaquer par la bande aux grands problèmes et non de front. L'une de mes

---

* En anglais, le mot *rabbi* (« rabbin ») est très proche du mot *rabbit* (« lapin »). Le livre en question a été traduit en français sous le titre : *Vendredi, on soupçonne le rabbin*, UGE 10/18. *(N.d.T.)*

maximes favorites, reprise de G.K. Chesterton*, affirme : « L'art surgit des contraintes ; l'essence de tout tableau est le cadre qui le délimite. »

(Le titre que j'ai retenu m'a effectivement valu quelques problèmes ; mais je ne le regrette pas, et apprécie, au contraire, tout le débat ainsi suscité. J'ai intentionnellement voulu que *La Mal-Mesure de l'homme* soit à entendre dans un double sens, et ce n'est nullement une expression inspirée par un sexisme désuet et irréfléchi. Mon titre parodie la célèbre formule de Protagoras qui se rapportait à tous les êtres humains**, mais aussi fait allusion à l'existence réelle, dans le passé, d'un sexisme qui considérait le genre masculin comme le seul représentant véritable de l'humanité : à cette époque, les hommes ont donc été mal mesurés, tandis que les femmes étaient purement et simplement ignorées. J'ai fait état de ces points dans l'introduction de la première édition — de sorte qu'il m'a été possible, dès ce moment-là, de repérer les personnes qui me critiquaient de façon irréfléchie et de les reconnaître pour des individus aimant émettre des avis sans avoir pris la peine, au préalable, de lire le livre (à l'instar de Bob Dole critiquant la violence dans des films qu'il n'a jamais vus, et qu'il ne daignera sans doute jamais regarder). (Je ne tiens pas compte, ici, des personnes qui s'en prenaient à mon titre parce qu'elles n'étaient pas d'accord avec mes objectifs affichés.) Quoi qu'il en soit, l'intitulé de mon ouvrage a permis à ma collègue Carol Tavris de parodier ma parodie et d'intituler son merveilleux livre *The Mismeasure of Woman* (« La mal-mesure de la femme ») — et j'en suis vraiment très content.

Cet ouvrage est délimité par un triple cadre, autrement dit par trois types de contraintes, et celles-ci m'ont permis de maintenir l'un des plus grands débats d'idées de notre époque dans les limites d'une analyse et d'une présentation relativement globales et cohérentes.

1. Je me suis limité à traiter du déterminisme biologique sous la forme avec laquelle il s'est historiquement manifesté de la façon la plus visible (et, de façon révélatrice, la plus erronée), autrement dit, en proposant une quantification des aptitudes mentales : son hypothèse était que l'intelligence consistait en une entité unimodale, mesurable et génétiquement déterminée. Comme je l'ai écrit dans l'introduction à la première édition, afin de faire le lien entre cette théorie pseudo-scientifique et son application sociale :

> Ce livre traite donc du concept d'intelligence considérée comme une entité unique, de sa localisation à l'intérieur du cerveau, de sa quantification en un seul chiffre pour chaque individu et de l'utilisation que l'on a faite de ces chiffres pour établir une classification sur une seule échelle

---

* G.K. Chesterton (1874-1936), critique littéraire anglais, auteur de poèmes, essais, romans et courtes histoires. *(N.d.T.)*

** Protagoras, philosophe grec qui vécut entre 485 et 411 av. J.-C., avait déclaré : « L'homme est la mesure de toute chose. » *(N.d.T.)*

de valeurs, d'où il ressort invariablement que l'infériorité des groupes opprimés et désavantagés — races, classes ou sexes — est innée et qu'ils méritent leur statut. En un mot, ce livre traite de la « mal-mesure » de l'homme.

Cette première façon particulière de délimiter mon sujet explique aussi ce que j'ai laissé de côté. On m'a, par exemple, souvent demandé pourquoi je n'avais pas mentionné un mouvement aussi influent que l'avait été la phrénologie, dans ma présentation des théories visant à quantifier le fonctionnement mental. Mais, en fait, la phrénologie était philosophiquement à l'opposé du sujet traité dans *La Mal-Mesure de l'homme*. Ses praticiens mettaient en avant une théorie de l'intelligence aux multiples facettes indépendantes. Leurs idées ont conduit à celles de Thurstone et Guilford, au début du XXe siècle, et à celles de Howard Gardner et d'autres auteurs de nos jours ; en d'autres termes, elle a conduit à une conception de l'intelligence comme entité aux multiples facettes, qui représente l'argument majeur que l'on peut opposer aux thèses de Jensen avancées dans les années 1970 ou à celles de Herrnstein et Murray, présentées aujourd'hui, ou à toutes celles de l'école de pensée traditionnelle pour laquelle l'intelligence est une entité unimodale, pouvant se prêter à un classement par ordre de grandeur, école de pensée qui est à la base de la mal-mesure de l'homme. En attribuant à chaque bosse du crâne la capacité de révéler la grandeur, chez un individu donné, de telle ou telle fonction, comme l'« habitativité » ou l'« amativité » ou la « sublimité » ou la « causalité », les phrénologistes avaient mis en avant une représentation du fonctionnement mental consistant en une riche collection de facteurs largement indépendants. Sur la base d'une telle conception, on ne pourrait absolument pas arriver à un chiffre unique dénotant la valeur globale d'un individu humain donné, et la notion même de QI comme caractéristique biologique unimodale serait une absurdité. J'avoue que je garde une place bien au chaud dans mon cœur pour les phrénologistes (est-ce qu'il existe dans le cœur des bosses où se manifeste plus de chaleur ?), car ils étaient philosophiquement sur la bonne piste — même si, sur le point particulier de leur théorie des bosses du crâne, ils étaient tout autant dans l'erreur que les praticiens de la mal-mesure évoqués dans le présent livre. (L'histoire accumule souvent ironie sur ironie ; la notion de bosse du crâne était évidemment absurde, mais celle de la localisation corticale de processus mentaux hautement spécifiques, qui lui était sous-jacente, est aujourd'hui parfaitement admise et fait actuellement l'objet de recherches neurologiques de plus en plus nombreuses.)

Quoi qu'il en soit, s'il est vrai que la phrénologie, en tant que version erronée de la théorie de l'intelligence comme entité aux multiples facettes, pourrait donner lieu à un grand chapitre au sein d'un livre consacré à la mal-mesure du crâne en général, elle ne rentre pas dans le cadre du présent volume, puisque celui-ci porte sur l'histoire de la conception erronée de l'intelligence comme entité unimodale, innée et susceptible de se prêter à un classement par ordre de grandeur sur une échelle linéaire. Si je laisse donc de côté la phrénologie, parce que c'était « une bonne démarche, mais dans un cadre théorique différent de celui qui explique véritablement le fonctionnement cérébral », je ne traiterai pas non plus d'une quantité énorme de sujets, pour la raison voisine, bien qu'opposée, qu'ils « relèvent d'une démarche erronée, mais dans un cadre théorique identique à celui qui explique véritablement le fonctionnement cérébral » — en d'autres termes, je ne parlerai pas de toutes les caractéristiques neuropsychologiques autres que l'intelligence, prétendûment fondées sur des bases biologiques, génétiquement déterminées et se prêtant à des classements par ordre de grandeur sur une échelle linéaire. Je n'ai donc pas, par exemple, consacré explicitement de chapitre au mouvement eugéniste (bien que je traite de ce dernier dans ses recoupements avec la question du QI), parce que nombre de ses thèses invoquaient l'existence douteuse de gènes particuliers déterminant des traits héréditaires, et ne se référaient pas à des mesures de l'extérieur ou de l'intérieur de la tête.

2. Je me suis concentré sur les « grandes » thèses et les « grandes » erreurs avancées par les personnages qui, historiquement, ont été les premiers à les présenter, et je n'ai pas relevé celles qui en constituent d'éphémères répliques actuelles. Dans cinq ans, qui se souviendra encore (et qui s'en souciera, même) des armes rhétoriques ou des arguments spécieux de nos gladiateurs actuels, qui n'ont, le plus souvent, rien apporté de nouveau ? En revanche, on n'oubliera jamais le coup d'éclat de Darwin et les erreurs vraiment grandes et riches d'enseignement commises, à son époque, par ses adversaires créationnistes, Agassiz et Sedgwick. Les pierres de fondation sont posées pour toujours ; la plupart des escarmouches d'aujourd'hui sont parfaitement décrites par cette vieille maxime du journalisme : les journaux d'hier servent à emballer les salades d'aujourd'hui.

Le deuxième type de contrainte imposé à *La Mal-Mesure de l'homme* est que cet ouvrage se restreint aux origines et aux fondateurs bien repérables de la théorie de l'intelligence innée, unimodale et susceptible de se prêter à un classement par ordre de grandeur sur une échelle linéaire. Cette délimitation a permis de diviser le livre en deux moitiés nettement distinctes, correspondant aux deux sujets centraux qui ont été successivement envisagés par cette théorie au cours des deux cents dernières années. Au XIXᵉ siècle, cette dernière avait principalement conduit à des mesures physiques du crâne, soit externes (au moyen de règles ou de compas et de la prise en compte d'indices et de proportions relatives à la forme et à la dimension de la tête), soit internes (au moyen de graines de moutarde ou de grenaille de plomb, permettant de remplir la boîte crânienne et d'en mesurer ainsi le volume). Au XXᵉ siècle, elle a suscité une méthode prétendument plus directe pour mesurer le contenu cérébral, sous la forme des tests d'intelligence. En bref, on est passé de la mesure des propriétés physiques du crâne à celle du contenu interne du cerveau.

Pour des raisons que j'estime fondamentales, je crois beaucoup en la vertu de cette restriction aux grands dossiers de base. Mais je m'aperçois aussi que ce choix comporte d'importants avantages pratiques pour cette édition révisée. Les vieilles thèses ont un impact durable. Nous ne pouvons pas en être aussi assurés que la vieille maxime chrétienne l'affirme sereinement à propos du verbe de Dieu (*verbum Dei manet in aeternum*), mais on se préoccupera de Broca, de Binet et de Burt aussi longtemps qu'on fera de la recherche et qu'on se passionnera pour l'histoire. Cependant, je soupçonne qu'on ne se souviendra pas longtemps, au cas où on les aurait remarqués, des noms de Jensen, Murray, Herrnstein, Lewontin ou Gould.

Puisque j'avais traité des grandes thèses originelles, et pratiquement ignoré leurs avatars modernes de 1981, cette révision n'a demandé que peu de modifications, et le texte principal de la présente version diffère à peine de celui de la version originale. Dans cette édition révisée, la matière nouvelle est constituée par cette introduction et par la série d'essais figurant à la fin de ce livre. Les sujets chauds de 1981 représentent de l'histoire définitivement close ; et je doute que Herrnstein et Murray franchiront le seuil du prochain millénaire, bien que la forme de base de leur argumentation ne disparaîtra pas et continuera à faire sa réapparition à intervalles de quelques années, d'où la nécessité de ce livre et son principal objectif : l'analyse des raisons durables de ce continuel retour.

Comme je l'ai écrit dans l'introduction de la première édition :

> J'ai peu parlé du réveil du déterminisme biologique, car ses prétentions sont généralement si éphémères que leur réfutation a plus sa place dans un article de revue ou de journal. Qui se souvient encore des thèmes qui défrayèrent la chronique il y a dix ans [avant 1981] : la proposition émise par Shockley d'indemniser tous les individus acceptant de se faire stériliser en fonction de leur nombre de points de QI sous la moyenne de 100, la grande controverse sur le chromosome Y surnuméraire ou l'explication des émeutes urbaines par les maladies neurologiques dont seraient atteints les émeutiers. J'ai pensé qu'il serait plus intéressant et plus valable de retrouver l'origine de ces arguments qui restent toujours utilisés autour de nous. Là, au moins, on peut trouver de grandes erreurs révélatrices.

3. Le troisième type de contrainte imposé à ce livre a découlé de mes compétences professionnelles particulières. Ma sphère d'activité est la science, et non pas l'histoire. Mais ce dernier sujet me passionne énormément ; je consacre beaucoup de temps à lire et à apprendre dans ce domaine, et j'ai beaucoup écrit sur des sujets à prédominance historique, dont trois livres, et des quantités d'articles. Je pense que je

saisis plutôt bien la logique et les données sur lesquelles se fondent les thèses du déterminisme biologique. Il me manque simplement, du fait que je n'ai pas reçu de formation spécifique dans cette discipline, la capacité de l'historien professionnel — ce qui est la condition *sine qua non* pour faire des recherches de haut niveau — à bien saisir les contextes politiques au sens large (les antécédents et les arrière-plans), autrement dit la scène sociale sur laquelle s'inscrivent les thèses du déterminisme biologique. Pour reprendre le jargon de l'histoire des sciences, je suis parfaitement en mesure (avec un brin d'arrogance, je dirais même que je suis mieux armé que quiconque) de bien analyser les influences « internes » qui ont nourri les hypothèses et conduit aux erreurs dans les observations censées les soutenir, mais malheureusement je me sens moins à l'aise pour démêler les influences « externes » émanant du contexte historique au sens large, qui ont permis de faire « coïncider » les thèses scientifiques avec le contexte social prévalant.

Par conséquent, et pour suivre le vieux stratagème consistant à faire de nécessité vertu, j'ai décidé d'aborder l'histoire du déterminisme biologique par une voie différente, permettant de bien employer mes compétences particulières, sans être trop gêné par mes lacunes. Je n'aurais certainement pas écrit ce livre — je n'en aurais pas même envisagé le projet — si je n'avais pas été en mesure d'apercevoir une façon, jusqu'ici restée inexplorée, de traiter de cet important sujet, qui n'a d'ailleurs nullement été laissé de côté par les auteurs. (Personnellement, je ne peux absolument pas envisager d'écrire en me bornant à reprendre ce qui a déjà été dit, et je ne me suis jamais soucié, car la vie est trop courte, d'écrire des manuels — à une seule petite exception faite en faveur d'un collègue plus âgé que j'apprécie beaucoup, et même révère.)

Mes compétences particulières relèvent d'une combinaison d'aptitudes, non d'une capacité unique en son genre. J'ai été en mesure de faire le lien entre deux aspects importants et richement reliés de toute cette question (on peut trouver de nombreux auteurs capables d'aborder chacun des deux aspects en experts, mais les spécialistes pouvant éventuellement appréhender la combinaison des deux ne sont pas si fréquents). En fait, personne avant moi n'avait systématiquement mis en œuvre cette double compétence dans le cadre d'un livre entier et d'une vision globale de tout cette question.

Les scientifiques professionnels sont en général compétents pour analyser des données. Nous sommes habitués à détecter les erreurs dans les arguments qui nous sont présentés, et, surtout, à être hypercritiques face aux données censées les soutenir. Nous scrutons les diagrammes et examinons chacun des points d'un graphique. La science progresse autant au moyen de la critique exercée à l'encontre des résultats publiés par les autres que par la réalisation de découvertes nouvelles. J'ai appris à faire de la paléontologie en m'appuyant sur les statistiques, et en devenant tout particulièrement expert dans la manipulation de vastes ensembles de données concernant aussi bien les variations au sein des populations que le changement historique au sein des lignées. (*La Mal-Mesure de l'homme* s'appuie sur des bases similaires : les différences entre les individus sont l'analogue des variations au sein des populations ; et les disparités mesurées entre les groupes, celui des divergences au sein des lignées au cours du temps.) Je me suis donc senti parfaitement compétent pour analyser les données et détecter les erreurs sur lesquelles reposent les thèses relatives aux différences mesurées entre les groupes humains.

Mais n'importe quel scientifique professionnel pourrait en faire autant. Venons-en donc à ce qui est tout à fait propre à ma discipline particulière. La plupart des scientifiques ne se soucient pas de l'histoire ; ils ne vont peut-être pas aussi loin qu'Henry Ford pour qui l'histoire était des bêtises, mais ils considèrent effectivement que le passé est essentiellement caractérisé par des théories et des données erronées, et qu'il peut, tout au plus, servir à l'édification morale, en montrant quelles sortes de pièges ont entravé la marche au progrès. Une pareille attitude ne conduit pas à envisager avec sympathie ou intérêt les personnages historiques de la science, particulièrement ceux qui ont fait de grandes erreurs. Donc, la plupart des scientifiques pourraient, en principe, faire l'analyse critique des données originales sur lesquelles s'est appuyé le déterminisme biologique, mais il est également probable qu'ils n'aient pas envie de se lancer dans une recherche de ce type.

Les historiens professionnels, d'un autre côté, seraient capables de vérifier les statistiques et d'analyser de façon critique les graphiques publiés par les scientifiques d'autrefois. Cela n'est pas tellement mystérieux ni extrêmement difficile. Mais là encore, nous nous heurtons aux habitudes propres aux différentes disciplines : les historiens étudient les contextes sociaux. Un historien désirera, par exemple, savoir si la thèse de Morton sur la capacité crânienne inférieure des Indiens d'Amérique a joué un rôle dans les débats sur la « conquête de l'Ouest » — mais il est peu probable qu'il s'attaque aux tables de mesures crâniennes de Morton pour voir s'il avait correctement interprété ses données.

J'avais donc trouvé ma niche écologique particulière, puisque je pouvais analyser les données de façon détaillée et avec une certaine compétence d'expert, en même temps que j'aimais tout particulièrement étudier l'origine historique des grandes questions qui sont encore débattues de nos jours. En bref, j'étais donc en mesure de combiner l'aptitude du scientifique aux préoccupations de l'historien. Le présent livre a ainsi pour objet l'analyse des grandes séries de données qui ont servi d'appui dans le passé aux théories du déterminisme biologique. Il s'agit aussi de l'histoire des erreurs profondes et instructives (et non pas sottes et superficielles) qui ont nourri et soutenu la théorie de l'intelligence comme entité unimodale, innée, pratiquement inchangeable et susceptible de se prêter à un classement par ordre de grandeur sur une échelle linéaire.

La Mal-Mesure de l'homme est donc une étude qui se préoccupe essentiellement des facteurs « internes » de l'histoire de la mesure de l'intelligence. J'y réanalyse les données qui ont servi de base, dans le passé, aux grandes thèses — d'une façon, qui, je l'espère, ressemble plus à une expertise légale (sujet qui, en général, suscite un vif intérêt) qu'à un passage en revue d'arides catalogues. Nous examinerons ainsi la démarche de Morton, qui l'a conduit à délaisser les graines de moutarde pour se tourner vers la grenaille de plomb, afin de mesurer la capacité des boîtes crâniennes ; les méticuleuses statistiques de Broca à la lumière singulière de ses préjugés sociaux inconscients ; les photographies truquées que Goddard avait réalisées sur une famille de débiles mentaux, les Kallikak, habitant les mauvaises landes à pins du New Jersey ; le test mental, qui, aux yeux de Yerkes, était censé mesurer l'intelligence innée, mais qui ne faisait, en réalité, qu'apprécier le degré de familiarité avec la culture américaine, et qu'il avait administré à toutes les recrues de l'armée américaine, lors de la Première Guerre mondiale (et que votre serviteur a également fait passer à deux classes d'étudiants à Harvard) ; la grande erreur, capitale et sincère, de Cyril Burt (et non sa tricherie ultérieure, patente, mais pas très grave) qui l'a conduit à justifier mathématiquement sa conception de l'intelligence comme facteur unique.

Deux célèbres citations contradictoires résument bien l'intérêt et le message pouvant ressortir de cette étude, lesquels définissent le troisième type de contrainte délimitant *La Mal-Mesure de l'homme*. Dieu réside dans les détails ; le diable aussi.

Pourquoi réviser La Mal-Mesure de l'homme *quinze ans après ?*

Je considère que la critique du déterminisme biologique doit être faite à la fois indépendamment de toute époque et très opportunément à certains moments. En effet, la nécessité d'analyser cette doctrine se pose en permanence, parce que ses erreurs sont vraiment profondes et insidieuses, et parce qu'elle fait appel aux tendances les plus basses de notre nature vulgaire. Si j'emploie le terme de profondeur, c'est en raison du rapport qu'entretient le déterminisme biologique avec certaines des questions et des erreurs les plus anciennes de nos traditions philosophiques — notamment le *réductionnisme*, autrement dit le désir d'expliquer les phénomènes de grande échelle, irréductiblement complexes, et partiellement gouvernés par le hasard, en invoquant le comportement déterministe d'éléments constitutifs très petits (pour les objets physiques, ce sera des atomes en mouvement ; pour le fonctionnement mental, des quantités données et héritables d'un matériau central) ; la *réification*, autrement dit la tendance à convertir des concepts abstraits (tels que l'intelligence) en entités concrètes (comme une quantité donnée d'une matière cérébrale quantifiable) ; la *tendance à la dichotomie*, autrement dit la tendance à appréhender une réalité complexe et continue sous forme d'entités binaires opposées (intelligent et stupide ; blanc et noir) ; le concept de *hiérarchie*, autrement dit la tendance à classer des entités en fonction d'une échelle linéaire de valeurs (il s'agit, par exemple, des niveaux d'intelligence, lesquels sont souvent répartis ensuite en une opposition bipolaire, sous l'influence de notre penchant à la dichotomie, ce qui donne la catégorie des « normaux » versus celle des « débiles », pour reprendre la terminologie qui était très prisée dans les premiers temps où l'on a mis en pratique les tests de QI).

Lorsque la tendance à commettre ces erreurs générales se combine à la xénophobie (une réalité sociopolitique en fonction de laquelles les « autres » sont souvent, et malheureusement, jugés inférieurs), on voit bien comment le déterminisme biologique peut devenir une arme sociale : les « autres » peuvent, en effet, être rabaissés, car leur statut socio-économique inférieur peut être « expliqué » comme la conséquence scientifique inéluctable de leur niveau mental inférieur et non comme celle de conditions sociales défavorables. Puis-je ici répéter cette grande phrase de Darwin : « Grande est notre faute, si la misère de nos pauvres découle non pas de lois naturelles, mais de nos institutions. »

Mais la critique du déterminisme biologique est aussi opportune à certains moments (et notamment actuellement), car — et vous pouvez ici invoquer votre image favorite : les têtes de l'hydre de Lerne, si vous affectionnez le classique ; ou les mauvais sous, si vous êtes plus attachés aux proverbes* ; ou encore la mauvaise herbe sur la pelouse des jardins de banlieue, si vous préférez les expressions vernaculaires modernes — les mauvais arguments reviennent périodiquement, à intervalles de quelques années, avec une prévisible et déprimante régularité. À peine avons-nous débusqué les erreurs d'une version donnée que le chapitre suivant du même mauvais livre fait son éphémère apparition.

La raison de ces retours incessants n'est pas mystérieuse. Ils ne traduisent pas l'existence d'une tendance cyclique sous-jacente, obéissant à une loi naturelle qui pourrait être exprimée par une formule mathématique aussi commode que le QI. Et ces réapparitions ne

---

* « Revenir comme un mauvais sou » *(to come back like a bad penny)* est un proverbe courant de la langue anglaise.

correspondent pas non plus à l'obtention de nouvelles données, ni à une formulation nouvelle de l'argumentation, qui n'aurait pas été considérée jusqu'ici ; car la théorie de l'intelligence comme entité unimodale, innée, susceptible de se prêter à un classement et inchangeable, ne se modifie jamais beaucoup dans ses manifestations successives. Chacune de ses fracassantes irruptions repose sur la même logique fallacieuse et les mêmes erreurs dans les données.

Les raisons de son retour périodique sont sociopolitiques, et guère difficiles à apercevoir : les périodes au cours desquelles réapparaît le déterminisme biologique recouvrent celles des replis politiques (particulièrement lorsqu'on appelle à une réduction des dépenses de l'État en faveur des programmes sociaux), ou celles durant lesquelles les élites dominantes sont saisies par la peur, face aux sérieux troubles sociaux engendrés par les groupes désavantagés, lesquels peuvent même menacer de conquérir le pouvoir. Lorsque se manifeste la possibilité du changement social, la théorie biodéterministe de l'intelligence offre un argument précieux à ces élites en leur permettant d'affirmer que l'ordre établi, dans lequel certains figurent au sommet, et d'autres, en bas, correspond exactement à la répartition en classes des êtres humains en fonction de leurs capacités intellectuelles innées et inchangeables.

Pourquoi dépenser de l'énergie et des subsides pour essayer d'élever le QI, de toute façon imperméable à l'amélioration, de races ou de classes sociales se trouvant au bas de l'échelle sociale ? Ne vaut-il pas mieux simplement accepter le triste diktat de la nature et faire des économies substantielles sur le budget de l'État (ce qui, d'ailleurs, pourrait faciliter les réductions d'impôts accordées aux riches) ? Pourquoi vous étonner de la sous-représentation des groupes désavantagés dans votre secteur d'activité (source de confortables revenus et d'une importante considération sociale), si une telle absence ne fait que traduire une aptitude inférieure, déterminée biologiquement, chez la plupart des membres de ces groupes, et ne découle pas des handicaps sociaux qui leur sont imposés actuellement ou leur ont été imposés autrefois ? (Les groupes ainsi stigmatisés peuvent être caractérisés par la race, la classe, le sexe, une façon particulière de se comporter, une religion, ou une nation d'origine. Le déterminisme biologique est une théorie générale, et les tentatives actuelles de rabaisser un groupe donné constituent l'exemple même auquel doivent prêter attention tous les autres groupes susceptibles d'être à leur tour victimes d'attaques semblables en d'autres lieux et d'autres moments. En ce sens, l'appel à la solidarité entre les groupes que l'on cherche à dévaloriser n'est pas un discours politique creux, et, loin de le critiquer, il faut au contraire l'applaudir, en tant que réaction appropriée à des attaques menées sur des bases similaires.)

Je vous prie de noter que je discute ici des raisons de la périodicité des fracassantes irruptions des thèses héréditaristes à propos de l'intelligence, conçue comme entité unimodale et susceptible de se prêter à un classement par ordre de grandeur ; je n'envisage pas la forme particulière des arguments avancés lors de chaque épisode. La thèse générale est, à toutes les époques, toujours présente, toujours disponible, faisant toujours l'objet de publications et d'une exploitation. Les épisodes de spectaculaires réapparitions de ces théories ne font donc que traduire le mouvement pendulaire des opinions politiques en direction de la meilleure position pour exploiter cette vieille mystification usée jusqu'à la corde, avec une énergie renouvelée, insufflée par l'espoir naïf ou la cynique reconnaissance de son évident intérêt social. Les périodes de résurrection du déterminisme biologique recouvrent celles du repli politique et de la mise à mal de la générosité sociale.

Au cours du XXᵉ siècle, les États-Unis ont connu trois épisodes majeurs de ce type, chacun d'entre eux étant corrélé de la façon décrite ci-dessus. Le premier a constitué l'une des plus tristes ironies de l'histoire américaine, et fait l'objet du plus long des chapitres de *La Mal-Mesure de l'homme*. Nous aimons à penser que les États-Unis représentent une terre de tradition généralement égalitariste, une nation « née dans la liberté et vouée à défendre l'idée que tous les hommes ont été créés égaux* ». « Nous admettons, *a contrario*, que de nombreuses nations européennes, longtemps marquées par un régime monarchique, l'ordre féodal et une stratification en classes, se sont moins soucié des idéaux de justice sociale et d'égalité des chances. Puisque le test du QI est né en France, nous pourrions naturellement faire l'hypothèse que son interprétation héréditariste erronée, si couramment et si malencontreusement avancée, est également née en Europe. Ironiquement, cette hypothèse d'apparence raisonnable est totalement fausse. Comme il est établi au chapitre IV, Alfred Binet, l'inventeur français du test du QI, non seulement évitait de l'interpréter de façon héréditariste, mais mettait en garde explicitement (et instamment) contre une telle interprétation qu'il considérait comme contraire à son désir de se servir d'un tel test pour identifier les enfants ayant besoin d'une aide spéciale. (Binet soutenait que, à l'opposé de ses propres intentions, l'interprétation héréditariste allait stigmatiser de tels enfants, les cataloguant comme inéducables — une crainte qui s'est trouvée totalement et tragiquement justifiée par l'histoire ultérieure.)

L'interprétation héréditariste du QI s'est développée en Amérique, largement grâce au prosélytisme de trois psychologues — H.H. Goddard, L.M. Terman et R.M. Yerkes — qui ont traduit ce test en anglais et répandu son usage aux États-Unis. Si nous, les Américains, nous demandons comment une telle perversion a pu se produire sur notre terre de liberté et de justice pour tous, il faut se

---

* Cette expression est tirée de la première phrase du discours prononcé par Abraham Lincoln à Gettysburg, en 1863, devant le cimetière des soldats tués lors de cette bataille qui a été la plus décisive de la guerre de Sécession. *(N.d.T.)*

rappeler que la période d'activité maximale de ces scientifiques a correspondu aux années ayant juste suivi la Première Guerre mondiale ; or, celles-ci ont été caractérisées par une idéologie « patriotarde », étriquée, nombriliste, chauviniste, isolationniste, faisant la louange des WASP* et du regroupement-autour-du-drapeau, à un point qu'on n'a jamais revu dans aucune autre période, même dans les plus sombres jours du maccarthysme, au début des années 1950. Ce fut l'époque des restrictions imposées à l'immigration, de l'imposition de quotas concernant les Juifs, de l'exécution de Sacco et Vanzetti, de la flambée des lynchages dans les États du sud des États-Unis. De façon intéressante, la plupart des hommes qui avaient été responsables de l'élaboration de l'idéologie biodéterministe dans les années 1920 abjurèrent leurs propres conclusions, lorsque prévalut ensuite l'idéologie de « gauche » dans les années 1930, et que les universitaires titulaires de thèse durent se joindre aux files d'attente pour les soupes populaires, et qu'on ne pouvait dès lors plus expliquer la pauvreté par le manque d'intelligence héréditaire.

Les deux épisodes les plus récents coïncident également avec des périodes de régression politique. Le premier des deux m'avait poussé à écrire *La Mal-Mesure de l'homme*, sur le mode de la contre-attaque constructive proposant une vision alternative (et non, j'espère qu'on l'a bien compris, comme une diatribe purement négative) ; le second m'a incité à publier cette version révisée.

Arthur Jensen fut l'initiateur du premier de ces épisodes récents : il publia en 1969 un article notoirement erroné sur le caractère prétendument héréditaire des différences entre groupes en matière de résultats au test de QI (et notamment entre Blancs et Noirs aux États-Unis). L'effrayante phrase par laquelle il ouvrait son article démentait tous ses propos ultérieurs, selon lesquels il ne l'avait écrit qu'au titre d'une recherche désintéressée, et non en tant que publication ayant des objectifs sociaux. Son article débutait, en effet, par une attaque contre le programme fédéral d'aide aux écoliers défavorisés : « On a essayé de leur faire suivre une éducation spécialisée, et il semble bien que cela n'ait été qu'en pure perte. » Mon collègue de l'université Harvard, Richard Herrnstein, tira une seconde salve en 1971, avec un article publié dans *The Atlantic Monthly*, qui représenta la préfiguration, en abrégé, de *The Bell Curve*, publié en 1994 avec Charles Murray, ouvrage qui, à son tour, fut le stimulus m'ayant poussé à cette édition révisée de *La Mal-Mesure de l'homme*.

Comme je l'ai dit ci-dessus, des articles sur ce sujet, écrits par des personnes de plus ou moins grande notoriété, paraissent pratiquement chaque mois, dans des publications en vue. Pour comprendre pourquoi

---

* Sigle pour *White Anglo-Saxon Protestants*, autrement dit les Américains descendant des premiers colons qui étaient blancs, anglos-saxons et protestants. *(N.d.T.)*

celui de Jensen est devenu si célèbre, au lieu de représenter un obscur manifeste de plus au sein d'un genre bien établi, il faut se tourner vers le contexte social de l'époque. Puisque l'article de Jensen ne contenait aucun argument original, il faut chercher quelle nouveauté dans la nature du terrain a permis que prenne racine une si vieille graine constamment présente dans l'environnement. Comme je l'ai dit ci-dessus, je ne suis pas spécialiste des questions sociales, et il se peut que mes conceptions à ce sujet soient quelque peu naïves. Mais je me rappelle bien ces années de forte activité politique de ma jeunesse. Je me souviens de l'opposition croissante à la guerre du Viêt-nam, de l'assassinat de Martin Luther King en 1968 (et de la peur inspirée par les émeutes urbaines qui l'ont accompagné), du retrait de Lyndon Johnson, de la contestation à l'intérieur et à l'extérieur de la convention du parti démocrate à Chicago en 1968, de l'élection présidentielle qui a suivi, remportée par Richard Nixon — ce qui a constitué les premiers pas d'une réaction conservatrice. Or, ce type de mouvement politique s'accompagne toujours d'une attention renouvelée pour les vieilles thèses erronées du déterminisme biologique, car elles retrouvent leur utilité dans ce genre de moment. J'ai écrit *La Mal-Mesure de l'homme* à l'apogée de ce mouvement de réaction, à partir du milieu des années 1970. La première édition a été publiée en 1981, et elle a donné lieu ensuite à plusieurs réimpressions.

Je n'avais pas prévu de procéder à la publication d'une édition révisée. Ce n'est pas que je sois modeste, bien que j'essaie de garder mes sentiments pour moi-même (pas toujours avec succès, je suppose). Mais il m'avait semblé qu'il n'était pas nécessaire de procéder à une révision, dans la mesure où je pensais — et je le pense encore — avoir opté pour la bonne décision lorsque je m'étais lancé dans l'écriture de ce livre (et la non-nécessité de la révision ne provenait donc pas du fait que je considérais, avec arrogance, comme imperfectible ce flambant produit de mes œuvres !) *La Mal-Mesure de l'homme* n'a demandé aucune mise à jour durant les quinze premières années, parce que je m'étais concentré sur les thèses fondatrices du déterminisme biologique, et non sur sa fomulation à un moment donné, laquelle pouvait rapidement devenir surannée. J'avais mis l'accent sur ses erreurs philosophiques profondes qui ne varient pas, et non sur ses manifestations immédiates (et superficielles) qui sont périmées au bout d'une année.

Le troisième épisode majeur fit ensuite irruption en 1994, avec la publication de *The Bell Curve* de Richard Herrnstein et Charles Murray. Là encore, leur livre épais ne contenait rien de nouveau, et les auteurs n'y faisaient que ressasser les vieux arguments à longueur de leurs huit cents pages bourrées de très nombreux diagrammes et graphiques. Ces derniers firent, d'ailleurs, grosse impression sur les lecteurs, en leur faisant croire qu'il y avait là de la nouveauté et de la profondeur, alors que ces derniers avaient seulement peur de ne pas comprendre. En fait, le message de *The Bell Curve* est très facile à saisir. Il s'agit d'une vieille thèse, simple et bien connue ; le traitement mathématique, bien qu'étiré sur plusieurs centaines de pages et appliqué à une masse d'exemples, ne correspond qu'à une seule étude, sous-tendue par des idées plutôt simples, et est assez facile à comprendre. En outre, en dépit des sévères critiques que j'adresse à ce livre, j'accorde volontiers qu'il est clair et bien écrit. Lorsque j'ai affronté Charles Murray en débat à l'Institut de politique de Harvard, il m'a semblé très approprié de débuter mon intervention en citant un vers que j'aime beaucoup, tiré de la pièce de Shakespeare *Peines d'amour perdues* : « Il met plus de soin à dérouler le fil de son discours qu'à étoffer sa thèse. »

Si *The Bell Curve* a eu un grand impact, il faut donc l'attribuer, une fois de plus et comme toujours, à un mouvement du balancier de l'opinion en direction d'un besoin de justification des inégalités sociales par l'invocation des prétendus diktats de la biologie. (Si je peux me permettre une analogie quelque peu osée, mais, je crois, assez juste, la théorie de l'intelligence comme entité unimodale, innée, inaltérable, et susceptible de se prêter à un classement par ordre de grandeur, est comparable à une spore de champignon ou à un cyste de dinoflagellé ou à une larve de tardigrade — toujours présente en abondance, mais sous une forme inactive ou dormante, attendant de germer, de gonfler ou de s'éveiller lorsque les conditions externes fluctuantes mettent un terme à son sommeil.)

L'impact de ce livre peut aussi être attribué à certaines caractéristiques particulières : un titre accrocheur, une magnifique mise en forme du texte par les soins d'un membre légendaire de la scène new-yorkaise, une brillante campagne publicitaire (j'avoue ici quelque jalousie, et aimerais bien savoir quelles personnes en ont été responsables, afin de leur confier la promotion de mes propres livres). Mais ces facteurs particuliers comptent peu, par rapport à la cause globalement et fortement déterminante : le contexte politique propice. Faut-il s'étonner que la publication de *The Bell Curve* ait coïncidé exactement avec l'élection au congrès de Newt Gingrich*, et avec une période de restriction des dépenses sociales sans précédent dans les dernières décennies ? Abolition de tous les programmes d'aide sociale aux personnes en ayant véritablement besoin ; arrêt de toutes les subventions en faveur des arts (mais pas un sou de supprimé, Dieu nous en garde, en ce qui concerne les forces armées) ; rééquilibration du budget avec réduction des impôts pour les riches. Peut-être que je force le trait, mais peut-on douter qu'il y ait un rapport entre ce vent de pingrerie et la promotion de la thèse selon laquelle les dépenses sociales sont inu-

---

* Newt Gingrich, député républicain, accusé de diverses fraudes fiscales et autres manquements éthiques, a été néanmoins élu président de la Chambre des représentants, à majorité républicaine. *(N.d.T.)*

tiles, parce que, contrairement à ce que pensait Darwin, la misère de nos pauvres découle effectivement des lois de la nature et de la faiblesse innée des capacités intellectuelles des désavantagés ?

Je voudrais mentionner une raison supplémentaire rendant les explications de type génétique particulièrement attrayantes dans les années 1990. Nous vivons une époque de révolution scientifique en ce qui concerne la biologie moléculaire. Depuis la découverte en 1953 de la structure de l'ADN par Watson et Crick jusqu'à l'invention de la technique de la PCR et la pratique courante du séquençage de l'ADN — dans des buts extrêmement variés, allant de la mise en examen de O.J. Simpson jusqu'à l'établissement de la phylogenèse des oiseaux — nous sommes, à présent, en mesure de « lire » l'information génétique propre aux individus, ce qui n'avait jamais été possible à ce point, auparavant. Nous avons naturellement tendance à nous tourner vers les innovations passionnantes, en pensant, souvent à tort, qu'elles vont nous fournir des solutions globales aux grands problèmes — alors que leur apport ne représentera, en réalité, que de modestes contributions (bien que vitales) à la solution d'énigmes fort complexes. C'est de cette façon-là que nous avons accueilli, dans le passé, tous les grands progrès dans l'appréhension de la nature humaine, y compris les conceptions non génétiques émises à son sujet, faisant appel à des dynamiques familiales et sociales telles que la notion freudienne des stades psychosexuels et des névroses résultant de phases de développement supprimées ou déviées au cours de l'ontogenèse. Si l'on a pu, dans le passé, exagérer énormément l'importance de certaines explications non génétiques, par ailleurs tout à fait intéressantes, faut-il être surpris que nous répétions actuellement cette erreur en surestimant beaucoup ce que nous pouvons attendre de ces explications génétiques qui suscitent notre engouement sincère ?

J'applaudis à la découverte de gènes qui prédisposent à certaines maladies, ou qui sont directement reponsables de maladies dans le cadre d'un environnement normal (maladie de Tay-Sachs, anémie falciforme, chorée de Huntington), car les perspectives de guérison sont maximales à partir du moment où l'on a identifié des substrats matériels et des modes d'action. En tant que père d'un fils autiste, j'apprécie également beaucoup l'apport libérateur et apaisant constitué par l'identification de bases biologiques innées pour des affections que l'on croyait naguère d'origine purement psychogène, ce qui conduisait à culpabiliser subtilement les parents (une stratégie souvent mise en œuvre par des spécialistes qui juraient leurs grands dieux qu'ils n'avaient absolument aucune intention de ce genre, mais qu'ils cherchaient seulement à identifier des causes afin de mettre au point des modes de prévention future ; à différentes périodes, et suivant l'interprétation de divers psychologues, l'autisme avait été expliqué comme le résultat de trop, ou de trop peu, d'amour maternel).

Le cerveau est un organe somatique, et, à ce titre, sujet à des maladies et à des défauts génétiques, comme n'importe quel autre. Je me réjouis de la découverte de causes ou d'influences génétiques pour des fléaux tels que la schizophrénie, la psychose maniaco-dépressive, ou les troubles compulsifs-obsessionnels. Rien n'égale la douleur de parents qui voient leur enfant, plein de sensibilité et de promesses, atteint par les ravages de l'une de ces maladies, qui ne se déclarent souvent que tardivement, c'est-à-dire vers la fin de la seconde décennie de la vie. Il faut saluer ces progrès vers l'identification des causes, permettant de libérer les parents d'une culpabilité dévorante, et plus important encore, bien entendu, de soigner mieux ou même de guérir ces maladies.

Mais toutes ces authentiques découvertes concernent des pathologies précises et spécifiques, qui entravent ce que nous pouvons légitimement appeler un développement « normal » — autrement dit, un développement décrit statistiquement par la courbe en cloche. (Une courbe en cloche est appelée, en termes techniques, une distribution normale ; elle concerne un échantillon dans lequel les variations sont distribuées au hasard autour de la moyenne — de façon égale dans les deux directions, avec une plus grande fréquence près de la moyenne.) Les pathologies particulières, comme celles qui sont évoquées ci-dessus, représentent des variations très éloignées de la valeur moyenne de la courbe en cloche, et se situent à part de la distribution normale. Les causes de ces phénomènes exceptionnels n'ont donc rien à voir avec les mécanismes responsables des variations autour de la moyenne de la courbe en cloche elle-même.

Ce n'est pas parce que les êtres humains atteints du syndrome de Down tendent à être petits, en raison d'un exemplaire surnuméraire du vingt et unième chromosome, que nous devons en déduire que les personnes de petite taille au sein de la distribution normale de la courbe en cloche doivent leur faible stature à la possession d'un chromosome supplémentaire. De même, la découverte d'un gène pour la chorée de Huntington ne signifie pas qu'il existe un gène pour l'intelligence élevée, ou pour la faible agressivité, ou pour la tendance à la xénophobie, ou pour l'attirance pour une forme particulière du visage, du corps ou des jambes chez les partenaires sexuels — ou pour toute autre caractéristique pouvant être distribuée en une courbe en cloche dans la population en général.

Les « erreurs de catégorie » sont parmi les plus fréquentes des erreurs commises par l'esprit humain : c'est classiquement ce type d'erreur que nous commettons lorsque nous mettons le signe égal entre les causes de la variation normale au sein d'une distribution et celles qui sont responsables de pathologies (tout comme nous commettons une erreur de catégorie en soutenant que les causes des différences moyennes entre groupes doivent être génétiques, puisque le QI possède une héritabilité modérée en leur sein — voir ma critique détaillée de *The Bell Curve* à la fin de ce volume). Ainsi, s'il est normal de se passionner pour les progrès dans l'identification des causes génétiques de certaines maladies, il n'est pas légitime de transposer ce type d'explication à la résolution des variations comportementales dans la population générale.

De toutes les néfastes dichotomies erronées qui entravent nos tentatives de comprendre la complexité du monde, l'opposition « inné versus acquis » est sans doute l'une des plus pernicieuses. Les partisans du biodéterminisme avancent souvent des propositions telles que : « Mais c'est nous qui sommes les plus subtils ; nos adversaires sont des environnementalistes purs, qui n'invoquent que les facteurs du milieu, tandis que nous, nous reconnaissons que les comportements se mettent en place grâce à l'interaction de l'hérédité et de l'apprentissage. » Aucun rideau de fumée ne me met plus en colère que ce type de déclaration. Permettez-moi de souligner de nouveau que, comme il est sans cesse répété tout au long de La Mal-Mesure de l'homme, tous les protagonistes de ce débat, et, en fait, toutes les personnes de bonne foi et disposant des connaissances adéquates, soutiennent le point de vue indiscutable selon lequel la morphologie et le comportement humains s'édifient par le truchement d'interactions complexes entre des influences génétiques et des facteurs de l'environnement.

Les erreurs du réductionnisme et du biodéterminisme se manifestent le plus expressément dans des déclarations idiotes du type : « L'intelligence relève pour 60 % de l'hérédité et 40 % de l'environnement. » Une héritabilité de 60 % (ou ce que vous voudrez) pour l'intelligence ne veut absolument pas dire cela. Ce problème ne sera pas réglé tant que certains d'entre nous n'auront pas réalisé que l'« interactionnisme », accepté de tous, ne permet pas d'avancer des propositions telles que « le trait x est à 29 % d'origine environnementale et 71 % d'origine génétique. » Lorsque des facteurs causaux (plus nombreux que deux, soit dit en passant) interagissent de façon aussi intriquée, et durant tout le processus de développement, pour conduire à un être adulte complexe, il est impossible, en théorie, de décomposer le comportement de ce dernier en pourcentages de différentes causes profondes. L'être adulte est une entité émergente qui doit être analysée à son propre niveau et en prenant en compte sa totalité. Les questions vraiment importantes concernent la malléabilité et la flexibilité, non de fallacieux décomptes de pourcentages. Un trait peut être à 90 % héritable, et cependant totalement malléable. Une paire de lunettes à mille francs chez l'opticien le plus proche de chez vous peut parfaitement corriger un défaut de vision qui est héritable à 100 %. Un biodéterministe qui s'en tient à des arguments du type « 60 % » ne fait nullement un usage subtil de la notion d'interaction ; c'est un déterministe quelque peu fantaisiste.

Ainsi, par exemple, M. Murray, très irrité par ma critique de The Bell Curve (republiée à la fin de ce volume), m'accuse, dans le Wall

Street Journal (du 2 décembre 1994), de rendre compte de ses propos de façon déloyale (à ce qu'il lui semble) :

> Gould poursuit en disant que « Herrnstein et Murray font preuve d'une certaine malhonnêteté, puisqu'ils transforment un problème complexe ne pouvant conduire qu'à l'agnosticisme en un plaidoyer tendancieux en faveur de différences permanentes et héritables ». Or, comparez cette phrase de M. Gould à celle que Richard Herrnstein et moi-même avons écrite dans le paragraphe crucial qui résume notre point de vue en matière de gènes et de race : « Si le lecteur est maintenant convaincu que l'explication invoquant l'environnement, ou bien celle invoquant les gènes, a triomphé en réduisant l'autre à néant, c'est que nous n'avons pas bien fait notre travail de présentation de l'une ou de l'autre. Il nous semble extrêmement vraisemblable que les gènes et l'environnement ont simultanément quelque chose à voir avec les différences raciales. Où y a-t-il tromperie ? »

Mais vous ne comprenez donc pas, M. Murray ? Je n'ai pas dit que vous attribuez la totalité de la différence entre groupes à l'hérédité — aucune personne ayant un minimum de connaissance ne prétend une chose aussi sotte. La phrase que vous rapportez ne vous fait pas ce grief ; elle dit très précisément que vous invoquez des « différences permanentes et héritables » (et non pas que vous attribuez toute la disparité entre les groupes à des causes génétiques). Votre propre réponse montre que vous ne saisissez pas le point majeur, puisqu'elle présente toujours l'ensemble du problème comme s'il s'agissait d'une bataille entre deux camps, la victoire pouvant éventuellement revenir à l'un des deux, et à lui seul. Personne ne croit à une telle conception, tout le monde accepte la notion d'interaction. Vous vous présentez ensuite sous les traits du brave apôtre de la modernité et de la prudence du savant, en écrivant : « Il est extrêmement vraisemblable que les gènes et l'environnement ont simultanément quelque chose à voir avec les différences raciales. » En disant cela, vous faites seulement état d'un truisme, qui se situe, en outre, entièrement à côté de la vraie question. Lorsque vous distinguerez comme il convient entre héritabilité et flexibilité de l'expression comportementale, alors, nous pourrons peut-être avoir un vrai débat, au-delà des formules et des mots.

Je ne vais pas poursuivre ma critique de *The Bell Curve* ici, car ce travail figure dans les articles réunis à la fin de ce volume. Je voudrais seulement dire que j'ai décidé de procéder à la révision de *La Mal-Mesure de l'homme*, pour faire face à ce nouveau retour du biodéterminisme. Il peut sembler étrange qu'un livre écrit il y a quinze ans puisse servir à réfuter un manifeste publié en 1994 — plus qu'étrange en fait, puisque cela pourrait faire penser à une inversion de la notion classique de causalité ! Et, cependant, en relisant *La Mal-Mesure de l'homme*, et en ne faisant pratiquement pas d'autres changements que de corriger des erreurs typographiques et de retirer des allusions ne concernant strictement que 1981, je m'aperçois que mon livre d'il y a quinze ans est écrit sous la forme d'une réfutation de *The Bell Curve*. (De peur qu'on ne voie dans cette assertion une absurde impossibilité, je me hâte d'ajouter que l'article écrit par Herrnstein en 1971 dans *The Atlantic Monthly*, et qui constituait un plan détaillé, point par point, de *The Bell Curve*, a représenté une pièce importante du contexte m'ayant poussé à écrire *La Mal-Mesure de l'homme*.) Mais mon affirmation n'est pas absurdement anachronique encore pour une autre raison importante. *The Bell Curve* ne présente aucun argument nouveau. Ce manifeste de huit cents pages n'est pas grand-chose d'autre qu'un long plaidoyer en faveur de la version dure du *g* de Spearman — autrement dit, d'une théorie de l'intelligence, comme entité localisée dans la tête, de nature unimodale, susceptible de se prêter à un classement par ordre de grandeur, génétiquement déterminée et pratiquement pas modifiable. *La Mal-Mesure de l'homme* argumente sur le plan logique, expérimental et historique précisément contre cette théorie. Bien entendu, je ne pouvais pas connaître les caractéristiques précises de ce qu'allait réserver l'avenir. Mais tout comme le darwinisme peut fournir d'aussi bons arguments à l'encontre des prochains épisodes de créationnisme qu'il en a fourni à l'encontre de l'antiévolutionnisme du temps même de Darwin, je suis sûr que la réfutation convaincante d'une théorie erronée sera toujours aussi efficace dans l'avenir, au cas où quelqu'un essaierait de relancer un débat clos, sans fournir de nouveaux arguments. Le temps ne suffit pas par lui-même à améliorer une thèse. Si les bonnes argumentations n'étaient pas en mesure de transcender le temps, il faudrait sans doute jeter tout le contenu de nos bibliothèques.

Les raisons, l'histoire et la révision *de* La Mal-Mesure de l'homme

LES RAISONS

Les raisons qui m'ont, à l'origine, poussé à écrire *La Mal-Mesure de l'homme* étaient à la fois d'ordre professionnel et personnel. En premier lieu, j'avoue que ce type de sujet me motivait tout particulièrement. J'ai grandi dans une famille qui s'est toujours engagée dans des batailles pour la justice sociale, et j'ai activement milité, lorsque j'étais étudiant, au début des années 1960 au sein du mouvement pour les droits civiques, qui suscitait beaucoup de passions et connaissait de grands succès.

Les scientifiques évitent souvent de mentionner des engagements de ce type, car, selon le stéréotype le plus répandu au sujet du savant, la rigoureuse impartialité paraît être la condition *sine qua non* de la recherche de l'objectivité désintéressée. Je considère ce point de vue comme l'une des affirmations les plus erronées, et même les plus nuisibles, de celles qui sont couramment énoncées dans ma profession. Les êtres humains ne peuvent pas atteindre à l'impartialité (même si l'on reconnaît celle-ci comme souhaitable), car ils ont inévitablement des besoins, des croyances et des désirs. Il est dangereux pour un scientifique même d'imaginer qu'il pourrait atteindre une complète neutralité, car il risque alors de ne plus faire attention à ses préférences personnelles et à leur influence — et il peut alors être véritablement victime des diktats des préjugés.

Il faut définir l'objectivité de façon opératoire comme le traitement loyal des données, et non comme l'absence de préférences. En outre, il est nécessaire de comprendre et de reconnaître ses inévitables préférences, afin de se rendre compte de leurs influences, si l'on veut arriver justement à un tel traitement loyal des données et des arguments ! Il n'est pas de pire suffisance que de croire que l'on est intrinsèquement objectif, ni de conception qui expose davantage à se faire berner. (De pseudo- « sujets psy » tels qu'Uri Geller ont réussi à mystifier des scientifiques grâce à des trucs courants d'illusionnistes, parce que seuls les « savants » sont assez arrogants pour croire qu'ils sont capables d'observer avec rigueur et objectivité en toutes circonstances, et qu'ils ne peuvent donc jamais être abusés — alors que les personnes ordinaires savent parfaitement bien que les bons illusionnistes arrivent toujours à trouver une façon de tromper les gens.) Une bien meilleure pratique de l'objectivité consiste à identifier explicitement nos propres préférences personnelles, de sorte que leur influence puisse être reconnue et contrecarrée. (Nous nions continuellement nos préférences lorsque nous reconnaissons les faits naturels. Par exemple, je n'aime décidément pas ce fait de la nature : ma mort personnelle ; mais je n'essaierai pas de fonder mes conceptions en biologie sur ce sentiment de rejet. Sur un plan moins facétieux, je préfère vraiment le mode lamarckien d'évolution, plus doux, au mode d'évolution darwinien reposant sur l'action du facteur identifié par Darwin, la sélection naturelle, action que le grand biologiste britannique jugeait lui-même pitoyable, faible, maladroite et peu efficace. Mais la nature se fiche comme de l'an quarante de mes préférences, et fonctionne sur le mode darwinien, de sorte que j'ai choisi de consacrer ma carrière à son étude.)

Il faut donc être conscient de nos préférences, afin de limiter leur influence sur notre travail, mais ce n'est pas se fourvoyer de nous baser sur elles pour choisir nos sujets de recherche. La vie est courte, et le nombre des études envisageables, infini. Il y a bien plus de chance d'arriver à des résultats importants si nous suivons nos inclinations et

essayons de travailler dans les domaines qui nous intéressent personnellement et profondément. Bien sûr, cela comporte le risque de laisser
davantage la porte ouverte à nos préjugés ; mais l'énergie et le soin que
nous mettrons à réaliser cette recherche pourra contrebalancer ce
genre de problème, surtout si nous nous astreignons à respecter impé-
rativement l'objectif de loyauté, et à rester férocement vigilant à
l'encontre de nos préférences personnelles.

(Je n'ai nulle envie de fournir des munitions à M. Murray pour nos
prochains débats contradictoires, mais je ne comprends pas pourquoi
il persiste à faire preuve de mauvaise foi en déclarant qu'il n'a jamais
vu d'enjeu personnel, ni investi aucune préférence propre dans le type
de sujet abordé dans *The Bell Curve*, et qu'il n'a entrepris ce genre
d'étude qu'au nom d'une curiosité désintéressée. C'est précisément cet
argument qui lui a fait perdre la face, lors de notre débat public à
Harvard, car il s'est ainsi privé de toute crédibilité. En effet, son enga-
gement dans les rangs d'un camp politique est bien plus important que
le mien dans les rangs de l'autre bord. Il est mis à contribution depuis
des années par les clubs où s'élabore l'idéologie de droite, et ceux-ci ne
font évidemment pas appel à des hommes de gauche déclarés. Il a écrit
un livre, *Common Ground*, qui est devenu le livre de chevet de Reagan,
dans la même mesure que l'ouvrage de Michael Harrington, *Other
America*, a peut-être influencé le camp démocrate de Kennedy. Si
j'étais à sa place, je dirais quelque chose comme : « Écoutez, je suis
conservateur sur le plan politique, et je le revendique. Je sais que la
thèse défendue dans *The Bell Curve* s'accorde très bien avec mes
options personnelles. J'en ai été conscient dès le début. Et le fait de
l'avoir reconnu m'a conduit à être particulièrement vigilant, lorsque
j'ai analysé les données présentées dans mon livre. Puisque, dans ces
conditions, je suis en mesure de rester loyal en ce qui concerne les
données, et logique en matière d'argumentation, je crois pouvoir dire
que les observations dont on dispose soutiennent mon point de vue. En
outre, je ne suis pas conservateur par caprice. J'estime que le monde
fonctionne sur le mode de la courbe en cloche, et que mes conceptions
politiques représentent la meilleure façon de gouverner la société,
étant donné ce que sont les choses. » Je pourrais respecter ce type de
thèse, tout en considérant que ses prémisses, de même que les données
avancées comme preuves, sont erronées et interprétées à tort.) J'ai écrit
La Mal-Mesure de l'homme parce que j'ai une vision politique différente, et aussi parce que je pense (sinon, mon idéal s'effondrerait) que
les êtres humains ont été façonnés par l'évolution de telle façon qu'il
leur est possible d'atteindre ces objectifs politiques — pas automatiquement, bien sûr, mais à travers une lutte.

C'est donc avec passion que je me suis consacré à cette étude.
J'avais participé aux opérations de « sit-in » dans les restaurants, orga-
nisées par le mouvement pour les droits civiques. J'avais été étudiant
à Antioch College, dans le sud-ouest de l'Ohio, près de Cincinnati et de

la limite de l'État du Kentucky (donc, dans une région « frontière » où la ségrégation régnait encore largement dans les années 1950). Là, j'avais pris part à de nombreuses actions pour faire cesser la discrimination raciale dans les bowlings et les patinoires (établissements dans lesquels il y avait jusque-là des soirées réservées aux Blancs et des soirées réservées aux Noirs), dans les salles de cinéma (où, jusque-là, les Noirs devaient se contenter du balcon, les Blancs bénéficiant du parterre), dans les restaurants, et, en particulier, dans un salon de coiffure pour hommes à Yellow Springs dont le propriétaire était un homme têtu (pour lequel j'ai finalement éprouvé du respect, à la suite d'étranges circonstances). Il s'appelait Gegner, autrement dit « adversaire » en allemand, ce qui, symboliquement, donnait encore plus de prix à notre action, et il jurait ses grands dieux qu'il ne pouvait pas couper les cheveux des Noirs, parce qu'il ne savait pas comment s'y prendre. (J'ai fait la connaissance de Phil Donahue alors qu'il « couvrait » cette histoire en tant qu'apprenti journaliste pour le quotidien *Dayton Daily News**.) En tant qu'étudiant de second cycle, j'ai passé une bonne partie d'une année universitaire en Angleterre, où j'ai mené, de concert avec un autre Américain (mais sans jamais prendre la parole en public, à cause de notre accent), une vaste campagne, couronnée de succès, pour faire cesser la discrimination raciale dans la plus grande salle de bal de la Grande-Bretagne, appelée « Mecca Locarno », à Bradford. Au travers de cette expérience, j'ai connu des joies et des peines, des succès et des défaites. J'ai été particulièrement consterné lorsque, dans un mouvement de repli sur soi, compréhensible mais lamentable, les chefs de file noirs du comité de coordination des étudiants non-violents décidèrent d'exclure les Blancs de leur organisation.

Tous mes grands-parents étaient des immigrants, faisant partie de ce groupe de Juifs d'Europe de l'Est que Goddard et ses collègues auraient voulu refouler en grande partie. J'ai dédicacé *La Mal-Mesure de l'homme* à mes grands-parents hongrois du côté maternel (les seuls que j'ai bien connus), qui étaient des personnes brillantes, mais n'avaient pu faire d'études. Ma grand-mère parlait couramment quatre langues, mais ne savait écrire que sous forme phonétique sa langue d'adoption, l'anglais. Mon père est devenu gauchiste, de concert avec beaucoup d'autres idéalistes, durant les mouvements sociaux qui accompagnèrent la dépression, la guerre civile en Espagne, et la montée du nazisme et du fascisme. Il continua l'action politique jusqu'à ce que sa mauvaise santé ne l'en empêche, mais resta politiquement engagé par la suite. J'éprouverai toujours une grande joie, presque au point d'en pleurer, à penser que, même s'il n'a pas vu *La*

---

* Phil Donahue est actuellement un célèbre journaliste de la télévision américaine, dont l'émission d'entretiens est très suivie, car on y débat de problèmes de société généralement passés sous silence par ailleurs. *(N.d.T.)*

Mal-Mesure de l'homme dans sa forme finale, il aura vécu assez de temps pour en lire les épreuves et se rendre compte (cela ressemble, je le reconnais, à l'épisode d'Al Jolson chantant Kol Nidre tandis que son père, en train de mourir, l'écoutait*) que son fils, bien que professeur à l'université, n'avait pas oublié ses racines.

Certains lecteurs considéreront sans doute cette confession comme le signe le plus sûr d'un investissement émotionnel trop important pour pouvoir écrire une œuvre adéquate dans tout domaine autre que la littérature. Mais je suis prêt à parier que la passion doit être le principal facteur qui permet de hisser ce type de livre au-dessus de l'ordinaire, et que la plupart des essais théoriques regardés comme des classiques ou des œuvres ayant eu un impact durable, ont pris leur origine dans les convictions profondes de leurs auteurs. Je soupçonne donc que la plupart de mes collègues travaillant sur le type de sujet qui est envisagé ici pourraient raconter des histoires autobiographiques similaires, mettant en lumière leurs propres passions. J'aimerais aussi ajouter qu'en dépit de mes convictions dans le domaine de la justice sociale, je mets encore plus de passion à défendre un idéal qui compte de façon cruciale dans ma vie personnelle et mes activités : celui de ma participation à cette « ancienne et universelle société des chercheurs » (pour citer l'expression merveilleusement archaïque employée par le président de Harvard, lorsqu'il confère le grade de docteur au cours de notre annuelle remise de diplômes). L'esprit de recherche fait partie, de concert avec la bonté, des caractéristiques les plus grandes, les plus nobles et les plus durables, de celles qui sont situées du beau côté, au sein de cette panoplie hétéroclite de traits constituant ce que nous appelons la « nature humaine ». Et puisque je réussis mieux dans la recherche que dans le domaine de la bonté, je désire apporter ma pierre à celle-ci par le truchement de celle-là. Que je finisse aux côtés de Judas l'Iscariote, de Brutus et de Cassius dans la gueule du diable, au centre de l'Enfer, si je devais un jour m'écarter de la règle consistant à évaluer les preuves en faveur de la vérité scientifique, le plus honnêtement possible.

Mes raisons professionnelles d'écrire *La Mal-Mesure de l'homme* étaient aussi, pour une grande part, personnelles. L'esprit de clocher

---

* Al Jolson (1886-1950), chanteur américain d'origine russe, fut très populaire aux États-Unis dans la première moitié du XXe siècle : il a tenu le rôle du chanteur de jazz dans le premier film parlant de l'histoire du cinéma : *The Jazz Singer*. Kol Nidre est une prière chantée à la veille de Yom Kipour, remarquable par la beauté de sa mélodie. Dans le film en question, le personnage interprété par Al Jolson est le fils d'un rabbin qui est la proie d'un grave cas de conscience, car son père, mourant, lui a demandé de chanter Kol Nidre le soir de Yom Kipour, alors même qu'il est sollicité pour jouer le même soir avec son orchestre dans un concert de jazz qui sera peut-être un tournant capital dans sa carrière. Finalement, le fils du rabbin décide de chanter Kol Nidre, et son père, qui habite de l'autre côté de la rue, l'entend alors qu'il est sur son lit de mort, et peut donc mourir content. *(N.d.T.)*

se manifeste aussi parfois dans le monde des professions intellectuelles (à l'exact opposé, hélas, des idéaux mentionnés ci-dessus) : il peut arriver, en effet, que certains universitaires, aux conceptions étroites, spécialistes d'une discipline donnée, attaquent bassement un membre d'une autre discipline qui a osé dire quelque chose sur un sujet relevant de leur domaine. Il en a toujours été ainsi, et c'est de cette façon que nous gâtons les petits plaisirs et les grandes joies de la recherche. Certains scientifiques se sont jadis montré très critiques à l'égard de Goethe, parce qu'il était inimaginable qu'un « poète » traite scientifiquement de la nature (Goethe a fait de véritables travaux, intéressants et susceptibles de durer, en minéralogie et en botanique ; heureusement, les membres intolérants d'une discipline donnée tendent à être contrecarrés par d'autres membres, à l'esprit plus généreux ; c'est ainsi que Goethe a été soutenu par de nombreux biologistes, dont surtout Étienne Geoffroy Saint-Hilaire). De même, plus récemment, un certain nombre de scientifiques ont manifesté leur mécontentement lorsque Einstein et Pauling ont exprimé leur souci de l'humain en écrivant au sujet de la paix.

La Mal-Mesure de l'homme a fréquemment été attaqué par les esprits étroits sur la base suivante : Gould est paléontologiste, et non psychologue ; il ne connaît rien à ces questions et son livre ne peut donc être que de la foutaise. Je voudrais présenter ici deux arguments réfutant spécifiquement ce type d'absurdités ; mais j'aimerais d'abord rappeler à mes collègues qu'il serait préférable pour tout le monde de mettre réellement en pratique l'idéal consistant à ne juger d'une œuvre que par son contenu, et non d'après le nom de l'auteur ou la nature de sa profession.

Le premier argument de ma réfutation, cependant, va faire référence à la compétence professionnelle. Certes, je ne suis pas psychologue et je ne sais pas grand-chose des détails techniques soustendant le choix des thèmes dans l'élaboration des tests mentaux, ou de l'usage social qui est fait des résultats de ces derniers dans l'Amérique contemporaine. C'est pourquoi je me suis soigneusement abstenu de dire quoi que ce soit là-dessus (et je n'aurais pas écrit de livre, si j'avais pensé que la maîtrise de ces sujets était indispensable pour atteindre mes objectifs). Soit dit en passant, bon nombre de personnes ont considéré mon livre comme une attaque dirigée de façon générale contre les tests mentaux (et même, à ma consternation, ces lecteurs ont fait la louange de mon ouvrage pour cette raison). Mais *La Mal-Mesure de l'homme* ne peut absolument pas être pris pour cela, et je préconise en réalité l'agnosticisme en matière de tests mentaux (une attitude largement fondée sur mon ignorance à ce sujet). Si mes critiques en doutent et prennent ces remarques pour un rideau de fumée, qu'ils se reportent à ce que je dis du test de QI originellement mis au point par Binet : je l'approuve entièrement et fortement (car Binet rejetait l'interprétation héréditariste, et ne voulait se servir de ce test que comme moyen de déceler les enfants ayant besoin d'une aide éducative particulière ; je ne peux que faire l'éloge d'un tel objectif parfaitement humain). *La Mal-Mesure de l'homme* constitue la critique d'une théorie *spécifique* de l'intelligence, s'appuyant souvent sur une interprétation *particulière* d'une *certaine* façon de pratiquer les tests mentaux : il s'agit, autrement dit, de la critique d'une théorie concevant l'intelligence comme une entité unimodale, génétiquement déterminée, et inchangeable.

La façon dont j'ai choisi de traiter de *La Mal-Mesure de l'homme* a consisté à délimiter un thème correspondant à ma spécialisation professionnelle ; en fait, j'irais même plus loin, et (avec un brin d'arrogance, je l'avoue) je dirais que je comprends mieux ce type de sujet que la plupart des psychologues ayant écrit sur l'histoire des tests mentaux, parce qu'ils ne sont pas des spécialistes du thème en question, tandis que moi, oui. J'ai été formé à la biologie de l'évolution, pour laquelle le thème de la variation représente un sujet central. Selon la théorie darwinienne (pour le dire sous une forme technique), l'évolution consiste en la conversion de la variation interne aux populations en différences entre populations. Autrement dit (et maintenant, de façon plus vulgarisée), il existe des différences entre les individus, et une certaine proportion de cette variation présente une base génétique. La sélection naturelle fonctionne en assurant une préservation différentielle à la variation qui confère une meilleure adaptation dans de nouveaux environnements. Pour prendre un exemple caricatural, si les glaciers tendaient à recouvrir la Sibérie, les éléphants qui survivraient le mieux dans cette région seraient alors ceux qui présenteraient la plus grande pilosité. Et il finirait par se constituer une espèce de mammouth laineux, dans la mesure où la sélection, agissant statistiquement et non de façon absolue, préserverait, génération après génération, les éléphants les plus velus. En d'autres termes, la variation au sein d'une population (des éléphants plus velus que les autres, existant à tout moment) se convertirait, au bout d'un certain temps, en différences entre populations (il apparaîtrait l'espèce du mammouth laineux, en tant que descendant de l'éléphant doté de la pilosité habituelle).

Or, regardez quels sont les facteurs intervenant dans la discussion rapportée ci-dessus : des variations héréditaires au sein des populations ; et des différences entre populations. Qu'est-ce donc, sinon les facteurs mêmes envisagés dans *La Mal-Mesure de l'homme* ? Mon ouvrage traite, en effet, de la mesure de la variation à base prétendûment génétique au sein d'une population donnée (une telle mesure était l'objectif des psychométriciens testant le QI de tous les enfants d'une classe ; ou celui des « craniométriciens », au xixᵉ siècle, mesurant la tête de tous les travailleurs d'une usine, ou pesant le cerveau de leurs collègues universitaires décédés). Mon livre porte aussi sur les raisons supposées des différences mesurées entre les groupes (qu'il s'agisse de groupes raciaux, comme dans le cas de la comparaison entre Blancs et Noirs, ou de groupes sociaux, comme dans le cas de la comparaison entre les riches et les pauvres). S'il est un sujet dont je connais bien les bases techniques, et que je comprends au mieux, c'est bien celui-là (ce qui n'est pas forcément le cas de nombreux psychologues, parce que leurs études ne les ont pas préparés à une discipline telle que la biologie de l'évolution, où la mesure des variations génétiquement déterminées est la question centrale).

En ce qui concerne le deuxième argument de ma réfutation, je dois rappeler que j'ai débuté en paléontologie dans le milieu des années soixante, c'est-à-dire à une époque intéressante dans l'histoire de cette discipline, car la façon traditionnelle d'y travailler, c'est-à-dire en se livrant à des descriptions subjectives et adaptées en propre à leur sujet, commençait à laisser place à d'autres démarches, qui faisaient appel à des méthodes d'étude des fossiles moins liées à leurs particularités, car davantage basées sur la quantification et la théorie. (Soit dit en passant, je ne suis plus aujourd'hui autant fasciné par la sirène de la quantification ; mais j'ai appris à travailler de cette façon, et j'y étais naguère très attaché). Nous, les jeunes Turcs de ce mouvement, avons tous acquis une compétence professionnelle dans deux domaines extrêmement peu familiers aux paléontologistes de cette époque (et peut-être même considérés par eux comme scandaleusement hétérodoxes) : les statistiques et l'informatique.

J'ai donc appris à faire l'analyse statistique de la variation génétiquement déterminée existant au sein des populations ou s'exprimant dans la comparaison entre populations — ce qui, de nouveau, forme le sujet central de *La Mal-Mesure de l'homme* (car *Homo sapiens* est une espèce biologique où se manifestent des variations, et qui ne diffère donc pas, sur ce point, de tous les autres organismes que j'ai étudiés). Je crois, en d'autres termes, que j'ai approché la mal-mesure de l'homme avec le niveau de compétence requis, bien qu'hétérodoxe — cette compétence m'ayant été donnée par la pratique d'une profession aux caractéristiques fort appropriées pour ce sujet d'étude, mais qui n'avait jusqu'ici pas souvent essayé de se faire entendre, alors que le sujet en question touche de près ses préoccupations centrales.

À l'occasion de mes nombreux essais sur la vie et la carrière de certains scientifiques, je me suis aperçu que ces derniers avaient souvent écrit des livres portant sur des sujets très généraux ou traitant de théories complètes, en étant partis de minuscules énigmes ou de petites questions troublantes. Autrement dit, ils n'y avaient pas été poussés par le désir abstrait ou impératif de comprendre la totalité. C'est ainsi que le géologue « théologique » Thomas Burnet avait élaboré, au XVIIe siècle, une théorie générale de la Terre parce qu'il voulait savoir d'où était venue l'eau du déluge. Le géologue du XVIIIe siècle James Hutton a mis également au point une théorie globale pour résoudre un petit paradoxe : si Dieu avait conçu le sol pour qu'il se prête à l'agriculture, mais en le faisant découler de l'érosion des roches ; et si cette dernière devait conduire un jour à l'arasement des continents, de sorte que la totalité de la planète allait se trouver finalement recouverte d'eau ; comment Dieu avait-il pu faire appel à un mécanisme conduisant à notre destruction finale dans le seul but de nous fournir le sol arable qui nous permettait de subsiter ? (Hutton résolut cette énigme, en postulant l'existence de forces internes déterminant la surrection des montagnes depuis les profondeurs, et en élaborant ainsi une théorie reposant sur des cycles d'érosion et de reconstitution, ce qui lui permit de conclure que notre Terre devait être un monde très ancien, sans trace d'une origine, ni perspective d'une fin.)

La Mal-Mesure de l'homme a aussi eu pour point de départ une prise de conscience soudaine sur un tout petit aspect particulier, au point que j'en fus tout saisi, éprouvant cette émotion caractéristique que l'on ressent lorsqu'on retrouve quelque chose de connu. Lorsque nous nous étions manifestés comme les jeunes Turcs de la paléontologie, nous avions été conduits à la fois aux statistiques et à l'ordinateur par le biais des techniques d'analyse des variables multiples. Il s'agissait, en d'autres termes, de l'analyse statistique des rapports entre les mesures de diverses caractéristiques des organismes (longueur de différents os, par exemple, pour les espèces fossiles ; résultats obtenus par des individus à de nombreux tests mentaux différents, dans le cas de la mal-mesure de l'homme, etc.). Ces techniques ne sont pas, dans leur ensemble, difficiles à comprendre ; beaucoup d'entre elles ont été en partie mises au point ou envisagées dès le début du XXe siècle. Mais pour les mettre en application, il faut effectuer des calculs extrêmement longs, et cela n'a été possible, en pratique, qu'après l'avènement de l'ordinateur.

Lors de mes études, on m'a d'abord enseigné la technique qui a précédé toutes celles portant sur l'analyse des variables multiples (et qui est encore très utilisée, car extrêmement utile) : l'analyse factorielle. J'ai appris cette dernière sous la forme d'une théorie mathématique abstraite et l'ai appliquée à l'étude de la croissance et de l'évolution de divers organismes fossiles (par exemple, dans le cadre de ma thèse de doctorat, publiée en 1969, sur des escargots terrestres des Bermudes ; et dans celui de l'un de mes premiers articles publiés en 1967, sur la croissance et la forme de reptiles pélycosauriens — ces étranges animaux dotés de sorte de voiles sur le dos, que l'on trouve dans pratiquement tous les lots de dinosaures en plastique, mais qui sont en réalité des ancêtres des mammifères, et pas du tout des dinosaures).

L'analyse factorielle permet d'identifier les axes sous-tendant simultanément des séries de variables mesurées indépendamment. Par exemple, lorsqu'un animal grandit, la plupart de ses os deviennent plus longs, de sorte que l'accroissement de la taille agit comme un facteur commun sous-tendant les corrélations positives entre les longueurs des os mesurées dans une série d'organismes, allant des petits aux grands, au sein d'une espèce. Il s'agit d'un exemple banal. Dans le cadre d'un cas plus complexe, se prêtant à de nombreuses interprétations, on trouve généralement des corrélations positives entre les résultats obtenus par une personne donnée à différents tests mentaux — autrement dit, en général, mais avec de nombreuses exceptions, les individus qui réussissent bien dans un type de test, réussissent également bien dans les autres. L'analyse factorielle serait donc susceptible de trouver un axe général qui pourrait, mathématiquement parlant, rendre compte d'un facteur commun aux valeurs obtenues aux différents tests.

J'ai passé une année à étudier les détails complexes de l'analyse factorielle. Sur le plan historique, j'étais alors naïf, et n'aurais jamais imaginé qu'une méthode aussi intéressante, que je n'avais jusque-là appliquée qu'aux fossiles, en dehors de toute signification politique, aurait pu être mise au point dans un contexte social donné pour promouvoir une théorie du fonctionnement mental orientée politiquement. Puis, un jour, tandis que, sans but précis, simplement pour me détendre, je lisais un article portant sur l'histoire des tests mentaux, je réalisai que le *g* de Spearman — la notion centrale de la théorie de l'intelligence comme entité unimodale, et la seule justification que cette dernière conception ait jamais eue (*The Bell Curve* est fondamentalement une longue argumentation en faveur de *g*, comme cet ouvrage le dit expressément) — n'était rien de plus que la première composante principale d'une analyse factorielle appliquée aux tests mentaux. En outre, j'appris que Spearman avait inventé la technique de l'analyse factorielle spécifiquement pour étudier la base sous-jacente aux corrélations positives entre les résultats à ces tests. Je savais aussi que les composantes principales se dégageant des analyses factorielles sont des abstractions mathématiques et non des entités réelles — et que toute matrice de corrélations soumise à une analyse factorielle peut tout aussi bien être représentée par d'autres composantes principales, ayant d'autres significations, en fonction du type d'analyse factorielle qui est appliqué. Puisque le type choisi est largement dépendant des préférences du chercheur, on ne peut affirmer que les composantes principales possèdent une réalité concrète (à moins qu'on ne puisse en soutenir l'hypothèse par des données tangibles, obtenues par une autre voie ; les résultats mathématiques à eux seuls ne sont jamais suffisants, parce qu'on peut toujours trouver d'autres axes ayant une signification totalement différente).

Dans la vie d'un chercheur, ce type de moment est rare — c'est celui de l'« eurêka », des œillères qui s'ouvrent, etc. La technique de grande valeur qui me servait d'instrument principal dans mes propres travaux à cette époque, n'avait pas été inventée pour étudier des fossiles ou pour le plaisir des mathématiques pures. Spearman avait mis au point l'analyse factorielle pour avancer une certaine interprétation des tests mentaux — celle-là même qui a empoisonné tout notre siècle par son contenu biodéterministe. (Je suis sûr que Spearman a réalisé ses travaux dans cet ordre historique précis, car il défendait la théorie de l'intelligence unimodale depuis des années, en recourant à d'autres techniques d'analyse mathématique, ne s'adressant pas à des variables multiples, avant qu'il n'invente l'analyse factorielle. Ainsi, nous savons donc qu'il a mis au point cette dernière pour soutenir la théorie en question, et que celle-ci n'a pas découlé de réflexions inspirées par les premiers résultats obtenus au moyen de l'analyse factorielle.) J'ai été, à ce moment-là, saisi d'une émotion complexe, faite à la fois d'une certaine fascination et d'un peu de colère, tandis que s'effondrait une grande partie de la vision idéalisée de la science que j'avais eue jusqu'ici (vision qui a été finalement remplacée par une autre, plus humaine et plus raisonnable). L'analyse factorielle avait été inventée pour soutenir un objectif social contraire à mes idées et à mes valeurs.

Je me sentis personnellement offensé, et ce livre, bien qu'ayant été écrit environ dix ans après cet épisode, est véritablement issu de cette prise de conscience et de cette impression d'outrage. C'est cela qui m'a poussé à écrire *La Mal-Mesure de l'homme*. Mon outil de recherche favori avait été inventé dans un but social contraire. En outre, et par une autre ironie de l'histoire, la version héréditariste nuisible du QI n'avait pas été élaborée en Europe, où Binet avait inventé le test dans le cadre de bonnes intentions, mais dans mon propre pays, les États-Unis, connu pour ses traditions égalitaristes. J'aime vraiment ma patrie. Il me fallait écrire ce livre pour redresser les choses et inciter à la compréhension.

HISTOIRE ET RÉVISION

J'ai publié *La Mal-Mesure de l'homme* en 1981 ; depuis cette date, ce livre connaît une histoire véritablement fascinante et pleine de rebondissements. J'ai été très fier de le voir remporter le prix de la Société nationale des critiques de livres, dans la catégorie des essais, car ce prix est une marque de reconnaissance de la part des professionnels qui analysent et rendent compte des livres. Les critiques publiées ont, d'ailleurs, présenté certaines caractéristiques intéressantes : dans la presse sérieuse à destination du grand public, elles ont été uniformément chaleureuses ; dans les journaux spécialisés des praticiens de la psychologie et des sciences sociales, elles ont été diverses, comme on pouvait s'y attendre. La plupart des psychologues connus comme chefs de file de la pratique des tests mentaux et attachés à l'école héréditariste, ont écrit de grands comptes rendus sur mon livre, et on peut facilement deviner dans quel sens. Par exemple, Arthur Jensen ne l'a pas aimé. Mais la plupart des autres psychologues professionnels en ont fait l'éloge, souvent sans réticence et à longueur de colonnes.

La critique la plus négative de toutes (et un brin grotesque, à force d'absurdité) a sans aucun doute été publiée dans le numéro de l'automne 1983 du périodique *The Public Interest*. Dans ce journal archiconservateur, mon collègue atrabilaire de Harvard, Bernard D. Davis, s'est livré à une ridicule attaque, dirigée *ad hominem* et contre mon livre, dans un article intitulé « Le néolyssenkisme, le QI et la presse. » On peut aisément en résumer la thèse de la façon suivante : le livre de Gould a reçu un accueil triomphal dans la presse destinée au grand public, mais tous les auteurs spécialistes de ces questions l'ont éreinté sans merci. Par conséquent, il s'agit d'une foutaise répondant à des motivations politiques, et Gould ne vaut d'ailleurs pas mieux dans tout ce qu'il avance, comme sa théorie des équilibres ponctués et ses autres idées évolutionnistes.

Une vraie perle, cet article. Je suis absolument convaincu qu'il ne faut pas répondre aux critiques négatives de mauvaise foi, car rien ne trouble plus un attaquant que l'absence de riposte. Mais celui-ci allait un peu trop loin ; et je me suis donc mis à consulter des amis. Aussi bien Noam Chomsky que Salvador Luria, de grands chercheurs et humanistes, me dirent fondamentalement la même chose : il ne faut jamais répliquer, sauf si votre attaquant a avancé un argument dont on peut démontrer qu'il est faux, et qui, si on n'y répond pas, va éventuellement « faire son chemin ». Il m'a semblé que la diatribe de Davis tombait dans cette catégorie, et je lui répondis dans le numéro du printemps 1984 du même journal (c'est la seule fois où j'ai publié un article dans des journaux de cette obédience).

J'y ai expliqué, preuves à l'appui, que M. Davis n'avait sans doute lu qu'un petit nombre de comptes rendus de mon livre parus dans la presse. Sans doute ne les avait-il trouvés que dans les journaux qu'il appréciait, ou bien lui avaient-ils été envoyés par des collègues partageant ses idées politiques. De mon côté, grâce au service de presse de mon éditeur, je les avais tous eus. J'avais ainsi pu établir que sur les vingt-quatre critiques écrites par des professionnels de la psychologie, quatorze étaient positives, trois mi-figue, mi-raisin, et sept négatives (ces dernières ayant presque toutes été écrites par des praticiens des tests mentaux, partisans de la thèse héréditariste — ne fallait-il pas s'y attendre ?). J'avais particulièrement été sensible au fait que le vieux périodique de Cyril Burt, *The British Journal of Mathematical and Statistical Psychology*, avait publié l'un des comptes rendus les plus positifs : « Gould a rendu un grand service à notre profession en exposant les bases logiques de l'un des débats les plus importants des sciences sociales, et ce livre devrait être lu par tous les étudiants en psychologie, ainsi que par tous les praticiens de cette discipline. »

Ce livre s'est bien vendu depuis sa publication, et plus de deux cent cinquante mille exemplaires en ont maintenant été écoulés, avec des traductions dans dix langues. J'ai été particulièrement content de la correspondance permanente qu'il a suscité, sous la forme de lettres exprimant de la sympathie ou posant des questions (et certaines lettres hostiles m'ont amusé, comme des menaces émanant de néonazis ou d'antisémites). Je suis vraiment content, en rétrospective, d'avoir choisi d'écrire sous une forme qui excluait d'avance un coup d'éclat au moment de la publication (comme l'aurait certainement permis un style plus léger, et davantage de références à l'actualité immédiate), mais qui assurait au livre un impact durable (cette forme d'écriture a donc consisté à se concentrer sur les thèses fondatrices, analysées en consultant les sources dans leur langue d'origine).

La Mal-Mesure de l'homme n'est pas d'une lecture facile, mais le public que je visais était celui des personnes s'intéressant sérieusement au sujet. J'ai suivi les deux règles majeures que j'ai toujours appliquées dans l'écriture de mes articles destinés à *Natural History*. Premièrement, il ne faut pas s'étendre sur les généralités (comme je crains de l'avoir fait un peu dans cette introduction — travers de la maturité, sans doute !). Il faut se concentrer sur des détails, petits mais fascinants, qui peuvent piquer la curiosité du lecteur et illustrer des principes généraux bien mieux que ne pourrait le faire une discussion délibérée de ces derniers. De cette façon, le livre obtenu est bien plus intéressant pour les lecteurs, et bien plus agréable à écrire pour l'auteur. J'ai lu toutes les sources originales ; j'ai eu le plaisir de fouiller dans les données de Broca et d'y trouver des failles et des préjugés inconscients ; de reconstituer les tests que Yerkes avait fait passer aux recrues de l'armée ; de soupeser un crâne rempli de grenaille de plomb. Tout cela est bien plus satisfaisant que de s'appuyer, par esprit de facilité, sur des sources secondaires, et de recopier quelques réflexions banales chez d'autres commentateurs.

Deuxièmement, il faut écrire de façon simple, en éliminant le jargon technique, bien sûr, mais sans dénaturer les concepts ; pas de compromis, pas d'amoindrissement. La vulgarisation fait partie d'une grande tradition humaniste dans le cadre de la réflexion sérieuse, et ne consiste nullement à édulcorer cette dernière dans le but de divertir le public et de vendre des livres. Je n'ai donc pas reculé devant des sujets difficiles, et même mathématiques. Puisque je me retiens depuis quinze ans, permettez-moi quelques paragraphes pour fanfaronner un peu et dire ce qui m'a fait le plus plaisir dans ce livre.

L'histoire des tests mentaux au XXᵉ siècle s'est déroulée dans deux directions principales : premièrement, l'évaluation de l'âge mental et le classement des individus, opérations qui ont été effectuées par le biais des tests de QI ; et, deuxièmement, l'analyse des corrélations entre les résultats obtenus aux tests mentaux, qui a été effectuée par l'analyse factorielle. En fait, tous les ouvrages de vulgarisation sur les tests mentaux rendent compte très en détail des problèmes de QI, mais laissent pratiquement toujours de côté l'analyse factorielle. Il en est ainsi pour une raison évidente : la question du QI est facile à expliquer et à comprendre ; l'analyse factorielle, ainsi que l'analyse des variables multiples en général, paraît extrêmement compliquée à la plupart des gens et difficile à exprimer sans recourir à un énorme appareil mathématique.

Ainsi les ouvrages de vulgarisation ne retracent généralement pas de façon adéquate l'histoire de la théorie héréditariste de l'intelligence comme entité unimodale, car elle repose de façon cruciale sur les deux aspects évoqués ci-dessus. Cette histoire demande, en effet, de comprendre pourquoi certains auteurs ont un jour pensé qu'il était possible de classer les êtres humains sur une échelle linéaire d'après leur « valeur » mentale (c'est la démarche historique qui a mis en avant la notion de QI, et qui est généralement bien traitée). Mais on ne peut pas bien saisir ou interpréter la théorie de l'intelligence comme entité unimodale, si l'on ne rappelle pas au préalable les raisons qui ont amené à affirmer qu'elle pouvait se présenter sous cette forme (et alors être jaugée au moyen d'une seule mesure, comme le QI). Ces raisons étaient fournies par l'analyse factorielle, car celle-ci paraissait soutenir la notion du g de Spearman — l'entité unimodale logée dans la tête. Mais, comme déjà dit, les ouvrages de vulgarisation ont généralement laissé de côté l'analyse factorielle, ce qui leur a interdit toute possibilité d'explication réelle de l'histoire des tests mentaux.

Je me suis dit qu'il fallait traiter de l'analyse factorielle sans se dérober — et jamais je n'ai travaillé aussi dur pour rendre une question accessible aux lecteurs. Pendant un bon moment, je n'y suis pas arrivé, parce que je ne réussissais pas à traduire les mathématiques dans une prose qui soit compréhensible. Puis, dans un de ces éclairs d'illumination dont l'histoire des sciences rapporte de nombreux exemples, je réalisai tout à coup, qu'au lieu de présenter les formules algébriques habituelles, je pouvais recourir à la manière dont Thurstone avait interprété les tests, sous forme géométrique, c'est-à-dire au moyen de vecteurs (autrement dit, de flèches) partant d'un point commun. Cette approche résolut mon problème de vulgarisation, car la plupart des gens saisissent mieux les figures que les expressions mathématiques. Le chapitre V qui en a résulté n'est cependant pas d'une lecture facile. Il ne fera certainement jamais vibrer le public ; mais je n'ai jamais été aussi fier d'un texte de vulgarisation. Je crois que j'avais trouvé la bonne façon de présenter l'analyse factorielle ; et l'une des questions scientifiques les plus importantes du xxᵉ siècle ne peut pas être comprise si l'on ne traite pas ce sujet. Rien ne m'a jamais fait plus plaisir que les nombreuses réactions spontanées que m'ont adressées les statisticiens professionnels, me remerciant pour ce chapitre et affirmant que j'avais en effet réussi à rendre compte de l'analyse factorielle de façon précise et compréhensible. Je ne suis pas tout à fait prêt, mais je pourrai un jour chanter mon *Nunc dimittis** en paix.

---

* Allusion à la phrase *Nunc dimittis servum tuum, Domine* du vieillard Siméon, après avoir vu le Messie (évangile selon saint Luc, II, 25). Elle signifie qu'on peut mourir en paix après avoir vu accompli son vœu le plus cher. *(N.d.T.)*

Pour finir, je voudrais signaler un point annexe au sujet de l'analyse factorielle et de Cyril Burt. Mon chapitre sur ce thème porte le titre : « La véritable erreur de Cyril Burt : l'analyse factorielle et la réification de l'intelligence. » On a accusé Burt, à juste raison, d'avoir commis une fraude manifeste en inventant les observations dont il avait besoin pour ses études, faites à la fin de sa longue carrière, sur les vrais jumeaux séparés précocement dans la vie, et élevés dans des conditions sociales différentes. Certains auteurs ont récemment, comme c'était inévitable, je le suppose, essayé de le réhabiliter et de jeter le doute sur les accusations. Je considère que ces tentatives sont peu solides et ne mèneront jamais à rien, car il me semble bien que la fraude de Burt est établie de façon indubitable. Mais je voudrais souligner que cette affaire me paraît malheureuse et relativement secondaire — et le titre de mon chapitre essayait de traduire ce point de vue, quoique par le biais d'un jeu de mots peut-être un peu obscur. Indépendamment de ce que Burt a fait ou n'a pas fait, alors qu'il était devenu un pitoyable vieillard (et j'ai fini par ressentir de la sympathie pour lui, évitant de me gausser de sa déconfiture, et réalisant que son acte avait sans doute été inspiré par la souffrance personnelle et peut-être aussi par la maladie mentale), ses recherches sur les jumeaux effectuées sur le tard n'ont pas eu d'importance fondamentale dans l'histoire des tests mentaux. Burt a commis, bien plus tôt dans sa carrière, et sincèrement, une profonde erreur qui a imprimé un aspect fascinant et funeste à l'influence qu'ont eue ses travaux en psychologie. Car il a été le plus important des spécialistes de l'analyse factorielle après Spearman (il a occupé le poste universitaire de ce dernier, après sa mort) ; et l'erreur capitale de l'analyse factorielle réside dans la réification, autrement dit, dans la conversion d'entités abstraites en de prétendues entités concrètes. C'est donc l'analyse factorielle sur le mode héréditariste, et non pas l'étude tardive sur les jumeaux, qui constitue l'erreur « réelle » de Burt — car « réification » vient de la racine latine *res*, ou chose réelle*.

Inévitablement, comme pour tous les sujets qui bougent, beaucoup de choses ont changé, depuis que ce livre a été publié pour la première fois en 1981 — quelquefois à mon avantage, quelquefois dans le sens opposé. Mais j'ai choisi de laisser le texte principal essentiellement « tel quel », parce que la forme de base de la thèse envisageant l'intelligence comme entité unimodale, héritable, susceptible de se prêter à un classement, et non modifiable, n'a jamais beaucoup varié, et les critiques, de même, sont restées stables et aussi efficaces. Comme déjà dit plus haut, j'ai éliminé les quelques allusions se rapportant strictement à 1981, corrigé quelques erreurs typographiques et ajouté

---

* Le titre anglais du chapitre V est : *The real error of Cyril Burt*. L'allusion à la réification n'a pas pu être conservée dans la traduction de « réelle » par « véritable ». (*N.d.T.*)

quelques notes en bas de page afin d'instaurer un petit dialogue entre l'auteur que j'étais en 1981 et celui que je suis, à présent. À part cela, c'est le texte original que vous lisez dans cette édition révisée.

Cette dernière contient, cependant, des nouveautés représentées par les deux tranches de pain qui encadrent la viande de mon texte original : il s'agit de la présente introduction, au début, et d'une série d'essais, à la fin. Ceux-ci se répartissent en deux groupes, dont le premier correspond aux deux analyses très différentes que j'ai données de *The Bell Curve*. L'une des deux a paru dans *The New Yorker* (numéro du 28 novembre 1994). J'en ai été particulièrement satisfait, parce qu'elle a mis M. Murray en rage, et que de nombreuses personnes ont jugé ma démarche bien fondée et loyale (bien que fracassante) : celle-ci a consisté, en effet, à critiquer le manque de logique de la thèse générale en quatre parties de *The Bell Curve* et la désinvolture avec laquelle y sont présentés les résultats des observations (j'ai, en effet, montré que les auteurs avaient enfoui des résultats clairement contraires à leur thèse dans un appendice, tout en s'en prévalant comme preuves possibles en leur faveur, dans le texte principal). Il m'a été également agréable de constater que cette critique était la première grande analyse à se baser sur une lecture complète du texte de *The Bell Curve* (d'autres auteurs avaient écrit de puissantes réfutations des positions politiques exprimées dans ce livre, mais s'étaient abstenus d'attaquer ce dernier sur le fond, en disant qu'ils n'étaient pas capables d'en comprendre les aspects mathématiques !). Mon autre compte rendu de cet ouvrage a eu pour but de situer ses erreurs dans un contexte philosophique plus large, en montrant leur consonance avec certaines théories qui ont été avancées dans l'histoire du biodéterminisme. Cet autre essai, publié dans le numéro de février 1995 de *Natural History*, reprend certains thèmes figurant dans *La Mal-Mesure de l'homme*, à propos de Binet et de l'origine du test de QI — mais j'ai laissé telle quelle cette redondance, en pensant que ce contexte différent pour parler de Binet pouvait intéresser les lecteurs. La première partie de cet article porte sur Gobineau, l'ancêtre du racisme scientifique moderne, et c'est un thème que j'aurais dû originellement inclure dans *La Mal-Mesure de l'homme*.

Le second groupe d'essais comporte trois études historiques sur des personnages cruciaux des XVIIe, XVIIIe, et XIXe siècles respectivement. Nous faisons d'abord connaissance avec Sir Thomas Browne et sa réfutation, datant du XVIIe siècle, de l'accusation mystificatrice selon laquelle « les Juifs puent. » J'apprécie, en effet, beaucoup l'argumentation de Browne, dans la mesure où elle suit la même démarche efficace que celle ayant, depuis, combattu le biodéterminisme (de sorte que son entreprise ancienne de réfutation des croyances erronées a gardé toute sa valeur). Cet essai se termine par un aperçu sur les étonnantes révisions que la génétique moderne et les données de l'évolution sur l'origine de l'homme nous obligent à faire, concernant la notion de race.

Le deuxième essai examine l'œuvre fondatrice de la classification raciale moderne, un système de « base cinq » inventé par J.F. Blumenbach, anthropologue allemand, humaniste et adepte des Lumières. Je montre dans cet article comment la théorie et les présupposés inconscients influencent toujours la façon dont nous analysons les données d'observation prétendûment objectives. Blumenbach était plein de bonnes intentions, mais finit, au bout du compte, par formuler l'idée que les races pouvaient se ranger selon une hiérarchie. Il était arrivé à cette théorie par le biais de considérations géométriques et esthétiques, et non pas en raison d'une méchanceté déclarée. Si vous vous êtes jamais demandé pourquoi les Blancs sont appelés des Caucasiens par les taxinomistes, en l'honneur d'une petite région de la Russie, vous trouverez la réponse dans cet essai et dans les définitions avancées par Blumenbach. Le dernier article fait le bilan des conceptions de Darwin, parfois traditionnelles, parfois courageuses, sur les différences raciales, et se termine par un plaidoyer : il faut s'efforcer de comprendre les personnages historiques dans le contexte de leur propre époque, et non par rapport à la nôtre.

Je n'avais nullement l'intention de servir du réchauffé à la fin de ce livre, et j'avais donc prévu initialement de ne mettre, dans cette partie de conclusion, que des essais n'ayant encore jamais figuré dans aucune anthologie. En définitive, cependant, le tout dernier, celui sur Darwin, a déjà été republié dans mon recueil, intitulé *Eight Little Piggies**. C'est que je ne pouvais omettre mon héros personnel, et, de plus, la conclusion de cet essai me permettait d'atteindre un effet de symétrie : le présent livre se termine par la même merveilleuse phrase de Darwin qui est examinée au début de cette introduction et qui sert, en même temps, d'épigraphe au texte central de *La Mal-Mesure de l'homme*. Un autre essai, la critique de *The Bell Curve* parue dans *The New Yorker*, a, de son côté, déjà paru dans un recueil rapidement publié pour répondre au livre de Murray et Herrnstein. Les autres essais n'ont jamais été repris dans aucune anthologie** et, intentionnellement, je ne les ai pas inclus dans mon prochain volume de la série des « Réflexions sur l'histoire naturelle, » *Dinosaur in a Haystack*.

La question du biodéterminisme a une longue histoire, complexe et pleine de conflits. On peut aisément se perdre dans les détails des théories abstraites qui ont été avancées. Mais il ne faut jamais oublier l'impact humain qu'ont eu ces thèses erronées, sous la forme de vies

---

* Traduit en français sous le titre : *Comme les huit doigts de la main* (Seuil, 1996). *(N.d.T.)*

** Pour les lecteurs francophones, il faut préciser que l'essai intitulé « La courbe en cloche du temps jadis joue les revenants » a déjà paru dans le recueil d'articles *Mesures et démesure*, publié par la Cité des sciences et de l'industrie. *(N.d.T.)*

dévaluées pour certains individus ; et, pour cette raison, nous ne devons jamais faiblir dans notre détermination à démonter les erreurs scientifiques qui ont été employées à des fins sociales pernicieuses. Permettez-moi donc de conclure par l'un des paragraphes cruciaux de la première introduction à *La Mal-Mesure de l'homme* : « Nous ne traversons ce monde qu'une fois. Peu de tragédies ont plus de conséquences que de ne pas permettre à la vie de s'épanouir, peu d'injustices sont plus profondes que de réduire à néant les occasions de se développer, ou même d'espérer, à cause des limites imposées de l'extérieur, mais que l'on pense venir de soi. »

Introduction

Les citoyens de la République devaient, selon Socrate, être élevés et classés d'après leurs mérites en trois classes : les dirigeants, les auxiliaires et les artisans. Une société stable exige que ces rangs soient respectés et que les citoyens acceptent le statut qui leur a été attribué. Mais comment s'assurer de cet accord ? Socrate, dans l'incapacité d'avancer un raisonnement logique, invente un mythe. Avec quelque gêne, il dit à Glaucon :

> Eh bien ! Je vais parler. Je ne sais cependant pas comment te regarder en face ni en quels termes je m'exprimerai [...] : « En fin de compte, dirai-je aux citoyens que j'entreprendrai de persuader, ces principes d'éducation et d'instruction dont vous avez été pourvus par nous, c'était une manière de rêve [...] tandis que la vérité est que, en ce temps-là, vous étiez façonnés et élevés dans les profondeurs souterraines. »

« Ce n'est pas pour rien, s'écria Glaucon, atterré, que depuis longtemps tu rougissais de recourir au mensonge dans ton langage ! » — « Et entièrement à bon droit ! repartit Socrate, mais ce n'est pas fini, écoute encore le reste de l'histoire. »

> Vous tous qui faites partie de la Cité (voilà ce que nous déclarerons, en leur contant cette histoire), c'est entendu désormais, vous êtes frères ! Mais le Dieu qui vous façonne en produisant ceux d'entre vous qui sont faits pour commander, a mêlé de l'or à leur substance, ce qui explique qu'ils soient au rang le plus honorable ; de l'argent, chez ceux qui sont faits pour servir d'auxiliaires ; du fer et du bronze, dans les cultivateurs et dans les hommes de métier en général. En conséquence, puisque entre vous tous il y a communauté d'origine, il est probable que généralement vous engendrerez des enfants à votre propre ressemblance [...]. Attendu

qu'un oracle prédit la ruine totale de l'État, le jour où ce sera le gardien de fer ou celui de bronze qui le gardera ! Or, cette histoire, possèdes-tu quelque moyen de faire qu'on y croie ?

« Pas le moindre moyen, répondit Glaucon, du moins pour la génération actuelle. Je le posséderais cependant, s'il s'agissait de leurs fils, de la postérité de ceux-ci, enfin de toute l'humanité future ! »

Les propos de Glaucon étaient prophétiques. C'est la même histoire, colportée sous des versions différentes, à laquelle on croit depuis. La justification de la classification des groupes suivant leurs mérites a changé selon les courants de l'histoire occidentale. Platon s'est appuyé sur la dialectique, l'Église sur le dogme. Depuis deux siècles, ce sont les thèses scientifiques qui jouent le rôle principal dans la survie du mythe de Platon.

Ce livre traite de la version scientifique du récit de Platon. On peut en résumer la philosophie générale sous le terme de *déterminisme biologique*. Selon cette doctrine, les normes de comportement des groupes humains et les différences économiques et sociales entre eux — en premier lieu, les races, les classes et les sexes — sont issues de distinctions héritées, innées, et que la société, en ce sens, est bien un exact reflet de la biologie. Ce livre présente, dans une perspective historique, un des thèmes principaux du déterminisme biologique : l'estimation de la valeur des individus et des groupes par la *mesure de l'intelligence en tant qu'entité séparée et quantifiable*. Deux sources principales de données sont venues tour à tour étayer cette argumentation : la craniométrie et certains modes d'utilisation des tests psychologiques.

Les métaux ont aujourd'hui cédé la place aux gènes, mais l'argument de base ne s'est pas modifié : les rôles sociaux et économiques reflètent exactement la construction innée des individus. Un aspect de la stratégie intellectuelle a changé cependant : Socrate savait qu'il mentait.

Les déterministes se sont souvent servi du prestige de la science comme d'une connaissance objective, libre de toute influence sociale et politique. Ils se sont décrits eux-mêmes comme des propagateurs de la pure vérité et ont présenté leurs adversaires comme des idéologues à la sensiblerie déplacée et des utopistes prenant leurs désirs pour des réalités. Louis Agassiz (1850, p. 111) en défendant sa thèse qui faisait des Noirs une race séparée, écrivait : « Les naturalistes ont le droit de considérer les questions que posent les rapports physiques des hommes comme de simples questions scientifiques et de les étudier sans référence à la politique ou à la religion. » Carl C. Brigham (1923), préconisant le refoulement des immigrants de l'Europe du Sud et de l'Est ayant obtenu de faibles résultats aux prétendus tests d'intelligence innée, déclara : « Les mesures qui devraient être prises pour préserver ou augmenter notre présente capacité intellectuelle doivent être bien évidemment dictées par la science et non par des considérations politiques. » Cyril Burt, mettant en avant des données truquées dressées par ce personnage inventé qu'était Mme J. Conway, se plaignait que les doutes sur la base génétique du QI « semblaient reposer plus sur les idéaux sociaux ou les préférences subjectives des adversaires que sur l'examen direct des preuves étayant la thèse opposée » (*in* Conway, 1959, p. 15).

Les groupes au pouvoir trouvant dans le déterminisme biologique une utilité évidente, on pourrait excuser celui qui suspecte cette théorie d'éclore également dans un contexte politique, en dépit des dénégations citées plus haut. Après tout, si le *statu quo* est un prolongement de la nature, tout changement majeur, si tant est qu'il est possible, doit imposer un coût énorme — psychologique pour les individus, économique pour la société — car il oblige les gens à adopter des arrangements contre nature. Dans un livre qui marqua son époque, *An American Dilemma* (1944), le sociologue suédois Gunnar Myrdal commenta l'influence grandissante exercée par les arguments biologiques et médicaux sur la nature humaine : « On les a associés aux États-Unis, comme dans le reste du monde, à des idéologies conservatrices et même réactionnaires. Sous leur longue hégémonie, on a eu tendance à admettre sans se poser de questions qu'il existait une relation biologique de cause à effet et à n'accepter les explications d'ordre social que sous la contrainte de preuves irréfutables. Dans le domaine politique, cette tendance a favorisé les décisions attentistes. » Comme Condorcet le disait il y a longtemps, beaucoup plus brièvement : ils « rendent la nature complice du crime d'inégalité politique ».

Ce livre cherche tout à la fois à mettre en évidence les faiblesses scientifiques des arguments déterministes et à présenter le contexte politique dans lequel ils ont été élaborés. Mais je n'entends pas pour autant opposer les vilains déterministes, égarés loin du chemin de l'objectivité scientifique, aux antidéterministes éclairés qui examinent les données avec l'esprit ouvert et découvrent ainsi la vérité. Bien au contraire, je m'élève contre le mythe selon lequel la science est en soi une entreprise objective qui n'est menée à bien que lorsque les savants peuvent se débarrasser des contraintes de leur culture et regarder le monde tel qu'il est réellement.

Parmi les hommes de science, peu nombreux sont, dans les deux camps, les idéologues conscients qui ont abordé ces sujets. Il n'est pas nécessaire que les savants soient des prosélytes déclarés de leur classe ou de leur culture pour être le reflet de ces aspects envahissants de la vie. Je ne prétends pas que les tenants du déterminisme biologique étaient de mauvais savants ni même qu'ils aient toujours eu tort. Je pense plutôt que l'on doit appréhender la science comme un phénomène social, comme une entreprise humaine dynamique, et non comme le travail de robots programmés pour recueillir de pures informations. Je considère également cette thèse comme une vision optimiste de la science et non comme une sombre épitaphe dédiée à une noble espérance sacrifiée sur l'autel des limites humaines.

La science, puisque ce sont des individus qui la font, est une activité qui plonge ses racines dans la société. Elle progresse par pressentiment, vision et intuition. Une grande part de sa transformation dans le temps ne doit pas être considérée comme une approche plus fine de la vérité absolue, mais comme la modification des contextes culturels qui l'influencent si fortement. Les faits ne sont pas des éléments d'information purs et sans tache ; la culture également influe sur ce que nous voyons et sur la manière dont nous voyons les choses. Les théories, en outre, ne sont pas des déductions inexorables que l'on tire des faits. Les théories les plus créatrices sont souvent des visions que l'imagination a imposées aux faits ; la source de l'imagination est souvent aussi d'origine fortement culturelle.

Cette argumentation, bien qu'elle résonne toujours aux oreilles de nombreux hommes de science comme un anathème, serait, je pense, acceptée par presque tous les historiens de la science. En m'en faisant le défenseur, cependant, je ne désire pas m'associer à cette extrapolation relativiste que l'on rencontre maintenant fréquemment dans certains cercles historiques, selon laquelle le changement scientifique ne traduit que la modification des contextes sociaux, que la vérité est une notion sans signification en dehors des postulats de la culture où elle a été élaborée et que la science ne peut donc fournir aucune réponse définitive. En tant que chercheur en exercice, je partage le credo de mes collègues : je crois qu'une réalité des faits existe et que la science, bien que souvent de manière bornée ou capricieuse, peut accroître nos connaissances sur cette réalité. On n'a pas menacé Galilée de subir les affres de la torture au cours d'un débat abstrait sur les mouvements lunaires. Sa théorie avait mis en danger l'argument utilisé alors par l'Église pour maintenir la stabilité sociale et doctrinale, celui d'un ordre mondial statique avec des planètes tournant autour d'une Terre, centre de l'univers, un clergé soumis au pape et des serfs à leur seigneur. Mais l'Église fit bientôt la paix avec la cosmologie galiléenne. Elle n'avait pas le choix : c'est bien la terre qui se trouve dans l'orbite du soleil.

Cependant l'histoire de nombreux sujets scientifiques est pratiquement dépourvue de ces contraintes liées aux faits pour deux raisons principales. Tout d'abord, certains d'entre eux revêtent une très grande importance sociale mais ne bénéficient que de fort peu d'informations dignes de foi. Lorsque la proportion des données par rapport à l'impact social est très faible, l'histoire des attitudes scientifiques ne peut guère être plus qu'une façon détournée de présenter les changements sociaux. L'histoire des thèses scientifiques sur les races, par exemple, sert de miroir aux mouvements sociaux (Provine, 1973). Ce miroir renvoie l'image de son époque, des bonnes périodes et des mauvaises, de celles où l'on croit à l'égalité et de celles où domine le racisme. Le glas du vieil eugénisme a sonné aux États-Unis davantage à cause de l'usage particulier qu'Hitler fit des arguments jadis en vogue sur la stérilisation et la purification de la race que par les progrès réalisés dans nos connaissances sur la génétique.

En second lieu, certains hommes de science formulent de nombreuses questions de manière si restrictive que toute réponse légitime ne peut que confirmer une préférence sociale. L'essentiel du débat sur les différences raciales dans le domaine mental, par exemple, a découlé de la supposition première qui faisait de l'intelligence une chose située dans la tête. Jusqu'à ce que cette notion soit rejetée, toutes les données, aussi nombreuses fussent-elles, n'ont pu aller à l'encontre de cette forte tradition occidentale consistant à ordonner des éléments apparentés sous une forme hiérarchisée.

La science ne peut pas échapper à sa curieuse dialectique. Englobée dans la culture environnante, elle peut néanmoins constituer un agent puissant pour remettre en cause, voire retourner, les hypothèses qui en forment la base. La science peut fournir les informations qui permettent de réduire le rapport entre les données et l'influence sociale. Les scientifiques peuvent s'efforcer d'isoler les *a priori* culturels de leur domaine et de se demander quel type de réponses on pourrait formuler en partant d'hypothèses différentes. Ils peuvent proposer des théories originales contraignant leurs collègues à envisager des procédures nouvelles. Mais la science ne peut servir à analyser les contraintes culturelles qui pèsent sur elle que dans la mesure où l'on abandonne ces deux mythes jumeaux, objectivité et progrès inexorable vers la vérité. Il faut d'abord repérer la poutre que l'on a dans l'œil avant de se prononcer sur la paille dans l'œil du voisin. La poutre peut alors contribuer à la clairvoyance plutôt qu'à l'aveuglement.

Gunnar Myrdal (1944) avait bien saisi les deux termes de l'alternative lorsqu'il écrivit :

> Une poignée de chercheurs en biologie et en sciences sociales ont, ces cinquante dernières années, progressivement forcé le public bien informé à abandonner certaines de nos erreurs biologiques les plus flagrantes. Mais il doit rester une quantité innombrable d'erreurs du même type qu'aucun homme vivant ne peut encore déceler à cause des brumes dans lesquelles la civilisation occidentale nous enveloppe. Les influences culturelles ont mis en place les hypothèses sur l'esprit, le corps et l'univers qui nous servent de point de départ. C'est par leur intermédiaire que nous posons les questions que nous tentons de résoudre, que nous influons sur les faits que nous recherchons, que nous élaborons l'interprétation que nous donnons de ces faits et que nous dirigeons nos réactions vers ces interprétations et ces conclusions.

Le déterminisme biologique est un sujet trop vaste pour être couvert par un seul homme dans un seul livre — car il aborde pratiquement tous les aspects de l'interaction entre la biologie et la société depuis l'avènement de la science moderne. J'ai donc tenu à restreindre mon propos à un seul thème facile à exposer et occupant une position centrale dans l'édifice du déterminisme biologique. Il comprend deux chapitres historiques qui traitent, dans le même style, de deux profondes illusions et des erreurs qu'elles ont entraînées.

Mon argumentation s'ouvre par l'une de ces illusions, la *réification*, c'est-à-dire notre tendance à transformer les concepts abstraits en entités (du latin *res*, « chose »). Nous reconnaissons l'importance de l'esprit dans nos vies et souhaitons en connaître les caractéristiques de manière à opérer parmi les individus les divisions et les distinctions que nous impose notre système politique et culturel. Nous donnons alors le nom d'« intelligence » à cet ensemble merveilleusement complexe de facultés humaines. Ce symbole commode est alors réifié et acquiert son statut équivoque de chose unitaire.

Une fois l'intelligence devenue entité, les processus classiques de la science imposent pratiquement qu'on lui cherche une localisation et un substrat physique. Le cerveau étant le siège de l'esprit, c'est donc là que doit résider l'intelligence.

À ce point du raisonnement nous rencontrons la deuxième erreur, la *classification*, c'est-à-dire notre propension à ordonner les valeurs complexes selon une échelle graduelle de valeurs ascendantes. Le progrès et le gradualisme comptent parmi les notions ayant exercé une influence profonde sur la pensée occidentale — voir l'essai classique de Lovejoy (1936) sur la grande chaîne des êtres vivants ou la célèbre analyse de l'idée de progrès par Bury (1920). Leur utilité sociale apparaît de façon évidente dans l'avertissement que Booker T. Washington (1904, p. 245) adressait aux Noirs d'Amérique du Nord.

> Pour ma race, l'un des dangers réside dans l'impatience et dans le sentiment qu'elle peut se redresser par des efforts artificiels et superficiels plus que par le processus, plus lent, mais plus sûr, qui consiste à gravir un par un les degrés du développement industriel, mental, moral et social que toutes les races ont dû emprunter pour acquérir leur indépendance et leur force.

Mais la classification exige un critère permettant d'attribuer à tous les individus un statut dans une série unique. Et quel meilleur critère qu'un chiffre objectif ? Le point commun de ces deux erreurs a donc été la quantification, à savoir en l'occurrence la mesure de l'intelligence à l'aide d'un seul chiffre pour chaque personne*. Ce livre traite

---

* Peter Medawar (1977, p. 13) a présenté quelques autres exemples intéressants de « l'illusion qui naît du désir d'assigner une valeur chiffrée à des quantités complexes ». Il cite, entre autres, les démographes qui ont tenté de rechercher les causes des variations de la natalité en utilisant une mesure unique, celle de la « prouesse

donc du concept d'intelligence considérée comme une entité unique, de sa localisation à l'intérieur du cerveau, de sa quantification en un seul chiffre pour chaque individu et de l'utilisation que l'on a faite de ces chiffres pour établir une classification sur une seule échelle de valeurs, d'où il ressort invariablement que l'infériorité des groupes opprimés et désavantagés — races, classes ou sexes — est innée et qu'ils méritent leur statut. En un mot, ce livre traite de la « mal-mesure » de l'homme*.

Les arguments justifiant la classification ont différé au cours des deux derniers siècles. Au XIXe, c'est la craniologie qui tenait le premier rang des sciences numériques du déterminisme biologique. J'en discute dans le chapitre premier les données les plus complètes qui aient été recueillies avant Darwin dans le but de classer les races par la taille de leur cerveau : la collection de crânes d'un médecin de Philadelphie, Samuel George Morton. Le chapitre II présente l'épanouissement de la craniologie dans l'Europe de la fin du XIXe siècle, science rigoureuse et respectable grâce à l'école de Broca. Le chapitre III ramène à ses justes proportions l'influence exercée par les approches quantitatives de l'anatomie humaine dues au déterminisme biologique au XIXe siècle. Y sont exposées deux thèses : la théorie de la récapitulation, critère principal de l'évolution servant à classer les groupes humains et la tentative d'explication du comportement criminel par un atavisme biologique traduisant la morphologie simiesque des assassins et autres délinquants.

Ce que la craniométrie était au XIXe siècle, les tests d'intelligence le devinrent au XXe, lorsqu'ils admettent comme postulat que l'intelligence (ou au moins une part prédominante de celle-ci) est une chose unique, innée, héréditaire et mesurable. Je critique les deux composantes de cette approche erronée des tests mentaux dans le chapitre IV (l'hérédité du QI, notion purement américaine) et dans le chapitre V (la réification de l'intelligence par la technique de l'analyse factorielle). L'analyse factorielle est un sujet mathématique ardu, presque immanquablement omis dans les documents écrits pour les profanes. Je reste néanmoins persuadé qu'on peut le rendre accessible en l'expliquant de manière imagée, sans faire appel aux chiffres. Le chapitre V n'est certes pas toujours d'une lecture facile, mais je n'ai pas pu me résoudre à l'ôter, car on ne peut pas comprendre l'histoire des tests d'intelligence

---

reproductive », et les pédologues qui se sont évertués à résumer la « qualité » d'un sol en un seul chiffre.

* Suivant les limites de l'argumentation que je me suis fixées plus haut, je n'aborde pas toutes les théories de la craniométrie (j'en exclus, par exemple, la phrénologie car elle ne réifiait pas l'intelligence en tant qu'entité unique, mais en cherchait les multiples organes dans le cerveau). Semblablement, j'ai écarté de nombreuses et importantes expressions du déterminisme, souvent quantifiées, qui ne se donnaient pas pour but la mesure de l'intelligence comme propriété du cerveau, ce qui est le cas, par exemple, de la plupart des thèses eugénistes.

sans avoir saisi en quoi consiste l'analyse factorielle et où réside sa profonde faille conceptuelle. Le grand débat sur le QI ne peut prendre son sens qu'avec ce sujet ordinairement passé sous silence.

J'ai essayé d'aborder ces questions de manière originale en employant une méthode qui sort du champ traditionnel des scientifiques ou des historiens lorsque ceux-ci travaillent seuls. Les historiens négligent généralement les aspects quantitatifs des données de base sur lesquelles ils s'appuient. Ils exposent, mieux que je ne sais le faire, le contexte social, la biogéographie ou l'histoire générale des idées. Les hommes de science sont accoutumés à analyser les données de leurs pairs, mais rares sont ceux qui s'intéressent suffisamment à l'histoire pour appliquer cette méthode à leurs prédécesseurs. C'est ainsi que de nombreux érudits ont écrit sur l'influence de Broca, mais personne n'a jamais refait ses calculs.

J'ai centré mon étude sur le réexamen des données classiques de la craniologie et des tests d'intelligence pour deux raisons, outre mon incompétence à procéder d'une manière plus féconde et mon désir de trouver une démarche un tant soit peu différente. Je crois, avant toute chose, que c'est dans les détails qu'on trouve l'enfer aussi bien que le paradis. Si l'on peut déceler les influences culturelles sur la science dans la routine d'un processus de quantification presque automatique et prétendument objectif, on peut être alors assuré que la doctrine du déterminisme biologique est bien un préjugé social véhiculé à leur manière par des hommes de science.

La seconde raison d'analyser les données quantitatives vient du statut spécial dont bénéficient les chiffres. La mystique de la science fait de ceux-ci le critère ultime de l'objectivité. Il est certain que l'on peut peser un crâne ou établir un test d'intelligence sans faire intervenir nos préférences sociales. Si des chiffres bruts obtenus par des méthodes rigoureuses et normalisées font apparaître une classification des individus, celle-ci doit donc refléter la réalité, même si elle vient confirmer les hypothèses de départ. Les antidéterministes ont compris le singulier prestige dont jouissent les chiffres et les difficultés toutes particulières qu'il y a à vouloir les réfuter. Voilà ce que Léonce Manouvrier (1903, p. 406), la brebis galeuse non déterministe du troupeau de Broca, et excellent statisticien, écrivit des données de Broca sur la petite taille du cerveau des femmes :

> Les femmes faisaient valoir leurs illustrations et leurs diplômes. Elles invoquaient aussi des autorités philosophiques. Mais on leur opposait des chiffres que ni Condorcet, ni Stuart Mill, ni Émile de Girardin n'avaient connus. Ces chiffres tombaient comme des coups de massue sur les pauvres femmes, accompagnés de commentaires et de sarcasmes plus féroces que les plus misogynes imprécations de certains Pères de l'Église. Des théologiens s'étaient demandé si la femme avait une âme. Des savants furent bien près, un certain nombre de siècles plus tard, de lui refuser une intelligence humaine.

Si, comme je pense l'avoir montré, les données quantitatives subissent l'influence des contraintes culturelles comme tout autre aspect de la science, elles ne peuvent pas, pour elles seules, revendiquer le droit à la vérité finale.

En réanalysant ces données classiques, j'ai sans cesse cherché à y repérer le préjugé qui avait conduit les savants à des conclusions faussées malgré l'exactitude de leurs données initiales ou à déformer le recueil de données lui-même. Dans certains cas — les QI des jumeaux identiques inventés par Cyril Burt et les trucages que j'ai découverts dans les photos de Goddard destinées à accréditer la thèse de l'arriération mentale des Kallikak — c'est par la supercherie que le préjugé social a pu trouver sa place. Mais les falsifications ne présentent pas d'intérêt d'un point de vue historique ; ce ne sont guère que des anecdotes car ceux qui les commettent savent ce qu'ils font et ces affaires n'illustrent en rien les influences inconscientes qu'exercent les subtiles et inévitables contraintes culturelles. Dans la plupart des cas exposés dans ce livre, on peut être quasiment assuré que les préventions — bien qu'exprimées avec autant d'évidence que dans les cas de fraude — ont agi à l'insu des savants eux-mêmes, persuadés qu'ils étaient de poursuivre une vérité sans tache.

De nombreux cas présentés ici paraissant si évidents, risibles même, selon les normes d'aujourd'hui, je tiens à souligner que j'ai évité de m'en prendre à des personnages marginaux s'offrant facilement aux coups (à l'exception peut-être de M. Bean au chapitre II, que j'ai utilisé en lever de rideau pour illustrer une idée générale, et de M. Cartwright au chapitre premier, dont les affirmations étaient trop belles pour être passées sous silence). Car les propos outranciers n'ont jamais manqué sur le sujet : un eugéniste du nom de W.D. McKim (1900) pensait qu'il fallait en finir avec les cambrioleurs nocturnes en utilisant le gaz carbonique ; un certain professeur anglais, lors de son voyage aux États-Unis à la fin du siècle dernier, émit l'idée que nos problèmes raciaux seraient résolus si chaque Irlandais tuait un Noir et était pendu pour son crime. Ces excès de langage ne relèvent, eux aussi, que de l'anecdote et non de l'histoire ; ils sont sans lendemain et sans influence, ils ne font que nous divertir. Je me suis donc intéressé avant tout aux hommes de science les plus importants de leur époque et j'ai analysé leurs œuvres maîtresses.

J'ai pris plaisir à jouer les détectives dans la plupart des affaires qui constituent ce livre : à rechercher dans des lettres publiées les passages qui en ont été expurgés, et cela sans la moindre mention, à refaire les calculs pour y déceler des erreurs venues à point nommé renforcer les partis pris initiaux, à découvrir comment des données, passées à travers le filtre des préjugés, peuvent aboutir aux résultats escomptés, et même à faire passer à mes étudiants d'université les tests mentaux de l'armée pour illettrés — avec des résultats non dénués d'intérêt. Mais j'espère que, quel que soit le soin que tout chercheur se doit d'apporter aux détails, le message général n'aura pas été occulté, à savoir que, d'une part, les arguments employés par les déterministes pour classer les peuples selon une seule échelle d'intelligence, aussi élaborée soit-elle, n'ont guère abouti à autre chose qu'à exprimer les préjugés sociaux et que, d'autre part, en persévérant dans cette analyse, nous avons tout lieu d'être optimistes sur la nature de la science.

Si le sujet ne concernait que les spécialistes, je pourrais l'aborder sur un ton plus mesuré. Mais peu de questions dans le domaine biologique ont eu une influence aussi directe sur la vie de millions de gens. Car le déterminisme biologique est, dans son essence même, une *théorie des limites*. Il considère le statut actuel des groupes comme la mesure de ce qu'ils devraient et doivent être (même si quelques rares individus parviennent à s'élever grâce à d'heureuses circonstances biologiques).

J'ai peu parlé du réveil du déterminisme biologique, car ses prétentions sont généralement si éphémères que leur réfutation a plus sa place dans un article de revue ou de journal. Qui se souvient encore des thèmes qui défrayèrent la chronique il y a dix ans : la proposition émise par Shockley d'indemniser tous les individus acceptant de se faire stériliser en fonction de leur nombre de points de QI sous la moyenne de 100, la grande controverse sur le chromosome Y surnuméraire ou l'explication des émeutes urbaines par les maladies neurologiques dont seraient atteints les émeutiers. J'ai pensé qu'il serait plus intéressant et plus valable de retrouver l'origine de ces arguments qui restent toujours utilisés autour de nous. Là, au moins, on peut trouver de grandes erreurs révélatrices. Bien m'en a pris d'écrire ce livre, car le déterminisme biologique connaît actuellement un regain de popularité, comme il en va toujours lorsque la vie politique traverse une période de repliement. Dans les salons, on parle depuis quelque temps, avec la profondeur coutumière à ces lieux, de l'agressivité innée, des rôles sexuels et du singe nu. Des millions de personnes se persuadent à présent que leurs préjugés sociaux sont, après tout, des faits scientifiques. Cependant ces préjugés latents, qui n'ont rien de nouveau, font l'objet d'attentions redoublées.

Nous ne traversons ce monde qu'une fois. Peu de tragédies ont plus de conséquences que de ne pas permettre à la vie de s'épanouir, peu d'injustices sont plus profondes que de réduire à néant les occasions de se développer, ou même d'espérer, à cause de limites imposées de l'extérieur mais que l'on pense venir de soi. Cicéron raconte l'histoire de Zopyrus qui prétendait que Socrate avait des vices innés, évidents dans son aspect physique. Ses disciples s'élevèrent contre cette affirmation, mais Socrate prit le parti de Zopyrus et déclara qu'il possédait bien ces vices, mais en avait annulé les effets par l'exercice de la raison. Nous vivons dans un monde de différences et de préférences humaines, mais l'extrapolation de ces faits en des théories aux limites rigides n'est autre que de l'idéologie.

George Eliot a bien pris conscience de la tragédie particulière que la classification biologique imposait aux membres des groupes désavantagés. Elle l'a exprimée pour des personnes comme elle-même, c'est-à-dire des femmes au talent extraordinaire. Je voudrais l'appliquer de façon plus vaste — non seulement à tous ceux qui voient leurs rêves bafoués, mais aussi à ceux qui ne se sont jamais rendu compte qu'ils pouvaient rêver. Dans l'impossibilité où je suis d'égaler la prose de George Eliot, voici, en conclusion, un extrait du prélude de *Middlemarch*.

Certains ont senti que ces vies gâchées sont imputables à la fâcheuse imprécision dont le Pouvoir Suprême, en créant la femme, a doté sa nature. Si le niveau de l'incompétence féminine pouvait se définir par le fait de savoir compter jusqu'à trois et pas au-delà, on pourrait discuter avec une rigueur scientifique la place de la femme dans la société. L'indétermination persiste et le champ de ses variations est beaucoup plus vaste qu'on aurait lieu de le supposer d'après la similitude de la coiffure des femmes et leur commune prédilection pour telle ou telle histoire d'amour en prose ou en vers. De temps en temps, il advient qu'un jeune cygne naisse parmi les canetons et grandisse, non sans peine, sur l'étang aux eaux sombres : faute de compagnons semblables à lui, il ne trouvera jamais le chemin de sa vie. Çà et là, naît une sainte Thérèse qui ne peut rien fonder, dont le cœur ardent aspire vainement à un bien qui lui est refusé, dont la passion frémissante s'épuise à lutter contre de petits obstacles au lieu de prendre forme en quelque création mémorable.

CHAPITRE PREMIER

Le polygénisme et la craniométrie aux États-Unis avant Darwin

---

LES NOIRS ET LES INDIENS CONSIDÉRÉS COMME DES RACES SÉPARÉES ET INFÉRIEURES

> L'ordre est la loi divine ; il nous faut bien l'admettre. Les uns doivent dominer, les autres se soumettre.
>
> Alexander POPE,
> *Essai sur l'homme* (1733).

Au cours de l'histoire, on a utilisé les appels à la raison ou à la nature de l'univers pour entériner les hiérarchies et justifier leur caractère inévitable. Les hiérarchies elles-mêmes durent rarement plus que quelques générations, mais les arguments, remis à neuf à chaque renouvellement des institutions sociales, poursuivent leur cycle interminable.

L'éventail des justifications fondées sur la nature recouvre un grand nombre de possibilités : ce sont, par exemple, des analogies élaborées entre, d'une part, ceux qui détiennent le pouvoir et toutes les classes hiérarchisées qui leur sont subordonnées et, de l'autre, la Terre, centre du monde de l'astronomie de Ptolémée, et un ensemble ordonné de corps célestes gravitant autour d'elle ; ou bien des références à l'ordre universel, à la « grande chaîne des êtres vivants », longue série linéaire allant de l'amibe à Dieu, en passant, près de son sommet, par une suite progressive de races et de classes humaines. Citons de nouveau Alexander Pope :

Sans cette juste échelle, pourraient-ils se soumettre
Ceux-ci à ceux-là, ou tous à toi, leur maître ?
. . . .
Un seul maillon brisé dans la chaîne nature,
Dixième ou dix millième, entraîne sa rupture.

Les plus humbles, tout comme les plus grands, jouent leur rôle dans la préservation de cet ordre universel ; tous remplissent la mission qui leur a été assignée.

Ce livre traite d'un sujet qui, à la surprise de beaucoup, semble être arrivé bien tard : le déterminisme biologique, notion selon laquelle les gens de basse souche sont constitués d'éléments inférieurs (cerveaux déficients, gènes médiocres, etc.). Platon, comme nous l'avons vu, a avancé prudemment cette proposition dans la *République* pour finalement la rabaisser au rang d'un mensonge.

Les préjugés raciaux sont peut-être aussi anciens que l'histoire connue, mais leur justification biologique a fait peser sur les groupes méprisés un fardeau supplémentaire, celui de leur infériorité inhérente, et a empêché tout rachat par la conversion ou l'assimilation. L'argumentation « scientifique » a formé le premier front de cette offensive pendant plus d'un siècle. En abordant la première théorie biologique s'appuyant sur des données quantitatives en grand nombre — la craniométrie du début du XIXe siècle —, je dois commencer par poser une question sur les causes de son apparition : l'introduction de méthodes scientifiques inductives a-t-elle apporté des données légitimes qui ont servi à transformer ou à renforcer une tendance naissante au classement racial ? Ou bien une adhésion *a priori* à la notion de classement a-t-elle modelé les questions « scientifiques » posées, et même les données rassemblées, de manière à conforter une conclusion préétablie ?

Un contexte culturel commun

Avant d'évaluer l'influence de la science sur l'idée de race aux XVIIIe et XIXe siècles, il nous faut tout d'abord prendre conscience de l'environnement culturel d'une société dont les dirigeants et les intellectuels ne doutaient en rien de la réalité du classement racial — avec les Indiens sous les Blancs et les Noirs tout en bas de l'échelle (fig. 1.1). Sous cette chape commune à tous, le débat n'opposait pas les partisans de l'égalité d'une part et de l'inégalité de l'autre. Pour les tenants de l'un des groupes — nous pourrions les appeler les « faucons » — les Noirs étaient inférieurs et leur statut biologique justifiait l'esclavage et la colonisation. Pour l'autre groupe — les « colombes », dirons-nous — les Noirs étaient inférieurs pareillement, mais le droit de tous à la liberté ne devait pas dépendre du niveau d'intelligence. « Quelles que soient leurs aptitudes, écrivait Thomas Jefferson, celles-ci ne doivent pas constituer la mesure de leurs droits. »

Les colombes ont adopté des positions diverses sur la nature du désavantage des Noirs. Selon certains, une éducation et des conditions de vie appropriées pouvaient « élever » les Noirs au niveau des Blancs ; d'autres penchaient pour l'inaptitude permanente des Noirs. Le désaccord portait aussi sur les racines biologiques ou culturelles de l'infériorité des Noirs. Cependant, au sein de la tradition égalitariste de l'époque des Lumières en Europe et de la révolution américaine, je n'ai pas trouvé une seule prise de position générale qui s'apparente de près ou de loin au « relativisme culturel » en vogue (au moins en paroles) dans les milieux libéraux d'aujourd'hui. Ce qui s'en approche le plus, c'est l'affirmation selon laquelle l'infériorité des Noirs est d'origine purement culturelle et que l'éducation peut l'éliminer totalement et leur permettre d'atteindre la norme caucasienne.

Tous les héros de la culture américaine ont eu à l'égard des questions raciales des attitudes qui mettraient dans l'embarras les fabricants de mythes à l'usage des écoliers. Benjamin Franklin, bien qu'estimant l'infériorité des Noirs comme purement culturelle et parfaitement susceptible d'être corrigée, exprima l'espoir de voir l'Amérique devenir un domaine de Blancs que ne viendrait souiller aucun mélange de couleurs moins plaisantes.

> Je souhaiterais que leur nombre en soit augmenté. Et au moment où nous sommes en train, si j'ose dire, de récurer notre planète, en déboisant l'Amérique et en permettant à ce côté de notre globe de refléter une lumière plus vive aux yeux des habitants de Mars ou de Vénus, pourquoi devrions-nous [...] assombrir son peuple ? Pourquoi accroître le nombre des fils d'Afrique en les implantant en Amérique, alors même que s'ouvre devant nous une occasion fort propice, en excluant les Noirs et les basanés, d'encourager le développement des Blancs et des Rouges si beaux* ? (*Observations sur l'accroissement de l'humanité*, 1751).

D'autres parmi nos héros nationaux étaient partisans de l'infériorité biologique. Thomas Jefferson écrivit, quoique sans se prononcer péremptoirement : « Je suis donc amené à penser, mais ce n'est là qu'un sentiment, que les Noirs, qu'ils forment une race distincte ou qu'ils aient subi une séparation due au temps et aux circonstances, sont inférieurs aux Blancs quant au corps et à l'esprit » (*in* Gossett, 1965, p. 44). Le plaisir de Lincoln devant le comportement des soldats noirs dans l'armée de l'Union fit croître son respect pour les affranchis

---

* J'ai été frappé par la fréquence de ce type d'arguments esthétiques venant étayer des préférences raciales. Bien que J.F. Blumenbach, le fondateur de l'anthropologie physique, ait déclaré que les crapauds devaient considérer les autres crapauds comme des parangons de beauté, de nombreux intellectuels de qualité n'ont jamais douté de l'équivalence entre blancheur et perfection. Franklin eut au moins la décence d'inclure les habitants originels dans son Amérique future ; mais, un siècle plus tard, Oliver Wendell Holmes se félicitait de l'élimination des Indiens pour des raisons esthétiques : « [...] et ainsi le croquis au crayon rouge est effacé et la toile est prête pour accueillir un portrait de l'humanité un peu plus à l'image de Dieu » (*in* Gossett, 1965, p. 243).

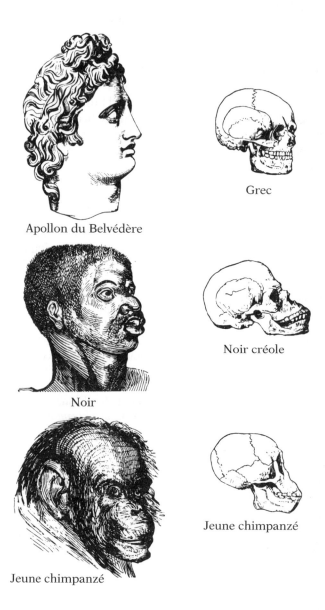

Apollon du Belvédère

Grec

Noir

Noir créole

Jeune chimpanzé

Jeune chimpanzé

1.1 L'échelle unilinéaire des races humaines et de leurs parents inférieurs selon Nott et Gliddon, 1868. Le volume du crâne du chimpanzé a été volontairement augmenté et la mâchoire du Noir allongée pour donner l'impression que les Noirs pourraient se situer à un rang inférieur à celui des grands singes.

et les anciens esclaves. Mais qui dit liberté ne dit pas forcément égalité biologique et Lincoln n'abandonna jamais son attitude fondamentale telle qu'il l'a exprimée lors de sa campagne contre Stephen Douglas (1858).

> Il existe entre les Noirs et les Blancs une différence physique qui, je le crois, empêchera toujours les deux races de vivre en des termes d'égalité sociale et politique. Dans la mesure où elles ne peuvent pas vivre ainsi, alors même qu'elles restent ensemble effectivement, l'une doit être supérieure à l'autre, et comme n'importe qui d'autre je suis partisan d'attribuer cette position supérieure à la race blanche.

De peur que l'on ne considère cette déclaration que comme un simple discours électoraliste, je donne ici le texte d'une courte note personnelle que Lincoln jeta sur un bout de papier en 1859.

> L'égalité des Noirs ! Balivernes ! Pendant combien de temps encore, sous le gouvernement d'un Dieu assez grand pour créer et diriger l'univers, y aura-t-il des fripons pour colporter, et des imbéciles pour reprendre, des propos d'une démagogie aussi basse (*in* Sinkler, 1972, p. 47).

Je ne cite pas ces déclarations pour ressortir de vieux cadavres des placards. Au contraire, je fais appel aux hommes qui ont à juste titre mérité notre respect le plus profond pour bien montrer que les dirigeants blancs des nations occidentales aux XVIIIe et XIXe siècles ne mettaient pas en question la réalité du classement racial. Dans ces circonstances, l'assentiment général donné par les hommes de science à cette classification traditionnelle est venu d'une croyance partagée par tous et non de données recueillies pour résoudre une question à l'issue indécise. En un curieux mécanisme où l'effet devenait la cause, ces déclarations étaient interprétées comme renforçant de manière indépendante le contexte politique.

Tous les savants les plus importants se sont conformés aux conventions sociales (fig. 1.2 et 1.3). Dans la première définition formelle des races humaines en termes de taxonomie moderne, Linné a mêlé les traits de caractère à l'anatomie (*Systema naturae*, 1758). L'*Homo sapiens afer* (le Noir africain), écrivit-il, est « guidé par la fantaisie » ; l'*Homo sapiens europaeus* est « guidé par les coutumes ». Des femmes africaines, il dit : « *Feminis sine pudoris ; mammae lactantes prolixae* » (« Femmes sans pudeur, seins produisant du lait à profusion ».) Les hommes, ajouta-t-il, sont indolents et s'enduisent de graisse.

Les trois plus grands naturalistes du XIXe siècle ne tenaient pas les Noirs en haute estime. Georges Cuvier, acclamé en France comme l'Aristote de son temps, fondateur de la géologie, de la paléontologie et de l'anatomie comparée moderne, parlait des indigènes africains comme de « la plus dégradée des races humaines, dont les formes

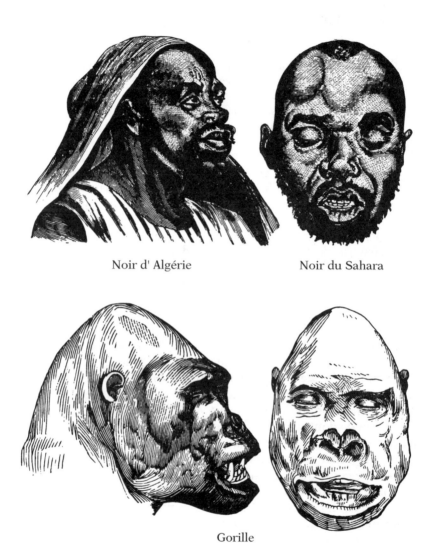

Noir d' Algérie　　　　　　Noir du Sahara

Gorille

1.2　Par ces illustrations de leur ouvrage, *Types of Mankind*, 1854, Nott et Gliddon tentaient d'une manière pour le moins peu subtile de suggérer l'idée d'une forte affinité entre les Noirs et les gorilles. « Les analogies et les dissemblances manifestes entre un type inférieur d'humanité et un type supérieur de singe, ont ajouté les auteurs en regard de cette figure, ne nécessitent aucun commentaire. »

s'approchent le plus de la brute, et dont l'intelligence ne s'est élevée nulle part au point d'arriver à un gouvernement régulier » (Cuvier, 1812, p. 105). Charles Lyell, celui qu'on s'accorde généralement pour reconnaître comme le fondateur de la géologie scientifique, écrivit :

> Le cerveau du Bochiman [...] mène à celui des Simiadae [les singes]. Cela implique une liaison entre le défaut d'intelligence et l'assimilation structurelle. Chaque race d'Homme a sa place, comme les animaux inférieurs (*in* Wilson, 1970, p. 347).

Charles Darwin, libéral bienveillant et abolitionniste passionné*, parla du temps à venir où l'écart séparant l'homme du singe s'accroîtra par l'extinction prévisible des intermédiaires comme les chimpanzés et les Hottentots.

> La lacune sera donc beaucoup plus considérable encore, car il n'y aura plus de chaînons intermédiaires entre la race humaine, qui, nous pouvons l'espérer, aura alors surpassé en civilisation la race caucasienne, et quelque espèce de singe inférieur, tel que le Babouin, au lieu que, actuellement, la lacune n'existe qu'entre le Nègre ou l'Australien et le Gorille (*La Descendance de l'homme*, 1871, traduction de 1907, p. 171).

Plus instructives encore sont les opinions de ces quelques rares hommes de science que l'on cite aujourd'hui comme étant des précurseurs du relativisme culturel et des défenseurs de l'égalité. J.F. Blumenbach expliquait les différences raciales par les influences du climat. Il s'élevait contre les classifications fondées sur la beauté ou sur des capacités mentales supposées et collectionnait les livres écrits par des Noirs. Malgré tout, il ne mettait pas en doute le fait que les Blancs fixaient la norme que toutes les autres races devaient tenir pour point de référence.

> Le Caucasien doit, pour chaque élément physiologique, être considéré comme la première ou l'intermédiaire des cinq principales races. Les

---

* Darwin, par exemple, écrivit dans son *Voyage d'un naturaliste autour du monde* : « Près de Rio de Janeiro, je demeurais en face de la maison d'une vieille dame qui possédait des étaux à vis pour écraser les doigts de ses esclaves femmes. J'ai habité une maison où un jeune mulâtre était à chaque instant insulté, persécuté, battu, avec une rage qu'on n'emploierait pas contre l'animal le plus infime. Un jour j'ai vu un petit garçon, âgé de six ou sept ans, recevoir, avant que j'aie pu m'interposer, trois coups de manche de fouet sur la tête, parce qu'il m'avait présenté un verre qui n'était pas propre. [...] Or ce sont des hommes qui professent un grand amour pour leur prochain, qui croient en Dieu, qui répètent tous les jours que sa volonté soit faite sur la terre, ce sont ces hommes qui excusent, que dis-je ? qui accomplissent ces actes ! Mon sang bout quand je pense que nous autres Anglais, que nos descendants américains, que nous tous enfin qui nous vantons si fort de nos libertés, nous nous sommes rendus coupables d'actes semblables ! »

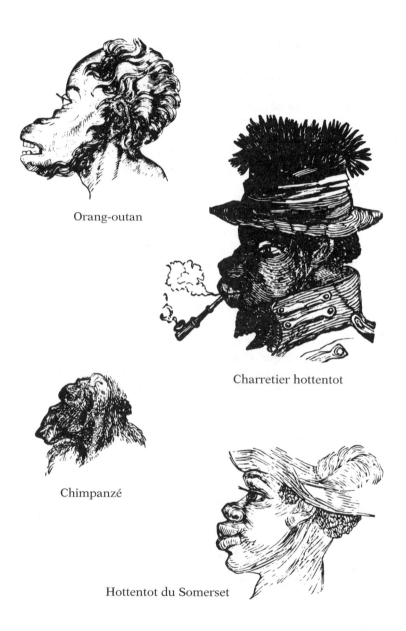

Orang-outan

Charretier hottentot

Chimpanzé

Hottentot du Somerset

1.3 Deux autres comparaisons entre les Noirs et les singes tirées de Nott et Gliddon, 1854. Cet ouvrage n'était pas un document marginal, mais le plus important des livres américains traitant des différences raciales humaines.

deux extrêmes dont elle s'est écartée, sont d'une part la mongolienne et d'autre part l'éthiopienne [les Noirs africains] (1825, p. 37).

Alexandre de Humboldt, grand voyageur, homme d'État et le plus grand vulgarisateur de la science du XIXe siècle, serait le héros de tous les égalitaristes de notre temps qui chercheraient des antécédents dans l'histoire. C'est lui qui, plus qu'aucun autre homme de science de son époque, s'opposa avec vigueur et longuement à la classification des peuples sur des critères mentaux ou esthétiques. Il tira les conséquences politiques de ses convictions et mena campagne contre toutes les formes d'esclavagisme ou d'assujettissement, jugées par lui comme autant d'obstacles aux efforts naturels de chacun vers le perfectionnement mental. Voici le plus célèbre passage de son ouvrage en cinq volumes, *Cosmos* :

> Tant que nous affirmerons l'unité de l'espèce humaine, nous rejetterons en même temps cette hypothèse décourageante de races supérieures et inférieures. Il y a des nations plus susceptibles que d'autres de se cultiver, mais aucune en elle-même n'est plus noble que les autres. Toutes sont au même degré faites pour la liberté (1855-1859, p. 368).

Cependant, même Humboldt avait recours aux différences mentales innées pour résoudre certains problèmes de l'histoire humaine. Pourquoi, s'interroge-t-il dans le second tome de *Cosmos*, les Arabes connurent-ils une explosion de leur culture et de leur science peu après l'essor de l'Islam, alors que les tribus scythes du sud-est de l'Europe restaient attachées à leurs modes de vie traditionnels ; car ces peuples étaient tous deux nomades et vivaient dans le même milieu, avec le même climat ? Humboldt découvrit bien quelques différences culturelles : les Arabes, par exemple, entretenaient des contacts plus suivis avec les cultures urbanisées environnantes. Mais, finalement, il qualifia les Arabes de « race plus douée », pourvue d'une plus grande « adaptabilité naturelle au développement mental » (1849, p. 578).

Alfred Russel Wallace, qui découvrit avec Darwin la sélection naturelle, est à juste titre compté parmi les antiracistes. Mais, s'il est vrai qu'il a affirmé que tous les peuples disposaient de facultés mentales innées quasi égales, c'est cette croyance même qui curieusement l'amena à abandonner la sélection naturelle et à recourir à l'idée de création divine pour expliquer l'apparition de l'esprit humain — au grand dam de Darwin. La sélection naturelle, selon Wallace, ne peut élaborer des organes que pour l'usage immédiat des animaux qui les possèdent. Le cerveau des sauvages est en puissance égal au nôtre. Mais ils ne l'utilisent pas totalement, comme le montre le caractère grossier et inférieur de leur culture. Les sauvages actuels étant très proches de nos ancêtres humains, notre cerveau a dû développer ses capacités les plus hautes longtemps avant que nous les mettions à l'épreuve.

Le racisme scientifique avant la théorie de l'évolution : monogénisme et polygénisme

Avant l'apparition de la théorie de l'évolution, le classement racial se justifiait selon deux modalités. L'argumentation la plus « douce » — en utilisant de nouveau certaines définitions impropres dans des perspectives actuelles — soutenait l'unité biblique de tous les peuples dans la création d'Adam et Ève. On appelait cette doctrine le *monogénisme*, ou origine unique de l'homme. Depuis la perfection de l'Éden, les races ont poursuivi un processus de dégénérescence et se sont altérées à des degrés divers, les Blancs ayant subi la dégradation la plus faible, les Noirs la plus importante. C'est le climat qui a été le plus souvent invoqué comme cause principale de cette distinction raciale. Mais les avis divergeaient sur la réversibilité du phénomène. D'après certains, les différences, bien qu'elles se soient développées peu à peu sous l'influence du climat, étaient à présent fixes et ne pouvaient s'inverser. Selon d'autres, le caractère progressif du processus signifiait qu'il était réversible pour peu que le milieu s'y prête. Samuel Stanhope Smith, président du Collège de New Jersey (plus tard Princeton), espérait que les Noirs américains, en vivant dans un climat convenant mieux au tempérament caucasien, deviendraient bientôt blancs. Mais d'autres partisans de cette théorie de la dégénérescence pensaient que cette amélioration due à des cieux plus cléments prendrait trop de temps pour avoir la moindre influence sur l'histoire humaine.

L'argumentation la plus « dure » renonçait aux allégories bibliques et voyait dans les races humaines des espèces biologiques distinctes, les descendants d'Adam multiples. En tant que représentants d'une autre forme de vie, les Noirs ne devaient plus nécessairement participer à l'« égalité de l'homme ». On appelait les défenseurs de cette doctrine des « polygénistes ».

L'idée de dégénérescence était probablement la plus répandue, car il n'était pas aisé d'écarter la parole biblique. En outre l'interfécondité de toutes les races humaines semblait s'accorder au critère de Buffon selon lequel les membres d'une même espèce pouvaient se reproduire entre eux, mais non avec des représentants d'autres groupes. Buffon lui-même, le plus grand naturaliste de la France du XVIIIe siècle, était un abolitionniste fervent et un partisan de l'amélioration des races inférieures dans un environnement leur convenant mieux. Mais il ne mit jamais en doute le fait que les Blancs constituaient la norme pour tous les autres peuples.

> Le climat le plus tempéré est depuis le 40e degré jusqu'au 50e, c'est aussi sous cette zone que se trouvent les hommes les plus beaux & les mieux faits, c'est sous ce climat qu'on doit prendre l'idée de la vraie couleur naturelle de l'homme, c'est là où l'on doit prendre le modèle ou l'unité à laquelle il faut rapporter toutes les autres nuances de couleur & de beauté. (*Histoire naturelle générale et particulière*, 1749, Paris, t. III, p. 528.)

Certains partisans de la dégénérescence justifiaient leurs engagements au nom de la fraternité humaine. Étienne Serres, célèbre anatomiste français, écrivit en 1860 que la perfectibilité des races les plus basses caractérisait les humains en faisant d'eux la seule espèce susceptible de s'améliorer de son propre chef. À ses yeux, le polygénisme n'était qu'une « théorie sauvage » qui « semble prêter un appui scientifique à l'esclavage des races moins avancées en civilisation que la caucasienne ».

> La conclusion est que le nègre n'est pas plus un homme blanc qu'un âne n'est un cheval ou un zèbre ; théorie mise en pratique aux États-Unis d'Amérique, à la honte de la civilisation (1860, pp. 407-408).

Néanmoins Serres s'efforçait de rechercher les signes d'infériorité dans certaines races humaines. En tant qu'anatomiste, il fit appel à sa spécialité, mais avoua qu'il rencontra quelque difficulté dans l'élaboration des critères ainsi que dans le recueil des données. Il prit parti pour la théorie de la récapitulation, idée selon laquelle les créatures les plus évoluées répètent au cours de leur croissance les stades adultes des animaux inférieurs (voir chapitre III). Les Noirs adultes, d'après lui, étaient comme des enfants blancs, les Mongols comme des adolescents blancs. Il mena son enquête avec soin, mais ne trouva rien de mieux que la distance séparant le pénis du nombril — « ce signe ineffaçable de la vie embryonnaire chez l'homme ». Cette distance, chez les bébés de toutes les races, est courte proportionnellement à la longueur du corps. Le nombril se déplace vers le haut au cours de la croissance, mais monte plus chez les Blancs que chez les Asiatiques et va encore moins loin chez les Noirs. Ces derniers restent donc perpétuellement semblables à des enfants blancs, ce qui témoigne de leur infériorité.

Le polygénisme, bien que moins répandu, eut également ses défenseurs illustres. Le philosophe anglais David Hume ne passa pas sa vie absorbé dans de pures réflexions. Il assuma de nombreuses fonctions politiques dont, en 1766, la charge de régisseur du bureau colonial anglais. Il était partisan tout à la fois de la création séparée et de l'infériorité innée des races non blanches.

> J'incline à penser que les nègres, et en général toutes les autres espèces d'hommes (car il y en a quatre ou cinq sortes différentes) sont naturellement inférieurs aux Blancs. Il n'y eut jamais une nation civilisée d'une

couleur de peau autre que blanche, ni même aucun individu éminent, que ce soit dans le domaine de l'action ou de l'esprit*. Aucun industriel ingénieux parmi eux, pas d'arts, pas de sciences. [...] Une différence aussi uniforme et aussi constante ne pourrait pas se produire au cours de tant de siècles et dans tant de pays, si la nature n'avait pas, dès l'origine, opéré une distinction entre ces lignées d'hommes. En dehors de nos colonies, il y a des esclaves noirs dispersés dans toute l'Europe et, parmi eux, on n'a jamais découvert aucune trace d'ingéniosité, bien qu'il arrive que des gens de basse extraction s'élèvent parmi nous et se distinguent dans chaque profession. Il est vrai que l'on parle à la Jamaïque d'un nègre qui aurait du talent et du savoir, mais probablement on ne l'admire que pour de petites choses comme un perroquet qui prononce quelques mots avec clarté (*in* Popkin, 1974, p. 143 ; voir l'excellent article de Popkin où sont longuement analysées les idées polygénistes de Hume).

En 1799, un chirurgien anglais du nom de Charles White écrivit en faveur du polygénisme le plaidoyer le plus ardent qui soit, *Account of the Regular Gradation in Man*. Il y réfutait le critère d'interfécondité énoncé par Buffon pour définir l'espèce, faisant valoir l'existence d'hybrides réussis entre des groupes conventionnellement séparés tels les renards, les loups et les chacals**. Il se répandit en sarcasmes contre la thèse selon laquelle le climat pouvait entraîner des différences raciales, soutenant que de telles idées pouvaient conduire, si on les poursuivait à leur terme, à la « notion dégradante » d'évolution entre les espèces. Il démentit toute motivation politique et proclama que son but n'était autre que de « mener des recherches sur un point d'histoire naturelle ».

---

* Cette argumentation « inductive » prenant pour base les cultures humaines est loin d'être abandonnée dans la défense des thèses racistes. Dans son ouvrage *Study of History* (édition de 1934), Arnold Toynbee écrit : « Lorsque nous classons l'humanité par couleur, la seule des principales races selon cette classification qui n'ait fait aucune contribution créatrice à l'une de nos vingt et une civilisations est la race noire » (*in* Newby, 1969, p. 217).

** La théorie moderne de l'évolution fait bien appel à une barrière à l'interfécondité comme critère principal du statut d'espèce. Dans la définition couramment reconnue, « les espèces sont de fait ou potentiellement des populations qui se reproduisent entre elles, partageant un patrimoine génétique commun, isolées de tous les autres groupes sur le plan de la reproduction ». L'isolement reproductif, cependant, ne signifie pas que des hybrides individuels n'apparaissent jamais, mais seulement que les deux espèces conservent leur intégrité lorsqu'elles sont en contact dans la nature. Les hybrides peuvent être stériles (les mulets). On connaît même très fréquemment des hybrides féconds, mais si la sélection naturelle agit préférentiellement contre eux (en raison de l'infériorité de leur structure, du refus de s'accoupler avec eux opposé par les membres à part entière des deux espèces, etc.), leur nombre ne s'accroîtra pas et les deux espèces ne fusionneront pas. On peut souvent produire des hybrides féconds en laboratoire en imposant des situations qui ne se rencontrent pas dans la nature (en accouplant par exemple deux espèces qui normalement parviennent à maturité à des époques de l'année différentes). Mais ces cas ne mettent pas en cause leur statut d'espèces séparées, car les deux groupes ne fusionnent pas à l'état naturel (le décalage des époques de maturité peut être un moyen efficace d'isolement reproductif).

Il rejeta de manière explicite tout usage abusif du polygénisme dont la finalité serait d'« encourager la pratique pernicieuse de l'esclavage ». Les critères de classification de White faisaient davantage appel à l'esthétique et son exposé contient cette perle, souvent citée. Où ailleurs que chez les Caucasiens, écrivit-il, peut-on trouver

> [...] cette noble tête voûtée, renfermant un cerveau aussi volumineux [...] ? Cette variété de traits et cette plénitude de l'expression ; ces longues boucles gracieuses ; cette barbe majestueuse ; ces joues roses et ces lèvres de corail ? Cette [...] noble démarche ? Dans quelle autre partie du globe peut-on trouver cette rougeur qui envahit les traits empreints de douceur des belles femmes d'Europe, cet emblème de modestie, de sentiments raffinés [...] où, si ce n'est sur la poitrine de la femme européenne, peut-on trouver ces deux hémisphères rebondis, blancs comme neige et couronnés de vermillon (*in* Stanton, 1960, p. 17).

Louis Agassiz, le théoricien du polygénisme aux États-Unis

Selon Ralph Waldo Emerson, l'émancipation intellectuelle devait suivre l'indépendance politique. Les hommes d'étude américains devaient abandonner leur soumission aux théories et aux manières européennes. Nous avons, écrivit Emerson, « trop longtemps écouté les muses serviles de l'Europe ». « Nous utiliserons nos pieds pour marcher, nos mains pour travailler, nos esprits pour penser » (*in* Stanton, 1960, p. 84).

Dans la première moitié du XIXᵉ siècle, la science américaine s'organisa pour suivre le conseil d'Emerson. Le rassemblement d'amateurs éclectiques, prosternés devant le prestige des théoriciens européens, se mua en un groupe de professionnels fourmillant d'idées autochtones et animés d'un dynamisme interne ne nécessitant aucun apport permanent venu d'Europe. La doctrine du polygénisme joua un rôle important dans cette transformation, car ce fut l'une des premières théories en grande partie d'origine américaine qui sut gagner l'attention et le respect des savants européens — au point que ces derniers parlaient du polygénisme comme de l'« école américaine » d'anthropologie. Certes, cette doctrine avait eu des antécédents en Europe, comme nous l'avons vu, mais les Américains accrurent la quantité de données qui l'étayaient et accumulèrent les recherches sur le sujet. Je me bornerai ici à présenter les deux plus célèbres avocats de cette cause, Agassiz, le théoricien, et Morton, celui qui en analysa les données, et je m'efforcerai de révéler les motivations cachées et les présentations faussées des données qui jouèrent un rôle primordial dans l'adhésion de ces deux hommes de science au polygénisme*. Pour commencer, je signalerai que, de toute évidence, ce n'est pas par pur accident qu'une nation pratiquant toujours l'esclavage et chassant les habitants originels de leurs terres, ait fourni les bases d'une théorie tendant à prouver que les Noirs et les Indiens étaient des espèces séparées, inférieures aux Blancs.

Le grand naturaliste suisse Louis Agassiz (1807-1873) acquit sa renommée en Europe, surtout en tant que disciple de Cuvier et spécialiste des poissons fossiles. Son immigration aux États-Unis dans les années 1840 éleva du même coup le statut de l'histoire naturelle américaine. Pour la première fois, un des plus grands théoriciens européens avait trouvé suffisamment d'attrait aux États-Unis pour choisir de s'y installer. Agassiz devint professeur à Harvard où il fonda et dirigea le Muséum de zoologie comparée jusqu'à sa mort en 1873 (je travaille actuellement dans un bureau situé dans l'aile originelle du bâtiment qu'il fit construire). Homme plein de charme, il fut reçu à bras ouverts dans les cercles sociaux et intellectuels de Boston à Charleston. Il parlait de la science avec un enthousiasme débordant et sut avec un égal bonheur recueillir de l'argent pour ses bâtiments, ses collections et ses publications. Personne ne fit autant que lui pour établir et accroître le prestige de la biologie américaine au XIXᵉ siècle.

Agassiz devint aussi le principal porte-parole du polygénisme aux États-Unis. Il n'importa pas cette théorie d'Europe, mais se convertit à cette doctrine de la séparation des races en autant d'espèces distinctes après ses premiers contacts avec des Noirs américains.

Agassiz ne fit pas sienne cette idée pour des raisons politiques conscientes. Il ne mit jamais en doute la réalité de la classification raciale, mais se considérait comme un antiesclavagiste. Son adhésion au polygénisme découla aisément de ses méthodes de chercheur biologiste qu'il avait mises au point précédemment dans d'autres domaines. Il fut, avant tout, un créationniste ardent qui vécut assez longtemps pour rester le seul grand savant opposé à la théorie de l'évolution. Mais presque tous les hommes de science étaient créationnistes avant 1859 et la plupart d'entre eux ne devinrent pas polygénistes pour autant (la différenciation raciale au sein d'une même espèce ne met pas en danger la doctrine de la création — il existe bien des races de chiens et de bovins). La prédisposition d'Agassiz au polygénisme provenait en majeure partie de deux aspects de ses théories et méthodes personnelles.

1. En étudiant la distribution géographique des animaux et des plantes, Agassiz élabora une théorie sur les « centres de création ». Il pensait que les espèces avaient été créées en un lieu précis qui leur

---

* On pourra lire un excellent historique de toute l'« école américaine » dans le livre de W. Stanton *The Leopard's Spots*.

était propre et que, généralement, elles ne s'éloignaient guère de ces centres. D'autres biogéographes affirmaient que la création s'était produite en un seul endroit et qu'elle avait été suivie de migrations importantes. Ainsi, lorsque Agassiz en venait à étudier ce que nous regarderions à présent comme une seule espèce très répandue, divisée en races géographiques bien marquées, il avait tendance à nommer plusieurs espèces séparées ayant chacune leur centre d'origine. L'*Homo sapiens* est l'exemple même d'une espèce cosmopolite et variable.

2. Dans ses pratiques taxonomiques, Agassiz était, au plus haut degré, un « séparateur ». On peut classer les taxonomistes en deux camps : les « rassembleurs » qui s'attachent surtout aux similitudes et fusionnent les groupes présentant de petites différences en une même espèce, et les « séparateurs » qui portent leur attention sur les plus minuscules distinctions et instituent des espèces à partir des plus petites caractéristiques. Agassiz était un séparateur parmi les séparateurs. Il lui arriva de nommer trois genres de poissons fossiles d'après des dents isolées que, plus tard, un paléontologiste découvrit dans la denture d'un seul individu. Il nomma à tort, par centaines, des espèces de poissons d'eau douce en se fondant sur les particularités d'individus appartenant à une même espèce variable. Un partisan d'un « séparatisme » si intransigeant qui considérait tous les organismes comme créés, aussi peu différents soient-ils, pouvait bien être tenté de voir dans les races humaines autant de créations séparées. Néanmoins, avant son arrivée aux États-Unis, Agassiz professait la doctrine de l'unité humaine — même si, pour lui, la variation de notre espèce était exceptionnelle.

> Ici se révèlent de nouveau, écrivit-il en 1845, la supériorité du genre humain et sa plus grande indépendance vis-à-vis de la nature. Alors que les animaux sont des espèces distinctes dans les différentes provinces zoologiques auxquelles ils appartiennent, l'homme, en dépit de la diversité des races, constitue une seule et même espèce sur toute la surface du globe (cité par Stanton, 1960, p. 101).

Agassiz peut avoir été prédisposé au polygénisme par ses convictions biologiques, mais je doute fort que cet homme dévot aurait abandonné l'orthodoxie biblique — pour qui Adam était unique — s'il n'avait pas eu à affronter la vue de Noirs américains et s'il n'avait pas été soumis aux pressions de ses collègues polygénistes. Agassiz n'a jamais recueilli une seule donnée scientifique en faveur du polygénisme. Sa conversion a suivi un jugement viscéral immédiat et les arguments persuasifs et insistants de certains de ses amis. Son adhésion à cette doctrine n'a reposé, dans le domaine de la connaissance biologique, sur aucun élément plus profond.

Agassiz n'avait jamais vu la moindre personne de race noire en

Europe. Lorsque, pour la première fois, il rencontra des Noirs, à savoir les domestiques de son hôtel à Philadelphie en 1846, il eut une réaction viscérale prononcée. Cette expérience traumatisante, associée à ses frayeurs sexuelles sur le métissage, eut apparemment une influence décisive sur ses convictions polygénistes. L'une des lettres qu'il envoya à sa mère lors de son premier voyage aux États-Unis contient ce passage d'une rare franchise :

> C'est à Philadelphie que je me suis retrouvé pour la première fois en contact prolongé avec des Noirs ; tous les domestiques de mon hôtel étaient des hommes de couleur. Je peux à peine vous exprimer la pénible impression que j'ai éprouvée, d'autant que le sentiment qu'ils me donnèrent est contraire à toutes nos idées sur la confraternité du genre humain et sur l'origine unique de notre espèce. Mais la vérité avant tout. Néanmoins, je ressentis de la pitié à la vue de cette race dégradée et dégénérée et leur sort m'inspira de la compassion à la pensée qu'il s'agissait véritablement d'hommes. Cependant, il m'est impossible de refréner la sensation qu'ils ne sont pas du même sang que nous. En voyant leurs visages noirs avec leurs lèvres épaisses et leurs dents grimaçantes, la laine sur leur tête, leurs genoux fléchis, leurs mains allongées, leurs grands ongles courbes et surtout la couleur livide de leurs paumes, je ne pouvais détacher mes yeux de leurs visages afin de leur dire de s'éloigner. Et lorsqu'ils avançaient cette main hideuse vers mon assiette pour me servir, j'aurais souhaité partir et manger un morceau de pain ailleurs, plutôt que de dîner avec un tel service. Quel malheur pour la race blanche d'avoir, dans certains pays, lié si étroitement son existence à celle des Noirs ! Que Dieu nous préserve d'un tel contact !
> (Ce livre de référence qu'est *Louis Agassiz, sa vie et sa correspondance*, compilé par la femme d'Agassiz, présente une version expurgée de cette fameuse lettre où ces lignes ont été sautées. D'autres historiens les ont paraphrasées ou évitées. J'ai tiré ce passage du manuscrit original conservé dans la Bibliothèque Houghton de Harvard et je le donne ici textuellement*.)

Agassiz fit longuement part de ses idées sur les races humaines dans le *Christian Examiner* de 1850. Tout d'abord, il taxe de démagogie les théologiens qui voudraient le proscrire (pour prêcher une doctrine faisant intervenir des Adam multiples) ainsi que les abolitionnistes qui voudraient voir en lui un défenseur de l'esclavage.

> On a reproché aux thèses avancées ici d'aller dans le sens de la défense de l'esclavage [...]. Est-ce là une objection honnête à opposer à une investigation philosophique ? Ici, notre seul souci est la question de l'origine des hommes ; que les politiciens, que ceux qui se sentent appelés à gouverner la société humaine, voient ce qu'ils peuvent tirer des résultats [...].

---

* Il s'agit en fait d'une retraduction, le véritable original étant écrit en français. (*N.d.T.*)

Nous récusons toutefois tous les rapprochements avec ce qui peut toucher aux affaires politiques. C'est en simple référence à la possibilité d'apprécier les différences existant entre des hommes différents et finalement de déterminer s'ils sont apparus dans le monde entier et en quelles circonstances, que nous avons tenté de rechercher certains faits concernant les races humaines (1850, p. 113).

Agassiz commence alors son argumentation. La théorie du polygénisme ne constitue pas une attaque contre la doctrine biblique de l'unité humaine. Les hommes sont liés par une structure et une solidarité communes, bien que les races aient été créées en autant d'espèces séparées. La Bible ne parle pas des parties du monde inconnues des anciens ; le récit d'Adam ne se réfère qu'à l'origine des Caucasiens. Les Noirs et les Caucasiens se sont révélés aussi différents dans les restes momifiés d'Égypte qu'ils le sont aujourd'hui. Si les races humaines étaient le produit de l'influence climatique, un laps de temps de trois mille ans aurait dû entraîner des changements marqués. (Agassiz n'avait pas la moindre idée de l'ancienneté de l'homme ; il pensait que cette période de trois mille ans formait l'essentiel de notre histoire.) Les races actuelles occupent des zones géographiques précises qui ne se recoupent pas — même si certains habitats ont pu acquérir des contours flous ou disparaître à la suite de migrations. En tant que groupes matériellement distincts, ne présentant aucune variation dans le temps, vivant dans des régions géographiques bien délimitées, les races humaines répondaient bien à tous les critères biologiques qu'Agassiz retenait pour déterminer les espèces séparées.

Ces races ont dû apparaître [...] dans les mêmes proportions numériques, et sur le même terrain, où on les trouve aujourd'hui. [...] Elles n'ont pas pu naître sous la forme d'individus uniques, mais ont dû être créées dans cette harmonie numérique qui est caractéristique de chaque espèce ; les hommes ont dû apparaître en nations, tout comme les abeilles sont apparues en essaims (pp. 128-129).

Puis, vers la fin de son article, Agassiz change son fusil d'épaule et énonce un impératif moral — alors même que, pour justifier ses recherches, il avait déclaré auparavant, de la manière la plus explicite, qu'il ne s'agissait là que d'élucider un point obscur de l'histoire naturelle.

Il y a sur la terre des races d'hommes différentes qui habitent des régions séparées de sa surface, qui possèdent des caractères physiques distincts ; et ce fait [...] nous contraint à établir une classification de ces races respectives, à déterminer la valeur comparée des caractères qui leur sont spécifiques, d'un point de vue scientifique [...]. En tant que philosophes il est de notre devoir de regarder la question en face (p. 142).

Quant aux preuves directes de la valeur innée respective de chaque race, Agassiz ne se risque pas au-delà des clichés culturels caucasiens les plus stéréotypés.

> L'Indien indomptable, courageux et fier [...] se présente à nous dans une lumière ô combien différente du nègre soumis, obséquieux, imitateur ou du Mongol retors, fourbe et lâche ! Ces faits n'indiquent-ils pas clairement que les différentes races ne sont pas placées à un même niveau dans la nature ? (p. 144).

Les Noirs, affirme Agassiz, doivent occuper l'échelon le plus bas de cette échelle objective.

> Il nous semble que ce sont des simulacres de philanthropie et de philosophie que de supposer que toutes les races humaines ont les mêmes facultés, jouissent des mêmes pouvoirs et font preuve des mêmes dispositions naturelles et qu'en conséquence de cette égalité, ils ont droit au même rang dans la société humaine. L'histoire parle là d'elle-même. [...] Ce continent massif qu'est l'Afrique renferme une population qui a toujours entretenu des relations suivies avec la race blanche, qui a pu profiter de l'exemple de la civilisation égyptienne, de la civilisation phénicienne, de la civilisation romaine, de la civilisation arabe [...] et néanmoins il n'y a jamais eu aucune société d'hommes noirs dûment réglementée sur ce continent. Cela n'indique-t-il pas chez cette race une apathie particulière, une indifférence marquée aux avantages fournis par la société civilisée ? (pp. 143-144).

Enfin, au cas où il n'aurait pas rendu son message assez clair, Agassiz termine en préconisant une politique sociale bien définie. L'éducation, selon lui, doit s'adapter aux capacités innées, former les Noirs au travail manuel et les Blancs au travail intellectuel.

> Quelle serait la meilleure éducation à inculquer aux différentes races en fonction de leur différence originelle ? [...] Nous ne doutons pas un seul instant que les affaires des hommes, quant aux races de couleur, seraient beaucoup plus judicieusement conduites si, dans nos relations avec elles, nous étions guidés par la pleine conscience des différences réelles qui existent entre elles et nous, et par le désir d'encourager ces dispositions si éminemment manifestes en elles, plutôt que de les traiter en termes d'égalité (p. 145).

Puisque ces dispositions « éminemment manifestes » sont la soumission, l'obséquiosité et l'imitation, on n'a pas de mal à imaginer ce qu'Agassiz voulait dire. J'ai analysé cet article en détail car il me semble typique d'un certain genre : la défense d'une politique sociale énoncée comme le résultat d'une enquête impartiale, comme un fait scientifique. Cette démarche n'est en rien moribonde de nos jours.

Dans une correspondance ultérieure, entretenue en plein cœur de la guerre de Sécession, Agassiz fit part de ses convictions politiques plus longuement et avec plus de vigueur. (Ces lettres ont été également expurgées sans que cela ait été mentionné dans la version publiée par la femme d'Agassiz. De nouveau j'ai rétabli les passages manquants tirés des originaux déposés à la Bibliothèque Houghton de Harvard.) Un membre de la commission d'enquête créée par Lincoln, S.G. Howe, demanda à Agassiz son opinion sur le rôle des Noirs dans une nation réunifiée. (Howe, connu surtout pour ses travaux sur la réforme des prisons et sur l'éducation des aveugles, était le mari de Julia Ward Howe, auteur du « Battle Hymn of the Republic ».) En quatre longues lettres enflammées, Agassiz plaida sa cause. La présence persistante d'une importante population noire en Amérique doit être reconnue comme une sinistre réalité. Les Indiens, poussés par un orgueil louable, peuvent périr au combat, mais « le Noir fait preuve, par nature, d'une malléabilité, d'une aptitude à s'accommoder des circonstances, d'une prédisposition à imiter ceux avec qui il vit » (9 août 1863).

Bien que l'égalité légale doive être accordée à tous, on devrait refuser l'égalité sociale aux Noirs de peur que la race blanche ne soit mise en péril et diluée : « J'ai de tout temps estimé que l'égalité sociale ne pouvait être mise en œuvre. C'est une impossibilité naturelle qui découle du caractère même de la race noire » (10 août 1863) ; car les Noirs sont « indolents, badins, sensuels, imitateurs, obséquieux, accommodants, dociles, inconstants, instables dans les buts qu'ils poursuivent, dévoués, affectueux, différents en tout des autres races, on peut les comparer à des enfants ayant atteint une taille d'adultes tout en conservant un esprit puéril [...]. J'en conclus donc qu'ils sont incapables de vivre sur un pied d'égalité sociale avec les Blancs, dans une seule et même communauté, sans être un élément de désordre social » (10 août 1863). Les Noirs doivent en conséquence être soumis à des réglementations et à des limitations, de peur qu'en leur accordant des privilèges sociaux insensés, on ne sème la discorde.

> Personne ne dispose d'un droit sur ce qu'il est inapte à utiliser [...]. Gardons-nous d'accorder trop à la race noire dès à présent, de peur qu'il ne devienne plus tard nécessaire d'annuler violemment certains des privilèges qu'ils pourraient utiliser à notre détriment et pour leur propre tort (10 août 1863).

Rien n'inspirait autant de crainte à Agassiz que la perspective du croisement des races par mariage mixte. La force des Blancs repose sur la ségrégation : « Le métissage est un péché contre la nature, tout comme l'inceste dans une communauté civilisée est un péché contre la pureté du caractère [...]. Loin d'offrir à mes yeux une solution naturelle à nos difficultés, l'idée de mélange des races heurte profondément ma sensibilité, je la considère comme une perversion de tout sentiment naturel [...]. On ne devrait épargner aucun effort pour faire échec à ce qui répugne à notre nature la meilleure et s'oppose à l'avancement d'une civilisation plus élevée et d'une moralité plus pure » (9 août 1863).

Parvenu à ce point, Agassiz se rend compte que son argumentation l'a acculé dans une situation délicate. Si le croisement des races (des espèces séparées pour lui) est dégoûtant et contre nature, pourquoi les métis sont-ils si communs en Amérique ? Agassiz attribue ce fait lamentable à la réceptivité sexuelle des servantes et à la naïveté des jeunes gentilhommes sudistes. Ces servantes sont, semble-t-il, déjà métissées (Agassiz ne nous dit pas comment la génération précédente a pu vaincre son aversion naturelle réciproque) ; les jeunes gens ont une réaction d'ordre esthétique devant la moitié blanche, alors que, chez les métisses, la partie d'héritage noir relâche les inhibitions naturelles qu'elles tiennent d'une race plus élevée. S'étant laissé séduire une première fois, les pauvres jeunes gens sont pris au piège et acquièrent un penchant pour les Noires de pure race.

> Dès que le désir sexuel s'éveille chez les jeunes hommes du Sud, il leur est aisé de le satisfaire avec les domestiques de couleur [mulâtresses] qu'ils croisent à tout moment dans la maison [...]. Ce contact émousse leurs meilleurs instincts dans ce domaine et les conduit peu à peu à rechercher des partenaires d'un goût plus relevé, comme je l'ai entendu dire des Noires de race pure par des jeunes hommes aux mœurs dissolues (9 août 1863).

Finalement, Agassiz fait appel à une image frappante pour mettre en garde contre le danger extrême que représente une population mélangée et affaiblie.

> Imaginons un instant la différence qui serait apportée, dans les temps futurs, à nos institutions républicaines et à notre civilisation en général, si en lieu et place d'une population virile descendant de nations de même origine, vivait désormais aux États-Unis une progéniture efféminée, composée de races mixtes, moitié indiennes, moitié noires, mêlées de sang blanc. [...] Je frémis en songeant aux conséquences. Nous devons déjà, dans notre marche en avant, nous battre contre l'influence de l'égalité universelle et préserver les acquis de notre position éminente, la richesse de nos mœurs et de notre culture née d'associations choisies. Dans quel état nous retrouverions-nous si l'on ajoutait à ces difficultés les influences beaucoup plus néfastes de l'incapacité physique ? [...] Comment pourra-t-on supprimer les stigmates d'une race inférieure lorsqu'on aura laissé son sang couler librement dans celui de nos enfants* ? (10 août 1863).

---

* E.D. Cope, éminent paléontologiste et biologiste de l'évolution, reprit le même thème en 1890 avec encore plus de vigueur (p. 2054) : « La race la plus élevée ne peut pas se permettre de perdre ou même de compromettre les avantages qu'elle a acquis

Agassiz en conclut que la liberté légale accordée aux esclaves émancipés doit encourager la mise en application d'une séparation sociale stricte entre les races. Heureusement, la nature vient en aide à la morale vertueuse ; car les hommes, lorsqu'ils sont libres de choisir, se portent naturellement vers les climats de leur terre d'origine. L'espèce noire, créée en des lieux chauds et humides, deviendra majoritaire dans les basses plaines du Sud, alors que les Blancs conserveront leur pouvoir sur le rivage et les terres élevées. Le nouveau Sud renfermera donc quelques États noirs. Il nous faudra alors faire contre mauvaise fortune bon cœur et les admettre au sein de l'Union, car ce sera là la moins mauvaise solution. Après tout, n'avons-nous pas reconnu déjà « Haïti et le Libéria »* ? Mais le Nord tonifiant n'est pas une demeure accueillante pour des hommes insouciants et indolents, créés pour des régions plus chaudes. Les purs Noirs émigreront vers le Sud, laissant dans le Nord un résidu obstiné qui se réduira peu à peu et s'éteindra : « J'espère qu'il finira par disparaître progressivement dans le Nord où son emprise n'est qu'artificielle » (11 août 1863). Quant aux mulâtres, « leur constitution maladive et leur fécondité altérée » devraient entraîner leur mort, une fois que les chaînes de l'esclavage ne leur fourniront plus l'occasion de croisements contre nature.

Le monde d'Agassiz s'effondra au cours des dix dernières années de sa vie. Ses étudiants se révoltèrent ; ses partisans l'abandonnèrent. Aux yeux du public, il resta un héros, mais les hommes de science se mirent à le considérer comme un vieillard rigide à l'esprit dogmatique, défendant pied à pied des positions d'arrière-garde face à l'avance des idées darwiniennes. Mais, dans le domaine social, ses prédilections pour la ségrégation raciale l'emportèrent — d'autant plus que ses espérances extravagantes d'une séparation géographique volontaire ne se réalisèrent pas.

---

par des centaines de siècles de peines et de dur labeur, en mélangeant son sang à celui de la race la plus basse [...]. Nous ne pouvons pas ternir ou anéantir cette vive sensibilité nerveuse et cette force mentale que la culture développe dans la constitution de l'Indo-Européen par les instincts charnels et l'esprit assombri de l'Africain. Non seulement l'esprit croupit et voit sa place prise par les simples nécessités de l'existence, mais la possibilité de résurrection devient incertaine, voire impossible. »

* Tous les détracteurs des Noirs ne faisaient pas preuve de la même mansuétude. E.D. Cope, qui craignait que le métissage ne fût un obstacle sur le chemin du Paradis (voir note précédente), était partisan du retour des Noirs en Afrique (1890, p. 2053) : « N'est-ce pas, pour nous, un fardeau suffisant que d'être en demeure de recevoir et d'assimiler chaque année la paysannerie européenne ? Notre race est-elle située à un niveau si élevé qu'elle puisse se permettre, en toute sécurité, de supporter huit millions de matériel mort au centre même de notre organisme vital ? »

Samuel George Morton ou le polygénisme empirique

À Philadelphie, Agassiz ne passa pas tout son temps à écrire des insultes à l'encontre des domestiques noirs. Dans la même lettre à sa mère, il relate en termes enthousiastes sa visite à la collection anatomique du distingué médecin et savant de Philadelphie, Samuel George Morton : « Imaginez-vous une série de 600 crânes, en majorité d'Indiens de toutes les tribus qui habitent ou ont habité jadis toute l'Amérique. Nulle part ailleurs il n'existe semblable chose. Cette collection, en elle-même, vaut le voyage en Amérique » (lettre d'Agassiz à sa mère, décembre 1846, archives de la Bibliothèque Houghton, université de Harvard).

Agassiz énonça ses idées en toute liberté et longuement, mais il ne recueillit aucune donnée pour soutenir sa théorie polygéniste. Morton, aristocrate de Philadelphie doté de deux diplômes de médecine — dont l'un de cette ville à la mode qu'était Edimbourg —, fournit les « faits » qui permirent à l'« école américaine » du polygénisme d'atteindre notoriété et respect dans le monde entier. Il commença à collectionner les crânes humains dans les années 1820 ; à sa mort, en 1851, il en avait rassemblé plus d'un millier. Ses amis (et ses adversaires) nommèrent son ossuaire le « Golgotha américain ».

Morton fut reconnu comme le grand collecteur de données, comme le premier objectiviste de la science américaine, celui qui permettrait à cette entreprise naissante de sortir du bourbier où l'enfonçaient les élucubrations fantaisistes. Oliver Wendell Holmes félicitait Morton pour le « caractère sérieux et prudent » de ses travaux, qui « en vertu de leur nature même demeureront des données permanentes pour tous les futurs spécialistes de l'ethnologie » (cité par Stanton, 1960, p. 96). Le même Humboldt qui avait affirmé l'égalité de toutes les races écrivait :

> Les trésors craniologiques que vous avez été si heureux de réunir dans votre collection, ont trouvé en vous un interprète de valeur. Votre travail est également remarquable par la profondeur de vos vues anatomiques, les détails numériques sur les relations dans la conformation organique et l'absence de ces rêveries poétiques qui sont les mythes de la physiologie moderne *(in* Meigs, 1851, p. 48).

À la mort de Morton, le *New York Tribune* écrivit que « probablement aucun homme de science américain n'avait joui, parmi les savants du monde entier, d'une plus grande autorité que le Dr Morton » *(in* Stanton, 1960, p. 144).

Mais Morton, en amassant les crânes, ne répondait pas à l'intérêt abstrait qui motive le dilettante ni au souci d'exhaustivité qui attise la ferveur du taxonomiste. Il avait une hypothèse à mettre à l'épreuve selon laquelle on pouvait établir une classification objective des races en se fondant sur les caractères physiques du cerveau et en particulier sur sa taille. Pour cela, Morton s'intéressa surtout aux indigènes américains.

L'un des traits les plus frappants de l'histoire de ce continent, écrivait George Combe, ami dévoué et fervent partisan des thèses de Morton, est que les races aborigènes, à quelques exceptions près, ont péri ou ont constamment perdu du terrain face à la race anglo-saxonne et ne se sont en aucun cas mélangées avec elle en termes d'égalité ni n'ont adopté ses mœurs et leur civilisation. Ces phénomènes doivent avoir une cause ; et quelle enquête peut être d'emblée aussi intéressante et aussi profonde que celle qui s'efforce de vérifier que cette cause est liée à la différence de cerveau que l'on constate entre la race indigène américaine et ses envahisseurs ? (Combe et Coates, dans leur critique du *Crania Americana* de Morton, 1840, p. 352).

En outre, selon Combe, la collection de Morton n'acquerrait une véritable valeur scientifique que si l'on parvenait à déterminer le mérite mental et moral à partir du cerveau : « Si cette doctrine est sans fondement, ces crânes ne sont que de simples faits d'histoire naturelle qui n'apportent aucune information particulière sur les qualités mentales des peuples » (d'après l'annexe de Combe au *Crania Americana* de Morton, 1839, p. 275).

Bien qu'il ait eu quelques hésitations au début de sa carrière, Morton devint bientôt un des dirigeants du mouvement polygéniste américain. Il publia plusieurs articles exposant cette théorie selon laquelle les races humaines sont des espèces créées séparément. Il s'en prit à l'argument le plus solide de ses adversaires — l'interfécondité de toutes les races humaines — en l'attaquant des deux côtés à la fois. Il s'appuya tout d'abord sur des récits de voyageurs qui avaient rapporté que certaines races — les aborigènes d'Australie et les Caucasiens — n'engendraient que très rarement une progéniture féconde (Morton, 1851). Il attribua ce phénomène à « une disparité de l'organisation primordiale ». Mais, poursuivit-il, le critère d'interfécondité énoncé par Buffon doit être abandonné, car l'hybridation est commune dans la nature, même entre des espèces appartenant à des genres différents (Morton, 1847, 1850). L'espèce doit être redéfinie comme « une forme organique primordiale » (1850, p. 82). « Bravo, mon cher monsieur, lui écrivit Agassiz dans une lettre personnelle, vous avez enfin fourni à la science une véritable définition philosophique de l'espèce » (cité par Stanton, 1960, p. 141). Mais comment reconnaître une forme primordiale ? Morton répondit : « Si l'on peut retrouver dans la nuit des temps certains types d'organismes, aussi dissemblables qu'ils nous apparaissent aujourd'hui, n'est-il pas plus raisonnable de les considérer comme autochtones plutôt que de supposer qu'il ne s'agit que de simples dérivations accidentelles d'une souche patriarcale dont nous ne savons rien ? » (1850, p. 82). C'est ainsi que Morton considérait plusieurs races de chiens comme des espèces séparées parce que leurs squelettes se trouvaient dans les catacombes d'Égypte et qu'ils étaient aussi reconnaissables et distincts des autres races qu'ils le sont aujourd'hui. Les tombes renfermaient également des Noirs et des Caucasiens. Selon les datations de Morton, l'échouage de l'arche de Noé sur le mont Ararat remontait à 4 179 ans avant son époque, et les tombes d'Égypte à exactement mille ans plus tard — ce qui, de toute évidence, n'avait pas laissé assez de temps aux fils de Noé pour se séparer en races différentes. (Comment, demande-t-il, pouvons nous admettre que les races aient changé si rapidement en mille ans et n'aient pas du tout varié dans les trois mille années qui ont suivi ?) Les races humaines ont donc dû être séparées dès leur origine (Morton, 1839, p. 88).

Mais séparé, comme la Cour suprême des États-Unis l'a dit une fois, ne veut pas dire inégal. Morton se mit donc à établir une classification fondée sur des bases « objectives ». Il passa en revue les dessins de l'ancienne Égypte et découvrit que les Noirs y apparaissaient invariablement représentés en domestiques — ce qui montrait à coup sûr qu'ils avaient de tout temps joué le rôle dévolu à eux par la biologie : « Les Noirs étaient nombreux en Égypte, mais leur position sociale dans l'Antiquité était la même que celle d'aujourd'hui, c'est-à-dire celle de serviteurs et d'esclaves » (Morton, 1844, p. 158). (Curieux argument, en vérité, car ces Noirs avaient été capturés au cours d'affrontements guerriers ; les sociétés du Sud saharien représentaient les Noirs en position de chefs.)

Mais la réputation de savant dont jouissait Morton reposait sur sa collection de crânes et sur leur rôle dans la classification raciale. La cavité du crâne humain procurant une mesure fidèle du cerveau qu'elle renfermait, Morton entreprit de classer les races selon la taille moyenne de leur encéphale. Il remplissait la boîte crânienne de graines de moutarde blanche tamisées, reversait les graines dans un cylindre gradué et lisait le volume en pouces cubes*. Plus tard, il abandonna la graine de moutarde, car avec elle il ne parvenait pas à obtenir des résultats réguliers d'une mesure à l'autre. Les graines se tassaient mal, elles étaient trop légères et, en dépit du tamisage, leurs dimensions restaient hétérogènes. Des mensurations renouvelées des mêmes

---

* Pour faciliter la compréhension du public accoutumé au système métrique, les données de Morton, exprimées en pouces cubes, ont été converties en centimètres cubes (1 pouce cube = 16,387 cm³). Cette transposition pourra permettre, par ailleurs, d'éventuelles comparaisons avec les chiffres recueillis par Broca et son école (voir chapitre II). (N.d.T.)

crânes firent apparaître des différences pouvant dépasser 5 %, soit 66 cm³ pour des crânes dont la moyenne était de l'ordre de 1311 cm³. Il décida donc d'adopter la grenaille de plomb d'un huitième de pouce (3 mm) de diamètre — « la taille appelée BB », précisa-t-il — et put ainsi obtenir des résultats réguliers qui ne varièrent jamais de plus d'une quinzaine de cm³ pour le même crâne.

Morton a publié trois ouvrages principaux sur la taille des cerveaux humains — le *Crania Americana*, 1839, volume somptueux et magnifiquement illustré sur les Indiens américains ; le *Crania Aegyptiaca* de 1844, étude sur les crânes des tombes égyptiennes ; et le condensé de sa collection entière, paru en 1849. Chaque livre contient un tableau résumant les mesures prises sur le volume moyen des crânes classés par race. J'ai reproduit ici les trois tableaux (1.1 à 1.3). Ils représentent la contribution la plus importante du polygénisme américain à la question de la classification des races. Ils survécurent à la théorie de la création séparée et furent réimprimés à de multiples reprises au cours du XIXᵉ siècle comme des données irréfutables sur la valeur mentale des races humaines (voir page 150). Il est inutile de dire qu'ils allaient dans le sens du préjugé de tout bon Yankee : les Blancs au-dessus du lot, les Indiens au milieu et les Noirs tout en bas ; et, parmi les Blancs, les Teutons et les Anglo-Saxons tout en haut de l'échelle, les Juifs au milieu et les Hindous tout en bas. En outre, ce schéma a été permanent au cours de l'histoire connue, car les Blancs

Tableau 1.1 Tableau dans lequel Morton a résumé la capacité crânienne selon la race

	CAPACITÉ CRÂNIENNE INTERNE en pouces cubes (et en cm³)			
RACE	NOMBRE	MOYENNE	MAXIMALE	MINIMALE
Caucasienne	52	87 (1426)	109 (1786)	75 (1229)
Mongole	10	83 (1360)	93 (1524)	69 (1131)
Malaise	18	81 (1327)	89 (1458)	64 (1049)
Américaine	147	82 (1344)	100 (1639)	60 (983)
Éthiopienne	29	78 (1278)	94 (1540)	65 (1065)

Tableau 1.2 Capacité crânienne des crânes provenant des tombes égyptiennes

PEUPLE	CAPACITÉ MOYENNE en pouces cubes (et en cm³)	NOMBRE
Caucasien		
Pélasgique	88 (1442)	21
Sémitique	82 (1344)	5
Égyptien	80 (1311)	39
Négroïde	79 (1295)	6
Noir	73 (1196)	1

Tableau 1.3 Résumé final des capacités crâniennes classées par race, établi par Morton

		CAPACITÉ CRÂNIENNE en pouces cubes (et en cm³)			
RACES ET FAMILLES	NOMBRE	MAXIMALE	MINIMALE	MOYENNE	MOYENNE
GROUPE CAUCASIEN ACTUEL					
Famille teutonique					
Allemands	18	114 (1868)	70 (1147)	90 (1475)	
Anglais	5	105 (1721)	91 (1491)	96 (1573)	92 (1508)
Anglo-Américains	7	97 (1590)	82 (1344)	90 (1475)	
Famille pélasgique	10	94 (1540)	75 (1229)	84 (1377)	
Famille celtique	6	97 (1590)	78 (1278)	87 (1426)	
Famille hindoustanique	32	91 (1491)	67 (1098)	80 (1311)	
Famille sémitique	3	98 (1606)	84 (1377)	89 (1458)	
Famille nilotique	17	96 (1573)	66 (1081)	80 (1311)	
GROUPE CAUCASIEN ANCIEN					
Famille pélasgique	18	97 (1590)	74 (1213)	88 (1442)	
Famille nilotique	55	96 (1573)	68 (1114)	80 (1311)	
GROUPE MONGOLIEN					
Famille chinoise	6	91 (1491)	70 (1147)	82 (1344)	
GROUPE MALAIS					
Famille malaise	20	97 (1590)	68 (1114)	86 (1409)	
Famille polynésienne	3	84 (1377)	82 (1344)	83 (1360)	85 (1393)
GROUPE AMÉRICAIN					
Famille toltèque					
Péruviens	155	101 (1655)	58 (950)	75 (1229)	
Mexicains	22	92 (1508)	67 (1098)	79 (1295)	79 (1295)
Tribus barbares	161	104 (1704)	70 (1147)	84 (1377)	
GROUPE NOIR					
Famille africaine indigène	62	99 (1622)	65 (1065)	83 (1360)	
Noirs nés en Amérique	12	89 (1458)	73 (1196)	82 (1344)	83 (1360)
Famille hottentote	3	83 (1360)	68 (1114)	75 (1229)	
Australiens	8	83 (1360)	63 (1032)	75 (1229)	

présentaient la même supériorité sur les Noirs dans l'Égypte ancienne. Le statut social et la position de pouvoir occupée par chacun étaient, dans l'Amérique de Morton, le reflet fidèle de la valeur biologique. Comment les égalitaristes et tous ceux qui étaient animés par leurs seuls sentiments pouvaient-ils s'élever contre les préceptes de la nature ? Morton avait fourni là de pures données objectives, tirées de la plus grande collection de crânes *in the world*.

J'ai passé plusieurs semaines de l'été 1977 à étudier les données de Morton. (Ce prétendu objectiviste publiait toutes ses données brutes. On peut en déduire sans trop se tromper comment il passa de ses mensurations de base à ses tableaux récapitulatifs.) En bref, et pour dire les choses carrément, les résumés de Morton sont un ramassis d'astuces et de tripotages de chiffres dont le seul but est de confirmer des convictions préalables. Cependant — et c'est là l'aspect le plus étonnant de cette affaire — je n'y ai repéré aucune preuve évidente de supercherie volontaire ; en vérité, si Morton avait été intellectuellement malhonnête, il n'aurait jamais publié ses données d'une manière si franche.

La tromperie volontaire est probablement rare dans le domaine scientifique. Elle n'est pas très intéressante, car elle ne nous apprend rien sur la nature de l'activité scientifique. Les escrocs, lorsqu'ils sont découverts, sont excommuniés ; les savants déclarent alors que leur profession a fait sa propre police et ils retournent à leur travail, sans avoir mis en cause leur mythologie, renforcés dans l'idée qu'ils se font de leur propre objectivité. La prédominance du trucage *inconscient* amène d'autre part une conclusion générale sur le contexte social dans lequel s'élabore la science. Car si les savants peuvent en toute honnêteté s'illusionner comme Morton le fit, c'est que l'on peut trouver des préjugés partout, même dans les méthodes de mensuration des ossements et dans les additions de chiffres.

L'INFÉRIORITÉ DES INDIENS : LE *CRANIA AMERICANA**

Morton commença son premier ouvrage, et le plus important, le *Crania Americana* de 1839, par une introduction sur les caractéristiques essentielles des races humaines. Ses préjugés y apparaissent immédiatement. Des « Esquimaux du Groenland » il écrit : « Ils sont astucieux, sensuels, ingrats, obstinés et insensibles, et une bonne partie de l'affection qu'ils portent à leurs enfants peut être ramenée à des motifs égoïstes. Ils avalent les aliments les plus répugnants sans les cuire ni les laver et semblent n'avoir aucune autre idée que celle de subvenir aux besoins de l'instant [...]. Leurs facultés mentales, de l'âge le plus tendre à la vieillesse, s'apparentent à une enfance continue [...]. Dans le domaine de la gloutonnerie, de l'égoïsme et de l'ingratitude, ils n'ont sans doute pas d'égaux dans aucune autre nation du monde » (1839, p. 54). Morton ne pensait guère mieux des autres Mongols, car il écrit des Chinois (p. 50) : « Leurs sentiments et leurs actions sont si inconstants qu'on peut les comparer à la race des singes dont l'attention change perpétuellement d'un objet à l'autre. » Les Hottentots, déclare-t-il (p. 90), sont « les plus proches des animaux inférieurs [...]. Leur teint, d'un brun jaune, a été comparé par les voyageurs à cette couleur particulière que prennent les Européens dans les derniers

* Je ne fais pas état ici de nombreuses précisions statistiques de mon analyse que l'on pourra trouver dans mon article de 1978. Certains passages des pages suivantes jusqu'à la page 94 en sont extraits.

stades de la jaunisse [...]. On présente les femmes comme étant encore plus repoussantes d'aspect que les hommes. » Cependant, quand Morton dut décrire une tribu caucasienne comme une « véritable horde de bandits cupides » (p. 9), il s'empressa d'ajouter que « leurs perceptions morales, sous l'influence d'un juste gouvernement, offriraient à n'en pas douter une apparence beaucoup plus favorable ».

Le tableau condensé de Morton (1.1) expose l'argumentation centrale de *Crania Americana*. Il avait mesuré la capacité de 144 crânes d'Indiens et calculé une moyenne de 1 344 cm³, soit quelque 82 cm³ de moins que la norme caucasienne (fig. 1.4 et 1.5). En outre, Morton donnait en annexe un tableau de mesures phrénologiques qui indiquaient une insuffisance des facultés mentales « supérieures » chez les Indiens. « Les esprits bienveillants, concluait-il (p. 82), pourront regretter l'inaptitude de l'Indien à la civilisation », mais la sentimentalité doit céder devant les faits. « La structure de son esprit se révèle différente de celle de l'homme blanc, semblablement les relations sociales entre les deux races ne peuvent pas s'harmoniser sauf de façon très limitée. » Les Indiens « non seulement répugnent aux contraintes de l'éducation, mais pour la plupart d'entre eux sont incapables de poursuivre un raisonnement continu sur des sujets abstraits » (p. 81).

Crania Americana étant avant tout un traité sur l'infériorité de l'intelligence chez les Indiens, je dois d'abord faire remarquer que la moyenne de 1 344 cm³ relevée par Morton sur les crânes indiens est fausse. Il a séparé les Indiens en deux groupes, les « Toltèques » du Mexique et de l'Amérique du Sud et les « tribus barbares » d'Amérique du Nord. La moyenne énoncée est celle des crânes des Barbares ; l'échantillon total de 144 crânes présente une moyenne de 1 314 cm³, soit un écart de 112 cm³ entre les Indiens et les Caucasiens. (Je ne sais pas comment Morton a pu commettre cette erreur élémentaire. Elle lui permit en tout cas de conserver l'échelle des valeurs conventionnelles avec les Blancs au sommet, les Indiens au milieu et les Noirs tout en bas.)

Mais le chiffre « exact » de 1 314 cm³ est beaucoup trop faible, car il est le résultat d'une procédure erronée. Les 144 crânes de Morton appartiennent à de nombreux groupes d'Indiens ; ces groupes présentent entre eux d'importantes différences de capacité crânienne. Chaque groupe aurait dû être pris en compte, en nombre égal, pour éviter que la moyenne globale ne soit influencée par la taille inégale des sous-groupes. Supposons, à titre d'exemple, que l'on essaie d'évaluer la taille humaine moyenne à partir d'un échantillon comprenant deux jockeys, l'auteur de ce livre (de taille tout à fait ordinaire) et tous les joueurs affiliés à l'Association nationale de basket-ball. Les centaines de géants que sont tous les membres de cet organisme submergeraient les trois autres, la moyenne finale s'établissant aux alentours de deux mètres. Si toutefois nous calculions la moyenne des moyennes des trois groupes (les jockeys, moi et les basketteurs), le chiffre obtenu

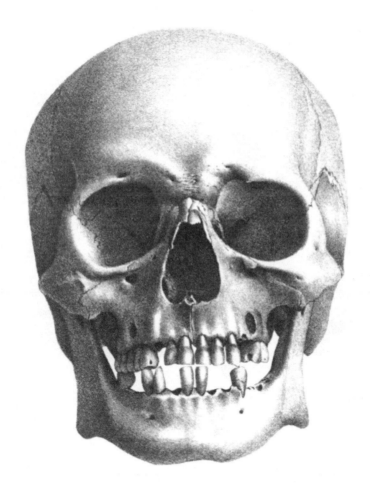

1.4 Crâne d'un Indien Araucan. Cette lithographie et la suivante sont l'œuvre de John Collins, grand dessinateur scientifique malheureusement méconnu de nos jours. Elles furent publiées dans le *Crania Americana* de Morton (1839).

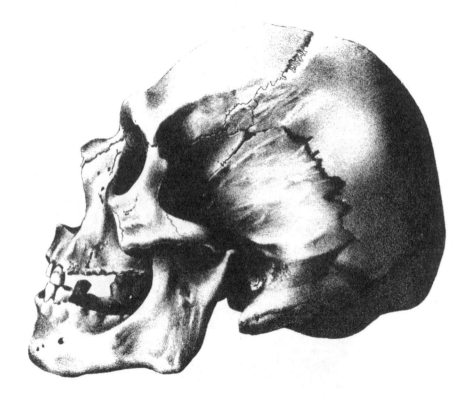

1.5 Crâne d'un Indien Huron. Lithographie de John Collins tirée du *Crania Americana* de Morton (1839).

approcherait de la valeur réelle. L'échantillon de Morton est fortement influencé par la surreprésentation massive d'un groupe extrême doté d'un petit cerveau : les Incas du Pérou (ils ont une capacité crânienne moyenne de 1 219 cm³ et constituent 25 % de l'échantillon total). Les Iroquois, tribu à gros cerveau, ne sont représentés que par trois crânes, soit 2 % du total. Si le hasard avait amené Morton à recueillir 25 % de crânes d'Iroquois et uniquement quelques rares Incas, sa moyenne s'en serait trouvée considérablement augmentée. J'ai donc corrigé ce défaut du mieux que j'ai pu en prenant les valeurs moyennes pour chaque tribu représentée par quatre crânes ou plus. La moyenne des Indiens est ainsi remontée à 1 373 cm³.

Ce nouveau chiffre est toujours inférieur de 53 cm³ à la moyenne caucasienne. Mais lorsqu'on examine la façon dont Morton a calculé la moyenne caucasienne, on s'aperçoit qu'il a fait preuve d'une étonnante incohérence. L'approche statistique s'étant surtout affinée au cours des cent dernières années, j'aurais été tenté d'excuser Morton pour l'erreur qu'il a commise dans le cas des Indiens, car il aurait fort bien pu ne pas reconnaître le gauchissement qu'introduisait la taille inégale des sous-groupes. Mais on découvre bientôt qu'il savait parfaitement inter- préter ce mécanisme statistique. Il a, en effet, obtenu le chiffre élevé des Caucasiens en éliminant consciemment les Hindous au petit cerveau de son échantillon. Il écrit (p. 261) : « Il convient, cependant, de mentionner que seuls trois Hindous sont compris dans le nombre global, les crânes de ce peuple étant vraisemblablement, entre les nations, les plus petits de tous. Par exemple, 17 têtes hindoues ne donnent qu'une moyenne de 1 229 cm³ ; et les trois apparaissant sur le tableau ont exactement ce chiffre. » Ce qui veut dire que Morton a inclus un large sous-groupe à petit cerveau (les Incas du Pérou) pour abaisser la moyenne des Indiens, mais a ôté un nombre similaire de crânes caucasiens de faible capacité pour élever la moyenne de son propre groupe. Comme il nous signale cela en toute franchise, il faut penser qu'il n'estimait pas le procédé abusif. Mais comment expliquer qu'il ait pu garder les Incas et écarter les Hindous sinon par l'opinion préconçue qu'il avait de la supériorité de la moyenne caucasienne ? Car il a pu alors rejeter l'échantillon hindou qui lui est apparu vraiment anormal et conserver l'échantillon inca (dont la moyenne est, du reste, la même que celle des Hindous) comme représentant la valeur la plus basse de la normalité au sein de ce groupe globalement désavantagé.

J'ai replacé les crânes hindous dans l'échantillon de Morton en utilisant la même méthode d'équilibrage des groupes. Les Caucasiens, selon Morton lui-même, étaient divisés en quatre sous-groupes, donc les Hindous devaient contribuer pour un quart de l'ensemble. Si l'on réintroduit les dix-sept crânes, ceux-ci atteignent alors 26 % de l'échan- tillon total de 66 crânes. La moyenne caucasienne s'abaisse du même coup à 1 384 cm³, autant dire que la différence entre Indiens et Cauca- siens devient négligeable. (Les Esquimaux, en dépit de la piètre estime dans laquelle les tient Morton, atteignent le score de 1 422 cm³, chiffre qui se trouve enfoui sous la moyenne globale des Mongols de 1 360 cm³.) Voilà donc ce qu'il en est de l'infériorité des Indiens.

LES CATACOMBES ÉGYTIENNES ET LE *CRANIA AEGYPTIACA*

George Gliddon, ami de Morton et partisan, comme lui, du poly-génisme, était consul des États-Unis au Caire. Il expédia à Philadelphie plus de cent crânes provenant des tombes de l'ancienne Égypte, qui constituèrent la matière du second des grands ouvrages de Morton, le *Crania Aegyptiaca* de 1844. Morton avait montré — ou du moins, c'est ce qu'il pensait — que les dons des Blancs surpassaient ceux des Indiens dans le domaine mental. Maintenant, il allait parfaire sa thèse en démontrant que l'écart séparant les Blancs des Noirs était encore plus grand et que cette différence était restée stable depuis plus de trois mille ans.

Morton avait le sentiment qu'il pouvait distinguer les deux races et leurs sous-groupes à partir des caractères du crâne (la plupart des anthropologistes considèrent aujourd'hui que ce type d'identification ne peut pas se faire sans laisser subsister quelque ambiguïté). Il divisa ses crânes caucasiens en Pélasges (peuple de l'antiquité préhellénique), Juifs et Égyptiens — dans cet ordre, ce qui confirme les préférences anglo-saxonnes (voir tableau 1.2). Quant aux crânes non caucasiens, il les classa en « négroïdes » (métis de Noirs et de Caucasiens, plus noirs que blancs) ou en Noirs de pure race.

La division subjective que Morton opéra entre les crânes de Cauca-siens ne présente absolument aucune garantie, car il se contenta d'attribuer les crânes les plus renflés à son groupe préféré, les Pélasges, et les plus aplatis aux Égyptiens ; il ne fait état d'aucun autre critère de sélection. Si nous passons outre à sa triple séparation et mélangeons l'ensemble des 65 crânes caucasiens en un seul échantillon, nous obte-nons une capacité moyenne de 1 346 cm³. (Si nous accordons à Morton le bénéfice du doute et validons ses sous-groupes en les traitant chacun à égalité — comme nous l'avons fait pour la moyenne des Indiens et des Caucasiens du *Crania Americana* —, nous atteignons une moyenne de 1 365 cm³.)

L'un et l'autre de ces chiffres dépassent nettement les moyennes négroïde et noire. Morton était persuadé d'avoir mesuré une différence innée d'intelligence. Jamais ne lui est venue une proposition alternative rendant compte de cet écart entre les capacités crâniennes moyennes. Et pourtant une explication simple et évidente était devant ses yeux, à sa portée.

La taille du cerveau est en relation directe avec celle du corps : les gens de haute stature ont en règle générale un cerveau plus grand que les personnes de petite taille. Ce qui ne veut pas dire que les personnes de grande taille sont plus astucieuses que les autres — pas plus qu'on ne peut considérer les éléphants comme plus intelligents que les humains sous prétexte qu'ils ont un cerveau plus gros. Il convient donc d'apporter les corrections nécessaires selon la taille du corps. Les hommes sont en règle générale plus grands que les femmes ; en conséquence leur cerveau est plus gros. Une fois les corrections opérées, les hommes et les femmes se retrouvent avec un cerveau sensiblement égal quant à sa taille. Morton non seulement n'a pas rectifié ces différences de sexe et de taille du corps, mais encore il ne s'est pas rendu compte du rapport qui existait et que pourtant ses données proclamaient haut et fort. (Je suis amené à penser que Morton, dans son désir d'interpréter les différences de taille du cerveau comme des différences d'intelligence, ne séparait jamais ses crânes par sexe ou taille du corps — quoique ses tableaux mentionnent ces renseignements.)

De nombreux crânes égyptiens parvinrent à Morton avec des restes momifiés (fig. 1.6), ce qui lui permit de déterminer leur sexe sans ambiguïté. Si l'on utilise ses informations et si l'on calcule les moyennes séparément pour les hommes et pour les femmes (ce que Morton n'a jamais fait), on obtient le remarquable résultat suivant : la capacité moyenne pour vingt-quatre crânes caucasiens masculins est de 1 417 cm^3 ; vingt-deux crânes de femmes ont une moyenne de 1 265 cm^3 — le sexe des dix-neuf crânes restants ne pouvant être identifié. Sur les six crânes négroïdes, deux d'après Morton sont féminins (1 163 et 1 262 cm^3), les quatre autres restant indéterminés (1 262, 1 262, 1 426 et 1 442 cm^3 *). Si nous supposons, comme il semble raisonnable, que les deux crânes les plus petits (1 262 et 1 262 cm^3) sont féminins et les deux plus grands (1 426 et 1 442 cm^3) masculins, nous obtenons une moyenne négroïde masculine de 1 434 cm^3 légèrement au-dessus de la moyenne caucasienne de 1 417 cm^3 et une moyenne négroïde féminine de 1 237 cm^3 un peu au-dessous de la moyenne caucasienne de 1 265 cm^3. La différence apparente de 66 cm^3 entre l'échantillon caucasien et l'échantillon négroïde peut être simplement due au fait que la moitié des crânes caucasiens appartenaient à des hommes, alors que cette proportion descendait à un tiers dans le cas des crânes négroïdes. (Cet écart est encore accentué par le chiffre que Morton a incorrectement arrondi à 79 pouces cubes (1 295 cm^3) au lieu de 80 (1 311 cm^3). Comme nous le reverrons plus loin, toutes les petites erreurs numériques que Morton a commises vont toujours dans le sens de ses préjugés.) Les différences relevées dans la taille du

---

* Dans son dernier catalogue datant de 1849, Morton a deviné le sexe (et l'âge à cinq ans près) de tous les crânes. Dans cet ouvrage, il attribue le sexe masculin aux crânes de 1 262, 1 426 et 1 442 cm^3 et le sexe féminin au 1 262 cm^3 restant. Cette affectation n'était que pure conjecture ; la version alternative que je propose est tout aussi plausible. Dans son *Crania Aegyptiaca*, Morton se montrait plus prudent et ne déterminait le sexe que d'après les restes momifiés.

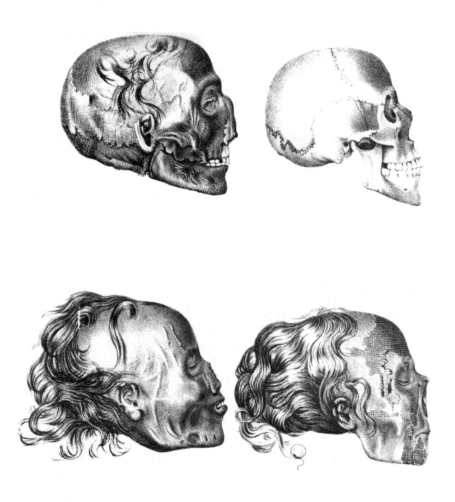

1.6 Crânes provenant des catacombes d'Égypte. D'après le *Crania Aegyptiaca*de Morton (1844).

cerveau entre les Caucasiens et les Négroïdes des tombes égyptiennes ne reflètent que les différences de taille du corps dues au sexe, et non des variations d'« intelligence ». On ne sera pas étonné d'apprendre que le seul crâne purement noir (1 196 cm³) est celui d'une femme.

La liaison entre cerveau et corps résout également une question laissée en suspens dans notre précédente approche du *Crania Americana* : comment expliquer la différence de taille du cerveau que l'on observe chez les peuples indiens ? (Ces écarts contrariaient beaucoup Morton, car il ne parvenait pas à comprendre comment les Incas au petit cerveau avaient pu bâtir une civilisation si raffinée, bien que leur effondrement soudain face aux conquistadores le consolât). De nouveau la solution se trouvait devant ses yeux, mais il ne la vit jamais. Morton ayant ajouté des données subjectives sur la taille dans ses descriptions des diverses tribus, j'ai regroupé dans le tableau 1.4 ces évaluations accompagnées des mesures du cerveau correspondantes. Cette classification confirme sans exception la corrélation entre la capacité crânienne et la taille du corps. De même la faible moyenne obtenue chez les Caucasiens par les Hindous provient de leur petitesse, rien de plus. Il ne s'agit certes pas d'une autre catégorie d'Indiens stupides.

Tableau 1.4 Capacité crânienne des groupes indiens classés selon la taille du corps telle que l'a estimée Morton.

GROUPE	CAPACITÉ CRÂNIENNE en pouces cubes (cm³)		NOMBRE
GRANDE TAILLE			
Seminole-Muskogee	88,3	(1447)	8
Chippeway et groupes apparentés	88,8	(1455)	4
Dakota et Osage	84,4	(1383)	7
TAILLE MOYENNE			
Mexicains	80,2	(1314)	13
Menominee	80,5	(1319)	8
Mounds	81,7	(1339)	9
PETITE TAILLE			
Têtes plates du fleuve Colorado	78,8	(1291)	10
Péruviens	74,4	(1219)	33

LES FLUCTUATIONS DE LA MOYENNE DES NOIRS

Dans le *Crania Americana*, Morton donnait 1 278 cm³ comme capacité crânienne moyenne des Noirs. Cinq ans plus tard, dans son *Crania Aegyptiaca*, il ajouta à son tableau de mesures la note suivante : « J'ai en ma possession 79 crânes de Noirs nés en Afrique [...]. Sur la totalité, on compte 58 adultes [...] dont la taille moyenne du cerveau s'établit à 1 393 cm³ (1844, p. 113). »

Morton étant passé, dans sa méthode de mensuration, de la graine de moutarde à la grenaille de plomb, entre 1839 et 1844, j'avais le sentiment qu'il fallait voir là une cause de l'élévation de la moyenne chez les Noirs. Heureusement, Morton remesura personnellement la plupart de ses crânes et ses divers inventaires présentent des listes des mêmes crânes mesurés à la fois avec les graines et avec la grenaille (voir Gould, 1978, pour de plus amples détails).

Je pensais que les mesures faites avec les graines de moutarde seraient plus faibles. Les graines sont légères et de taille variable, même après leur tamisage. Elles ne se tassent pas très bien. En secouant fortement le crâne ou en exerçant une pression avec le pouce à l'entrée du trou occipital (la grande ouverture à la base du crâne), on peut arriver à stabiliser les graines et à faire ainsi de la place pour en ajouter d'autres. Les mesures faites avec les graines étaient très variables ; Morton signala des différences de plusieurs dizaines de cm³ pour le même crâne. Il finit par se décourager, renvoya ses assistants et reprit lui-même toutes ses mesures avec de la grenaille de plomb. Cette fois, les vérifications d'étalonnage sur le même crâne ne dépassèrent jamais une quinzaine de cm³ et on peut donc considérer avec Morton que les mesures faites avec la grenaille sont objectives, exactes et reproductibles — alors que les mesures précédentes étaient fortement subjectives et sujettes à d'importantes variations.

J'ai ensuite calculé les écarts par race, entre graines et grenaille. Avec la grenaille de plomb, comme je m'y attendais, les valeurs obtenues étaient supérieures. Pour 111 crânes indiens, mesurés avec les deux méthodes, la grenaille dépasse en moyenne les graines de 36 cm³. Les données concernant les Noirs et les Caucasiens ne sont pas aussi sûres, car, pour ces races, Morton, dans son *Crania Americana* — les mesures étaient alors effectuées avec des graines —, n'a pas fourni les renseignements crâne par crâne. Chez les Caucasiens, les 19 crânes identifiables présentent un écart moyen de seulement 29,5 cm³. Mais les 18 crânes africains du *Crania Americana* qui furent remesurés avec la grenaille de plomb eurent une moyenne qui s'éleva à 1 367 cm³, soit un gain de 89 cm³ par rapport au chiffre moyen de 1839. Autrement dit, plus la race était « inférieure », selon l'opinion de Morton, plus grand était l'écart entre une mensuration subjective, aisément et inconsciemment faussée, et une mensuration objective sur laquelle les préjugés n'ont pas de prise. L'écart pour les Noirs, les Indiens et les Caucasiens est respectivement de 89, 36 et 29,5 cm³.

On peut facilement imaginer la scène telle qu'elle a pu se dérouler lorsque Morton procédait à ses mesures avec des graines de moutarde : il prend en main un crâne de Noir à la taille énorme, et donc menaçante, le remplit avec délicatesse et lui donne quelques tapes désinvoltes. Ensuite vient le tour d'un crâne de Caucasien d'une petitesse désolante, que Morton secoue avec conviction en exerçant une forte pression avec son pouce par le trou occipital. Tout cela peut fort bien s'être réalisé sans aucune motivation consciente ; l'espoir est un maître doté d'un grand pouvoir.

LE CATALOGUE FINAL DE 1849

La collection de Morton comprenait 623 crânes lorsque, en 1849, il présenta son dernier recensement, confirmant ainsi, d'une manière éclatante, la classification que tout Anglo-Saxon attendait.

Les sous-groupes caucasiens y sont affligés de plusieurs erreurs et altérations. La moyenne allemande, arrondie à 90 pouces cubes (1 475 cm³) dans l'abrégé, s'établit en réalité à 88,4 (1 449 cm³) si l'on se reporte aux crânes individuels recensés ; de même le chiffre pour les Anglo-Saxons est de 89,14 pouces cubes (1 460 cm³) et non de 90 (1 475 cm³). La moyenne élevée atteinte par les Anglais (1 573 cm³) est exacte, mais il s'agit d'un échantillon restreint et intégralement de sexe masculin*. Si de nouveau nous procédons à notre calcul par sous-groupe, nous nous apercevons que les six « familles » actuelles de Caucasiens présentent une moyenne de 1 426 cm³ **. La moyenne des Caucasiens anciens, qui se subdivisent en deux sous-groupes, est de 1 377 cm³ (tableau 1.5).

Ce sont six crânes chinois qui ont permis à Morton d'établir la moyenne des Mongols à 1 344 cm³, mais ce chiffre assez bas est le résultat d'une double amnésie sélective : d'abord Morton a éliminé le dernier spécimen chinois (le crâne n° 1 336 dont la capacité est de 1 606 cm³), bien que ce dernier ait dû se trouver dans sa collection au

---

* Pour montrer une nouvelle fois à quel point la taille du corps peut engendrer de grandes différences, voici quelques données supplémentaires que je tire des tableaux de Morton, mais qu'il n'a jamais calculées ni reconnues : 1) chez les Incas du Pérou, 53 crânes masculins ont une moyenne de 1 270 cm³, 61 crânes féminins de 1 182 cm³ ; 2) quant aux Allemands, les neuf crânes masculins atteignent une moyenne de 1 511 cm³ et les huit crânes féminins de 1 381 cm³.

** Dans mon premier article (Gould, 1978), je n'avais établi la moyenne des Caucasiens qu'à 85,3 pouces cubes (1 398 cm³). La raison de cette erreur est quelque peu gênante pour moi, mais instructive, car elle illustre, à mes dépens, le principe essentiel de ce livre : l'enracinement social de la science et l'influence exercée fréquemment par les résultats attendus sur une prétendue objectivité. La septième ligne du tableau 1.3 fait varier l'éventail des trois crânes sémitiques de 84 à 98 pouces cubes. Cependant mon article en donnait une moyenne de 80 — ce qui était évidemment impossible, le plus petit crâne en mesurant 84. Je travaillais en fait avec une mauvaise photocopie du tableau de Morton sur laquelle le chiffre de 89 pouvait être pris pour un 80. Pourtant la fourchette 84-98 apparaissait clairement sur la colonne voisine, mais je n'ai pas pris garde à cette incohérence... probablement parce que cette valeur faible de 80 pouces cubes (1 311 cm³) correspondait mieux à l'abaissement de la moyenne caucasienne que je recherchais. Le 80 avait donc l'air exact et je ne l'ai pas vérifié. Je remercie le Dr Irving Klotz de la Northwestern University de m'avoir signalé cette erreur.

moment de la publication du résumé où l'on retrouve de nombreux crânes péruviens catalogués avec un numéro supérieur. En second lieu, Morton, tout en déplorant l'absence d'Esquimaux dans sa collection (1849, p. IV), n'a pas mentionné les trois crânes esquimaux qu'il avait mesurés pour son *Crania Americana*. (Ceux-ci appartenaient à son ami George Combe et n'apparaissaient pas dans le recensement final.)

Tableau 1.5 Le catalogue final de Morton en données corrigées

GROUPE	CAPACITÉ CRÂNIENNE INTERNE en pouces cubes (cm³)
Mongols	87 (1426)
Caucasiens actuels	87 (1426)
Indigènes américains	86 (1409)
Malais	85 (1393)
Caucasiens anciens	84 (1377)
Africains	83 (1360)

Morton n'a jamais remesuré ces crânes esquimaux à l'aide de grenaille de plomb, mais si nous ajoutons à leur moyenne de 1 422 cm³ la valeur de la correction que nous avons constatée pour les crânes d'Indiens mesurés pour la première fois à la graine de moutarde, soit 36 cm³, nous obtenons une moyenne de 1 458 cm³. Ces deux « familles » (les Chinois complétés avec le n° 1336 et les Esquimaux ainsi corrigés) nous donnent une moyenne pour les Mongols de 1 426 cm³ (au lieu des 1 344 annoncés).

En 1849, la moyenne des crânes indiens s'abaissa brutalement, par rapport à celle publiée en 1839, à 1 295 cm³. Ce chiffre est erroné pour la même raison que le précédent, l'inégalité de représentation des sousgroupes, mais ce déséquilibre est encore plus accentué qu'auparavant. En effet, en 1839, les Péruviens représentaient 23 % de l'échantillon total, mais en 1849 cette proportion s'est élevée à presque 50 % (155 crânes sur 338). Si l'on procède à cette même rectification consistant à calculer à égalité la moyenne de tous les sous-groupes, la moyenne indienne remonte à 1 409 cm³.

Quant à la moyenne des Noirs, il nous faut en écarter les australoïdes, car Morton les incluait dans ses calculs d'évaluation du statut des Noirs africains ; or on ne considère plus aujourd'hui qu'il existe une relation entre les deux groupes — la coloration de la peau est un caractère apparu séparément dans divers groupes humains. J'ai également éliminé l'échantillon des trois Hottentots : tous les crânes sont féminins, et les Hottentots sont de taille très petite. Les Noirs indigènes et ceux nés en Amérique, rassemblés en un seul échantillon, présentent une moyenne à peine inférieure à 1 360 cm³.

En bref, en ne me référant qu'aux données de Morton, les diverses corrections que j'ai apportées n'ont pas fait apparaître de différences *significatives* entre les races (tableau 1.5). Tous les groupes se retrouvent entre 1 360 et 1 426 cm³, les Caucasiens obtenant le meilleur score. Au cas où les Européens de l'Ouest chercheraient à fonder leur supériorité sur les hautes moyennes de certains de leurs sous-groupes (Germaniques et Anglo-Saxons), je signale que plusieurs ethnies indiennes atteignent des résultats comparables (ce qui est invisible chez Morton qui a réuni tous les Indiens d'Amérique du Nord sans jamais donner les moyennes pour chaque sous-groupe), et que toutes les moyennes concernant les familles teutonique ou anglo-saxonne ont été, chez Morton, soit mal calculées, soit présentées de façon tendancieuse.

CONCLUSIONS

Les manipulations de Morton peuvent se classer en quatre catégories principales.

1. Les incohérences favorables et les critères fluctuants : Morton jugea souvent bon de prendre ou de rejeter des données extrêmes de manière à harmoniser les moyennes du groupe à ses conclusions préalables. Il inclut ainsi les Incas du Pérou pour baisser la moyenne des Indiens, mais élimina les Hindous pour élever la moyenne caucasienne. Il ne publiait les chiffres des sous-groupes que lorsque ceux-ci s'accordaient aux résultats recherchés, sinon il les passait tout bonnement sous silence. C'est ainsi qu'il calcula les moyennes des sous-groupes caucasiens pour démontrer la supériorité des Teutons et des Anglo-Saxons, mais ne présenta jamais les données des sous-groupes indiens qui avaient pourtant des valeurs tout aussi élevées.

2. La subjectivité mise au service des préjugés : les mesures que Morton effectua avec les graines étaient suffisamment imprécises pour laisser jouer toutes sortes d'influences subjectives ; les mesures ultérieures réalisées à la grenaille de plomb furent, elles, reproductibles et vraisemblablement objectives. Pour les crânes mesurés avec les deux méthodes, les valeurs obtenues avec la grenaille dépassent toujours celles obtenues avec les graines qui, légères, se tassaient mal. Mais les écarts observés allaient bien dans le sens des suppositions faites *a priori*, à savoir, respectivement, 89, 36 et 29,5 cm³ en moyenne pour les Noirs, les Indiens et les Blancs. En d'autres termes, on trouvait toujours les mesures les plus faibles chez les Noirs et les plus élevées chez les Blancs chaque fois qu'il y avait une possibilité d'exercer sur les mesures elles-mêmes une influence allant dans le sens des résultats escomptés.

3. Les omissions méthodologiques qui nous semblent évidentes : Morton était convaincu que les variations de la taille du cerveau corres-

pondaient à des différences dans les facultés mentales innées. Jamais il n'a recherché d'hypothèse alternative, malgré l'interprétation divergente que proclamaient ses propres données. Jamais il n'a calculé la moyenne par sexe ou par taille du corps, quoiqu'il ait dûment noté ces informations dans ses tableaux récapitulatifs — notamment dans le cas des momies égyptiennes. S'il avait évalué l'influence de la taille du corps, il se serait probablement aperçu qu'elle rendait compte de toutes les différences importantes de la taille du cerveau rencontrées entre ses groupes. Parmi les crânes égyptiens, les négroïdes présentaient certainement une moyenne plus basse que les Caucasiens parce que leur échantillon renfermait un pourcentage plus élevé de femmes de taille réduite, et non pas parce que les Noirs sont moins intelligents de nature. Les Incas, qu'il compta parmi les Indiens, tout comme les Hindous qu'à l'opposé il exclut du groupe caucasien, possédaient un cerveau dont la petitesse correspondait à leur stature. Morton utilisa un échantillon uniquement composé de crânes féminins hottentots pour étayer la thèse de la stupidité des Noirs et un échantillon uniquement masculin d'Anglais pour affirmer la supériorité des Blancs.

4. Les erreurs de calcul et les omissions commodes : les erreurs de calcul et les omissions que j'ai pu relever sont toutes en faveur des idées de Morton. Il arrondit la moyenne des négroïdes égyptiens à 79 pouces cubes au lieu de 80. Il donna des moyennes de 90 pour les Allemands et les Anglo-Saxons alors que les chiffres réels, arrondis à l'unité la plus proche, sont de 88 et 89. Il écarta un grand crâne chinois et un sous-groupe esquimau de ses calculs récapitulatifs sur les mongoloïdes, ramenant ainsi leur moyenne au-dessous de celle des Caucasiens.

Malgré toutes ces jongleries, je n'ai pu relever aucune preuve de supercherie ou de manipulation consciente. Morton n'a nullement tenté d'effacer les traces de son travail et je présume qu'il n'était pas conscient de les avoir laissées. Il a fourni le détail de ses méthodes et a publié toutes ses données brutes. À mon avis, la seule chose que l'on puisse invoquer est que sa conviction de la réalité de la classification raciale était si puissante qu'elle a influé sur ses calculs dans des directions préétablies. Cela n'empêcha en rien Morton d'être considéré par ses contemporains comme le savant objectiviste de son époque ; on voyait en lui l'homme qui sortirait la science américaine du bourbier des hypothèses gratuites.

L'école américaine et l'esclavagisme

Chez les principaux polygénistes américains, les prises de position sur l'esclavage divergeaient. La plupart d'entre eux étaient nordistes et nombreux étaient ceux qui avaient adopté une attitude proche de celle de Squier qui disait : « [J'ai] des nègres une bien piètre opinion [...] et une bien pire encore de l'esclavage » (cité par Stanton, 1960, p. 193).

Mais classer les Noirs en une espèce distincte et inégale, voilà qui, de toute évidence, ne pouvait qu'apporter de l'eau au moulin des esclavagistes. Josiah Nott, un important polygéniste, rencontra dans le sud des États-Unis des auditoires particulièrement réceptifs quand il donna ses « conférences sur la négrologie » *(niggerology)*, comme il les appelait. Le *Crania Aegyptiaca* de Morton reçut un accueil chaleureux dans le Sud *(in* Stanton, 1960, pp. 52-53). Un esclavagiste écrivit que le Sud ne devait plus être « effrayé » par « les voix de l'Europe ou de l'Amérique du Nord » lorsqu'il prenait la défense de ses « institutions particulières ». À la mort de Morton, la principale revue médicale sudiste affirma (R. W. Gibbs, *Charleston Medical Journal*, 1851, cité par Stanton, 1960, p. 144) : « Nous, hommes du Sud, devrions le considérer comme notre bienfaiteur, car il nous a rendu le service le plus substantiel qui soit en donnant au Noir son vrai statut, celui d'une race inférieure. »

Malgré tout, l'argumentation polygéniste n'occupa pas une place de premier plan dans l'idéologie esclavagiste des États-Unis au milieu du XIXᵉ siècle — et cela pour une bonne raison. Pour la plupart des Sudistes, cette argumentation se payait à un prix trop élevé. Les polygénistes s'en étaient pris aux idéologues qui s'opposaient à leur pure quête de la vérité, mais leur cible était plus souvent le clergé que les abolitionnistes. Leur théorie, en affirmant la pluralité des créations, entrait en contradiction flagrante avec la doctrine d'un Adam unique et allait à l'encontre de l'interprétation littérale des Écritures. Bien que les principaux polygénistes aient eu des attitudes diverses devant la religion, aucun d'entre eux n'était athée. Morton et Agassiz faisaient preuve d'une piété conventionnelle, mais ils croyaient fermement que la science et la religion ne se porteraient que mieux si des pasteurs incultes dans le domaine scientifique évitaient de venir fourrer leur nez dans les affaires des savants et s'abstenaient de brandir la Bible comme un document apte à résoudre les problèmes d'histoire naturelle. C'est avec vigueur que Josiah Nott affirmait le but qu'il recherchait (Agassiz et Morton n'auraient pas dit les choses aussi abruptement) : « [...] libérer de la Bible l'histoire naturelle de l'humanité et l'asseoir sur ses propres fondations, où elle puisse reposer sans être en butte aux tracasseries *(in* Stanton, 1960, p. 119).

Les polygénistes mirent les défenseurs de l'esclavage dans l'embarras. Devaient-ils accepter de la part de la science une thèse puissante qui, par contrecoup, restreignait le domaine de la religion ? Généralement, c'était la Bible qui l'emportait. Après tout, les arguments bibliques en faveur de l'esclavage ne manquaient pas. La dégénérescence des Noirs comme conséquence de la malédiction de Cham était un vieux succédané qui avait fait ses preuves. D'ailleurs, le polygénisme n'était pas la seule parade quasi scientifique disponible.

John Bachman, pasteur de Caroline du Sud et naturaliste distingué, était un monogéniste convaincu. En tant que tel, il consacra une grande partie de sa carrière à tenter de réfuter le polygénisme. Il utilisait également les principes monogénistes pour justifier l'esclavage.

> Dans le domaine de la puissance intellectuelle, l'Africain est une variété inférieure de notre espèce. Toute son histoire prouve à l'envi qu'il est incapable de se gouverner lui-même. L'enfant que nous tenons par la main et qui se tourne vers nous pour chercher protection et appui est toujours de notre sang en dépit de sa faiblesse et de son ignorance (cité par Stanton, 1960, p. 63).

Parmi les justifications « scientifiques » non polygénistes de l'esclavage, rien n'égala en absurdité les doctrines d'un médecin sudiste réputé, S.A. Cartwright (je ne prétends pas que ces élucubrations soient typiques et je ne pense pas que nombreux soient les Sudistes intelligents qui les aient prises au sérieux ; je tiens seulement à montrer quelles extrémités pouvait atteindre l'approche « scientifique » du sujet). Cartwright attribuait les problèmes de la race noire à une mauvaise décarbonisation du sang dans les poumons (dissipation insuffisante du gaz carbonique) : « C'est l'atmosphérisation défectueuse [...] du sang, jointe à une déficience de la matière cérébrale dans le crâne [...] qui est la cause véritable de l'altération de l'esprit des peuples d'Afrique et qui les a rendus incapables de se prendre eux-mêmes en charge » (d'après Chorover, 1979 ; toutes les citations de Cartwright sont tirées des communications qu'il a présentées en 1851 à l'assemblée de l'Association médicale de Louisiane).

Cartwright avait même un nom, pour ce défaut respiratoire : la *dyesthésie*. Il en décrivit les symptômes chez les esclaves : « Quand on le pousse au travail [...] il accomplit la tâche qui lui a été assignée d'une manière irréfléchie et désinvolte, en traînant les pieds ou en coupant avec sa houe les plants qu'il a la charge de cultiver — cassant les outils avec lesquels il travaille et détériorant tout ce qu'il touche. » Les Nordistes ignorants attribuaient son comportement à « l'influence avilissante de l'esclavage », mais Cartwright y voyait les signes d'une véritable maladie, dont l'insensibilité à la douleur n'était qu'un autre symptôme : « Lorsque ce malheureux individu est soumis à la punition, il ne ressent aucune souffrance de quelque importance [ni] aucun ressentiment exceptionnel autre qu'une bouderie stupide. Dans certains cas, [...] il semble y avoir une perte quasi totale de sensation. » Cartwright proposait le traitement suivant :

> Le foie, la peau et les reins doivent être stimulés [...] afin de permettre une meilleure décarbonisation du sang. Le moyen le plus sûr pour stimuler la peau est d'abord de bien laver le patient à l'eau chaude et au savon ; puis de l'enduire d'huile que l'on fait pénétrer avec une large courroie de cuir ; ensuite de donner au patient une tâche pénible à accomplir — comme abattre des arbres, fendre du bois ou scier au passe-

partout ou à la scie à bûches — en plein air et sous le soleil, ce qui aura pour effet de le contraindre à dilater ses poumons.

Cartwright ne limita pas son recensement des maladies à la dyesthésie. Il se demanda pourquoi les esclaves essayaient de s'enfuir et en attribua la cause à une affection mentale appelée la *drapétomanie*, ou désir maladif de s'échapper. « Comme les enfants, ils sont obligés par des lois physiologiques immuables à aimer ceux qui ont autorité sur eux. En conséquence, obéissant à une loi de sa nature, le Noir ne peut pas plus s'empêcher d'aimer un maître bienveillant que l'enfant ne peut s'empêcher d'aimer celle qui le nourrit. » Quant aux esclaves atteints de drapétomanie, Cartwright proposait un traitement du comportement : leurs propriétaires devaient éviter les extrêmes, tant dans la permissivité que dans la cruauté : « On doit uniquement les conserver dans cette condition et les traiter en enfants, de manière à prévenir et à soigner leur désir de s'enfuir. »

Les partisans de l'esclavage n'avaient nul besoin du polygénisme. La religion l'emportait encore sur la science quand il s'agissait de rationaliser l'ordre social. Mais ces controverses américaines sur le polygénisme constituent certainement le dernier cas où les thèses de type scientifique n'ont pas occupé la première ligne de défense du *statu quo* et du caractère invariable des différences humaines. La guerre de Sécession n'était pas loin, mais 1859 et la publication de *De l'Origine des espèces* de Darwin non plus. Les thèses ultérieures en faveur de l'esclavage, du colonialisme, des différences raciales, des structures sociales et des rôles sexuels se rangeront sous la bannière de la science.

CHAPITRE II

La mesure des têtes

PAUL BROCA ET L'ÂGE D'OR DE LA CRANIOLOGIE

> Aucun homme doué de raison, instruit des faits,
> ne croit que le Noir moyen est l'égal de l'homme
> blanc moyen, encore moins son supérieur. Et, si
> cela est exact, on ne peut pas penser que, lorsque
> les handicaps de notre parent prognathe seront
> levés, et qu'il recevra un traitement juste
> dépourvu de toute faveur, et où toute oppression
> sera bannie, il parviendra à l'emporter sur son
> rival à plus gros cerveau et à mâchoire réduite.
> Car dans cette compétition l'arme principale est
> la pensée et non la denture.
>
> T.H. HUXLEY.

L'attrait des chiffres

INTRODUCTION

La théorie de l'évolution remplaça le créationnisme qui avait été à la base de l'intense controverse entre les monogénistes et les polygénistes, mais les deux partis s'en accommodèrent fort bien, car cela fournissait un meilleur fondement rationnel à leur racisme commun. Les monogénistes continuèrent à établir une hiérarchie linéaire des races selon leur valeur mentale et morale ; les polygénistes admettaient à présent l'existence d'une ascendance commune qui se perdait dans les brumes préhistoriques, mais affirmaient que les races avaient été séparées depuis si longtemps que des différences héréditaires majeures étaient apparues dans les domaines du talent et de l'intelligence. Comme l'historien de l'anthropologie George Stocking l'a écrit (1973, p. IXX) : « Les tensions intellectuelles de ce conflit furent réduites après 1859 par un évolutionnisme au sens large qui était tout à la fois monogéniste et raciste, qui affirmait l'unité humaine tout en reléguant le sauvage à peau noire dans un statut très voisin de celui du singe. »

La deuxième moitié du XIXᵉ siècle ne fut pas seulement l'ère de l'évolution en anthropologie. Une autre tendance, tout aussi irrésistible, s'empara des sciences humaines : l'attrait des chiffres, la croyance en des mesures rigoureuses qui garantiraient une précision irréfutable et pourraient marquer une transition entre des suppositions subjectives et une science véritable aussi digne que la physique newtonienne. L'évolution et la quantification formèrent une alliance impie ; en un sens, leur union forgea la première théorie élaborée du racisme « scientifique » — si nous entendons le mot « science » comme beaucoup l'entendent à tort : comme une thèse s'appuyant apparemment sur une foison de chiffres. Les anthropologistes avaient fait état de chiffres avant Darwin, mais la nature grossière de l'analyse de Morton (chapitre premier) dément toute prétention à la rigueur. Vers la fin du siècle de Darwin, la normalisation des méthodes utilisées et l'accroissement de la quantité d'informations statistiques disponibles avaient entraîné une avalanche de données numériques plus dignes de foi.

> Ce chapitre retrace l'histoire de chiffres jadis considérés comme supérieurs à tous les autres par leur importance : les données de la craniométrie, c'est-à-dire la mensuration du crâne et de son contenu. Les sommités de la craniométrie n'étaient pas des idéologues politiques conscients. Ils se considéraient comme des serviteurs de leurs chiffres, comme des apôtres de l'objectivité. Et ce faisant, ils confirmèrent tous les préjugés habituels confortant la position des hommes blancs de sexe masculin et selon lesquels les Noirs, les femmes et les pauvres devaient leur rôle subalterne aux durs préceptes de la nature.

La science est enracinée dans l'interprétation créatrice. Les chiffres ont un pouvoir de suggestion, de crainte et de réfutation ; en eux-mêmes, ils ne précisent pas la teneur des théories scientifiques. Celles-ci sont élaborées après interprétation des chiffres, mais ceux qui les interprètent sont souvent prisonniers de leur propre raisonnement. Ils croient en leur propre objectivité et ne parviennent pas à percevoir le préjugé qui les incite à choisir une interprétation parmi toutes celles qui pourraient également être compatibles avec les chiffres qu'ils ont relevés. Paul Broca est désormais suffisamment loin de nous. Nous avons maintenant assez de distance pour affirmer qu'il utilisait les chiffres non pas pour faire naître de nouvelles théories mais pour illustrer des conclusions *a priori*. Devrons-nous pour autant croire que la science d'aujourd'hui est différente simplement parce que nous partageons le contexte culturel de la plupart des hommes de science en exercice et prendrons-nous l'influence de cet environnement pour la vérité objective ? Broca fut un savant exemplaire ; personne n'a jamais pris autant de soin méticuleux pour obtenir des chiffres exacts. De quel droit, et pour quelle autre raison que nos propres partis pris, pouvons-nous dénoncer les préjugés du maître de la craniologie et prétendre que la science est à présent indépendante de la culture et des classes sociales ?

FRANCIS GALTON, APÔTRE DE LA QUANTIFICATION

Personne n'a aussi bien exprimé la fascination de son époque pour les chiffres que le célèbre cousin de Darwin, Francis Galton (1822-1911). Jouissant d'une fortune personnelle, Galton eut le rare privilège de pouvoir consacrer son énergie et son intelligence, toutes deux fort grandes, à son sujet favori : la mensuration. Pionnier des statistiques modernes, il croyait qu'en y mettant ce qu'il fallait de travail et d'ingéniosité, tout pouvait être mesuré et que la mensuration était le critère primordial de toute étude scientifique. Il alla même jusqu'à proposer et à entreprendre une enquête statistique sur l'efficacité de la prière ! Galton inventa en 1883 le terme « eugénique » et préconisa une réglementation des mariages et du nombre d'enfants par famille en fonction des dons héréditaires des parents.

Il mit toute l'habileté de ses méthodes personnelles au service de sa foi dans les chiffres. Il chercha, par exemple, à établir une « carte de beauté » des îles britanniques de la manière suivante (1909, pp. 315-316) :

Chaque fois que j'en ai l'occasion, je classe les personnes que je rencontre en trois catégories, « bon, moyen, mauvais ». Pour cela, j'utilise comme poinçon une aiguille à l'aide de laquelle je peux percer des trous, sans être vu, dans un morceau de papier grossièrement déchiré en forme d'une croix avec une longue branche inférieure. J'utilise la partie supérieure pour « bon », la traverse pour « moyen », la partie basse pour « mauvais ». Les trous du poinçon se distinguent nettement et peuvent être aisément répertoriés après coup. L'objet, le lieu et la date sont portés sur le papier. C'est ce système que j'ai employé pour mes données sur la beauté, classant donc les jeunes filles que je croisais dans les rues ou ailleurs selon qu'elles étaient séduisantes, repoussantes ou ni l'un ni l'autre. Bien entendu, il ne s'agissait là que d'une estimation strictement individuelle, mais elle était cohérente, si je la compare à d'autres tentatives faites sur la même population. J'ai constaté que Londres venait en tête pour la beauté et qu'Aberdeen arrivait bon dernier.

Avec esprit, il suggéra la méthode suivante pour quantifier l'ennui (1909, p. 278) :

De nombreux processus mentaux admettent des mesures grossières. Par exemple, le degré d'ennui peut se mesurer en comptant le nombre des signes d'impatience. Il m'est arrivé plus d'une fois d'essayer cette méthode au cours des réunions de la Royal Geographical Society, car il arrive là aussi qu'on y lise des mémoires ennuyeux. [...] L'utilisation d'une montre attirant l'attention, je calcule le temps écoulé à l'aide du nombre de mes respirations qui sont au rythme de 15 par minute. Je ne les compte pas mentalement, mais j'utilise mes doigts que je presse 15 fois de suite. Je réserve le comptage pour les signes d'impatience. On devrait borner ces observations à des personnes d'âge moyen, car les enfants tiennent rarement en place, alors que les philosophes ayant atteint un âge avancé restent généralement immobiles pendant plusieurs minutes d'affilée.

La quantification était le dieu de Galton, lequel était flanqué, à sa droite, d'une foi inébranlable dans le caractère héréditaire de presque tout ce qu'il pouvait mesurer. Galton croyait que même les comportements les plus enracinés dans la société avaient une composante innée : « Comme de nombreux membres de notre Chambre des Lords épousent des filles de millionnaires, écrivit-il (1909, pp. 314-315), on peut tout à fait concevoir que notre Sénat pourrait avec le temps se caractériser par une clairvoyance dans le domaine des affaires supérieure à la moyenne, et éventuellement par un niveau d'honnêteté commerciale inférieur à celui d'aujourd'hui. » Recherchant constamment des moyens nouveaux et ingénieux pour mesurer le mérite relatif des peuples, il proposa de classer les Noirs et les Blancs en étudiant l'histoire des rencontres entre chefs noirs et voyageurs blancs (1884, pp. 338-339).

Ces derniers, à n'en pas douter, apportent avec eux le savoir que l'on rencontre couramment dans les terres civilisées, mais c'est là un avantage d'une importance moindre que ce que nous sommes enclins à supposer. Un chef indigène a reçu, dans l'art de commander les hommes, la meilleure éducation qu'on puisse désirer il est continuellement entraîné au gouvernement personnel et se maintient en place grâce à l'ascendant dont il fait preuve quotidiennement sur ses sujets et ses rivaux. Un voyageur traversant des contrées sauvages remplit, jusqu'à un certain point, des fonctions de dirigeant et doit s'affronter aux chefs indigènes dans chaque lieu habité. On sait comment la scène se passe : presque immanquablement le voyageur blanc défend fermement sa position face aux chefs noirs. Il est rare que l'on ait entendu parler d'un voyageur blanc rencontrant un chef noir qu'il estimait supérieur à lui-même.

L'œuvre principale de Galton sur le caractère héréditaire de l'intelligence (*Hereditary Genius*, 1869) comptait l'anthropométrie parmi ses critères de jugement, mais l'intérêt qu'il portait au mesurage des crânes et des corps ne connut son apogée que plus tard, lorsqu'il installa un laboratoire à l'Exposition internationale de 1884. Là, pour trois pence, le public passait par tout un ensemble de tests et de mesures, et recevait le résultat de ces examens à la sortie. Après l'Exposition, il fit encore fonctionner son laboratoire pendant six ans dans un musée de Londres. Cette installation devint célèbre et attira de nombreux personnages éminents, notamment Gladstone.

> M. Gladstone insistait avec humour sur la taille de sa tête, déclarant que les chapeliers lui avaient souvent dit qu'il avait la tête d'un habitant du comté d'Aberdeen — « un fait que je n'oublie jamais, vous pouvez m'en croire, de rappeler à mes électeurs écossais ». C'était une tête très belle de forme, bien que plutôt basse, mais, tout bien considéré, sa circonférence n'avait rien d'extraordinaire (1909, pp. 249-250).

De peur que l'on ne prenne tout ceci pour les amusements inoffensifs de quelque excentrique victorien, je tiens à signaler que l'on prenait Sir Francis très au sérieux et qu'on le considérait comme un des grands esprits de son temps. Le partisan américain de l'héréditarisme, Lewis Terman, l'homme qui est le principal responsable de l'utilisation des tests de QI aux États-Unis, estime rétrospectivement que Galton avait un QI de 200, mais n'accorda que 135 à Darwin et seulement 100-110 à Copernic (nous reparlerons de cet épisode grotesque de l'histoire des tests mentaux). Darwin, qui se montrait très méfiant vis-à-vis des thèses des héréditaristes, écrivit après avoir lu *Hereditary Genius* : « D'un adversaire vous avez fait en un sens un converti, car j'ai toujours soutenu que, hormis les sots, les hommes ne diffèrent guère par leur intelligence, seulement par leur zèle et leur ardeur au travail » (*in* Galton, 1909, p. 290). Galton répliqua : « La réponse qui pourrait être faite à cette remarque sur l'ardeur au travail, est que le tempérament, y compris l'aptitude au travail, est héréditaire comme toute autre faculté. »

UN LEVER DE RIDEAU MORAL :
LES CHIFFRES NE GARANTISSENT PAS LA VÉRITÉ

En 1906, un médecin de Virginie, Robert Bennett Bean, publia un long article technique dans lequel il comparait les cerveaux des Américains noirs et blancs. Doué d'une sorte de sixième sens neurologique, il découvrit des différences significatives partout où il en cherchait — significatives voulant dire qui expriment l'infériorité des Noirs en chiffres nets.

Bean s'enorgueillissait particulièrement de ses données sur le corps calleux, large bande médullaire qui réunit les deux hémisphères du cerveau. Suivant un principe fondamental de la craniométrie selon lequel les fonctions mentales les plus élevées sont situées dans la partie antérieure du cerveau et les facultés sensori-motrices vers l'arrière, Bean en conclut qu'il pourrait classer les races d'après la taille relative des éléments constituant le corps calleux. Il mesura donc la surface du « genou », la partie avant du corps calleux, et la compara à la surface du splénium, ou bourrelet du corps calleux, la partie arrière. Il reporta ces données sur un graphique (fig. 2.1) et obtint, pour un échantillon passablement large, une séparation pratiquement complète des cerveaux noirs et blancs. Les Blancs ont un genou relativement important, et donc un cerveau plus développé dans sa partie avant, là où siège l'intelligence. Fait d'autant plus remarquable, s'exclama Bean (1906, p. 390), que le genou renferme des fibres pour l'intelligence et pour l'odorat ! Or, continua-t-il, nous savons tous que les Noirs ont un odorat plus aiguisé que celui des Blancs. Le genou des Noirs étant plus petit malgré leur supériorité olfactive, il faut en conclure que ceux-ci présentent une déficience marquée sur le plan intellectuel, le développement de l'odorat se faisant au détriment de l'intelligence. En outre, Bean ne manqua pas d'en tirer les conclusions correspondantes sur les sexes. Au sein de chaque race, les femmes possèdent un genou relativement plus petit que celui des hommes.

Bean poursuivit son discours sur la taille relative des parties du cerveau chez les Blancs, frontale d'une part, et d'autre part pariétale et occipitale (latérale et postérieure). Si l'on considère la taille relative de leur zone frontale, déclara-t-il, les Noirs sont des intermédiaires entre « l'homme (*sic*) et l'orang-outan » (1906, p. 380).

D'un bout à l'autre de cette longue monographie, une mesure courante brille par son absence : Bean ne dit rien de la taille du cerveau lui-même qui représentait pourtant le critère préféré de la craniométrie classique. Il faut se reporter à une annexe du texte pour en découvrir la raison : les encéphales des Noirs et des Blancs ne se différencient pas par leur poids global. Bean chercha à transiger provisoirement : « Dans le poids du cerveau, de si nombreux facteurs entrent en jeu que l'on peut se demander si l'on a intérêt à aborder ce sujet ici. » Il trouva néanmoins une porte de sortie. Les cerveaux qu'il avait étudiés provenaient de corps que personne n'avait réclamés et qui avaient été donnés à des écoles de médecine. Tout le monde sait que les Noirs ont moins de respect pour leurs morts que les Blancs. Chez ces derniers, il n'y a que parmi les classes les plus basses de la société — les prostituées et les dépravés — que l'on est susceptible de trouver des corps abandonnés, « alors que, chez les Noirs, il est bien connu que même les personnes appartenant aux classes supérieures négligent leurs morts ». Ainsi, même une absence de différence dûment mesurée pourrait être l'indice de la supériorité des Blancs, car les données « montrent peut-être que le Caucasien de basse extraction a un cerveau plus grand qu'un Noir de classe supérieure » (1906, p. 409).

Dans sa conclusion générale, résumée dans un dernier paragraphe précédant cette annexe bien embarrassante, Bean a exprimé un préjugé courant sous couvert d'une étude scientifique.

> Le Noir est essentiellement affectueux, immensément émotif, puis sensuel et emporté lorsqu'il est soumis à une stimulation. Il aime l'ostentation et est capable d'articulation mélodieuse ; on trouve chez lui un goût et une puissance artistique inexploités — les Noirs font de bons ouvriers et artisans — et une instabilité de caractère tenant à un manque de contrôle de soi, surtout dans le domaine des relations sexuelles ; il fait montre en outre d'un manque de sens de l'orientation, ou de reconnaissance de la position et condition de soi et de l'environnement, mis en évidence par un orgueil singulier, particulièrement apparent. Il fallait naturellement s'attendre à un pareil caractère de la part du Noir, car toute la partie postérieure de son cerveau est développée, alors que toute la partie antérieure est petite.

Bean ne réservait pas ses opinions à des revues techniques. Au cours de l'année 1906, il publia deux articles dans des magazines à fort tirage et sut attirer l'attention au point de devenir le sujet de l'éditorial d'avril 1907 de *American Medicine* (cité par Chase, 1977, p. 179). Bean avait mis au jour, déclarait l'éditorial, « la base anatomique expliquant l'échec total des écoles noires dans la transmission des connaissances de haut niveau : leur cerveau ne peut pas plus les enregistrer qu'un cheval ne peut comprendre la règle de trois. [...] Les dirigeants de tous les partis politiques reconnaissent à présent l'erreur que représente l'égalité humaine. [...] Il serait réaliste de rectifier cette erreur et d'écarter un large électorat sans cervelle, menace à notre prospérité ».

Mais Franklin P. Mall, mentor de Bean à l'université Johns Hopkins, conçut quelques soupçons : la mariée était trop belle. Il reprit le travail de Bean, mais en y introduisant une différence importante dans la méthode : il fit en sorte d'ignorer si les cerveaux provenaient de Blancs ou de Noirs *avant* de les avoir mesurés (Mall, 1909). Sur un ensemble de 106 cerveaux, en utilisant la technique de mesurage de Bean, il ne trouva aucune différence entre Blancs et Noirs dans la taille relative du genou et du splénium (fig. 2.2). Cet échantillon comprenait 18 cerveaux déjà étudiés par Bean, dix d'individus de race blanche, huit de race noire. La mesure du genou effectuée par Bean était supérieure à celle de Mall pour sept Blancs, mais seulement pour un Noir. Les mesures du splénium par Bean étaient supérieures à celles de Mall dans le cas de sept des huit Noirs.

J'ai présenté ce petit exemple de fanatisme en lever de rideau car il illustre bien les thèmes principaux de ce chapitre et de ce livre.

1. Les racistes et les sexistes scientifiques ne réservent pas leur appellation d'infériorité à un seul groupe désavantagé ; mais race, sexe et classe vont de pair, et chacun d'eux sert de tuteur aux autres. La portée des études individuelles est certes limitée, mais la philosophie générale du déterminisme biologique les imprègne toutes : la

2.1 Ce graphique dressé par Bean montre le genou du corps calleux sur l'axe des y et le splénium sur l'axe des x. Comme il se doit, les cercles blancs représentent les cerveaux blancs, les carrés noirs les cerveaux noirs. Les Blancs ont apparemment un genou plus grand, donc une partie antérieure du cerveau plus volumineuse et probablement une intelligence plus développée.

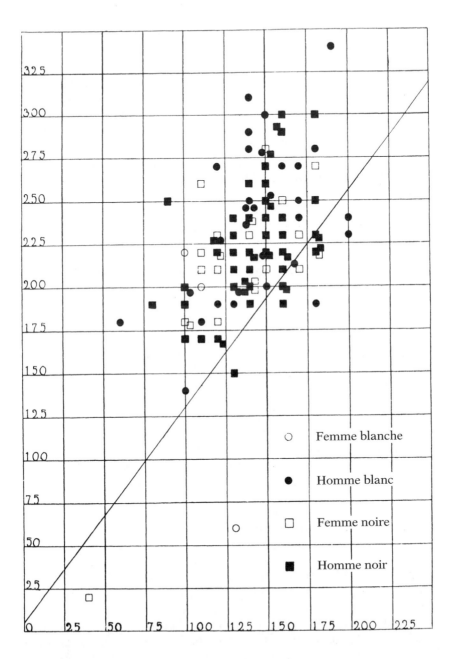

2.2 Ce graphique de Mall montre le genou et le splénium, partie respectivement avant et arrière du corps calleux. Mall a mesuré les cerveaux sans savoir au préalable s'ils provenaient de Blancs ou de Noirs. Il ne trouva aucune différence entre les races. La ligne représente la division que Bean avait établie entre Noirs et Blancs.

hiérarchie des avantages et des désavantages suit les lois de la nature ; la stratification est un reflet de la biologie. Bean a étudié les races, mais il a étendu la plus importante de ses conclusions aux femmes et s'est appuyé sur les différences de classe sociale pour montrer que l'égalité de la taille des cerveaux blancs et noirs traduisait en réalité l'infériorité des Noirs.

2. C'est un préjugé *a priori*, et non une abondante documentation numérique, qui inspire les conclusions. On ne peut guère mettre en doute le fait que l'affirmation de Bean sur l'orgueil des Noirs soit due à une croyance préalable présentée comme un phénomène objectif, et non à un raisonnement découlant de données sur les parties antérieure et postérieure des cerveaux étudiés. Quant à l'argument faisant dériver l'infériorité des Noirs de l'égalité de taille des cerveaux, il ne peut être ressenti que comme absurde, sauf si l'on partage cette conviction *a priori* sur l'infériorité des Noirs.

3. Les chiffres et les graphiques ne font pas autorité par l'accroissement de la précision des mesures, de l'ampleur de l'échantillon ou de la complexité des procédures opératoires. Les protocoles expérimentaux peuvent comporter des défauts rédhibitoires que la répétition ne peut en rien corriger. L'adhésion préalable à l'une des nombreuses conclusions potentielles constitue souvent un vice sérieux de la conception expérimentale.

4. La craniométrie n'était pas seulement un jouet pour universitaires, un sujet réservé aux revues spécialisées. Ses conclusions envahissaient la presse à grand tirage. Une fois qu'elles y étaient implantées, elles commençaient une vie bien à elles ; elles étaient copiées sans arrêt, passant d'une documentation de seconde main à une autre, réfractaires à toute réfutation, car personne jamais ne se référait à la source originelle pour en révéler la fragilité. Dans le cas présent, Mall fit avorter un dogme, mais pas avant qu'un des magazines les plus importants du pays n'ait recommandé que le droit de vote ne soit pas accordé aux Noirs à cause de leur défaut inné d'intelligence.

Je tiens à souligner une différence considérable entre Bean et les grands craniométriciens européens. Bean a consciemment commis une supercherie, ou bien s'est induit lui-même en erreur de la manière la plus extraordinaire qui soit. C'était un homme de science médiocre qui avait adopté un protocole expérimental absurde. Les grands craniométriciens au contraire étaient, selon les critères de leur époque, d'excellents hommes de science. Les chiffres qu'ils avançaient, à la différence de ceux de Bean, étaient sérieux. Leurs préjugés jouèrent un rôle beaucoup plus subtil ; ils indiquèrent des interprétations et suggérèrent en premier lieu quels chiffres pouvaient être rassemblés. Leurs travaux étaient moins susceptibles d'être attaqués, mais tout aussi mal fondés pour la même raison : les préjugés initiaux ramenaient par un cercle vicieux de données aux mêmes préjugés. C'était là un système inattaquable qui acquit une grande autorité car il semblait découler de mesures méticuleuses.

L'histoire de Bean a déjà été racontée plusieurs fois (Myrdal, 1944 ; Haller, 1971 ; Chase, 1977), à l'occasion dans tous ses détails. Mais Bean n'était qu'un personnage marginal dont l'audience ne fut que temporaire et provinciale. Je n'ai trouvé aucune analyse moderne sur l'épisode principal, les données de Paul Broca et de son école.

Les maîtres de la craniométrie : Paul Broca et son école

LE GRAND RAISONNEMENT CIRCULAIRE

En 1861 un débat ardent anima plusieurs réunions d'une jeune association à peine sortie des affres de sa naissance. Paul Broca (1824-1880), professeur de chirurgie clinique à la Faculté de médecine, avait fondé la Société anthropologique de Paris en 1859. Lors d'une réunion de la société deux ans plus tard, Louis Pierre Gratiolet lut un article qui contestait la conviction qui était à Broca la plus chère entre toutes : Gratiolet osait prétendre que la taille du cerveau n'avait aucun rapport avec le degré d'intelligence.

Broca assura sa propre défense en affirmant que « l'étude du cerveau des races humaines perdrait la plus grande partie de son intérêt et de son utilité » si les variations de taille n'avaient aucune signification (1861, p. 141). Pourquoi les anthropologistes avaient-ils passé tant de temps à mesurer les crânes, si les résultats obtenus ne permettaient pas de décrire les groupes humains et d'évaluer leur valeur relative ?

> Parmi les questions qui ont été jusqu'ici mises en discussion dans le sein de la Société d'anthropologie, il n'en est aucune qui soit égale en intérêt et en importance à la question actuelle. [...] La haute importance de la craniologie a tellement frappé les anthropologistes que beaucoup d'entre eux ont négligé les autres parties de notre science pour se vouer presque exclusivement à l'étude des crânes. Cette préférence est légitime sans doute, mais elle ne le serait pas [...] si l'on n'espérait y trouver quelques données relatives à la valeur intellectuelle de diverses races humaines (1861, p. 139).

Broca répliqua alors en dévoilant ses données et mit le pauvre Gratiolet en déroute. La contribution finale de ce dernier au débat doit compter parmi les discours de déférence les plus alambiqués et parmi les concessions les plus pitoyables qu'ait jamais faits un homme de science. Il n'abjura pas ses erreurs ; il déclara au contraire que personne n'était sensible à la subtilité de sa position. (Gratiolet, du reste, monarchiste fervent, n'était en rien un partisan de l'égalitarisme. Il cherchait ailleurs d'autres mesures qui permettraient d'affirmer l'infériorité des Noirs et des femmes, notamment une suturation plus précoce des fontanelles.)

Broca conclut triomphalement.

> *En moyenne* la masse de l'encéphale est plus considérable chez l'adulte que chez le vieillard, chez l'homme que chez la femme, chez les hommes éminents que chez les hommes médiocres, et chez les races supérieures que chez les races inférieures (1861, p. 304). [...] *Toutes choses égales d'ailleurs*, il y a un rapport remarquable entre le développement de l'intelligence et le volume du cerveau (p. 188).

Cinq ans plus tard, dans un article d'encyclopédie sur l'anthropologie, Broca s'exprima avec encore plus de force :

> Ainsi l'obliquité et la saillie de la face, constituant ce qu'on appelle le *prognathisme*, la couleur plus ou moins noire de la peau, l'état laineux de la chevelure et l'infériorité intellectuelle et sociale, sont fréquemment associés, tandis qu'une peau plus ou moins blanche, une chevelure lisse, un visage *orthognathe* [droit] sont l'apanage le plus ordinaire des peuples les plus élevés dans la série humaine (1866, p. 280). [...] Jamais un peuple à la peau noire, aux cheveux laineux et au visage prognathe, n'a pu s'élever spontanément jusqu'à la civilisation (p. 295).

Ce sont là des propos rudes et Broca regrettait que la nature ait élaboré un tel système (1866, p. 296). Mais qu'y pouvait-il ? Les faits sont les faits. « Il n'y a pas de foi, aussi respectable soit-elle, pas d'intérêt, aussi légitime soit-il, qui ne doive s'accommoder du progrès de la connaissance humaine et se plier devant la vérité » (cité par Count, 1950, p. 72). Paul Topinard, le principal disciple et successeur de Broca, adopta comme devise (1882, p. 748) : « J'ai horreur des systèmes et surtout des systèmes *a priori*. »

Broca réserva ses critiques les plus acerbes à quelques savants de son époque partisans de l'égalitarisme, car ils avaient trahi leur vocation en permettant à une espérance d'ordre éthique ou à un rêve politique de prendre le pas sur leur jugement et d'altérer la vérité objective. « L'intervention de considérations politiques et sociales n'a pas été moins préjudiciable à l'anthropologie que l'élément religieux » (1855, cité par Count, 1950, p. 73). Le grand anatomiste allemand Friedrich Tiedemann, par exemple, avait soutenu que l'on ne pouvait pas distinguer les Blancs et les Noirs d'après leur capacité crânienne. Broca dénonça chez Tiedemann la même erreur que j'ai démasquée dans les travaux de Morton (voir chapitre précédent). Lorsque Morton employait une méthode subjective et imprécise, il calculait des capacités crâniennes systématiquement moins élevées chez les Noirs que lorsqu'il mesurait les mêmes crânes avec une technique précise. Tiedemann, en utilisant une méthode encore plus imprécise, trouva chez les Noirs des chiffres supérieurs de 45 cm^3 à la valeur moyenne obtenue par les autres chercheurs. Par ailleurs ses mesures concernant les crânes blancs n'étaient pas supérieures à celles de ses collègues. (Si Broca prit un malin plaisir à critiquer Tiedemann, jamais il ne vérifia les données de Morton, bien que ce dernier fût son héros et modèle. Il publia du reste un article de cent pages dans lequel il analysait avec la plus infime minutie les techniques de Morton — Broca, 1873b.)

Pourquoi Tiedemann s'était-il fourvoyé ? « Malheureusement, écrivit Broca (1873b, p. 72), il était dominé par une idée préconçue. Il se proposait de prouver que la capacité du crâne est la même dans toutes les races humaines. » Mais « c'est un axiome de toutes les sciences d'observation que les faits doivent précéder les théories (1868, p. 4). Broca croyait, en toute sincérité, je pense, que les faits étaient son unique contrainte et que sa confirmation des classifications traditionnelles reposait sur la précision de ses mesures et sur le soin qu'il apportait à la mise au point de procédés reproductibles.

Il est vrai qu'on ne peut lire Broca sans éprouver un très profond respect pour la méticulosité qui était la sienne lorsqu'il recueillait des données. Je crois en ses chiffres et, à mon avis, jamais on n'en a obtenu de meilleurs. Broca mena une étude exhaustive sur toutes les méthodes précédentes utilisées pour la détermination de la capacité crânienne. Il décida que la grenaille de plomb, que recommandait « le célèbre Morton » (1861, p. 183), donnait les meilleurs résultats, mais il consacra des mois à améliorer la technique, en prenant en compte des facteurs tels que la forme et la hauteur du cylindre destiné à recevoir la grenaille après qu'on l'avait déversée du crâne, la vitesse de remplissage de la grenaille dans le crâne, et la manière de secouer et de taper le crâne pour y tasser la grenaille et pour déterminer avec précision si celui-ci était totalement rempli ou non (Broca, 1873b). Il parvint finalement à élaborer une méthode objective permettant de mesurer la capacité crânienne. Cependant, dans la plupart de ses travaux, il préféra peser les cerveaux aussitôt après les autopsies qu'il effectuait de ses propres mains.

J'ai passé un mois entier à lire les principaux écrits de Broca en m'intéressant tout particulièrement à ses procédés statistiques. Je me suis aperçu que, dans ses méthodes, il suivait un schéma précis consistant à franchir l'espace séparant les faits de la conclusion en empruntant l'itinéraire habituel, mais en sens inverse. Les conclusions arrivaient d'abord et, dans celles-ci, Broca partageait l'opinion de la plupart des hommes blancs occupant le devant de la scène à son époque, à savoir qu'eux-mêmes étaient au sommet par un heureux hasard de la nature et qu'on trouvait au-dessous d'eux les Noirs, les femmes et les pauvres. Les faits qu'il rapportait étaient dignes de foi (contrairement à ceux de Morton), mais il les recueillait de manière sélective, puis les manipulait inconsciemment au service de conclusions arrêtées *a priori*. Selon ce processus, les conclusions parvenaient non seulement à s'abriter derrière le paravent de la science, mais encore à jouir du prestige des chiffres. Broca et son école utilisaient les faits comme des illustrations et non comme des documents auxquels ils étaient soumis. Ils commençaient par les conclusions, interrogeaient leurs faits et revenaient à leur point de départ. Leur exemple mérite bien une étude plus approfondie, car contrairement à Morton (qui manipulait les données, quoique inconsciemment), ils reflétaient leurs préjugés en suivant un itinéraire différent, probablement plus banal : ils défendaient une cause en se cachant sous le masque de l'objectivité.

LE CHOIX DES CARACTÈRES

Lorsque la « Vénus hottentote » mourut à Paris, Georges Cuvier, savant éminent entre tous et, comme Broca le découvrit ultérieurement à sa grande joie, le plus gros cerveau de France, se rappela cette femme africaine telle qu'il l'avait vue en chair et en os.

> Elle avait une façon de faire saillir ses lèvres tout à fait semblable à ce que nous avons observé chez l'orang-outang. Ses mouvements avaient quelque chose de brusque et de capricieux qui rappelait ceux du singe ; ses lèvres étaient monstrueusement renflées [celles du singe sont petites et minces, ce que semble avoir oublié Cuvier]. Son oreille avait du rapport avec celle de plusieurs singes par sa petitesse, la faiblesse de son tragus et parce que son bord externe était presque effacé à la partie postérieure. Ce sont là les caractères de l'animalité. Je n'ai jamais vu de têtes humaines plus semblables aux singes que celle de cette femme (cité par Topinard, 1876, pp. 522-523).

Le corps humain peut être mesuré de mille manières distinctes. Tout chercheur convaincu *a priori* de l'infériorité d'un groupe peut choisir un échantillonnage restreint de mesures pour illustrer les affinités de ces personnes avec les singes. (Ce procédé, bien entendu, fonctionnerait tout aussi bien pour les Blancs de sexe masculin, mais nul n'a jamais tenté de l'employer de la sorte. Les Blancs, à titre d'exemple, ont des lèvres minces — particularité anatomique qu'ils partagent avec les chimpanzés — alors que la plupart des Africains noirs ont des lèvres plus épaisses, donc plus « humaines ».)

Le principal préjugé de Broca résidait dans le postulat d'après lequel les races humaines pouvaient être classées sur une échelle linéaire selon leur valeur mentale. Parmi les buts de l'ethnologie, il incluait la détermination de « la position respective des races dans la série humaine ». Il ne lui vint pas à l'esprit que la variation humaine pouvait se présenter sous une forme ramifiée et distribuée au hasard plutôt que linéaire et hiérarchique. Et comme il connaissait d'avance cet ordre, il assimila l'anthropométrie à la recherche des caractères permettant de mettre en évidence cette classification et non à un exercice numérique de pur empirisme.

Broca se mit donc en quête de caractères « significatifs » — ceux qui pourraient témoigner des rangs ainsi attribués. En 1862, par exemple, il essaya le rapport radius (os de l'avant-bras) - humérus (os du bras proprement dit) ; une proportion élevée, c'est-à-dire un avant-bras allongé, représentait selon lui une caractéristique simienne. Tout alla pour le mieux au début : les données concernant les Noirs atteignaient 0,794 contre 0,739 pour les Blancs. Mais les ennuis s'accumulèrent vite. Un squelette esquimau fut mesuré à 0,703, un aborigène australien à 0,709, tandis que la Vénus hottentote, la créature quasi simienne de Cuvier (son squelette avait été conservé à Paris), ne mesurait qu'un petit 0,703. Deux choix seulement s'ouvraient devant Broca. Il pouvait admettre que, sur les bases de ce critère, les Blancs devaient être classés dans une catégorie inférieure à celle de plusieurs groupes à peau foncée, ou bien il pouvait abandonner ce critère. Comme il savait (1862a, p. 10) que les Hottentots, les Esquimaux et les aborigènes australiens appartenaient à un rang inférieur à celui de la plupart des Noirs africains, il choisit le second terme de l'alternative : « Il me semble difficile, d'après cela, de continuer à dire que l'allongement de l'avant-bras soit un caractère de dégradation ou d'infériorité, car l'Européen paraît placé sous ce rapport entre les nègres d'une part, et les Hottentots, les Australiens, les Esquimaux d'autre part » (1862, pp. 169-170).

Plus tard, il fut sur le point de renoncer à son critère principal, la taille du cerveau, car dans ce domaine certains peuples jaunes inférieurs obtenaient d'excellents résultats :

> Un tableau sur lequel les races seraient rangées par ordre de capacité crânienne ne représenterait nullement leur degré de supériorité ou d'infériorité relative, puisqu'il ne nous ferait connaître qu'un seul des éléments du problème [de la classification des races]. Sur un pareil tableau, les Esquimaux, les Lapons, les Malais, les Tartares, et plusieurs autres peuples du *type* dit *mongolique*, viendraient coudoyer les peuples les plus civilisés de l'Europe. Une race peu élevée peut donc avoir un grand cerveau (1873a, p. 38).

Mais Broca estima qu'il pouvait sauver l'essentiel de cette grossière mesure du poids de l'encéphale. Certes, elle ne pouvait pas s'appliquer pour les chiffres les plus élevés, comme le montraient certains groupes inférieurs dotés de gros cerveaux, mais elle restait valable dans le bas du tableau, seuls les peuples de faible intelligence possédant un petit cerveau.

Mais la petitesse du cerveau n'en constitue pas moins un caractère d'infériorité. On a vu que la capacité crânienne des nègres de l'Afrique occidentale (1372cc, 12) est inférieure d'environ 100 centimètres cubes à celle des races d'Europe. À ce chiffre on peut joindre les suivants : Cafres, 1323cc, 37 ; Nubiens de l'île d'Éléphantine, 1321cc, 66 ; Tasmaniens, 1352cc, 14 ; Hottentots, 1290cc, 93 ; Australiens, 1248cc, 46. Ces exemples suffisent pour prouver que, si le volume du cerveau n'a pas une valeur décisive dans le parallèle intellectuel des races, il a cependant une importance bien réelle (1873a, p. 38).

Argument imparable. On rejette le critère dans le cas où les conclusions se montrent peu coopérantes et on le retient là où elles correspondent au but souhaité. Broca n'a pas falsifié les chiffres ; il s'est borné à opérer une sélection ou à les interpréter de manière à atteindre les conclusions choisies à l'avance.

En sélectionnant certaines mesures, Broca ne s'est pas contenté de se laisser emporter passivement sous l'emprise d'une idée préconçue. Il a préconisé la sélection des caractères pour parvenir au but recherché, l'obtention de critères explicites. Topinard, son principal disciple, établissait une distinction entre les caractères « empiriques », « n'ayant aucun but apparent », et les caractères « rationnels », « liés à quelque opinion physiologique » (1878, p. 221). Mais comment alors définir les caractères « rationnels » ? « D'autres caractères, répondait Topinard, sont considérés, à tort ou à raison, comme dominants. Il ont une affinité, chez les nègres, avec ceux qu'ils montrent chez les singes et établissent la transition entre eux et les Européens » (1878, p. 221). Broca s'était également penché sur cette question au cours de sa controverse avec Gratiolet et avait abouti à la même conclusion (1861, p. 176) :

> On surmonte aisément cette difficulté en choisissant, pour la comparaison des cerveaux, des races dont l'inégalité intellectuelle soit tout à fait évidente. Ainsi, la supériorité des Européens par rapport aux nègres d'Afrique, aux Indiens d'Amérique, aux Hottentots, aux Australiens et aux nègres océaniens, est assez certaine pour servir de point de départ à la comparaison des cerveaux.

Il existe d'abondants exemples où, pour illustrer cette classification des groupes, on a procédé à une sélection d'individus particulièrement scandaleuse. Il y a trente ans, alors que j'étais encore un enfant, la galerie de l'homme du Muséum américain d'histoire naturelle exposait toujours les caractères des races humaines en rangées linéaires allant des singes aux Blancs. Des illustrations anatomiques montraient, jusqu'à notre génération, un chimpanzé, un Noir et un Blanc, organe par organe, dans cet ordre — même si la variation parmi les Blancs et les Noirs est toujours suffisamment grande pour qu'on puisse proposer un ordre différent en choisissant d'autres individus :

chimpanzé, Blanc, Noir. En 1903, par exemple, l'anatomiste américain
E.A. Spitzka publia un long traité sur la taille et la forme du cerveau
chez les « hommes éminents ». Il fit paraître la figure suivante (fig. 2.3)
accompagnée de ce commentaire : « Le saut d'un Cuvier ou d'un Thac-
keray à un Zoulou ou à un Bochiman n'est pas plus grand que de ces
derniers au gorille ou à l'orang-outan » (1903, p. 604). Mais il publia
également une figure similaire (fig. 2.4) illustrant la variation de la
taille du cerveau parmi les hommes blancs éminents sans jamais se
rendre compte apparemment que, ce faisant, il avait démoli sa propre
argumentation. F.P. Mall, l'homme qui dénonça Bean, écrit en parlant
de ces figures (1909, p. 24) : « En [les] comparant, on s'aperçoit que le
cerveau de Gambetta ressemble plus à celui du gorille qu'à celui de
Gauss. »

LA PRÉVENTION DES ANOMALIES

Il était inévitable qu'après avoir amassé une telle quantité de
données aussi disparates qu'honnêtes, Broca se heurtât à de nombreuses anomalies et à d'apparentes exceptions contredisant l'idée
générale qui le guidait selon laquelle, *primo*, la taille du cerveau est en
rapport direct avec l'intelligence et, *secundo*, les hommes blancs des
classes aisées possèdent un cerveau plus volumineux que les femmes,
les pauvres et les races inférieures. C'est en étudiant la manière dont il
écarta chaque exception apparente que l'on peut apporter l'éclairage le
plus pénétrant sur ses méthodes de raisonnement et de déduction. On
peut également comprendre pourquoi les données ne pouvaient jamais
venir à bout de ses postulats de base.

Le gros cerveau des Allemands

Gratiolet, dans une dernière tentative désespérée, joua le tout pour
le tout. Il osa prétendre qu'en moyenne, les Allemands avaient des cerveaux pesant cent grammes de plus que ceux des Français. De toute
évidence, Gratiolet entendait par là que la taille du cerveau n'a rien à
voir avec l'intelligence ! Broca répondit dédaigneusement : « M. Gratiolet a presque fait appel à nos sentiments patriotiques. Mais il me
sera facile de lui montrer qu'il peut accorder quelque valeur au poids
de l'encéphale, sans cesser pour cela d'être un bon Français » (1861,
p. 441).

Broca se fraya alors un chemin à travers les données. Systématiquement. D'abord, le chiffre de cent grammes avancé par Gratiolet
provenait de travaux non vérifiés d'un chercheur allemand,
E. Huschke. Lorsque Broca rassembla les données initiales, il constata
une différence de poids entre les cerveaux allemands et français de
seulement 48 grammes. Il effectua ensuite une série de corrections sur

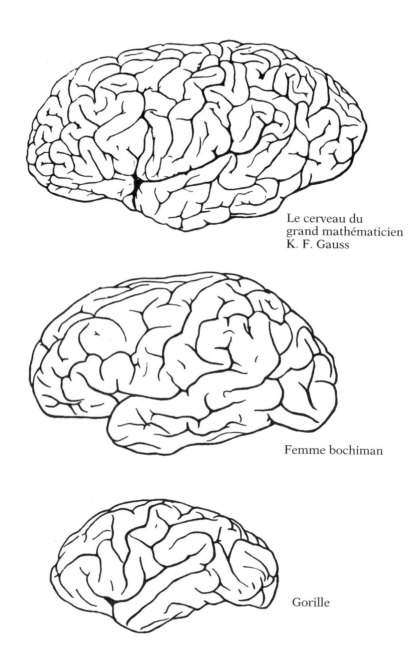

Le cerveau du
grand mathématicien
K. F. Gauss

Femme bochiman

Gorille

2.3　La chaîne des êtres classés d'après la taille de leur cerveau, selon Spitzka.

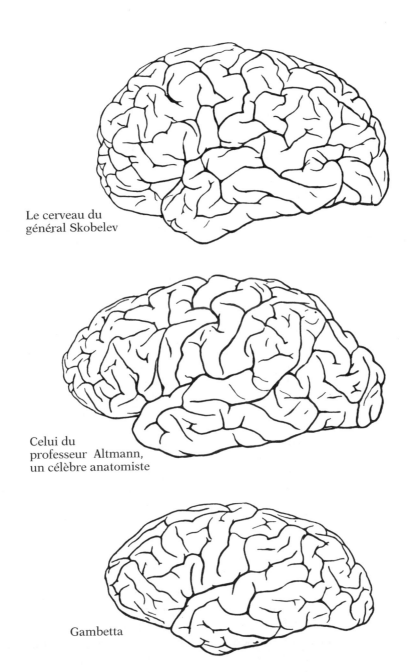

Le cerveau du
général Skobelev

Celui du
professeur Altmann,
un célèbre anatomiste

Gambetta

2.4 Variations de la taille du cerveau chez les hommes blancs éminents telles que les présentait Spitzka.

les facteurs non intellectuels affectant la taille du cerveau. Il affirma, à juste titre, que la taille du cerveau augmente avec la taille du corps, décroît avec l'âge ainsi que durant des périodes prolongées de maladie (ce qui explique pourquoi les criminels exécutés ont souvent un cerveau plus volumineux que les honnêtes gens morts de dégénérescence dans les hôpitaux). Il fit ressortir que l'échantillon des Français étudiés présentait un âge moyen de cinquante-six ans et demi alors que les Allemands n'en avaient que cinquante et un. Il estima que cette différence comptait pour seize grammes dans la disparité entre Français et Allemands, l'avantage au profit des Allemands se réduisant donc à trente-deux grammes. Il ôta alors de l'échantillon allemand tous les individus décédés de mort violente ou exécutés. Le poids moyen du cerveau de vingt Allemands morts de cause naturelle s'établissait alors à 1 320 grammes, c'est-à-dire *au-dessous* de la moyenne française de 1 333 grammes. Et Broca n'avait pas encore pris en compte le poids corporel moyen supérieur des Allemands. Vive la France.

Un collègue de Broca, de Jouvencel, s'élevant à son tour contre les assertions de Gratiolet, affirma que la forte carrure des Allemands expliquait — et plus encore — la différence apparente entre les cerveaux. De l'Allemand moyen, il écrivit (1861, p. 466) :

> Il ingère une quantité de nourriture solide et de boissons beaucoup plus grande que celle qui nous suffit. Cela, joint à l'usage de la bière, qui est général, même dans les pays où il y a du vin, fait que l'Allemand est beaucoup plus charnu que le Français. De sorte que chez eux la relation, le rapport du cerveau à la masse totale, loin d'être supérieur à ce qu'il est chez nous, me paraît, au contraire, devoir être inférieur.

Je ne reproche pas à Broca d'avoir opéré des corrections, mais je remarque son habileté à les mettre en avant lorsque sa propre position était menacée. Que l'on s'en souvienne quand je montrerai avec quelle adresse il les évita dans un cas précis où elles auraient pu contrarier une conclusion qui lui convenait : le petit cerveau des femmes.

Des hommes éminents au petit cerveau

L'anatomiste américain E.A. Spitzka chercha à convaincre les hommes éminents de faire don de leur cerveau à la science après leur mort. « À mes yeux, une autopsie est certainement moins répugnante que ce que j'imagine être le processus de décomposition cadavérique dans la tombe » (1907, p. 235). La dissection de collègues célèbres devint en quelque sorte une petite industrie privée parmi les craniométriciens du XIXe siècle. Le cerveau exerça sa fascination coutumière et des listes furent fièrement brandies accompagnées de leur habituelles comparaisons désobligeantes. (Les deux pionniers de l'ethnologie américaine, John Wesley Powell et W.J. McGee firent même un pari sur celui des deux qui avait le plus gros cerveau. Comme Ko-Ko disait à

Nanki-Poo* du feu d'artifice qui suivrait son exécution : « Tu ne le verras pas, mais il aura lieu quand même. »)

Certains hommes de génie firent tout à fait bonne figure. À côté d'une moyenne européenne variant entre 1 300 et 1 400 grammes, le grand Cuvier se détachait avec un cerveau de 1 830 grammes. Il tint le haut du pavé jusqu'au jour où Tourgueniev finit par franchir la barrière des deux kilos en 1883. (Cromwell et Swift, autres occupants potentiels de cette stratosphère encéphalique, restèrent dans les limbes, les données à leur sujet étant par trop incomplètes.)

À l'autre extrémité, c'était plutôt la gêne et le camouflet qui régnaient. Walt Whitman était parvenu à chanter le Moi et la Démocratie américaine dans son recueil *Feuilles d'herbe*, avec seulement 1 282 grammes. Pour couronner le tout, Franz Josef Gall, l'un des fondateurs de la phrénologie — la « science » qui prétendait juger les diverses facultés mentales d'après la taille des zones du cerveau —, ne put excéder un médiocre 1 198 grammes. (Son collègue J.K. Spurzheim atteignit le chiffre tout à fait respectable de 1 559 grammes.) Et bien qu'il l'ignorât, Broca lui-même ne parvint qu'au modeste poids de 1 424 grammes, légèrement au-dessus de la moyenne, certes, mais il n'y avait pas là de quoi pavoiser. Anatole France, pour sa part, agrandit l'éventail des auteurs célèbres à plus de 1 000 grammes lorsqu'en 1924, il choisit de figurer à l'autre extrémité de la liste dont Tourgueniev occupait le premier rang et où il s'inscrivit avec un petit 1 017 grammes.

Les petits cerveaux créaient bien des difficultés, mais Broca ne se démonta pas pour autant et entreprit d'expliquer tous ces cas. Leur possesseur était mort très vieux ou était de petite taille et de faible corpulence, ou bien encore les cerveaux avaient été conservés dans de mauvaises conditions. La réaction de Broca à l'étude de son collègue allemand Rudolf Wagner fut typique. Wagner avait, en 1855, véritablement remporté le gros lot avec le cerveau du grand mathématicien Karl Friedrich Gauss. Certes, son poids restait modeste, 1 492 grammes, ce qui le plaçait un peu au-dessus de la moyenne, mais il comportait plus de circonvolutions qu'aucun des cerveaux précédemment disséqués (fig. 2.5). Encouragé par ce premier succès, Wagner continua à peser le cerveau de tous les professeurs de Göttingen morts et consentants, pour tenter d'établir la distribution de la taille du cerveau parmi les hommes éminents. À l'époque même où Broca polémiquait avec Gratiolet, en 1861, Wagner était en possession de quatre mesures. Aucune ne s'approchait de Cuvier et deux étaient manifestement embarrassantes : Hermann, le professeur de philosophie, avec 1 368 grammes, et Haussmann, le professeur de minéralogie, avec 1 226 grammes.

---

* Personnages d'une des opérettes les plus célèbres de Gilbert et Sullivan, *The Mikado*, 1885. *(N.d.T.)*

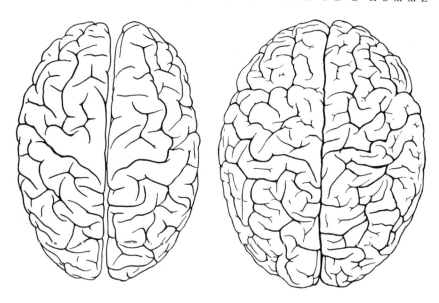

2.5 Le cerveau du grand mathématicien K.F. Gauss (à droite) se révéla bien embarrassant car, avec 1492 grammes, il se plaçait à peine au-dessus de la moyenne. Mais d'autres critères vinrent au secours des chercheurs. Ici, E.A. Spitzka montre que le cerveau de Gauss est beaucoup plus riche en circonvolutions que celui d'un Papou (à gauche).

Broca, en tenant compte de l'âge de Hermann, éleva le poids de son cerveau de seize grammes, ce qui lui donnait 1,19 % au-dessus de la moyenne. « Ce n'est pas beaucoup pour un professeur de linguistique, admit Broca, mais c'est toujours quelque chose » (1861, p. 167). Aucune correction ne parvint à relever Haussmann au niveau de la moyenne des gens ordinaires, mais prenant en considération son âge vénérable de soixante-dix-sept ans, Broca se demanda si son cerveau n'avait pas connu une dégénérescence sénile inaccoutumée : « Le degré de décadence que la vieillesse peut faire subir au cerveau est très variable et ne peut se calculer » (1861, p. 168).

Mais Broca n'était pas satisfait pour autant. Il pouvait réévaluer les chiffres faibles, mais n'avait pas la possibilité de les élever à des poids hors de la norme. En conséquence, pour couper court à toute discussion en assenant un argument imparable, il conclut en suggérant, avec quelque ironie, que les sujets post-gaussiens de Wagner avaient pu, après tout, ne pas être aussi éminents que cela.

> Les hommes de génie sont rares partout, et il est peu probable qu'il en soit mort cinq, *en cinq ans*, à l'université de Goettingue. [...] Une robe de professeur n'est pas nécessairement un certificat de génie ; il peut y avoir, même à Goettingue, des chaires occupées par des hommes peu remarquables (1861, p. 166).

Mais Broca s'arrêta là : « Au surplus, écrivit-il, le sujet est délicat, et je ne crois pas devoir y insister plus longtemps » (1861, p. 169).

Des criminels au gros cerveau

La taille importante du cerveau de nombreux criminels fut une source perpétuelle de contrariété pour les craniométriciens et les criminologistes. Broca était enclin à ne pas en tenir compte car il prétendait que la mort soudaine par exécution annulait la diminution de poids que de longues périodes de maladie entraînaient chez de nombreux hommes honnêtes. En outre, la mort par pendaison tendait à congestionner le cerveau et lui faire atteindre des poids tout aussi élevés que fallacieux.

L'année de la mort de Broca, T. Bischoff publia son étude sur le cerveau de 119 assassins, meurtriers et voleurs. Leur moyenne dépassait celle des hommes honnêtes de onze grammes, quatorze d'entre eux excédant 1 500 grammes et cinq 1 600 grammes. Par contraste, seuls trois hommes de génie pouvaient s'honorer d'un cerveau supérieur à 1 600 grammes, alors que l'assassin Le Pelley, avec ses 1 809 grammes, a dû donner à réfléchir au fantôme de Cuvier. Le plus gros cerveau féminin qui ait jamais été pesé (1 565 grammes) appartenait à une femme qui avait tué son mari.

Le successeur de Broca, Paul Topinard, intrigué, se pencha sur le problème et en vint à décider qu'une chose bonne en soi peut, par son excès, devenir mauvaise pour certaines personnes. La criminalité vraiment inspirée peut nécessiter autant de jugeote que la virtuosité professorale ; qui peut départager Moriarty de Holmes ? « Il semble établi, conclut Topinard, qu'une partie des criminels soit poussée à sortir des règles sociales actuelles par une exubérance d'activité cérébrale et conséquemment par le fait d'un cerveau plus gros ou plus lourd » (1888, p. 15).

L'accroissement du cerveau dans le temps : les défaillances de la démonstration

De toutes les études de Broca, hormis son travail sur les différences entre hommes et femmes, aucune ne lui attira autant le respect ou l'attention que sa prétendue démonstration de l'augmentation régulière de la taille du cerveau au sein de la civilisation occidentale, du Moyen Âge à l'époque contemporaine (Broca, 1862b).

Cette étude mérite une analyse approfondie, car elle représente vraisemblablement le cas le plus beau que j'aie jamais rencontré où l'espérance entretenue par le chercheur lui a imposé la conclusion. Broca se considérait comme un libéral, dans la mesure où il se refusait à condamner les groupes à une infériorité permanente en se fondant sur leur statut en vigueur. Le cerveau des femmes a subi au fil des siècles un processus de dégénérescence dû à une sous-utilisation imposée par la pression sociale ; il pourrait se remettre à progresser sous l'influence de conditions sociales différentes. Les races primitives n'avaient pas été suffisamment stimulées, alors que les cerveaux européens grossissaient régulièrement en suivant le progrès de la civilisation.

Broca obtint un large échantillon de chacun des trois cimetières parisiens, des XIIe, XVIIe, XVIIIe et XIXe siècles. Leur capacité crânienne moyenne était, respectivement, de 1426, 1409 et 1462 cm³ — chiffres qui ne permettaient guère de confirmer avec certitude une progression régulière dans le temps. (Je n'ai pas pu retrouver les données brutes d'après lesquelles Broca a établi ses statistiques, mais avec une différence moyenne de 3,5 % entre les points extrêmes obtenus, il est probable qu'il n'existe aucune différence statistiquement significative parmi les trois échantillons.)

Mais comment ces données si restreintes — réduites à trois sites, ne comportant aucune information sur l'éventail des variations à un moment donné et sans distribution précise dans le temps — ont-elles pu amener Broca à cette conclusion optimiste ? Broca lui-même reconnut sa déception première : il avait espéré découvrir des valeurs intermédiaires sur le site du XVIIIe siècle (1862b, p. 106). C'est dans les classes sociales, expliqua-t-il, qu'il faut chercher la réponse, car, au sein d'une culture, les groupes qui réussissent doivent leur statut, au moins en partie, à leur esprit supérieur. L'échantillon du XIIe siècle provenait d'un cimetière et devait représenter la petite noblesse. C'est d'une fosse commune qu'avaient été exhumés les crânes du XVIIIe siècle. Mais l'échantillon du XIXe siècle était un mélange : quatre-vingt-dix crânes avaient été tirés d'un cimetière et présentaient une moyenne de 1484 cm³ et trente-cinq d'une fosse commune avec 1403 cm³. Broca prétendit que, si les différences de classes sociales n'expliquaient pas pourquoi les valeurs calculées ne répondaient pas aux attentes, les données sont inintelligibles. Intelligible, pour Broca, signifiait montrant un accroissement régulier dans le temps — une proposition que les données étaient censées prouver et non un postulat de base. De nouveau Broca s'était enfermé dans un cercle vicieux.

> Sans cela [les différences entre les classes sociales], il faudrait admettre que la capacité du crâne des Parisiens a réellement diminué pendant les siècles qui ont suivi le XIIe. Or, dans cette période, qui commence à Philippe-Auguste, et qui va jusqu'au XVIIIe siècle, le progrès intellectuel et social a été considérable, et s'il est douteux encore que le développement de la civilisation ait pour conséquence de faire accroître le volume moyen du cerveau, personne, sans doute, ne voudra considérer cette cause comme capable de le faire décroître (1862b, p. 109).

Mais la division effectuée par Broca dans l'échantillon du XIXe siècle se révéla une arme à double tranchant — car il avait à présent deux échantillons extraits de fosses communes et le plus ancien des deux avait une capacité moyenne plus élevée, 1 409 pour le XVIIIe siècle contre 1 403 pour le XIXe. Broca ne se tint pas pour battu ; il expliqua que la fosse commune du XVIIIe siècle contenait les restes de personnes d'une classe supérieure. À cette époque prérévolutionnaire, il fallait être très riche ou bien noble pour reposer dans un cimetière. Les derniers des pauvres mesuraient 1 403 cm³ au XIXe siècle ; le rebut de la société, mais de bonne origine, atteignait déjà une valeur approchante cent ans auparavant.

Chaque solution replongeait Broca dans de nouvelles difficultés. Maintenant qu'il s'était engagé à cloisonner les cimetières en classes sociales, il lui fallait admettre qu'un groupe distinct de dix-sept crânes provenant du cimetière de la morgue sur le site du XIXe siècle présentait des chiffres plus élevés que les crânes de la haute et moyenne bourgeoisie issus des tombes individuelles : 1 517 contre 1 484 cm³. Comment se faisait-il que des corps non réclamés, des cadavres abandonnés à la charge de l'État, dépassent la crème de la société ? Broca soutint alors un raisonnement déductif en chaîne d'une rare faiblesse : les morgues sont construites sur le bord des rivières ; elles renfermaient probablement de nombreux noyés ; beaucoup de noyés sont des suicidés ; beaucoup de suicidés sont des déments ; beaucoup de déments, comme les criminels, ont un cerveau étonnamment volumineux. Avec un peu d'imagination, on peut venir à bout de toutes les anomalies.

L'AVANT ET L'ARRIÈRE

> Parlez-moi de ce nouveau médecin, M. Lydgate. Je me suis laissé dire qu'il était très brillant ; il est vrai que cela se voit : son front est fort beau.
> George ELIOT, *Middlemarch* (1872).

La taille de l'ensemble, bien qu'utile et décisive sur un plan général, est bien loin d'épuiser le champ couvert par la craniométrie. Depuis l'âge d'or de la phrénologie, on avait attribué à des zones spécifiques du cerveau et du crâne un statut précis, ce qui avait fourni un éventail de critères supplémentaires permettant de classifier les groupes. (Broca, au cours de son autre carrière, celle de médecin, réalisa la plus importante de ses découvertes dans ce domaine. En 1861 il élabora le concept de localisation corticale des fonctions après avoir remarqué qu'un patient aphasique avait une lésion du *gyrus* frontal inférieur gauche, appelé maintenant circonvolution de Broca.)

La plupart de ces critères subsidiaires peuvent se réduire à une seule formule : le meilleur est à l'avant. Broca et ses collègues croyaient que les fonctions mentales les plus élevées étaient localisées dans les régions antérieures du cortex, et que les zones postérieures prenaient en charge ces tâches plus terre à terre, bien qu'essentielles, que sont les mouvements involontaires, les sensations et les émotions. Les gens supérieurs devraient avoir plus à l'avant, moins à l'arrière. Nous avons déjà vu comment Bean démontrait son hypothèse à l'aide de données fallacieuses sur les parties avant et arrière du corps calleux chez les Blancs et chez les Noirs.

Broca utilisait fréquemment cette distinction entre avant et arrière, notamment pour se sortir de situations inconfortables que lui imposaient ses propres données. Il accepta la classification des groupes humains proposée par Gratiolet en « races frontales » (Blancs dotés de lobes antérieur et frontal développés au plus haut point), « races pariétales » (Mongols aux lobes pariétaux particulièrement proéminents) et « races occipitales » (Noirs chez qui l'arrière prédomine). Souvent il assenait son double argument contre les groupes inférieurs : taille réduite et prééminence postérieure : « On sait que les nègres, et surtout les Hottentots, ont le cerveau plus simple que le nôtre, et que cette pauvreté relative de leurs circonvolutions se montre principalement sur leurs lobes frontaux » (1873a, p. 37). À titre de preuve plus directe encore, il affirma que les Tahitiens déformaient artificiellement les zones frontales de certains enfants de sexe masculin pour faire saillir l'arrière du crâne. Ces hommes devenaient de valeureux guerriers, mais ne pouvaient en aucun cas se mesurer aux héros blancs quant au style : « La déformation frontale donnait des passions aveugles, des instincts féroces et ce courage de la brute, que j'appellerais volontiers le courage occipital, et qu'il ne faut pas confondre avec le vrai courage, avec le courage frontal, qu'on pourrait appeler le courage caucasique » (1861, pp. 202-203).

Broca ne se contenta pas du critère de taille pour déterminer l'importance respective des régions occipitale et frontale dans les différentes races. Dans ce cas, et pas uniquement pour apaiser son adversaire, il accepta l'argument favori de Gratiolet selon lequel les fontanelles se ferment plus tôt dans les races inférieures, bloquant ainsi le cerveau dans une gangue rigide et limitant les effets de toute éducation ultérieure. Non seulement les fontanelles des Blancs s'ossifient plus tardivement, mais elles le font dans un ordre différent — et devinez comment ? Chez les Noirs et autres peuples inférieurs, les fontanelles frontales se ferment les premières, suivent les sutures postérieures ; chez les Blancs, ce sont les fontanelles frontales qui se soudent en dernier. Des études modernes approfondies sur l'ossification crânienne ont montré qu'il n'existait aucune différence entre les races ni dans le temps ni dans les modalités des processus en cause (Todd et Lyon, 1924 et 1925).

Broca a employé cette argumentation pour se dépêtrer d'un problème embarrassant. Il avait décrit plusieurs crânes appartenant aux plus anciennes populations d'*Homo sapiens*, du type Cro-Magnon, et avait découvert que leur capacité crânienne dépassait celle des Français contemporains. Par bonheur cependant, leurs fontanelles antérieures se fermaient les premières, ce qui prouvait, d'après Broca, que, tout compte fait, ces lointains ancêtres étaient bien inférieurs : « Ce sont des signes d'infériorité. On les retrouve dans toutes les races où la vie matérielle attire à elle toute l'activité cérébrale. À mesure que la vie intellectuelle se développe chez un peuple, les sutures antérieures deviennent plus compliquées et restent plus longtemps libres de soudure » (1873a, pp. 19-20).

L'argumentation sur l'avant et l'arrière*, si facile d'usage et d'une si grande portée, fut utilisée comme un outil puissant pour rationaliser des préjugés face à des faits apparemment contradictoires. Voyons les deux exemples suivants.

L'indice céphalique

Au-delà de la taille du cerveau elle-même, il n'y eut pas de mesures de la craniométrie plus éculées et plus abusivement employées que l'angle facial (le caractère saillant du visage et des mâchoires jugé comme un signe d'infériorité) et l'indice céphalique. Ce dernier indice n'avait jamais eu pour lui autre chose que la facilité de son calcul. On le mesurait en établissant le rapport entre largeur et longueur maximales du crâne. Des crânes relativement longs (proportion de 0,75 ou moins) étaient appelés dolichocéphales ; des crânes relativement arrondis (plus de 0,8) brachycéphales. Anders Retzius, le savant suédois qui popularisa l'indice céphalique, a bâti sur ces bases une théorie de la civilisation. Il pensait qu'à l'âge de pierre, les peuples d'Europe étaient brachycéphales, et qu'à l'âge de bronze, des éléments dolichocéphales, Indo-Européens ou Aryens, envahirent progressivement le continent et remplacèrent les habitants originels plus primitifs. Certaines souches brachycéphales survivent chez certains peuples plongés dans les ténèbres de l'ignorance comme les Basques, les Finlandais et les Lapons.

Broca démontra la fausseté de cette version alors en vigueur en découvrant des dolichocéphales à la fois parmi des crânes de l'âge de pierre et au sein des survivants actuels des souches « primitives ». Il est vrai qu'il avait de bonnes raisons de douter des thèses des savants nordiques et teutoniques faisant de la dolichocéphalie le signe des plus hautes aptitudes. La plupart des Français, dont Broca lui-même

---

* Broca ne limitait pas ses arguments sur le mérite relatif des zones du cerveau à la distinction entre l'avant et l'arrière. Pratiquement toute différence mesurée entre les peuples pouvait venir renforcer les convictions préalables. Il affirma, par exemple (1861, p. 187), que les Noirs avaient probablement des nerfs crâniens plus gros que ceux des Blancs, et donc une proportion plus importante du cerveau non consacrée à des fonctions intellectuelles.

(Manouvrier, 1899), étaient brachycéphales. Dans un passage où il rappelle sa réfutation des hypothèses de Tiedemann sur l'égalité entre cerveaux noirs et cerveaux blancs, il a stigmatisé la doctrine de Retzius, la jugeant plus comme un constat d'autosatisfaction que comme une vérité empirique. N'a-t-il jamais pressenti que les mêmes reproches pourraient lui être adressés ?

> Depuis les travaux de M. Retzius, on a admis, sans une critique suffisante, que la dolichocéphalie est un caractère de supériorité. C'est possible, mais on ne doit pas oublier que les caractères de la dolichocéphalie et de la brachycéphalie ont été étudiés pour la première fois en Suède, puis en Angleterre, aux États-Unis, en Allemagne, que dans tous ces pays, surtout en Suède, le type dolichocéphalique prédomine bien manifestement, et que c'est une tendance naturelle des hommes les plus libres de préjugés d'attacher une idée de supériorité aux caractères dominants de leur race (1861, p. 513).

De toute évidence, Broca se refusait à assimiler la brachycéphalie à l'inintelligence congénitale. Néanmoins, le prestige de la dolichocéphalie était si grand qu'il se retrouva dans une situation plus qu'inconfortable lorsqu'on s'aperçut que des peuples indiscutablement inférieurs possédaient une boîte crânienne allongée, situation si délicate qu'il se vit dans l'obligation d'inventer un de ses arguments les plus saisissants et les plus imparables. L'index céphalique s'était heurté à une énorme difficulté : non seulement les Noirs africains et les aborigènes australiens étaient dolichocéphales, mais on se rendit compte qu'aucun autre peuple au monde ne possédait un crâne aussi allongé. Portant l'affront à son comble, les crânes fossiles de Cro-Magnon étaient non seulement plus volumineux que ceux des Français actuels, ils étaient également plus dolichocéphales.

La dolichocéphalie, selon le raisonnement de Broca, pouvait être atteinte de diverses façons. L'allongement de la boîte crânienne qui servait de signe au génie teutonique provenait, d'une manière évidente, d'une élongation frontale. Parmi les peuples que l'on savait inférieurs, les dolichocéphales devaient tenir ce caractère d'un allongement de l'arrière du crâne. Il s'agissait alors, selon les propres termes de Broca, d'une dolichocéphalie occipitale. Il rassembla en un seul et même phénomène la capacité crânienne et la dolichocéphalie de ses fossiles de Cro-Magnon : « C'est par le développement beaucoup plus grand de leur crâne postérieur que leur capacité crânienne générale est rendue supérieure à la nôtre » (1873a, p. 41). Comme chez les Noirs, c'est par une élongation postérieure et une diminution de la largeur frontale qu'ils ont acquis tout à la fois un cerveau globalement plus petit et une boîte crânienne plus allongée (à ne pas confondre avec l'allongement teutonique), deux caractères inégalés par aucun autre groupe humain. Quant à la brachycéphalie des Français, il ne fallait pas y voir un défaut d'élongation frontale (comme les tenants de la suprématie teutonique le proclamaient), mais un élargissement d'un crâne déjà admirable.

L'affaire du trou occipital

Le trou occipital — ou *foramen magnum* — est la grosse ouverture située à la base de notre crâne. C'est par lui que passe la moelle épinière ; la colonne vertébrale s'articule à l'os qui l'entoure, le condyle occipital. Chez tous les mammifères, au début du développement de l'embryon, le trou occipital se trouve sous le crâne, puis se déplace vers l'arrière du crâne jusqu'à la naissance. Chez les hommes, le trou occipital ne recule que légèrement et reste sous le crâne chez l'adulte. Le trou occipital des grands singes adultes occupe une position intermédiaire, moins en avant que chez les hommes, moins en arrière que chez les autres mammifères. L'importance fonctionnelle de ces orientations est évidente. Un animal à station verticale, comme l'*Homo sapiens*, doit avoir un crâne monté *sur* la colonne vertébrale de manière à regarder devant lui en position debout ; les animaux à quatre pattes possèdent une colonne vertébrale attachée *derrière* le crâne et regardent devant eux dans le prolongement de leur tronc.

Ces différences fournirent une source de comparaisons désobligeantes à laquelle on ne put résister. Les peuples inférieurs devaient avoir un trou occipital plus postérieur, comme les singes et les autres mammifères. En 1862, Broca s'engagea dans une querelle en cours sur ce thème. Des partisans d'un égalitarisme relatif, tel James Cowles Pritchard, avaient affirmé que le trou occipital se trouvait exactement au centre du crâne chez les Noirs comme chez les Blancs. Des racistes, comme J. Virey, avaient découvert une variation graduelle : plus élevée était la race, plus avancé était le trou occipital. Aucun des deux partis, remarqua Broca, ne disposait de beaucoup de données pour appuyer ses dires. Avec son objectivité caractéristique, il se mit en devoir de résoudre ce problème contrariant, quoique mineur.

Il rassembla un échantillon de soixante Blancs et de trente-cinq Noirs et mesura la longueur de leur crâne en avant et en arrière du bord antérieur du trou occipital. Les mensurations arrière se révélèrent similaires dans les deux races — 100,385 mm pour les Blancs, 100,857 mm pour les Noirs (on remarquera la précision à la troisième décimale près). Mais les Blancs présentaient une longueur frontale nettement moindre (90,736 contre 100,304 mm), ce qui voulait dire que leur trou occipital se trouvait dans une position plus antérieure (voir le tableau 2.1). Broca en conclut que : « Chez l'orang-outang, c'est la projection postérieure [la partie du crâne derrière le trou occipital] qui est la plus courte. Il est donc incontestable [...] que la conformation du nègre, sous ce rapport comme sous plusieurs autres, tend à se rapprocher de celle du singe » (1862c, pp. 527-528).

Tableau 2.1 Les mesures de Broca sur la position relative du trou occipital

	Blancs	Noirs	Différence en faveur des Noirs
ANTÉRIEURE	90,736	100,304	+ 9,568
Faciale	12,385	27,676	+ 15,291
Crânienne	78,351	72,628	− 5,723
POSTÉRIEURE	100,385	100,857	+ 0,472

Mais les ennuis de Broca commencèrent alors. L'argument classique sur le trou occipital ne portait que sur sa position relative sur la boîte crânienne elle-même, non par rapport au visage se projetant sur le devant du crâne. Cependant Broca avait inclus le visage dans sa mesure antérieure. Maintenant chacun sait, écrivit-il, que les Noirs ont le visage plus allongé que les Blancs. C'est en soi un signe simiesque d'infériorité, mais il ne faut pas le confondre avec la position relative du trou occipital dans le crâne. Il se résolut donc à soustraire de ses mesures l'influence faciale. Il s'aperçut que les Noirs avaient bien le visage plus allongé — les visages des Blancs ne prenaient que 12,385 mm de leur mesure antérieure totale contre 27,676 mm pour les Noirs (voir tableau 2.1). En soustrayant la longueur faciale, Broca obtint les chiffres suivants pour le crâne antérieur : 78,351 chez les Blancs, 72,628 chez les Noirs. En d'autres termes, si l'on ne se fonde que sur le crâne seul, le trou occipital des Noirs se trouve *plus en avant* (la proportion avant/arrière, calculée d'après les données de Broca, donne 0,781 pour les Blancs et 0,720 pour les Noirs). Il est évident que, selon les critères acceptés au début de l'étude, les Noirs sont supérieurs aux Blancs. À moins que les critères ne se transforment subitement, ce qu'ils firent séance tenante.

Ce bon et vieil argument sur l'avant et l'arrière accourut au secours de Broca et des peuples menacés qu'il représentait. La position avancée du trou occipital chez les Noirs, tout compte fait, ne témoignait pas de leur supériorité ; il ne fallait y voir que le manque de puissance de leur cerveau antérieur. Par rapport aux Blancs, les Noirs ont perdu une grande partie de leur cerveau à l'avant. Mais ils ont gagné vers l'arrière, réduisant d'autant la proportion avant/arrière du trou occipital, ce qui sembla leur donner un avantage, et cela de façon trompeuse. Car en fait tout ce qu'ils ont ajouté dans ces régions reculées et inférieures de l'encéphale, ils l'on perdu dans la zone antérieure. Et voilà comment les Noirs ont un cerveau plus petit et plus mal proportionné que celui des Blancs.

La projection crânienne antérieure du Blanc, c'est-à-dire la longueur du crâne proprement dit en avant du trou occipital, surpasse de près de

49 millièmes celle du nègre [...]. Ainsi, tandis que chez le nègre le trou occipital est plus en arrière que chez nous par rapport aux deux incisives [le point le plus avancé dans les mesures antérieures, incluant le visage, effectuées par Broca], il est au contraire plus en avant par rapport à l'extrémité antérieure du cerveau ; d'où il résulte que pour changer un crâne de Blanc en un crâne de nègre, il ne suffirait pas de faire avancer les mâchoires, qu'il faudrait en outre faire reculer le front, c'est-à-dire faire atrophier le cerveau antérieur, et rendre au crâne postérieur, par une compensation insuffisante, une partie de ce qu'on retirerait au crâne antérieur. En d'autres termes, chez le nègre, la région faciale et la région occipitale sont développées au détriment de la région frontale (1862c, pp. 529-530).

Ce ne fut là qu'un incident mineur dans la carrière de Broca, mais je ne peux pas imaginer de meilleure illustration de sa méthode consistant à modifier les critères pour que, en les adaptant à de bonnes données, ils conduisent aux conclusions désirées. Pile : je suis supérieur ; face : tu es inférieur.

Et les vieux arguments semblent ne jamais vouloir mourir. Walter Freeman, le doyen des lobotomistes américains (il pratiqua ou supervisa trois mille cinq cents lésions de la zone frontale du cerveau avant de prendre sa retraite en 1970), admit à la fin de sa carrière (cité par Chorover, 1979) que :

Ce que le chercheur avant tout ne parvient pas à saisir chez les individus à l'intelligence élevée, c'est leur capacité à se livrer à l'introspection, à la spéculation, à philosopher, surtout vis-à-vis d'eux-mêmes. [...] Dans l'ensemble, la psychochirurgie réduit la créativité, allant parfois jusqu'à la faire disparaître totalement.

Freeman ajoutait ensuite que « les femmes réagissent mieux que les hommes, les Noirs mieux que les Blancs ». Autrement dit, les personnes qui, au départ, n'ont pas besoin de cerveau souffrent moins que les autres de l'ablation.

LE CERVEAU DES FEMMES

De toutes les comparaisons établies entre les groupes, c'est sur le cerveau des femmes, analysé dans ses rapports avec celui des hommes, que Broca rassembla le plus grand nombre de données. Vraisemblablement parce que celles-ci étaient accessibles et non à cause d'une animosité particulière à l'endroit des femmes. Les groupes « inférieurs » sont interchangeables dans la théorie du déterminisme biologique. Ils sont sans cesse juxtaposés, et l'un sert de substitut à tous les autres — car la proposition générale énonce que la société suit la nature et que le rang social découle de la valeur innée. C'est ainsi que l'anthropologue allemand E. Huschke écrivit en 1854 : « Le cerveau du Noir possède une moelle épinière du même type que celle que l'on trouve chez les enfants et les femmes et, en allant plus loin, s'approche du type de cerveau que l'on trouve chez les singes supérieurs » (*in* Mall, 1909, pp. 1-2). Le célèbre anatomiste allemand Carl Vogt écrivait en 1864 :

> Par son apex arrondi et par son lobe postérieur moins développé, le cerveau du Noir ressemble à celui de nos enfants, et par le caractère protubérant du lobe pariétal, à celui de nos femmes. [...] Le Noir adulte participe, pour ce qui est de ses facultés intellectuelles, de la nature de l'enfant, de la femme et du vieillard blanc sénile. [...] Certaines tribus ont fondé des états et possèdent une organisation qui leur est propre ; mais, quant au reste, nous pouvons affirmer avec confiance que la race tout entière n'a jamais, ni dans le passé ni dans le présent, accompli quoi que ce soit qui ait contribué au progrès de l'humanité ou qui mérite d'être conservé (1864, pp. 183-192).

G. Hervé, un collègue de Broca, écrivit en 1881 : « Les hommes de race noire ont un encéphale qui n'est guère plus pesant que celui des femmes de race blanche » (1881, p. 692). Je ne considère pas comme de la vaine rhétorique d'affirmer que les luttes pour la défense d'un seul groupe nous concernent tous.

L'argumentation de Broca sur le statut biologique des femmes actuelles reposait sur deux ensembles de données : la taille supérieure du cerveau des hommes dans les sociétés contemporaines et, à travers l'histoire, une augmentation supposée de l'écart séparant la taille des cerveaux féminins et masculins. L'essentiel des données de Broca provenait des autopsies qu'il pratiquait lui-même dans quatre hôpitaux parisiens. Sur un total de 292 cerveaux masculins, il calcula que le poids moyen s'établissait à 1 325 grammes et sur 140 cerveaux féminins à 1 144 grammes, soit une différence de 181 grammes ou 14 %. Broca admit, bien sûr, qu'une partie de cet écart pouvait être attribuée à la différence de taille. Il avait utilisé ce mode de correction pour se porter au secours des Français menacés par une prétendue supériorité germanique. Il savait donc parfaitement, dans les moindres détails, comment opérer cette correction. Mais ici, il n'essaya pas pour autant de mesurer cette influence et déclara tout de go que c'était inutile. La taille seule ne pouvait pas rendre compte de toute la différence, car l'on savait que les femmes étaient moins intelligentes que les hommes.

> On s'est demandé si la petitesse du cerveau de la femme ne dépendait pas exclusivement de la petitesse de son corps. Cette explication a été admise par Tiedemann. Pourtant il ne faut pas perdre de vue que la femme est *en moyenne* un peu moins intelligente que l'homme ; différence qu'on a pu exagérer, mais qui n'en est pas moins réelle. Il est donc

permis de supposer que la petitesse relative du cerveau de la femme dépend à la fois de son infériorité physique et de son infériorité intellectuelle (1861, p. 153).

Pour matérialiser ce soi-disant écart dans le temps, Broca mesura la capacité crânienne des squelettes préhistoriques de la grotte de l'Homme mort. Il ne trouva qu'une différence de 99,5 cm³ entre les hommes et les femmes, alors que les populations actuelles varient de 129,5 à 220,7. Topinard, le principal disciple de Broca, expliqua l'accroissement de cet écart par l'influence grandissante qu'exerce l'évolution sur les hommes dominants et les femmes passives.

> L'homme qui combat pour deux ou davantage dans la lutte pour l'existence, qui a toute la responsabilité et les soucis du lendemain, qui est constamment actif vis-à-vis des milieux, des circonstances et des individualités rivales et anthropocentriques, a besoin de plus de cerveau que la femme qu'il doit protéger et nourrir, que la femme sédentaire, vaquant aux occupations intérieures, dont le rôle est d'élever les enfants, d'aimer et d'être passive.

En 1879, Gustave Le Bon, champion de la misogynie de l'école de Broca, utilisa ces données pour publier ce qui est sans doute la plus virulente attaque contre les femmes de toute la littérature scientifique moderne (il faudra se lever matin pour battre sur ce point les écrits d'Aristote). Le Bon n'était pas un marginal haineux. Il fut le fondateur de la psychologie sociale et écrivit une étude sur les comportements collectifs toujours citée et respectée aujourd'hui (*La Psychologie des foules*, 1895). Son œuvre exerça également une forte influence sur Mussolini. Le Bon concluait ainsi :

> Dans les races les plus intelligentes comme les Parisiens, il y a une notable proportion de la population féminine dont les crânes se rapprochent plus par le volume de ceux des gorilles que des crânes du sexe masculin les plus développés. [...] Cette infériorité est trop évidente pour être contestée un instant, et on ne peut guère discuter que sur son degré. Tous les psychologistes qui ont étudié l'intelligence des femmes ailleurs que chez les romanciers ou les poètes reconnaissent aujourd'hui qu'elles représentent les formes les plus inférieures de l'évolution humaine et sont beaucoup plus près des enfants et des sauvages que de l'homme adulte civilisé. Elles ont des premiers la mobilité et l'inconstance, l'absence de réflexion et de logique, l'incapacité à raisonner ou à se laisser influencer par un raisonnement, l'imprévoyance et l'habitude de n'avoir que l'instinct du moment pour guide. [...] On ne saurait nier sans doute qu'il existe des femmes fort distinguées, très supérieures à la moyenne des hommes, mais ce sont là des cas aussi exceptionnels que la naissance d'une monstruosité quelconque, telle par exemple qu'un gorille à deux têtes, et par conséquent négligeables entièrement.

Et Le Bon ne recula pas devant les implications sociales de ses thèses. Il était scandalisé par la proposition de certains réformateurs américains d'accorder aux femmes une éducation équivalente à celle des hommes.

> Vouloir donner aux deux sexes, comme on commence à le faire en Amérique, la même éducation, et par suite leur proposer les mêmes buts, est une chimère dangereuse. [...] Le jour où, méprisant les occupations inférieures que la nature lui a données, la femme quittera son foyer et viendra prendre part à nos luttes, ce jour-là commencera une révolution sociale où disparaîtra tout ce qui constitue aujourd'hui les liens sacrés de la famille et dont l'avenir dira qu'aucune n'a jamais été plus funeste.

Ça vous dit quelque chose, non* ?

J'ai réexaminé les données de Broca sur lesquelles se fondent ces opinions péremptoires et ses chiffres me sont apparus rigoureux, mais leur interprétation mal fondée, c'est le moins que l'on puisse dire. On peut aisément écarter les données que Broca a utilisées pour démontrer un prétendu accroissement dans le temps de la différence entre hommes et femmes. Il s'est en effet uniquement appuyé sur les vestiges humains de l'Homme mort, c'est-à-dire, en tout, sept hommes et six femmes. Jamais données aussi minces n'avaient entraîné des conclusions d'une portée aussi vaste.

En 1888, Topinard publia les chiffres bruts, nettement plus nombreux, recueillis par Broca dans les hôpitaux parisiens. Broca ayant noté, en regard du poids du cerveau, la taille et l'âge de chaque individu, nous pouvons aujourd'hui appliquer les méthodes statistiques modernes pour déduire l'effet de ces deux facteurs. Le poids du cerveau diminue avec l'âge et les femmes de Broca étaient, en moyenne, nettement plus âgées que ses hommes. Le cerveau grossit proportionnellement à la taille et ses hommes avaient en moyenne presque quinze centimètres de plus que ses femmes. J'ai utilisé la méthode de la régression multiple, technique qui m'a permis d'évaluer simultanément l'influence de la taille et de l'âge sur le poids du cerveau. En procédant à l'analyse des données concernant les femmes, j'ai trouvé qu'une femme ayant la taille et l'âge de l'homme moyen de Broca aurait un cerveau pesant 1 212 grammes**. Cette correction

---

* Dix ans plus tard, le biologiste E.D. Cope, le plus grand spécialiste de l'évolution aux États-Unis, craignait le pire au cas où « un esprit de révolte se généraliserait parmi les femmes ». « Si la nation devait subir une telle attaque, écrivit-il (1890, p. 2071), elle laisserait, comme une maladie, ses traces dans de nombreuses générations à venir. » Il entrevit les prémices de cette anarchie dans les pressions exercées par les femmes « pour empêcher les hommes de boire du vin et de fumer avec modération », et dans le maintien des hommes dévoyés partisans du vote féminin : « Certains de ces hommes sont efféminés et ont des cheveux longs. »

** Selon mes calculs, où y représente la taille du cerveau en grammes, x_1 l'âge en années et x_2 la taille du corps en cm : $y = 764,5 - 2,55x_1 + 3,47x_2$.

réduit la différence mesurée par Broca de 181 à 113 grammes, soit plus d'un tiers.

Je ne sais que faire de la différence restante, car je ne dispose d'aucun moyen pour évaluer les autres facteurs connus pour l'influence qu'ils exercent sur la taille du cerveau. La cause du décès joue un rôle important : les maladies s'accompagnant de dégénérescence entraînent souvent une diminution substantielle de la taille du cerveau. Eugène Schreider (1966), qui a également étudié les données de Broca, a trouvé que les hommes tués accidentellement avaient un cerveau pesant en moyenne 60 grammes de plus que ceux morts de maladies infectieuses. Les meilleures données modernes que j'ai pu obtenir (provenant d'hôpitaux américains) font apparaître une différence nette de 100 grammes entre les morts violentes et les décès par maladie cardiaque dégénérante. Une proportion significative des sujets de Broca étant des femmes âgées, on peut supposer que les longues maladies occasionnant la dégénérescence étaient plus fréquentes chez elles que chez les hommes.

Ce qui est plus important, c'est que les spécialistes actuels de la taille du cerveau ne se sont pas mis d'accord sur une mesure propre à éliminer le puissant effet des dimensions du corps (Jerison, 1973 ; Gould, 1974). La taille est une notion partiellement satisfaisante, mais les hommes et les femmes de même taille n'ont pas la même carrure. Le poids est même pire que la taille, car ses variations sont, pour l'essentiel, le reflet de la nutrition du sujet plus que des dimensions réelles de son corps : être gros ou maigre n'influe guère sur le cerveau. Léonce Manouvrier, qui aborda cette question dans les années 1880, soutint que la masse et la force musculaire devaient être utilisées comme critères correcteurs. Il essaya de mesurer de diverses façons cette propriété difficilement cernable et trouva une nette différence à l'avantage des hommes, même chez les hommes et les femmes de taille semblable. Lorsqu'il apporta les corrections dues à ce qu'il appelait la « masse sexuelle », les femmes arrivèrent légèrement en tête pour ce qui est du poids du cerveau.

La différence corrigée de 113 grammes est donc certainement trop élevée ; le vrai chiffre avoisine vraisemblablement le zéro, et peut fort bien avantager les femmes aussi bien que les hommes. Et 113 grammes est exactement, notons-le, la différence moyenne entre un homme de 1,62 m et un de 1,93 m dans les données de Broca*. Personne ne songe à considérer les hommes grands comme plus intelligents que les autres. En bref, les données de Broca ne permettent assurément pas

---

* Pour le plus large de ses échantillons masculins, j'ai utilisé la fonction de puissance pour l'analyse bivariée de l'allométrie du cerveau et, selon mes calculs, où y représente le poids du cerveau en grammes et x la taille du corps en cm, j'ai trouvé : $y = 121,6\ x^{0,47}$.

d'affirmer en toute confiance que les hommes ont un cerveau plus gros que les femmes.

Maria Montessori n'a pas limité ses activités à la réforme de l'éducation des jeunes enfants. Elle a enseigné l'anthropologie à l'université de Rome pendant plusieurs années et a écrit un *Traité sur l'anthropologie pédagogique* (1913) qui connut un grand retentissement. Montessori n'était pas une égalitariste, c'est le moins que l'on puisse dire. Elle approuvait la plupart des travaux de Broca et la théorie de la criminalité innée proposée par son compatriote Cesare Lombroso (voir le chapitre suivant). Dans ses écoles, elle mesurait la circonférence de la tête des enfants et en déduisait que ceux qui avaient une grosse tête étaient promis à l'avenir le plus brillant. Mais elle réfutait les thèses de Broca sur les femmes. Elle commenta longuement les études de Manouvrier et fit grand cas de sa démonstration tendant à prouver, après correction des données, que les femmes ont un cerveau de taille légèrement supérieure à celui des hommes. Les femmes, concluait-elle, sont intellectuellement supérieures, mais les hommes l'ont emporté jusqu'alors par le seul effet de leur force physique. La technologie ayant ôté à la force son rôle d'instrument du pouvoir, il se pourrait que nous entrions prochainement dans l'ère des femmes : « C'est alors qu'il y aura réellement des êtres humains supérieurs, il y aura réellement des hommes forts en moralité et en sentiment. Peut-être est-ce ainsi qu'adviendra le règne des femmes, lorsque l'énigme de leur supériorité anthropologique sera éclaircie ? La femme a toujours été la gardienne du sentiment humain, de la moralité et de l'honneur » (1913, p. 259).

L'attitude de Maria Montessori représente un antidote possible aux thèses « scientifiques » sur l'infériorité constitutionnelle de certains groupes. On peut affirmer la validité des disparités biologiques tout en soutenant que les données ont été mal interprétées par des hommes remplis de préjugés quant à l'issue finale des recherches et que les groupes désavantagés sont en vérité supérieurs. C'est cette stratégie qu'a appliquée récemment Elaine Morgan dans *La Fin du surmâle (The Descent of Woman)*, reconstitution imaginaire de la préhistoire humaine vue par une femme — et aussi grotesque que des récits plus célèbres écrits par et pour des hommes.

J'ai adopté avec ce livre une position différente. Montessori et Morgan n'ont fait que suivre la philosophie de Broca pour aboutir à une conclusion qui leur convenait mieux. À mes yeux, cette entreprise consistant à assigner une valeur biologique aux divers groupes humains doit être ramenée à ce qu'elle est : une démarche sans fondement et parfaitement nuisible.

Addendum

Les arguments craniométriques perdirent au cours de ce siècle la plus grande partie de leur prestige, car les déterministes préférèrent accorder leurs faveurs aux tests d'intelligence — une voie plus « directe » pour atteindre ce même but malveillant et inacceptable : la classification des groupes selon leur valeur mentale — et les scientifiques dénoncèrent les préjugés aberrants qui prévalaient dans la plupart des articles et ouvrages sur la forme et les dimensions de la tête. L'anthropologue américain Franz Boas, par exemple, ne mit pas beaucoup de temps à démontrer que le fameux indice céphalique variait considérablement parmi les adultes d'un même groupe et au cours de la vie de l'individu (Boas, 1899). En outre, il trouva des différences importantes dans l'indice céphalique entre les parents immigrants et leurs enfants nés aux États-Unis. La stupidité immuable de l'Européen du Sud brachycéphale pouvait donc se métamorphoser et se rapprocher de la norme dolichocéphale nordique en l'espace d'une seule génération soumise à l'influence d'un environnement modifié (Boas, 1911).

Mais le prétendu avantage intellectuel des têtes volumineuses refuse de disparaître totalement en tant qu'argument concourant à l'évaluation de la valeur humaine. On le rencontre encore occasionnellement à tous les niveaux de la contestation déterministe.

1. Variation au sein de la population générale : Arthur Jensen (1979, pp. 361-362) soutient que le QI mesure l'intelligence innée en s'appuyant sur le fait que la corrélation entre taille du cerveau et QI est d'environ 0,30. Il ne doute pas que la corrélation soit significative et qu'il y ait eu « un lien causal direct, à travers la sélection naturelle au cours de l'évolution humaine, entre intelligence et taille du cerveau ». Sans se laisser démonter par le faible niveau de la corrélation, il proclame qu'il serait plus élevé encore si une part du cerveau si grande n'était pas « consacrée à des fonctions non cognitives ».

Sur la même page, Jensen fait état d'une corrélation moyenne de 0,25 entre le QI et la taille du corps. Bien que ce chiffre soit quasiment le même que la corrélation QI/taille du cerveau, Jensen change son fusil d'épaule et déclare que « cette corrélation implique presque à coup sûr qu'il n'existe aucune relation causale ou fonctionnelle entre la stature et l'intelligence ». La taille et l'intelligence, explique-t-il, sont perçues comme deux qualités désirables, et ceux qui ont la chance de les posséder à un niveau supérieur à la moyenne s'attirent naturellement entre eux. Mais n'est-il pas plus probable que le rapport taille du corps/taille du cerveau représente la corrélation causale fondamentale pour la raison évidente que les personnes grandes tendent à avoir des organes de grande dimension ? La taille du cerveau ne serait alors rien d'autre qu'une mesure imparfaite de la taille du corps, le QI pouvant avoir une corrélation directe avec elle (au faible niveau de 0,30) pour la seule raison, liée avant tout aux conditions du milieu, que la pauvreté et la malnutrition peuvent entraîner une diminution de la taille du corps et une baisse des résultats de QI.

2. Variation dans les classes sociales et les catégories professionnelles : dans un ouvrage destiné à vulgariser les derniers progrès des sciences du cerveau auprès des éducateurs, H.T. Epstein (*in* Chall et Mirsky, 1978) déclare (pp. 349-350) :

> Nous devons d'abord nous demander s'il y a une indication d'un lien quelconque entre cerveau et intelligence. On dit généralement que cette liaison n'existe pas. [...] Mais les seules données que j'ai trouvées semblent clairement montrer qu'il y a un rapport nettement marqué. Hooton a mesuré la circonférence de la tête de Bostoniens blancs à l'occasion de son importante étude sur les criminels. Le tableau suivant montre que la classification des individus selon la taille de leur tête conduit de manière parfaitement convaincante à une classification selon le statut professionnel. On ne s'explique pas bien comment l'impression que cette liaison n'existait pas a pu se répandre.

Les chiffres d'Epstein, reproduits dans le tableau 2.2 tels que lui-même les présente, semblent appuyer cette thèse selon laquelle les personnes exerçant les professions les plus prestigieuses ont une tête plus grosse. Mais un rapide examen des sources originales montre que le graphique n'est que le résultat d'un tripotage de chiffres (non pas de la part d'Epstein qui, à mon avis, n'a fait que recopier une source secondaire que je n'ai pas réussi à identifier).

a) Les déviations types annoncées par Epstein sont si basses, et donc sous-entendent un éventail de variations au sein de chaque catégorie professionnelle si étroit, que les différences dans la taille moyenne de la tête doivent être significatives en dépit de leur petitesse. Mais une simple vérification sur le tableau originel de Hooton (1939, tableau VIII-17) révèle que l'on a recopié la mauvaise colonne (erreurs types de la moyenne) et qu'on l'a appelée écarts types. Les écarts types véritables, donnés dans une autre colonne du tableau de Hooton, vont de 14.4 à 18.6 — ce qui rend statistiquement non significatives la plupart des différences moyennes entre les groupes professionnels.

b) Le tableau classe les groupes professionnels selon la taille de la tête, mais ne reproduit pas la classification des statuts professionnels fondée sur le nombre d'années d'éducation que donne Hooton (1939, p. 150). En fait, comme la colonne s'intitule « statut professionnel », nous sommes amenés à supposer que les métiers y ont été présentés dans l'ordre de leur prestige et qu'une parfaite corrélation existe donc entre le statut et la taille de la tête. Mais les professions ne sont classées que d'après la taille de la tête de leurs membres. Plusieurs professions ne cadrent pas avec ce modèle : les gens de maison et les ouvriers qualifiés (les n° 5 et 6 chez Hooton) arrivent presque en dernière position pour ce qui est de la taille de la tête, mais se situent au milieu du tableau pour le prestige.

c) Ce n'est pas là la seule omission que j'ai pu remarquer en consultant l'œuvre originelle de Hooton. Il y avait bien pire, et, cette fois, l'omission était totalement inexcusable, car on avait expurgé du tableau 2.2. les données concernant trois métiers, et cela sans le moindre commentaire. On devine aisément pourquoi. Tous les trois se situent dans le bas de la liste des statuts établis par Hooton : les ouvriers d'usine au septième rang (sur onze), les employés des transports au huitième et les métiers « extractifs » (agriculture et mines) au rang le plus bas, le onzième. Tous les trois ont une circonférence de la tête (respectivement 564,7, 564,9 et 564,7) *au-dessus* de la moyenne globale de toutes les professions (563,9) !

Tableau 2.2 Moyenne et écart type de la circonférence de la tête selon les différents statuts professionnels

STATUT PROFESSIONNEL	NOMBRE	MOYENNE (en mm)	ÉCART TYPE
Professions libérales	25	569,9	1,9
Cadres	61	566,5	1,5
Employés	107	566,2	1,1
Commerçants	194	565,7	0,8
Fonctionnaires	25	564,1	2,5
Ouvriers qualifiés	351	562,9	0,6
Gens de maison	262	562,7	0,7
Manœuvres	647	560,7	0,3

D'après Ernest A. Hooton, *The American Criminal*, vol. 1 (Cambridge, Mass., Harvard University Press, 1939), tableau VIII-17.

Je ne sais pas d'où provient ce tableau aussi scandaleusement tronqué. Jensen (1979, p. 361) le reproduit dans la version d'Epstein en omettant les trois métiers. Mais il intitule correctement la colonne des erreurs types (sans pour autant mentionner les écarts types) et indique les professions sous leur intitulé exact, « catégorie professionnelle » *(occupational category)* et non « statut professionnel » *(vocational status)*. Mais on retrouve chez Jensen la même erreur numérique mineure que chez Epstein (le chiffre de 0,3 donné comme erreur type pour les manœuvres correspond en réalité à une catégorie oubliée, les travailleurs « extractifs », placée juste sur la ligne au-dessus dans le tableau de Hooton). Comme, à mon avis, il est peu probable que la même erreur insignifiante ait pu être faite deux fois indépendamment et comme le livre de Jensen et l'article d'Epstein sont parus pratiquement en même temps, je suppose que les deux ont tiré leur information d'une source secondaire non identifiée (les deux auteurs ne citent que le nom de Hooton).

d) Epstein et Jensen faisant si grand cas des données de Hooton, ils auraient pu consulter son opinion sur le sujet. Hooton n'avait rien d'un libéral bienveillant, partisan de l'influence de l'environnement. C'était un eugéniste convaincu, attaché à la notion de déterminisme biologique, qui termina son étude sur les criminels américains par cette phrase à donner le frisson : « L'élimination du crime ne peut se réaliser que par la suppression des inadaptés physiques, mentaux et moraux, ou par leur totale ségrégation dans un milieu socialement aseptique » (1939, p. 309). Cependant, Hooton lui-même pensait que son tableau sur la taille de la tête et les professions n'avait rien prouvé (1939, p. 154). Il s'aperçut qu'un seul groupe professionnel, les manœuvres, s'écartait de façon significative de la moyenne de tous les groupes. Et il déclara sans ambiguïté que l'unique catégorie dont les membres possédaient une tête notablement plus grande que la moyenne — les professions libérales — « n'était pas du tout pertinente » (p. 153) en raison de sa taille réduite.

e) Selon la principale hypothèse faisant intervenir les conditions du milieu dans les corrélations entre taille du corps et classe sociale, il existe des effets secondaires d'une corrélation causale entre taille du corps et statut. Les corps de grande dimension ont tendance à être dotés d'une grosse tête, et une nourriture appropriée et un environnement d'où la pauvreté est absente entraînent une meilleure croissance au cours de la jeunesse. Les données de Hooton viennent de façon provisoire appuyer les deux éléments de l'argumentation, bien qu'Epstein ne mentionne pas du tout ces données sur la stature. Hooton fournit des informations à la fois sur la taille et le poids du corps (mesures qui ne donnent qu'une idée approximative de la masse globale du corps). Les écarts les plus importants de la moyenne totale confirment l'hypothèse sur l'influence de l'environnement. En ce qui concerne le poids, deux groupes se séparaient de façon significative : les professions libérales (statut n° 1) avec un poids plus élevé que la moyenne et les manœuvres (statut n° 10) avec un poids plus faible. Quant à la taille du corps, trois groupes apparaissaient au-dessous de la moyenne et aucun nettement au-dessus : les manœuvres (statut n° 10), les gens de maison (statut n° 5) et les employés (statut n° 2 — et contrairement à l'hypothèse sur l'environnement). J'ai également calculé les coefficients de corrélation entre circonférence de la tête et statut, à partir des données de Hooton. Je n'ai trouvé aucune corrélation pour la taille debout, mais des corrélations significatives pour la taille en position assise (0,605) et pour le poids (0,741).

3. Variation entre les races : dans sa dix-huitième édition, datant de 1964, l'*Encyclopaedia Britannica* donnait toujours parmi les caracté-

ristiques de la race noire, une chevelure crépue et « un cerveau petit proportionnellement à la taille ».

En 1970, l'anthropologue sud-africain P.V. Tobias publia un article courageux où il dénonçait le mythe selon lequel les différences de taille du cerveau dans les groupes ont un rapport avec l'intelligence. En vérité, déclara-t-il, les différences dans la taille du cerveau entre les groupes, indépendamment de la taille du corps et d'autres facteurs influents, n'ont jamais été démontrées.

Cette conclusion peut sembler étrange au lecteur, surtout de la part d'un homme de science célèbre, parfaitement au courant de toute la littérature écrite sur le sujet. Après tout, quoi de plus simple que de peser un cerveau ? Il suffit de le prélever et de le poser sur une balance. Mais ce n'est pas si facile que cela. Tobias a répertorié quatorze facteurs importants pouvant influencer le résultat final. Une partie d'entre eux concerne les problèmes de la mensuration elle-même. À quel niveau le cerveau a-t-il été séparé de la moelle épinière ? Les méninges sont-elles ôtées ou non (les méninges sont les membranes entourant le cerveau et la dure-mère, la plus superficielle et la plus résistante des trois, pèse à elle seule de 50 à 60 grammes) ? Combien de temps s'est-il écoulé depuis la mort ? Le cerveau a-t-il été conservé dans un liquide quelconque avant d'être pesé ? Et, si tel a été le cas, pendant combien de temps ? À quelle température le cerveau a-t-il été conservé après la mort ? Généralement les textes ne précisent pas ces divers points de manière utilisable, rendant impossibles les comparaisons entre les études menées par des savants différents. Si l'on pouvait être certain que le même objet ait été mesuré avec la même méthode, dans les mêmes conditions, il faudrait alors tenir compte d'un second groupe de facteurs qui vient influer sur la taille du cerveau sans avoir de lien direct avec les propriétés recherchées, intelligence ou affiliation raciale : le sexe, la taille du corps, l'âge, l'alimentation, le milieu, la profession et la cause du décès. Ainsi, en dépit des milliers de pages et des dizaines de milliers de sujets étudiés, Tobias conclut que l'on ne sait pas — si tant est que cela ait une quelconque importance — si les Noirs ont, en moyenne, un cerveau plus petit ou plus gros que les Blancs. Néanmoins la supériorité des Blancs dans ce domaine était, jusqu'à une date récente, un « fait » incontesté parmi les hommes de science blancs.

De nombreux chercheurs ont consacré énormément de temps à l'étude des différences de la taille du cerveau dans les groupes humains. Ils n'ont abouti à rien, non pas parce qu'il n'y a pas de réponses, mais parce que celles-ci sont extrêmement difficiles à obtenir et que les préjugés sont en l'occurrence manifestes et déterminants. En plein cœur de la controverse avec Gratiolet, l'un des partisans de Broca décocha un coup, le plus bas de tous, qui témoigne admirablement des motivations sur lesquelles se fonde toute la tradition craniométricienne : « J'ai remarqué depuis longtemps, déclara de Jouvencel (1861,

p. 465), qu'en général ceux qui nient l'importance intellectuelle du volume du cerveau ont la tête petite. » C'est l'intérêt personnel, que ce soit pour une raison ou pour une autre, qui, dès le départ, a commandé les convictions sur un sujet capital... au sens étymologique du terme.

CHAPITRE III

La mesure des corps

DEUX THÈSES SUR LE CARACTÈRE SIMIESQUE
DES INDÉSIRABLES

Le concept d'évolution a transformé la pensée humaine au cours du XIXᵉ siècle. Presque toutes les questions des sciences de la vie furent reformulées à la lumière de cette notion nouvelle. Aucune idée ne fut plus largement diffusée. On en usa et on en abusa (cf. le « darwinisme social », par exemple, qui servit à justifier le caractère inévitable de la pauvreté). Les créationnistes (Agassiz et Morton) rejoignirent les évolutionnistes (Broca et Galton) pour exploiter les données sur la taille du cerveau et en déduire l'existence, entre les groupes, de distinctions aussi fausses que désobligeantes. Mais d'autres arguments quantitatifs apparurent, retombées plus directes encore de la théorie de l'évolution. Pour ce chapitre j'en ai choisi deux qui sont particulièrement représentatifs d'un type prédominant ; ils présentent à la fois un contraste marqué et une similitude intéressante. Le premier est la justification évolutionniste de la classification des groupes qui connut le plus large succès, la thèse de la récapitulation, souvent résumée par la formule ampoulée : « L'ontogenèse récapitule la phylogenèse. » Le second est une hypothèse spécifique de la pensée évolutionniste qui affirme la nature biologique du comportement criminel, l'anthropologie criminelle de Lombroso. Ces deux théories reposaient sur la même méthode quantitative et prétendument évolutionniste, la recherche des signes de morphologie simienne chez les groupes jugés indésirables.

Le singe en chacun de nous : la récapitulation

Une fois que le fait de l'évolution fut établi, les naturalistes du XIXᵉ siècle s'efforcèrent de retrouver les chemins suivis par l'évolution. En d'autres termes, ils cherchèrent à reconstruire l'arbre généalogique de la vie. Les fossiles auraient pu fournir les preuves nécessaires, car on était susceptible d'y découvrir les ancêtres des formes actuelles. Mais les archives fossiles sont extrêmement lacunaires et les branches principales de l'arbre de la vie avaient déjà poussé avant que l'apparition de parties dures ait permis la fossilisation. Il fallut donc se tourner vers quelque axe indirect de recherche. Ernst Haeckel, le grand zoologiste allemand, remit à neuf une vieille théorie de la biologie créationniste et proposa une interprétation de l'arbre généalogique de la vie tirée directement du développement embryonnaire des formes supérieures. Selon lui, « l'ontogenèse récapitule la phylogenèse », c'est-à-dire, pour expliquer cette formule bien difficile à prononcer, que chaque individu, au cours de sa croissance, traverse toute une série de phases représentant ses formes ancestrales *adultes* dans leur ordre exact ; autrement dit, il parcourt de haut en bas tout son propre arbre généalogique.

La récapitulation se range parmi les idées qui ont le plus influencé la science de la fin du XIXᵉ siècle. Elle a tenu une place prépondérante dans plusieurs domaines, notamment l'embryologie, la morphologie comparée et la paléontologie. Toutes ces disciplines tentaient désespérément de reconstituer des lignées évolutives et toutes ont considéré que la récapitulation apportait la réponse à leurs interrogations : les branchies de l'embryon humain représentaient un poisson ancestral adulte ; ensuite la queue temporaire du fœtus constituait un vestige d'un lointain parent reptile ou mammifère.

La récapitulation a même quitté la sphère biologique pour influencer, fortement et de diverses façons, plusieurs autres disciplines. Sigmund Freud et C.G. Jung étaient tous deux des récapitulationnistes convaincus et l'idée de Haeckel a joué un rôle essentiel dans l'élaboration de la théorie psychanalytique. (Dans *Totem et Tabou* par exemple, Freud essaie de reconstituer l'histoire humaine à partir de cette notion pivot qu'est le complexe d'Œdipe chez les jeunes enfants. Il y soutient que ce désir parricide doit refléter un événement réel qui se produisit chez des ancêtres adultes. Les fils d'un clan ancestral ont dû jadis tuer leur père pour avoir accès aux des femmes*.)

* Les lecteurs intéressés par les justifications fournies par le récapitulationnisme de Haeckel et de ses collègues, et par les raisons de sa chute, pourront se reporter à mon

La récapitulation a également fourni un critère irréfutable à tous les savants désireux de procéder à la classification des groupes humains. Les *adultes* des groupes *inférieurs* devaient équivaloir aux *enfants* des groupes *supérieurs*, car l'enfant représente un ancêtre adulte primitif. Si les Noirs adultes et les femmes sont comme des enfants blancs de sexe masculin, c'est qu'ils sont les représentants vivants d'une phase ancestrale de l'évolution des Blancs mâles. On avait ainsi découvert une théorie anatomique permettant de classer les races, fondée sur le corps tout entier et non uniquement sur la tête.

La récapitulation a été utilisée par le déterminisme biologique comme cadre théorique général. Tous les groupes « inférieurs » — races, sexes et classes — ont été comparés aux enfants blancs mâles. Selon E.D. Cope, le célèbre paléontologue américain qui expliqua le mécanisme de la récapitulation (voir Gould, 1977, pp. 85-91), ce critère permettait de classer les formes humaines inférieures en quatre catégories : les races non blanches, toutes les femmes, les Européens blancs du Sud opposés à ceux du Nord et les classes sociales inférieures au sein des races supérieures (1887, pp. 291-293 — Cope y montrait un mépris particulier pour « les classes irlandaises inférieures »). Il professait la doctrine de la supériorité nordique et menait campagne pour la limitation de l'immigration aux États-Unis des Juifs et des Européens du Sud. Pour expliquer l'infériorité de ces derniers en termes récapitulationnistes, il soutenait que les climats les plus chauds entraînaient une maturation plus précoce. La maturité marquant le déclin, puis la fin du développement, les Européens du Sud étaient donc arrêtés dans un état plus enfantin, donc plus primitif que les adultes. Une maturation plus lente permettait aux Nordiques d'atteindre des phases supérieures avant que leur développement ne soit bloqué.

> Il est sûr que, pour la race indo-européenne, la maturité, dans certains de ses aspects, survient dans les régions tropicales plus tôt que dans les régions septentrionales ; et, bien que souffrant de nombreuses exceptions, ce phénomène est suffisamment répandu pour qu'on le considère comme une règle générale. En conséquence, on trouve dans cette race — au moins dans les régions les plus chaudes d'Europe et d'Amérique — une proportion plus importante de certaines qualités rencontrées quasi universellement chez les femmes, telles qu'une plus grande activité de la nature émotionnelle lorsqu'on la compare au jugement. [...] Il se peut que le type nordique ait abandonné tout cela au cours de sa jeunesse (1887, pp. 162-163).

Les arguments anthropométriques, et notamment craniométriques, en faveur de la classification des races ont trouvé dans la

---

ouvrage, quelque peu aride mais très documenté, *Ontogeny and Phylogeny*, Harvard University Press, 1977.

récapitulation un renfort théorique déterminant. Là encore, le cerveau joua un rôle dominant. Louis Agassiz, dans une perspective création-niste, avait déjà comparé le cerveau des Noirs adultes à celui d'un fœtus de sept mois. Nous avons reproduit plus haut (p. 138) ce remar-quable passage où Vogt compare le cerveau des adultes noirs et des femmes blanches à celui des enfants blancs de sexe masculin, expli-quant ainsi pourquoi les Noirs ne sont jamais parvenus à créer une civilisation digne de retenir son attention.

Cope a également mis l'accent sur le crâne, spécialement sur « ces importants éléments de la beauté, un nez et une barbe bien formés » (1887, pp. 288-290), mais il a aussi tourné en ridicule la musculature chétive du mollet chez le Noir.

> Deux des traits les plus marquants du Noir sont les mêmes que ceux des phases immatures de la race indo-européenne dans ses types spécifiques. La faiblesse du mollet est un des caractères des enfants en bas âge ; mais, ce qui est plus important, l'aplatissement de l'arête du nez et le raccour-cissement des cartilages nasaux correspondent universellement chez l'Indo-Européen à des conditions d'immaturité. [...] Chez certaines races — comme, par exemple, chez les Slaves — ce caractère persiste plus longtemps que chez d'autres. Le nez grec, avec son arête haut placée, coïncide non seulement avec la beauté esthétique mais encore avec un parfait achèvement du développement.

En 1890, l'anthropologiste américain D.G. Brinton a résumé l'ar-gumentation tout en chantant les louanges de la technique de mesurage.

> L'adulte qui conserve en lui le plus grand nombre de caractères fœtaux, infantiles ou simiens, est sans aucun doute inférieur à celui dont le déve-loppement a dépassé ces divers stades. [...] Mesurées selon ces critères, la race européenne, ou blanche, se retrouve en tête de liste, la race afri-caine, ou noire, en queue. [...] Tous les organes du corps ont été minutieusement inspectés, mesurés et pesés, de manière à élaborer une science de l'anatomie comparée des races (1890, p. 48).

Si l'anatomie constitue le corps même de la thèse récapitulation-niste, le développement psychique lui apporte une importante contribution. Chacun ne savait-il pas que les sauvages et les femmes sont émotionnellement semblables à des enfants ? Les groupes méprisés avaient souvent été comparés à des enfants, mais la théorie de la récapitulation vint donner à ce vieux cliché la respectabilité d'une vérité établie scientifiquement. On ne disait plus « Ce sont de vrais enfants » par simple sectarisme ; ce poncif était devenu une thèse scientifique selon laquelle les gens inférieurs étaient restés littérale-ment bloqués dans une des phases ancestrales franchies depuis longtemps par les groupes supérieurs.

En 1904, G.S. Hall, alors chef de file de la psychologie américaine, formula ainsi la proposition : « La plupart des sauvages sont, en de nombreux points, des enfants, ou plus précisément, si l'on tient compte de leur maturité sexuelle, des adolescents de taille adulte » (1904, vol. 2, p. 649). A.F. Chamberlain, son principal disciple, choisit le mode paternaliste : « Sans les peuples primitifs, le monde serait en grand à peu près ce qu'il est en petit sans l'apport des enfants. »

Les récapitulationnistes étendirent le champ d'application de leur théorie à un nombre impressionnant de domaines humains. Cope compara l'art préhistorique aux ébauches des enfants et des « primitifs » vivants (1887, p. 153) : « Nous découvrons que les efforts des premières races humaines dont nous avons quelque connaissance s'apparentent tout à fait à ceux que la main malhabile de l'enfant déploie sur son ardoise ou le sauvage sur les parois des falaises. » James Sully, un éminent psychologue anglais, comparait le sens esthétique des enfants à celui des sauvages, mais accordait l'avantage aux enfants (1895, p. 386) :

> En bien des aspects, nous trouvons, dans cette première expression grossière du sens esthétique chez l'enfant, des points de convergence avec les premières manifestations du goût dans la race. La joie devant des choses brillantes, chatoyantes, devant des objets aux couleurs vives, présentant des contrastes marqués, aussi bien que devant certaines formes de mouvements, comme celui des plumes — l'ornement personnel favori —, tout cela est connu pour caractériser les sauvages et pour leur donner aux yeux de l'homme civilisé le regard de l'enfance. Mais d'un autre côté, on peut douter que le sauvage parvienne à partager le sentiment que l'enfant éprouve pour la beauté des fleurs.

Herbert Spencer, l'apôtre du darwinisme social, énonça cette idée sans y aller par quatre chemins (1910, t. 1, p. 134) : « Les traits du caractère intellectuel du sauvage [...] se retrouvent chez l'enfant des civilisés. »

La récapitulation étant devenue le pivot même de la théorie du déterminisme biologique, de nombreux savants, des hommes bien sûr, l'appliquèrent au cas des femmes. Selon E.D. Cope, « les caractéristiques métaphysiques » des femmes sont :

> [...] très similaires, dans leur nature essentielle, à celles que les hommes présentent à un stade précoce de leur développement. Le sexe faible se caractérise par une plus grande impressionnabilité ; [...] par l'intensité de l'émotion, par la soumission à son influence plutôt qu'à celle de la logique, par la timidité et l'irrégularité de l'action dans le monde extérieur. Tous ces traits se retrouvent en règle générale chez les personnes du sexe masculin, à un moment ou à un autre de leur existence, quoique leur disparition intervienne, suivant les individus, à des périodes très

diverses. [...] Il est vraisemblable que la plupart des hommes peuvent se souvenir de cette période de leur enfance au cours de laquelle ils étaient dominés par leur nature émotionnelle, de cette époque où l'émotion à la vue de la souffrance était plus aisément éveillée que dans les années plus mûres. [...] Peut-être tous les hommes peuvent-ils se rappeler la période de leur jeunesse où ils admiraient des héros, où ils sentaient le besoin d'un bras plus fort et aimaient à lever le regard vers l'ami puissant qui pouvait les prendre en pitié et leur porter secours. C'est là la « phase féminine » du caractère (1887, p. 159).

Dans ce qui doit être la proposition la plus absurde dans les annales du déterminisme biologique, G. Stanley Hall — je vous le rappelle, il ne s'agit pas d'un farfelu, mais du numéro un de la psychologie américaine de l'époque — faisait appel au taux élevé du suicide chez les femmes pour témoigner du statut primitif de leur évolution (1904, vol. 2, p. 194).

Il faut voir là l'une des expressions de la profonde différence psychique existant entre les sexes. Le corps et l'âme de la femme sont phylétiquement plus vieux et plus primitifs, alors que l'homme est plus moderne, plus variable et moins conservateur. Les femmes sont toujours enclines à préserver les coutumes et les modes de pensée d'autrefois. Elles adoptent les méthodes passives ; elles préfèrent s'abandonner au pouvoir des éléments, tels que la gravité, lorsqu'elles se jettent dans le vide, ou alors prennent du poison, méthodes de suicide dans lesquelles elles surpassent l'homme. Havelock Ellis pense que, la noyade étant de plus en plus fréquemment utilisée, les femmes deviennent de plus en plus féminines.

Pour justifier l'impérialisme, la récapitulation offrait un champ d'application si prometteur qu'elle ne pouvait rester bien longtemps confinée dans les déclarations théoriques. J'ai reproduit plus haut une citation de Carl Vogt où ce dernier fait état de la piètre estime dans laquelle il tenait les Noirs africains, en se fondant sur la comparaison entre leur cerveau et celui des enfants blancs. B. Kidd se saisit de l'argument pour légitimer l'expansion coloniale en Afrique tropicale (1898, p. 51). Nous avons affaire, écrivait-il, à « des peuples qui représentent, dans l'histoire du développement de la race, la même phase que l'enfant dans l'histoire du développement de l'individu. Les tropiques ne sauraient donc être mis en valeur par les indigènes eux-mêmes. »

Au cours d'un débat sur le droit des États-Unis à annexer les Philippines, le Révérend Josiah Strong, un des principaux impérialistes américains, déclara pieusement que « notre politique devait être déterminée non par l'ambition nationale ni par des considérations commerciales, mais par notre devoir envers ce monde en général et envers les Philippins en particulier » (1900, p. 287). Ses adversaires, rappelant l'objection d'Henry Clay* pour qui le Seigneur n'aurait pas créé de peuple incapable de se gouverner, s'opposèrent à cette idée d'une tutelle bienveillante nécessaire. Mais Clay s'était exprimé trop tôt, à une période obscurantiste où l'on ne connaissait pas encore les théories de l'évolution et de la récapitulation.

> La conception de Clay est née [...] avant que la science moderne ait montré que les races se développent au fil des siècles comme les individus le font en quelques années et qu'une race qui ne s'est pas encore développée, incapable donc de se gouverner elle-même, n'est pas plus un reflet du Tout-Puissant que ne l'est un enfant non développé et incapable de se prendre en charge. Les opinions de ceux qui, en cette époque éclairée, croient que les Philippins sont aptes à l'autonomie, sous prétexte que chacun l'est, ne valent pas la peine qu'on s'y arrête.

Même Rudyard Kipling, le poète lauréat de l'impérialisme, s'est servi de la thèse récapitulationniste dans la première strophe du plus célèbre de ses poèmes où il fait l'apologie de la suprématie des Blancs (*Le Fardeau du Blanc*, 1899).

> Ô Blanc, reprends ton lourd fardeau
> Mande au loin ta plus forte race
> Mets en exil tes fils, plutôt,
> Pour servir ton captif fugace,
> Afin qu'en lourd harnois il serve
> La gent sauvage au cœur mouvant,
> Fraîche conquise, sombre et serve,—
> Mi-diable, et mi-enfant
>
> *(traduction Jules Castier)*

Theodore Roosevelt, dont le jugement n'a pas toujours été des plus pénétrants, écrivit à Henry Cabot Lodge que ces vers « étaient de la fort mauvaise poésie, mais n'étaient pas dénués de bon sens du point de vue de l'expansion » (cité par Weston, 1972, p. 35).

L'histoire du récapitulationnisme aurait pu s'arrêter là et nous apparaître comme un simple témoignage des sottises et des préjugés du XIXe siècle, si notre siècle n'y avait ajouté un nouveau chapitre grâce à une intéressante distorsion. En 1920, la théorie de la récapitulation s'effondra (Gould, 1977, pp. 167-206). Peu de temps après, l'anatomiste hollandais Louis Bolk proposa une théorie dont le sens était exactement opposé. La récapitulation nécessitait que les caractères adultes des ancêtres se développent plus rapidement chez les descendants pour devenir des traits juvéniles de ces derniers — certains traits des enfants

---

* Homme politique américain (1777-1852), négociateur de la paix avec l'Angleterre, qui réussit par deux fois à maintenir l'accord entre le Nord et le Sud, ce qui lui valut le surnom de *Grand Pacificateur*. (N.d.T.)

actuels sont donc des caractères primitifs des ancêtres adultes. Mais supposez que ce soit le processus inverse qui se produise, comme c'est souvent le cas dans l'évolution. Supposez que les caractéristiques juvéniles des ancêtres se développent si lentement chez les descendants qu'ils deviennent des traits adultes. Ce phénomène de développement retardé est commun dans la nature ; il est connu sous le nom de néoténie (littéralement « extension de la jeunesse »). Selon Bolk, les humains sont par essence néoténiques. Il recensa un nombre impressionnant de caractères que les adultes humains partageaient avec les jeunes singes et les fœtus simiens, mais que l'on ne retrouvait plus chez les singes adultes : le crâne bombé et un cerveau de grande dimension par rapport à la taille du corps ; un visage petit ; une pilosité limitée en grande partie à la tête, aux aisselles et à la région pubienne ; un gros orteil non pivotant. J'ai déjà parlé, dans un autre contexte (pp. 135-137), d'un des signes les plus importants de la néoténie humaine : le maintien du trou occipital dans la position qu'il occupe chez le fœtus, sous le crâne.

Voyons à présent les implications de la néoténie sur le classement des groupes humains. Sous le règne du récapitulationnisme, les adultes des races inférieures étaient semblables à des enfants des races supérieures. Mais la néoténie renverse l'argumentation. Pour elle, il est « bon » — c'est-à-dire avancé ou supérieur — de maintenir les traits de l'enfance, de se développer lentement. Ainsi les groupes supérieurs maintiennent leurs caractéristiques juvéniles à l'état adulte, alors que les groupes inférieurs traversent la phase la plus élevée de l'enfance pour ensuite dégénérer en devenant simiesques. Quant au préjugé des savants blancs, il est resté le même : les Blancs sont supérieurs, les Noirs inférieurs. Sous la récapitulation, les adultes noirs devaient être comme des enfants blancs. Avec la néoténie, les adultes blancs devront être comme des enfants noirs.

Pendant soixante-dix ans, sous l'emprise du récapitulationnisme, les savants avaient publié des volumes entiers d'informations objectives qui toutes proclamaient haut et fort le même message : les adultes noirs, les femmes et les Blancs des couches sociales inférieures sont comme des enfants blancs de sexe masculin et des classes supérieures. Avec la néoténie à présent en vogue, ces données brutales ne pouvaient signifier qu'une seule chose : les hommes blancs des classes élevées sont inférieurs, car ils perdent les caractéristiques supérieures de l'enfance que les autres groupes conservent. Il n'y avait pas d'échappatoire.

Un savant au moins, Havelock Ellis, s'inclina devant cette évidente implication et reconnut la supériorité des femmes, bien qu'il parvînt à esquiver semblable confession pour les Noirs. Il compara même les paysans et les citadins, découvrit que l'anatomie de ces derniers se féminisait et affirma en conséquence la supériorité de la vie urbaine (1894, p. 519) : « L'homme de la civilisation urbaine, avec sa tête grosse, son visage délicat, ses os petits, est plus proche de la femme type que le sauvage. C'est non seulement par son gros cerveau, mais aussi par son large bassin, que l'homme suit le chemin qu'a d'abord emprunté la femme. » Mais Ellis était un iconoclaste fort controversé (il écrivit l'une des premières études systématiques de la sexualité) et son application de la néoténie aux différences sexuelles ne connut jamais un grand retentissement. Cependant, sur le chapitre des différences raciales, les partisans de la néoténie adoptèrent une tactique plus banale : ils abandonnèrent tout simplement les données recueillies au cours de ces soixante-dix ans de recherches et se mirent en quête de nouvelles informations opposées venant confirmer l'infériorité des Noirs.

Louis Bolk, le principal défenseur de la néoténie humaine, déclara que les races les plus fortement néoténiques étaient supérieures. En maintenant le plus grand nombre de traits juvéniles, ils se sont éloignés d'autant de « l'ancêtre pithécoïde de l'homme » (1929, p. 26). « De ce point de vue, la division de l'humanité en races supérieures et inférieures est pleinement justifiée » (1929, p. 26). « Il va de soi que je suis, en me fondant sur ma théorie, un partisan convaincu de l'inégalité des races » (1926, p. 38). Bolk attrapa son sac à malices anatomique et en tira quelques caractéristiques démontrant que les adultes noirs s'écartaient plus que les Blancs des proportions avantageuses de l'enfance. Ces faits l'ayant ramené à la même vieille et rassurante conclusion, il annonça (1929, p. 25) : « La race blanche se révèle être celle qui a accompli les plus grands progrès, car c'est elle qui est la plus retardée. » Bolk, qui se considérait comme un « libéral », refusa de reléguer les Noirs dans une inaptitude permanente. Il espérait que l'évolution se montrerait dans l'avenir bienveillante à leur égard.

> Il est possible à toutes les autres races d'atteindre ce haut degré de développement auquel la race blanche est parvenue. La seule chose requise est une action progressive constante du principe biologique de l'anthropogenèse [c'est-à-dire de la néoténie]. Au cours de son développement fœtal, le Noir traverse une phase qui, chez l'homme blanc, est déjà devenue la dernière. Chez le Noir, lorsque le processus de retard se sera poursuivi, ce qui est encore un stade transitoire pourra devenir une phase finale (1926, pp. 473-474).

L'argumentation de Bolk frôlait la malhonnêteté pour deux raisons. En premier lieu, il a oublié fort à propos tous les caractères — comme le nez grec et la barbe bien fournie que Cope admirait tant — sur lesquels les récapitulationnistes avaient insisté avec vigueur car ils éloignaient les Blancs des conditions de l'enfance. En second lieu, il laissa de côté un sujet brûlant et embarrassant : parmi toutes les races humaines, les plus néoténiques sont de toute évidence les Orientaux, non les Blancs. (Bolk dressa le catalogue des caractéristiques néoténiques des deux races en opérant une sélection et déclara que les différences étaient trop minces pour qu'on puisse en tirer une conclusion ; voir Ashley Montagu, 1962, qui présente cette question d'une manière plus conforme à la réalité.) Les femmes, en outre, sont plus néoténiques que les hommes. J'espère que l'on ne me prendra pas pour un vulgaire apologiste de la race blanche si je me refuse à m'appesantir sur la supériorité des femmes orientales pour affirmer, au contraire, que toute cette tentative de classification des groupes humains selon leur degré de néoténie est fondamentalement injustifiée. Tout comme Anatole France et Walt Whitman pouvaient écrire aussi bien que Tourgueniev avec un cerveau moitié moins gros que ce dernier, je serais fort surpris si les petites différences du niveau de néoténie des diverses races avaient une relation quelconque avec les capacités mentales ou avec la valeur morale.

Néanmoins, les vieux arguments ont la vie dure. En 1971, le psychologue britannique partisan du déterminisme génétique H. J. Eysenck avança une nouvelle thèse en faveur de l'infériorité des Noirs. Il prit trois faits à partir desquels il utilisa la néoténie pour monter son raisonnement : 1) les bébés et les jeunes enfants noirs font preuve d'un développement sensori-moteur plus rapide que les Blancs — c'est-à-dire qu'ils sont moins néoténiques, car ils s'éloignent plus vite de l'état fœtal ; 2) le QI moyen des Blancs dépasse le QI moyen des Noirs à l'âge de trois ans ; 3) il y a une corrélation relative entre le développement sensori-moteur au cours de la première année d'existence et le QI ultérieur — autrement dit, les enfants qui se développent plus rapidement ont tendance à avoir au bout du compte des QI plus faibles. Eysenck en conclut (1971, p. 79) : « Ces découvertes sont importantes à cause d'une notion générale en biologie, la théorie de la néoténie, selon laquelle plus la petite enfance se prolonge, plus grandes sont généralement les facultés cognitives ou intellectuelles de l'espèce. Il se révèle que cette loi s'applique même à l'intérieur d'une espèce donnée. »

Eysenck ne s'est pas rendu compte qu'il avait fondé son argumentation sur ce qui est presque sûrement une corrélation non causale. (Les corrélations non causales sont la plaie des calculs statistiques (voir chapitre V). Elles sont parfaitement « vraies » d'un point de vue mathématique, mais elles ne démontrent aucune liaison de cause à effet. Par exemple, nous pouvons fort bien mettre en évidence une spectaculaire corrélation — très proche de la valeur maximale, c'est-à-dire 1,0 — entre la croissance de la population mondiale durant ces cinq dernières années et l'augmentation de la distance séparant l'Europe de l'Amérique du Nord à la suite de la dérive des continents.) Supposons que le faible QI des Noirs ne soit que le simple résultat d'un environnement globalement plus pauvre. La rapidité du développement sensori-moteur est un des moyens de reconnaître une personne comme appartenant à la race noire — moins exact cependant que la couleur de la peau. Il se peut que la corrélation entre pauvreté du milieu et faiblesse du QI soit causale, mais la corrélation entre rapidité du développement sensori-moteur et faiblesse du QI n'a probablement pas de lien causal, car la vitesse du développement sensori-moteur, dans ce contexte, ne permet que de mieux définir les caractéristiques de la race noire. L'argumentation d'Eysenck néglige le fait que les enfants noirs, au sein d'une société raciste, vivent généralement dans un environnement plus pauvre, ce qui peut entraîner des résultats inférieurs aux tests d'intelligence. Eysenck fait appel à la néoténie pour donner une signification théorique, et par là même un caractère causal, à une corrélation non causale qui reflète ses convictions héréditaristes.

Le singe en quelques-uns d'entre nous : *l'anthropologie criminelle*

ATAVISME ET CRIMINALITÉ

Dans le dernier grand roman de Tolstoï, *Résurrection* (1898), le substitut, un moderniste à l'âme insensible, se lance dans un réquisitoire contre une prostituée accusée à tort d'un meurtre.

> Le substitut parla très longtemps. [...] Il avait assemblé dans son discours tous les lieux communs qui étaient à la mode dans son milieu et qui étaient considérés alors, de même qu'ils le sont encore aujourd'hui, comme le dernier mot de la science. Il y avait là l'hérédité et la criminalité innée, Lombroso et Tarde, l'évolution et la lutte pour la vie, l'hypnotisme et la suggestion, Charcot et la décadence [...].
> — Là, vraiment, il commence à divaguer, je crois, dit avec un sourire le président, en se penchant vers le juge taciturne.
> — Un terrible imbécile ! répondit ce dernier.

Dans le *Dracula* de Bram Stoker (1897), le professeur Van Helsing prie instamment Mina Harker de décrire ce comte adepte du Mal : « Dites-nous [...], à nous hommes de science au cœur sec, ce que vous voyez avec ces yeux si brillants. » Elle répond : « Le comte est un criminel et de type criminel. Nordau et Lombroso le classeraient dans cette catégorie, et criminel, il l'est de par son esprit à la formation imparfaite*. »

---

* Dans son *Annotated Dracula*, Leonard Wolf (1975, p. 300) signale que la description originelle que donne Jonathan Harker est directement fondée sur la thèse du criminel-né de Cesare Lombroso. Wolf présente les parallèles suivants :
HARKER : « Son visage [celui du comte] était aquilin, avec un nez fin à l'arête haute et des narines particulièrement arquées. [...] »

Maria Montessori montrait bien un optimisme de militant lors-qu'elle écrivait en 1913 (p. 8) : « Le phénomène de la criminalité s'étend sans contrôle ni remède et, jusqu'à hier, il n'éveillait en nous que répulsion et dégoût. Mais à présent que la science a mis le doigt sur cette plaie morale, elle exige la coopération de toute l'humanité pour la combattre. »

Le point commun de toutes ces citations disparates est la théorie de *l'uomo delinquente* — l'homme criminel — de Cesare Lombroso, certainement la doctrine qui exerça la plus forte influence parmi toutes celles qui naquirent de la tradition anthropométrique. Lombroso, un médecin italien, raconta comment lui vint l'idée qui le conduisit à cette théorie de la criminalité innée et à la profession qu'il créa, l'anthropologie criminelle. Il avait, en 1870, tenté de découvrir des différences anatomiques entre des criminels et des déments « sans très bien réussir ». Puis, « un morne matin de décembre », il examina le crâne du célèbre brigand Vihella et ressentit soudain cette joie fulgurante qui est le signe de la découverte brillante et de l'invention loufoque, car il vit dans ce crâne une série de caractères ataviques rappelant plus un passé simien qu'un présent humain.

> Ce ne fut pas seulement une idée, mais un éclair d'inspiration. À la vue de ce crâne, il m'a semblé voir tout d'un coup, illuminé comme une vaste plaine sous un ciel flamboyant, le problème de la nature du criminel — un être atavistique qui reproduit dans sa personne les féroces instincts de l'humanité primitive et des animaux inférieurs. Ainsi s'expliquaient anatomiquement les mâchoires énormes, les hautes pommettes, les arcades sourcilières proéminentes, les lignes isolées dans les paumes de la main, la taille extrême des orbites, les oreilles en forme d'anse que l'on trouve chez les criminels, les sauvages et les singes, l'insensibilité à la douleur, la vue extrêmement aiguisée, les tatouages, la paresse excessive, l'amour des orgies et le besoin irresponsable de faire le mal pour le mal, le désir non seulement d'éteindre la vie chez la victime, mais de mutiler le cadavre, de déchirer sa chair et de boire son sang (traduit d'après la citation faite par Taylor et al., 1973, p. 41).

La théorie de Lombroso n'était pas qu'une vague affirmation de la nature héréditaire du crime — cette thèse était assez répandue à son

---

LOMBROSO : « Le nez [du criminel] au contraire [...] est souvent aquilin comme le bec d'un oiseau de proie. »

HARKER : « Ses sourcils étaient très massifs et se rejoignaient presque sur le nez. [...] »

LOMBROSO : « Les sourcils sont broussailleux et tendent à se rejoindre au-dessus du nez. »

HARKER : « [...] ses oreilles étaient pâles et tout à fait pointues à leur extrémité. [...] »

LOMBROSO : « [...] avec une protubérance sur la partie supérieure du bord postérieur [...] une survivance de l'oreille pointue. [...] »

époque —, mais une théorie spécifiquement *évolutionniste*, fondée sur des données anthropométriques. Les criminels sont, parmi nous, des régressions de l'évolution. Des germes d'un passé ancestral sommeillent dans notre hérédité. Chez certains individus infortunés, le passé revient à la vie. Ces personnes sont amenées, de façon innée, à se conduire comme le ferait normalement un singe ou un sauvage, mais notre société civilisée juge ce comportement criminel. Heureusement, il est possible d'identifier les criminels grâce aux signes anatomiques simiens qu'ils portent. Leur atavisme est tout à la fois physique et mental, mais les signes physiques, les stigmates, comme Lombroso les appelait, sont catégoriques. Le *comportement* criminel peut également se rencontrer chez l'homme normal, mais on reconnaît le « criminel-né » à son anatomie. L'anatomie, en vérité, n'est rien d'autre que le destin, et les criminels-nés ne peuvent pas échapper à cette souillure dont ils ont hérité : « Nous sommes gouvernés par des lois muettes, mais qui ne tombent jamais en désuétude, et qui régissent la société avec plus d'autorité que les lois inscrites dans les codes. Le crime, en somme, [...] apparaît comme un phénomène naturel » (Lombroso, 1887, p. 667).

LES ANIMAUX ET LES SAUVAGES SONT DES CRIMINELS-NÉS

La découverte d'un atavisme simien chez les criminels ne consolidait pas l'argumentation de Lombroso, car les caractères simiens physiques ne peuvent expliquer le comportement barbare d'un homme que si les inclinations naturelles des sauvages et des animaux inférieurs sont criminelles. Si certains hommes ressemblent à des singes et que ces derniers soient gentils, le raisonnement s'effondre. Lombroso consacra donc la première partie de son œuvre maîtresse (*L'Homme criminel*, qu'il publia pour la première fois en 1876) à ce qui doit être la plus ridicule démonstration d'anthropomorphisme qui ait jamais été écrite : une étude sur le comportement criminel des animaux. Il cite, par exemple, une fourmi poussée dans un accès de rage à tuer et à déchiqueter un puceron ; une cigogne adultère qui, avec l'aide de son amant, a assassiné son mari ; une association criminelle de castors qui se sont unis pour massacrer un compatriote solitaire ; une fourmi mâle qui, dans l'impossibilité d'avoir accès aux femelles reproductrices, a violé une ouvrière aux organes sexuels atrophiés, ce qui a occasionné à cette dernière de grandes souffrances et a finalement entraîné sa mort ; il va même jusqu'à considérer que l'insecte qui dévore certaines plantes commet l'« équivalent d'un crime » (Lombroso, 1887, pp. 1-18).

Lombroso, poursuivant sa logique, en arrive à l'étape suivante : la comparaison entre les criminels et les « groupes inférieurs ». « Je comparerais, écrit un partisan français des thèses de Lombroso, le criminel à un sauvage apparu, par atavisme, dans la société moderne ;

on pouvait penser qu'il était *né criminel*, parce qu'il était *né sauvage* » (Bordier, 1879, p. 284). Lombroso se hasarda dans le domaine de l'ethnologie pour assimiler la criminalité au comportement normal des peuples inférieurs. Il écrivit une petite monographie (Lombroso, 1896) sur les Dinka du haut Nil. Il y parla de leurs tatouages très denses et de leur grande résistance à la douleur — à la puberté, on leur casse les incisives au marteau. Les organes normaux de leur anatomie présentent des stigmates simiens : « Le nez [...] est non seulement encavé, mais trilobé, ressemblant à celui des singes » (Lombroso, 1896, p. 198). Son collègue français Gabriel Tarde écrivit que certains criminels « auraient été l'ornement et l'aristocratie morale d'une tribu de Peaux-Rouges » (cité par Ellis, 1910, p. 254). Havelock Ellis faisait grand cas d'une thèse selon laquelle fréquemment les criminels et les peuples inférieurs ne rougissent pas. « L'incapacité de rougir a toujours été considérée comme allant de pair avec le crime et l'absence de tout sentiment de honte. Il est également très rare de voir des idiots et des sauvages qui rougissent. Les Espagnols disaient des Indiens d'Amérique du Sud : "Comment peut-on avoir confiance en des hommes qui ne savent pas rougir ?" » (1910, p. 138). Et qu'est-ce que les Incas ont gagné en faisant confiance à Pizarre ?

Lombroso élaborait pratiquement toutes ses thèses de manière à ce qu'elles soient vérifiées dans tous les cas, ce qui eut pour effet de les rendre vides de sens du point de vue scientifique. Il mentionnait d'abondantes données numériques pour donner un air d'objectivité à son travail, mais celui-ci restait si vulnérable que même l'école de Broca prit, dans sa majorité, parti contre la théorie de l'atavisme. Chaque fois que Lombroso se heurtait à un fait contradictoire, il accomplissait une sorte de gymnastique intellectuelle pour l'incorporer dans son système. Cette attitude se remarque particulièrement dans ses affirmations sur la dépravation des peuples inférieurs, car sans arrêt il rencontrait des exemples montrant le courage et les talents des peuples qu'il désirait dénigrer. Mais cela ne l'arrêtait pas pour autant et il parvenait à tirer parti de ces cas et à les faire entrer dans son système. Si, par exemple, il se voyait dans l'obligation d'accepter une caractéristique favorable, il lui en adjoignait d'autres qu'il pouvait critiquer. Citant en conclusion cette autorité quelque peu passée de mode qu'est Tacite, il écrivit : « Même lorsque la probité, la pudeur et la pitié existent chez les sauvages, l'impulsivité et l'oisiveté ne leur font jamais défaut. Ils ont en horreur le travail continu, de sorte que chez eux le passage au travail actif et méthodique ne peut s'effectuer que par le moyen de la sélection et des martyres de l'esclavage » (1899, p. 445). Exemplaire aussi est ce mot de louange adressé à contrecœur à la race inférieure et criminelle des Bohémiens :

Ils sont vaniteux comme tous les délinquants, mais ils n'ont aucune crainte de l'infamie. Tout ce qu'ils gagnent, ils le consomment en spiritueux et en ornements ; si bien qu'on les voit aller nu-pieds, mais avec des vêtements galonnés ou de couleurs vives ; sans bas, mais avec des souliers jaunes. Ils ont l'imprévoyance du sauvage et celle du criminel. [...] Ils mangent des charognes presque putréfiées. Ils s'adonnent à l'orgie, aiment le bruit et font grand tapage dans les marchés ; féroces, ils assassinent sans remords pour voler ; on les soupçonnait autrefois de cannibalisme. [...] Il est important de noter que cette race si inférieure au point de vue moral et réfractaire à toute évolution civile et intellectuelle, qui ne put jamais exercer une industrie quelconque et qui en poésie n'a pas dépassé la lyrique la plus pauvre, est en Hongrie créatrice d'un art musical merveilleux — nouvelle preuve de la néophilie [goût de la nouveauté] et de la génialité que l'on peut trouver mêlées à l'atavisme chez le criminel (1899, pp. 46-49).

S'il ne trouvait aucun trait accablant à associer à ses compliments, il se contentait alors de discréditer le motif de tout comportement louable chez les « primitifs ». Un saint de race blanche mourant bravement sous la torture est un héros entre les héros ; un « sauvage » qui meurt avec une égale dignité ne sent tout simplement pas la douleur.

Leur insensibilité physique [celle des criminels] rappelle assez bien celle des peuples sauvages qui peuvent affronter, dans les initiations à la puberté, des tortures que ne supporterait jamais un homme de race blanche. Tous les voyageurs connaissent l'indifférence des nègres et des sauvages d'Amérique à l'égard de la douleur : les premiers se coupent la main en riant, pour échapper au travail ; les seconds, liés au poteau de torture, chantent gaiement les louanges de leur tribu, pendant qu'on les brûle à petit feu (1887, pp. 319-320).

On reconnaît dans cette comparaison entre, d'une part, les criminels ataviques et, d'autre part, les animaux, les sauvages et les peuples des races inférieures l'argument fondamental de la récapitulation dont j'ai parlé précédemment. Pour compléter la chaîne, il ne manquait plus à Lombroso qu'à déclarer que l'enfant est dans sa nature profonde un criminel — car l'enfant est un adulte ancestral, un primitif vivant. Lombroso ne recula pas devant cette nécessaire conséquence et présenta comme un criminel le traditionnel innocent de la littérature : « L'une des plus importantes découvertes de mon école est que chez l'enfant jusqu'à un certain âge se manifestent les plus tristes tendances de l'homme criminel. On trouve normalement les germes de la délinquance et de la criminalité même dans les premières périodes de la vie humaine » (1895, p. 53). Notre impression de l'innocence de l'enfant est une influence de classe ; nous autres, personnes aisées, supprimons les penchants naturels de nos enfants : « Celui qui vit parmi les classes supérieures n'a pas idée de la passion que les bébés ont pour les boissons alcoolisées, mais parmi les classes inférieures ce n'est qu'une chose trop commune de voir même des nourrissons boire du vin et des liqueurs avec un merveilleux ravissement » (1895, p. 56).

3.1 Cette planche montrant des visages de criminels est tirée de l'Atlas de *L'Homme criminel* de Cesare Lombroso. Les numéros 1 à 7 (groupe E) sont des meurtriers allemands ; les numéros 8 à 25 (groupe I) sont des « voleurs avec effraction ». Le numéro 14b, l'homme sans nez, nous dit Lombroso, échappa à la justice, pendant plusieurs années, grâce à un faux nez (numéro 14a portant chapeau melon) ; les « H » sont des « coupeurs de bourse » ; « A » des « voleurs de boutiques » ; « B », « C », « D » et « F » sont des escrocs, alors que les personnages distingués de la rangée du bas (G) sont tous des banqueroutiers.

LES STIGMATES : ANATOMIQUES, PHYSIOLOGIQUES ET SOCIAUX

Les stigmates anatomiques de Lombroso (fig. 3.1) n'étaient pas, en majeure partie, des états pathologiques ni des variations discontinues, mais des valeurs extrêmes sur une courbe normale, valeurs qui avoisinaient les mesures moyennes trouvées pour les mêmes caractères chez les grands singes. (Actuellement, à nos yeux, là se situe la source fondamentale de l'erreur de Lombroso.) La longueur du bras varie chez les humains et il est normal que certaines personnes aient de plus longs bras que d'autres. Le chimpanzé moyen a le bras plus long que l'humain moyen, mais cela ne signifie pas qu'un humain possédant un bras relativement plus long que la moyenne est génétiquement similaire aux singes. La variation normale à *l'intérieur* d'une population est un phénomène biologique qu'il convient de distinguer des différences des valeurs moyennes *entre* les populations. Cette erreur se répète sans cesse. Elle est à la base des affirmations erronées d'Arthur Jensen selon lequel les différences moyennes de QI entre les Américains blancs et les Américains noirs sont en grande partie héritées. Un vrai atavisme est un caractère ancestral, discontinu, à fondement génétique (le cheval qui naît avec des orteils latéraux fonctionnels, par exemple). Parmi ces stigmates simiens, Lombroso a recensé (1887, pp. 660-661) : l'épaisseur plus grande de la boîte crânienne, la simplicité des sutures du crâne, le développement disproportionné des mâchoires, la prééminence de la face sur le crâne, la longueur relative des bras, les rides précoces, l'étroitesse et la hauteur du front, les oreilles « à anse ou charnues », l'absence de calvitie et les cheveux plus épais et hérissés, la peau plus brune, une plus grande acuité visuelle, la sensibilité considérablement diminuée et l'absence de réaction vasculaire (rougeur). Au cours du Congrès international d'anthropologie criminelle de 1896 (voir fig. 3.2), il soutint même que les pieds des prostituées étaient souvent préhensiles comme chez les singes (gros orteil nettement séparé des autres).

Pour d'autres stigmates, Lombroso descendit même plus bas que les singes, allant chercher des similitudes avec des créatures plus éloignées et plus « primitives » encore : il compara des canines proéminentes et un palais aplati à l'anatomie des lémuriens et des rongeurs, un condyle occipital (la zone osseuse servant à l'articulation du crâne et de la colonne vertébrale) de forme étrange au condyle normal des bovins et des porcs (1896, p. 188) et un cœur anormal avec la conformation habituelle de cet organe chez les siréniens (groupe incluant quelques rares mammifères marins dont le lamantin). Il alla même jusqu'à avancer une similitude significative entre l'asymétrie faciale de certains criminels et les poissons plats dont les yeux sont placés sur la face supérieure du corps !

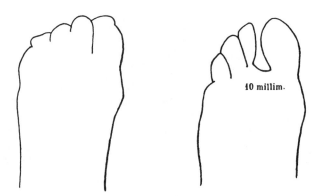

3.2 Le pied des prostituées. Cette figure fut présentée par L. Jullien au IVᵉ Congrès international d'anthropologie criminelle en 1896. En la commentant, Lombroso déclara : « Ces observations montrent admirablement que la morphologie de la prostituée est plus anormale que celle du criminel, spécialement pour les anomalies atavistiques, car le pied préhensile est atavistique. »

Lombroso étayait son étude des déficiences spécifiques par une enquête anthropométrique générale sur la tête et le corps du criminel, qui porta sur un échantillon de 383 crânes de criminels morts auquel s'ajoutaient les mensurations prises sur 3 839 délinquants vivants. Pour donner une idée de la façon dont Lombroso interprétait les chiffres, voyons sur quelle base numérique reposait sa thèse la plus importante, celle d'après laquelle les criminels ont, en règle générale, un cerveau plus petit que les gens normaux, même si certains criminels ont un très gros cerveau*. Lombroso (1899, p. 442) et ses disciples (Ferri, 1905, par exemple) n'ont cessé de proclamer cette thèse. Mais ce n'est pas du tout ce que montrent les données de Lombroso. La figure 3.3 présente les distributions de fréquence de la capacité crânienne mesurée par Lombroso sur 121 criminels de sexe masculin et 328 honnêtes hommes. Il n'est point besoin de grande connaissance statistique pour s'apercevoir que les deux distributions diffèrent très peu — en dépit de la conclusion qui affirma que « les petites capacités l'emportent et les très grandes sont rares » (1887, p. 144). J'ai recons-

---

   * D'autres arguments craniométriques classiques furent souvent mis à contribution par l'anthropologie criminelle. Par exemple, dès 1843, Voisin fit appel à la thèse bien connue sur l'avant et l'arrière du crâne (voir pp. 131-137) pour ranger les criminels parmi les animaux. Il étudia cinq cents jeunes délinquants et découvrit des déficiences dans les parties antérieures et postérieures de leur crâne — siège supposé de la moralité et de la rationalité. Il écrivit (1843, pp. 100-101) :
   « Le cerveau chez eux est au minimum de développement dans sa partie antérieure et dans sa partie supérieure, dans les deux parties qui nous font ce que nous sommes, qui nous placent au-dessus des animaux, qui nous constituent hommes. [...] Les têtes criminelles sont placées, par la nature, [...] en dehors de l'espèce humaine entière. »

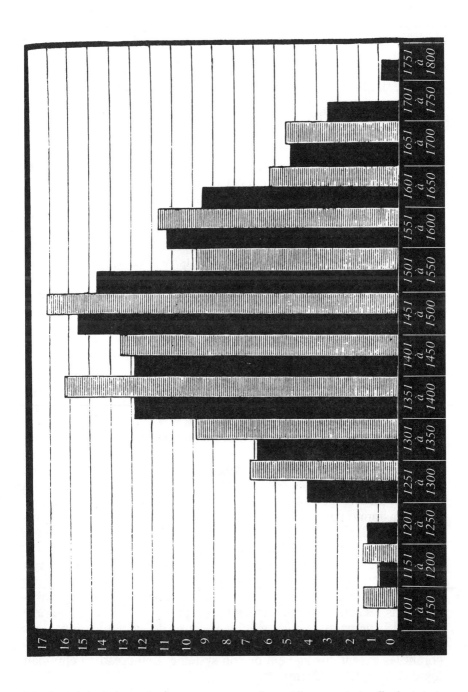

3.3 Capacité crânienne des hommes normaux (en noir) comparée à celle des criminels (en hachures). L'axe des y présente des pourcentages et non des chiffres en valeur absolue.

titué les données originales de Lombroso à partir des tableaux de pourcentages par classe qu'il en a donnés et ai calculé des valeurs moyennes de 1 450 cm³ pour les têtes criminelles contre 1 484 cm³ pour les têtes respectueuses de la loi. L'écart type des deux distributions (mesure générale de la dispersion de part et d'autre de la moyenne) ne diffère pas de manière significative. Cela veut dire que la plus grande largeur de l'éventail des variations observée chez les gens honnêtes — un point important, car c'est là-dessus que Lombroso s'est fondé pour attribuer aux citoyens intègres une capacité maximum supérieure de 100 cm³ à celle des criminels — peut simplement n'être qu'un artefact dû à la taille de l'échantillon (plus l'échantillon est important, plus grandes sont les chances qu'il renferme des valeurs extrêmes).

Les stigmates de Lombroso comprenaient également un ensemble de caractéristiques sociales. Il mit principalement l'accent sur les points suivants : 1) l'argot des criminels, un langage qui leur est propre et qui utilise un grand nombre d'onomatopées, semblable en bien des points au parler des sauvages et des enfants : « L'atavisme y contribue plus que toute autre chose ; ils parlent diversement, parce qu'ils ne sentent pas de la même manière ; ils parlent en sauvages parce qu'ils sont de véritables sauvages au milieu de la brillante civilisation européenne » (1887, p. 476) ; 2) le tatouage, qui témoigne de l'insensibilité des criminels à la douleur et de leur goût atavique pour l'ornement (fig. 3.4) : Lombroso mena une étude quantitative sur le contenu des tatouages des criminels et trouva qu'en général, ils s'opposaient à la loi (« vengeance ») ou cherchaient des excuses (« né sous une mauvaise étoile », « pas de chance »), bien qu'il en ait rencontré un qui disait : « Vive la France et les pommes de terre frites. »

Lombroso n'a jamais attribué la totalité des actes criminels à des personnes présentant des stigmates ataviques. Selon ses conclusions, quelque quarante pour cent des criminels ont suivi les injonctions de leur hérédité ; les autres ont agi sous l'emprise de la passion, de la colère ou du désespoir. Au premier abord, cette distinction entre criminels occasionnels et criminels nés a toute l'apparence d'un compromis ou d'un recul, mais Lombroso à l'inverse l'utilisait comme une thèse qui mettait son système à l'abri de toute réfutation. Il devenait impossible de caractériser les hommes par leurs actes. Un meurtre pouvait aussi bien être le fait d'un singe inférieur dans un corps d'homme ou celui d'un honnête mari trompé succombant à un accès de rage justifiée. Tous les actes criminels étaient ainsi pris en compte : un homme affligé de stigmates les commettait à cause de sa nature innée, un homme qui en était dépourvu, par la force des circonstances. En incorporant les exceptions au sein de son système, Lombroso en éliminait toute possibilité de dénaturation.

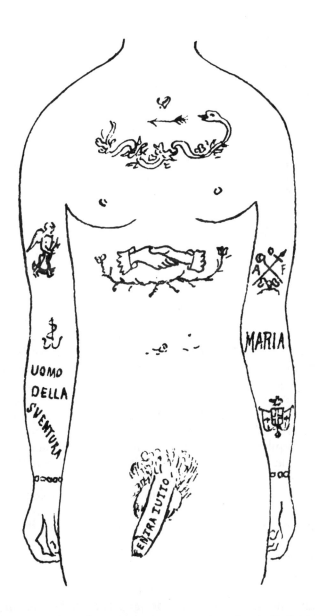

3.4   Lombroso considérait le tatouage comme un signe de criminalité innée. Sur le bras de ce soldat criminel, tel que le présente Lombroso dans l'Atlas de *L'Homme criminel*, est inscrit : « Homme de malheur. » Sur le pénis, on peut lire *Entra tutto* : il pénètre partout. Dans la légende accompagnant cette figure, Lombroso nous dit que le tatouage représentant deux mains entrelacées se rencontre très fréquemment chez les pédérastes.

LE RECUL DE LOMBROSO

La théorie de l'atavisme de Lombroso eut un grand retentissement et suscita l'un des débats scientifiques les plus passionnés du XIXe siècle. Lombroso, quoiqu'il inondât son travail de chiffres, n'avait pas rendu les hommages dus habituellement à la froide objectivité. Même ces grands aprioristes qu'étaient les disciples de Paul Broca lui reprochaient de plus adopter une démarche d'avocat que de savant. Paul Topinard parlait de lui en ces termes (1887, p. 676) : « Il ne s'est pas dit : voici un fait qui me suggère une induction, voyons si je ne me trompe pas, procédons rigoureusement, collectionnons, additionnons d'autres faits. [...] Ce n'est pas la conduite le plus généralement suivie, il faut l'avouer : le siège est fait d'avance, on cherche ses preuves, on défend sa thèse, comme un avocat qui finit par se persuader lui-même. [...] Lombroso est trop convaincu. »

Sous ce tir de barrage, Lombroso esquissa une retraite prudente. Mais il recula en stratège. Pas un instant il ne consentit de compromis et jamais il n'abandonna son idée maîtresse sur le caractère biologique du crime. Il se contenta d'élargir l'éventail des causes innées. Sa théorie initiale avait le mérite de la simplicité et de l'originalité : les criminels sont des singes vivant parmi nous, marqués par les stigmates anatomiques de leur hérédité. Les versions ultérieures devinrent plus diffuses, mais aussi plus globales. L'atavisme demeura bien la cause biologique primordiale du comportement criminel, mais il y ajouta plusieurs catégories de maladies congénitales et de dégénérescence : « Les études s'accordent [...], écrivit-il (1887, p. 651), pour nous faire voir dans le criminel l'homme sauvage et en même temps l'homme malade. » Plus tard encore, Lombroso accorda une attention toute particulière à l'épilepsie en tant que signe de criminalité ; il déclara finalement que presque tous les « criminels-nés » souffrent plus ou moins d'épilepsie. Le fardeau supplémentaire qu'imposa la théorie de Lombroso à des milliers d'épileptiques est incalculable ; ils devinrent la cible principale des projets des eugénistes en partie parce que Lombroso avait interprété leur maladie comme une marque de dégradation morale.

Rares sont ceux qui, de nos jours, savent que la prétendue liaison existant entre la dégénérescence et la classification des races nous a laissé en héritage l'expression « idiotie mongolienne » adoucie plus souvent en « mongolisme », qui désigne l'anomalie chromosomique dont la dénomination exacte est « syndrome de Down », *alias* trisomie 21. Le docteur John Langdon Haydon Down, un médecin anglais, décrivit pour la première fois cet ensemble de symptômes dans un article intitulé : « Observations sur une classification ethnique des idiots » (Down, 1866).

Down y soutenait que de nombreux « idiots » congénitaux (un terme quasi technique à son époque, pas un simple qualificatif) présentaient des caractéristiques anatomiques absentes chez leurs parents, mais où l'on retrouvait les traits spécifiques des races inférieures. Il découvrit « plusieurs exemples manifestes de la variété éthiopienne », « des nègres blancs, bien que de souche européenne » (1866, p. 260), d'autres idiots « qui sont à classer parmi le type malais », et d'autres encore « qui, avec leur front bas, leurs pommettes saillantes, leurs yeux enfoncés dans leurs orbites et leur nez vaguement simiesque » représentent ces peuples « ayant à l'origine habité le continent américain » (p. 260). En poursuivant, Down en arriva à « la grande famille mongole ». « Un très grand nombre d'idiots congénitaux sont des Mongols typiques » (p. 260). Il continua donc en décrivant avec exactitude les caractéristiques du syndrome de Down chez un garçon dont il avait la charge. On trouve là quelques similitudes avec les Orientaux (les yeux « placés obliquement » et un teint de peau légèrement jaunâtre), mais surtout un nombre beaucoup plus important de traits ne rappelant en rien les peuples asiatiques (les cheveux bruns et clairsemés, les lèvres épaisses, le front ridé, etc.). Cela ne l'empêcha nullement de conclure (1866, p. 261) : « L'aspect du garçon est tel qu'il est difficile de se rendre compte que c'est un enfant d'Européens, mais ces caractères se reproduisent si fréquemment que, sans le moindre doute, ces traits ethniques sont le résultat d'une dégénérescence. » Down poussa même l'assimilation ethnique jusqu'à expliquer le comportement des enfants victimes de la trisomie 21 : « Ils possèdent un grand pouvoir d'imitation » — particularité attribuée classiquement aux Mongols dans les classifications racistes en vogue à l'époque de Down.

Down se définissait lui-même comme un libéral dans les questions raciales. N'avait-il pas prouvé l'unité humaine en montrant que les caractères des races inférieures se retrouvaient chez les dégénérés des races supérieures (1866, p. 262) ? En fait, il n'avait fait pour la pathologie rien d'autre que ce que Lombroso allait bientôt accomplir pour la criminalité, c'est-à-dire renforcer l'idée de la classification raciale en faisant des Blancs indésirables les représentants des groupes inférieurs. Lombroso parlait des atavismes qui « apparentent le criminel européen au type australien et mongol » (1887, p. 254). Malgré les changements intervenus, la désignation de Down s'est maintenue jusqu'à aujourd'hui, bien qu'elle commence à perdre du terrain dans les pays anglophones. Sir Peter Medawar me disait récemment qu'avec l'appui de quelques collègues orientaux, il avait convaincu le *Times* de Londres d'abandonner le mot « mongolisme » et de le remplacer par « syndrome de Down ». Le nom du bon docteur continuera donc d'être honoré.

L'INFLUENCE DE L'ANTHROPOLOGIE CRIMINELLE

Dallemagne, l'un des adversaires français de Lombroso les plus en vue, rendit hommage à son influence en 1896.

> La question du type criminel, anatomiquement caractérisé, révolutionna les esprits et provoqua partout un émoi salutaire, une émulation heureuse et des recherches en tous genres. Pendant vingt ans elle alimenta les discussions ; le maître italien fut à l'ordre du jour de tous les débats, ses pensées apparurent comme des événements. Il y eut de part et d'autre une animation extraordinaire (*Congrès international d'anthropologie criminelle*, Genève, 1896, p. 201).

Dallemagne en parlant ainsi ne jouait pas seulement au diplomate, il rendait compte de faits réels. L'anthropologie criminelle ne fut pas qu'un débat académique animé. Pendant des années, elle occupa le centre des discussions dans les assemblées législatives et les palais de justice. Elle entraîna de nombreuses « réformes » et fut, jusqu'à la Grande Guerre, le sujet d'une conférence internationale qui se tenait tous les quatre ans et à laquelle participaient des juges, des juristes, des représentants officiels des gouvernements, mais aussi des hommes de science.

Au-delà de son impact spécifique, l'anthropologie criminelle lombrosienne fit surtout sentir son influence sur le déterminisme biologique en venant étayer sa thèse fondamentale sur le rôle des individus et de leur environnement : chacun, dans ses actions, suit sa nature innée. Pour comprendre le crime, étudions le criminel, non pas la façon dont il a été élevé, ni son éducation, ni les circonstances fâcheuses qui ont pu l'amener à commettre son méfait. « L'anthropologie criminelle étudie le délinquant à sa place naturelle, c'est-à-dire dans le domaine de la biologie et de la pathologie. » (Sergi, disciple de Lombroso, cité par Zimmern, 1898, p. 744.) Politiquement, c'est un argument conservateur imbattable : qu'ils soient méchants, stupides, pauvres, privés du droit électoral ou dégénérés, les gens sont ce qu'ils sont de par leur naissance. Les institutions sont le reflet de la nature. Condamnons (et étudions) la victime, non son milieu.

L'armée italienne, par exemple, eut à faire face à plusieurs cas de *misdeismo*, c'est-à-dire de rébellion d'un homme contre ses supérieurs. Le soldat Misdea (fig. 3.5), qui donna au phénomène son nom italien, avait assassiné son commandant. Lombroso l'examina et déclara que c'était un « nerveux épileptique [...], très affecté par une hérédité vicieuse » (cité par Ferri, 1911). Lombroso préconisa donc de barrer l'entrée de l'armée aux épileptiques, et cette mesure, selon Ferri, élimina l'épidémie. (Je me demande si l'armée italienne a réussi à tra-

1.P.C., brigand de la Basilicate, détenu à Pesaro

2. Voleur piémontais.

3. Incendiaire et cynède de Pesaro,
surnommé *la femme*.

4. Misdea.

3.5 Quatre « criminels-nés », dont le célèbre Misdea qui assassina son commandant (illustration tirée de l'Atlas de *L'Homme criminel* de Cesare Lombroso).

verser toute la Seconde Guerre mondiale sans enregistrer un seul cas de *misdeismo* dû à des non-épileptiques.) De toute façon, personne ne semblait disposé à se pencher sur les droits et les conditions de vie des recrues.

La mesure potentielle la plus suspecte découlant de la théorie de Lombroso ne fut jamais mise en œuvre dans les textes de lois ni proposée par des partisans : le filtrage et l'isolement des individus porteurs de stigmates, à titre préventif, avant qu'ils n'aient commis de délit — bien que Ferri (1893, p. 598) considérât comme « au fond très juste » la notion d'exil de la famille avancée par Platon, lorsque les membres de trois générations successives avaient été exécutés pour crime. Lombroso, cependant, se fit l'avocat d'un filtrage préventif des enfants de manière à ce que les instituteurs se préparent et sachent à quoi s'attendre de la part d'élèves présentant des stigmates.

> L'examen anthropologique, en relevant le type criminel, le développement précoce du corps, l'asymétrie, la petitesse de la tête et le volume exagéré de la face, l'obtusité sensorielle, etc., chez les enfants criminels, explique leurs insuccès didactiques et surtout disciplinaires ; et permet de les sélectionner en les séparant à temps de leurs camarades mieux doués, pour les diriger vers des carrières mieux adaptées à leur tempérament (1899, p. 533).

Nous savons pertinemment que les stigmates de Lombroso devinrent d'importants critères de jugement dans maints procès criminels. Nous ignorons combien d'hommes ont pu être condamnés injustement pour la seule raison qu'ils étaient couverts de tatouages, ne savaient pas rougir, ou avaient des mâchoires ou des bras de dimensions exceptionnelles. Enrico Ferri, le principal lieutenant de Lombroso, écrivit (1893) :

> Une étude des facteurs anthropologiques du crime fournit aux gardiens et aux administrateurs de la loi certaines méthodes plus sûres pour la détection des coupables. Le tatouage, l'anthropométrie, la physiognomonie, les conditions physiques et mentales, les enregistrements de la sensibilité, de l'activité réflexe, des réactions vasomotrices, l'acuité visuelle, les données des statistiques criminelles [...] suffisent fréquemment à donner aux agents de la police et aux magistrats instructeurs une direction à suivre dans leurs enquêtes, qui maintenant dépend entièrement de leur perspicacité et de leur sagacité mentale. Et lorsque nous nous rappelons l'énorme nombre de crimes et de délits qui restent impunis, par manque ou par insuffisance de preuves, et la fréquence des procès qui sont uniquement fondés sur des soupçons, il est facile de s'apercevoir de l'utilité pratique de la liaison essentielle entre la sociologie criminelle et la procédure pénale.

Lombroso a fait part de ses expériences en tant qu'expert devant les tribunaux. Appelé à comparaître dans l'affaire du meurtre d'une femme, dans laquelle les soupçons s'étaient portés sur ses deux beaux-fils, Lombroso déclara (1899, pp. 530-531) que l'un « était, en effet, le type le plus complet du criminel-né : mâchoire, sinus frontaux et zygomes énormes, lèvre supérieure amincie, incisives géantes, tête volumineuse avec capacité exagérée, 1 620 cm³ [ce qui aurait été une marque de génie en d'autres circonstances, mais pas ici], tact obtus avec mancinisme sensoriel. Il fut condamné. »

Dans une autre affaire, sur laquelle il ne put que rapporter des détails très vagues, Lombroso prit parti pour la condamnation d'un certain Fazio, accusé de vol et de meurtre sur la personne d'un riche fermier. Une jeune fille déclara l'avoir vu le soir couché près de la victime ; le lendemain, il se cacha à l'approche des gendarmes. Aucune autre preuve de sa culpabilité ne fut avancée.

> À l'examen je trouvais à celui-ci des oreilles à anse, zygomes et mâchoires volumineux avec appendice lémurien, division de l'os frontal, rides précoces et profondes, regard sinistre, nez tordu à droite, une physionomie en somme approchant du type criminel : pupille très peu mobile, [...] large tatouage sur la poitrine représentant une femme et les paroles : Souvenir Céline Laure (c'était sa femme) et sur le bras gauche le portrait d'une fille. Il comptait dans sa famille une tante épileptique et un cousin fou ; les informations révélèrent qu'il était joueur et paresseux. De toute manière, enfin, la biologie fournissait ici des indices, qui joints aux judiciaires, auraient suffi à le faire condamner dans un pays moins tendre pour les criminels ; malgré cela, il n'en fut pas moins acquitté (1899, p. 531).

On ne peut pas toujours l'emporter. (Il est piquant de constater que c'est le caractère conservateur et non libéral de la jurisprudence qui limita l'influence de Lombroso. La plupart des juges et des avocats ne pouvaient supporter l'idée d'une science quantitative venant empiéter sur leur domaine. Ils ignoraient que l'anthropologie criminelle de Lombroso n'était qu'une pseudo-science, mais ils la rejetèrent car ils estimaient qu'il s'agissait d'une transgression injustifiée d'une discipline, par ailleurs pleinement *légitime*, dans sa propre sphère. Les adversaires français de Lombroso, en mettant l'accent sur les causes sociales du crime, contribuèrent grandement à arrêter la marée lombrosienne, car ils pouvaient disposer de chiffres à lui opposer, notamment Topinard et Manouvrier.)

La question de la peine capitale donna l'occasion à Lombroso et à ses disciples de réaffirmer leur conviction de la nature innée de la transgression chez les criminels-nés. « L'atavisme nous fait comprendre l'inefficacité de la peine envers les criminels-nés et le fait de leur retour constant et périodique [au crime] » (Lombroso, 1899, p. 448). « L'éthique théorique passe sur ces cerveaux malades, comme l'huile sur le marbre, sans les pénétrer » (Lombroso, 1895, p. 58).

Ferri déclara en 1893 que, contrairement à de nombreuses autres écoles de pensée, les criminalistes d'obédience lombrosienne étaient unanimes à considérer la peine de mort comme légitime (1893, pp. 589-594). « Il existe, il est vrai, écrivait Lombroso (1899, p. 543), un groupe de criminels, nés pour le mal, contre lesquels viendraient se briser comme contre un écueil toutes les cures sociales, ce qui nous contraint à leur élimination complète, même par la mort. » À l'appui de sa thèse, Lombroso cita la lettre, plus vigoureuse encore, que son ami le philosophe Hippolyte Taine lui adressa peu de temps avant de mourir.

> Vous nous avez montré des orangs-outangs lubriques, féroces, à face humaine ; il est évident que comme tels, ils ne peuvent agir autrement qu'ils ne le font ; s'ils violent, volent, tuent, c'est en vertu de leur propre nature et de leur passé ; mais raison de plus pour les détruire dès qu'on a constaté qu'ils sont et resteront toujours orangs-outangs (cité par Lombroso, 1899, p. 520).

Ferri lui-même se servait de la théorie darwinienne comme d'une justification cosmique du châtiment suprême (1893, p. 589) :

> Selon moi, la peine de mort est écrite par la nature dans tous les coins de l'univers et dans tous les moments de la vie universelle. [...] La loi universelle de l'évolution nous montre que le progrès de toute espèce vivante est dû à une sélection continuelle opérée par la mort de ceux qui sont les moins aptes à la lutte pour l'existence ; et cette sélection peut dans l'humanité, et même, jusqu'à un certain point chez les animaux, être opérée artificiellement, en hommage aux lois de la vie, de même qu'elle s'opère naturellement. Il serait donc conforme, non seulement au droit, mais aux lois naturelles, que la société opérât dans son propre sein la sélection artificielle, en extirpant les éléments nuisibles à son existence, les individus antisociaux, non assimilables, délétères.

Toutefois, Lombroso et ses collègues préféraient généralement d'autres moyens que la mort pour débarrasser la société des criminels-nés. L'isolement précoce dans un environnement bucolique pourrait atténuer les tendances innées et conduire à une vie utile à la société sous réserve d'une surveillance étroite et constante. Dans d'autres cas de criminalité incorrigible, la déportation et l'exil dans des colonies pénitentiaires constituaient une solution plus humanitaire que la peine capitale, mais l'exil devait être perpétuel et irrévocable. Ferri, tenant compte des faibles dimensions de l'empire colonial italien, proposait de « pratiquer la déportation à l'intérieur en envoyant certaines catégories de délinquants assainir les pays que la malaria rend incultes. Si ce fléau exige, pour être dompté, des hécatombes humaines, il vaut beaucoup mieux immoler des coupables que d'honnêtes cultivateurs » (1893, p. 596). Pour finir, il recommanda la déportation dans la colonie que l'Italie possédait en Afrique, l'Érythrée.

Les anthropologues criminalistes lombrosiens n'étaient pas des sadiques mesquins, des protofascistes, ni même des idéologues conservateurs. Ils penchaient plutôt vers une politique libérale, voire socialiste, et se considéraient comme des modernistes éclairés par la science. Ils espéraient se servir de la science moderne pour mettre de l'ordre dans la jurisprudence et en chasser tout ce bagage philosophique dépassé sur le libre arbitre et la responsabilité morale pleine et entière. Ils s'appelaient eux-mêmes l'école « positive » de criminologie, non parce qu'ils étaient si sûrs d'eux-mêmes (en fait ils l'étaient, ô combien !), mais parce qu'ils se référaient philosophiquement aux notions d'empirisme et d'objectivité et non au raisonnement spéculatif.

L'école « classique », où l'on retrouvait les principaux adversaires de Lombroso, avait lutté contre le caractère capricieux des pratiques pénales en soutenant que la punition devait être strictement proportionnée à la nature du crime et que tous les individus devaient être pleinement responsables de leurs actions (pas de circonstances atténuantes). Selon Lombroso, qui faisait appel à la biologie, la punition devait s'accorder au criminel, et non au crime. Un homme normal pouvait commettre un meurtre dans un moment de colère dû à la jalousie. À quoi servirait l'exécution capitale ou un emprisonnement à perpétuité ? Cet homme n'a pas besoin de réforme, car sa nature est bonne ; la société n'a pas besoin de se protéger contre lui, car il ne transgressera pas la loi de nouveau. Un criminel-né peut fort bien être incarcéré pour un crime véniel. À quoi servira une condamnation de courte durée ? Comme sa rééducation est impossible, une courte sentence ne fait que réduire le temps qui le sépare de son prochain délit, peut-être plus sérieux que le précédent.

La campagne la plus vigoureuse, et la plus couronnée de succès, qu'ait menée l'école positive concernait un ensemble de réformes qui, il y a peu encore, étaient considérées comme particulièrement judicieuses ou « libérales », et qui, toutes, appliquaient le principe de la sentence indéterminée. Sur la plupart des points, les lombrosiens l'emportèrent du reste et peu de gens se rendent compte que, de nos jours, certains aspects de l'appareil judiciaire américain, comme les libérations conditionnelles, les remises de peine et les condamnations indéterminées, dérivent en partie de la campagne de Lombroso en faveur d'une différence de traitement entre criminels-nés et criminels occasionnels. Le but principal de l'anthropologie criminelle, écrivait Ferri en 1911, est de faire « de la personnalité du criminel l'objet primaire et principal des règles de justice pénale, au lieu de la gravité objective du crime » (p. 52).

> La sanction pénale doit être adaptée [...] à la personnalité du criminel. [...] La conséquence logique de cette conclusion est la sentence indéterminée, qui a été, est combattue comme « hérésie juridique » par les criminalistes classiques et métaphysiciens. [...] La peine préfixée est

absurde, comme moyen de défense sociale. Ce serait comme si à l'hôpital le médecin voulait préfixer à chaque malade les jours de sa permanence dans l'établissement (Ferri, 1911, pp. 251-252).

Les lombrosiens originels étaient partisans de condamnations sévères pour les criminels-nés. Cette utilisation pernicieuse de l'anthropométrie et de la théorie de l'évolution est d'autant plus tragique que le modèle biologique que soutenait Lombroso s'est avéré n'avoir strictement aucune valeur sur le plan scientifique et qu'il a détourné une grande partie de l'attention des criminalistes du fondement social du crime au profit d'idées fallacieuses sur la propension innée au crime. Mais les positivistes, s'appuyant sur le modèle de Lombroso élargi et étendant même en fin de compte la genèse du crime à l'éducation autant qu'à la biologie, eurent un énorme impact dans leur campagne en faveur des concepts de condamnation indéterminée et de circonstances atténuantes. Les convictions coïncidant, en majeure partie, à notre pratique, nous sommes amenés à les estimer humaines et progressistes. C'est aux États-Unis que la fille de Lombroso, qui poursuivit la tâche de son père, adressa ses louanges. Nous avions échappé à l'hégémonie de la criminologie classique et montré notre réceptivité à l'innovation. De nombreux États avaient adopté le programme positiviste en créant de bonnes prisons pour jeunes détenus, en instituant des systèmes de probation, la condamnation indéterminée et en promulguant des lois de pardon libérales (Lombroso-Ferrero, 1911).

Mais, alors même que les positivistes félicitaient les États-Unis et eux-mêmes, leurs travaux renfermaient les germes du doute qui conduisirent de nombreux réformateurs à mettre en question le caractère d'humanité des sentences indéterminées de Lombroso et à prôner un retour aux peines fixes de la criminologie classique. Maurice Parmelee, le principal positiviste américain, s'est élevé contre la trop grande sévérité d'une loi de l'État de New York, datant de 1915, qui prévoyait une peine pouvant aller jusqu'à trois ans d'emprisonnement pour des infractions telles que conduite désordonnée, mauvaise tenue du ménage, ivresse et vagabondage (Parmelee, 1918). La fille de Lombroso faisait l'éloge du système en vigueur dans plusieurs États américains instituant un dossier complet des faits et gestes des jeunes délinquants, tenu par des femmes volontaires qui suivaient leurs protégés dans leur existence. Ce « casier permet aux juges, si l'enfant devient coupable, de distinguer entre un criminel-né ou un criminel d'habitude. [...] L'enfant pourtant ne connaît pas l'existence de ce casier, ce qui lui permet le plus complet épanchement » (Lombroso-Ferrero, 1911, p. 134). Elle admettait également que certains de ces systèmes de mise à l'épreuve pouvaient entraîner un sentiment de persécution et d'humiliation, particulièrement au Massachusetts, où la liberté conditionnelle pouvait durer la vie entière : « Au bureau central de Probation de Boston, j'ai lu maintes lettres de protégés qui demandaient à être restitués à leur prison plutôt que de continuer l'humiliation de ce protecteur toujours à leurs trousses » (Lombroso-Ferrero, 1911, p. 135).

Pour les lombrosiens, la condamnation indéterminée réunissait les avantages d'une bonne application de la biologie et d'une protection maximale pour l'État. La peine, d'après Ferri, ne devrait pas être le châtiment d'un crime par une vengeance, mais plutôt une défense de la société adaptée au danger personnifié par le criminel. Les personnes dangereuses sont condamnées à des peines plus lourdes et sont surveillées plus étroitement au cours de leur vie future. Le système des condamnations indéterminées — l'héritage de Lombroso — exerce un contrôle constant et exigeant sur la vie du détenu dans tous ses aspects : son casier judiciaire le suit partout et décide de son destin ; il est observé en prison dans le moindre de ses agissements et, sans cesse, on agite devant lui, comme une carotte, la possibilité d'une remise de peine. On se sert aussi de ce système pour séquestrer les individus dangereux, comme Lombroso l'avait originellement prévu. Pour ce dernier, cela voulait dire les criminels-nés présentant des stigmates simiesques. Aujourd'hui, on inclut dans cette catégorie les rebelles, les pauvres et les Noirs. George Jackson, celui qui écrivit *Les Frères de Soledad*, mourut victime des idées de Lombroso en tentant de s'échapper après onze ans de détention — dont huit années et demie de réclusion solitaire — après avoir été condamné à une sentence indéterminée allant de un an à la perpétuité pour avoir volé soixante-dix dollars dans une station-service.

CODA

Si Tolstoï se sentait si frustré face aux thèses lombrosiennes, c'est que celles-ci en appelaient à la science afin d'éviter la question plus profonde dont une des réponses potentielles impliquait des transformations sociales. La science, il s'en rendait compte, agissait souvent comme un allié solide des institutions en place. Son héros, le prince Nekhlioudov, en essayant de sonder un système qui a condamné injustement une femme à qui il avait, jadis, causé du tort, étudie les travaux érudits de l'anthropologie criminelle et n'y trouve aucune réponse.

> Il avait vu un vagabond et une femme qui par leur abrutissement et par une sorte de bestialité inspiraient de la répulsion, mais il n'arrivait pas à les considérer comme des types de ces criminels-nés dont parle l'école italienne ; il ne voyait en eux que des individus qui lui étaient personnellement antipathiques, en tout point pareils à ceux qu'il voyait en liberté, portant habit, épaulettes ou dentelles. [...]
> Espérant trouver la réponse dans les livres, il avait acheté tout ce qui s'était publié sur la question. Il s'était procuré des ouvrages de Lom-

broso, de Garofalo [baron italien, disciple de Lombroso], Ferri, Liszt, Mandsley et Tarde et les lisait attentivement. Mais sa déception grandissait à mesure qu'il lisait. [...] La science répondait sur mille problèmes divers, subtils et savants, relatifs au droit criminel, et restait muette sur le point où il demandait une réponse. Il demandait une chose très simple : pourquoi et en vertu de quel droit une certaine catégorie d'hommes incarcèrent-ils, torturent-ils, déportent-ils, fustigent-ils et tuent-ils d'autres hommes, alors qu'ils sont semblables à ceux qu'ils torturent, fustigent et tuent ? On lui répondait par des raisonnements sur la question de savoir si l'homme possède ou non son libre arbitre, si la forme du crâne peut servir à déterminer la criminalité d'un homme. Existe-t-il une immoralité atavique ? Quel est le rôle de l'hérédité dans le crime ? Qu'est-ce que la morale ? la folie ? la dégénérescence ? (*Résurrection*, 1898, édition de 1951, traduction de H. Mongault, S. Luneau et E. Beaux, pp. 1395-1396.)

Épilogue

Nous vivons en un siècle aux idées plus élaborées, mais les arguments fondamentaux semblent ne devoir jamais changer. Le caractère grossier de l'indice céphalique a laissé la place à la complexité des tests mentaux. On ne recherche plus les marques de la criminalité innée dans les stigmates de l'anatomie prise dans son ensemble, mais dans ces critères du XXe siècle que sont les gènes et la structure détaillée du cerveau.

Au milieu des années 1960, on commença à publier une série d'articles établissant une liaison entre l'anomalie chromosomique affectant les hommes — celle du chromosome Y surnuméraire — et le comportement violent et criminel. (Les hommes normaux reçoivent un seul chromosome X de leur mère et un Y de leur père ; les femmes normales reçoivent un seul X de chacun de leurs parents. Il arrive occasionnellement qu'un garçon reçoive deux Y de son père. Les hommes dotés de ce patrimoine XYY ressemblent aux autres, mais sont généralement un peu plus grands que la moyenne, ont une peau de mauvaise qualité et tendent à présenter une certaine déficience aux tests d'intelligence, encore que ce dernier point soit controversé.) C'est en se fondant sur quelques observations éparses, sur ses rapports anecdotiques concernant un nombre restreint d'individus porteurs du fameux chromosome et sur une plus grande fréquence de ces derniers au sein des institutions médico-pénales pour déments criminels, qu'est né le mythe du chromosome qui tue. Il frappa l'imagination du grand public lorsque les avocats de Richard Speck, meurtrier de huit élèves-infirmières de Chicago, cherchèrent à atténuer la responsabilité de leur client en s'appuyant sur le fait qu'il était porteur de ce chromosome supplémentaire. (C'était en réalité un homme XY normal.) *Newsweek* publia un article intitulé « Les criminels congénitaux » et la presse se mit à se répandre à longueur de colonnes sur cette dernière réincarnation de Lombroso et de ses stigmates. Pendant ce temps, la science emboîtait le pas aux gazettes et l'on compte à présent par centaines les études sur le comportement des individus XYY. Un groupe de médecins de Boston, pleins de bonnes intentions mais à mon avis naïfs, proposa un programme de grande envergure pour filtrer les enfants nouveau-nés. Ils espéraient qu'en contrôlant le développement d'un large échantillon de garçons XYY, ils parviendraient à établir l'existence ou non d'une liaison avec une conduite agressive. Mais on sait ce qu'il en est des prophéties qui s'accomplissent d'elles-mêmes, car les parents étaient tenus au courant et aucun des efforts des hommes d'étude ne peut venir à bout des comptes rendus paraissant dans la presse et des conclusions que peuvent tirer des parents anxieux devant le comportement agressif manifesté de temps à autre par les enfants. Et c'est accorder bien peu d'importance à l'angoisse des parents, surtout si ce lien s'avère imaginaire, ce qui est presque certainement le cas.

En théorie, le rapprochement entre la formule XYY et la criminalité agressive n'a jamais eu de véritable fondement, autre que cette notion particulièrement simpliste d'après laquelle les hommes sont plus agressifs que les femmes et possèdent un Y dont les femmes sont dépourvues. L'Y doit donc être le siège de l'agressivité et en avoir une double dose implique une potentialité de violence doublée. En 1973, une équipe de chercheurs déclara (Jarvik et al., pp. 679-680) : « Le chromosome Y est celui qui détermine le sexe masculin ; en conséquence, il ne doit pas paraître surprenant qu'un chromosome Y supplémentaire puisse produire un individu à la masculinité exacerbée, se caractérisant par une taille inusitée, une fertilité accrue [...] et de fortes tendances agressives. »

Depuis lors, à plusieurs reprises, on a dénoncé comme un mythe l'assimilation de la formule XYY à un stigmate criminel (Borgaonkar et Shah, 1974 ; Pyeritz et al., 1977). Deux études mettent au jour les failles méthodologiques élémentaires que l'on retrouve dans presque toute la littérature soutenant la liaison entre le chromosome Y surnuméraire et la criminalité. Les hommes XYY semblent effectivement surreprésentés dans les institutions médico-pénales, mais il n'existe aucun élément permettant d'affirmer formellement que leur nombre, dans les prisons ordinaires, est supérieur à la moyenne. Un maximum de un pour cent d'hommes XYY doit passer une partie de sa vie dans une institution médico-pénale (Pyeritz et al., 1977, p. 92). En ajoutant à ce nombre ceux qui sont incarcérés dans les prisons normales dans les mêmes proportions que les hommes possesseurs de la formule ordinaire XY, Chorover (1979) en arrive à estimer que 96 % des hommes XYY mènent une vie honnête et banale et n'attirent jamais sur eux l'attention des forces de l'ordre. Pour un chromosome criminel, ce n'est pas une réussite très brillante ! Rien ne prouve d'ailleurs que la proportion relativement élevée d'individus XYY dans les institutions médico-pénales ait quelque chose à voir avec un niveau élevé de l'agressivité innée.

D'autres scientifiques ont recherché dans le déséquilibre de certaines zones du cerveau la cause du comportement criminel. À la suite de graves émeutes qui s'étaient produites dans les ghettos au cours de l'été 1967, trois médecins ont écrit une lettre au prestigieux *Journal of the American Medical Association* (cité par Chorover, 1979).

> Il est important de se rendre compte que, parmi les millions d'habitants des bas quartiers, seul un petit nombre a pris part aux désordres publics, et que seule une fraction de ces émeutiers a commis des délits, incendies volontaires, coups de feu et agressions. Mais, si les conditions de vie dans les taudis ont seules déterminé et provoqué ces troubles, pourquoi la vaste majorité des habitants ont-ils pu résister à la tentation de cette violence sans frein ? Y a-t-il quelque chose de particulier dans l'émeutier agressif qui le distingue de ses paisibles voisins ?

Nous avons tous tendance à généraliser à partir du propre champ de notre compétence. Ces médecins sont des neurochirurgiens. Mais pourquoi le comportement violent de certaines personnes désespérées et découragées attirerait-il l'attention sur un désordre de leur cerveau, alors que la corruption et la violence de certains parlementaires et hauts dirigeants n'engendrent pas de théorie similaire ? Les comportements des populations humaines connaissent d'amples variations : le simple fait que quelques personnes agissent d'une certaine façon et d'autres non n'apporte aucune preuve sur le caractère pathologique des premiers. Devons-nous prêter attention à une thèse mal établie sur la violence de quelques-uns — thèse qui suit la philosophie déterministe et attribue la responsabilité à la victime — ou devons-nous tenter d'abord d'éliminer les conditions oppressives qui font naître les ghettos et sapent l'esprit de leurs chômeurs ?

CHAPITRE IV

La théorie de l'hérédité du QI

UNE INVENTION AMÉRICAINE

Alfred Binet et les buts initiaux de l'échelle Binet

BINET FLIRTE AVEC LA CRANIOMÉTRIE

Lorsque Alfred Binet (1857-1911), directeur du laboratoire de psychologie de la Sorbonne, décida pour la première fois d'étudier la mesure de l'intelligence, il se tourna tout naturellement vers la méthode alors en vigueur en ce siècle déclinant, c'est-à-dire vers le travail de son grand compatriote Paul Broca. Il se mit, en bref, à mesurer les crânes, sans mettre un seul instant en doute, au départ, la conclusion fondamentale de l'école de Broca.

> La relation cherchée entre l'intelligence des sujets et le volume de la tête [...] est une relation bien réelle, qui a été constatée par tous les investigateurs méthodiques, sans exception. [...] Et comme ces travaux comprennent des observations faites sur plusieurs centaines de sujets, il en résulte que la proposition précédente [sur la corrélation entre taille de la tête et intelligence] doit être considérée comme inattaquable (Binet, 1898, pp. 294-295).

Au cours des trois années suivantes, Binet publia neuf articles sur la craniométrie dans *L'Année psychologique*, revue qu'il avait fondée en 1895. Au terme de ces investigations, ses convictions furent quelque peu ébranlées. Cinq études sur la tête des écoliers avaient eu raison de ses certitudes primitives.

Binet se rendit dans diverses écoles pour y effectuer les mensurations recommandées par Broca sur la tête des élèves désignés par les maîtres comme étant les plus intelligents ou les plus bêtes. En plusieurs études, il accrut son échantillon de 62 à 230 sujets. « [J'étais] parti de cette idée, écrivit-il, qui m'était inspirée par les travaux de tant d'auteurs, que la supériorité intellectuelle est liée à une supériorité du volume cérébral » (1900, p. 427).

Binet trouva bien les différences cherchées, mais elles étaient trop faibles pour avoir une importance quelconque et pouvaient ne correspondre qu'à la taille moyenne supérieure des meilleurs élèves (1,401 m contre 1,378 m). La plupart des mesures étaient à l'avantage des écoliers les plus brillants, mais les écarts « extrêmement petits » entre les mauvais et les bons n'atteignaient guère qu'un millimètre. Binet n'observa pas de différences plus marquées dans la région antérieure du crâne, là où, prétendait-on, reposait l'intelligence supérieure et où Broca avait toujours constaté la plus grande disparité entre les individus supérieurs et les autres, moins doués. Et pour couronner le tout, certaines mesures que l'on considérait habituellement comme jouant un rôle essentiel dans l'évaluation de la valeur mentale avantageaient les élèves les plus mauvais. En effet, le diamètre antéropostérieur du crâne de ces derniers dépassait de trois millimètres celui de leurs camarades plus intelligents. Même si la plupart des résultats semblaient aller dans la « bonne » direction, la méthode se révélait à coup sûr inutilisable pour juger des individus. Les différences étaient trop petites et Binet découvrit également que les mauvais élèves présentaient des variations plus grandes que les écoliers d'élite. Ainsi, si l'on trouvait bien la valeur la plus faible chez un mauvais élève, on y trouvait souvent aussi la plus élevée.

De plus, Binet renforça ses propres doutes en menant une étude remarquable sur sa propre suggestibilité. Il illustra par là, en l'inaugurant, le thème principal de ce livre : la persistance des influences inconscientes et l'étonnante malléabilité des données quantitatives « objectives » quand elles sont au service d'une idée préconçue. « J'avais à craindre, écrivit Binet (1900, p. 323), que, faisant la mensuration des têtes avec l'intention de trouver quelque différence de volume ou de forme entre une tête d'intelligent et une tête d'inintelligent, je fusse porté à augmenter, à mon insu, inconsciemment, de bonne foi, le volume céphalique des intelligents et à diminuer celui des inintelligents. » Il reconnut le danger qui guette les hommes de science imbus de leurs préjugés et convaincus de leur propre objectivité (1900, p. 324) : « La suggestibilité [...] agit moins sur un acte dont nous avons pleine conscience que sur un acte à demi conscient ; et c'est là précisément son danger. »

Quels progrès seraient réalisés si tous les savants se soumettaient à l'autocritique d'une manière aussi franche ! « Je vais dire très explicitement, écrivit Binet (1900, p. 324), ce que j'ai observé sur moi-même. Les détails qui vont suivre sont de ceux que la majorité des auteurs ne publient pas ; on ne veut pas les faire connaître, parce qu'on craint de se faire du tort. » Binet et son élève Théodore Simon avaient mesuré les mêmes têtes d'« idiots et [d']imbéciles composant la colonie de Vaucluse », un asile psychiatrique où Simon était interne. Binet remarqua que, dans le cas d'une mesure de toute première importance, les chiffres obtenus par Simon étaient uniformément plus faibles que les siens. Il retourna donc mesurer ces sujets une seconde fois. La première fois, admet Binet, « je pris mes mesures machinalement, sans autre préoccupation que de rester fidèle à mes habitudes. Au contraire, à la seconde séance, j'avais la préoccupation de la différence qui s'était révélée entre les mesures de M. Simon et les miennes. [...] Je voulais la réduire à sa véritable valeur. [...] C'est bien là de l'autosuggestion. Or, fait capital, les mesures prises à cette seconde séance, sous l'influence inconsciente de cette suggestion de diminution, sont plus réduites, plus petites que les mesures prises [sur les mêmes têtes] à la première séance. » En fait, toutes les têtes, sauf une, avaient « rétréci » entre les deux séances, la diminution moyenne s'établissant à trois millimètres, c'est-à-dire nettement plus que la différence moyenne enregistrée entre les crânes des bons et des mauvais élèves au cours du travail précédent.

Binet fit, sans ambages, part de son désenchantement.

> J'étais persuadé que je m'étais attaqué à un problème ingrat ; les mensurations avaient nécessité des voyages, des fatigues de toutes sortes, et elles aboutissaient à cette conclusion assez décourageante qu'il n'y a souvent pas un millimètre de différence entre la mesure céphalique des élèves intelligents et celle des élèves les moins intelligents. L'idée de mesurer l'intelligence en mesurant la tête [...] paraissait ridicule. [...] Très découragé, j'étais sur le point d'abandonner ce travail, et je ne voulais même pas en publier une seule ligne (1900, p. 403).

Finalement, Binet parvint à arracher une victoire douteuse et de faible portée. Il réexamina son échantillon tout entier, sépara les cinq meilleurs élèves et les cinq plus mauvais de chaque groupe et élimina tous ceux du centre. Les différences entre les extrêmes se révélèrent plus grandes et plus cohérentes : trois ou quatre millimètres en moyenne. Mais même cet écart ne surpassait pas le gauchissement potentiel moyen dû à l'autosuggestion. La craniométrie, ce joyau de l'objectivité du XIXᵉ siècle, ne devait plus conserver son statut longtemps encore.

L'ÉCHELLE DE BINET ET LA NAISSANCE DU QI

Lorsque Binet, en 1904, s'attaqua de nouveau au problème de la mesure de l'intelligence, il se souvint de ses précédentes frustrations et adopta d'autres techniques. Il abandonna ce qu'il appelait les approches « médicales » de la craniométrie et de la recherche des stigmates anatomiques de Lombroso et décida d'appliquer des méthodes « psychologiques ». La littérature sur les tests mentaux était, à l'époque, assez peu abondante et ne permettait pas de tirer le moindre enseignement. Galton avait tenté, sans grand succès, d'expérimenter toute une série de mesures, surtout des enregistrements de plusieurs mécanismes physiologiques et de temps de réaction, plutôt que des tests de raisonnement. Binet décida d'élaborer un ensemble d'épreuves qui pourrait permettre d'évaluer plus directement divers aspects de l'intelligence.

En 1904, Binet fut chargé par le ministère de l'Instruction publique de réaliser une étude dans un but pratique bien spécifique : mettre au point des techniques permettant de dépister les enfants qui, réussissant mal dans les classes normales, semblaient nécessiter un recours à quelque forme d'éducation spécialisée. Binet opta pour une démarche purement pragmatique. Il rassembla un éventail très large d'épreuves brèves, en relation avec les problèmes de la vie quotidienne (compter des pièces, décider quelle est « la plus jolie » de deux dames, par exemple), mais qui, supposait-il, faisaient appel à des processus fondamentaux du raisonnement, tels que « la direction, la compréhension, l'invention et la censure » (Binet, 1909). Les techniques apprises, comme la lecture, n'étaient pas utilisées directement. Des examinateurs ayant suivi une formation préalable faisaient passer individuellement cette série de tests classés dans un ordre de difficulté croissante. Contrairement aux tests précédents, conçus pour mesurer des « facultés » de l'esprit spécifiques et indépendantes, l'échelle de Binet était un amas hétéroclite d'activités diverses. Il espérait qu'en mélangeant un nombre suffisant de tests d'aptitude différents, il parviendrait à en abstraire, en un résultat unique, les potentialités générales d'un enfant. Il insista, du reste, sur le caractère empirique de son travail dans une phrase célèbre (1911, p. 201) : « On pourrait presque aller jusqu'à dire : "Peu importent les tests pourvu qu'ils soient nombreux." »

Binet publia trois versions de son échelle avant sa mort en 1911. L'édition originale de 1905 se borne à classer les épreuves dans un ordre croissant de difficulté. La version de 1908 établit les critères utilisés dans la mesure de ce qu'on appelle maintenant le QI. Binet attribua un niveau d'âge à chaque épreuve, qui se définissait comme l'âge le plus jeune auquel un enfant d'intelligence normale devait être capable de l'accomplir avec succès. L'enfant commençait le test de Binet par les épreuves de l'âge le plus jeune et poursuivait la série jusqu'à ce qu'il ne puisse plus remplir les tâches demandées. L'âge associé à ces dernières épreuves devenait son « âge mental » et son niveau intellectuel général était calculé en soustrayant son âge mental de son âge chronologique. Après avoir repéré les enfants dont l'âge mental était nettement inférieur à l'âge réel, on pouvait les diriger vers des filières d'éducation spécialisée, ce qui correspondait à la mission que le ministère avait confiée à Binet. En 1912, le psychologue allemand W. Stern proposa que l'âge mental soit divisé par l'âge chronologique plutôt que soustrait de celui-ci* : le *quotient* intellectuel ou QI était né.

La mesure du QI eut des conséquences trop considérables dans notre siècle pour ne pas rechercher quels étaient les motifs de Binet. Cela nous permettra en outre de voir comment les tragédies engendrées par l'utilisation pernicieuse de ces tests auraient pu être évitées si leur fondateur avait vécu et si l'on avait tenu compte de ses avertissements.

Si la démarche de Binet fut essentiellement d'ordre intellectuel, l'aspect le plus curieux de l'outil qu'il a élaboré est son caractère pratique, empirique. De nombreux hommes de science travaillent de cette manière, soit par conviction profonde, soit par inclination personnelle dûment exprimée. Ils pensent que les raisonnements théoriques sont vains et que la science véritable progresse par induction à partir de simples expériences réalisées dans le but de recueillir des faits fondamentaux, et non de mettre à l'épreuve des théories complexes. Mais Binet était avant tout un théoricien. Il maniait les grandes idées et participait avec enthousiasme à tous les débats philosophiques qui agitaient sa profession. De longue date, il s'était intéressé aux théories de l'intelligence. Il publia son premier livre sur *La Psychologie du raisonnement* (1886), suivi en 1903 par son célèbre ouvrage, *L'Étude expérimentale de l'intelligence*, dans lequel il abjura ses précédents engagements et mit au point une nouvelle structure permettant l'analyse de la pensée humaine. Cependant Binet refusa de fournir la moindre interprétation théorique de son échelle d'intelligence, qui représentait pourtant le travail le plus approfondi et le plus important qu'il ait accompli sur son sujet préféré. Qu'est-ce qui a poussé un grand théoricien à agir de la sorte, d'une manière apparemment aussi contradictoire ?

Binet cherchait effectivement à séparer « l'intelligence naturelle et l'instruction » (1905, p. 196) avec son échelle métrique de l'intelligence : « C'est l'intelligence seule que nous cherchons à mesurer, en faisant abstraction autant que possible du degré d'instruction dont

---

* La division correspond mieux au but recherché, car ce qui importe, c'est l'amplitude relative, et non absolue, de la disparité entre âge mental et âge réel. Un écart de deux ans entre un âge mental de deux ans et un âge réel de quatre ans est l'expression d'une déficience beaucoup plus grave que la même différence de deux ans entre un âge mental de quatorze ans et un âge réel de seize. Dans les deux cas, la soustraction de Binet aboutirait au même résultat, alors que le QI de Stern mesure 50 dans le premier cas et 88 dans le second. (Stern multipliait le quotient obtenu par 100 pour éliminer la décimale.)

jouit le sujet. [...] Nous ne lui donnons rien à lire, ni à écrire, et nous ne le soumettons à aucune épreuve dont il pourrait se tirer avec de l'érudition » (1905, p. 196). « C'est même l'intérêt de ces tests qu'ils permettent, quand le besoin s'en fait sentir, de dégager de la gangue scolaire la belle intelligence native » (1908, p. 80).

Néanmoins, au-delà de ce désir évident de supprimer les effets superficiels dus aux connaissances acquises, Binet se refusa à dégager la signification du chiffre qu'il attribuait à chaque enfant. L'intelligence, affirmait-il avec force, est trop complexe pour qu'un seul nombre puisse la définir. Ce chiffre, que l'on appellera plus tard QI, n'est qu'un guide empirique, grossier, conçu dans un but pratique bien limité.

> Cette échelle permet, non pas à proprement parler la mesure de l'intelligence — car les qualités intellectuelles ne se mesurent pas comme des longueurs, elles ne sont pas superposables (1905, pp. 194-195).

En outre ce chiffre n'est qu'une moyenne de plusieurs tests, non une entité en lui-même. L'intelligence, nous rappelle Binet, n'est pas une chose unique, mesurable, comme peut l'être la taille d'un individu. Il sent nécessaire d'insister sur ce point, car plus tard, pour simplifier son propos, il sera amené à parler d'un enfant de huit ans ayant l'intelligence d'un enfant de sept ou de neuf ans et ces expressions, si on les accepte arbitrairement, peuvent donner lieu à des illusions. Binet était trop bon théoricien pour tomber dans l'erreur logique que John Stuart Mill avait dénoncée, « croire que tout ce qui a reçu un nom doit être une entité ou un être, ayant une existence propre ».

Les réticences de Binet étaient aussi d'ordre social. Il redoutait particulièrement que cet instrument, si l'on en faisait une entité, puisse être perverti et utilisé comme une étiquette indélébile, plutôt que comme un guide permettant de sélectionner les enfants ayant besoin d'aide. Il s'inquiétait que des maîtres d'école au « zèle exagéré » puissent se servir du QI comme d'une excuse commode : « Ils paraissent se faire le raisonnement suivant : "Voilà une bonne occasion de nous débarrasser des enfants qui nous gênent", et sans aucun esprit critique ils désignent au hasard tout ce qu'il y a de turbulent ou d'apathique dans une école » (1905, p. 324). Mais il craignait plus encore ce que l'on a appelé depuis la « prophétie qui s'accomplit d'elle-même ». Plaquer une étiquette sur un enfant peut entraîner son instituteur à prendre une certaine attitude et l'enfant lui-même à adopter un comportement conforme à la prévision.

> Il est vraiment trop facile de découvrir les signes d'arriération chez un individu quand on est prévenu. Autant opérer comme ces graphologues qui du temps où l'on croyait Dreyfus coupable découvraient dans son écriture les signes d'un traître et d'un espion. Sganarelle aussi, dans *Le*

Médecin malgré lui, trouvait mauvais le pouls d'un homme qu'il croyait malade (1905, p. 325).

Non seulement Binet s'interdisait d'assimiler QI et intelligence innée, mais encore il refusait de le considérer comme un moyen de classer les élèves selon leur valeur mentale. Il conçut son échelle métrique dans le seul cadre de la mission dont l'avait chargé le ministère de l'Instruction, c'est-à-dire pour reconnaître les enfants ayant subi des échecs scolaires et qui relevaient de systèmes d'éducation spécialisée — ceux que l'on appellerait aujourd'hui des dyslexiques ou des arriérés mentaux légers. « Nous sommes d'avis, écrivait Binet (1908, p. 85), que les plus précieuses applications de notre échelle ne seront pas pour le sujet normal, mais bien pour les degrés inférieurs de l'intelligence. » Quant aux causes de ces faibles résultats, Binet refusait d'échafauder des théories sur ce sujet. Ses tests, en tout cas, ne pouvaient pas apporter de lumières là-dessus.

> Notre but est, lorsqu'un enfant sera mis en notre présence, de faire la mesure de ses capacités intellectuelles, afin de savoir s'il est normal ou si c'est un arriéré. Nous devons à cet effet étudier son état actuel, et cet état seulement. Nous n'avons à nous préoccuper ni de son passé ni de son avenir ; par conséquent nous négligerons son étiologie, et notamment, nous ne ferons pas de distinction entre l'idiotie acquise et l'idiotie congénitale. [...] En ce qui concerne l'avenir, même abstention ; nous ne cherchons point à établir ou à préparer un pronostic, et nous laissons sans réponse la question de savoir si son arriération est curable ou non, améliorable ou non. Nous nous bornons à recueillir la vérité sur son état présent (1905, p. 191).

Mais Binet était certain d'une chose : quelle que soit la cause des faibles résultats obtenus en classe, le but de son échelle était de détecter afin d'apporter de l'aide et des améliorations, non de cataloguer pour imposer des limitations. Certains enfants pouvaient bien être congénitalement incapables d'une réussite normale, mais tous pouvaient s'améliorer s'ils bénéficiaient d'une aide spéciale.

La différence entre les héréditaristes stricts et leurs adversaires ne repose pas, comme certaines présentations caricaturales le laisseraient accroire, sur le fait que les résultats obtenus par un enfant seraient entièrement innés ou totalement fonction du milieu et de l'acquis. Je ne pense pas que les plus fermes opposants aux thèses héréditaristes aient jamais nié l'existence de variations innées chez les enfants. Les différences sont plus une matière de politique sociale et de pratiques éducatives. Les héréditaristes considèrent leurs mesures de l'intelligence comme des jalons marquant des limites innées et permanentes. Les enfants qui ont été ainsi étiquetés devraient être triés, soumis à une formation adaptée à leur hérédité et dirigés vers des professions s'accordant à leurs possibilités biologiques. Les tests mentaux constituent ainsi une théorie des limites. Les antihéréditaristes comme Binet font passer des tests pour mieux connaître les enfants et les aider. Sans nier le fait évident que tous les enfants, quelle que soit leur formation, ne deviendront pas des Newton ou des Einstein, ils insistent sur l'importance de l'éducation créatrice pour améliorer les résultats obtenus par tous les enfants, et cela souvent dans des proportions importantes et inattendues. Les tests mentaux forment ainsi une théorie servant à accroître le potentiel des individus à travers une éducation appropriée.

Binet parla éloquemment de ces maîtres bien intentionnés, prisonniers du pessimisme injustifié de leurs *a priori* héréditaristes.

> Je sais par expérience que beaucoup de maîtres semblent admettre implicitement que dans une classe où il y a des premiers, il doit y avoir aussi des derniers, que c'est là un phénomène naturel, inévitable, dont un maître ne doit pas se préoccuper, comme l'existence de riches et de pauvres dans une société. Quelle erreur encore !... (1909, pp. 16-17).

Comment pouvons-nous aider un enfant si nous commençons par le déclarer inapte de par sa biologie ?

> Si on ne fait rien, si on n'intervient pas activement et utilement, il va continuer à perdre son temps, et [...] il finira par se décourager. L'affaire est très grave pour lui, et comme il ne s'agit pas ici d'un cas exceptionnel, mais que les enfants qui ont une compréhension défectueuse sont légion, on peut bien dire que la question est grave pour nous tous, pour la société ; l'enfant qui perd en classe le goût du travail risque fort de ne pas l'acquérir au sortir de l'école (1909, p. 100).

Binet s'emporta contre la devise « Quand on est bête, c'est pour longtemps » et contre les « maîtres sans critique » qui « se désintéressent des élèves qui manquent d'intelligence ; ils n'ont pour eux ni sympathie ni même de respect, car leur intempérance de langage leur fait tenir devant ces enfants des propos tels que celui-ci : "C'est un enfant qui ne fera jamais rien... il est mal doué... il n'est pas intelligent du tout." J'ai entendu trop souvent ces paroles imprudentes » (1909, pp. 100-101). Binet raconte ensuite qu'en passant son baccalauréat, l'examinateur lui déclara qu'il n'aurait jamais « l'esprit philosophique » : « Jamais ! Quel gros mot ! Quelques philosophes récents semblent avoir donné leur appui moral à ces verdicts déplorables en affirmant que l'intelligence d'un individu est une quantité fixe, une quantité qu'on ne peut pas augmenter. Nous devons protester et réagir contre ce pessimisme brutal ; nous allons essayer de démontrer qu'il ne se fonde sur rien » (1909, p. 101).

Les enfants que signalait le test de Binet devaient être aidés, et non étiquetés de manière indélébile. Binet fit des suggestions pédagogiques dont de nombreuses furent réalisées. Il croyait, avant tout, que l'éducation spécialisée devait être adaptée aux besoins individuels des enfants défavorisés : elle devait se fonder « sur leurs caractères, leurs aptitudes, et sur la nécessité de s'adapter à leurs besoins et à leurs capacités » (1909, p. 15). Binet recommandait de petites classes de quinze à vingt élèves, chiffre qu'il faut comparer aux soixante à quatre-vingts enfants qui s'entassaient alors dans les classes des écoles publiques des quartiers pauvres. En particulier, il était partisan de méthodes éducatives spéciales comprenant un programme prépara-toire qu'il appelait « orthopédie mentale ».

> Ce qu'il faut d'abord leur apprendre ce ne sont pas telles et telles notions, si intéressantes qu'elles soient ; il faut leur donner des leçons d'attention, de volonté, de discipline ; avant les exercices de grammaire, il faut les assouplir dans des exercices d'orthopédie mentale, il faut en un mot, leur apprendre à apprendre (1908, p. 78).

Cette intéressante orthopédie mentale de Binet comprenait un ensemble d'exercices physiques permettant, par le transfert au fonc-tionnement mental, d'améliorer la volonté, l'attention et la discipline que Binet considérait comme des préalables nécessaires à l'étude des sujets scolaires. Dans l'un d'eux, appelé « l'exercice des statues », et conçu pour accroître la durée de l'attention, les enfants s'agitaient en tous sens avec vigueur jusqu'au moment où on leur demandait de s'ar-rêter et de se figer dans une position immobile. (Au cours de mon enfance, j'ai joué à ce jeu dans les rues de New York ; nous l'appelions également « les statues ».) Tous les jours la période d'immobilité devait s'allonger. Dans un autre exercice destiné à améliorer la vitesse d'exé-cution des tâches, les enfants couvraient une feuille de papier d'autant de points qu'ils pouvaient en faire dans un laps de temps donné.

Binet se réjouissait des succès remportés dans ses classes spéciales (1909, p. 104). Selon lui, les élèves qui en avaient bénéficié avaient accru non seulement leurs connaissances, mais aussi leur intelligence. L'intelligence, prise dans tous les sens significatifs du mot, peut être développée par une bonne éducation ; ce n'est pas une quantité fixe et innée.

> C'est dans ce sens pratique, le seul accessible pour nous, que nous disons que l'intelligence de ces enfants a pu être augmentée. On a augmenté ce qui constitue l'intelligence d'un écolier, la capacité d'apprendre et de s'assimiler l'instruction.

LE DÉMANTÈLEMENT DES INTENTIONS DE BINET AUX ÉTATS-UNIS

En résumé, Binet a insisté, à l'adresse de ceux qui voudraient uti-liser ses tests, sur trois principes essentiels. Tous ses avertissements ont été négligés et ses intentions bafouées par les héréditaristes américains qui transposèrent son échelle sous forme écrite et en firent un instrument d'usage général servant à tester tous les enfants.

1. Le résultat obtenu est un simple outil ; il ne vient étayer aucune théorie de l'intellect. Il ne définit rien d'inné ou de permanent. Il ne convient pas de désigner ce qu'il mesure sous le nom d'« intelligence » ou de quelque autre entité.

2. L'échelle est un guide empirique, grossier, servant à signaler à l'attention des éducateurs des enfants légèrement arriérés ou dyslexiques, ayant besoin d'une aide spécialisée. Ce n'est pas un outil pour classer les enfants normaux.

3. Quelle que soit la cause des difficultés que rencontrent les enfants ainsi sélectionnés, il faut s'attacher avant tout à leur venir en aide grâce à un apprentissage spécial. On ne doit pas tirer prétexte des faibles résultats obtenus à ces tests pour considérer ces enfants comme congénitalement inaptes.

Si les principes de Binet avaient été suivis et ses tests utilisés comme il les avait conçus, nous aurions fait l'économie d'un des abus scientifiques majeurs de ce siècle. De nombreuses écoles américaines ont d'ailleurs accompli un cycle complet en revenant aux recommandations de Binet et se servent des tests qui mesurent le QI comme de simples instruments pour l'examen des enfants rencontrant des problèmes dans l'apprentissage de la lecture. Si je fais référence à mon expérience personnelle, j'ai le sentiment que ce type de tests a rendu de grands services dans le diagnostic de la dyslexie de mon fils. Son chiffre de QI en lui-même ne signifiait rien, car c'était un mélange de résultats très élevés et d'autres très bas ; mais les valeurs faibles ont permis de localiser les zones de déficit.

La mauvaise utilisation des tests mentaux n'est pas liée à l'idée de soumettre les individus à ce genre d'épreuves. Elle est due avant tout à deux illusions dans lesquelles tombent (avec empressement, semble-t-il) ceux pour qui les tests constituent un moyen de maintenir les hiérarchies et les divisions sociales : la réification et l'héréditarisme. Le chapitre suivant — le cinquième — traite de la réification, cette attitude d'esprit consistant à considérer les notes de QI comme représentant une chose unique, mesurable, localisée dans la tête et appelée intelligence.

L'erreur des héréditaristes n'est pas de déclarer le QI « héritable » dans telle ou telle proportion. Je ne doute nullement qu'il le soit, bien que les héréditaristes les plus acharnés aient, de toute évidence, exagéré l'importance du phénomène. Il est difficile de trouver un aspect quelconque de l'anatomie ou des capacités humaines qui ne possède pas de composante héritable. De ce fait fondamental les héréditaristes ont tiré deux implications erronées.

1. L'assimilation entre « héritable » et « inévitable ». Pour le biologiste, l'héritabilité fait référence à la transmission génétique des caractères ou des tendances spécifiques d'un être vivant à ses descen-

dants. Il est peu question de la portée des modifications que le milieu peut apporter à ces caractères. Dans le langage quotidien, « héréditaire » est souvent synonyme d'« inévitable ». Mais pas pour le biologiste. Les gènes ne fabriquent pas des organes ou des parties du corps ; ils fournissent un code conduisant à un éventail de formes qui dépendent d'un ensemble impressionnant de conditions du milieu. En outre, même lorsqu'un caractère a été élaboré et mis en place, l'influence de l'environnement peut toujours modifier des défauts héréditaires. Des millions d'Américains voient normalement à travers des lentilles qui corrigent une déficience innée de la vision. Le fait d'affirmer que le QI est héréditaire à x % n'empêche en rien de croire qu'une éducation plus enrichissante puisse augmenter ce que nous appelons, là aussi en langage courant, l'« intelligence ». Un faible QI, partiellement héréditaire, pourrait ou non être considérablement amélioré grâce à une éducation appropriée. Le simple fait de son héritabilité ne permet aucune conclusion.

2. La confusion entre l'hérédité au sein des groupes et entre les groupes. L'impact politique majeur des théories héréditaristes ne provient pas de cette héritabilité des tests qu'elles impliquent, mais d'une conséquence contraire à la logique qu'on en tire. Les études sur l'héritabilité du QI menées selon les méthodes traditionnelles dans lesquelles on compare les résultats des parents, ou bien on oppose ceux des enfants adoptés à ceux de leurs parents biologiques d'une part et adoptifs d'autre part, appartiennent toutes à la catégorie interne aux groupes, c'est-à-dire qu'elles permettent d'estimer l'héritabilité *à l'intérieur* d'une seule population cohérente (les Américains de race blanche, par exemple). L'erreur consiste ordinairement à penser que si l'hérédité explique un certain pourcentage de variation parmi les individus à l'intérieur d'un groupe, elle doit aussi expliquer un pourcentage similaire de différence des moyennes de QI entre les groupes — Blancs et Noirs par exemple. Mais la variation interindividuelle au sein d'un groupe et les différences de valeur moyenne entre les groupes sont des phénomènes totalement distincts. Rien n'autorise la moindre extrapolation de l'un à l'autre.

Un exemple hypothétique, mais ne pouvant donner lieu à aucune controverse, suffira à illustrer mon propos. La taille humaine présente une héritabilité plus marquée que tous les chiffres qu'on a jamais proposés pour le QI. Prenons deux groupes séparés d'hommes. Les premiers, dont la taille moyenne est de 1,78 m, vivent dans une ville américaine prospère. Les seconds, dont la taille moyenne est de 1,68 m, souffrent de malnutrition dans un village du tiers-monde. L'héritabilité est de 95 % dans les deux cas — ce qui signifie uniquement que des pères relativement grands tendent à avoir des fils grands et des pères relativement petits des fils petits. Cette héritabilité élevée au sein de chaque groupe ne permet pas de se prononcer sur la possibilité, grâce à une meilleure alimentation dans la génération suivante, d'élever la moyenne de la taille des villageois du tiers-monde au-dessus de celle des Américains bien nourris. De semblable façon, le QI pourrait fort bien être très héritable au sein des groupes, alors que la différence moyenne entre les Blancs et les Noirs aux États-Unis pourrait ne résulter que des conditions moins favorables de l'environnement des Noirs.

À cet avertissement, on m'a souvent opposé la repartie suivante : « Ah oui ! Je vois ce que vous voulez dire, et en théorie vous avez raison. Il se peut qu'il n'y ait aucun lien logique nécessaire, mais n'est-il pas plus probable que les différences moyennes entre les groupes aient les mêmes causes que la variation au sein des groupes ? » La réponse est une nouvelle fois « non ». L'hérédité à l'intérieur des groupes et celle entre les groupes ne sont pas liées par des degrés croissants de probabilité pour la seule raison que l'héritabilité augmente dans les groupes et que les différences s'accroissent entre ceux-ci. Les deux phénomènes sont tout simplement distincts. Peu de thèses sont plus dangereuses que celles que l'on « sent » vraies sans pouvoir les justifier.

Alfred Binet a évité ces erreurs et est resté ferme sur ses trois principes. Les psychologues américains ont perverti les intentions de Binet et inventé la théorie de l'hérédité du QI. Ils ont réifié les notes de Binet et les ont considérées comme des mesures d'une entité appelée intelligence. Ils pensaient que celle-ci était en grande partie héréditaire et ont élaboré une série d'arguments spécieux où les différences culturelles se confondaient avec les propriétés innées. Ils croyaient que des notes de QI héréditaires indiquaient de façon indélébile la place des personnes et des groupes dans la société. Et, selon eux, les différences moyennes entre les groupes étaient le résultat de l'hérédité, en dépit des inégalités patentes et profondes du cadre de vie.

Ce chapitre analyse les principaux travaux des trois pionniers de l'héréditarisme aux États-Unis : H.H. Goddard, qui y importa l'échelle de Binet en réifiant le QI considéré comme l'intelligence innée ; L.R. Terman, qui élabora l'échelle Stanford-Binet en rêvant d'une société rationnelle qui attribuerait les professions d'après les notes de QI ; R.M. Yerkes qui persuada l'armée de tester 1 750 000 hommes au cours de la Première Guerre mondiale, recueillant ainsi les données prétendument objectives qui justifièrent les thèses héréditaristes et aboutirent à la promulgation de l'Immigration Restriction Act de 1924, qui établissait des quotas d'entrée très stricts pour les parties du monde où sévissait ce fléau redouté, les mauvais gènes.

La théorie héréditariste du QI est un produit typiquement américain. Si elle semble paradoxale dans un pays aux traditions égalitaristes, que l'on se souvienne également du nationalisme chauvin de la Grande Guerre, de la peur des vieux Américains en place face à ces vagues d'immigrants, main-d'œuvre à bon marché (et parfois aux opinions politiques radicales), venues du sud et de l'est de l'Europe, et surtout de notre racisme indigène obstiné.

H.H. Goddard et la menace des faibles d'esprit

L'INTELLIGENCE CONSIDÉRÉE COMME UN GÈNE MENDÉLIEN

Goddard invente le moron

> Il faut à présent que quelqu'un détermine la nature de la débilité et complète ainsi la théorie du quotient d'intelligence.
>
> H.H. GODDARD, 1917,
> dans une critique de l'ouvrage de Terman,
> *The Measurement of Intelligence*, 1916.

La taxonomie est toujours un sujet litigieux, car le monde ne nous parvient pas toujours sous la forme de petits paquets bien ficelés. La classification de la déficience mentale a soulevé au cours de ce siècle un débat salutaire. Deux catégories sur trois ont obtenu l'assentiment général : les idiots qui ne pouvaient pas atteindre le stade du langage parlé et avaient un âge mental inférieur à trois ans ; les imbéciles qui ne pouvaient pas apprendre à écrire et allaient de trois à sept ans d'âge mental. (Les deux termes font à tel point partie de notre vocabulaire d'invectives que peu de gens connaissent leur acception technique dans le domaine psychologique.) Les idiots et les imbéciles pouvaient être catalogués à part en donnant pleinement satisfaction à la plupart des professionnels, car leur infirmité était suffisamment grave pour que le diagnostic de pathologie réelle soit justifié. Ils ne sont pas comme nous.

Mais il en allait différemment du domaine nébuleux des « petits mentaux », de ceux qui pouvaient recevoir une formation et être utiles à la société, qui établissaient la liaison entre la pathologie et la normalité et qui, par là même, constituaient une menace pour l'édifice taxonomique. Ceux-ci, dont l'âge mental allait de huit à douze ans, étaient appelés débiles par les Français. Les Américains et les Anglais les nommaient généralement *feeble-minded*, faibles d'esprit, un terme d'une ambiguïté inextricable, car d'autres psychologues l'utilisaient pour désigner tous les arriérés mentaux, des plus profonds aux plus légers.

Les taxonomistes confondent souvent l'invention d'un nom et la solution d'un problème. H.H. Goddard, le dynamique directeur de recherche de la Vineland Training School for Feeble-Minded Girls and Boys du New Jersey, tomba dans cette erreur de base. Il forgea un vocable pour dénommer les déficients mentaux de degré supérieur, un mot qui trouva sa place dans la langue anglaise grâce à une série d'histoires, semblables aux histoires d'éléphants pour une autre génération, ou aux histoires belges pour les Français. Ces plaisanteries ont connu un tel succès que la plupart des Américains attribueraient probablement à ce terme une origine très ancienne, alors que c'est au XXe siècle que Goddard l'a inventé. Il baptisa ces débiles légers *morons*, d'après un mot grec signifiant « stupide ».

Goddard fut le premier propagateur de l'échelle Binet aux États-Unis. Il traduisit les articles de ce dernier en anglais, appliqua ses tests et milita en faveur de leur utilisation. Il s'accordait avec Binet pour reconnaître que les tests convenaient surtout pour sélectionner les individus qui étaient juste au-dessous de la normale, c'est-à-dire ceux que Goddard venait de baptiser *morons*. Mais la ressemblance entre Binet et Goddard s'arrête là. Binet refusait de définir les notes obtenues à ses tests comme étant l'« intelligence » et souhaitait reconnaître certains enfants pour qu'on puisse leur porter assistance. Goddard considérait les scores comme des mesures d'une entité unique, innée. Il désirait être en mesure d'identifier les individus pour en reconnaître les limites, les isoler et en écourter l'éducation afin d'éviter la poursuite de la dégradation d'une souche américaine dangereusement menacée de l'extérieur par l'immigration et, de l'intérieur, par la prolifération de ses faibles d'esprit.

Une échelle unilinéaire de l'intelligence

La tentative consistant à établir une classification unilinéaire de la déficience mentale, des idiots aux imbéciles, puis aux débiles, s'appuie sur deux erreurs que l'on retrouve dans la plupart des théories s'inspirant du déterminisme biologique que j'aborde dans ce livre : la réification de l'intelligence comme entité unique et mesurable et l'hypothèse — qui va des crânes de Morton à l'étalonnage universel de l'intelligence d'Arthur Jensen — selon laquelle l'évolution progresse de façon linéaire et qu'une échelle unique allant de ce qui est primitif à ce qui est avancé, rend le mieux compte des variations observées. Le concept de progrès est un profond préjugé remontant fort loin dans le temps (Bury, 1920) et exerce une influence subtile même sur ceux qui se refusent à l'avouer (Nisbet, 1980).

La pléthore des causes et des phénomènes que l'on regroupe sous la rubrique de la déficience mentale peut-elle être raisonnablement ordonnée sur une échelle unique ? S'il en était ainsi, cela impliquerait que chaque personne doit son rang à la quantité relative d'une seule substance — et qu'être déficient mental signifie qu'on en a moins que la plupart des autres. Voyons quelques-uns des phénomènes potentiels que résume le chiffre unique usuellement attribué aux débiles légers : faible arriération mentale générale, difficultés spécifiques de l'apprentissage dues à des traumatismes neurologiques locaux, désavantages liés au milieu, différences culturelles, hostilité aux examinateurs. Voyons maintenant quelques-unes des causes possibles : modes héréditaires de fonctionnement, pathologie génétique accidentelle non transmissible, lésions du cerveau dues à une maladie de la mère pendant sa grossesse, traumatismes de la naissance, malnutrition du fœtus et du nourrisson, déficits divers du milieu intervenant dans la petite enfance et ultérieurement. Malgré tout, pour Goddard, tous les individus dont l'âge mental se situait entre huit et douze ans étaient des *morons* ; tous devaient être traités à peu près de la même façon : on devait les placer dans des institutions ou les contrôler soigneusement, les rendre heureux en pourvoyant à leurs besoins limités et, surtout, les empêcher de se reproduire.

Goddard a dû être le moins subtil de tous les héréditaristes. Il utilisait son échelle unilinéaire de la déficience mentale pour faire de l'intelligence une entité unique et, selon son hypothèse, tout ce qui était important dans ce domaine était inné et héréditaire.

> Énoncée dans sa forme la plus abrupte, notre thèse affirme que le principal agent déterminant de la conduite humaine est un processus mental unitaire que nous appelons intelligence ; que ce processus est conditionné par un mécanisme nerveux qui est inné ; que le degré d'efficacité que peut atteindre ce mécanisme nerveux et le degré du niveau intellectuel ou mental qui en découle sont, pour chaque individu, déterminés par le type de chromosomes qui se rassemblent dans l'union des cellules sexuelles ; qu'ils sont peu affectés par les influences ultérieures, sauf par les accidents graves pouvant détruire une partie du mécanisme (Goddard, 1920, cité par Tuddenham, 1962, p. 491).

Goddard étendit la portée des phénomènes sociaux dus aux différences d'intelligence innée jusqu'à englober presque tout ce qui concerne le comportement humain. En partant des *morons*, puis en remontant l'échelle, il attribua l'essentiel des conduites indésirables à la déficience mentale héréditaire des délinquants. Leur situation résulte non seulement de la stupidité en elle-même mais du rapport entre l'intelligence déficiente et l'immoralité*. La haute intelligence nous permet certes de résoudre nos problèmes d'arithmétique : elle engendre également le bon jugement qui sous-tend tout comportement moral.

> L'intelligence contrôle les émotions et celles-ci sont contrôlées en fonction du degré de l'intelligence. [...] Il s'ensuit que s'il y a peu d'intelligence, les émotions seront incontrôlées et, qu'elles soient fortes ou

---

* La liaison entre la moralité et l'intelligence était un des thèmes favoris des eugénistes. Thorndike (1940, pp. 264-265), voulant réfuter l'impression couramment répandue que les monarques sont tous des dépravés, fit état d'un coefficient de corrélation de 0,56 entre l'intelligence estimée et la moralité estimée de 269 membres de familles royales de sexe masculin !

légères, il en résultera des actions non réglées, non contrôlées et, comme l'expérience le prouve, généralement indésirables. Donc, lorsque nous mesurons l'intelligence d'un individu et que nous apprenons que son niveau intellectuel est si nettement au-dessous de la moyenne qu'il entre dans la catégorie de ceux que nous appelons les faibles d'esprit, nous avons constaté le fait qui est de loin le plus important à son sujet (1919, p. 272).

De nombreux criminels, la plupart des alcooliques et des prosti-tuées, et même des « bons à rien » marginaux, sont des *morons* : « Nous savons ce qu'est la débilité et nous en sommes venus à soup-çonner toutes les personnes incapables de s'adapter à leur milieu et de vivre en accord avec les conventions de la société ou d'agir de façon sensée, d'être faibles d'esprit » (1914, p. 571).

Au niveau suivant, celui des gens simplement obtus, on trouve les masses laborieuses. « Les gens qui accomplissent les besognes ingrates, écrivit Goddard (1919, p. 246), sont, en règle générale, à leur place. »

> Nous devons ensuite savoir qu'il y a des groupes nombreux d'hommes, de travailleurs, qui sont à peine au-dessus de l'enfant, à qui l'on doit dire ce qu'il faut faire et à qui l'on doit montrer comment le faire ; et qui, si nous voulons éviter un désastre, ne doivent pas être mis dans une posi-tion où ils pourraient agir de leur propre initiative ou selon leur propre jugement. [...] Il n'y a que quelques chefs, les autres doivent être des suiveurs (1919, pp. 243-244).

À l'extrémité supérieure, les hommes intelligents commandent, dans le bien-être et en toute légitimité. Goddard déclara en 1919 devant un groupe d'étudiants de Princeton :

> Maintenant le fait est établi que les ouvriers peuvent avoir dix ans d'âge mental alors que vous en avez vingt. Exiger que ceux-ci aient un loge-ment semblable au vôtre est aussi absurde que de réclamer que l'on accorde un diplôme d'études supérieures à chaque travailleur. Comment peut-on parler d'égalité sociale alors que l'éventail des capacités mentales est si large ?

« La Démocratie, selon Goddard (1919, p. 237), signifie que le peuple gouverne en choisissant les plus sages, les plus intelligents et les plus humains pour lui dire ce qu'il faut faire pour être heureux. Ainsi la Démocratie est une méthode pour parvenir à une aristocratie réellement bienveillante. »

L'échelle est divisée en sections mendéliennes

Mais si l'intelligence ne forme qu'une seule et même échelle sans solution de continuité, comment peut-on résoudre les problèmes sociaux qui nous assaillent ? Car un très faible niveau d'intelligence n'engendre que des individus inutiles à la société, alors qu'à l'échelon immédiatement supérieur, on trouve ces travailleurs bornés, acceptant de bas salaires, dont la société a besoin pour faire tourner ses machines. Comment donc peut-on convertir cette échelle continue en deux catégories distinctes de part et d'autre de ce point précis et simultanément continuer à soutenir l'idée d'une intelligence unique et héréditaire ? On peut à présent comprendre pourquoi Goddard a prodigué tant d'attention aux débiles légers. Le *moron* menace la santé raciale, car il se situe au degré le plus élevé des indésirables et pourrait, si on ne le démasquait pas, être autorisé à prospérer et à se multiplier. Nous pouvons tous reconnaître l'idiot et l'imbécile et savons ce qu'il faut en faire ; l'échelle doit être interrompue juste au-dessus du niveau du *moron*.

> L'idiot n'est pas notre plus grand problème. Il est, à dire vrai, détestable. [...] Néanmoins, il vit sa vie et se contente de cela. Il ne perpétue pas la race en engendrant une lignée d'enfants comme lui-même. [...] C'est le type du *moron* qui nous pose le problème le plus grave (1912, pp. 101-102).

Goddard entreprit son travail au cours du premier accès d'exaltation qui accueillit la redécouverte des travaux de Mendel et des premiers fondements de l'hérédité. On sait maintenant que pratiquement tous les caractères les plus importants de notre corps sont élaborés par l'interaction de nombreux gènes entre eux et avec le milieu extérieur. À cette époque des toutes premières connaissances génétiques, de nombreux biologistes croyaient naïvement que tous les traits humains se comportaient comme la couleur, la taille ou les rides des pois de Mendel ; ils étaient persuadés, en bref, que même les organes les plus complexes du corps étaient dus à l'action d'un seul gène et que les variations de l'anatomie ou du comportement résultaient de la forme dominante ou récessive de ces gènes. Les eugénistes s'emparèrent avec avidité de cette notion simpliste, car elle leur permettait d'affirmer que tous les caractères indésirables provenaient de gènes individualisés et que l'on pouvait les éliminer en prenant les mesures nécessaires pour en arrêter la prolifération. Les premiers écrits des eugénistes sont pleins d'élucubrations, et de lignées laborieusement compilées et montées de toutes pièces, sur le gène du *Wanderlust*, ce goût de l'errance que l'on avait décelé chez des générations de capitaines au long cours, ou sur le gène du caractère qui rendait certains d'entre nous placides et d'autres dominateurs. Il ne faut pas juger ces idées stupides à la lumière de ce que nous savons aujourd'hui ; elles représentèrent, pour une courte période, l'orthodoxie de la génétique et eurent aux États-Unis un impact social des plus importants.

Goddard sauta dans le train en marche avec une hypothèse qui doit être le summum de toutes les tentatives de réification de l'intelligence. Il essaya de reconstituer l'arbre généalogique des déficients mentaux de son école de Vineland et en conclut que la débilité obéissait aux règles mendéliennes de l'hérédité. La déficience mentale devait donc être une chose précise, contrôlée par un gène unique, sans aucun doute récessif par rapport à l'intelligence normale (1914, p. 539). « L'intelligence normale, concluait Goddard, apparaît comme un caractère unitaire, transmis de manière purement mendélienne » (1914, p. IX).

Goddard affirmait qu'il s'était vu contraint d'énoncer cette conclusion invraisemblable sous la pression des preuves, et non par quelque espoir ou préjugé préalable.

> Toutes les théories et les hypothèses qui ont été exposées n'ont été que celles que les données elles-mêmes ont suggérées ; nous les avons élaborées en nous efforçant de comprendre ce que les données semblaient apporter. Certaines conclusions sont, pour l'auteur, aussi surprenantes et aussi difficiles à accepter qu'elles le sont probablement pour de nombreux lecteurs (1914, p. VIII).

Peut-on sérieusement suivre Goddard et considérer qu'il a été obligé, contre son gré, de se convertir à cette hypothèse, alors que celle-ci correspondait si bien à son plan global et résolvait si habilement son problème le plus urgent ? Un gène unique pour l'intelligence normale supprimait la contradiction latente entre une échelle unilinéaire qui faisait de l'intelligence une entité unique et mesurable et le désir qu'il avait de classer les déficients mentaux dans une catégorie bien distincte. Goddard avait rompu son échelle en deux sections exactement au bon endroit : les *morons* étaient porteurs d'une double dose de ce mauvais gène récessif ; les travailleurs à l'esprit borné possédaient au moins un exemplaire du gène normal et pouvaient être placés devant leurs machines. En outre, ce fléau qu'est la débilité pouvait à présent être éliminé en mettant aisément sur pied des plans de reproduction. Il suffisait de rechercher un gène unique, de le localiser et d'en entraver la multiplication. Si c'est d'une centaine de gènes dont dépend l'intelligence, l'eugénique est condamnée à échouer ou à progresser avec une lenteur désespérante.

Les soins à prodiguer aux débiles, leur alimentation (mais non leur reproduction)

Si la déficience mentale est l'effet d'un seul gène, le moyen qui conduira à son élimination saute aux yeux : ne permettons pas aux porteurs de ce gène d'avoir des enfants.

Si les deux parents sont faibles d'esprit, tous leurs enfants seront faibles d'esprit. Il est évident que de tels accouplements ne devraient pas être autorisés. Il est parfaitement clair qu'on ne devrait pas permettre à un faible d'esprit de se marier ou de devenir parent. Il va de soi que si cette règle doit être appliquée, c'est la partie intelligente de la société qui a le devoir de la faire respecter (1914, p. 561).

Si les débiles pouvaient maîtriser leurs désirs sexuels et s'abstenir pour le bien de l'humanité, nous pourrions leur permettre de vivre librement parmi nous. Mais ils en sont incapables, car l'immoralité et la stupidité sont inexorablement liées. L'homme sage peut contrôler sa sexualité de façon rationnelle : « Examinons un court instant l'émotion sexuelle. On la considère généralement comme le plus incontrôlable de tous les instincts humains. Et pourtant, il est bien connu que l'homme intelligent parvient, malgré tout, à la contrôler » (1919, p. 273). Il est impossible au *moron* de se comporter d'une manière aussi exemplaire.

> Non seulement leur fait défaut cette capacité de contrôle, mais aussi souvent la perception des qualités morales ; si on ne les autorise pas à se marier, rien cependant ne les empêche de devenir parents. Aussi, si nous tenons absolument à éviter qu'un faible d'esprit ait des enfants, la simple interdiction du mariage est une mesure insuffisante. Pour atteindre le but recherché, il existe deux propositions : la première est la colonisation, la seconde, la stérilisation (1914, p. 566).

Goddard n'était pas un adversaire de la stérilisation, mais il la jugeait peu réaliste parce que les sensibilités traditionnelles d'une société qui n'était pas encore entièrement rationnelle s'opposerait à ce type de mutilations opérées sur une si grande échelle. La solution qui doit recevoir notre préférence est celle de la colonisation dans des institutions exemplaires comme celle qu'il dirigeait à Vineland, dans le New Jersey. Il n'y a que là que l'on peut ralentir la reproduction des *morons*. Le public pourrait regimber contre les dépenses entraînées par la construction d'un si grand nombre de nouveaux centres de confinement, mais, en vérité, le coût pourrait être aisément contrebalancé par les économies réalisées par ailleurs.

> Si ces colonies étaient créées en quantité suffisante pour prendre en charge tous les cas avérés de débilité, elles tiendraient largement le rôle de nos hospices et de nos prisons et elles diminueraient considérablement le nombre de nos asiles d'aliénés. Ces colonies économiseraient une perte annuelle en biens et en vies, due à l'action irresponsable de ces personnes, et cela dans une proportion telle qu'elles compenseraient le coût des nouvelles installations (1912, pp. 105-106).

À l'intérieur de ces institutions, les débiles pourraient agir à leur guise, au niveau biologique qui leur a été assigné, en leur refusant seulement l'expression de leur sexualité. Goddard termine son livre sur les causes de la déficience mentale en recommandant de prendre soin des débiles placés en institution : « Traitez-les comme des enfants selon leur âge mental, encouragez-les et félicitez-les en toute occasion ; ne les découragez ni ne les grondez jamais ; et *rendez-les heureux* » (1919, p. 327).

COMMENT EMPÊCHER L'IMMIGRATION ET LA PROLIFÉRATION DES DÉBILES

Une fois que Goddard eut découvert la cause de la débilité dans un gène unique, le traitement apparut dans toute sa simplicité : ne permettons pas aux débiles américains de se reproduire et n'acceptons pas ceux venant de l'étranger. Dans le cadre de cette seconde prescription, Goddard et ses collaborateurs visitèrent Ellis Island en 1912 « pour faire part de leurs observations et pour émettre toutes les propositions visant, grâce à des examens plus élaborés, à déceler les déficients mentaux parmi les immigrants » (Goddard, 1917, p. 253).

Dans la description que donne Goddard de la scène, un brouillard épais s'étendait ce jour-là sur le port de New York et aucun immigrant ne pouvait débarquer. Mais, par contre, une centaine s'apprêtaient à quitter les lieux, lorsque Goddard intervint : « Nous avons choisi un jeune homme que nous soupçonnions d'être un déficient mental et, par le truchement de l'interprète, commençâmes à lui faire passer les tests. Le garçon reçut la note 8 sur l'échelle Binet. L'interprète nous dit : "Je n'aurais pas pu faire ça lorsque je suis arrivé dans ce pays", et semblait penser que ce test était injuste. Nous le persuadâmes que le garçon était un déficient mental » (Goddard, 1913, p. 105).

Encouragé par cette expérience, l'une des premières applications de l'échelle Binet aux États-Unis, Goddard obtint quelques subventions pour mener à bien une étude plus complète et, au printemps 1913, envoya deux femmes à Ellis Island pendant deux mois et demi. Elles avaient pour instruction de repérer de vue les débiles, tâche que Goddard préféra assigner à des femmes, à qui il attribuait une intuition innée supérieure à celle des hommes.

> Lorsqu'une personne possède de ce travail une très grande expérience, elle acquiert presque un sens spécial lui permettant de repérer de loin les faibles d'esprit. Les personnes qui réussissent le mieux dans cet exercice et à qui, à mon avis, on devrait confier cette tâche, sont des femmes. Elles semblent avoir un sens de l'observation plus aiguisé que les hommes. Il était tout à fait impossible aux autres de voir comment ces deux jeunes femmes pouvaient découvrir les faibles d'esprit sans s'aider aucunement du test Binet (1913, p. 106).

Les deux collaboratrices de Goddard testèrent trente-cinq Juifs, vingt-deux Hongrois, cinquante Italiens et quarante-cinq Russes. Ces groupes ne pouvaient pas être considérés comme des échantillons pris au hasard car les fonctionnaires de l'administration en avaient déjà « ôté ceux qu'ils avaient jugés déficients ». Pour rééquilibrer le tout, Goddard et ses collaboratrices laissèrent de côté « tous ceux qui étaient de toute évidence normaux. Ce qui nous laissa la grande masse des « immigrants moyens » (1917, p. 244). (Je suis sans cesse étonné par les expressions inconscientes des préjugés qui se glissent dans des rapports prétendument objectifs. On remarque ici que les immigrants moyens sont au-dessous de la normale, ou au moins ils ne sont pas normaux de façon évidente — ce qui était une hypothèse de travail que Goddard était censé vérifier, et non une affirmation *a priori*.)

Les tests de Binet appliqués aux quatre groupes aboutirent à des résultats surprenants : 83 % des Juifs, 80 % des Hongrois, 79 % des Italiens et 87 % des Russes étaient faibles d'esprit, c'est-à-dire d'un âge mental inférieur à douze ans sur l'échelle Binet. Goddard lui-même n'en revenait pas : comment parviendrait-il à faire croire à quelqu'un que les quatre cinquièmes d'une nation étaient composés de faibles d'esprit ? « Les résultats obtenus par l'estimation précédente sont si surprenants et si difficiles à accepter qu'on peut à peine les considérer en eux-mêmes comme valables » (1917, p. 247). Peut-être les tests n'avaient-ils pas été bien expliqués par les interprètes ? Mais les Juifs avaient été testés par un psychologue parlant le yiddish et ils n'avaient pas mieux réussi que les autres groupes. Goddard se mit alors à tripoter les tests, en élimina plusieurs et ramena ses proportions à 40-50 %, mais il n'en restait pas moins dans l'embarras.

Les chiffres de Goddard étaient encore plus absurdes qu'il ne l'imaginait pour deux raisons dont l'une est évidente, l'autre moins. Voyons d'abord la raison cachée : la traduction originale que Goddard fit de l'échelle Binet notait les gens très sévèrement et classait dans la catégorie des débiles des sujets habituellement considérés comme normaux. Lorsque Terman conçut l'échelle Stanford-Binet en 1916, il trouva que la version de Goddard attribuait des notes nettement inférieures à la sienne. Terman signale (1916, p. 62) que sur les 104 adultes à qui il donna un âge mental de douze à quatorze ans (intelligence faible, mais normale), 50 % étaient des débiles sur l'échelle Goddard.

Venons-en à la raison évidente : nous avons affaire en l'occurrence à un groupe d'hommes et de femmes effrayés qui ne parlent pas anglais et qui viennent d'endurer les fatigues d'un long voyage en troisième classe dans l'entrepont d'un navire. La plupart sont pauvres et n'ont jamais été à l'école ; nombreux sont ceux qui n'ont jamais tenu un crayon ou un stylo en main. Ils descendent en rangs serrés du bateau ; peu de temps après, une des collaboratrices de Goddard, si intuitives, prend l'un d'eux à part, le fait asseoir, lui tend un crayon et lui demande de reproduire sur le papier une figure qu'on lui a montrée quelques secondes et qu'on vient de soustraire à sa vue. L'échec qui s'ensuit ne pourrait-il pas résulter des conditions dans lesquelles les tests se sont déroulés, de la faiblesse, de la peur, de l'état de confusion, plutôt que de la stupidité innée ? Goddard envisagea bien cette possibilité, mais la rejeta.

> L'épreuve suivante qui consiste à « reproduire un dessin de mémoire », n'est réussie qu'à 50 %. Aux personnes non averties, cela ne paraîtra pas surprenant, car la tâche semble difficile et même ceux qui savent qu'un enfant de dix ans réussit ce test sans difficulté, peuvent admettre que des personnes qui n'ont jamais eu de crayon entre les mains, ce qui était le cas de nombreux immigrants, peuvent trouver qu'il est impossible de reproduire le dessin (1917, p. 250).

Même en admettant une interprétation charitable de cet échec, quoi d'autre que la stupidité pourrait expliquer l'incapacité à citer soixante mots, n'importe quels mots, dans sa propre langue en trois minutes ?

> Que pouvons-nous dire du fait que seulement 45 % peuvent donner soixante mots en trois minutes, alors que des enfants normaux en donnent parfois deux cents dans le même temps ! Il est difficile de trouver une autre explication que le manque d'intelligence ou de vocabulaire, et un tel manque de vocabulaire chez un adulte dénote probablement un manque d'intelligence. Comment une personne peut-elle vivre dans un milieu quelconque pendant quinze ans sans apprendre des centaines de noms et sans pouvoir parmi ceux-ci en restituer à coup sûr soixante en trois minutes (1917, p. 251) ?

Et que dire de l'ignorance de la date, ou même du mois ou de l'année ?

> Devons-nous de nouveau en conclure que le paysan européen du type de celui qui immigre aux États-Unis ne porte aucune attention au temps qui passe ? Que les conditions de son existence sont si rudes qu'il se moque bien de savoir s'il est en janvier ou en juillet, en 1912 ou en 1906 ? Est-il possible qu'une personne soit d'une grande intelligence et, malgré cela, à cause des caractéristiques de son milieu, n'ait pas acquis cet élément ordinaire de la connaissance, même si le calendrier n'est pas d'un usage courant sur le continent, ou est assez compliqué en Russie ? S'il en est ainsi, de quel milieu doit-il s'agir (1917, p. 250) !

Puisque le milieu, qu'il soit européen ou plus proche, ne pouvait pas rendre compte d'échecs aussi pitoyables, Goddard affirma : « Nous ne pouvons échapper à cette conclusion générale que ces immigrants étaient d'une intelligence étonnamment faible » (1917, p. 251). La proportion élevée des débiles intriguait toujours Goddard, mais il finit par l'attribuer à un changement dans la nature des immigrants : « On se doit de remarquer que l'immigration, au cours de ces dernières années, est d'un caractère foncièrement différent de l'immigration primitive. [...] Il nous arrive à présent le plus médiocre de chaque race » (1917,

p. 266). « L'intelligence de l'immigrant moyen "de troisième classe" est basse, peut-être du niveau du débile » (1917, p. 243). Il se pouvait, espérait Goddard, que les choses fussent meilleures sur le pont des navires, mais il ne soumit pas ces passagers plus fortunés à l'épreuve des tests.

Que fallait-il donc faire ? Tous ces débiles devaient-ils être renvoyés chez eux, ou devait-on avant tout les empêcher de quitter leur pays ? Laissant présager les restrictions qui allaient être officiellement votées quelque dix ans plus tard, Goddard déclara que ses conclusions apportaient « des éléments importants en vue d'actions à envisager dans le domaine scientifique et social aussi bien que législatif » (1917, p. 261). Mais à cette époque, Goddard avait adouci sa position très ferme sur la colonisation des *morons*. Peut-être n'y avait-il pas assez d'ouvriers à l'esprit borné pour remplir le nombre considérable de tâches franchement pénibles et ingrates. Les débiles pourraient être aussi embauchés : « Ils accomplissent beaucoup de travaux que personne d'autre ne veut faire. [...] Il y a énormément de besognes fastidieuses, une quantité très importante de tâches à remplir pour lesquelles nous ne souhaitons pas payer ce qu'il faut pour nous assurer la collaboration d'ouvriers plus intelligents. [...] Il se peut que, tout compte fait, le débile ait sa place » (1917, p. 269).

Néanmoins, Goddard se félicitait de la sévérité accrue des critères d'admission. Il signale que les renvois pour déficience mentale augmentèrent de 350 % en 1913 et de 570 % en 1914 par rapport à la moyenne des cinq années précédentes.

> Ce résultat fut obtenu grâce aux efforts incessants des médecins qui étaient persuadés qu'on pouvait utiliser les tests mentaux pour la détection des étrangers faibles d'esprit. [...] Si le public américain souhaite que les débiles étrangers soient rejetés, il doit exiger que le Congrès mette en place les installations nécessaires dans les ports de débarquement (1917, p. 271).

Pendant ce temps, à l'intérieur du pays, il fallait procéder au dépistage des débiles et entraver leur multiplication. Dans plusieurs études, Goddard révéla la menace que faisait peser la débilité en publiant l'arbre généalogique de centaines d'être inutiles, à la charge de l'État et de la communauté, qui n'auraient jamais dû voir le jour si l'on avait empêché leurs ascendants faibles d'esprit de procréer. Goddard découvrit une souche d'indigents et de vauriens dans les landes à pins du New Jersey et retrouva leur origine dans l'union illicite d'un honnête homme et d'une serveuse de taverne prétendument débile. Le même homme se maria plus tard avec une brave quakeresse et engendra une autre lignée entièrement composée de citoyens dignes d'éloges. L'ancêtre étant à l'origine de deux souches, une bonne et une mauvaise, Goddard associa les deux mots grecs signifiant beau *(kallos)* et mauvais *(kakos)* pour attribuer à cet homme le pseudonyme de Martin Kallikak. La famille Kallikak servit, pendant plusieurs décades, de mythe primitif au mouvement eugénique.

L'étude de Goddard ne dépassait guère le stade de simples conjectures s'appuyant sur des conclusions établies à l'avance. Sa méthode, comme toujours, reposait sur des collaboratrices à l'esprit intuitif qu'il formait à reconnaître de vue les déficients mentaux. Il ne fit pas passer les tests de Binet aux habitants des cabanes en bois des landes à pins. Sa foi dans l'identification visuelle n'avait pratiquement pas de limite. En 1919, il analysa le poème d'Edwin Markham, « L'homme à la houe ».

> Ployant sous le poids des siècles, il se penche
> Sur sa houe et contemple le sol,
> Le vide des siècles sur le visage
> Et sur le dos le fardeau du monde...

Le poème de Markham lui avait été inspiré par le célèbre tableau de Jean-François Millet portant le même titre. Le poème, selon la critique de Goddard (1919, p. 239), « semble impliquer que l'homme peint par Millet devait sa situation aux conditions sociales qui le maintenaient dans cet état et le rendaient semblable aux mottes de terre qu'il retournait. » Baliverses que tout cela ! s'exclamait Goddard. La plupart des paysans pauvres ne souffrent que de leur propre débilité, ce que prouve le tableau de Millet. Comment Markham ne s'est-il pas rendu compte que ce paysan était un déficient mental ? « "L'homme à la houe" de Millet est atteint d'arrêt de développement mental — ce tableau est un parfait portrait d'imbécile » (1919, pp. 239-240). À l'accusation en forme de question lancée par Markham : « À qui est le souffle qui a éteint la flamme au sein de son cerveau ? », Goddard répliqua que ce feu mental n'avait jamais été allumé.

Puisque Goddard pouvait décider du niveau de déficience mentale en examinant un tableau, il n'avait certainement aucun mal à atteindre le même résultat sur des êtres de chair et de sang. Il envoya dans les landes à pins la redoutable Mme Kite, celle-là même qui devait peu de temps après utiliser ses talents à Ellis Island, et en peu de temps dressa l'arbre généalogique de cette triste lignée kakos. Goddard a publié la relation d'une des visites rendues par Mme Kite à cette famille, visites qui permirent d'établir un diagnostic sans appel (1912, pp. 77-78).

> Habituée comme elle l'était à des visions de misère et de dégradation, elle était malgré tout peu préparée au spectacle qui s'offrit à elle à l'intérieur. Le père, un homme solide, en bonne santé, aux épaules larges, se tenait assis dans un coin, prostré. [...] Trois enfants, vêtus du strict minimum et chaussés de souliers dépenaillés, traînaient ici et là, la mâchoire tombante et l'allure facilement reconnaissable du débile. [...]

Toute la famille était la démonstration vivante de l'inutilité des tentatives ayant pour but de convertir en citoyens efficaces une lignée de déficients mentaux par la promulgation et l'application de lois rendant l'éducation obligatoire. [...] Le père lui-même, bien qu'il soit fort et vigoureux, montrait par son visage qu'il n'avait qu'une mentalité d'enfant. La mère, dans sa crasse et ses haillons, n'était aussi qu'une enfant. Dans cette maison d'une abjecte pauvreté, une seule perspective s'ouvrait, celle de la naissance d'autres enfants débiles qui viendraient, eux aussi, entraver la marche en avant du progrès humain.

Si ces diagnostics dressés sur place paraissent quelque peu hâtifs et douteux, que penser alors de la méthode qu'employait Goddard pour porter un jugement sur l'état mental des personnes absentes ou indisponibles d'une manière ou d'une autre (1912, p. 15).

Après quelque expérience, la praticienne de terrain devient experte à déduire l'état des personnes qu'elle n'a pas vues à partir des similitudes entre le langage qu'on utilise pour les décrire et celui que l'on tient pour décrire les personnes qu'elle a vues.

Au beau milieu de tant d'absurdités, cela pourra sembler bien peu de chose, mais j'ai découvert il y a deux ans un petit trucage aux motivations plus conscientes. Mon collègue Steven Selden et moi examinions ensemble son exemplaire du livre de Goddard sur les Kallikak. En frontispice, on y voit une jeune femme de la lignée kakos, sauvée de la misère grâce à son internement dans l'institution de Goddard à Vineland. Deborah, comme Goddard l'appelle, est une jolie fille (fig 4.1) que l'on voit tranquillement assise, en robe blanche, lisant un livre, un chat confortablement installé sur ses genoux. Trois autres clichés nous montrent les autres membres de la lignée kakos, vivant misérablement dans leurs cabanes. Tous ont un air abruti (fig. 4.2). Les bouches ont une apparence sinistre ; les yeux sont des fentes sombres. Mais les livres de Goddard ont presque soixante-dix ans et l'encre s'est décolorée avec le temps. Il apparaît maintenant clairement que toutes les photos des kakos ne vivant pas dans l'institution de Goddard ont été truquées par l'adjonction d'épais traits noirs afin de donner un aspect diabolique aux yeux et à la bouche des personnages. Les trois clichés de Deborah n'ont subi aucune altération.

Selden apporta son livre à M. James H. Wallace, directeur des services photographiques de la Smithsonian Institution. Dans une lettre qu'il a envoyée à Selden le 17 mars 1980, on trouve le rapport suivant.

Il n'y a aucun doute que les photos des membres de la famille Kallikak ont été retouchées. En outre, selon toute apparence, ces retouches furent limitées aux seuls traits du visage des individus concernés — en l'occurrence les yeux, les sourcils, la bouche, le nez et les cheveux.
À l'heure actuelle, ces retouches apparaissent extrêmement grossières et

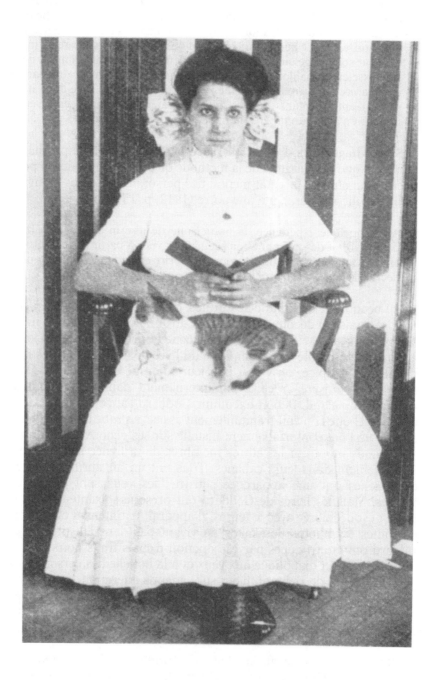

4.1 Photo non retouchée de Deborah, descendante de la lignée des Kallikak, vivant dans l'institution de Goddard.

4.2 Photos retouchées des « Kallikak », pseudonyme donné par Goddard à une famille très pauvre vivant dans les mauvaises landes à pins du New Jersey. Remarquez comment la bouche et les sourcils des personnages ont été soulignés de noir pour donner au visage un air méchant ou stupide. L'effet apparaît encore plus nettement sur les photographies originales parues dans le livre de Goddard.

criantes. Il faut néanmoins garder en mémoire le fait qu'à l'époque de la publication du livre, notre société avait beaucoup moins de maturité sur le plan visuel. L'usage des photographies était limité et les lecteurs d'alors ne disposaient même pas des capacités de comparaison qui sont celles, aujourd'hui, d'un enfant de dix ans. [...]

Ces contrastes artificiellement créés donnent au visage un aspect sombre et fixe, suggérant soit la méchanceté, soit l'arriération mentale. Il semble difficile d'expliquer pourquoi ces retouches ont été effectuées autrement que par l'intention de donner une fausse impression des caractéristiques des personnes représentées. Je pense également que le fait qu'aucun autre élément des photographies, le corps des personnages ou le fond, n'ait subi de retouches, est significatif à cet égard. [...]

Je considère que ces clichés constituent un cas extrêmement intéressant de manipulation photographique.

GODDARD FAIT AMENDE HONORABLE

En 1928, Goddard avait changé d'opinion et était devenu un partisan récent de l'homme dont il avait tout d'abord perverti l'œuvre, Alfred Binet. Il admit, en premier lieu, qu'il avait placé trop haut la limite supérieure de la débilité.

> Il fut supposé pendant tout un temps, de manière assez irréfléchie, que tous ceux qui obtenaient aux tests un âge mental de douze ans ou moins, étaient débiles. [...] Nous savons maintenant, bien entendu, que seul un faible pourcentage de ces personnes sont réellement débiles, c'est-à-dire incapables de s'occuper de leurs propres affaires avec la sagesse ordinaire ou de participer à la lutte pour la vie (1928, p. 220).

Malgré la redéfinition de leurs limites, les débiles légers authentiques — les *morons* — restent toujours très nombreux. Que faut-il donc en faire ? Sans abandonner sa foi en l'hérédité de l'état mental, Goddard rejoignit Binet et déclara que la plupart des *morons*, voire tous, pouvaient recevoir une formation leur permettant de mener une vie utile à la société.

> Le problème du *moron* est un problème d'éducation et de formation. [...] Cela peut vous surprendre, mais sincèrement lorsque je vois ce que l'on a pu faire des *morons* grâce à un système éducatif qui n'est, en règle générale, qu'à moitié bon, je n'ai aucune difficulté à en conclure que lorsque nous disposerons d'une éducation parfaitement au point, il n'y aura plus de débiles ne pouvant se prendre en charge, s'occuper de leurs affaires et participer à la lutte pour la vie. Si nous pouvions en outre espérer ajouter à cela un ordre social qui donnerait véritablement sa chance à chacun, je serais tout à fait assuré du résultat (1928, pp. 223-224).

Mais si nous laissons les *morons* vivre dans notre société, ne se marieront-ils pas et n'auront-ils pas des enfants ? N'est-ce pas là le plus

grand danger, celui contre lequel Goddard avait lancé ses avertissements les plus passionnés ?

> Certains nous objecteront que cette perspective néglige l'aspect eugénique
> du problème. Au sein de la collectivité, ces *morons* se marieront et auront
> des enfants. Et pourquoi pas ? [...] On peut aussi nous objecter que les
> parents *morons* sont susceptibles d'avoir des enfants imbéciles ou idiots. Il
> n'est pas prouvé du tout que ce soit le cas. Le risque est vraisemblablement
> négligeable. Il est même peu probable qu'il se produise plus souvent qu'il
> ne le fait dans la population générale*. Je pense que la plupart d'entre
> vous, comme moi-même, trouveront difficile d'admettre la véracité de ce
> qui vient d'être dit. Dans notre travail, nous avons été trop longtemps
> guidés par l'ancien concept (1928, pp. 223-224).

Goddard concluait (1928, p. 225) en prenant le contre-pied des
deux principes qui constituaient le rempart de son système précédent.

> 1. La débilité légère — le *moron* — *n'est pas incurable* [c'est Goddard
> lui-même qui souligne].
> 2. Les débiles légers n'ont généralement pas besoin d'être internés dans
> une institution.

« Quant à moi-même, confessait Goddard (p. 224), je pense que je
suis passé à l'ennemi. »

Lewis M. Terman et le lancement en série du QI inné

> Sans présenter la moindre donnée sur ce qui se passe entre la conception
> et l'âge du jardin d'enfants, ils annoncent, en se fondant sur ce qu'ils ont
> tiré de quelques milliers de questionnaires, qu'ils mesurent le potentiel
> mental héréditaire des êtres humains. De toute évidence, ce n'est pas par
> la recherche qu'ils ont abouti à cette conclusion, mais par la volonté de
> croire. À mon avis, le processus est, pour l'essentiel, inconscient. [...] Si
> l'impression prévalait que ces tests mesurent l'intelligence, qu'ils consti-
> tuent une sorte de jugement dernier sur les aptitudes de l'enfant, qu'ils
> révèlent « scientifiquement » ses facultés prédestinées, il vaudrait alors
> mille fois mieux que tous les testeurs d'intelligence et tous leurs ques-
> tionnaires soient jetés sans semonce dans la mer des Sargasses.
>   Walter LIPPMANN, au cours d'un débat avec Lewis Terman.

---

* Ne voyez pas dans ces paroles plus que ce que Goddard a voulu y mettre. Il n'avait
pas abandonné son idée de l'héritabilité de la débilité légère. Les parents *morons*
auront des enfants *morons*, mais l'éducation pourra les rendre utiles à la société. Les
parents *morons*, cependant, n'engendreront pas forcément davantage que d'autres
parents des déficients d'un degré *inférieur* — idiots et imbéciles.

LES TESTS APPLIQUÉS À GRANDE ÉCHELLE ET LE STANFORD-BINET

Lewis M. Terman, le douzième enfant, sur quatorze, d'une famille de cultivateurs de l'Indiana, faisait remonter son intérêt pour l'étude de l'intelligence à la visite que rendit à la ferme paternelle, alors qu'il n'avait que neuf ans, un colporteur de livres phrénologiste qui, après lui avoir tâté les bosses du crâne, lui prédit un avenir prometteur. Terman poursuivit sa vocation précoce, sans jamais douter qu'une valeur mentale mesurable se trouvait dans la tête des gens. En 1906, dans sa thèse de doctorat, Terman présenta l'examen de sept garçons « brillants » et sept garçons « stupides » et y soutint, en faisant appel à tous les stéréotypes classiques, tant raciaux que nationaux, que chacun de ses tests mesurait l'intelligence. Des tests d'invention, il écrivit : « Il nous suffit de comparer le Noir à l'Esquimau ou à l'Indien et l'indigène australien à l'Anglo-Saxon pour être frappé par la parenté existant entre la capacité intellectuelle générale et la capacité d'invention » (1906, p. 14). De l'aptitude mathématique, il déclara (1906, p. 29) : « L'ethnologie montre que le progrès racial est étroitement parallèle au développement de la capacité de traitement des concepts et des rapports mathématiques. »

Terman conclut son étude en commettant les deux erreurs que j'ai dénoncées plus haut dans la section traitant du démantèlement des intentions d'Alfred Binet aux États-Unis et sur lesquelles s'est fondée la thèse héréditariste. Il réifia les notes moyennes obtenues aux tests en en faisant une « chose » appelée intelligence générale et, parmi les deux propositions suivantes, devint partisan de la première (1906, p. 9) : « L'aptitude intellectuelle est-elle un compte en banque sur lequel on peut tirer à volonté ou est-ce un paquet de traites, toutes émises dans un but bien précis, et inconvertibles ? » Et tout en admettant qu'il n'apportait rien pour corroborer sa théorie, il prit parti pour la thèse de l'innéité (1906, p. 68) : « Bien qu'elle n'offre que peu de données irréfutables sur le sujet, cette étude a renforcé mon impression de la primauté relative des dons sur l'éducation dans la détermination du rang intellectuel d'un individu parmi ses pairs. »

Goddard introduisit l'échelle de Binet aux États-Unis, mais Terman fut le principal artisan de la généralisation de son emploi. La dernière version de Binet, datant de 1911, comprenait cinquante-quatre épreuves, échelonnées de trois-quatre ans à quinze-seize ans. La première révision de Terman, effectuée en 1916, étendit la portée de l'échelle métrique aux « adultes supérieurs » et fit passer le nombre d'épreuves à quatre-vingt-dix. Terman qui était alors professeur à l'université de Stanford, donna à cette nouvelle version un nom qui est devenu partie intégrante du vocabulaire de notre siècle, le Stanford-

Binet, norme de pratiquement tous les tests d'intelligence qui furent utilisés ultérieurement*.

Je ne vais pas me lancer ici dans une analyse détaillée du contenu des tests (pour cela, voir Block et Dworkin ou Chase, 1977), mais voici deux exemples qui montrent comment les tests de Terman mettaient l'accent sur la conformité des réponses aux prévisions et pénalisaient toute expression de l'originalité. Lorsque les réponses qu'attend le testeur correspondent aux normes de la société, les tests mesurent-ils alors une propriété abstraite du raisonnement ou l'adaptation à un comportement conformiste ? Terman ajouta la question suivante à la liste de Binet :

> Un Indien qui était venu dans une ville pour la première fois de sa vie vit un Blanc dans la rue et s'écria : Il est bien paresseux, il marche assis. Sur quoi était donc le Blanc pour que l'Indien ait pu dire qu'il marche assis ?

Terman acceptait comme seule réponse juste « bicyclette », refusant les voitures et autres véhicules, car les jambes n'y font pas ce mouvement de va-et-vient de haut en bas ; ainsi que « cheval » (la plus courante des réponses « fausses »), car tout Indien qui se respecte sait ce qu'est un cheval. (J'ai moi-même répondu « cheval », ayant imaginé que l'Indien était un humoriste plein d'esprit qui critiquait ainsi un de ses parents citadins décadents.) Des réponses originales telles que « un infirme dans un fauteuil roulant » et « une personne portée à dos d'homme » étaient également jugées erronées.

Terman incluait aussi cette question tirée du test original de Binet : « Mon voisin vient de recevoir de singulières visites : il a reçu d'abord un médecin, puis un notaire puis un prêtre. Que se passe-t-il donc chez mon voisin ? » Terman n'autorisait que peu de latitude dans les réponses possibles au-delà de « un décès », bien qu'il acceptât « un mariage », réponse fournie par un garçon qu'il décrivit comme « un jeune eugéniste éclairé » pour qui le docteur était venu pour voir si les partenaires étaient en bonne santé, le notaire pour dresser le contrat et le prêtre pour sceller l'union. Il refusait la combinaison « divorce et remariage » quoiqu'il signalât qu'un collègue de Reno — ville du Nevada qui, comme on sait, doit sa célébrité à une législation libérale

---

* Terman fournit une longue liste des attributs de l'intelligence générale que révélaient les tests Stanford-Binet : mémoire, compréhension du langage, étendue du vocabulaire, orientation dans l'espace et dans le temps, coordination visuo-motrice (œil-main), jugement, ressemblances et différences, raisonnement arithmétique, connaissance d'objets familiers, débrouillardise et ingéniosité dans des situations pratiques difficiles, capacité à déceler les absurdités, rapidité et richesse des associations d'idées, habileté à reconstituer un ensemble de formes (puzzle) ou d'idées à partir d'éléments dissociés, faculté de généralisation, et aptitude à déduire une loi en partant de faits reliés entre eux.

facilitant les mariages et les divorces ultrarapides — ait trouvé la réponse « très, très fréquente ». Il ne permettait pas non plus des réponses plausibles, mais trop simples (un dîner ou une soirée de réception) ou des réponses originales telles que : « Quelqu'un à l'agonie se marie et fait son testament avant de mourir. »

Mais l'influence la plus importante de Terman ne repose pas sur l'accentuation et l'extension de l'échelle de Binet. C'est un examinateur formé à ces méthodes qui devait faire passer, à un seul enfant à la fois, les épreuves de Binet. Celles-ci ne pouvaient pas être utilisées comme les instruments d'une classification générale de la population. Mais Terman souhaitait tester tout le monde, car il espérait établir une gradation de la capacité innée qui permettrait d'assigner à chaque enfant sa place dans la société.

> Quels sont les enfants qui passeront les tests ? La réponse est : tous. Si seuls des enfants sélectionnés subissent les tests, de nombreux cas où le besoin d'une intervention se fait sentir seront oubliés. Le but de ces tests n'est pas de nous dire ce que nous savons déjà et ce serait une erreur de ne tester que les élèves que l'on reconnaît comme étant, de façon évidente, au-dessous ou au-dessus de la moyenne. Certaines des plus grosses surprises proviennent de ceux dont on avait considéré les aptitudes comme proches de la moyenne. L'usage universel des tests est pleinement justifié (1923, p. 22).

Le Stanford-Binet, comme son parent, demeura un test individuel, mais il devint le modèle de pratiquement toutes les versions écrites ultérieures. En procédant par manipulations habiles et par élimination*, Terman standardisa l'échelle de manière à ce que les enfants « moyens » aient un score de 100 à chaque âge (l'âge mental équivaut alors à l'âge chronologique). Terman égalisa aussi les variations entre les enfants en établissant un écart type de 15 ou 16 points à chaque âge chronologique. Avec sa moyenne de 100 et son écart type de 15, le Stanford-Binet devint (et, à bien des égards, est demeuré jusqu'à aujourd'hui) le principal critère employé pour juger une pléthore de tests écrits qui furent plus tard utilisés à grande échelle. Le raisonnement était le suivant : nous savons que le Stanford-Binet mesure l'intelligence ; donc, tout test écrit présentant une forte corrélation avec le Stanford-Binet mesure également l'intelligence. La plupart des travaux statistiques complexes qui ont été menés ces cinquante dernières années sur la base de tests, n'apportent aucune confirmation indépendante de la proposition selon laquelle les tests mesurent l'intelligence ; ils ne font que se conformer à une norme préconçue qu'ils ne mettent pas en question.

---

* Cela, en soi, ne constitue pas un trucage, car il s'agit là d'un processus statistique parfaitement valable, permettant d'uniformiser la cotation et la variance moyennes d'un niveau d'âge à l'autre.

Les tests furent bientôt l'objet d'une industrie où plusieurs milliers de dollars étaient en jeu ; les sociétés qui les commercialisaient n'osèrent pas prendre le risque de proposer des tests dont la validité n'avait pas été prouvée par leur adéquation à la norme fixée par Terman. Les tests Alpha de l'armée de terre (*Army Alpha Tests*, voir pp. 230-260) inaugurèrent l'usage des tests à grande échelle, mais, dans les années de l'après-guerre, un déluge de concurrents offrirent leurs services aux administrateurs scolaires. Un coup d'œil rapide aux publicités placées en annexe du dernier livre de Terman (1923) illustre de manière spectaculaire et involontaire comment tous les avertissements de Terman sur la nécessité d'un examen lent et minutieux (1919, p. 299, par exemple) pouvaient se dissoudre devant les impératifs de coût et de temps qui s'imposèrent d'eux-mêmes lorsque le désir de Terman de tester tous les enfants devint une réalité. Trente minutes et cinq tests pouvaient marquer un enfant pour la vie, si les écoles adoptaient l'examen suivant, pour lequel Terman faisait de la publicité en 1923 et qui fut élaboré par un comité comprenant Thorndike (voir note p. 197), Yerkes et Terman lui-même.

Tests nationaux d'intelligence
pour les enfants de l'enseignement primaire

Ces tests sont le résultat direct de l'application des méthodes de test de l'armée de terre aux besoins scolaires. [...] Ils ont été choisis parmi un grand nombre de tests après une sélection sévère et une analyse minutieuse effectuées par des statisticiens. Les deux échelles préparées sont constituées de cinq tests chacune (avec des exercices pratiques) et l'on peut faire passer l'une comme l'autre en trente minutes. Elles sont simples d'emploi, sûres et immédiatement utilisables pour la classification des enfants de l'enseignement primaire selon leurs aptitudes intellectuelles. La cotation est remarquablement simple.

Binet, s'il avait vécu, aurait déjà été fort affligé par des affirmations aussi superficielles. Mais quelle aurait été sa réaction s'il avait connu les intentions de Terman ? Ce dernier le rejoignait bien pour dire que les tests atteignaient leur maximum d'efficacité quand il s'agissait de reconnaître les déficients du haut de l'échelle, mais les raisons qui le poussaient présentent un contraste à donner le frisson avec le désir de Binet d'aider ces enfants grâce à une éducation spécialisée (1916, pp. 6-7).

On peut prédire sans risque que, dans un avenir proche, les tests d'intelligence permettront de placer des dizaines de milliers de ces déficients mentaux de haut niveau sous la surveillance et la protection de la société. Cela aura pour effet, en fin de compte, de limiter la reproduction des débiles et d'éliminer, dans des proportions énormes, le crime, le paupérisme et l'inefficacité industrielle. Il est à peine nécessaire de souligner que ces cas de déficience de haut niveau, du type de ceux que l'on néglige souvent à présent, sont précisément ceux dont il est très important que l'État assume la garde.

Impitoyablement Terman insistait sur les limites et sur leur caractère inévitable. Il lui fallait moins d'une heure pour réduire à néant les espérances et déprécier les efforts de parents qui, malgré leur « bonne éducation », avaient eu le malheur d'avoir un enfant avec 75 de QI.

> Chose curieuse, la mère reprend courage et se met à espérer parce qu'elle voit que son fils apprend à lire. Elle ne semble pas se rendre compte qu'à son âge, il devrait être à trois ans de son entrée en seconde. Les quarante minutes de tests nous en ont plus appris sur les capacités intellectuelles de ce garçon que cette mère intelligente n'a pu en apprendre en onze ans d'observations quotidiennes. Car X est débile ; il ne pourra jamais terminer son cours moyen ; il ne sera jamais un travailleur compétent ni un citoyen responsable (1916).

Walter Lippmann, alors jeune journaliste, vit, au-delà des chiffres de Terman, les *a priori* qui sous-tendaient son entreprise et exprima sa colère sur un ton mesuré.

> Le danger des tests d'intelligence réside dans le fait qu'au sein d'un système global d'éducation, les moins raffinés, ou ceux qui ont les préjugés les plus forts, s'arrêteront dès qu'ils auront procédé à leur classification et oublieront que leur devoir est d'éduquer. Ils placeront l'enfant arriéré dans une catégorie au lieu de combattre les causes de son retard. Car toute la propagande sur les tests d'intelligence amène peu à peu à penser que les personnes à faible quotient d'intelligence sont congénitalement et irrémédiablement inférieures et à agir en conséquence.

TERMAN ET LA TECHNOCRATIE DE L'INNÉITÉ

Si cela était vrai, les satisfactions émotives et matérielles qu'attendrait le testeur d'intelligence seraient très grandes. S'il mesurait effectivement l'intelligence et si celle-ci était une quantité fixée héréditairement, c'est à lui qu'il reviendrait de dire non seulement où classer chaque enfant à l'école, mais aussi quels sont les enfants qui devraient aller au lycée, à l'université, se préparer à exercer une profession libérale ou un métier manuel, ou à devenir un simple manœuvre. Si le testeur parvenait à faire valider son approche, il acquerrait bientôt une position de pouvoir qu'aucun intellectuel n'a jamais réussi à occuper depuis la chute de la théocratie. La perspective ne manque pas d'attrait et, même tronquée, reste assez grisante. Si seulement il était possible de prouver, ou au moins de faire croire, que l'intelligence est fixée par l'hérédité et qu'elle peut se mesurer par des tests, à quel avenir pourrait-on alors rêver ! La tentation inconsciente est trop forte pour qu'y résistent les défenses critiques ordinaires qu'opposent les méthodes scientifiques. Avec l'aide d'une subtile illusion statistique, d'erreurs logiques complexes et de quelques opinions et propos introduits subrepticement, on devient automatiquement la dupe de soi-même avant de tromper le public.

Walter LIPPMANN, lors d'un débat avec Lewis Terman.

Platon avait rêvé d'un monde rationnel gouverné par des rois philosophes. Terman fit renaître cette dangereuse vision, mais, à la tête de son armée de testeurs, se lança dans une tentative d'usurpation. Si tout le monde pouvait être testé, puis orienté vers les rôles convenant à l'intelligence de chacun, alors une société juste, et surtout efficace, verrait le jour pour la première fois dans l'histoire.

Prenant le problème à la base, Terman affirma que nous devons en premier lieu contenir ou éliminer ceux dont l'intelligence est trop faible pour leur permettre de mener une vie utile ou morale. La cause principale de cette pathologie sociale est la débilité innée. Terman (1916, p. 7) critiquait Lombroso qui pensait que des caractères externes de l'anatomie étaient les signes d'un comportement criminel. C'est bien la nature innée qui est à l'origine, mais c'est la faiblesse du QI qui en est le témoignage direct, non la longueur des bras ou le prognathisme.

> Les théories de Lombroso ont été totalement discréditées par les résultats des tests d'intelligence. Ceux-ci ont démontré, sans le moindre doute possible, que le trait le plus important d'au moins 25 % de nos criminels est la faiblesse mentale. Les anomalies physiques que l'on a rencontrées si fréquemment parmi les prisonniers ne sont pas les stigmates de la criminalité, mais les difformités physiques qui accompagnent la débilité. En ce qui concerne le diagnostic, elles n'ont aucune signification, sauf dans la mesure où elles sont des indices de la déficience mentale (1916, p. 7).

Les personnes affligées de débilité mentale sont doublement handicapées par leur hérédité malheureuse, car le manque d'intelligence, qui en lui-même représente déjà une infirmité, conduit à l'immoralité. Si nous voulons éliminer la pathologie sociale, il nous faut découvrir ses causes dans la biologie des inadaptés sociaux eux-mêmes, puis les éliminer en les internant dans des institutions et, avant toute autre chose, en les empêchant de se marier et d'engendrer une progéniture.

> Tous les criminels ne sont pas des débiles, mais tous les débiles sont des criminels, au moins en puissance. Personne ne contestera le fait que toute femme débile est une prostituée potentielle. Le jugement moral, tout comme le sens des affaires ou la perspicacité sociale ou toute autre sorte de processus de pensée supérieure est fonction de l'intelligence. La moralité ne peut pas fleurir et porter des fruits si l'intelligence demeure infantile (1916, p. 11).

Les débiles, il faut entendre par là les personnes qui ne disposent pas des compétences nécessaires pour vivre dans la société, sont, par définition, plus un fardeau qu'un atout, non seulement économiquement, mais plus encore à cause de leurs tendances à devenir des délinquants ou des criminels. [...] Le seul moyen efficace de venir à bout du problème que posent ceux qui sont irrémédiablement débiles est de les mettre sous surveillance permanente. Les obligations de l'enseignement public concernent plutôt le groupe, plus vaste et plus prometteur, d'enfants simplement inférieurs (1919, pp. 132-133).

En se faisant l'avocat de l'usage universel des tests, Terman écrivit (1916, p. 12) : « En prenant en compte le coût exorbitant du vice et du crime, qui, selon toute probabilité, ne s'élève pas à moins de cinq cents millions de dollars par an dans les seuls États-Unis, il est évident que les tests psychologiques ont trouvé ici une de leurs applications les plus fructueuses. »

Après avoir proposé d'exclure les inadaptés de la société, les tests d'intelligence pouvaient ensuite canaliser les gens acceptables biologiquement vers les professions convenant à leur niveau mental. Terman escomptait que ses examinateurs détermineraient « le "quotient d'intelligence" minimum nécessaire pour réussir dans chaque principale branche d'activité » (1916, p. 17). Tout professeur consciencieux essaie de trouver des emplois pour ses étudiants, mais il en est peu qui poussent l'audace jusqu'à vendre leurs disciples comme apôtres d'un nouvel ordre social.

Les firmes industrielles subissent sans aucun doute des pertes énormes en employant des personnes dont les aptitudes mentales ne sont pas à la hauteur des tâches que l'on attend d'elles. [...] Toute société employant au moins 500 ou 1 000 travailleurs, comme un grand magasin par exemple, pourrait de cette manière économiser plusieurs fois le salaire d'un psychologue dûment formé.

Terman interdisait pratiquement l'accès aux professions de prestige et aux emplois rémunérateurs aux personnes ayant un QI inférieur à 100 (1919, p. 282) et soutenait que toute « réussite substantielle » exigeait probablement un QI supérieur à 115 ou 120. Mais il était plus intéressé par la mise en place du classement dans le bas de l'échelle, parmi ceux qu'il estimait « simplement inférieurs ». La société industrielle moderne a besoin des équivalents de ceux qui, dans la Bible, en des temps plus bucoliques, étaient employés à couper le bois et à puiser l'eau. Et ils sont nombreux.

L'évolution de l'organisation industrielle moderne conjointement avec la mécanisation des processus de fabrication rend possible une utilisation de plus en plus grande de main-d'œuvre à mentalité inférieure. Un homme ayant la capacité de penser et de concevoir guide le travail de dix ou vingt ouvriers qui font ce qu'on leur dit de faire et ont peu besoin de faire preuve de débrouillardise et d'initiative (1919, p. 276).

Les QI de 75 ou moins devraient être le domaine de la main-d'œuvre non qualifiée, ceux de 75 à 85 celui « par excellence » des ouvriers spécialisés. Des jugements plus spécifiques ont pu également être prononcés. « Tout ce qui, dans le cas d'un coiffeur dépasse 85 de QI représente probablement un gaspillage » (1919, p. 288). Un QI de 75 constitue un « risque certain chez un conducteur ou un chef de train et cela provoque du mécontentement » (Terman, 1919). Une formation et des stages professionnels appropriés sont essentiels pour ceux qui appartiennent à « la catégorie des 70 à 85 ». Sans cela, ils ont tendance à quitter l'école « et sont entraînés dans les rangs des asociaux ou rejoignent l'armée des mécontents bolcheviks » (1919, p. 285).

Terman mena des recherches sur le QI dans les différentes professions et en conclut avec satisfaction qu'une répartition imparfaite selon l'intelligence s'était déjà opérée. Il trouva des explications rendant compte des exceptions embarrassantes. Il étudia par exemple quarante-sept employés de compagnies de messageries, des hommes attelés à une tâche machinale et répétitive « offrant des occasions excessivement limitées à l'expression de l'ingéniosité ou même au jugement personnel » (1919, p. 275). Cependant leur QI moyen s'élevait à 95 et plus de 25 % franchissaient le chiffre de 104, prenant ainsi place dans les rangs des personnes intelligentes. Terman en était perplexe, mais attribuait ces réussites fort modestes avant tout à un manque de « certaines qualités souhaitables sur le plan émotionnel, moral ou autre », bien qu'il admît que « des contraintes économiques » aient pu forcer certains d'entre eux « à abandonner l'école avant d'avoir pu se préparer à un métier plus exigeant » (1919, p. 275). Dans une autre étude, Terman a rassemblé un échantillon de 256 « vagabonds et de chômeurs », provenant particulièrement d'un centre d'accueil pour sans-logis de Palo Alto. Il s'attendait à ce que leur QI fût le plus bas de toute sa liste ; cependant, bien que la moyenne de 89 obtenue par les clochards ne témoignât pas de dons prodigieux, elle plaçait tout de même ceux-ci au-dessus des conducteurs de tramway, des vendeuses, des pompiers et des policiers. Pour venir à bout de cette situation gênante, Terman présenta son tableau de résultats d'une manière curieuse. La moyenne des clochards était désespérément élevée, mais, au sein de celle-ci, on enregistrait aussi des variations plus importantes que dans aucun autre groupe et on y trouvait un bon nombre de notes assez basses. Terman fit donc figurer sur son tableau les notes des 25 % les plus faibles de chaque groupe, ce qui eut pour effet de faire redescendre les vagabonds dans les bas-fonds.

Si Terman s'était contenté de préconiser une méritocratie fondée sur la réussite sociale, on aurait pu lui reprocher son élitisme, tout en le félicitant pour un projet qui permettait de récompenser le travail et le dynamisme des individus. Mais Terman était persuadé que les limites de classe avaient été fixées par l'intelligence innée. Sa hiérarchie des professions, des prestiges et des revenus traduisait le mérite biologique des classes sociales existantes. Si les coiffeurs ne restaient pas italiens, ils continueraient à se recruter parmi les pauvres et cette situation se perpétuerait à juste titre.

> L'opinion courante selon laquelle l'enfant élevé dans une famille cultivée réussit mieux aux tests en raison des avantages qu'il retire de son éducation supérieure, est une supposition entièrement gratuite. Pratiquement toutes les recherches qui ont été menées sur l'influence de la nature et de l'acquis sur le fonctionnement mental s'accordent à attribuer une importance beaucoup plus grande aux dons naturels qu'au milieu. Les observations générales laisseraient à penser que l'appartenance sociale d'une famille dépend moins du hasard que des qualités intellectuelles et des caractéristiques innées des parents. [...] Les enfants de parents aisés et cultivés ont des résultats aux tests plus élevés que ceux élevés dans des foyers misérables où règne l'ignorance, pour la simple raison que leur hérédité est meilleure (1916, p. 115).

LE QI FOSSILE DES GÉNIES DU PASSÉ

La société, pour faire tourner ses machines, peut avoir besoin d'une grande quantité d'hommes « simplement inférieurs », croyait Terman, mais, au bout du compte, sa santé dépend du rôle prééminent accordé, à sa tête, à quelques rares hommes de génie au QI élevé. Terman et ses collaborateurs publièrent une série de cinq volumes, *Genetic Studies of Genius*, où ils tentent de définir et de comprendre les personnes situées au sommet de l'échelle Stanford-Binet.

Dans un des volumes, Terman entreprit de mesurer rétrospectivement le QI des principaux artisans de l'histoire humaine — hommes d'État, militaires et intellectuels. S'ils se classaient en haut de l'échelle, cela signifierait que le QI est bien la mesure unique de la valeur humaine ultime. Mais comment peut-on obtenir un QI fossile alors qu'il est impossible de faire réapparaître sur terre le jeune Copernic et de lui demander sur quoi était assis le Blanc paresseux ? Sans se démonter, Terman et ses collègues essayèrent de reconstituer le QI des personnes éminentes de notre passé et publièrent un épais volume (Cox, 1926) qui, au sein d'une littérature déjà constellée de bien des absurdités, doit compter parmi les plus bizarres — quoique Jensen et d'autres continuent à le prendre au sérieux*.

Terman (1917) avait déjà publié une étude préliminaire consacrée à Francis Galton et avait décerné un stupéfiant QI de 200 à ce pionnier

---

* « Le QI moyen estimé de trois cents personnages historiques, écrit Jensen, [...] sur l'enfance desquels on possède suffisamment de renseignements pour établir une évaluation sûre, était de 155. [...] Ainsi, la majorité de ces hommes éminents auraient été très vraisemblablement reconnus comme intellectuellement doués si, enfants, ils avaient subi des tests de QI » (Jensen, 1979, p. 113).

de la psychométrie. Il encouragea donc ses associés à poursuivre les recherches à plus grande échelle. J. M. Cattell avait publié un classement de mille instigateurs de l'histoire en mesurant la longueur des articles écrits à leur sujet dans les dictionnaires biographiques. Une collaboratrice de Terman, Catherine M. Cox, réduisit la liste à 282 personnages, rassembla toutes les informations biographiques précises sur leur jeunesse et se mit à estimer deux valeurs de QI pour chacun d'eux — l'une, appelée QI A1, allait de la naissance à l'âge de dix-sept ans ; l'autre, le QI A2, de dix-sept à vingt-six ans.

Elle se heurta à des difficultés dès le début de son étude. Elle demanda à cinq personnes, dont Terman faisait partie, de lire ses dossiers et d'évaluer les deux QI pour chaque personnage. Trois des cinq experts s'accordèrent dans l'ensemble sur des QI Al regroupés autour de 135 et des QI A2 proches de 145. Mais deux d'entre eux accordèrent des notes sensiblement divergentes, l'un donnant un QI moyen nettement supérieur, l'autre nettement inférieur. Cox élimina tout simplement leurs estimations, rejetant ainsi 40 % de ses données. Leurs évaluations se seraient du reste équilibrées au niveau de la moyenne des trois autres, argumenta-t-elle (1926, p. 72). Cependant, si cinq personnes travaillant dans la même équipe de recherche n'ont pas pu s'entendre, quelle uniformité ou quelle cohérence de pensée — sans parler de l'objectivité — peut-on espérer ?

Outre ces difficultés pratiques débilitantes, la logique de base de l'étude était complètement faussée dès le départ, sans aucun correctif possible. Les différences de QI que Cox relevait parmi ses sujets ne mesurent nullement leurs talents divers, encore moins leur intelligence innée. Au contraire, ces différences ne sont que des artefacts méthodologiques provenant des variations dans la qualité des informations que Cox avait pu compiler sur l'enfance et la jeunesse de ses sujets. Elle commençait par attribuer une base de QI de 100 à chaque individu ; les experts ensuite ajoutaient à cette valeur (ou beaucoup plus rarement retranchaient) selon les données fournies.

Les dossiers de Cox sont des listes hétéroclites de faits saillants de l'enfance et de la jeunesse de ses sujets, où l'accent est mis sur les exemples de précocité. Sa méthode consistant à élever la cotation, à partir du chiffre de base de 100, à chaque élément notable du dossier, les estimations de QI ne reflètent guère autre chose que le volume des informations disponibles. En général, un faible QI traduit une absence de données sur le sujet et un QI élevé une liste substantielle. (Cox admet même qu'elle ne mesure pas un véritable QI, mais uniquement ce qu'on peut déduire de données limitées. Bien entendu ce désaveu fut invariablement omis dans tous les comptes rendus de cette étude destinés au grand public.) Pour croire, même un court instant, qu'une telle procédure permette une classification exacte des « hommes de génie » selon leur QI, il faudrait supposer que l'enfance de tous les sujets ait été l'objet d'observations et de notations réalisées avec une attention à peu près égale dans tous les cas. Il faudrait aussi présumer (comme le fait Cox) que l'absence de tout document attestant un développement précoce est l'indication d'une vie banale ne valant pas la peine d'être racontée et non l'absence d'une personne, dans l'entourage de l'enfant, soucieuse de consigner par écrit ses dons extraordinaires.

Deux résultats fondamentaux de l'étude de Cox ont immédiatement éveillé nos soupçons et nous ont amené à penser que ses notes de QI reproduisaient les accidents historiques survenus aux documents contant la vie de ses génies, plutôt que leurs talents véritables. En premier lieu, le QI n'est pas censé se modifier dans une direction donnée au cours de la vie du sujet. Cependant, dans son étude, le QI Al moyen est de 135 et le QI A2 nettement plus fort, avec un chiffre de 145. Lorsque nous examinons attentivement ses dossiers (totalement publiées in Cox, 1926), la raison en saute aux yeux, le phénomène n'étant qu'un artefact évident de sa méthode. Elle dispose de plus d'informations sur les débuts de la vie adulte de ses sujets que sur leur enfance (le QI A2, rappelons-le, concerne les années de jeunesse, entre dix-sept et vingt-six ans, le QI A1 les années précédentes). En second lieu, Cox a publié des QI fâcheusement bas pour certains personnages remarquables, dont Cervantes et Copernic qui, tous deux, n'obtiennent que 105. Ses dossiers expliquent ces résultats : on ne connaît rien, ou fort peu de chose, sur leur enfance, ce qui n'a pas permis d'ajouter quoi que ce soit au chiffre de base de 100. Cox a établi, parmi ses chiffres, sept niveaux de fiabilité. Le septième, qu'on le croie ou non, est : « Simple hypothèse, fondée sur aucune donnée. »

À titre de démonstration supplémentaire, regardons le cas des génies nés dans des familles humbles où les précepteurs et les scribes ne foisonnaient pas pour encourager, puis narrer sur le papier, les précoces exploits des futurs grands esprits. John Stuart Mill a pu apprendre le grec dans son berceau, mais Faraday et Bunyan ont-ils jamais eu cette possibilité ? Les enfants pauvres subissent un double handicap ; non seulement personne ne se soucie de laisser des traces de leur enfance, mais, en outre, ils sont dégradés en raison même de leur pauvreté. Car Cox, utilisant le stratagème favori des eugénistes, estimait l'intelligence des parents d'après leur métier et leur statut social ! Elle classait les parents sur une échelle des professions allant de 1 à 5, accordant un QI de 100 aux enfants dont les parents exerçaient une profession de rang 3, et un bonus (ou un malus) de dix points de QI pour chaque gradation supérieure (ou inférieure). Un enfant qui n'avait rien fait de remarquable pendant les dix-sept premières années de son existence pouvait néanmoins se voir gratifier d'un QI de 120 en vertu de la richesse ou du prestige de la profession de ses parents.

Regardez le cas de ce pauvre Masséna. Ce grand maréchal de Napoléon qui ne parvient pas à décoller d'un QI A1 de 100. De son enfance on ne sait rien, sauf qu'il remplit la fonction de mousse pendant deux voyages à bord du bateau de son oncle. Cox écrit de lui (p. 88) :

> Les neveux des commandants de navire de guerre ont vraisemblablement un QI dépassant largement le chiffre de 100 ; mais les mousses qui restent mousses pendant deux longs voyages et dont on ne trouve rien d'autre à relater, jusqu'à l'âge de dix-sept ans, que leur emploi de mousse, peuvent avoir en moyenne un QI inférieur à 100.

D'autres figures admirables, dotées de parents dans le dénuement et de documents parcimonieux à leur sujet, auraient dû subir l'ignominie de notes inférieures à la barre fatidique de 100. Mais Cox s'est toujours arrangée pour tourner la difficulté et temporiser, en les hissant tous au-dessus du nombre à trois chiffres, quoique parfois de justesse. Le malheureux Saint-Cyr ne fut sauvé que par une lointaine ascendance qui lui valut un QI A1 de 105 : « Le père fut tanneur après avoir été boucher, ce qui aurait donné à son fils un statut professionnel de QI de 90-100 ; mais deux parents éloignés reçurent à la guerre des distinctions honorifiques insignes qui témoignaient d'une lignée plus haute dans la famille » (pp. 90-91). John Bunyan, auteur du célèbre *Pilgrim's Progress* (1678), dut affronter, au cours de sa jeunesse, plus d'obstacles familiaux que son propre héros, mais Cox réussit à lui trouver une petite cotation de 105.

> Le père de Bunyan était chaudronnier ou étameur, mais un étameur respecté dans le village ; et sa mère faisait partie, non de ces pauvres vivant dans des conditions sordides, mais de ces gens « décents et estimables dans leur conduite ». Cela devrait suffire pour envisager une cotation entre 90 et 100. Mais la documentation va plus loin et nous y voyons qu'en dépit de « la médiocrité et de l'insignifiance » de leur existence, les parents de Bunyan mirent leur enfant à l'école pour qu'il y apprenne « à la fois à lire et à écrire », ce qui annonçait sans doute un avenir plus prometteur que celui de chaudronnier (p. 90).

Michael Faraday échappa de peu au couperet avec une note de 105, parvenant à surmonter le déshonneur du statut social de ses parents grâce à des bribes de renseignements sur le sérieux dont il faisait preuve dans son métier de garçon de courses et grâce aux questions qu'il posait sans cesse. Son QI A2 qui s'éleva soudainement à 150 ne dénote que l'accroissement des informations sur la période plus remarquable où il était jeune homme. Il fut un cas, cependant, où Cox ne put se résoudre à reporter les résultats gênants auxquels ses méthodes l'avaient conduite. Shakespeare, à l'origine humble et à l'enfance inconnue, aurait dû obtenir une note inférieure à 100. Aussi le laissa-t-elle de côté, même si, par ailleurs, elle avait conservé plusieurs autres personnalités à l'enfance tout aussi ignorée.

Parmi d'autres bizarreries de cotation qui traduisent les préjugés sociaux de Cox et de Terman, plusieurs jeunes prodiges (Clive, Liebig et Swift notamment) perdirent des points pour leur insubordination à l'école, en particulier pour la mauvaise volonté mise à étudier leurs humanités. L'hostilité contre les arts musicaux apparaît de manière évidente dans le classement des compositeurs qui (en tant que groupe) arrivent juste au-dessus des militaires, dans le bas de la liste récapitulative. Voici ce que Cox, en usant involontairement de l'art de la litote, écrivit de Mozart (p. 129) : « Un enfant qui apprend à jouer du piano à trois ans, qui, à cet âge, reçoit une éducation musicale en en faisant son profit, et qui étudie et exécute le plus difficile contrepoint à l'âge de quatorze ans, est probablement au-dessus du niveau moyen de son groupe social. »

Finalement, je soupçonne Cox de s'être rendu compte de la base branlante sur laquelle reposait tout son travail, mais de n'en avoir pas moins poursuivi courageusement. Les corrélations entre le renom (la longueur des articles biographiques de Cattell) et les QI attribués s'avérèrent décevants, pour ne pas dire plus — un petit 0,25 pour le rapport renom/QI A2 et aucun chiffre avancé pour la corrélation renom/QI A1 (d'après mes calculs, le résultat est encore plus bas avec 0,20). Au contraire, Cox accorde beaucoup d'importance au fait que ses dix sujets les plus éminents présentent un QI moyen supérieur de quatre points — oui, seulement quatre — à celui des dix moins éminents.

Cox trouva sa plus forte corrélation (0,77) entre le QI A2 et le « coefficient de fidélité », une mesure de l'information disponible sur ses sujets. Je ne peux pas imaginer meilleure démonstration pour prouver que les QI de Cox ne sont que des artefacts provenant des quantités différentes de données, et non des mesures des facultés innées ou même, en l'occurrence, du simple talent. Cox en convint et, dans un dernier effort, tenta de « corriger » ses cotations dans les cas où les informations manquaient en remontant les sujets ainsi désavantagés vers les moyennes globales de 135 pour le QI A1 et 145 pour le QI A2. Ces rectifications gonflèrent nettement les QI moyens, mais entraînèrent d'autres contrariétés. Dans les données non corrigées, les cinquante figures les plus éminentes présentaient une moyenne de 142 pour leur QI A1, tandis que celle des cinquante moins éminentes s'établissait bien au-dessous, à 133. Les corrections une fois effectuées, les cinquante premiers en étaient à 160, les cinquante derniers à 165. En fin de compte, seuls Goethe et Voltaire parvenaient, près du haut de l'échelle, à faire coïncider le renom avec le QI. On pourrait paraphraser le célèbre mot de Voltaire sur Dieu et dire pour conclure que, même si l'information nécessaire sur le QI des grandes figures de l'histoire n'existait pas, il était probablement inévitable que les héréditaristes essaieraient de l'inventer.

TERMAN ET LES DIFFÉRENCES ENTRE LES GROUPES

Le travail empirique de Terman mesurait ce que les statisticiens appellent la « variance interne au groupe » *(within-group variance)* du QI, c'est-à-dire les différences de cotations au sein d'une population unique (tous les enfants d'une école, par exemple). Au mieux, il était capable de montrer que les enfants réussissant bien ou mal aux tests dans leur jeune âge conservent généralement leur classement par rapport aux autres enfants au fil des années. Terman attribuait la plus grande partie de ces différences aux inégalités des dons naturels, sans guère apporter d'autre preuve que d'affirmer que tous les gens sensés reconnaissent la domination de la nature sur l'acquis. Cette variété d'héréditarisme peut aujourd'hui choquer notre sensibilité par son élitisme et ses propositions en faveur de l'internement en institution et de limitations imposées à la procréation, mais elle ne signifie pas, en elle-même, que des différences innées existent entre les groupes, assertion beaucoup plus contestable.

Terman se lança dans cette extrapolation injustifiée, comme pratiquement tous les héréditaristes l'ont fait et continuent à le faire. Il aggrava ensuite son erreur en confondant la genèse de vraies pathologies avec les causes des variations du comportement normal. Nous savons, par exemple, que l'arriération mentale associée au syndrome de Down provient d'une anomalie chromosomique spécifique, la trisomie 21. Mais nous ne pouvons pas pour cela attribuer la faiblesse du QI de certains enfants apparemment normaux à des caractéristiques biologiques innées. Nous pourrions tout aussi bien soutenir que toutes les personnes qui ont quelques kilos de trop n'y peuvent rien parce que certains individus très gros doivent leur obésité à des déséquilibres hormonaux. Les données de Terman sur la stabilité du classement du QI dans les groupes s'appuyaient en grande partie sur la persistance de bas QI chez des enfants victimes d'atteintes biologiques, bien que Terman tentât de rassembler toutes les cotations en une courbe normale (1916, pp. 65-67) et de suggérer par là même que toutes les variations tirent leur origine commune de la possession, en plus ou moins grande quantité, d'une substance unique. En bref, c'est une erreur de passer par extrapolation de variations au sein d'un groupe à des différences entre les groupes. Et il est doublement erroné d'utiliser la pathologie congénitale de certains individus pour attribuer des causes innées aux variations normales au sein d'un groupe.

Au moins les partisans de l'hérédité du QI n'ont-ils pas suivi leurs ancêtres craniologues dans leurs jugements sévères sur les femmes. Les filles ne se montraient pas inférieures aux garçons quant au QI et Terman déclara que leur barrer l'accès au marché du travail était à la fois une injustice et un gaspillage de talent intellectuel (1916, p. 72 ;

1919, p. 288). Il remarqua, en considérant que le QI devrait constituer la mesure de la récompense monétaire, que les femmes ayant un QI de 100 à 120 gagnaient généralement, comme institutrices ou « sténographes hautement qualifiées », ce que les hommes avec 85 de QI recevaient pour leur métier de conducteur de tramway, de pompier ou de policier (1919, p. 278).

Mais Terman adopta les thèses héréditaristes sur les races et les classes sociales et fit de leur confirmation le but principal de son œuvre. En terminant son chapitre sur les utilisations du QI (1916, pp. 19-20), Terman posa trois questions.

> La place des prétendues classes inférieures dans l'échelle sociale et industrielle est-elle le résultat de l'infériorité de leurs dons innés ou cette apparente infériorité provient-elle simplement de l'infériorité de leur foyer et de leur formation scolaire ? Le génie se rencontre-t-il plus fréquemment chez les enfants cultivés que chez les enfants des pauvres et des incultes ? Les races inférieures sont-elles réellement inférieures ou doivent-elles leur condition au simple fait qu'elles n'ont pas eu l'occasion d'apprendre ?

Malgré une faible corrélation de .4 [0,4] entre le statut social et le QI, Terman (1917) énonça cinq raisons principales lui permettant d'affirmer que « le milieu est beaucoup moins important que les dons de naissance pour déterminer la nature des caractères en question » (p. 91). Les trois premières, fondées sur des corrélations supplémentaires, n'apportent aucune preuve nouvelle en faveur des causes innées. Terman calcula : 1) une corrélation de .55 entre le statut social et les estimations de l'intelligence faites par les enseignants ; 2) de .47 entre le statut social et le travail scolaire ; et 3) une corrélation plus faible, mais non précisée*, entre le statut social et la « progression des enfants par classe d'âge ». Puisque les cinq propriétés — le QI, le statut social, les estimations des enseignants, le travail scolaire et la progression par classe d'âge — peuvent être des mesures redondantes des mêmes causes complexes et inconnues, ces corrélations accessoires, quelles qu'elles soient, n'ajoutent guère au résultat de base de .4 entre le QI et le statut social. Si la corrélation de .4 ne permet pas de se prononcer avec certitude sur le caractère inné des causes, comment ces corrélations supplémentaires le pourraient-elles ?

Le quatrième argument, que Terman lui-même avouait trouver faible (1916, p. 98), confond la pathologie probable et les variations

---

* Ce qui est fort gênant et caractéristique du travail de Terman, c'est qu'il cite des corrélations lorsque celles-ci sont élevées et vont dans le sens de ses thèses ; mais il ne donne pas les chiffres lorsque, tout en restant favorables, ceux-ci se révèlent faibles. Ce stratagème se retrouve maintes fois dans deux cas que nous avons déjà passés en revue plus haut, l'étude de Catherine Cox sur les génies et l'analyse de Terman sur les QI dans les divers corps de métier.

normales et est donc à écarter, comme nous l'avons montré plus haut :
il arrive que des enfants débiles naissent dans des familles riches ou
intellectuellement développées.

Le cinquième argument met au jour la force des convictions héréditaristes de Terman et sa remarquable imperméabilité à l'influence
du milieu. Terman mesura le QI de vingt enfants d'un orphelinat de
Californie. Seuls trois d'entre eux étaient « complètement normaux »,
les dix-sept autres allant de 75 à 95. Ces faibles cotations, selon
Terman, ne peuvent pas être dues à l'absence de parents, car :

> L'orphelinat en question est un établissement de fort bonne qualité et le
> cadre qu'il offre est à peu près aussi stimulant pour le développement
> mental que la vie dans une famille moyenne de la petite bourgeoisie.
> Les enfants vivent à l'orphelinat et suivent les cours de l'excellente école
> publique d'un village de Californie (p. 99).

Les mauvais résultats enregistrés chez ces enfants confiés à ce type
d'établissement doivent traduire les déficiences de leur biologie.

> Certains des tests qui ont été appliqués dans ces établissements montrent
> que l'arriération mentale de haut et de bas degré se rencontre extrême-
> ment fréquemment chez les enfants qui y sont placés. La plupart d'entre
> eux, mais, il faut le reconnaître, pas tous, sont issus de classes sociales
> inférieures (p. 99).

Terman ne fournit aucun renseignement sur la vie de ses vingt
pupilles. Nous savons qu'ils vivent dans un orphelinat, rien de plus. Il
n'est même pas certain qu'ils proviennent tous de « classes sociales
inférieures ». À coup sûr, l'hypothèse la plus économique consisterait
à rapprocher les faibles QI du seul fait incontestable commun à tous
les enfants, leur vie en institution.

Terman passait aisément des individus aux classes sociales et aux
races. La fréquence des QI entre 70 et 80 l'affligeait (1916, pp. 91-92).

> Parmi les ouvriers et les serveuses, il y en a des milliers comme eux. [...]
> Les tests ont dit la vérité. Ces garçons ne peuvent recevoir d'autre édu-
> cation qu'un simple apprentissage des plus rudimentaires. Aucune
> instruction scolaire, aussi intensive soit-elle, ne pourra les transformer
> en électeurs intelligents ni en citoyens compétents. [...] Ils représentent
> le niveau d'intelligence qui est très, très commun dans les familles
> hispano-indiennes et mexicaines du sud-ouest des États-Unis et égale-
> ment chez les Noirs. Leur apathie semble d'origine raciale ou au moins
> inhérente à la souche familiale dont ils sont issus. Le fait que l'on ren-
> contre ce type avec une extraordinaire fréquence chez les Indiens, les
> Mexicains et les Noirs conduit forcément à envisager une totale refonte
> des études sur la question globale des différences raciales dans leurs
> composantes mentales, et cela à l'aide de méthodes expérimentales. L'au-
> teur prédit que, lorsque ce programme aura été réalisé, on découvrira

des différences raciales de l'intelligence générale d'une ampleur si considérable qu'aucun projet culturel ne pourra les effacer. Les enfants de ce groupe devraient être séparés et réunis dans des classes spéciales où on leur dispenserait une instruction concrète et pratique. Il leur est impossible de maîtriser les sujets abstraits, mais on peut souvent en faire de bons ouvriers, capables de se prendre en charge. Il n'y a actuellement aucune possibilité de parvenir à convaincre la société qu'il faudrait les empêcher de se reproduire, bien que, d'un point de vue eugénique, leur prolificité exceptionnelle constitue un grave problème.

Terman avait conscience de la faiblesse de ses arguments en faveur de l'innéité de l'intelligence. Mais quelle importance cela pouvait-il bien avoir ? Est-il nécessaire de prouver ce que le bon sens proclame de manière si évidente ?

Après tout, l'observation quotidienne ne nous apprend-elle pas que, dans l'ensemble, ce sont les qualités de l'intellect et du caractère, plus que le hasard, qui déterminent la classe sociale à laquelle appartient une famille ? D'après ce que nous savons déjà de l'hérédité, ne devrions-nous pas naturellement nous attendre à trouver les enfants des parents aisés et cultivés mieux doués que les enfants qui ont été élevés dans la misère des taudis ? Presque tous les éléments scientifiques disponibles nous amènent à répondre affirmativement à cette question (1917, p. 99).

De quel côté se trouve le bon sens dans cette affaire ?

TERMAN FAIT AMENDE HONORABLE

Le livre de Terman sur la révision du Stanford-Binet, paru en 1937, est si différent du volume original de 1916 qu'on a du mal à imaginer qu'il ait pu être l'œuvre du même auteur. Mais les temps avaient changé et ces modes intellectuelles qu'étaient le chauvinisme et l'eugénique furent emportées dans la grande débâcle de la crise de 1929. En 1916 Terman avait fixé l'âge mental adulte à seize ans parce qu'il n'avait pas pu alors obtenir, pour les tester, un échantillon d'élèves plus âgés, prélevés au hasard. En 1937, il put prolonger son échelle jusqu'à dix-huit ans ; car « la tâche fut facilitée par la situation de l'emploi extrêmement défavorable au moment où les tests furent faits ; elle contribua, en effet, à réduire considérablement les abandons scolaires qui se produisent normalement après quatorze ans » (1937, p. 30). Terman n'abjura pas formellement ses convictions premières, mais un voile de silence s'abattit sur celles-ci. Sur l'hérédité, pas un mot n'est prononcé, hormis quelques exhortations à la prudence. Toutes les raisons avancées pour expliquer les différences entre les groupes sont formulées en termes d'environnement. Terman publia ses anciennes courbes montrant les différences moyennes de QI entre les classes sociales, mais il prit soin de nous avertir qu'elles sont trop petites pour apporter des informations sur l'avenir des individus. Nous ne savons pas non plus comment partager ces différences moyennes entre les influences génétiques et celles du milieu.

> Il est à peine nécessaire d'insister sur le fait que ces chiffres ne se réfèrent qu'à des valeurs moyennes et que, étant donné la variabilité du QI à l'intérieur de chaque groupe, les distributions respectives se recouvrent largement l'une l'autre. Il ne devrait pas non plus être nécessaire de souligner que ces données, en elles-mêmes, n'apportent aucune preuve décisive sur les contributions relatives des facteurs génétiques et environnementaux dans la détermination des différences moyennes observées.

Quelques pages plus loin, Terman aborde la question des différences entre les enfants des villes et des campagnes, et remarque que les petits campagnards obtiennent les notes les plus faibles et, trouvaille curieuse, que leur QI s'abaisse avec l'âge dès leur scolarisation, alors que celui des enfants citadins, des ouvriers spécialisés et des manœuvres, s'élève. Il n'émet aucune opinion définitive sur le sujet, mais signale que les seules hypothèses qu'il désire maintenant mettre à l'épreuve sont d'ordre environnemental.

> Il faudrait mettre en œuvre un important programme de recherches, soigneusement préparé, pour savoir si l'abaissement du QI des enfants ruraux peut être attribué à la relative pauvreté de l'équipement scolaire des communautés rurales et si l'accroissement observé chez les enfants des couches économiques défavorisées est dû à un éventuel enrichissement du milieu intellectuel apporté par la fréquentation de l'école.

Autres temps, autres mœurs*.

---

* En français dans le texte. *(N.d.T.)*

R.M. Yerkes et les tests mentaux de l'armée de terre (Army Mental Tests) : le QI atteint sa majorité

LE GRAND BOND EN AVANT DE LA PSYCHOLOGIE

Robert M. Yerkes, qui approchait alors de la quarantaine, était, en 1915, un homme frustré. Il appartenait à l'université Harvard depuis 1902. C'était un excellent meneur d'hommes et un éloquent promoteur de sa profession. Mais la psychologie n'était pas encore parvenue à se défaire de sa réputation de science aimable, si tant est qu'on la considérait comme une science. Certaines universités ne reconnaissaient même pas son existence ; d'autres la rangeaient parmi les humanités et plaçaient les psychologues dans les sections de philosophie. Yerkes souhaitait, avant tout, donner un statut propre à sa profession en prouvant qu'elle pouvait être une science aussi rigoureuse que la physique. Comme la plupart de ses contemporains, Yerkes assimilait la rigueur et la science aux chiffres et à la quantification. C'était, pensait Yerkes, dans le domaine des tests mentaux que se trouvait la source la plus prometteuse de chiffres objectifs et abondants. La psychologie atteindrait sa majorité et acquerrait une position de science véritable, susceptible de recevoir des appuis financiers et institutionnels, si elle réussissait à placer la question des potentialités humaines sous les auspices de la science.

> La plupart d'entre nous sommes profondément convaincus que l'avenir de l'humanité dépend, dans une très large mesure, du progrès des diverses sciences biologiques et sociales. [...] Nous devons [...] nous efforcer d'améliorer sans cesse davantage nos méthodes de mensuration mentale, car, désormais, il n'y a aucune raison de mettre en doute l'importance tant pratique que théorique des études sur le comportement humain. Il nous faut mesurer avec compétence chaque forme, chaque aspect du comportement humain ayant une signification psychologique et sociologique (Yerkes, 1917a, p. 111).

Mais les tests mentaux souffraient d'un manque de moyens et de leurs propres contradictions. En tout premier lieu, ils étaient très largement pratiqués par des amateurs mal formés dont les résultats manifestement absurdes donnaient un fâcheux renom à cette technique. En 1915, lors de la réunion annuelle de l'American Psychological Association à Chicago, un adversaire rapporta que le maire de Chicago lui-même, testé avec une version des échelles Binet, avait obtenu la note d'un débile. Yerkes se joignit au concert de critiques et, au cours des discussions, déclara : « Nous sommes en train d'élaborer une science, mais nous n'avons pas encore conçu le mécanisme susceptible d'être utilisé par tous » (cité par Chase, 1977, p. 242).

En second lieu, les échelles disponibles donnaient des résultats nettement divergents même lorsqu'on les employait correctement. Comme on l'a déjà vu, la moitié des individus qui avaient des notes faibles, mais restaient cependant dans les limites du normal, sur le Stanford-Binet, étaient des *morons* sur la version de Goddard de l'échelle Binet. En fin de compte, les moyens avaient manqué et la coopération avait été trop sporadique pour qu'on ait pu constituer un réservoir de données suffisamment abondantes et homogènes pour emporter l'adhésion (Yerkes, 1917 b).

Les guerres ont toujours engendré leurs cohortes de non-combattants suivant les troupes avec des intentions diverses. Parmi eux, beaucoup ne sont autres que des voyous et des profiteurs, mais quelques-uns sont mus par un idéal plus élevé. À l'approche de la mobilisation pour la Première Guerre mondiale, Yerkes eut une de ces « grandes idées » qui fait avancer l'histoire de la science : les psychologues pouvaient-ils parvenir à convaincre l'armée de tester toutes ses recrues ? Si ce projet voyait le jour, la psychologie aurait là la possibilité de disposer de sa propre pierre philosophale, à savoir une accumulation de chiffres abondants, pratiques et homogènes qui lui permettraient d'assurer la transition entre un art contesté et une science respectée. Yerkes fit du prosélytisme à la fois dans sa profession et auprès des milieux gouvernementaux et finit par l'emporter. Promu colonel, il présida à l'application de tests mentaux à 1 750 000 recrues pendant la Grande Guerre. Plus tard, il proclamera que les tests mentaux « ont contribué à gagner la guerre ». « En même temps, ajoutera-t-il, ils ont incidemment pris leur place parmi les autres sciences et ont démontré leur droit à être considérés avec sérieux dans le domaine de la psychotechnie humaine » (cité par Kevles, 1968, p. 581).

Yerkes fit appel à tous les principaux héréditaristes de la psychométrie américaine et leur demanda d'élaborer les tests mentaux de l'armée. De mai à juillet 1917, il travailla avec Terman, Goddard et d'autres collègues dans la Training School de Vineland (New Jersey) que dirigeait Goddard.

Leur projet comprenait trois types de tests. Les recrues sachant lire et écrire passeraient un examen écrit, appelé l'« Army Alpha ». Les illettrés et ceux qui n'auraient pas réussi à l'Alpha passeraient un test en images, appelé l'« Army Beta ». En cas d'échec au Bêta, les recrues passeraient alors un examen individuel, le plus souvent une des versions des échelles de Binet. Les psychologues de l'armée classeraient ensuite tous les hommes de A à E (avec des plus et des moins) et proposeraient des affectations militaires correspondantes. Pour Yerkes, les recrues de niveau C devaient recevoir la mention « intelligence moyenne faible : soldat ordinaire. » Les hommes classés D sont « rare-ment aptes à accomplir des tâches nécessitant une compétence spéciale, le sens de la prévision, de la débrouillardise ou une attention soutenue ». On ne pouvait attendre des hommes D et E qu'ils puissent « lire et comprendre des instructions écrites ».

Je ne pense pas que l'armée ait jamais fait un grand usage de ces tests. Il n'est pas très difficile d'imaginer ce que les officiers profession-nels pensaient de ces jeunes psychologues prétentieux qui arrivaient sans y avoir été invités, avaient souvent rang d'officier sans avoir reçu la moindre formation militaire, réquisitionnaient un bâtiment pour faire passer les tests (lorsque cela leur était possible), voyaient chaque recrue pendant une heure au sein d'un large groupe, puis se mettaient à usurper la fonction traditionnelle dévolue aux officiers en jugeant de l'aptitude des hommes à remplir les diverses tâches militaires. Le corps de psychologues de Yerkes dut affronter l'hostilité de certains caserne-ments ; dans d'autres, il leur fallut subir des vexations autrement plus insupportables : on les traitait poliment, on mettait à leur disposition tous les moyens nécessaires à leur travail, puis on les ignorait superbe-ment*. Certains hauts dirigeants de l'armée se mirent à nourrir des soupçons sur les intentions véritables de Yerkes et déclenchèrent trois commissions d'enquête sur le programme de tests. L'une d'elles conclut que celui-ci devait être soigneusement contrôlé de manière à éviter qu'« aucun théoricien ne puisse [...] s'en servir comme d'un passe-temps afin d'obtenir des données pour un travail de recherche ou pour le bénéfice futur de la race humaine » (cité par Kevles, 1968, p. 577).

Il n'en reste pas moins que les tests exercèrent une forte influence dans certains secteurs, notamment dans le filtrage des hommes dési-rant entrer dans les écoles d'officiers. Au début de la guerre, l'armée de terre et la garde nationale comptaient neuf mille officiers. À la fin, on en dénombrait deux cent mille dont les deux tiers avaient commencé leur carrière dans des camps d'instruction où l'on faisait passer des tests. Dans certains d'entre eux, tout homme inférieur au niveau C ne pouvait prétendre à entrer dans une école d'application pour officiers.

---

* Tout au long de sa carrière, Yerkes ne cessa de se plaindre de ce que la psychologie militaire n'avait jamais reçu le respect qui lui était dû, malgré les services qu'elle avait rendus pendant la Première Guerre mondiale. Au cours de la Seconde Guerre mon-diale, Yerkes, qui avait alors largement atteint la soixantaine, poursuivait toujours ses récriminations en tirant argument du fait que les nazis éclipsaient les États-Unis sur leur propre terrain en utilisant et en encourageant les tests mentaux pour leur per-sonnel militaire : « L'Allemagne a pris une grande avance dans le domaine de la psychologie militaire. [...] Les nazis ont réalisé une chose dont on ne connaît aucun équivalent dans toute l'histoire militaire. [...] Ce qui s'est passé en Allemagne est la continuation logique des services psychologiques et du personnel de notre propre armée de terre dans les années 1917-1918 » (Yerkes, 1941, p. 209).

Mais ce n'est pas sur l'armée que le principal impact des tests de Yerkes se fit sentir. Il n'est pas certain que Yerkes ait contribué à la victoire de l'armée américaine, mais il a, lui, remporté sa bataille. Il disposait à présent de données portant sur 1 750 000 hommes et avait conçu, avec ses examens Alpha et Bêta, les premiers tests écrits d'intelligence qui furent appliqués à grande échelle. Les écoles et le monde du travail l'inondaient de demandes de renseignements. Dans sa volumineuse monographie (Yerkes, 1921), *Psychological Examining in the United States Army*, Yerkes a caché une déclaration d'une grande importance sociale dans une digression que l'on trouve en page 96. Il parlait du « flot continu de demandes émanant d'entreprises, d'institutions scolaires et de particuliers désireux d'utiliser les méthodes d'examen psychologique de l'armée ou d'adapter ces méthodes à leurs besoins propres ». On pouvait à présent tourner le but poursuivi par Binet, car on avait mis au point une technologie permettant de tester tous les élèves. Les tests pouvaient maintenant classer et orienter tout le monde ; l'ère de la psychométrie de masse avait commencé.

LES RÉSULTATS DES TESTS DE L'ARMÉE

L'influence primordiale exercée par les tests ne vint pas de l'armée elle-même qui fit toujours un usage quelque peu nonchalant des résultats individuels obtenus, mais de la propagande qui accompagnait le compte rendu des statistiques résumées, publié par Yerkes (Yerkes, 1921, pp. 553-875). E.G. Boring, qui devint plus tard un célèbre psychologue, mais qui était alors le lieutenant de Yerkes (avec le grade de capitaine), sélectionna, parmi les dossiers, cent soixante mille cas et en tira des données qui irradièrent sur les années 1920 un dense halo héréditariste. Le travail accompli fut des plus gigantesques. L'échantillon, que Boring avait choisi lui-même, avec l'aide d'un seul assistant, était énorme ; en outre, les échelles des trois différents tests (Alpha, Bêta et test individuel) durent être ramenées à une norme commune de manière à ce que l'on puisse établir des moyennes raciales et nationales à partir d'échantillons d'hommes ayant passé les tests dans des proportions différentes (peu de Noirs ont passé le test Alpha, par exemple).

De ce torrent de chiffres produits par Boring, trois « faits » ont surnagé et ont continué à influer sur la politique sociale aux États-Unis longtemps après que leur origine eut été oubliée.

1. L'âge mental moyen des Américains blancs adultes se situait juste au-dessus de la limite de la débilité légère, au niveau épouvantablement médiocre de treize ans. Terman avait précédemment placé la barre à seize ans. Ce nouveau chiffre devint le point de ralliement de tous les eugénistes qui prédirent la ruine du pays en se lamentant sur le déclin de notre intelligence causé par la libre reproduction des

pauvres et des faibles d'esprit, la propagation du sang noir par le métissage et la dilution de l'intelligente souche locale submergée par l'immigration de la lie de la société du sud et de l'est de l'Europe. Voici ce que Yerkes* écrivit :

> On a coutume de dire que l'âge mental de l'adulte moyen est d'environ seize ans. Ce chiffre ne s'appuie, cependant, que sur des examens pratiqués sur 62 personnes ; parmi celles-ci, 32 sont des élèves de l'enseignement secondaire, de la tranche des 16-20 ans, les 30 autres étant des « hommes d'affaires ayant moyennement réussi et d'un niveau d'éducation très limité ». Le groupe est trop petit pour donner des résultats très sûrs et, en outre, n'est probablement pas typique. [...] Il apparaît que l'intelligence du principal échantillon du contingent blanc, lorsque l'on transpose les résultats des examens Alpha et Bêta en termes d'âge mental, est d'environ 13 ans (13,08) (1921, p. 785).

Cependant, tout en écrivant, Yerkes commença à prendre conscience de l'absurdité logique de cette assertion. Une moyenne est ce qu'elle est ; elle ne peut pas se situer trois ans au-dessous de ce qu'elle devrait être. Aussi Yerkes, après avoir réfléchi, ajouta :

> Il est difficile d'affirmer avec assurance que ces recrues ont un âge mental inférieur de trois ans à la moyenne. En vérité, on pourrait soutenir, en s'appuyant sur des arguments extrinsèques, que le contingent lui-même est plus représentatif de l'intelligence moyenne du pays qu'un groupe composé d'élèves de l'enseignement secondaire et d'hommes d'affaires (1921, p. 785).

Si 13,08 ans est la moyenne des Blancs et si tous ceux qui ont un âge mental allant de 8 à 12 ans sont des débiles, cela signifie que nous sommes une nation de quasi demi-débiles. Yerkes concluait (1921, p. 791) : « Il serait totalement impossible d'éliminer tous les *morons*, tel que ce terme est actuellement défini, car on trouve, au-dessous de l'âge de treize ans, 37 % des Blancs et 89 % des Noirs. »

2. Les immigrants européens peuvent être classés par leur pays d'origine. L'homme moyen de nombreuses nations est un débile. Les peuples basanés de l'Europe du Sud et les Slaves d'Europe orientale sont moins intelligents que les peuples à peau claire de l'Europe du Nord et de l'Ouest. La suprématie nordique n'est pas un préjugé chauvin. Le Russe moyen a un âge mental de 11,34 ans ; l'Italien, 11,01 ; le Polonais, 10,74. Les histoires polonaises [l'équivalent américain des histoires belges chères à certains Français *(N.d.T.)*] devenaient

---

* Je ne pense pas que Yerkes ait écrit la totalité de la volumineuse monographie de 1921. Mais ce rapport officiel ne porte aucun autre nom d'auteur et je continuerai donc à attribuer à Yerkes toutes les déclarations qu'il contient, à la fois par souci de simplification et à défaut d'autre information.

du coup aussi légitimes que les blagues sur les *morons* : les unes comme les autres mettaient en scène le même animal.

3. Les Noirs se situent dans le bas de l'échelle avec un âge mental de 10,41 ans. Dans certaines casernes, on essaya de pousser l'analyse un peu plus loin, c'est-à-dire dans des directions dictées par le racisme. Au Camp Lee, les Noirs furent divisés en trois groupes selon l'intensité de leur couleur de peau ; le groupe le plus clair obtint les meilleurs résultats (p. 531). Yerkes signale que l'opinion des officiers s'accordait à ses chiffres (p. 742).

> Tous les officiers sans exception reconnaissent que le Noir manque d'initiative, n'a que peu ou pas du tout le sens du commandement et ne peut pas accepter de responsabilités. Certains font remarquer que ces défauts sont plus accentués chez le Noir du Sud. Tous les officiers semblent de plus s'accorder à penser que le Noir est un soldat gai, rempli de bonne volonté, naturellement obséquieux. Ces qualités concourent à assurer l'obéissance immédiate, mais pas forcément une bonne discipline, puisque les menus larcins et les maladies vénériennes sont plus fréquents que dans les troupes blanches.

En cours de route, Yerkes et ses acolytes mirent plusieurs autres préjugés sociaux à l'épreuve des tests. Certains donnèrent des résultats décevants, en particulier cette notion eugénique très répandue qui fait de la plupart des délinquants des faibles d'esprit. Parmi les objecteurs de conscience pour raisons politiques, 59 % atteignirent le niveau A. Même ceux qui se montraient les plus insoumis dépassaient la moyenne (p. 803). Mais d'autres résultats vinrent renforcer leurs préjugés. En tant que personnel auxiliaire des camps militaires, le corps de psychologues de Yerkes décida de tester une catégorie de collègues, plus traditionnelle celle-là : les prostituées. Ils découvrirent que 53 % d'entre elles (44 % de Blanches et 68 % de Noires) avaient un âge mental de treize ans ou moins, sur la version Goddard des échelles Binet. (Ils reconnaissaient que l'étalonnage de Goddard était beaucoup plus sévère que les autres versions des tests Binet.) Yerkes ajouta pour conclure (p. 808) :

> Les résultats de l'examen des prostituées effectué par l'armée de terre corrobore la conclusion à laquelle étaient parvenues les recherches similaires faites par des civils dans diverses parties du pays : de 30 à 60 % des prostituées sont des déficientes mentales et sont, pour la plupart, des débiles de haut degré ; 15 à 25 % de l'ensemble des prostituées sont d'une condition mentale si basse qu'il est sage (comme le permettent des lois actuellement en vigueur dans la plupart des États) de les isoler à titre permanent dans des institutions pour débiles.

Il faut savoir être reconnaissant pour les quelques éléments humoristiques, glissés çà et là, qui viennent égayer la lecture aride de ce gros document statistique de huit cents pages. J'avoue que la pensée de tous ces militaires partant à la recherche des prostituées pour leur faire passer les tests de Binet m'a mis en joie, et ces dames ont dû s'amuser plus encore.

En tant que simples chiffres, ces données ne sont porteuses en elles-mêmes d'aucun message social. On aurait pu s'en servir pour promouvoir l'idée de l'égalité des chances et pour souligner les handicaps dont sont victimes tant d'Américains. Yerkes aurait pu soutenir que cet âge mental de treize ans traduisait le fait qu'un nombre relativement réduit de recrues avaient eu la faculté de terminer ou même de commencer des études secondaires. Il aurait pu attribuer la moyenne basse de certains groupes nationaux au fait que la plupart des recrues originaires de ces pays étaient des immigrants de fraîche date qui ne parlaient pas anglais et qui n'étaient pas familiarisés avec la culture américaine. Il aurait pu également reconnaître le lien unissant les mauvaises notes des Noirs et l'histoire de l'esclavage et du racisme.

Mais tout au long de ces huit cents pages, pratiquement pas une ligne n'a été écrite sur le rôle qu'auraient pu jouer les influences du milieu. Les tests avaient été rédigés par un comité qui comprenait tous les principaux héréditaristes américains dont il est question dans ce chapitre. Ils avaient été conçus pour mesurer l'intelligence innée et rien n'aurait pu les empêcher d'atteindre ce but. Il était impossible d'échapper à ce cercle vicieux. Toutes les grandes découvertes recevaient des interprétations héréditaristes, même si, parfois, lorsque l'on passait à côté d'influences environnementales particulièrement manifestes, il fallait déployer des trésors d'imagination pour maintenir ce type d'argumentation.

Voici ce que proclamait une circulaire provenant de l'École de psychologie militaire du Camp Greenleaf : « Ces tests ne mesurent pas l'aptitude professionnelle ou le niveau scolaire ; ils mesurent la capacité intellectuelle. Cette dernière s'est révélée très importante pour l'évaluation de la valeur militaire » (p. 424). Et le patron lui-même abondait dans ce sens (Yerkes, cité par Chase, 1977, p. 249).

> Les examens Alpha et Bêta sont élaborés et présentés aux sujets de façon à réduire au minimum le handicap de ceux qui, par leur origine étrangère ou leur manque d'instruction, sont peu habiles dans l'emploi de l'anglais. Ces examens de groupe furent conçus, à leur création — et sont à présent définitivement connus —, pour mesurer la capacité intellectuelle innée. Ils sont, dans une certaine mesure, influencés par les connaissances scolaires, mais, dans l'ensemble, c'est l'intelligence innée du soldat, et non les accidents du milieu, qui détermine sa cotation mentale ou son grade dans l'armée.

UNE CRITIQUE DES TESTS MENTAUX DE L'ARMÉE DE TERRE

Le contenu des tests

Le test Alpha comprenait huit sections, le Bêta sept ; chacun d'eux prenait moins d'une heure et pouvait être appliqué à des groupes importants. La plupart des sections présentaient des épreuves qui sont devenues familières à des générations de candidats aux tests : analogies, suites de nombres à compléter, phrases en désordre, etc. Cette similitude n'est pas accidentelle ; l'Army Alpha a été, au sens propre et au sens figuré, le grand-père de tous les tests mentaux écrits. L'un des disciples de Yerkes, C. C. Brigham, devint plus tard secrétaire de la Commission des examens d'admission à l'Université et bâtit, sur le modèle des tests militaires, le Scholastic Aptitude Test dont beaucoup d'Américains se souviennent. Si vous avez l'occasion de parcourir le livre de Yerkes et si, ce faisant, vous ressentez cette impression particulière de déjà vu, pensez aux tests que vous avez pu passer au cours de votre existence et à l'anxiété qui a pu être la vôtre à ce moment-là.

Ces sections familières ne sont pas spécialement sensibles aux influences culturelles ou, tout du moins, pas plus que leurs descendants actuels. D'une façon générale, bien entendu, elles testent le niveau d'alphabétisation, niveau qui dépend plus de l'instruction que de l'intelligence héréditaire. En outre, l'argument de l'instituteur qui teste des enfants ayant le même âge et la même expérience scolaire et qui peut donc, par là même, enregistrer quelques éléments biologiques internes, ne s'appliquait pas aux recrues de l'armée, car le degré de scolarisation variait beaucoup d'un individu à l'autre et les notes de tests reflétaient ces différences. Certains items ne manquent pas d'humour si l'on garde en mémoire le fait que Yerkes prétendait ainsi avoir mesuré « la capacité intellectuelle *innée* » (c'est moi qui souligne). Voici, par exemple, une analogie tirée du test Alpha : « Washington est à Adams comme premier est à... » [George Washington fut le premier président des États-Unis et John Adams le deuxième.]

Mais une section des deux tests est tout simplement ridicule par rapport à l'analyse finale de Yerkes. Comment Yerkes et consorts ont-ils pu attribuer les faibles résultats obtenus par les immigrants récents à une stupidité innée lorsque le test à choix multiple consistait entièrement en questions comme celles-ci :

Crisco est : une spécialité pharmaceutique, un désinfectant, un dentifrice, un produit alimentaire.
Christy Mathewson est célèbre comme : écrivain, artiste, joueur de baseball, comédien.

La dernière question ne m'a pas échappé, mais mon frère qui est loin d'être des plus bêtes, et qui, à mon grand désespoir, a pu passer toute son enfance à New York en restant totalement insensible aux exploits des trois grandes équipes de base-ball de la ville, a été collé.

Yerkes aurait répondu que les immigrants passaient le Bêta plutôt que l'Alpha, mais le Bêta contient une version en images du même thème (fig. 4.4). Dans ce test de lacunes de figures, les tout premiers items peuvent être considérés comme suffisamment universels : ajouter une bouche à un visage ou une oreille à un lapin. Mais les items suivants demandaient de placer un rivet à un canif, un filament à une ampoule électrique, un pavillon à un phonographe, un filet à un court de tennis et une boule dans la main d'un joueur de bowling (il y a échec, expliquait Yerkes, lorsque la boule est dessinée dans le couloir, car on peut se rendre compte d'après la position du lanceur qu'il n'a pas encore lâché la boule). Un des premiers détracteurs de ces tests, Franz Boas, racontait l'histoire du Sicilien qui avait ajouté un crucifix à l'endroit où l'on en trouvait dans son pays natal, sur une maison sans cheminée. On lui compta un échec.

Le temps imparti aux tests était strictement limité, car cinquante autres sujets attendaient à la porte. Les recrues n'étaient pas tenues de terminer chaque section, ce qui était mentionné pour le test Alpha, mais pas pour le test Bêta. Yerkes se demanda pourquoi un si grand nombre de recrues obtenaient un zéro à de si nombreuses sections (la preuve la plus révélatrice de la nullité des tests). Combien d'entre nous, si nous nous étions retrouvés, nerveux, mal à l'aise, entassés les uns sur les autres, auraient compris assez vite les instructions suivantes — tirées de la première section du test Alpha — pour écrire quoi que ce soit dans les dix secondes accordées, lorsque l'on sait que les instructions n'étaient lues qu'une seule fois ?

Attention ! Regardez le 4. Lorsque je dirai « Partez », écrivez le chiffre 1 dans le cercle, mais pas dans le triangle ni dans le carré et écrivez aussi le chiffre 2 dans le triangle et le cercle, mais pas dans le carré. Partez. Attention ! Regardez le 6. Lorsque je dirai « Partez », inscrivez dans le cercle la bonne réponse à la question suivante : « Combien y a-t-il de mois dans une année ? » Dans le troisième cercle n'inscrivez rien, mais dans le quatrième cercle inscrivez n'importe quel nombre qui soit une réponse fausse à la question à laquelle vous venez juste de répondre correctement. Partez.

Les mauvaises conditions de l'examen

Le protocole de Yerkes était astreignant et passablement éprouvant. Ses examinateurs devaient faire passer les tests rapidement et coter les examens immédiatement, de manière à ce que ceux qui avaient échoué puissent être rappelés pour subir un test différent. Lorsqu'ils devaient faire face à cette difficulté supplémentaire que constituait l'hostilité feutrée de l'état-major de certains casernements, les testeurs de Yerkes furent rarement en mesure de mettre en œuvre autre chose qu'une caricature de tests. Sans cesse ils se virent contraints par les circonstances à des compromis, à des renoncements et à des modifications. Les manières de procéder variaient tellement d'une caserne à l'autre que les résultats purent à peine être collationnés et comparés. Bien qu'aucune faute ne fût imputable à Yerkes, excepté le manque de réalisme et l'ambition démesurée, toute l'entreprise se transforma en une gigantesque pagaïe, voire en véritable scandale. Tous les détails sont dûment rapportés dans la monographie de Yerkes, mais presque personne ne les lit jamais. Les statistiques finales devinrent une arme aux mains des racistes et des eugénistes ; le cœur du fruit était pourri, comme le montre clairement le long exposé de Yerkes, mais qui s'en soucie lorsque, en surface, reluit un message aussi séduisant.

L'armée demanda que des bâtiments spéciaux soient affectés aux examens de Yerkes, voire parfois construits tout spécialement, mais dans la réalité il en alla bien autrement (1921, p. 61). Les examinateurs durent se contenter de ce qu'ils trouvaient, souvent, c'est-à-dire des baraquements exigus comprenant de simples pièces dépourvues de tout mobilier et où l'acoustique, l'éclairage et le champ de vision étaient déplorables. Dans un des camps, le responsable des tests fit part de ses doléances (p. 106) : « Une partie de ce manque de précision est due, à mon avis, au fait que la pièce dans laquelle se déroulent les tests est par trop pleine. En conséquence, les hommes assis dans le fond de la salle ne peuvent pas entendre suffisamment les instructions pour les comprendre. »

Des tensions se firent jour entre les testeurs de Yerkes et les officiers ordinaires. Le responsable des tests du Camp Custer signalait avec amertume (p. 111) : « L'ignorance du sujet de la part de l'officier moyen n'a d'égale que son indifférence. » Yerkes recommanda à ses troupes de faire preuve de retenue et de conciliation (p. 155).

> L'examinateur devra s'efforcer tout particulièrement d'adopter le point de vue militaire. On devra éviter toute affirmation injustifiée sur l'exactitude des résultats. En général, les simples déclarations de bon sens s'avéreront plus convaincantes que les descriptions techniques, les démonstrations statistiques ou les arguments intellectuels.

Comme le doute et les désaccords s'amplifiaient, le secrétaire à la Guerre sonda l'opinion de tous les commandants de camp sur les tests de Yerkes. Il reçut une centaine de réponses, toutes négatives. Elles furent, admit Yerkes (p. 43), « à quelques exceptions près, hostiles au travail psychologique et amenèrent plusieurs officiers du haut état-major à en conclure que cette opération ne présentait que peu d'intérêt, voire pas du tout, pour l'armée et qu'on devait y mettre fin ». Yerkes ne se laissa pas faire et obtint le maintien du *statu quo* (mais pas les promotions, les nominations d'officiers, ni le personnel supplémentaire qu'on lui avait promis) ; son travail se poursuivit donc dans une atmosphère de soupçons.

Les déboires ne manquèrent jamais. Le Camp Jackson tomba à court de formulaires et dut improviser les tests sur du papier vierge (p. 78). Mais une difficulté majeure et persistante pesa d'un poids constant sur l'entreprise tout entière et finit, comme nous le verrons, par priver les statistiques récapitulatives de toute signification : la répartition des recrues selon le test qui leur était approprié. Les hommes illettrés en anglais, que ce soit pour ne pas avoir été scolarisés ou à cause de leur origine étrangère, auraient dû subir les épreuves Bêta, soit directement, soit après leur échec au test Alpha. Les psychologues de Yerkes tentèrent courageusement de suivre cette procédure. Dans au moins trois camps, ils marquèrent les hommes à l'aide d'étiquettes ou même peignirent des lettres directement sur la peau de ceux qui avaient échoué, ce qui permettait de les repérer aisément en vue des futurs tests qu'ils auraient à passer (pp. 73, 76) : « Une liste d'hommes D fut envoyée dans les six heures qui suivirent l'examen au responsable du bureau de recrutement. Celui-ci, lorsque les hommes arrivèrent, marqua sur le corps de chaque homme D une lettre P » (ce qui voulait dire que c'était au psychiatre de poursuivre l'examen).

Mais les normes de répartition entre l'Alpha et le Bêta variaient sensiblement d'un camp à l'autre. Une enquête menée dans les divers camps montra que, pour une des premières versions de l'Alpha, le chiffre minimum au-dessous duquel il fallait passer le Bêta allait de 20 à 100 (p. 476). Yerkes dut en convenir (p. 354).

> Ce manque d'homogénéité dans le processus de séparation est sans aucun doute regrettable. Si l'on tient compte des variations dans les conditions d'examen et dans la qualité des groupes examinés, il apparut entièrement impossible d'établir une norme homogène pour toutes les casernes.

Même C.C. Brigham, le plus zélé des fervents de Yerkes, se plaignait de cet état de fait.

> La méthode de sélection pour le Bêta différait d'une caserne à l'autre et, parfois, d'une semaine à l'autre dans la même caserne. Il n'y avait aucun critère bien établi pour fixer le niveau d'alphabétisation et aucune méthode homogène pour sélectionner les illettrés.

Le problème avait des racines plus profondes que cette simple incohérence entre les casernes. La persistance des difficultés logistiques influença directement les résultats obtenus et désavantagea systématiquement les Noirs et les immigrants dont les notes baissèrent ainsi de manière sensible. Pour deux raisons, de nombreux hommes ne passèrent que le test Alpha et y obtinrent un zéro, ou peu s'en fallait, non pas à cause de leur stupidité innée, mais parce qu'ils étaient anal- phabètes et auraient dû passer le test Bêta si le protocole établi par Yerkes avait été respecté. En premier lieu, les engagés comme les appelés avaient eu, en moyenne, une scolarité beaucoup plus courte que ce qu'avait prévu Yerkes. Les files pour le Bêta commencèrent à s'allonger et ces embouteillages mirent toute l'opération en danger. Dans de nombreuses casernes, on résolut ce problème en abaissant artificiellement les normes et en envoyant passer les tests Alpha à des foules d'hommes inaptes. Dans une unité, trois années d'école suffi- saient pour accéder à l'Alpha ; dans une autre, quiconque disait qu'il savait lire, quel que soit son niveau, passait le test Alpha. Le respon- sable des tests du Camp Dix nota dans son compte rendu (p. 72) : « Pour éviter d'avoir des groupes Bêta d'une importance excessive, les normes d'admission à l'examen Alpha furent fixées à un niveau assez bas. »

En second lieu — et cette raison est plus décisive encore — la brièveté du temps imparti et l'hostilité des officiers ordinaires empê- chèrent souvent les hommes qui avaient échoué à l'Alpha de tenter leur chance au Bêta. Yerkes déclara (p. 472) : « Cependant, on n'a jamais réussi à montrer que la répétition des convocations étaient essentielles et qu'on devrait, en conséquence, autoriser celles-ci à empiéter fré- quemment sur les activités de la compagnie. » Comme le rythme devenait de plus en plus effréné, les choses empirèrent. Voici à ce sujet le triste constat dressé par le chef testeur du Camp Dix (pp. 72-73) : « En juin il s'avéra impossible de rappeler un millier d'hommes inscrits pour un examen individuel. En juillet, les Noirs qui avaient échoué à l'Alpha ne furent pas reconvoqués. » Le protocole prévu s'appliquait fort mal au cas des Noirs que tout le monde traitait, comme à l'accou- tumée, avec plus de désinvolture et de mépris que les autres. L'échec au Bêta, par exemple, aurait dû être suivi d'un examen individuel. La moitié des recrues noires furent classées D au Bêta, mais seul un cin- quième de ces derniers fut rappelé, les quatre autres cinquièmes ne subirent aucun examen complémentaire (p. 708). Pourtant nous savons que les notes des Noirs s'amélioraient nettement lorsque le pro- tocole était respecté jusqu'au bout. Dans une des casernes (p. 736), il n'y eut 14,1 % des hommes ayant obtenu un D à l'Alpha qui ne réussi- rent pas à décrocher un échelon supérieur au Bêta.

Les effets de ce gauchissement systématique sont évidents dans une des expériences que Boring mena sur les statistiques finales. Il sélectionna 4 893 cas d'hommes ayant passé à la fois l'Alpha et le Bêta. En ramenant leurs résultats à une cotation commune, il calcula un âge mental moyen de 10,775 ans pour l'Alpha et de 12,158 pour le Bêta (p. 655). Il n'utilisa que les chiffres du Bêta dans ses récapitulations ; la procédure de Yerkes s'avérait donc efficace. Mais qu'en était-il de ces innombrables recrues qui auraient dû avoir droit au Bêta et ne

passèrent que l'Alpha où ils obtinrent des résultats désastreux — principalement des Noirs sans instruction et des immigrants ayant une
mauvaise connaissance de l'anglais ? Car ce sont ces groupes mêmes
dont les notes faibles donnèrent plus tard l'occasion aux héréditaristes
de mener grand tapage.

*Des façons de procéder douteuses et malsaines :
un témoignage personnel*

Les hommes d'études oublient souvent combien les documents
écrits, leur principale source d'information, sont une représentation
appauvrie et incomplète de l'expérience. Certaines choses ont besoin
d'être vues, touchées et goûtées. Peut-on imaginer ce que devait être
l'état d'esprit d'un jeune soldat récemment incorporé, Noir illettré ou
étranger, anxieux et troublé devant cette expérience nouvelle qu'est le
passage d'un examen, à qui on n'a jamais dit pourquoi il était là ni ce
qu'il lui adviendrait après coup : l'expulsion, l'envoi au front ? En 1968,
un examinateur (cité par Kevles) se rappelait le temps où il faisait
passer le test Bêta : « C'était touchant de voir l'effort intense [...] que
ces hommes déployaient pour répondre aux questions, eux qui souvent
n'avaient jamais tenu un crayon entre leurs doigts. » Yerkes avait
négligé, ou consciemment évité, un aspect des tests des plus importants. L'examen Bêta ne renfermait que des images, des chiffres et des
symboles. Mais il demandait toujours l'emploi d'un crayon et, pour
trois de ses sept sections, une connaissance des chiffres, tant pour les
lire que pour les écrire.

La monographie de Yerkes est si complète que l'on peut reconstituer toute la procédure suivie pour faire passer les deux examens y
compris la chorégraphie gestuelle de tous les examinateurs et assistants. Il fournit des fac-similés grandeur nature des examens eux-
mêmes et du matériel explicatif mis à la disposition des examinateurs.
Les mots et les gestes normalisés des examinateurs sont reproduits *in
extenso*. Comme je désirais savoir, de la façon la plus complète possible, quelle impression on pouvait bien ressentir lorsqu'on était
soumis à un test ou qu'on le donnait, j'ai fait passer l'examen Bêta
(pour illettrés) à un groupe de cinquante-trois étudiants de Harvard
pendant mon cours sur la biologie comme arme sociale. Je me suis
évertué à suivre scrupuleusement, dans tous ses détails, le protocole de
Yerkes. J'estime que j'ai reconstitué fidèlement la situation originelle, à
une importante exception près : mes sujets savaient ce qu'ils faisaient ;
n'avaient pas à fournir leur nom sur le formulaire et leur avenir n'était
pas en jeu. (Un ami m'a suggéré, après coup, de demander les noms
— et d'afficher les résultats — juste pour simuler quelque peu l'angoisse du vrai examen.)

Je savais, avant de commencer, que les contradictions internes et
les préjugés sociaux avaient totalement invalidé les conclusions hérédi-

taristes que Yerkes avait tirées des résultats. Boring lui-même, plus tard dans sa carrière (dans une interview de 1962, citée par Kevles, 1968), qualifiera ces conclusions de « grotesques ». Mais je n'avais pas compris combien les conditions draconiennes de l'examen rendaient complètement ridicule de prétendre que les recrues avaient pu être dans un état d'esprit propre à livrer quoi que ce soit de leurs capacités innées. En bref, la plupart des hommes ont dû sortir de là tout à fait déconcertés ou bien avec le trouillomètre à zéro.

On faisait pénétrer les recrues dans une pièce où ils s'asseyaient face à un examinateur et à un démonstrateur debout sur une estrade ; plusieurs assistants se tenaient au niveau du sol. Les examinateurs avaient reçu la consigne de faire passer le test « d'une manière cordiale » car les sujets « parfois renâclent et refusent de travailler » (p. 163). Rien n'était dit sur l'examen ni sur ses buts. L'examinateur disait simplement : « Voici quelques papiers. Vous ne devez pas les ouvrir ou les retourner avant qu'on vous le dise. » Les hommes ensuite inscrivaient leur nom, leur âge et leurs antécédents scolaires (on aidait ceux qui étaient trop illettrés pour le faire seuls). Après ces préliminaires pour la forme, l'examinateur entrait dans le vif du sujet.

> Attention ! Regardez bien cet homme (en montrant le démonstrateur). Il va (en montrant de nouveau le démonstrateur) faire ici (en donnant quelques légers coups de baguette sur le tableau noir) ce que vous (en montrant différents membres du groupe) devrez faire sur votre papier (là, l'examinateur montre plusieurs papiers disposés devant des hommes du groupe, en prend un, le place à côté du tableau noir, remet le papier à sa place, montre le démonstrateur, et le tableau noir, l'un après l'autre, puis les hommes et leurs papiers). Ne posez pas de questions. Attendez jusqu'à ce que je vous dise « Partez ! » (p. 163).

En comparaison, les hommes Alpha étaient pratiquement inondés de renseignements (p. 157), car l'examinateur leur disait :

> Attention ! Le but de cet examen est de voir comment vous vous rappelez, pensez et exécutez ce que l'on vous dit de faire. Nous ne sommes pas à la recherche des fous. Le but est d'aider à trouver ce que vous êtes le plus apte à faire dans l'armée. L'échelon que vous obtiendrez à cet examen sera porté sur votre carte d'aptitude et sera également communiqué à votre commandant. Certaines des choses que l'on vous demandera de faire seront très faciles. D'autres vous paraîtront difficiles. On ne vous demande pas de tout réussir parfaitement, mais faites tout votre possible pour y parvenir. [...] Écoutez attentivement. Ne posez pas de questions.

L'étendue extrêmement limitée du vocabulaire imposé à l'examinateur du Bêta ne traduisait pas seulement l'opinion défavorable que Yerkes avait de ce que les recrues Bêta pouvaient comprendre en vertu de leur stupidité innée. Parmi ces dernières, on comptait de nombreux immigrants récents qui ne parlaient pas anglais et à qui les instructions devaient être autant que possible transmises sous forme d'images ou de gestes. Dans les recommandations de Yerkes, on trouve la remarque suivante (p. 163) : « Une caserne connut un grand succès en utilisant les services d'un camelot comme démonstrateur. Il faut également songer aux acteurs pour cet emploi. » Un renseignement particulièrement important n'était pas communiqué : on ne disait pas aux sujets qu'il était pratiquement impossible de terminer au moins trois des tests et qu'on n'attendait pas d'eux qu'ils le fassent.

Sur l'estrade, le démonstrateur se tenait debout devant un rouleau noir recouvert d'un rideau ; l'examinateur se tenait à ses côtés. Avant chacun des sept tests, on levait le rideau pour découvrir un des modèles de problème (tous reproduits dans la figure 4.3) ; alors l'examinateur et le démonstrateur se lançaient dans une courte saynète mimée dont le but était d'illustrer la bonne procédure à suivre. Puis l'examinateur donnait l'ordre de se mettre au travail pendant que le démonstrateur fermait le rideau et faisait tourner le rouleau jusqu'au prochain exemple. Le premier test, le labyrinthe, était précédé de la démonstration suivante :

> Le démonstrateur trace le chemin dans le premier labyrinthe avec la craie, lentement et de manière hésitante. L'examinateur ensuite trace le second labyrinthe et fait signe au démonstrateur d'y aller. Le démonstrateur commet une erreur en empruntant une impasse dans le coin supérieur gauche du labyrinthe. L'examinateur fait mine de ne pas voir ce que fait le démonstrateur jusqu'au moment où ce dernier franchit une ligne de l'impasse ; l'examinateur secoue alors la tête vigoureusement en disant « Non, non », prend la main du démonstrateur et le fait revenir à l'intersection d'où il pourra repartir dans la bonne direction. Le démonstrateur trace le reste du labyrinthe comme s'il s'efforçait d'aller le plus vite possible, en hésitant seulement aux endroits litigieux. L'examinateur lui dit « Bien ». Puis, en montrant une feuille de test vierge, il dit « Regardez » et dessine une ligne imaginaire sur toute la page, de droite à gauche, pour chaque labyrinthe de la page. Puis : « Très bien. Allez-y. Partez (en montrant les hommes, puis les cahiers). Dépêchez-vous. »

Dans sa naïveté, ce paragraphe peut paraître amusant (c'est ce qu'en ont pensé certains de mes étudiants). La consigne suivante est, en comparaison, quelque peu diabolique.

> L'idée de vitesse doit être inculquée aux hommes pendant le test du labyrinthe. L'examinateur et ses aides arpentent toute la salle en exhortant au travail ceux qui ne font rien et en disant : « Allez, allez. Dépêchez-vous. Plus vite. » À la fin des deux minutes, l'examinateur dit : « Stop ! Tournez la page et passez au test 2. »

L'examinateur faisait la démonstration du test 2, le comptage de cubes avec des modèles à trois dimensions (mon fils en a de semblables qui lui restent de sa petite enfance). Remarquez que les recrues qui ne savaient pas écrire les chiffres recevaient un zéro, même s'ils avaient correctement compté tous les cubes. Presque tout le monde peut reconnaître dans le test 3, la série des X-0, la version en images de la série logique de nombres (« Voici une succession de nombres. Quel est celui qui suit ? »). Pour le test 4, le code, il fallait transcrire neuf chiffres en leurs symboles correspondants. L'épreuve a l'air assez facile, mais elle comprenait quatre-vingt-dix items et presque personne ne parvenait à la terminer dans les deux minutes prévues. Un homme qui ne savait pas écrire les chiffres se trouvait confronté à deux jeux de symboles inconnus et se voyait ainsi sévèrement pénalisé. Le test 5, la vérification de nombres, demandait de comparer des séquences numériques comprenant jusqu'à onze chiffres, disposées sur deux colonnes verticales. Si les items d'une même ligne étaient identiques dans les deux colonnes, les recrues avaient reçu consigne (par gestes) d'écrire un X près du nombre. Peu nombreux étaient ceux qui arrivaient à vérifier les cinquante séquences en trois minutes. De nouveau, l'incapacité à écrire ou à reconnaître les chiffres rendait la tâche pratiquement impossible.

Le test 6, les lacunes de figures, est l'analogue visuel de l'épreuve des choix multiples servant à évaluer l'intelligence innée des recrues en les interrogeant sur des produits commerciaux, des vedettes du sport ou du cinéma ou sur les principales industries de diverses villes et régions des États-Unis. Ses instructions valent la peine d'être citées.

« Voici le test n° 6. Cherchez-le. Beaucoup d'images. » Une fois que tout le monde l'a trouvé : « Maintenant suivez bien. » L'examinateur désigne la main et dit au démonstrateur : « Complétez cette figure. » Le démonstrateur ne fait rien, mais prend un air perplexe. L'examinateur montre alors l'image de la main, puis l'endroit où le doigt manque et dit : « Complétez cette figure, complétez-la. » Le démonstrateur dessine ensuite le doigt. L'examinateur dit : « C'est très bien. » L'examinateur désigne alors le poisson et l'endroit de l'œil et dit : « Complétez-le. » Une fois que le démonstrateur a dessiné l'œil manquant, l'examinateur désigne chacun des quatre dessins restants et dit : « Complétez toutes ces figures. » Le démonstrateur dessine alors tous les éléments manquants, lentement et avec de visibles efforts. Lorsque les exemples sont achevés, l'examinateur dit : « Très bien. Partez. Dépêchez-vous ! » Pendant le déroulement de cette épreuve, les assistants font le tour de la pièce pour repérer les individus qui ne font rien, montrent du doigt leur page et disent : « Complétez cette figure, complétez-la » en essayant de faire travailler tout le monde. Au bout des trois minutes, l'examinateur dit : « Stop. Arrêtez-vous ; mais ne tournez pas la page. »

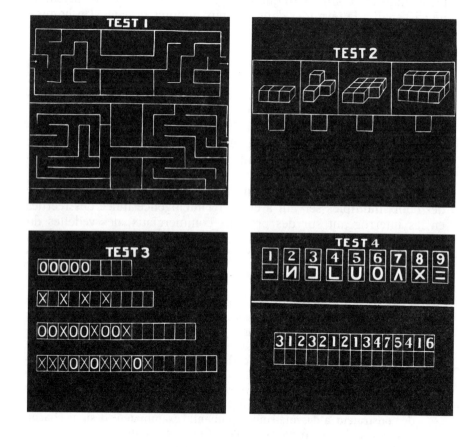

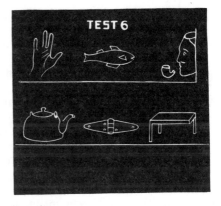

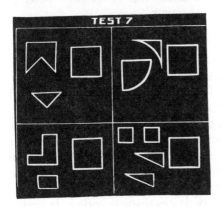

4.3 Les démonstrations au tableau noir des sept sections du test Bêta. D'après Yerkes, 1921.

Les images elles-mêmes valent la peine d'être reproduites (fig. 4.4). Et bonne chance avec les queues de cochon, les pattes de crabe, les boules de bowling, les filets de tennis et le carreau manquant à ce valet, sans parler du pavillon du gramophone (qui a causé des ravages dans les rangs de mes étudiants). Yerkes fournissait les consignes de notation suivantes :

Consignes pour les items individuels

Item 4. — N'importe quelle cuillère à un angle quelconque est une réussite.

Item 5. — La cheminée doit être à la bonne place. La fumée seule est un échec.

Item 6. — Une seconde oreille du même côté que la première est un échec.

Item 8. — Un simple carré, une croix, etc., au bon endroit est une réussite.

Item 10. — L'élément manquant est le rivet. Ne pas tenir compte de l'attache.

Item 13. — L'élément manquant est la patte.

Item 15. — La boule doit être dessinée dans la main de l'homme. Échec si elle est dessinée dans la main de la femme ou en mouvement.

Item 16. — Un simple trait indiquant le filet est une réussite.

Item 19. — La main et la houppette doivent être placées du bon côté.

Item 20. — L'élément manquant est le carreau. Ne pas compléter la poignée de l'épée ne constitue pas une erreur.

Le septième et dernier test, le puzzle, demandait à reconstituer un carré séparé en plusieurs éléments. Il comprenait dix items pour lesquels les sujets avaient deux minutes et demie.

Je pense que les conditions de l'examen et le caractère même du test rendaient ridicule la prétention à vouloir mesurer avec le test Bêta un quelconque état intérieur méritant le nom d'intelligence. En dépit de sa prétendue cordialité, l'examen était presque toujours conduit dans la précipitation. La plupart de ses sections ne pouvaient pas être achevées dans le temps imparti, mais les sujets n'en étaient pas avertis. Mes étudiants ont récapitulé le nombre de tests achevés, ou non, par eux-mêmes (voir le tableau). Pour deux de ces tests, le code et la vérification de nombres (4 et 5), la plupart des étudiants n'ont simplement pas pu écrire assez vite pour terminer les quatre-vingt-dix et les cinquante items dans les temps voulus ; bien que tous aient parfaitement saisi le protocole pour la troisième épreuve où le nombre des résultats inachevés l'emporte sur les achevés, le comptage de cubes (test 2) était trop difficile pour le nombre d'items qu'il comprenait et le temps alloué pour le faire.

En résumé, beaucoup de recrues ne pouvaient pas voir ou entendre l'examinateur ; certains d'entre eux n'avaient jamais passé d'examen auparavant ni même tenu un crayon. Nombreux étaient ceux

4.4   Sixième section de l'examen Bêta avec lequel Yerkes prétendait tester l'intelligence innée.

qui ne comprenaient pas les instructions et étaient complètement perdus. Même ceux pour qui les consignes étaient claires ne pouvaient terminer qu'une petite partie des épreuves dans le laps de temps dévolu. Pendant tout ce temps, comme si l'anxiété et le désarroi n'avaient pas déjà atteint des niveaux suffisamment élevés pour faire perdre toute valeur aux résultats, les assistants ne cessaient de parcourir la salle, harcelant les individus et leur enjoignant de se presser sur un ton de voix assez élevé pour que tout le monde enregistre bien le message. Ajoutez à cela les distorsions culturelles flagrantes du test 6 et les influences beaucoup plus subtiles exercées à l'encontre de ceux qui ne savaient pas lire les nombres ou qui avaient peu d'expérience dans le maniement du crayon et vous n'obtenez qu'un fouillis sans nom.

ÉPREUVES	ACHEVÉES	INACHEVÉES
1	44	9
2	21	32
3	45	8
4	12	41
5	18	35
6	49	4
7	40	13

La preuve de la nullité des résultats se trouve dans les statistiques finales, bien que Yerkes et Boring leur aient donné une interprétation différente. Dans la monographie, ont été publiées des courbes de distribution de fréquence pour chaque épreuve. Puisque Yerkes pensait que l'intelligence innée était normalement distribuée (selon la courbe « classique », à un seul mode ou dominante, avec des fréquences diminuant régulièrement et symétriquement à chaque extrémité de la courbe), il s'attendait à ce que les résultats de chaque test fussent distribués pareillement. Mais seules deux épreuves, le labyrinthe et les lacunes de figures (1 à 6) présentaient une distribution de fréquence proche de la normale. (Ce sont aussi les tests que mes étudiants ont trouvés les plus faciles et ceux qu'ils ont achevés dans une plus grande proportion.) Toutes les autres épreuves avaient une distribution bimodale, avec une pointe à la valeur moyenne et une autre à la valeur minimum, le zéro (fig. 4.5).

Selon toute interprétation inspirée par le bon sens, cette bimodalité signifie que les sujets eurent deux sortes de réponses face aux tests. Certains avaient compris ce qu'on leur demandait et avaient accompli les tâches de manières diverses. Les autres, pour des raisons multiples, n'avaient pas été à même de saisir les instructions et avaient obtenu un zéro. Eu égard à l'anxiété créée par la situation, aux mauvaises conditions de vision et d'audition dans les salles et à l'inexpérience

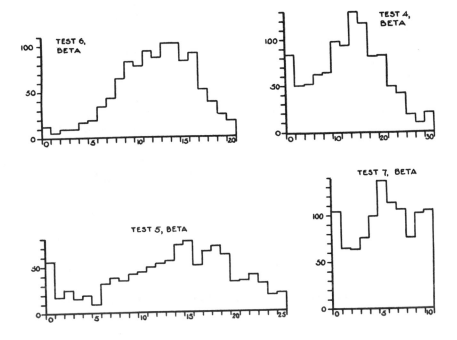

4.5 Distribution de fréquence de quatre des sept épreuves du test Bêta. Remarquez le taux élevé de la valeur zéro pour les épreuves 4, 5 et 7.

générale des examens de la plupart des recrues, il serait stupide d'interpréter ces zéros comme les preuves d'une bêtise naturelle, qui situerait ces hommes à un niveau intellectuel inférieur par rapport à ceux qui ont marqué quelques points — bien que ce fût ce moyen que Yerkes choisit pour se sortir d'embarras. (Mes étudiants, dans leurs propres résultats, ont trouvé les taux d'achèvement les plus faibles pour les tests dans lesquels les pointes secondaires à zéro de l'échantillon de Yerkes étaient les plus élevées, à savoir les tests 4 et 5. Seule exception à cette constatation, la plupart de mes étudiants ont terminé l'épreuve 3, pour laquelle on a enregistré une forte pointe à zéro dans l'échantillon militaire. Mais cette épreuve de suites logiques est un test que tous mes étudiants ont subi plus souvent qu'ils ne veulent bien se le rappeler.)

On apprend aux statisticiens à se méfier des distributions à modes multiples. Ce type de distribution est généralement l'indice de l'hétérogénéité d'un système ou, pour utiliser un langage plus simple, témoigne qu'à chaque dominante correspond une cause distincte. Le proverbe familier sur l'inopportunité du mélange des torchons et des serviettes s'applique parfaitement ici. Les modes multiples auraient dû amener Yerkes à subodorer que ses tests ne mesuraient pas une entité unique appelée intelligence. Au lieu de cela, ses statisticiens trouvèrent une méthode de redistribution des zéros allant dans le sens des thèses héréditaristes (voir la section suivante).

Bien sûr, tous les lecteurs se demandent comment mes étudiants se sont comportés face à ce test pour analphabètes. Leurs résultats furent évidemment très bons. Il eût été étonnant qu'il en fût autrement, car ces épreuves étaient les précurseurs, en plus simple, d'examens qu'ils avaient subis toute leur vie durant. Sur cinquante-trois étudiants, trente et un obtinrent un A et seize un B. Cependant plus de 10 % (six sur cinquante-trois) se retrouvèrent à cette frontière intellectuelle que constitue le C ; selon les normes fixées par certaines casernes, ils n'auraient été jugés bons qu'à accomplir des corvées de simple soldat.

Le tripotage des statistiques finales : le problème des valeurs zéro

Si le test Bêta a vacillé sur sa base à cause de cet artefact qu'était le mode secondaire des résultats nuls, le test Alpha se révéla désastreux pour la même raison, mais, dans son cas, le phénomène prit une ampleur démesurée. La dominante zéro était prononcée dans les tests Bêta, mais elle ne dépassa jamais la dominante primaire située dans les valeurs moyennes. Par contre, six des huit épreuves Alpha présentèrent leur mode le plus élevé à zéro. (Sur les deux restants, un seul avait une distribution normale avec un mode moyen, alors que l'autre avait un mode zéro plus bas que le mode moyen.) La dominante zéro monta même en flèche au-dessus de toutes les autres valeurs. Dans un des tests, les résultats nuls atteignaient presque 40 % (fig. 4.6a). Dans un autre, le zéro était la seule valeur fréquente, les autres résultats présentaient une distribution plate (dont le niveau était approximativement au cinquième de celui des zéros) jusqu'à ce qu'une baisse régulière s'amorce dans les résultats élevés (fig. 4.6b).

Si nous donnons à ces nombreuses valeurs nulles l'interprétation que nous suggère le bon sens, nous y voyons que beaucoup d'hommes n'avaient pas compris les instructions et que cela rendait les tests sans valeur. Enfouis dans la grosse monographie de Yerkes, nous trouvons de nombreux témoignages de testeurs qui s'inquiétaient de la prolifération des résultats nuls et qui, durant le déroulement même de l'opération, tendaient à interpréter tous ces zéros de cette manière inspirée par le bon sens. Ils éliminèrent certaines épreuves du répertoire Bêta (p. 372), car elles entraînaient jusqu'à 30,7 % de résultats nuls (cependant, certains tests Alpha présentant une fréquence de zéros encore plus élevée furent conservés). Ils abaissèrent la difficulté des premiers items de plusieurs épreuves « afin de réduire le nombre de notes nulles » (p. 341). Parmi les critères qui, selon eux, rendaient un test de la batterie Bêta acceptable, ils inscrivirent (p. 373) la « facilité de démonstration, comme le montre le faible pourcentage de résultats nuls ». Ils reconnurent à plusieurs reprises qu'une haute fréquence de zéros provenait d'une mauvaise explication de départ et non de la

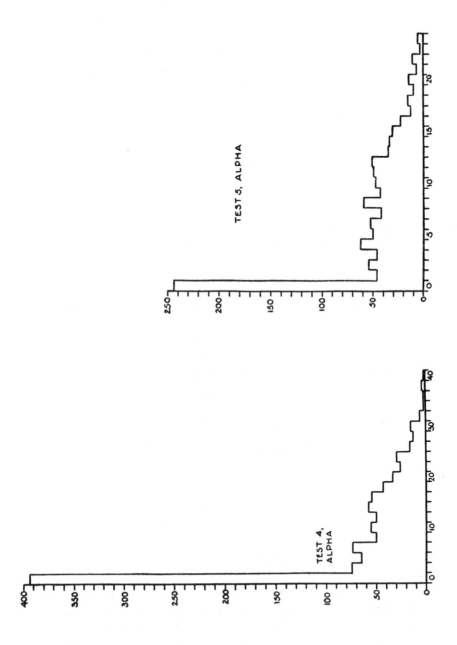

4.6a, 4.6b Le zéro était de loin la valeur la plus fréquente dans plusieurs des épreuves du test Alpha.

stupidité des recrues. « Le grand nombre de résultats nuls, même chez les officiers, atteste que les instructions laissaient à désirer » (p. 340). « Les premiers rapports firent ressortir que le principal obstacle rencontré était la difficulté à faire comprendre l'idée du test. On considérait que chaque fois qu'on observait un haut pourcentage de résultats nuls, il fallait y voir l'indication que l'on n'était pas parvenu à faire comprendre l'idée du test en question » (p. 379).

Avec tous ces aveux, on aurait pu s'attendre à ce que Boring se résolût soit à exclure les zéros des statistiques finales, soit à les corriger en supposant que la plupart des soldats auraient marqué quelques points s'ils avaient compris ce qu'on leur demandait. Au lieu de cela, Boring « corrigea » les zéros dans le sens opposé et rétrograda réellement un bon nombre de zéros en les faisant passer dans le négatif.

Boring fit au départ la même hypothèse héréditariste qui ruina tous ses résultats : les tests, par définition, mesuraient l'intelligence innée. L'amas de zéros devait donc être le fait d'hommes trop stupides pour comprendre le moindre des items. Est-il juste de leur donner à tous un zéro ? Après tout, certains devaient être effectivement très bêtes et leur zéro est une note équitable. Mais d'autres cancres ont dû ainsi échapper à un sort pire encore, à des notes inférieures à zéro. Ils se seraient révélés encore plus mauvais si le test avait compris des items si faciles qu'ils auraient permis de départager tous les résultats nuls. Boring établit donc une distinction entre le véritable « zéro mathématique », minimum absolu sous lequel il était logiquement impossible de descendre et un « zéro psychologique », début arbitraire fixé par un test donné (sur un plan général, le raisonnement de Boring est valable. Dans le cas particulier des tests de l'armée, il est absurde).

> Une note de zéro ne veut pas dire absence totale d'aptitude ; elle ne désigne pas le point de discontinuité de la chose mesurée ; elle représente le point de discontinuité de l'instrument de mesure, le test. [...] L'individu qui ne parvient pas à atteindre une note positive et reçoit une note de zéro se voit gratifié d'une prime dont l'importance varie en fonction de sa stupidité (p. 622).

Boring « corrigea » donc chaque note nulle en la calibrant par rapport aux autres tests de la batterie dans lesquels le même homme avait obtenu quelques points. S'il avait bien réussi aux autres épreuves, il n'était pas doublement pénalisé pour ses zéros ; si ses résultats avaient été mauvais, ses zéros étaient transformés en notes négatives.

Cette méthode accentua une faille profonde de la procédure de Yerkes en y introduisant une distorsion supplémentaire. Les zéros ne faisaient qu'indiquer que, pour toute une série de raisons n'ayant rien à voir avec l'intelligence, des quantités considérables d'hommes n'avaient pas compris ce qu'on attendait d'eux. Et Yerkes aurait dû le reconnaître, car ses propres rapports prouvent que, dans des conditions d'examen où les sujets n'étaient pas troublés ou harcelés, des hommes qui avaient obtenu un zéro aux tests collectifs arrivaient presque toujours à marquer quelques points aux mêmes épreuves ou à des épreuves similaires données lors d'un examen individuel. « À Greenleaf, écrivit Yerkes (p. 406), on s'aperçut que la proportion de notes nulles à l'épreuve du labyrinthe passa de 28 % au Bêta [test collectif] à 2 % à l'échelle de performance [batterie de tests individuels] et que, semblablement, les notes nulles à l'épreuve de code furent ramenées de 49 à 6 %. »

Pourtant, alors que les statisticiens de Yerkes avaient l'occasion de corriger cet effet pervers en négligeant les zéros ou en les redistribuant de façon appropriée, ils firent exactement le contraire. Ils infligèrent une double pénalité en transformant la plupart des zéros en notes négatives.

Le tripotage des statistiques finales : comment des corrélations évidentes avec le milieu furent évitées

La monographie de Yerkes est un trésor d'informations pour ceux qui chercheraient des corrélats environnementaux de performance dans les « tests d'intelligence ». Yerkes ayant explicitement refusé tout rôle important à l'environnement et ayant constamment insisté sur le fait que les tests mesuraient l'intelligence innée, cette affirmation peut paraître paradoxale. En réalité, on pourrait aller jusqu'à se demander si Yerkes, dans son aveuglement, a bien lu ses propres informations. La situation, en fait, est même plus curieuse encore. Yerkes lisait très attentivement ; il s'interrogeait sur chacune de ses corrélations avec le milieu et s'arrangeait toujours pour les écarter à l'aide d'arguments qui parfois frôlaient le ridicule.

Des points mineurs sont mentionnés et dispersés en une page ou deux. Yerkes trouva de fortes corrélations entre le résultat moyen aux tests et l'infestation par les ankylostomes dans les quatres catégories :

	INFECTÉS	NON INFECTÉS
Alpha Blancs	94,38	118,50
Bêta Blancs	45,38	53,26
Alpha Noirs	34,86	40,82
Bêta Noirs	22,14	26,09

Ces résultats auraient pu conduire Yerkes à admettre cette évidence : l'état de santé, particulièrement les maladies liées à la pauvreté, a quelque effet sur les notes obtenues aux tests. Bien qu'il ne niât pas cette éventualité, il lui préféra une autre explication (p. 811) : « La faiblesse des aptitudes innées peut entraîner des conditions de vie dont la conséquence est l'ankylostomiase. »

En étudiant la distribution des notes par profession, Yerkes, persuadé que l'intelligence était toujours directement récompensée, présuma que les notes devaient s'élever avec la compétence professionnelle. Il divisa chaque métier en apprentis, compagnons et spécialistes, et chercha une hiérarchie de notes entre les groupes. Mais il ne trouva rien de la sorte. Au lieu d'abandonner cette hypothèse, il pensa que sa procédure de répartition des individus dans les trois catégories devait avoir connu des défaillances (pp. 831-832).

> Il semble raisonnable de supposer que le processus de sélection qui s'opère dans l'industrie permet d'assurer la promotion de ceux qui sont mentalement plus éveillés, de les faire passer du stade d'apprenti à celui de compagnon, puis de ce dernier au spécialiste. Ceux qui sont mentalement inférieurs sont demeurés aux degrés de qualification les plus bas ou ont été éliminés de la profession. Selon cette hypothèse, on peut commencer à mettre en doute la validité de la procédure d'interrogatoire des sujets.

Parmi les tendances les plus marquées, Yerkes trouva sans arrêt des liaisons entre l'intelligence et le degré de scolarisation. Il calcula un coefficient de corrélation de 0,75 entre les résultats aux tests et le nombre d'années d'instruction. Sur 348 hommes qui eurent des notes inférieures à la moyenne aux tests Alpha, un seul avait atteint le niveau de l'enseignement supérieur (un étudiant dentiste), quatre avaient achevé leurs études secondaires et dix seulement avaient fréquenté le lycée. Mais cela ne suffit pas à Yerkes pour en conclure que la durée de la scolarisation en elle-même avait pour conséquence d'élever les résultats aux tests ; selon lui, au contraire, c'étaient les hommes dotés d'une plus grande intelligence innée qui passaient le plus de temps à l'école. « La théorie selon laquelle l'intelligence innée est un des facteurs les plus importants conditionnant la prolongation de la scolarité est assurément corroborée par cette accumulation de données » (p. 780).

Yerkes remarqua les plus fortes corrélations entre notes et scolarisation lorsqu'il s'intéressa aux différences entre Blancs et Noirs. Il fit là une observation d'une grande signification sociale, mais la déforma en l'assortissant de ses habituelles considérations innéistes (p. 760).

> Le contingent blanc de naissance étrangère a été moins scolarisé ; plus de la moitié de ce groupe n'a pas dépassé le cinquième « grade » [cours moyen 2e année (N.d.T.)], tandis que 12,5 % d'entre eux, soit un huitième, n'ont, d'après leurs dires, jamais été à l'école. Les jeunes soldats noirs, bien qu'élevés dans ce pays où l'école élémentaire est théoriquement non seulement gratuite, mais obligatoire, signalent, dans une proportion étonnamment importante, n'avoir jamais fréquenté l'école.

D'après Yerkes, la non-scolarisation des Noirs devait traduire un manque d'intérêt dû à la faiblesse de leur intelligence naturelle. Pas un mot sur la ségrégation (alors officiellement approuvée, sinon imposée), les mauvaises conditions d'éducation dans les écoles noires ou la situation économique des milieux défavorisés. Yerkes reconnaissait bien que les écoles pouvaient présenter des différences de qualité, mais considérait que cette situation n'avait que peu d'effet et, pour prouver de façon irréfutable l'inintelligence des Noirs, mettait en avant les faibles notes de ces derniers quand on les comparait à celles de Blancs ayant passé un nombre égal d'années à l'école (p. 773).

> Le niveau de chaque classe, bien entendu, n'est pas identique dans tous les pays, particulièrement entre les écoles pour enfants blancs et les écoles pour enfants noirs ; une scolarité jusqu'à huit ans [« *fourth grade schooling* »] ne veut pas dire la même chose d'un groupe à l'autre, mais, sans aucun doute, cette variabilité ne peut pas expliquer les évidentes disparités d'intelligence entre les groupes.

Les données qui auraient pu amener Yerkes à changer d'opinion (si tant est qu'il ait abordé cette étude avec la souplesse d'esprit nécessaire) sont toutes répertoriées dans sa monographie, mais il ne s'en servit jamais. Yerkes avait remarqué qu'il existait des différences régionales dans l'éducation des Noirs. La moitié des recrues noires originaires des États du Sud n'avait pas suivi d'école au-delà du cours élémentaire, mais dans les États du Nord la moitié avait atteint le cours moyen 2e année (p. 760). Dans le Nord, 25 % de Noirs terminaient le cycle primaire ; dans le Sud seulement 7 %. Yerkes nota également (p. 734) que « le pourcentage des Alpha est beaucoup plus petit et celui des Bêta beaucoup plus grand chez les sudistes que chez les nordistes ». De nombreuses années plus tard, Ashley Montagu (1945) étudia les tableaux par État dressés par Yerkes. Il confirma la constatation de ce dernier : le résultat moyen à l'Alpha était de 21,31 pour les Noirs dans treize États du Sud et de 39,90 dans neuf États du Nord. Montagu ajouta ensuite que, dans les quatres États du Nord, les résultats moyens des Noirs les plus élevés (45,31) dépassaient la moyenne des Blancs dans neuf États du Sud (43,94). Il observa le même phénomène pour le Bêta où les Noirs de six États du Nord présentaient une moyenne de 34,63 et les Blancs de quatorze États du Sud une moyenne de 31,11. Les héréditaristes, comme d'habitude, ne voulurent pas en rester là et répliquèrent du tac au tac que c'étaient les meilleurs Noirs, qui avaient eu assez d'intelligence pour monter dans le Nord. Pour les gens bienveillants et sensés, ces différences ont toujours paru mieux s'expliquer par la qualité de l'instruction, surtout depuis que Montagu avait trouvé de fortes corrélations entre l'importance des budgets d'éducation d'un État et les résultats moyens de ses recrues.

Une autre corrélation persistante menaça les convictions héréditaristes de Yerkes et l'argument de fortune qu'il lui opposa devint une des principales armes sociales utilisées dans les campagnes politiques menées ultérieurement en faveur d'une restriction de l'immigration. Les résultats obtenus aux tests avaient été récapitulés sous forme de tableau par pays d'origine, et Yerkes y vit cette divergence si chère au cœur des tenants de la suprématie nordique. Il sépara les recrues en deux groupes, les Anglais, les Scandinaves et les Germaniques d'une part, et les Latins et les Slaves d'autre part, et déclara (p. 699) : « Les différences sont considérables (un écart maximum de presque deux ans d'âge mental) »... en faveur des Nordiques, cela allait de soi.

Mais Yerkes reconnut qu'il pouvait y avoir là un problème. La plupart des Latins et des Slaves étaient arrivés récemment et parlaient mal anglais, voire pas du tout ; la principale vague d'immigration germanique était passée longtemps avant. Selon le protocole de Yerkes, cela n'aurait dû avoir aucune influence. Les hommes qui ne savaient pas parler anglais n'étaient en rien désavantagés. Ils passaient le test Bêta, dont les épreuves en images permettaient, soi-disant, de mesurer l'aptitude innée indépendamment de la langue parlée et du degré d'alphabétisation. Malgré cela, les données indiquaient que les nouveaux arrivants pâtissaient apparemment de leur manque de familiarité avec la langue anglaise. Parmi les recrues blanches qui obtinrent un E à l'Alpha et subirent donc ensuite le Bêta (pp. 382-383), les anglophones eurent, en moyenne, 101,6 au Bêta et les autres 77,8. À l'échelle individuelle de performance, test qui éliminait le harcèlement et la confusion qui accompagnaient l'examen Bêta, les recrues nées en Amérique et à l'étranger ne présentaient plus de différences (p. 403). (Mais ces tests individuels furent appliqués à un très petit nombre de soldats et ils n'influencèrent pas les moyennes nationales.). Yerkes dut se résoudre à admettre (p. 395) qu'« il y a des indices montrant que les individus handicapés par des difficultés de langage, ou par le fait qu'ils ne savaient ni lire ni écrire, sont pénalisés à un degré appréciable par le test Bêta si on les compare à ceux qui ne souffrent pas du même handicap ».

Une autre corrélation pouvait être encore plus gênante : Yerkes trouva que la moyenne des résultats aux tests, chez les recrues nées à l'étranger, s'élevait régulièrement avec le nombre d'années passées aux États-Unis.

NOMBRE D'ANNÉES DE SÉJOUR AUX ÉTATS-UNIS	ÂGE MENTAL MOYEN
0-5	11,29
6-10	11,70
11-15	12,53
16-20	13,50
21	13,74

Ce tableau n'indiquait-il pas que les différences enregistrées dans les résultats des tests provenaient du degré d'adaptation au mode de vie américain, et non de l'intelligence innée ? Yerkes admit cette éventualité, tout en plaçant ses espoirs de salut dans une solution héréditariste (p. 704).

> Apparemment donc, le groupe dont la durée de résidence dans ce pays est la plus longue réussit un peu mieux [*somewhat better*]* à l'examen d'intelligence. Il n'est pas possible de dire si la différence est due à la meilleure adaptation du groupe le plus complètement américanisé à la situation de l'examen ou si un autre facteur intervient. Il se pourrait, par exemple, que ce soit les immigrants les plus intelligents qui réussissent et donc restent dans ce pays, mais cet argument est affaibli par le fait que de nombreux immigrants retournent en Europe fortune faite. Au mieux, nous ne pouvons que laisser en suspens la question de savoir si ces différences représentent un écart réel d'intelligence ou un artefact de la méthode d'examen.

Les partisans de la supériorité teutonique n'ont pas tardé à trouver la réponse à cette interrogation : l'immigration récente n'avait amené en Amérique que la lie de l'Europe, des Latins et des Slaves des classes inférieures. Les immigrants plus anciens appartenaient principalement à des souches septentrionales supérieures. La corrélation avec le nombre d'années passées aux États-Unis était un artefact du statut génétique.

Ces Army Mental Tests auraient pu provoquer un essor des réformes sociales, puisqu'ils apportaient les documents montrant que des millions de gens se voyaient privés de la possibilité de développer leurs talents intellectuels. Sans cesse, les données faisaient apparaître de nettes corrélations entre les résultats des tests et le milieu. Sans cesse, ceux qui rédigeaient et appliquaient ces tests inventaient des explications tortueuses pour nier l'évidence et sauvegarder leurs préjugés héréditaristes.

Combien puissantes devaient être les convictions des Terman, Goddard et autres Yerkes pour les rendre à ce point aveugles aux circonstances immédiates ! Terman prétendait sérieusement que la qualité des orphelinats écartait toute possibilité de raisons environnementales au faible QI des enfants qui y vivaient. Goddard, après avoir fait passer des tests à des immigrants perturbés et effrayés qui venaient de terminer un voyage éprouvant dans l'entrepont d'un navire, pensait qu'il était parvenu ainsi à saisir l'intelligence innée. Yerkes, en importunant ses recrues, obtenait dans la masse des résultats nuls la preuve du harcèlement et du trouble causés par les tests, et produisait des

---

* Remarquez à quel point le choix des mots peut donner une indication des préjugés. Cette différence de presque deux ans et demi d'âge mental (13,74 - 11,29) ne représente qu'une performance « un peu » meilleure. La différence plus faible (mais supposée être d'origine héréditaire), de deux ans, entre le groupe germano-nordique et le groupe latino-slave avait été qualifiée de « considérable ».

données sur les facultés naturelles inhérentes à chaque groupe racial et national. On ne peut pas attribuer toutes ces conclusions à un mystérieux « état d'esprit de l'époque », car les contemporains ne manquèrent pas de dénoncer l'absurdité de ces thèses. Même d'après les normes de leur temps, les héréditaristes américains étaient des doctrinaires systématiques. Mais leur dogme, porté par des courants favorables, reçut l'approbation générale et entraîna des conséquences tragiques.

L'IMPACT POLITIQUE DES DONNÉES DE L'ARMÉE

La démocratie peut-elle survivre à un âge mental de treize ans ?

Yerkes était préoccupé par cet âge mental moyen du contingent blanc de 13,08 ans. Certes, ce chiffre s'accordait bien à ses préjugés et aux craintes eugéniques des vieux Américains prospères, mais il était trop beau pour être vrai, ou trop bas pour être crédible. Yerkes admettait que les gens les plus intelligents avaient été exclus de l'échantillon — les officiers engagés et « les spécialistes de la technique et des affaires qui étaient exemptés de service militaire, car ils étaient essentiels à la bonne marche de l'activité industrielle en temps de guerre » (p. 785). Mais ceux qui tombaient, de toute évidence, dans la catégorie des arriérés et des débiles avaient aussi été éliminés avant d'être examinés par les équipes de Yerkes, ce qui contrebalançait les exclusions à l'autre extrémité de l'échelle. La moyenne de treize ans qui s'ensuivait était peut-être un peu basse, mais elle ne pouvait pas être très éloignée de la vérité (p. 785).

Deux possibilités s'offraient à Yerkes. Il pouvait considérer ce chiffre comme aberrant et se mettre en quête des failles méthodologiques qui l'avaient amené à cette absurdité. Il n'aurait pas eu à chercher bien loin s'il avait été enclin à pousser ses investigations dans ce sens, car trois distorsions majeures se liguaient pour abaisser la moyenne jusqu'à ce niveau peu plausible. Primo, les tests mesuraient l'éducation et l'adaptation à la culture américaine, et non l'intelligence innée, et de nombreuses recrues, quelle que soit leur intelligence, à la fois manquaient cruellement d'instruction et avaient immigré trop récemment aux États-Unis ou étaient trop pauvres pour se faire une idée des exploits base-ballistiques de M. Mathewson. Secondo, le propre protocole de Yerkes, tel qu'il l'avait établi, n'avait pas été suivi. Environ deux tiers de l'échantillon blanc passèrent le test Alpha, et la grande proportion de zéros montre qu'ils auraient dû être retestés avec le Bêta. Mais le temps et l'indifférence de l'état-major conspirèrent pour les en empêcher et nombreuses furent les recrues qui ne furent pas réexaminées. Tertio, le traitement que Boring fit des résultats nuls infligea une double pénalisation à des notes déjà (et artificiellement) trop basses.

Ou bien Yerkes pouvait accepter le chiffre, et demeurer quelque peu perplexe. Il choisit, bien sûr, la seconde solution.

> Maintenant, d'après l'expérience clinique, nous connaissons approximativement la capacité et l'aptitude mentale d'un homme de treize ans d'âge mental. Nous n'avons jamais supposé jusqu'ici que l'aptitude mentale de cet homme représentait la moyenne de ce pays ni qu'elle s'en approchait. On a défini le *moron* [le débile léger] comme quelqu'un ayant un âge mental situé entre sept et douze ans. Si l'on interprétait cette définition comme signifiant qu'est *moron* toute personne dont l'âge mental est inférieur à treize ans, comme on l'a fait récemment, cela voudrait dire que presque la moitié (43,7 %) du contingent blanc serait composé de débiles. Ainsi, il semble que la débilité, telle qu'on la définit à présent, est beaucoup plus fréquente qu'on ne l'avait cru originellement.

Le trouble des collègues de Yerkes n'était pas moins grand. Goddard, qui avait inventé le *moron*, commença à douter de sa propre création : « Il semble que nous soyons coincés dans un cruel dilemme : ou bien la moitié de la population est débile ; ou bien une mentalité de douze ans n'entre pas à proprement parler dans les limites de la débilité » (1919, p. 352). Lui aussi opta pour la solution de Yerkes et lança ce cri d'alarme pour sauvegarder la démocratie américaine :

> Si, en fin de compte, on en arrive à trouver que l'intelligence de l'homme moyen est de treize ans — et non de seize — cela ne fera que confirmer ce que certains commençaient à entrevoir, à savoir que l'homme moyen ne peut s'occuper de ses affaires qu'avec un degré de sagesse très modéré, ne peut gagner qu'un salaire très médiocre et se porte infiniment mieux en suivant des ordres reçus qu'en essayant de diriger sa vie lui-même. En d'autres termes, cela montrera qu'il y a une raison fondamentale à la situation que nous rencontrons dans la société humaine et, en outre, qu'une grande partie de nos efforts pour changer cette situation est stupide parce que nous n'avons pas compris la nature de l'homme moyen (1919, p. 236).

Ce malencontreux chiffre de treize ans devint une formule incantatoire utilisée par ceux qui s'évertuaient à contenir les mouvements en faveur d'une politique d'assistance sociale *(welfare)*. Après tout, si l'homme moyen ne vaut guère mieux qu'un débile, c'est que la pauvreté trouve son fondement dans la biologie et que ni l'éducation ni de meilleures perspectives d'emploi ne peuvent la soulager. Dans un discours célèbre intitulé « Les États-Unis peuvent-ils résister à la démocratie ? », le président du service de psychologie de Harvard déclara (W. McDougall, cité par Chase, 1977, p. 226) :

Les résultats des tests de l'armée indiquent qu'environ 75 % de la population n'a pas une capacité innée de développement intellectuel qui lui permette de poursuivre des études secondaires normales. Le professeur Terman et ses collègues qui ont mené une très large enquête sur les écoliers à l'aide de tests mentaux sont parvenus à des conclusions étroitement concordantes.

Dans son allocution inaugurale de président de la Colgate University, G.C. Cutten affirma en 1922 (cité par Cravens, 1978, p. 224) : « Nous ne pouvons pas concevoir une pire forme de chaos qu'une démocratie véritable dans une population dont l'âge mental dépasse à peine les treize ans. »

De nouveau un « fait » numérique, facile à retenir, avait pris l'importance d'une découverte scientifique fondamentale et objective — alors que les erreurs et les manipulations qui le rendaient nul et sans valeur restaient cachées dans le fourmillement de détails d'une monographie de huit cents pages que les propagandistes ne lurent jamais.

Les Army Mental Tests et le débat autour des restrictions à l'immigration : la monographie de Brigham sur l'intelligence américaine

La moyenne globale de treize ans eut un impact politique certain, mais les ravages sociaux qu'elle entraîna furent peu de chose en comparaison de ceux causés par les chiffres de Yerkes sur les différences raciales et nationales ; car les héréditaristes pouvaient à présent clamer que la réalité et la portée des différences de l'intelligence innée entre les groupes avaient été établies une bonne fois pour toutes. Le disciple de Yerkes, C.C. Brigham, qui était alors maître-assistant de psychologie à l'université de Princeton, déclara (1923, p. XX) :

Nous disposons là d'une enquête qui, à l'évidence, dépasse de cent fois, en sûreté, toutes les recherches précédentes, réunies et mises en corrélation. Ces données militaires constituent la première contribution vraiment importante à l'étude des différences mentales entre races. Elles donnent une base scientifique à nos conclusions.

En 1923 Brigham publia un livre, suffisamment court et schématique (certains diraient clair) pour être lu et compris par tous les propagandistes. A Study of American Intelligence (Brigham, 1923) devint le principal outil utilisé pour traduire en termes d'action sociale les résultats militaires sur les différences de groupe (voir Kamin, 1974 et Chase, 1977). Yerkes lui-même en rédigea la préface et félicita Brigham pour son objectivité.

L'auteur ne présente pas des théories ni des opinions, mais des faits. Il nous appartient de prendre en compte leur validité et leur signification, car aucun d'entre nous, en tant que citoyen, ne peut se permettre d'ignorer la menace que la dégénération de la race et l'immigration font peser sur le progrès et le bien-être de notre nation (*in* Brigham, 1923, p. VII).

Brigham tirant intégralement ses « faits » sur les différences de groupe des résultats des tests militaires, il lui fallut tout d'abord écarter l'idée que les tests de Yerkes pourraient ne pas mesurer uniquement l'intelligence innée. Il admit que le test Alpha pouvait mélanger les influences de l'éducation avec les aptitudes naturelles, car il requérait du sujet qu'il sache lire et écrire. Mais le Bêta ne pouvait qu'enregistrer l'intelligence innée à l'état pur : « L'examen Bêta ne fait pas du tout appel à l'anglais et ces épreuves ne peuvent, en aucun sens, être considérées comme mesurant le niveau d'instruction » (p. 100). En tout cas, il ajouta, pour faire bon poids, qu'il importait peu de savoir si les tests enregistraient aussi ce que Yerkes avait appelé « la meilleure adaptation du groupe le plus américanisé à la situation de l'examen » (p. 93), puisque (p. 96) :

> Si les tests comprenaient quelque mystérieux type de situation qui fût « typiquement américain », il faudrait en fait s'en réjouir, car nous sommes en Amérique, et le but de notre enquête est d'obtenir une mesure de la nature de notre immigration*. L'incapacité à répondre positivement à une situation « typiquement américaine » est, de toute évidence, une caractéristique indésirable.

Une fois qu'il eut prouvé que les tests mesuraient l'intelligence innée, Brigham consacra l'essentiel de son livre à repousser toutes les impressions courantes qui pourraient mettre en danger cette hypothèse de base. Les tests de l'armée avaient, par exemple, estimé que les Juifs (composés principalement d'immigrants récents) avaient une intelligence assez basse. Cette constatation n'était-elle pas en contradiction avec les dons remarquables dont faisaient preuve tant de Juifs célèbres, hommes d'État, intellectuels et artistes de la scène ? Brigham supposa que les Juifs devaient présenter une variabilité plus grande que les autres groupes, une faible moyenne n'excluant en rien la présence de quelques génies dans le haut de l'échelle. En tout cas, ajouta Brigham, nous portons sans doute trop d'attention à quelques grandes personnalités juives parce qu'elles nous étonnent : « Le Juif doué est reconnu non seulement à cause de son talent, mais aussi parce qu'il a du talent et qu'il est juif » (p. 190). « Nos chiffres tendraient donc plutôt à établir la fausseté de cette croyance très répandue qui veut que le Juif ait une intelligence élevée » (p. 190).
Mais que penser des meilleurs résultats enregistrés chez les Noirs du Nord que chez ceux du Sud ? Yerkes ayant également montré que

---

* Partout ailleurs dans le livre, il affirme que son but est de mesurer et d'interpréter les différences innées de l'intelligence.

les Noirs du Nord avaient, en moyenne, passé plus de temps à l'école que ceux du Sud, les résultats ne traduisaient-ils pas des différences dans le niveau d'instruction plus qu'une aptitude innée ? Brigham, sans nier que l'éducation ait pu exercer une petite influence (p. 191), avança deux arguments lui permettant d'attribuer préférentiellement les meilleurs résultats des Noirs du Nord à des caractéristiques biologiques supérieures : en premier lieu, « la plus grande proportion de sang blanc » chez les Noirs du Nord ; en second lieu, « l'intervention de forces économiques et sociales, telles que des salaires plus élevés, de meilleures conditions d'existence, des privilèges scolaires identiques et un ostracisme social moins marqué, tendant à attirer les Noirs les plus intelligents vers le nord » (p. 192).

Mais c'est sur le sujet de l'immigration que Brigham dut faire face à son plus sérieux défi à l'héréditarisme. Même Yerkes avait exprimé son agnosticisme sur les causes de l'amélioration des résultats aux tests en fonction de la longueur du séjour aux États-Unis. (Ce fut, du reste, la seule fois où il envisagea l'éventualité d'une alternative à la biologie innée.) Les effets du phénomène étaient à coup sûr importants et sa régularité étonnante. Sans exception (voir le tableau p. 258), chaque période de séjour de cinq ans s'accompagnait d'une augmentation des notes de tests, la différence totale entre les nouveaux arrivés et les anciens atteignant près de deux ans et demi d'âge mental.

Brigham, grâce à un raisonnement circulaire, contourna l'épouvantable perspective qu'était l'intrusion de causes environnementales. Il commença tout d'abord par postuler ce qu'il avait l'intention de démontrer. Il refusa a priori toute possibilité d'une influence du milieu, en considérant comme prouvé l'affirmation tout à fait discutable que le test Bêta mesurait l'intelligence innée à l'état pur, quel que soit, par ailleurs, ce qui pouvait se passer avec le test Alpha qui, lui, demandait qu'on sache lire et écrire. Le fondement biologique expliquant la baisse des résultats chez les immigrants récents peut être prouvé en démontrant que cette diminution des notes sur l'échelle combinée n'est pas un artefact des différences enregistrées au seul test Alpha.

> L'hypothèse d'un accroissement de l'intelligence proportionnel à la longueur du séjour est à assimiler à celle d'une erreur dans la méthode de mesure de l'intelligence, car nous devons supposer que nous mesurons l'intelligence naturelle ou innée et que toute augmentation des notes des tests due à n'importe quel autre facteur peut être considérée comme une erreur. [...] Si l'on avait fait passer à chaque membre de nos groupes de cinq ans de séjour les tests Alpha et Bêta et les examens individuels, à égales proportions, tous auraient alors reçu le même traitement et la liaison montrée entre eux aurait été établie sans aucune possibilité d'erreur (p. 100).

Si les différences entre ces groupes ayant séjourné plus ou moins longtemps aux États-Unis ne sont pas innées, c'est que, selon Brigham, elles traduisent une anomalie technique de l'échelle combinée provenant des variations dans les proportions d'Alpha et de Bêta ; elles ne sont pas attribuables à un défaut des tests eux-mêmes et, donc, ne peuvent pas, par définition, être des indices d'une adaptation croissante à la langue et aux mœurs américaines.

Brigham étudia les performances aux test Alpha et Bêta, s'aperçut que les différences entre les groupes ayant résidé en Amérique pendant des laps de temps plus ou moins longs se maintenaient au Bêta et lança sa contre-hypothèse d'une diminution de l'intelligence innée chez les immigrants les plus récents. « Nous trouvons effectivement, déclarat-il (p. 102), que le gain pour chaque type d'examen [Alpha et Bêta] est à peu près le même. Cela indique donc que les groupes de cinq ans de séjour sont des groupes présentant de réelles différences dans leur intelligence innée, et non des groupes affectés à des degrés divers de handicaps de langage et d'éducation. »

> Loin de considérer que notre courbe reflète un accroissement de l'intelligence proportionnel à la longueur du séjour, nous nous voyons contraints d'adopter le point de vue inverse et d'accepter l'hypothèse selon laquelle la courbe indique une dégénérescence graduelle des immigrants examinés par l'armée depuis 1902 (pp. 110-111). [...] L'intelligence moyenne des vagues successives d'immigrants s'est progressivement abaissée (p. 155).

Mais pourquoi les immigrants récents seraient-ils plus stupides que leurs prédécesseurs ? Pour résoudre cette énigme, Brigham fit appel au principal théoricien du racisme de son temps, l'Américain Madison Grant (auteur de *The Passing of the Great Race)* et à ce sociologue vieillissant, vestige de l'âge d'or de la craniométrie française, le comte Georges Vacher de Lapouge, qui écrivit *L'Aryen et son rôle social.* D'après Brigham, les peuples européens étaient des mélanges, à des degrés variables, de trois races originelles : 1° les Nordiques, « race de soldats, de marins, d'aventuriers et d'explorateurs, mais surtout, de chefs, d'organisateurs et d'aristocrates. [...] C'est en grande partie du nord que proviennent le féodalisme, les distinctions de classe et l'orgueil racial chez les Européens ». Ils sont « dominateurs, individualistes, sûr d'eux [...] et, en conséquence, sont généralement protestants » (Grant, cité par Brigham, p. 182) ; 2° les Alpins, qui sont « dociles à l'autorité tant politique que religieuse, étant communément catholiques romains » (Grant, *in* Brigham, p. 183), et que Vacher de Lapouge décrivait comme « le parfait esclave, le serf idéal, le sujet modèle » (p. 183) ; 3° les Méditerranéens, à qui Grant adressait ses louanges pour leurs réalisations dans la Grèce antique et à Rome, mais que Brigham méprisait, car leurs résultats moyens aux tests s'étaient même avérés légèrement inférieurs à ceux des Alpins.

Brigham tenta ensuite d'évaluer la quantité de sang nordique, alpin et méditerranéen chez différents peuples européens, et de récapituler les résultats des tests militaires sur cette base scientifique et raciale, plutôt que selon cet expédient politique qu'était la nation d'origine. Il aboutit aux âges mentaux moyens suivants : Nordiques, 13,28 ; Alpins, 11,67 ; Méditerranéens, 11,43.

Le déclin progressif de l'intelligence pour chaque groupe quinquennal trouvait ainsi une facile explication innéiste. La nature de l'immigration s'était profondément modifiée durant les vingt dernières années. Avant cette période, les arrivants étaient surtout des Nordiques ; depuis lors, nous avons été inondés par des quantités progressivement croissantes d'Alpins et de Méditerranéens, car les foyers d'immigration s'étaient déplacés de l'Allemagne, de la Scandinavie et des Îles Britanniques pour atteindre la racaille du sud et de l'est de l'Europe — les Italiens, les Grecs, les Turcs, les Hongrois, les Polonais, les Russes et les autres Slaves (y compris les Juifs que Brigham définissait racialement comme des « Slaves alpins »). Quant à l'infériorité de ces immigrants récents, elle ne faisait pas le moindre doute (p. 202).

> Un tribun peut fort bien parvenir à élever le niveau intellectuel de la Pologne dans l'idée du public en criant le nom de Kosciuszko du haut de son estrade, mais il ne peut pas modifier la distribution de l'intelligence de l'immigrant polonais.

Brigham se rendit compte que deux obstacles se dressaient encore devant sa thèse innéiste. Il avait bien prouvé que les tests de l'armée mesuraient l'intelligence innée, mais il craignait toujours que des adversaires ignorants ne tentent d'attribuer les résultats élevés des Nordiques à la présence, parmi eux, de nombreux individus dont l'anglais était la langue maternelle.

Il divisa donc le groupe nordique en deux, d'un côté les anglophones originaires du Canada et des îles Britanniques qui avaient une moyenne de 13,84 ans d'âge mental et, d'un autre, les non-anglophones, natifs principalement d'Allemagne, de Hollande et de Scandinavie, dont la moyenne s'établissait à 12,97 ans. De nouveau, Brigham avait pratiquement fait la démonstration de l'influence du milieu en montrant que les tests militaires avaient mesuré l'aptitude à manier la langue anglaise et l'adaptation aux coutumes américaines, mais, une nouvelle fois, il mit au point une parade innéiste. La disparité entre les Nordiques « anglais » et « non anglais » était moitié moins grande que la différence entre les Nordiques et les Méditerranéens. Les différences entre les Nordiques ne pouvant que représenter les effets environnementaux de la langue et de la culture (comme Brigham le reconnaissait), pourquoi ne pas attribuer l'écart avec les races européennes à la même cause ? Après tout, les soi-disant Nordiques non anglais étaient, en moyenne, plus familiarisés avec les mœurs américaines et se devaient donc d'obtenir de meilleurs résultats aux tests pour cette unique raison. Brigham appela ces hommes des « non-Anglais » et les utilisa pour mettre à l'épreuve son hypothèse sur le langage. Mais, en fait, il ne connaissait que leur pays d'origine et non leur niveau de connaissance de l'anglais. En moyenne, ces prétendus Nordiques non anglais étaient aux États-Unis depuis nettement plus longtemps que les Alpins ou les Méditerranéens. Beaucoup parlaient un excellent anglais et avaient passé suffisamment d'années en Amérique pour avoir percé les secrets du bowling, des produits commerciaux et des vedettes de cinéma. Si, avec leur connaissance relative de la culture américaine, ils présentaient un niveau d'âge mental inférieur d'une année aux Nordiques anglais, pourquoi ne pas mettre l'écart de presque deux ans des Alpins et des Méditerranéens sur le compte de leur plus grande méconnaissance du monde de vie américain ? Il est, à coup sûr, plus économique d'utiliser la même explication pour un ensemble d'effets homogènes. Au lieu de cela, Brigham admit l'influence du milieu dans le cas de la disparité entre les deux groupes nordiques, mais fit état de causes innées pour expliquer les mauvais résultats de ces Européens de l'Est et du Sud qu'il méprisait tant (pp. 171-172).

> Il y a, bien entendu, des raisons historiques et sociales rendant pertinemment compte de l'infériorité du groupe nordique non anglophone. D'autre part, si quelqu'un désire, en dépit des faits, nier la supériorité de la race nordique en prétendant que ce facteur de la langue vient mystérieusement aider ce groupe lors des tests, il peut retirer de l'échantillon nordique les anglophones ; cela ne l'empêchera nullement de toujours trouver une nette supériorité des Nordiques non anglophones sur les groupes alpins et méditerranéens, ce qui indique de la manière la plus formelle que la cause sous-jacente des différences que nous avons montrées est la race et non la langue.

Après avoir relevé ce défi, Brigham se heurta à un autre obstacle qu'il ne put totalement escamoter. Il avait attribué la baisse des résultats des groupes quinquennaux successifs à la réduction du pourcentage des Nordiques en leur sein. Mais il dut admettre un troublant anachronisme. La vague nordique avait diminué longtemps avant, et l'immigration dans les deux groupes de cinq ans les plus récents comprenait une proportion en gros constante d'Alpins et de Méditerranéens. Ce qui n'avait pas empêché les notes de baisser, malgré le maintien de la composition raciale. Cette constatation, au moins, n'impliquait-elle pas une influence de la langue et de la culture ? Après tout, Brigham s'était bien gardé de faire appel à la biologie pour expliquer les nettes différences existant entre les groupes nordiques ; pourquoi n'appliquerait-il pas le même traitement à des différences au sein des groupes alpins et méditerranéens ? Une nouvelle fois, les préjugés l'emportèrent sur le bon sens et Brigham inventa une explication alambiquée dont, il le reconnaissait, il n'avait pas de preuve directe : si les notes des Alpins et des Méditerranéens allaient en décroissant, c'est que les nations qui abritaient cette populace méprisable devaient envoyer, au fil des années, des lots d'immigrants aux caractéristiques biologiques de plus en plus déficientes (p. 178).

> Le déclin de l'intelligence est dû à deux facteurs, le changement des races migrant dans ce pays et l'envoi de représentants de chaque race de plus en plus inférieurs.

Brigham jugeait les perspectives lugubres pour l'avenir des États-Unis, car, à cette sérieuse menace européenne, se joignait un autre problème particulier, autrement grave (p. XXI).

> Parallèlement aux mouvements de ces pays européens, s'est déroulé l'épisode le plus sinistre de l'histoire de ce continent, l'importation du Noir.

Brigham terminait son pamphlet en abordant deux sujets politiques de l'époque, particulièrement brûlants, pour lesquels il préconisait le point de vue héréditariste : les restrictions à l'immigration et la limitation eugénique des naissances (pp. 209-210).

> Le déclin de l'intelligence américaine sera plus rapide que celui de l'intelligence des groupes nationaux européens, par suite de la présence ici du Noir. Ce sont les faits que notre étude révèle sans ambiguïté, aussi déplaisants puissent-ils être. La dégénérescence de l'intelligence américaine n'est pas inéluctable cependant, si des mesures générales sont prises pour la prévenir. Il n'y a aucune raison pour que des dispositions légales ne puissent pas permettre une évolution ascendante et continue. Les mesures qui devraient être prises pour préserver ou augmenter notre présente capacité intellectuelle doivent être bien évidemment dictées par la science et non par des considérations politiques. L'immigration devrait être non seulement restrictive, mais hautement sélective. Et seule une refonte de la législation régissant l'immigration et la naturalisation apportera un léger soulagement à nos difficultés actuelles. Les mesures réellement importantes concernent la prévention de la propagation des souches déficientes dans la population actuelle.

Comme Yerkes disait de Brigham : « L'auteur ne présente pas des théories ni des opinions, mais des faits ! »

Le triomphe des restrictions à l'immigration

Les tests militaires eurent des retombées variées dans le domaine social. Leurs effets les plus durables se situent dans la sphère des tests mentaux eux-mêmes. Ils furent les premiers tests d'intelligence écrits à acquérir une position respectée et ils fournirent les outils techniques essentiels qui permirent de concrétiser l'idéologie héréditaire qui prônait, contrairement aux souhaits de Binet, l'examen par les tests de tous les enfants et leur classification.

D'autres propagandistes se servirent des tests militaires pour justifier la ségrégation raciale et les limitations d'accès des Noirs à l'enseignement de haut niveau. Cornelia James Cannon, dans un article paru dans l'*Atlantic Monthly* en 1922, faisait remarquer que 89 % des Noirs avaient obtenu aux tests des notes de débiles (cité par Chase, 1977, p. 263) et ajoutait :

> Il est nécessaire de mettre l'accent sur le développement des écoles primaires, sur la formation aux activités, aux habitudes et aux professions qui n'exigent pas les facultés les plus évoluées. Dans le Sud notamment [...] l'éducation des enfants blancs et de ceux de couleur dans des écoles séparées peut trouver sa justification autrement que dans celle que créent les préjugés raciaux. [...] Un système d'école publique préparant à la vie des jeunes d'une race, dont 50 % n'atteignent jamais un âge mental de dix ans, est un système qu'il nous faut encore améliorer.

Mais l'influence la plus immédiate et la plus profonde des données militaires s'exerça sur le grand sujet qui constituait à l'époque un des enjeux politiques majeurs et qui, ultérieurement, vit le triomphe le plus retentissant de l'eugénique, l'immigration. Les restrictions étaient alors dans l'air et auraient fort bien pu se passer de l'appui de la science (il n'est qu'à prendre en considération le large éventail de partisans que les tenants des limitations pouvaient rassembler : cela allait des associations corporatistes traditionnelles craignant l'invasion du marché du travail par une main-d'œuvre sous-payée, aux chauvins et aux premiers Américains pour qui la plupart des immigrants n'étaient que des anarchistes poseurs de bombes et qui contribuèrent à faire de Sacco et Vanzetti des martyrs). Mais le moment où fut promulgué l'Immigration Restriction Act de 1924 et surtout son caractère particulier traduisent bien les pressions exercées par les savants et les eugénistes dont l'arme la plus redoutable fut bien les données issues des tests militaires (voir Chase, 1977 ; Kamin, 1974 et Ludmerer, 1972).

Henry Fairfield Osborn, administrateur de la Columbia University et président du Muséum américain d'histoire naturelle, écrivit en 1923 un texte que je ne peux pas lire sans frissonner en songeant au terrible bilan de la Seconde Guerre mondiale.

> Je pense que ces tests valaient ce que la guerre a coûté, même en vies humaines, s'ils ont permis à notre peuple de se faire une idée exacte de l'intelligence que l'on trouve dans ce pays et des degrés d'intelligence des différentes races qui nous arrivent, d'une manière que personne ne peut taxer de partialité. [...] Nous avons ainsi appris que le Noir n'est pas comme nous. Quant aux nombreuses races et sous-races d'Europe, nous

avons découvert que certaines d'entre elles dont nous avions cru qu'elles possédaient une intelligence peut-être supérieure à la nôtre [comprenez les Juifs] nous étaient de beaucoup inférieures.

Au cours des débats du Congrès qui aboutirent au vote de l'Immigration Restriction Act de 1924, les données de l'armée furent sans cesse évoquées. Les eugénistes firent pression non seulement pour qu'on limite l'immigration, mais aussi pour qu'on en change la nature en imposant des quotas très sévères à l'encontre des pays de souche inférieure ; c'est là un aspect de la loi de 1924 qui n'aurait sans doute jamais été adopté, ni même discuté, sans les données de l'armée et la propagande eugéniste. En bref, on devait refuser l'entrée aux Européens du Sud et du Nord, aux nations alpines et méditerranéennes ayant obtenu des notes minimales aux tests de l'armée. Les eugénistes remportèrent là une des plus grandes victoires du racisme scientifique de l'histoire américaine. En 1921 avait été promulguée une première loi réduisant l'immigration, fixant les quotas annuels à 3 % d'immigrants de n'importe quelle nation résidant alors aux États-Unis. La loi de 1924, sous l'influence de la propagande du lobby eugéniste, rabaissa les quotas à 2 % de chaque nation répertoriée dans le recensement de 1890. Ces chiffres de 1890 furent utilisés jusqu'en 1930. Pourquoi le recensement de 1890 et non celui de 1920 puisque la loi fut votée en 1924 ? Parce que 1890 marqua un grand tournant dans l'histoire de l'immigration. Les Européens de l'Est et du Sud, avant cette date, n'arrivaient qu'en petit nombre, mais ils commencèrent à prédominer par la suite. Cynique, mais efficace. « L'Amérique doit rester américaine », déclara Calvin Coolidge en signant la loi.

Brigham fait amende honorable

Six ans après que ses données eurent contribué si concrètement à l'établissement de ces quotas nationaux d'immigration, Brigham changea complètement d'avis. Il reconnut qu'un résultat de test ne pouvait pas être réifié en une entité localisée dans la tête d'un individu.

> La plupart des psychologues qui travaillent dans le domaine des tests mentaux ont commis une erreur consistant à passer mystérieusement du résultat obtenu au test à l'hypothétique faculté suggérée par le nom donné au test. Ils parlent ainsi de discrimination sensorielle, de perception, de mémoire, d'intelligence et d'autres notions encore, alors qu'ils ne font référence qu'à une certaine situation objective, celle du test (Brigham, 1930, p. 159).

De surcroît, Brigham se rendit compte que les données de l'armée ne permettaient absolument pas de mesurer l'intelligence innée pour deux raisons. Il s'excusa pour chacune d'elles d'une manière pitoyable et on ne connaît guère d'exemple dans la littérature scientifique de semblables rétractations. D'abord, il reconnut que l'Alpha et le Bêta ne pouvaient se combiner en une échelle unique comme Yerkes et lui l'avaient fait en calculant des moyennes par race et par pays. Les deux tests mesuraient des choses distinctes et, de toute façon, aucun d'eux n'avait de cohérence interne. Chaque pays était représenté par un échantillon de recrues qui avaient passé les tests Alpha et Bêta dans des proportions différentes. Les pays ne pouvaient pas du tout être comparés entre eux (Brigham, p. 164).

> Comme cette méthode consistant à amalgamer les Alpha et les Bêta en une seule échelle combinée a été employée par l'auteur dans sa précédente analyse des tests de l'armée et comme elle a été appliquée aux échantillons de recrues originaires de pays étrangers, cette étude et tout son édifice hypothétique de différences raciales s'effondrent complètement.

En second lieu, Brigham reconnut que les tests avaient mesuré le degré d'adaptation à la langue et à la culture américaines, et non l'intelligence innée.

> Si l'on veut comparer les individus ou les groupes, il est manifeste que les tests écrits dans une langue vernaculaire donnée ne doivent être utilisés qu'avec des individus ayant eu des occasions égales d'acquérir la connaissance de cette langue. Cette exigence exclut tout usage de ses tests dans le cas d'études comparatives d'individus élevés dans des familles où la langue en question n'est pas parlée, ou dans lesquelles on parle deux langues. Cette dernière condition n'est fréquemment pas remplie dans les études portant sur des enfants nés dans ce pays, mais dont les parents parlent une autre langue. Ceci est important, car on connaît mal les conséquences du bilinguisme. [...] On ne peut pas mener à bien des études comparatives sur les divers groupes nationaux et raciaux avec les tests existants. [...] L'une des plus prétentieuses études raciales comparatives — celle de l'auteur — était sans fondement (Brigham, 1930, p. 165).

Brigham s'était acquitté de ses dettes personnelles, mais il n'était pas en son pouvoir de défaire ce que les tests avaient permis. Les quotas demeurèrent et ralentirent l'immigration en provenance de l'Europe du Sud et de l'Est jusqu'à n'autoriser qu'un nombre d'arrivées extrêmement faible. Tout au long des années 1930, des réfugiés juifs, pressentant l'holocauste, cherchèrent à émigrer, mais furent refoulés. Les quotas légaux, et la poursuite de la propagande eugénique, leur interdirent l'accès aux États-Unis, même dans les années où les quotas gonflés des nations de l'ouest et du nord de l'Europe n'étaient pas remplis. Chase (1977) a estimé que ce contingentement des entrées a touché, entre 1924 et le déclenchement de la Seconde Guerre mondiale, près de six millions d'Européens du Sud, du Centre et de l'Est (en supposant que l'immigration ait continué à son rythme d'avant 1924). On sait ce qui est arrivé à beaucoup de ceux qui souhaitaient quitter leur pays, mais ne savaient où aller. La destruction emprunte souvent des chemins détournés, mais les idées peuvent en être des agents plus sûrs que les fusils et les bombes.

CHAPITRE V

La véritable erreur de Cyril Burt

L'ANALYSE FACTORIELLE ET LA RÉIFICATION DE L'INTELLIGENCE

> Ce fut le mérite insigne de l'école anglaise de psychologie, depuis Sir Francis Galton, d'avoir transformé les tests mentaux ; jadis manigances de charlatan, ils sont devenus, grâce à cette méthode d'analyse mathématique, un instrument scientifique de précision, reconnu de tous.
> (Cyril BURT, 1921, p. 130)

L'affaire Cyril Burt

Si j'avais eu le désir de vivre une vie nonchalante, à l'abri de tout souci matériel, j'aurais voulu être un jumeau vrai, séparé de mon frère à la naissance et élevé dans un milieu social différent. Nous pourrions tous deux louer nos services à prix d'or à une foultitude de chercheurs sociaux. Car nous serions les représentants extrêmement rares de la seule expérience naturelle dans laquelle, chez l'homme, la génétique est dissociée des effets du milieu : nous serions des individus génétiquement identiques élevés dans des milieux distincts.

Les études sur les jumeaux vrais élevés séparément devraient donc occuper une place de choix dans la littérature sur l'hérédité du QI. Ainsi en devrait-il aller s'il n'y avait une difficulté, l'extrême rareté de l'animal lui-même. Peu de chercheurs ont réussi à rassembler plus de vingt couples. Cependant, au milieu de cette pénurie, une étude semblait émerger : celle de Sir Cyril Burt (1883-1971). Sir Cyril, le doyen des pionniers des tests mentaux, avait mené deux carrières successives qui lui permirent d'acquérir une position prééminente en dirigeant tout à la fois la théorie et la pratique dans son domaine, la psychologie de l'éducation. Pendant vingt ans, il fut le psychologue officiel du London County Council, responsable de l'application et de l'interprétation des tests mentaux dans les écoles de Londres. Il succéda ensuite à Charles Spearman à la chaire de psychologie la plus prestigieuse de Grande-Bretagne, celle de l'University College de Londres (1932-1950). Au cours de sa longue retraite, Sir Cyril publia plusieurs articles où il fit état d'une très haute corrélation entre les QI de jumeaux vrais élevés séparément venant ainsi appuyer la thèse héréditariste. Les études de Burt se détachaient de toutes les autres, car il était parvenu à trouver cinquante-trois couples, ce qui faisait plus que doubler le total atteint par n'importe lequel de ses prédécesseurs. Il est peu surprenant qu'Arthur Jensen ait utilisé le chiffre de Sir Cyril comme son argument le plus décisif dans son célèbre article (1969) sur les prétendues différences d'intelligence, héréditaires et irréversibles, entre les Blancs et les Noirs des États-Unis.

L'histoire de la chute de Burt a été maintes fois contée. Un psychologue de Princeton, Leon Kamin, s'aperçut pour la première fois qu'au moment où l'échantillon de Burt était passé, en une série de publications, d'une petite vingtaine de couples de jumeaux à plus de cinquante, la corrélation moyenne du QI entre les couples était restée inchangée à la troisième décimale près, situation qui, dans le domaine statistique, est si improbable qu'elle correspond à la définition du mot impossible. Puis, en 1976, Oliver Gillie, correspondant médical du *Sunday Times* de Londres, fit passer les charges pesant sur Cyril Burt de la négligence inexcusable au truquage conscient. Gillie découvrit, entre autres choses, que les deux « collaboratrices » de Burt, Margaret Howard et J. Conway, qui avaient prétendument recueilli et analysé ses données, soit n'avaient pas pu être en contact avec Burt lorsqu'il rédigea les articles portant leur signature, soit, pire encore, n'avaient jamais existé. Ces accusations conduisirent à reconsidérer les « preuves » avancées par Burt à l'appui de sa rigide position héréditariste. Et il s'avéra que d'autres études essentielles étaient tout aussi frauduleuses, notamment ses corrélations de QI entre parents proches (suspectes, car trop belles pour être vraies et apparemment élaborées à partir de distributions statistiques idéales, plutôt que réellement mesurées — Dorfman, 1978) et ses données sur les niveaux décroissants d'intelligence en Grande-Bretagne.

Les partisans de Burt considérèrent tout d'abord ces accusations comme un complot à peine voilé, ourdi par la gauche pour discréditer la position héréditariste. H.J. Eysenck écrivit à la sœur de Burt : « Je pense que l'affaire a été montée de toutes pièces par quelques environnementalistes d'extrême gauche bien décidés à jouer un jeu politique avec des faits scientifiques. Je suis sûr, sans le moindre doute, que l'avenir réhabilitera Sir Cyril dans son honneur et sa probité. » Arthur

Jensen, qui avait dit de Burt qu'il était un « noble né » et « l'un des plus grands psychologues du monde », dut admettre qu'on ne pouvait se fier aux données sur les jumeaux vrais, bien qu'il n'attribuât leur inexactitude qu'à la seule négligence.

Je crois que la magnifique biographie « officielle » de Burt qu'a récemment publiée L.S. Hearnshaw (1979) a apporté une solution à ce problème autant que les données le permettent (Hearnshaw avait été chargé de la rédaction de ce livre par la sœur de Burt, avant que la moindre accusation n'ait été portée). Hearnshaw qui, au début, était un admirateur inconditionnel de Burt dont il tend à partager les attitudes intellectuelles, finit par conclure que toutes les allégations étaient vraies, et pire encore. Malgré tout, il m'a convaincu que l'énormité même et la bizarrerie de la supercherie de Burt nous forcent à la considérer non comme le programme « rationnel » d'un personnage sournois tentant, par tous les moyens, de sauvegarder son dogme héréditariste, alors qu'il savait que la partie était perdue (ce qui fut ma première interprétation, je l'avoue), mais comme les actes d'un homme malade et tourmenté. (Tout ceci, bien entendu, ne résout en rien une autre question, celle de savoir pourquoi des données aussi manifestement contrefaites, restèrent si longtemps indiscutées et ce que cette persistance implique sur le fondement de nos présuppositions héréditaristes.)

Hearnshaw pense que Burt commença ses falsifications au début des années 1940 et que son travail précédent était honnête, bien que gâché par des *a priori* rigides, et souvent inexcusablement bâclé et superficiel, même selon les normes de son temps. Le monde de Burt commença à s'effondrer durant la guerre, en partie de son propre fait, à n'en pas douter. Les données de ses recherches furent détruites dans le blitz de Londres ; son mariage échoua ; il fut exclu de sa propre chaire lorsque, parvenu à l'âge légal, il refusa de prendre sa retraite de son propre gré et essaya de conserver les rênes du pouvoir ; il perdit son poste de rédacteur dans la revue qu'il avait fondée, là aussi pour ne pas avoir voulu céder la place au moment que lui-même avait fixé pour la cessation de ses activités ; son dogme héréditariste ne s'accordait plus à la mentalité d'une époque qui venait d'être témoin de l'holocauste. En outre, Burt souffrait apparemment de la maladie de Ménières, qui consiste en des troubles des organes de l'équilibre, aux conséquences souvent négatives sur la personnalité.

Hearnshaw fait état de quatre cas de fraude dans la dernière partie de la carrière de Burt. J'en ai déjà mentionné trois : l'invention de données sur les jumeaux vrais, de corrélations de QI chez des parents proches et les niveaux décroissants de l'intelligence en Grande-Bretagne. Le quatrième est, à beaucoup d'égards, le plus étrange de tous, car l'affirmation de Burt était si absurde et ses actes si manifestes qu'il lui était impossible de ne pas être démasqué un jour ou l'autre. Ce comportement ne pouvait pas être le fait d'un homme en parfaite santé mentale. Burt tenta de commettre un véritable parricide intellectuel en prétendant être le père d'une technique appelée « analyse factorielle », alors que ce titre revient de droit à son prédécesseur et mentor, Charles Spearman. Ce dernier avait présenté l'essentiel de sa découverte dans un article fameux datant de 1904. Burt ne mit jamais en doute cette priorité — il l'affirmait en fait constamment — tant que Spearman détint la chaire que Burt occuperait plus tard à l'University College. Qui plus est, dans son célèbre ouvrage sur l'analyse factorielle (1940), Burt déclara que « la prééminence de Spearman est reconnue par tous les analystes » (1940, p. X).

Burt tenta une première fois de réécrire l'histoire du vivant même de Spearman et cela lui valut une réponse cinglante du détenteur honoraire de la chaire de Burt. Celui-ci se rétracta immédiatement et envoya à Spearman une lettre qui n'a pas son pareil quant à la déférence et l'obséquiosité : « Il est évident que votre priorité ne fait aucun doute. [...] Je me suis demandé à quels endroits précis j'avais pu m'égarer. Ne serait-il pas plus simple que je numérote mes déclarations, puis, comme mon maître d'école le faisait jadis, vous pourriez mettre une croix en face de chaque point où votre élève a commis une bévue et cocher ceux où votre thèse a été correctement interprétée. »

Mais, après la mort de Spearman, Burt déclencha une campagne qui, tout au long du reste de sa vie « devint de plus en plus effrénée, obsessionnelle et outrancière » (Hearnshaw, 1979). Hearnshaw écrit (1979, pp. 286-287) : « Les murmures contre Spearman qui étaient à peine audibles à la fin des années 1930 s'enflèrent en une campagne stridente de dénigrement qui grossit jusqu'à ce que Burt se soit arrogé la totalité de la renommée de Spearman. Il apparaît que Burt semblait de plus en plus obsédé par les questions de priorité et de plus en plus susceptible et égocentrique. » La falsification de Burt se résume à peu de chose : c'est en 1901, trois ans avant la publication de l'article de Spearman, que Karl Pearson avait inventé l'analyse factorielle (ou une technique qui s'en approchait fort). Mais Pearson ne l'avait pas appliquée à des problèmes psychologiques. Burt se rendit compte des applications possibles et adapta la technique aux études sur les tests mentaux, en lui apportant au passage quelques modifications et améliorations décisives. La filiation s'établit donc de Pearson à Burt. L'article de Spearman de 1904 n'était simplement qu'une diversion.

Burt débita son histoire maintes et maintes fois. Il la raconta même par le truchement d'un de ses nombreux pseudonymes dans une lettre qu'il écrivit à sa propre revue et qu'il signa du nom d'un psychologue français inconnu, Jacques Lafitte. À l'exception de Voltaire et de Binet, M. Lafitte ne mentionnait que des auteurs anglais et déclarait : « Il est certain que la première formulation correcte et formelle fut la démonstration de la méthode des axes principaux que Karl Pearson exposa en 1901. » Cependant quiconque aurait pu montrer, après une heure de recherche, que cette version était pure invention, car Burt

n'avait jamais cité l'article de Pearson dans aucun de ses écrits anté-
rieurs à 1947, alors que toutes ses études précédentes sur l'analyse
factorielle accordent la paternité de la technique à Spearman et montrent à l'évidence que les méthodes de Burt en dérivaient.

L'analyse factorielle devait bien revêtir une très grande importance
pour que Burt, dans sa recherche fébrile de la postérité, en ait fait le
centre de ses préoccupations et se soit efforcé avec tant d'acharnement
de s'en faire passer pour l'inventeur. Cependant, en dépit de tous les
textes de vulgarisation sur le QI et l'histoire des tests mentaux, pratiquement rien n'a été écrit (en dehors des cercles professionnels) sur
l'influence et la signification de l'analyse factorielle. Je soupçonne que
la principale raison de ce désintérêt réside dans le caractère abscons,
mathématique de cette technique. Le QI, cette échelle linéaire qui fut
conçue tout d'abord comme une mesure grossière et empirique, est
facile à comprendre. L'analyse factorielle, qui tire son origine d'une
théorie statistique abstraite et dont le principe se fonde sur la
recherche de structures « sous-jacentes » au sein de grands tableaux de
données numériques, est, pour dire les choses comme elles sont,
d'abord malaisée. Mais négliger l'analyse factorielle est une grave omission pour quiconque désire comprendre l'histoire des tests mentaux et
leur raison d'être aujourd'hui. Car, comme Burt le faisait remarquer à
juste titre (1914, p. 36), l'histoire des tests mentaux se compose de deux
tendances principales et connexes : les méthodes des échelles d'âge (les
tests de Binet) et les méthodes basées sur les corrélations (l'analyse
factorielle). En outre, comme Spearman l'a sans cesse souligné tout au
long de sa carrière, la justification théorique de l'usage d'une échelle
unilinéaire de QI repose sur l'analyse factorielle elle-même. Burt a pu
faire preuve de perversité dans sa campagne, mais il avait raison quant
à la stratégie adoptée : une place permanente et glorieuse était réservée
dans le panthéon de la psychologie au promoteur de l'analyse
factorielle.

J'ai débuté dans ma carrière de biologiste en employant l'analyse
factorielle pour étudier l'évolution d'un groupe de reptiles fossiles. On
m'avait appris cette technique comme si elle découlait de principes
premiers utilisant la pure logique. En fait, pratiquement tous ses procédés sont nés pour permettre la justification de certaines théories
spécifiques de l'intelligence. L'analyse factorielle, en dépit de son statut
de pure technique mathématique déductive, fut inventée pour des
raisons et dans un contexte social bien précis. Et, bien que son fondement mathématique soit inattaquable, son utilisation persistante
comme outil de la connaissance de la structure physique de l'intellect
s'est embourbée à sa naissance dans de profondes erreurs conceptuelles. La principale, en fait, participe d'un des thèmes majeurs de ce
livre, la réification, en l'occurrence la notion selon laquelle un concept
nébuleux, socialement défini, comme l'intelligence, pourrait s'identifier à une « chose » possédant une localisation précise dans le cerveau

et un degré donné d'héritabilité — et selon laquelle on pourrait mesurer cette chose et la réduire à un chiffre unique permettant de classer les individus en fonction de la quantité qu'ils en possèdent. En assimilant un axe factoriel mathématique au concept d'« intelligence générale », Spearman et Burt apportèrent une justification théorique à l'échelle linéaire que Binet avait proposée comme un simple guide empirique.

Les discussions animées autour de l'œuvre de Cyril Burt se sont concentrées sur les supercheries de la fin de sa carrière. Cette perspective a masqué la profonde influence que Sir Cyril a exercée en tant que spécialiste des tests mentaux ; car il fut le plus puissant de tous ceux qui se sont évertués à tirer de l'analyse factorielle un modèle présentant l'intelligence comme une « chose » réelle et unique. Les convictions de Burt s'enracinaient dans cette erreur qu'est la réification. Les manipulations frauduleuses ultérieures furent la réaction tardive d'un homme vaincu ; mais son erreur précédente, « honnête », s'est répercutée sur tout notre siècle et a eu des conséquences sur des millions de vies humaines.

Corrélation, cause et analyse factorielle

CORRÉLATION ET CAUSE

L'esprit de Platon a la vie dure. Nous sommes incapables d'échapper à cette tradition philosophique qui veut que ce que nous voyons et mesurons dans le monde ne soit que la représentation superficielle et imparfaite d'une réalité cachée. L'essentiel de la fascination des statistiques tient dans ce sentiment viscéral — méfiez-vous toujours des sentiments viscéraux — que les mesures abstraites résumant de grands tableaux de données doivent exprimer quelque chose de plus réel et de plus fondamental que les données elles-mêmes. (Pour acquérir un bon niveau professionnel, les statisticiens doivent faire un effort conscient pour contrebalancer cette tendance naturelle.) La technique de *corrélation* a donné lieu à des abus, car elle semble fournir une voie privilégiée aux déductions sur la causalité (et c'est bien ce qu'elle fait parfois, mais seulement parfois).

La corrélation évalue la tendance qu'a une mesure de varier de concert avec une autre. Au cours de la croissance d'un enfant, par exemple, ses bras et ses jambes s'allongent ; cette tendance commune à changer dans la même direction s'appelle une *corrélation positive*. Tous les organes du corps ne présentent pas de corrélations positives semblables pendant la croissance. Les dents, par exemple, ne grossissent pas après leur percée. Le rapport entre la taille de la première incisive et la longueur des jambes depuis l'âge de, mettons, dix ans jusqu'à l'âge adulte représente une *corrélation nulle* : les jambes s'allongent alors que les dents ne changent pas du tout. D'autres corrélations peuvent être négatives — un phénomène s'accroît tandis que l'autre décroît. Nous commençons à perdre des neurones à un âge désespérément précoce, et ils ne sont jamais remplacés. Ainsi, le rapport entre la longueur des jambes et le nombre de neurones après la mi-enfance représente une *corrélation négative* — la longueur des jambes s'accroît alors que le nombre des neurones décroît. Remarquez bien que je n'ai pas parlé de causalité. Nous ne savons pas pourquoi ces corrélations existent ou n'existent pas, nous savons seulement si elles sont là ou non.

La mesure classique de la corrélation est appelée le coefficient de corrélation de Pearson, ou, plus brièvement symbolisé, *r*. Le coefficient de corrélation va de + 1 pour une corrélation positive parfaite, à 0 pour une corrélation nulle, puis à — 1 pour une corrélation négative parfaite*.

En gros, le *r* mesure la forme d'une ellipse de points tracés sur un diagramme (voir fig. 5.1). Des ellipses très efflanquées représentent de hautes corrélations — la plus mince de toutes, la ligne droite correspond à un *r* de 1.0. Des ellipses rebondies sont le signe de corrélations plus faibles, et la plus obèse de toutes, le cercle, traduit une corrélation nulle (l'augmentation d'une mesure ne permet absolument pas de prévoir si l'autre va augmenter, diminuer ou rester la même).

Le coefficient de corrélation, quoique aisément calculé, a été victime d'erreurs d'interprétation. On peut en donner des exemples. Supposez que je trace point par point les données sur la longueur des bras et celles sur la longueur des jambes pendant la croissance d'un enfant. Je vais obtenir une corrélation élevée avec deux implications intéressantes. En premier lieu, j'aurai réalisé une *simplification*. J'ai commencé avec deux dimensions (la longueur des bras et des jambes) que j'ai à présent, effectivement, réduites à une. La corrélation étant très forte, on peut dire que la ligne elle-même (une seule dimension) représente quasiment toutes les informations qui ont été originellement fournies sous une forme bidimensionnelle. En second lieu, je peux, dans ce cas, faire une déduction raisonnable sur la *cause* de cette réduction à une dimension. La longueur des bras et celle des jambes

---

* Le *r* de Pearson n'est pas une mesure convenant pour toutes les sortes de corrélations, car il n'évalue que ce que les statisticiens appellent l'intensité de la liaison linéaire entre deux mesures, c'est-à-dire la tendance qu'on tous les points à s'aligner sur une droite. D'autres liaisons de stricte dépendance ne présenteront pas une valeur de 1.0 pour le *r*. Si, par exemple, chaque augmentation de deux unités dans une variable correspondait à une augmentation de 2^2 unités dans une autre variable, le *r* serait inférieur à 1.0, même si les deux variables pouvaient être parfaitement « corrélées » au sens vulgaire du terme. Leur représentation graphique serait une parabole et non une droite, et le *r* de Pearson mesure l'intensité de la ressemblance linéaire.

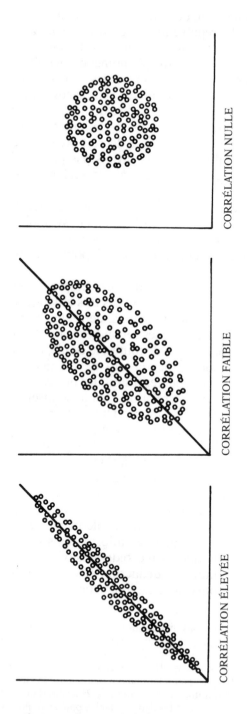

5.1 La force d'une corrélation en fonction de la forme d'un nuage de points. Plus l'ellipse est allongée, plus la corrélation est élevée.

sont étroitement corrélées car ce sont toutes les deux des mesures partielles d'un seul même phénomène sous-jacent, à savoir la croissance.

Mais de peur qu'on ne s'imagine trop facilement que la corrélation représente une méthode magique pour déceler de façon non équivoque la cause des phénomènes liés entre eux, regardons la liaison entre mon âge et le prix de l'essence pendant ces dix dernières années. La corrélation est presque parfaite, mais personne ne s'aviserait d'y voir une cause commune. Le fait de la corrélation n'implique rien sur la cause. Il n'est même pas vrai que des corrélations intenses soient plus susceptibles que les faibles de représenter un lien causal, car la corrélation entre mon âge et le prix de l'essence est proche de 1.0. J'ai parlé de cause dans le cas de la longueur des bras et des jambes non pas parce que la corrélation était élevée, mais à cause de ce que je savais sur la biologie de la situation. La déduction sur la cause doit venir d'ailleurs, non du simple fait de la corrélation — bien qu'une corrélation inattendue puisse nous amener à chercher une cause commune tant que nous gardons en mémoire le fait qu'il est possible que nous ne la trouvions pas. La très grande majorité des corrélations dans notre monde sont, sans aucun doute, non causales. Tout ce qui a décru régulièrement ces dernières années sera fortement corrélé à la distance séparant la terre de la comète de Halley (qui diminue aussi depuis quelque temps), mais même l'astrologue le plus acharné ne distinguerait aucune causalité dans la plupart de ces liaisons. L'hypothèse selon laquelle corrélation équivaut à cause est probablement l'une des deux ou trois erreurs les plus répandues et les plus graves du raisonnement humain.

Peu de personnes se laisseraient prendre par une démonstration absurde telle que la corrélation âge-essence. Mais prenons un cas intermédiaire. On me donne un tableau de données sur les longueurs des lancers de balle effectués par vingt enfants. J'établis la courbe de ces données et calcule un *r* élevé. La plupart des gens, je pense, partageraient mon intuition, à savoir qu'il ne s'agit pas là d'une corrélation sans signification ; cependant, en l'absence de tout autre renseignement, la corrélation en elle-même ne m'apprend rien sur les causes sous-jacentes. Car je peux proposer au moins trois interprétations causales différentes et plausibles de cette corrélation (la vraie raison se trouvant probablement dans un mélange des trois) :

1. Les enfants sont simplement d'âge différent, les plus âgés lançant la balle le plus loin.

2. Les différences représentent des niveaux variés de pratique et d'entraînement.

3. Les différences proviennent de disparités dans les capacités naturelles qui ne peuvent être effacées même par un entraînement intensif. (La situation serait encore plus complexe si l'échantillon renfermait des garçons et des filles d'éducation conventionnelle. La corrélation pourrait alors être attribuée prioritairement à une qua-

trième cause, les différences sexuelles ; et nous pourrions nous soucier, en plus, de la cause de cette différence sexuelle : instruction, constitution propre, ou quelque combinaison entre l'inné et l'acquis.)

En résumé, la plupart des corrélations sont non-causales ; lorsqu'elles sont causales, le fait et la force de la corrélation spécifient rarement la nature de la cause.

CORRÉLATION À PLUS DE DEUX DIMENSIONS

Ces exemples bidimensionnels sont faciles à saisir (aussi difficiles soient-ils à interpréter). Mais qu'en est-il des corrélations entre plus de deux mesures ? Un corps est formé de nombreux organes et pas seulement de bras et de jambes. Que faire si l'on désire savoir combien de mesures sont interdépendantes pendant la croissance ? Supposons, pour simplifier, que l'on ajoute une seule mesure supplémentaire, la longueur de la tête, pour réaliser un système à trois dimensions. On peut à présent décrire la structure des corrélations entre ces trois mesures de deux façons :

1. Nous pouvons rassembler tous les coefficients de corrélation entre les couples de mesures en un seul tableau ou *matrice* de coefficients de corrélation (fig. 5.2). La droite qui va du coin supérieur gauche au coin inférieur droit suit la ligne de corrélation, nécessairement parfaite, de chaque variable avec elle-même. On l'appelle la diagonale principale ; toutes les corrélations y sont de 1.0. La matrice est symétrique de part et d'autre de la diagonale principale, puisque la corrélation entre la mesure 1 et la mesure 2 est la même que la corrélation entre 2 et 1. Ainsi, les trois valeurs, qu'elles soient au-dessus ou

	bras	jambes	tête
bras	1.0	91	72
jambes	91	1.0	63
tête	72	63	1.0

5.2 Matrice de corrélations pour trois mesures.

au-dessous de la diagonale sont les corrélations que nous cherchons : bras et jambes, bras et tête, jambes et tête.

2. Nous pouvons placer les points concernant tous les individus sur un diagramme tridimensionnel (fig. 5.3). Comme les corrélations sont toutes positives, le nuage de points est orienté comme un ellipsoïde (un ballon de rugby). En deux dimensions, il s'agissait d'une ellipse. Une droite passant par le grand axe de ce ballon de rugby exprime les fortes corrélations positives entre les mesures.

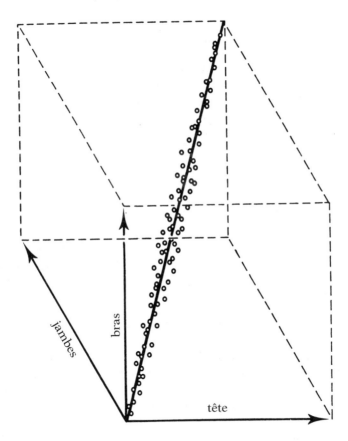

5.3 Diagramme tridimensionnel montrant les corrélations pour trois mesures.

Il nous est possible de saisir ce cas tridimensionnel, à la fois mentalement et visuellement. Mais comment s'imaginer un espace à vingt, à cent dimensions ? Si nous mesurions cent organes d'un corps en croissance, notre matrice de corrélations contiendrait 10 000 nombres. Pour mettre ces informations sous forme graphique, il nous faudrait travailler avec un espace à cent dimensions, avec cent axes mutuellement perpendiculaires représentant les mesures originales. Bien que ces cent axes ne constituent pas un problème mathématique (ils forment, en termes techniques, un hyperespace), il nous est impossible de les porter sur un diagramme dans notre monde euclidien à trois dimensions.

Ces cent mesures d'un corps en croissance ne représentent vraisemblablement pas cent phénomènes biologiques différents. Exactement comme la plupart des informations de notre exemple à trois dimensions pouvaient se résumer en une seule dimension (le grand axe du ballon de rugby), de la même manière nos cent mesures pourraient être simplifiées en un petit nombre de dimensions. Nous perdrions certaines informations dans le processus, c'est certain, comme nous l'avons fait lorsque nous sommes passés de cet ellipsoïde très allongé, qui restait encore une structure tridimensionnelle, à une seule droite représentant son grand axe. Mais nous sommes sans doute prêts à accepter cette perte en échange de la simplification qu'elle entraîne et de l'éventualité qu'elle pourrait ouvrir vers une interprétation, en termes biologiques, des dimensions retenues.

L'ANALYSE FACTORIELLE ET SES BUTS

Avec cet exemple, nous arrivons au cœur de ce que l'*analyse factorielle* essaie de réaliser. L'analyse factorielle est une technique mathématique permettant de réduire un système complexe de corrélations en un plus petit nombre de dimensions. Elle agit, littéralement, en mettant en facteurs un tableau, ordinairement une matrice de coefficients de corrélation. Rappelez-vous cet exercice d'algèbre appelé « mise en facteurs » consistant à simplifier d'horribles expressions en y regroupant les multiplicateurs communs. Géométriquement, le processus de la mise en facteurs revient à placer des axes dans un ballon de rugby. Dans le cas des cent dimensions, il est peu probable que nous amassions suffisamment d'informations sur une seule droite, le long de ce grand axe de cet hyperballon de rugby, droite appelée *première composante principale*. Nous aurons besoin d'axes supplémentaires. Par convention, nous représentons la deuxième dimension par une droite *perpendiculaire* à la première composante principale. Ce deuxième axe, ou *deuxième composante principale*, se définit comme la droite qui « explique » (le mot n'a pas ici de signification causale) une quantité de variables restantes plus grande qu'aucune autre droite qui pourrait être tracée perpendiculairement à la première composante principale. Si, par exemple, l'hyperballon de rugby était aplati comme une limande, la première composante principale passerait par le centre, de la tête à la queue, et la deuxième également par le centre de l'animal, d'un côté à l'autre. Toutes les droites suivantes seraient perpendiculaires aux axes précédents et expliqueraient un nombre régulièrement décroissant de variables prises parmi celles qui resteraient. On peut très bien considérer que cinq composantes principales expliquent presque toutes les variables de notre hyperballon de rugby, c'est-à-dire que cet hyperballon dessiné en cinq dimensions ressemble suffisamment à l'original pour nous convenir, tout comme une pizza ou une limande dessinée en deux dimensions peut exprimer toute l'information dont nous avons besoin, même si les deux objets renferment originellement trois dimensions. Si nous choisissons de nous arrêter à cinq dimensions, nous pouvons réaliser une simplification considérable au prix acceptable d'une perte minimale d'information. Nous pouvons saisir conceptuellement les cinq dimensions ; nous pouvons même les interpréter biologiquement.

Puisque la mise en facteurs est faite sur une matrice de corrélations, j'utiliserai une représentation géométrique des coefficients de corrélation eux-mêmes afin de mieux expliquer comment la technique fonctionne*. Les mesures originales peuvent se représenter sous forme de vecteurs de la longueur d'une unité, irradiant à partir d'un point commun. Si deux mesures ont une corrélation élevée, leurs vecteurs sont situés l'un près de l'autre. Le cosinus de l'angle que forment deux vecteurs représente le coefficient de corrélation entre eux. Si deux vecteurs se chevauchent, leur corrélation est parfaite, c'est-à-dire de 1.0, le cosinus de 0° étant 1. Si deux vecteurs sont à angle droit, ils sont totalement indépendants, c'est-à-dire avec une corrélation de zéro, le cosinus de 90° étant de zéro. Si deux vecteurs se dirigent dans des

---

* (Note réservée au mordus ; les autres peuvent poursuivre sans dommage.) Je vais présenter ici un procédé appelé techniquement l'« analyse en composantes principales », qui est légèrement différent de l'analyse factorielle. Dans l'analyse en composantes principales, on conserve toutes les informations des mesures originelles et on leur adapte de nouveaux axes selon le même critère utilisé dans l'analyse factorielle pour l'orientation des composantes principales, c'est-à-dire que le premier axe rend compte (explique) d'un plus grand nombre de données que tout autre axe et que les axes suivants sont situés à angle droit par rapport à tous les autres axes et regroupent des quantités d'informations régulièrement décroissantes. Dans l'analyse factorielle véritable, on décide au préalable (par divers moyens) de ne pas inclure toutes les informations sur les axes factoriels. Mais les deux techniques — la véritable analyse factorielle avec son orientation des composantes principales et l'analyse en composantes principales — jouent le même rôle conceptuel et ne diffèrent que dans le mode de calcul. Dans les deux analyses, le premier axe (le *g* de Spearman pour les tests d'intelligence) est la dimension « la mieux adaptée » qui explique plus d'informations dans un ensemble de vecteurs que tout autre axe.

Durant les dix dernières années, une confusion sémantique s'est répandue dans les cercles de statisticiens ; elle s'est exprimée dans la tendance à restreindre le terme d'« analyse factorielle » aux seules rotations d'axes habituellement réalisées après le calcul des composantes principales et à étendre le terme d'« analyse en composantes principales » à la fois à la véritable analyse en composantes principales (où toutes les informations sont retenues) et à l'analyse factorielle réalisée par l'orientation des composantes principales (nombre de dimensions réduit et perte d'informations). Ce changement de définition est en complet désaccord avec l'histoire du sujet et des termes. Spearman, Burt et quantité d'autres psychométriciens ont travaillé pendant des dizaines d'années avant que Thurstone et d'autres inventent les rotations axiales.

directions opposées, leur corrélation est parfaitement négative, c'est-à-dire de — 1.0, le cosinus de 180° étant — 1. Une matrice présentant des coefficients de corrélation positifs élevés sera représentée par un faisceau de vecteurs séparés entre eux par des angles aigus très petits (fig. 5.4). Lorsque l'on factorise ce faisceau en un nombre plus restreint de dimensions en calculant les composantes principales, on choisit comme première composante l'axe permettant d'expliquer la plus grande quantité d'informations, et qui forme une sorte de moyenne globale parmi tous les vecteurs. On évalue ce pouvoir « explicatif » en projetant chaque vecteur sur l'axe. On atteint ce but en traçant une droite allant de l'extrémité du vecteur à l'axe, perpendiculairement à ce dernier. Le rapport entre la longueur projetée sur l'axe à la longueur réelle du vecteur lui-même donne une mesure du pourcentage des informations d'un vecteur expliquées par l'axe. (Ce point est difficile à exposer, mais je pense que la figure 5.5 permet de dissiper tout malentendu.) Si un vecteur est situé près de l'axe, il est expliqué en très grande partie et l'axe englobe la plupart de ses informations. Au fur et à mesure que le vecteur s'éloigne de l'axe jusqu'à la séparation maximale de 90°, l'axe explique une part de moins en moins importante des informations du vecteur.

Nous plaçons la première composante principale (ou axe) de manière à ce que, parmi tous les vecteurs, elle explique plus d'informations que tout autre axe ne le pourrait. Pour notre matrice de hauts coefficients de corrélation positive représentés par un ensemble de vecteurs en faisceau serré, la première composante principale traverse le centre de l'ensemble (fig. 5.4). La deuxième composante principale est située perpendiculairement à la première et explique une quantité maximale des informations restantes. Mais si la première composante a déjà expliqué la plupart des informations dans tous les vecteurs, le deuxième axe principal et tous ceux qui suivent ne peuvent traiter que la petite quantité d'informations restantes (fig. 5.4).

On trouve fréquemment dans la nature ce type de système aux corrélations positives élevées. Dans la première étude, par exemple, où

Ils réalisaient tous leurs calculs grâce à l'orientation des composantes principales et s'appelaient eux-mêmes des *factor analysts*. Je continue donc à utiliser le terme « analyse factorielle » dans son sens original et j'y inclus toutes les orientations d'axes — que ce soit celles des composantes principales, qu'elles aient subi une rotation ou qu'elles soient orthogonales ou obliques.

J'emploierai aussi un raccourci commun, même s'il est peu rigoureux, lorsque j'aborderai la fonction des axes factoriels. Techniquement, les axes factoriels expliquent la variance des mesures originales. Je dirai d'eux, comme on le fait souvent, qu'ils « expliquent » les informations — comme ils le font dans le sens courant (mais non technique) du mot information. C'est-à-dire que, quand le vecteur d'une variable originelle se projette fortement sur un ensemble d'axes factoriels, seule une faible partie de sa variante reste inexpliquée dans des dimensions supérieures, à l'extérieur du système des axes factoriels.

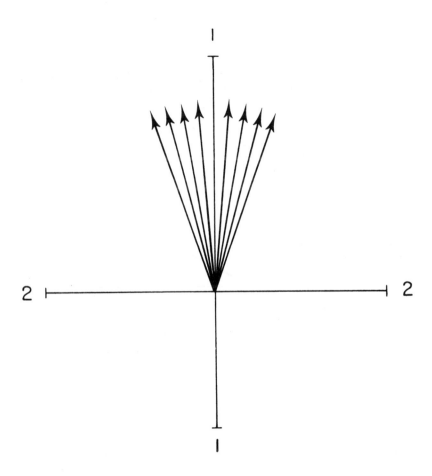

5.4 Représentation géométrique des corrélations entre huit tests où tous les coefficients de corrélation sont élevés et positifs. La première composante principale, marquée 1, est proche de tous les vecteurs, alors que la seconde composante principale, marquée 2, est située à angle droit par rapport à la première et n'« explique » qu'une faible quantité d'informations dans les vecteurs.

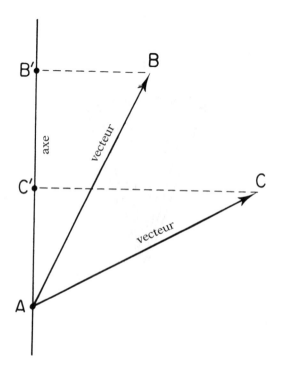

5.5 Calcul de la quantité d'informations contenues dans un vecteur expliqué par un axe. Tracer un trait de l'extrémité du vecteur à l'axe, perpendiculairement à l'axe. La quantité des informations expliquées par l'axe est le rapport entre la longueur projetée sur l'axe et la véritable longueur du vecteur. Si un vecteur se trouve proche de l'axe, ce rapport est élevé et la plupart des informations du vecteur sont expliquées par l'axe. Le vecteur AB est proche de l'axe et le rapport entre la projection AB′ et le vecteur lui-même, AB, est élevé. Le vecteur AC est éloigné de l'axe et le rapport entre sa longueur projetée AC′ et le vecteur lui-même, AC, est faible.

je fis appel à l'analyse factorielle, j'avais pris quatorze mesures préle-
vées sur les ossements de vingt-deux espèces de pélycosaures (reptiles
fossiles identifiables au voile de peau, supporté par une rangée d'épines
osseuses, qu'ils ont sur le dos ; on les confond souvent avec les dinosaures, mais ce sont en fait les ancêtres des mammifères). Ma première
composante principale expliqua 97,1 % des informations sur l'ensemble des quatorze vecteurs, ne laissant que 2,9 % sur les axes
suivants. Mes quatorze vecteurs formaient un amas extrêmement
dense (se chevauchant pratiquement tous) ; le premier axe traversait le
centre du faisceau. La longueur du corps de mes pélycosaures allait
de moins de soixante centimètres à plus de trois mètres trente. Ils se
ressemblaient tous beaucoup et les gros animaux avaient des mensurations plus grandes pour la totalité des quatorze os. Tous les coefficients
de corrélation des os entre eux étaient très élevés ; en fait, le plus faible
était un énorme .912 [lire 0,912]. Ce qui n'est guère surprenant. Après
tout, les gros animaux ont de gros os et les petits de petits os. Je peux
interpréter ma première composante principale comme un facteur de
taille résumé, condensant ainsi (avec une perte minimale d'informations) mes quatorze mesures originales en une seule dimension
interprétée comme un accroissement de la taille du corps. Dans ce cas,
l'analyse factorielle a permis à la fois la *simplification* en réduisant le
nombre de dimensions (en passant de quatorze à une) et l'*explication*
par une interprétation biologique raisonnable du premier axe comme
facteur de taille.

Oui mais — et quel mais ! — avant de nous réjouir et d'exalter
l'analyse factorielle et d'en faire la panacée permettant de comprendre
les systèmes complexes de corrélation, il nous faut reconnaître que
son emploi est soumis aux mêmes précautions et est sujet aux mêmes
objections que celles qui sont apparues pour les coefficients de corrélation. Dans les sections suivantes, je vais traiter de deux problèmes
majeurs.

L'ERREUR DE RÉIFICATION

La première composante principale est une abstraction mathématique qui peut être calculée pour chaque matrice de coefficients de
corrélation ; ce n'est pas une « chose » possédant une réalité physique.
Les « factorialistes » sont souvent tombés dans le piège tentateur de la
réification, c'est-à-dire qu'ils ont accordé une *signification physique* à
toutes les fortes composantes principales. Parfois cela est justifié ; je
pense que c'est à juste titre que j'ai interprété mon premier axe pélyco-
saurien comme un facteur de taille. Mais une affirmation de ce type ne
peut jamais venir des mathématiques seules, il y faut nécessairement
l'apport de connaissances sur la nature physique des mesures elles-
mêmes. Car les systèmes absurdes de corrélations possèdent tout

pareillement des composantes principales, et celles-ci peuvent fort bien expliquer plus d'informations que des composantes significatives ne le font dans d'autres systèmes. L'analyse factorielle d'une matrice de corrélations de cinq variables sur cinq, comprenant mon âge, la population du Mexique, le prix du gruyère, le poids de ma tortue apprivoisée et la distance moyenne entre les galaxies pendant ces dix dernières années fera apparaître une forte composante principale. Celle-ci — les corrélations étant fortement positives — expliquera probablement un pourcentage d'informations aussi important que le premier axe de mon étude sur les pélycosaures. À la différence qu'il n'aura, dans ce cas, pas la moindre signification physique.

Dans les études sur l'intelligence, l'analyse factorielle a été appliquée aux matrices de corrélations des tests mentaux. On peut, par exemple, faire subir dix tests à cent personnes. Chaque insertion significative dans notre matrice de corrélations de dix sur dix est un coefficient de corrélation entre les notes de deux tests subis par chacune des cent personnes. On sait depuis l'apparition des tests mentaux — et cela ne surprendra personne — que la plupart de ces coefficients de corrélation sont positifs, c'est-à-dire que les personnes qui obtiennent de bons résultats dans un type d'épreuves tendent, en moyenne, à réussir également aux autres. La plupart des matrices de corrélations pour les tests mentaux renferment de manière prépondérante des corrélations positives. Cette observation fondamentale a servi de point de départ à l'analyse factorielle. Charles Spearman a pratiquement inventé la technique, en 1904, comme un outil servant à rechercher les causes à partir des matrices de corrélations des tests mentaux.

La plupart des coefficients de corrélation dans la matrice étant positifs, l'analyse factorielle doit montrer une première composante principale raisonnablement forte. Dès 1904, Spearman calcula indirectement cette composante et en tira une déduction capitale, et erronée, dont a beaucoup souffert l'analyse factorielle. Il la réifia en en faisant une « entité » et tenta d'en donner une interprétation causale sans équivoque. Il l'appela g, ou intelligence générale, et imagina qu'il avait ainsi isolé une qualité unitaire de base de toute activité mentale cognitive, qualité qui pourrait s'exprimer sous la forme d'un nombre unique et serait susceptible d'être utilisée pour classer les individus sur une échelle unilinéaire selon leur valeur intellectuelle.

Le facteur g de Spearman — la première composante principale de la matrice de corrélation des tests mentaux — n'a jamais atteint le rôle prédominant que joue la première composante dans de nombreuses études sur la croissance (comme pour mes pélycosaures). Au mieux, g explique 50 à 60 % de toutes les informations de la matrice de tests. Les corrélations entre les tests sont généralement beaucoup plus faibles que les corrélations entre deux organes d'un corps en croissance. Dans la plupart des cas, la corrélation la plus élevée dans une matrice de tests est loin d'atteindre la valeur *la plus basse* de ma matrice pélycosaurienne, 912.

Bien que la force de *g* ne puisse jamais se comparer à celle de la première composante principale de certaines études sur la croissance, je ne considère pas son respectable pouvoir explicatif comme l'effet du hasard. Des raisons causales sous-tendent les corrélations positives de la plupart des tests mentaux. Mais quelles sont ces raisons ? Il n'est pas possible de déduire ces raisons d'une forte première composante principale, pas plus qu'il n'est possible de déduire la cause d'un seul coefficient de corrélation à partir de son ampleur. On ne peut pas réifier *g*, en faire une « chose » à moins d'être en possession d'informations convaincantes, indépendantes du fait de la corrélation elle-même.

La situation pour les tests mentaux ressemble à ce cas hypothétique, présenté plus haut, de la corrélation entre lancers de balle. La liaison est forte et nous avons tout lieu de la considérer comme non fortuite. Mais nous ne pouvons pas déduire la cause à partir de cette seule corrélation et cette cause est certainement complexe.

Le facteur *g* de Spearman est particulièrement sujet à des interprétations ambiguës, ne serait-ce qu'à cause du fait que les deux hypothèses causales les plus contradictoires sont parfaitement compatibles avec lui : 1) le *g* traduit un niveau héréditaire d'acuité mentale (certains réussissent bien la plupart des tests parce qu'ils sont nés plus intelligents) ou 2) le *g* enregistre les avantages et les préjudices du milieu (certains individus obtiennent de bons résultats à la plupart des tests parce qu'ils ont eu une bonne scolarité, ont été correctement alimentés durant leur jeunesse, ont été élevés par des parents pleins d'attention dans une maison où les livres ne faisaient pas défaut). Si l'existence du facteur *g* peut théoriquement s'expliquer d'une façon purement héréditariste ou purement environnementaliste, c'est que sa simple présence ne peut pas conduire à sa réification. La tentation de la réification est puissante. L'idée qu'on a détecté quelque chose de « sous-jacent », derrière un vaste ensemble de coefficients de corrélation, quelque chose de peut-être plus réel que les mesures superficielles elles-mêmes, est assez grisante. C'est l'essence de Platon, la réalité éternelle, abstraite, qui se cache derrière les apparences. Mais c'est une tentation à laquelle il nous faut résister, car elle est un vieux préjugé de notre entendement, et non l'expression d'une vérité de la nature.

LA ROTATION ET LA NON-NÉCESSITÉ DES COMPOSANTES PRINCIPALES

Un autre argument, plus technique, démontre clairement pourquoi les composantes principales ne peuvent pas être automatiquement réifiées comme entités causales. Si les composantes principales représentaient le seul moyen de parvenir à la simplification d'une matrice de corrélations, on pourrait avec légitimité lui accorder un statut spécial. Mais elles ne représentent qu'une méthode parmi d'autres pour insérer des axes dans un espace pluridimensionnel. Les composantes principales ont une disposition géométrique précise, spécifiée par le critère utilisé pour les élaborer, à savoir que la première composante principale doit expliquer une quantité maximale des informations d'un ensemble de vecteurs et que les composantes suivantes doivent toutes être mutuellement perpendiculaires. Mais ce critère n'a rien de sacro-saint ; les vecteurs peuvent être expliqués dans n'importe quel ensemble d'axes placés à l'intérieur de leur espace. Les composantes principales permettent dans certains cas de nous éclairer, mais d'autres critères se révèlent souvent plus utiles.

Considérons la situation suivante dans laquelle on peut être amené à préférer un autre mode de placement des axes. Dans la figure 5.6, je présente des corrélations entre quatre tests mentaux, deux sur l'aptitude verbale et deux sur l'aptitude arithmétique. Deux faisceaux *(clusters)* sont évidents, même si tous les tests sont positivement corrélés. Admettons que nous voulions isoler ces faisceaux par l'analyse factorielle. Si nous utilisons les composantes principales, il n'est pas certain que nous puissions les reconnaître. La première composante principale (le g de Spearman) passe pile au centre entre les deux faisceaux. Elle n'est proche d'aucun vecteur et explique une quantité approximativement égale de chacun d'eux, ce qui, par là même, masque l'existence des deux faisceaux. Cette composante est-elle une entité ? Une « intelligence générale » existe-t-elle ? Ou le facteur g n'est-il, dans ce cas, qu'une simple moyenne sans signification, basée sur l'amalgame erroné de deux types d'informations ?

On peut discerner le faisceau verbal et le faisceau arithmétique sur la seconde composante principale (appelée « facteur bipolaire », car certaines projections y sont positives et d'autres négatives lorsque les vecteurs sont situés de part et d'autre de la première composante principale). Dans ce cas, les tests verbaux se projettent sur le côté négatif de la deuxième composante et les tests arithmétiques sur le côté positif. Mais il est possible que nous ne parvenions pas du tout à déceler ces faisceaux si la première composante principale domine dans tous les vecteurs. Car les projections sur la deuxième composante seront alors faibles et la configuration peut fort bien ne pas apparaître (voir fig. 5.6).

Dans les années 1930, les analystes mirent au point des méthodes pour venir à bout de ce dilemme et pour reconnaître des faisceaux de vecteurs que les composantes principales cachaient souvent. Ils y parvinrent en faisant pivoter les axes factoriels qui quittèrent leur orientation de composantes principales pour prendre de nouvelles positions. Ces rotations, établies par plusieurs critères, avaient pour but commun de placer les axes près des faisceaux. Dans la figure 5.7, par exemple, le critère utilisé place les axes près des vecteurs occupant une position extrême ou périphérique dans l'ensemble total. Si, main-

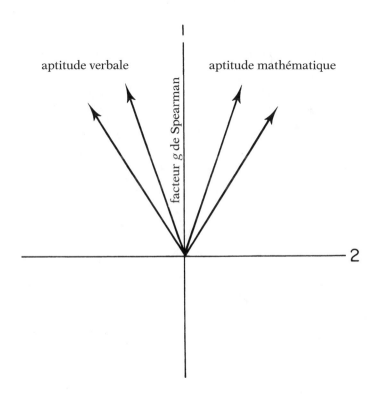

5.6 Analyse des principales composantes de quatre tests mentaux. Toutes les corréla-tions sont élevées et la première composante principale, le facteur *g* de Spearman, exprime la corrélation globale. Mais les facteurs de groupe pour l'aptitude verbale et l'aptitude mathématique ne sont pas bien expliqués dans ce type d'analyse.

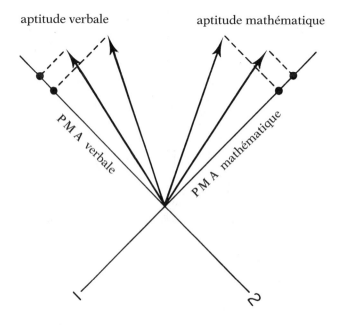

5.7 Axes factoriels après leur rotation, pour les quatre mêmes tests mentaux présentés dans la figure 5.6. Les axes sont à présent placés près des vecteurs situés à la périphérie des faisceaux. Les facteurs de groupe pour l'aptitude verbale et l'aptitude mathématique sont à présent bien identifiés (voir les projections élevées sur les axes indiquées par les pointillés), mais g a disparu.
PMA = *Primary Mental Ability*, « aptitude mentale primaire », notion proposée par Thurstone. Voir pp. 337 et suivantes.

tenant, nous « expliquons » tous les vecteurs sur ces axes pivotés, nous mettons aisément en évidence les faisceaux, car les tests arithmétiques ont une projection élevée sur l'axe 1 et faible sur l'axe 2, tandis que les tests verbaux ont une projection forte sur 2 et faible sur 1. Mais, en outre, *g* a disparu. On ne trouve plus de « facteur général » d'intelligence, plus rien qui ne puisse être réifié comme un nombre unique exprimant l'aptitude globale. Et cependant on ne perd pas d'information. Après leur rotation les deux axes expliquent autant d'informations dans les deux vecteurs qu'ils le faisaient dans leur position antérieure de composantes principales. Ils se contentent de distribuer différemment les mêmes informations sur les axes. Comment alors prétendre que *g* est une entité réelle s'il ne représente qu'un des nombreux moyens de placer les axes par rapport à un ensemble de vecteurs ?

En bref, l'analyse factorielle simplifie de grands tableaux de données en réduisant le nombre de dimensions et, en échange de la perte de quelques informations, permet de reconnaître l'ordonnancement d'une structure grâce à cette réduction du nombre de dimensions. En tant qu'outil simplificateur, l'analyse factorielle a rendu de grands services dans de nombreuses disciplines. Mais beaucoup d'analystes ont été au-delà de la simplification et ont été tentés de définir les facteurs comme des entités causales. L'erreur que constitue cette réification a faussé la technique dès sa naissance. Elle était « présente à la création » lorsque Spearman inventa l'analyse factorielle pour étudier la matrice de corrélation des tests mentaux et réifia sa première composante principale sous la forme du facteur *g*, ou intelligence générale innée. L'analyse factorielle peut nous aider à comprendre les causes en nous guidant vers des informations situées au-delà du caractère mathématique des corrélations. Mais les facteurs, en eux-mêmes, ne sont ni des choses ni des causes ; ce sont des abstractions mathématiques. Le même ensemble de vecteurs (voir fig. 5.6 et 5.7) pouvant être divisé en un facteur *g* et un petit axe résiduel, d'une part, ou bien en deux axes de force égale qui, sans faire du tout appel à *g*, isolent deux faisceaux distincts, l'un verbal, l'autre arithmétique, on ne peut pas prétendre que l'« intelligence générale » de Spearman soit une entité inéluctable qui sous-tend et explique nécessairement les corrélations entre les tests mentaux. Même si nous jugeons bon de considérer que *g* n'est pas le résultat du hasard, ni sa force ni sa position géométrique ne permettent de préciser ce qu'il signifie en termes de causalité — ne serait-ce que parce que ses caractéristiques s'accordent aux opinions extrémistes sur l'intelligence, qu'elles soient héréditaristes ou environnementalistes.

Charles Spearman et l'intelligence générale

LA THÉORIE BIFACTORIELLE

Les coefficients de corrélation pullulent à présent comme les cafards à New York. D'une simple pression du doigt, on en produit à l'aide de la moindre calculette de poche. Indispensable ou non, on les considère comme faisant automatiquement partie de l'équipement de toute analyse statistique dès que plus d'un paramètre est en jeu. Dans un tel contexte, on oublie aisément qu'ils furent jadis acclamés comme une découverte sensationnelle dans le domaine de la recherche, comme un nouvel outil passionnant permettant de découvrir les structures cachées sous les mesures brutes. On peut se faire une idée de cette vague d'enthousiasme en lisant les premiers articles du grand biologiste et statisticien américain Raymond Pearl (voir Pearl, 1905 et 1906, et Pearl et Fuller, 1905). Il soutint sa thèse de doctorat au changement de siècle, puis continua, tel un enfant heureux de son nouveau jouet, à corréler tout ce qui lui tombait sous la main, de la longueur des vers de terre avec le nombre de ses anneaux (où il ne trouva pas de corrélation et supposa que l'accroissement de la longueur dépendait de l'allongement de chaque segment et non d'une augmentation de leur nombre), à la taille de la tête humaine avec l'intelligence (où il découvrit une très faible corrélation, mais qu'il attribua à l'effet indirect d'une meilleure alimentation).

Charles Spearman, éminent psychologue et statisticien brillant*, commença à étudier les corrélations entre tests mentaux à cette époque enivrante. Si l'on fait passer deux tests mentaux à un grand nombre d'individus, Spearman remarqua que les coefficients de corrélation entre eux étaient presque toujours positifs. Spearman réfléchit à ce résultat en se demandant quelle généralité plus élevée il pouvait bien impliquer. Les corrélations positives indiquaient nettement que chaque test ne mesurait pas un attribut indépendant du fonctionnement mental. Une structure plus simple se cachait derrière ces corrélations positives envahissantes ; mais quelle structure ? Spearman imagina deux propositions alternatives. En premier lieu, les corrélations positives pouvaient se réduire à un petit nombre d'attributs indépendants, les « facultés » de la phrénologie et autres écoles des

---

* Spearman s'intéressait tout particulièrement aux problèmes des corrélations et inventa une mesure qui, après le *r* de Pearson, est la plus utilisée de celles où deux variables sont associées, le coefficient de corrélation des rangs ou coefficient de corrélation de Spearman.

débuts de la psychologie. L'esprit comportait peut-être des « comparti-
ments » séparés pour les aptitudes arithmétique, verbale et spatiale,
par exemple. Spearman appela ces théories de l'intelligence « oligarchiques ». En second lieu, les corrélations positives pouvaient se réduire
à un seul facteur sous-jacent, notion que Spearman qualifia de « monarchique ». Dans un cas comme dans l'autre, il reconnut que les
facteurs sous-jacents, qu'ils soient en petit nombre (oligarchiques) ou
unique (monarchique), n'englobaient pas toutes les informations d'une
matrice de coefficients de corrélation positifs pour une grande quantité
de tests. Il restait une « variance résiduelle », constituée par les informations particulières à chaque test et sans liaison les unes avec les
autres. En d'autres termes, chaque test avait sa composante « anarchique ». Spearman appela la variance résiduelle de chaque test, le *s*, ou
informations spécifiques. Ainsi, selon le raisonnement de Spearman,
l'étude de la structure sous-jacente pouvait conduire à deux solutions.
Ou bien à une « théorie bifactorielle » dans laquelle chaque test renfermait des informations spécifiques (son *s)* et traduisait les effets d'un
facteur sous-jacent unique que Spearman appela *g* ou intelligence
générale. Ou alors chaque test pouvait comprendre ses propres informations spécifiques ainsi qu'une ou plusieurs facultés prises parmi un
ensemble de facultés sous-jacentes indépendantes, ce qui conduisait
à une théorie plurifactorielle. Si la plus simple des deux théories, la
bifactorielle, était validée, tous les attributs ordinaires de l'intelligence
se résumeraient à une seule entité, véritable « intelligence générale »
dont la mesure pourrait fournir un critère permettant de classer sans
équivoque les individus selon leur valeur mentale.

Charles Spearman mit au point l'analyse factorielle — qui reste de
nos jours la technique la plus importante dans le domaine des statistiques à variables multiples — comme un procédé destiné à trancher
entre les deux théories, la bifactorielle d'une part et la multifactorielle
de l'autre, en déterminant si la variance commune dans une matrice
de coefficients de corrélation pouvait être ramenée à un facteur « général » unique ou à seulement plusieurs facteurs « de groupes »
indépendants. Ne trouvant qu'une « intelligence » unique, il choisit la
théorie bifactorielle et, en 1904, publia un article qui, plus tard, reçut,
de la part d'un homme qui contestait son résultat principal, ce
commentaire : « Aucun événement dans l'histoire des tests mentaux ne
s'est révélé d'une importance aussi capitale que la proposition faite par
Spearman avec sa célèbre théorie bifactorielle » (Guilford, 1936,
p. 155). Dans son exultation, et avec l'immodestie qui le caractérisait,
Spearman donna à son article ce titre grandiloquent : « L'intelligence
générale objectivement mesurée et déterminée. » Dix ans plus tard
(1914, p. 237), il ne se tenait plus de joie : « L'avenir de la recherche
dans le domaine de l'hérédité des aptitudes doit se concentrer sur la
théorie des "deux facteurs". Elle seule semble en mesure de réduire le
chaos déconcertant des faits en un ordonnancement évident. Par son

entremise, les problèmes sont éclaircis ; à maints égards, on entrevoit déjà leurs réponses ; et partout, on envisage la perspective d'une solution décisive. »

LA MÉTHODE DES DIFFÉRENCES TÉTRADES

Au cours de ses premiers travaux, Spearman n'a pas employé la méthode des composantes principales décrite plus haut. Il a d'abord mis au point un procédé plus simple, bien que plus fastidieux, mais mieux adapté à une époque où l'ordinateur était inconnu et où tous les calculs devaient être faits à la main*. Il calcula toute la matrice des coefficients de corrélation entre deux tests, prit tous les groupements possibles de quatre mesures et calcula, pour chaque nombre, ce qu'il appelait la « différence tétrade ». L'exemple suivant illustre ce qu'est la différence tétrade et explique comment Spearman l'utilisa pour décider si la variance commune d'une matrice pouvait se réduire à un facteur général ou seulement à plusieurs facteurs de groupe.

Supposez que l'on veuille calculer la différence tétrade portant sur quatre mesures relevées sur une série de souris allant des nouveau-nés aux adultes : longueur des pattes, grosseur des pattes, longueur de la queue et grosseur de la queue. On calcule tous les coefficients de corrélation par couples de variables et l'on trouve, ce qui n'a rien de surprenant, que tous sont positifs — au fur et à mesure que les souris grandissent, leurs organes deviennent plus gros. Mais on aimerait savoir si la variance dans les corrélations positives est le fait d'un seul facteur général — la croissance elle-même — ou si deux composantes séparées peuvent être isolées, en l'occurrence un facteur pattes et un facteur queue ou bien un facteur longueur et un facteur grosseur. Spearman donne de la différence tétrade la formule suivante :

$$r_{13} \times r_{24} - r_{23} \times r_{14}$$

où r est le coefficient de corrélation et où les deux indices représentent les deux mesures corrélées (ici 1 est la longueur — L — des pattes, 2 la grosseur — G — des pattes, 3 la longueur de la queue et 4 la grosseur de la queue ; r_{13} est donc le coefficient de corrélation entre la première et la troisième mesure, c'est-à-dire entre la longueur des pattes et la longueur de la queue). Dans notre exemple, la différence tétrade est :

(L pattes et L queue) × (G pattes et G queue) — (G pattes et L queue) × (L pattes et G queue).

Selon Spearman, des différences tétrades de zéro impliquaient

* Le g calculé par la formule tétrade est conceptuellement équivalent et mathématiquement presque équivalent à la première composante principale décrite en pp. 289 et suivantes que l'on utilise actuellement dans l'analyse factorielle.

l'existence d'un facteur général unique alors que des valeurs soit positives soit négatives indiquaient la présence de facteurs de groupe. Supposons, par exemple, que ce soit des facteurs de groupe pour la longueur générale du corps et pour la grosseur générale du corps qui régissent la croissance des souris. On obtiendrait alors une valeur positive élevée de la différence tétrade, car les coefficients de corrélation entre une longueur et une autre longueur, ou entre une grosseur et une autre grosseur, tendraient à être plus élevés que les coefficients de corrélation entre une grosseur et une longueur. (Remarquez que le côté gauche de l'équation tétrade ne comprend que des longueurs avec des longueurs ou des grosseurs avec des grosseurs, alors que le côté droit ne comprend que des longueurs avec des grosseurs.) Mais si un seul facteur général de croissance détermine la taille des souris, les longueurs et les grosseurs doivent présenter entre elles une corrélation aussi élevée que les longueurs avec les longueurs ou que les grosseurs avec les grosseurs, et la différence tétrade doit être de zéro. La figure 5.8 montre une hypothétique matrice de corrélations pour les quatre mesures où la différence tétrade est de zéro. (Les valeurs sont tirées d'un exemple donné par Spearman dans un autre contexte, 1927, p. 74.) La figure 5.8 montre aussi une matrice hypothétique différente : avec celle-ci la différence tétrade est positive et, si d'autres tétrades présentent la même tendance, on sera amené à reconnaître la présence de facteurs de groupe pour la longueur et la grosseur.

La matrice du haut de la figure 5.8 illustre un autre point important qui s'est répercuté dans toute l'histoire de l'analyse factorielle en psychologie. Remarquez que, malgré la différence tétrade de zéro, les coefficients de corrélation n'ont pas besoin d'être (et presque invariablement ne sont pas) égaux. Ici, la grosseur des pattes avec la longueur des pattes donne une corrélation de .80 alors qu'elle n'est que de .18 pour la grosseur de la queue par la longueur de la queue. Ces différences traduisent des « saturations » variées en g, le facteur général unique lorsque les différences tétrades sont de zéro. Les mesures des pattes ont des saturations plus élevées que les mesures de la queue, c'est-à-dire qu'elles sont plus proches de g ou qu'elles le traduisent mieux (en termes modernes, elles sont situées plus près de la première composante principale dans les représentations géométriques telles que celle de la figure 5.6). Les mesures de la queue sont moins fortement saturées en g*. Elles renferment peu de variance commune et s'expliquent surtout par leur teneur en s (informations spécifiques à chaque mesure). Revenons maintenant aux tests mentaux : si g représente l'intelligence générale, les tests mentaux les plus chargés en g

---

* Le terme « saturation » fait référence à la corrélation entre un test et un axe factoriel. Si un test est fortement saturé en un facteur, c'est que la plupart de ses informations sont prises en compte (expliquées) par ce facteur.

	LP	GP	LQ	GQ
LP	I.0			
GP	80	I.0		
LQ	60	48	I.0	
GQ	30	24	I8	I.0

Différence tétrade :

$60 \times 24 - 48 \times 30$
$144 - 144 = 0$

absence de facteurs
de groupe

	LP	GP	LQ	GQ
LP	I.0			
GP	80	I.0		
LQ	40	20	I.0	
GQ	20	40	50	I.0

Différence tétrade :

$40 \times 40 - 20 \times 20$
$16 - 04 = 12$

facteurs de groupe
pour les longueurs
et les grosseurs

5.8 Différences tétrades de zéro (en haut) et de valeur positive (en bas) tirées de matrices de corrélation hypothétiques portant sur quatre mesures : LP = longueur des pattes, GP = grosseur des pattes, LQ = longueur de la queue et GQ = grosseur de la queue. La différence tétrade positive indique l'existence de facteurs de groupe pour les longueurs et les grosseurs.

sont les meilleurs substituts de l'intelligence générale, alors que les tests présentent de faibles saturations en g (et donc de hautes teneurs en s) ne peuvent pas servir de bonnes mesures pour l'évaluation de la valeur mentale générale. Le niveau de saturation en g devient donc le critère permettant de déterminer si un test mental donné (un test pour évaluer le QI, par exemple) est une bonne mesure de l'intelligence générale ou non.

Le procédé par tétrade de Spearman est très laborieux lorsque la matrice de corrélations comprend de nombreux tests. Chaque différence tétrade doit être calculée séparément. Si la variance commune ne traduit qu'un facteur général unique, les tétrades doivent être égales à zéro. Mais, comme dans toute méthode statistique, le chiffre obtenu n'est pas forcément celui auquel on s'attend (lorsqu'on lance une pièce, la probabilité qu'elle retombe sur l'une ou l'autre face est théoriquement égale, mais il est possible d'obtenir une succession de six côtés pile environ une fois en soixante-quatre séries de six coups). Certaines différences tétrades seront positives ou négatives, même lorsqu'un g unique existe et que la valeur attendue est zéro. Spearman a donc calculé toutes les différences tétrades et a recherché les distributions de fréquence normales avec une différence tétrade moyenne de zéro dont il fit le signe de l'existence du facteur g.

LE G DE SPEARMAN ET LE GRAND RENOUVEAU DE LA PSYCHOLOGIE

Charles Spearman calcula ses tétrades, trouva une distribution assez proche de la normale, avec une moyenne voisine de zéro, et déclara que la variance commune aux tests mentaux était sous-tendue par un facteur sous-jacent unique, le g ou intelligence générale. Spearman ne cachait pas son plaisir, car il avait le sentiment d'avoir découvert cette entité insaisissable qui ferait de la psychologie une science véritable. Il avait trouvé l'essence innée de l'intelligence, la réalité qui se cache derrière toutes les mesures, superficielles et imparfaites, qui avaient été conçues pour la rechercher. Le g de Spearman était la pierre philosophale de la psychologie, sa « chose » solide, quantifiable, la particule élémentaire qui ouvrirait la voie à l'avènement d'une science véritable, aussi exacte et aussi fondamentale que la physique.

Dans son article de 1904, Spearman proclama l'omniprésence de g dans tous les processus jugés intellectuels : « Toutes les branches de l'activité intellectuelle ont en commun une fonction fondamentale [...] alors que les éléments restants ou spécifiques semblent être, dans chaque cas, totalement différents de tous les autres. [...] Ce g, loin d'être restreint à un ensemble limité d'aptitudes dont les intercorrélations ont été effectivement mesurées et reportées sur quelque tableau particulier, peut intervenir dans toutes les aptitudes quelles qu'elles soient. »

Les sujets scolaires conventionnels, dans la mesure où ils reflètent l'aptitude plutôt que la simple acquisition des connaissances, se bornent à faire entrevoir l'essence unique interne à travers une vitre fumée : « Tous les examens effectués sur les différentes facultés spécifiques, sensorielles, scolaires et autres peuvent être considérés comme autant d'aperçus obtenus indépendamment sur la grande Fonction Intellective commune » (1904, p. 273). Par là même Spearman tentait de résoudre un des problèmes traditionnels que posait l'instruction de l'élite britannique : en quoi l'étude des humanités formerait-elle de meilleurs soldats ou de meilleurs hommes d'État ? « Au lieu de continuer à clamer inutilement que de bonnes notes en syntaxe grecque ne prouvent rien quant à l'aptitude des hommes au commandement militaire ou à l'administration du pays, nous déterminerons enfin l'exactitude des divers moyens de mesurer l'Intelligence Générale » (1904, p. 277). Plutôt que d'avancer une argumentation stérile, il suffit simplement d'établir la saturation en g de la grammaire latine ou de la science militaire. Si toutes les deux se trouvent proches de g, c'est que l'habileté conjuguée dans ces deux domaines peut fournir une bonne appréciation d'une future aptitude au commandement.

Il y a diverses manières de faire de la science, toutes légitimes et partiellement justifiées. Le taxinomiste spécialiste des scarabées qui se délecte à relever les singularités de chaque nouvelle espèce peut trouver fort peu d'intérêt à la réduction, à la synthèse ou à la quête de la notion de « scarabéité » — si tant est que celle-ci existe ! À l'extrême opposé, on trouve des hommes comme Spearman pour qui les apparences externes de ce monde ne sont que des guides superficiels nous conduisant vers un substratum plus simple. Selon une conception très répandue (mais que certains professionnels rejetteraient), la physique est la science ultime permettant de réduire la réalité aux causes fondamentales et quantifiables qui engendrent la complexité de notre monde matériel. Les réductionnistes qui, comme Spearman, travaillent dans le domaine de ces sciences « molles » que sont la biologie des organismes, la psychologie ou la sociologie, ont souvent louché de jalousie vers la physique. Ils se sont évertués à pratiquer leur discipline selon la vision nébuleuse qu'ils avaient de la physique, c'est-à-dire à rechercher des lois simplificatrices et des particules élémentaires. Spearman a parlé des grands espoirs qu'il mettait en une science de la cognition (1923, p. 30) :

Au-delà des régularités des événements que l'on peut remarquer sans son concours, elle [la science] en découvre d'autres plus absconses, mais plus vastes aussi, auxquelles on accorde le nom de lois. [...] Lorsque nous cherchons à l'entour un moyen de nous approcher de cet idéal, c'est dans la physique, en tant que science fondée sur les trois lois primaires du mouvement, que nous pouvons réellement trouver quelque chose qui soit du même ordre. En liaison donc avec cette *physica corporis* [physique des corps], nous sommes aujourd'hui en quête d'une *physica animae* [physique de l'âme].

Avec *g* comme particule fondamentale quantifiée, la psychologie pouvait à juste titre prendre rang parmi les sciences véritables. « Avec ces principes, écrivit Spearman en 1923 (p. 355), il faut se hasarder à espérer que l'on ait enfin pu pourvoir la psychologie de ce fondement scientifique qui lui faisait défaut depuis si longtemps, de manière à ce que désormais elle prenne sa place légitime aux côtés des autres sciences solidement établies, comme la physique elle-même. » Spearman appelait son œuvre « une révolution copernicienne en ce qui concerne le point de vue auquel on se place » (trad. 1936, p. 316) et se réjouissait de voir que « cette Cendrillon des sciences ambitionne hardiment d'atteindre le niveau de la glorieuse physique elle-même » (1937, p. 21).

LE FACTEUR *G* ET LA JUSTIFICATION THÉORIQUE DU QI

Spearman, le théoricien, celui qui cherchait l'unité dans les causes sous-jacentes, parlait souvent en termes peu flatteurs des intentions déclarées des utilisateurs du QI. Il disait du QI qu'il ne s'agissait (1931) que d'une « simple moyenne de sous-tests ramassés çà et là et rassemblés sans rime ni raison ». Il déplorait qu'on ait pu associer ce « salmigondis de tests » avec le nom d'intelligence. En fait, bien qu'en 1904 il eût identifié son *g* à l'intelligence générale, il abandonna plus tard le mot intelligence parce que les discussions incessantes et les procédés incohérents des praticiens des tests mentaux avaient plongé le terme dans une ambiguïté irrémédiable (trad. 1936, p. 316 ; 1950, p. 67).

Cependant il serait faux — et même totalement contraire à l'opinion de Spearman — de le considérer comme un opposant aux tests mesurant le QI. Il exprimait son dédain pour l'empirisme dépourvu de toute base théorique des spécialistes des tests, pour leur tendance à élaborer des épreuves en regroupant des items apparemment sans liaison entre eux et à n'offrir aucune autre justification de leur façon de faire que le fait qu'ils obtenaient de bons résultats. Néanmoins il ne niait pas que les tests de Binet produisaient bien les effets souhaités et il se réjouissait du renouveau qu'ils avaient apporté : « Grâce à ce remarquable travail (l'échelle Binet), la situation se modifia complètement. Les tests jusqu'alors méprisés furent introduits dans tous les pays avec enthousiasme. Et partout leur application pratique remporta de brillants succès » (1914, p. 312).

Ce qui exaspérait Spearman, c'était sa conviction qu'il était parfaitement justifié de rassembler une grande quantité d'items disparates en une échelle unique, mais qu'on ne devait pas refuser de reconnaître la théorie que ce procédé recelait et continuer à considérer ce travail comme une technique empirique et rudimentaire.

Spearman affirmait véhémentement que la justification des tests Binet se trouvait dans sa propre théorie d'un facteur *g* unique qui sous-tendait toute activité cognitive. Les tests évaluant le QI s'avéraient efficaces car, à l'insu de leurs créateurs, ils donnaient une mesure de *g* assez exacte. Chaque épreuve a une saturation en *g* et ses propres informations spécifiques (ou *s*), mais la saturation en *g* varie d'environ zéro à presque 100 %. Paradoxalement, la mesure la plus précise du facteur *g* sera le résultat moyen obtenu par un large éventail d'épreuves les plus diverses possible. Chacun d'eux mesure *g* à un niveau quelconque. L'effet du mélange dû à la diversité des tâches aura pour conséquence de disperser dans toutes les directions les facteurs *s* des épreuves. Ainsi, leurs influences « se neutralisent plus ou moins l'une l'autre, de sorte que le résultat final tend à devenir une mesure approximative de *g* seul » (trad. 1936, p. 64). Le QI est donc efficace, car il mesure *g*.

> Une explication vient de suite à l'esprit pour rendre compte du succès de leur extraordinaire méthode consistant [...] à réunir des tests les plus disparates. Car, si toute performance dépend de deux facteurs, l'un variant au hasard, tandis que l'autre reste constamment le même, il est clair qu'en moyenne les variations fortuites tendront à s'annuler l'une l'autre, laissant le facteur constant dominer seul (1914, p. 313 ; voir aussi 1923, p. 6).

« L'amas hétéroclite de mesures diverses » de Binet relevait d'une décision théorique exacte, et non pas uniquement de l'intuition d'un praticien expérimenté : « Ainsi, ce principe de rassembler un fatras de tests, qui semblerait de prime abord être la méthode la plus arbitraire et la plus dénuée de sens qu'on puisse imaginer, avait en réalité une profonde base théorique et une utilité pratique extrême » (Spearman, cité par Tuddenham, 1962, p. 503).

Le *g* de Spearman et son corollaire qui disait que l'intelligence était une entité unique et mesurable, fournirent la seule justification prometteuse dont disposèrent jamais les tenants de l'hérédité du QI. Lorsque, dans les premières années du xxᵉ siècle, les tests mentaux acquirent leur rôle prédominant, deux tendances principales de recherche s'y firent jour, que Cyril Burt sut fort bien distinguer en 1914 (p. 36) : les méthodes par corrélation (analyse factorielle) et les méthodes par échelle d'âge (tests de QI). Hearnshaw a récemment, dans sa biographie de Burt (1979, p. 47), souligné cette dualité : « La nouveauté des années 1900 ne réside pas dans le concept d'intelligence lui-même, mais dans la définition opérationnelle qu'on en donna en termes de techniques de corrélations et dans la mise au point de méthodes pratiques de mesure. »

Personne mieux que Spearman ne s'aperçut du rapport intime existant entre son modèle d'analyse factorielle et les interprétations héréditaristes des tests mesurant le QI. Dans l'article qu'il fit paraître en 1914 dans l'*Eugenics Review*, il prophétisa l'union des deux grandes traditions des tests mentaux : « Chacun de ces deux axes de recherche fournit à l'autre un appui particulièrement heureux et indispensable. [...] Aussi grande qu'ait été jusqu'à présent la valeur des tests Simon-Binet, même lorsqu'on les pratique dans l'obscurité théorique, leur efficacité sera multipliée par mille quand on les emploiera à la lumière d'une pleine connaissance de leur nature et de leur mécanisme essentiels. » Lorsque, vers la fin de la carrière de Spearman, son mode d'analyse factorielle fut controversé, il défendit *g* en en faisant la raison d'être du QI : « Statistiquement, cette détermination se fonde sur son extrême simplicité. Psychologiquement, il passe pour constituer la seule et unique assise de concepts très utiles comme ceux d'"aptitude générale" ou de "QI" » (1939, p. 79).

Il est certain que les psychologues professionnels ne tenaient pas toujours compte de l'appel de Spearman à prendre *g* comme la seule raison d'être des tests mentaux. Nombreux étaient ceux qui rejetaient la théorie et persistaient à considérer que l'utilité pratique de leurs efforts constituait leur seule justification. Mais un silence sur la théorie ne signifie pas forcément une absence de théorie. La réification du QI comme entité biologique était liée à la conviction que le *g* de Spearman mesurait une « chose » fondamentale, unique, localisée dans le cerveau humain. Parmi les utilisateurs des tests mentaux les plus enclins à se tourner vers les aspects théoriques, beaucoup ont adopté cette prise de position (voir Terman et al., 1917, p. 152). C.C. Brigham n'a pas fondé sa fameuse rétractation sur la seule reconnaissance, tardive, du fait que les Army Mental Tests avaient pris d'évidentes influences culturelles pour des propriétés innées. Il fit aussi remarquer qu'aucun *g* unique et fort n'avait pu se dégager des tests combinés, qui, en conséquence, avaient fort bien pu, après tout, ne pas mesurer l'intelligence (Brigham, 1930). Et, une fois n'est pas coutume, j'abonderai dans le sens d'Arthur Jensen quand celui-ci reconnaît que sa théorie héréditariste du QI dépend de la validité de *g* ; il consacre d'ailleurs une bonne partie de son livre le plus important (1979) à défendre l'argumentation de Spearman dans sa forme première, comme le font également Herrnstein et Charles Murray dans *The Bell Curve* (1994) — voir les essais à la fin de ce volume. Bien comprendre les erreurs conceptuelles de la formulation de Spearman est un préalable à la critique des thèses héréditaristes sur le QI à leur niveau fondamental et pas seulement dans le détail des procédés statistiques.

SPEARMAN ET LA RÉIFICATION DU FACTEUR *G*

Spearman ne put pas se contenter de l'idée qu'il avait mené une exploration dans les profondeurs des résultats empiriques des tests mentaux et qu'il y avait découvert un facteur abstrait unique, sous-jacent à toute performance. Il ne put pas non plus se satisfaire pleinement de l'assimilation entre ce facteur et ce que nous appelons l'intelligence elle-même*. Spearman se sentit contraint d'en demander plus à son *g* : celui-ci se devait de mesurer quelque propriété physique du cerveau ; ce devait être une « chose » dans le sens le plus direct, le plus matériel du mot. Même si la neurologie n'avait pas trouvé de substance qui puisse s'identifier au *g*, les résultats obtenus par le cerveau aux tests mentaux prouvaient que ce substrat physique devait exister. Se mettant de nouveau à envier la physique, Spearman en arriva à une explication de *g* « plus audacieuse » : « Délaissant tous les phénomènes observables de l'activité mentale, elle invente à leur place une espèce de substratum qui, par analogie avec la physique, a été appelé énergie mentale » (trad. 1936, p. 73).

Spearman concentra son attention sur la propriété fondamentale de *g*, à savoir l'influence qu'il exerce, à des degrés divers, sur le fonctionnement mental, et tenta d'imaginer quelle entité physique correspondrait le mieux à ce comportement. Quelle forme, selon lui, pouvait-elle prendre, autre que celle d'une énergie qui s'insinuerait dans le cerveau tout entier et qui y activerait un ensemble de « moteurs », possédant chacun sa localisation propre ?

> Cette tendance à la réussite présentée constamment par la même personne, dans toutes les variations de forme et de fond des sujets abordés, c'est-à-dire dans tous les aspects conscients de la connaissance quels qu'ils soient — ne semble explicable que par l'existence d'un facteur situé au-delà des phénomènes de conscience. C'est ainsi qu'apparaît le concept d'un hypothétique facteur général, purement quantitatif, sous-jacent à toutes les performances cognitives. [...] Ce facteur, en attendant des informations complémentaires, est considéré comme consistant en une « énergie » ou « puissance » qui dessert l'intégralité du cortex (voire même peut-être le système nerveux tout entier) (1923, p. 5).

Si *g* s'infiltre dans tout le cortex sous la forme d'une énergie générale, c'est que les facteurs *s* de chaque test doivent avoir des locali-

---

* Au moins dans ses premières œuvres. Plus tard, comme nous l'avons vu, il abandonna le mot intelligence à cause de l'exaspérante ambiguïté du terme dans le langage courant. Mais il ne cessera pas de considérer *g* comme l'unique essence cognitive qui aurait dû s'appeler intelligence, si les confusions linguistiques (et techniques) n'avaient pas caricaturé à ce point le terme.

sations plus définies. Ils doivent constituer des groupes spécifiques de neurones mis en activité de différentes façons par l'énergie générale à laquelle *g* est assimilé. Les facteurs *s*, écrivit Spearman (et, pour lui, il ne s'agissait pas d'une simple image), sont des machines alimentées par un flux de *g*.

> Au-delà, chaque activité différente doit nécessairement tenir à quelque facteur spécifique qui lui est propre. Pour ce facteur également, on a pensé qu'un substrat physiologique existait, à savoir le groupe précis de neurones sur lequel reposait spécialement ce type particulier d'activité. Ces groupes neuraux fonctionneraient donc comme des « moteurs » qui seraient alternativement alimentés par le stock commun d'« énergie ». La réussite des actes dépendrait toujours en partie de l'énergie potentielle issue du cortex tout entier et, en partie, du rendement du groupe spécifique de neurones en jeu. L'influence de ces deux facteurs pourrait grandement varier suivant le type de fonctionnement ; certains types dépendraient plus du potentiel d'énergie ; d'autres davantage du rendement du moteur (1923, pp. 5-6).

Les différences de saturation en *g* avaient été provisoirement expliquées : une opération mentale particulière pouvait dépendre avant tout des caractéristiques de sa machine (teneur en *s* élevée et faible en *g*), une autre pourrait devoir son statut à la quantité d'énergie générale intervenant dans le fonctionnement de son moteur (saturation en *g* élevée).

Spearman avait le sentiment d'avoir découvert la base de l'intelligence, à tel point qu'il considérait que son concept était imperméable à toute réfutation. Il attendait des physiologistes qu'ils trouvent une énergie physique correspondant à son *g* : « [On est] fondé à espérer qu'une énergie matérielle telle que la demandent les psychologues sera un jour découverte — ce qui serait le plus beau titre de gloire de la physiologie » (trad. 1936, p. 313). S'il arrivait qu'on ne découvrît pas d'énergie physique, une énergie devrait malgré tout exister, mais elle serait d'une espèce différente.

> Quand bien même le pire arriverait, à savoir que l'explication physiologique ne puisse jamais être découverte, les faits mentaux n'en resteraient pas moins des faits. Et si la meilleure explication qu'on puisse en donner exige le concept d'une énergie sous-jacente, ce concept n'aura à être soumis à aucune autre condition que celle qui, après tout, est demandée depuis longtemps par la plupart des meilleurs psychologues, il devra être regardé comme purement mental (trad. 1936, p. 313).

Spearman, au moins en 1927, date à laquelle fut publié, en Grande-Bretagne, son ouvrage *Les Aptitudes de l'homme* d'où est extrait ce texte, n'avait jamais envisagé cette autre éventualité évidente : toute tentative de réifier *g* était, dès le départ, vouée à l'échec.

Tout au long de sa carrière, Spearman essaya de découvrir au sein du fonctionnement mental d'autres caractéristiques dont la régularité viendrait valider sa théorie de l'énergie générale et des moteurs spécifiques. Il énonça (trad. 1936, p. 103) une « loi du rendement constant » *(law of constant output)* selon laquelle l'arrêt de n'importe quelle activité mentale déclenchait la mise en route d'autres activités mentales d'égale intensité. Ainsi, raisonnait-il, l'énergie générale restait intacte et devait toujours agir sur quelque chose. Il trouva, par ailleurs, que la fatigue était « transférée sélectivement », c'est-à-dire que la lassitude dans une activité mentale donnée entraînait la fatigue dans certaines zones apparentées, mais pas dans d'autres. La fatigue ne pouvait donc pas être attribuée « à une diminution des disponibilités en énergie générale psychophysiologique », mais devait s'expliquer par l'action de certaines toxines qui attaquaient préférentiellement certains systèmes de neurones. « S'il en est ainsi, affirmait Spearman (trad. 1936, p. 245), cette fatigue concerne essentiellement, non pas l'énergie, mais les machines. »

Cependant, comme nous en voyons si souvent l'illustration dans l'histoire des tests mentaux, les doutes de Spearman commencèrent à s'amplifier jusqu'à ce qu'il finisse par se rétracter dans son livre de 1950 (publié après sa mort). Il semble y considérer sa théorie de l'énergie et des machines comme une sottise de jeunesse (bien qu'il la défendît avec acharnement dans son âge mûr). Il abandonna même toute tentative de réifier les facteurs, reconnaissant tardivement qu'à une abstraction mathématique ne correspondait pas forcément une réalité physique. Le grand théoricien était passé dans le camp de ses ennemis et y assumait le rôle d'un empiriste prudent (Spearman et Wynn Jones, 1950, p. 25).

> Nous ne sommes nullement contraints de répondre à des questions telles que : Les « facteurs » ont-ils une existence « réelle » ? Permettent-ils une « mesure » véritable ? La notion d'« aptitude » implique-t-elle au fond un type quelconque de cause ou de puissance ? Ou n'a-t-elle d'autre but que, simplement, de décrire ? [...] En leur temps et dans leur domaine ces thèmes ont probablement leur raison d'être. Le plus âgé des auteurs s'est lui-même largement laissé tenter par eux. *Dulce est desipere in loco* [il est doux en son temps d'oublier la sagesse — Horace]. Mais pour les buts qu'il poursuit actuellement, il s'est senti obligé de s'en tenir aux limites de la plus simple science empirique, c'est-à-dire rien d'autre, au fond, que description et prédiction. [...] Tout le reste n'est guère qu'éclairage par voie de métaphores et de comparaisons.

L'histoire de l'analyse factorielle est semée de tentatives de réification avortées. Je ne nie pas que les modèles de causalité puissent avoir des raisons physiques, identifiables et sous-jacentes et j'approuve Eysenck lorsqu'il déclare (1953, p. 113) : « Dans certaines circonstances, les facteurs peuvent être regardés comme d'hypothétiques influences causales sous-jacentes réglant les liaisons observées dans un ensemble de variables. Ce n'est que lorsqu'on les considère sous cet angle qu'ils présentent un intérêt et un sens pour la psychologie. » Ma critique porte sur la pratique consistant à supposer que la simple existence d'un facteur autorise toutes les spéculations causales. C'est à juste titre que les « factorialistes » ont sans cesse lancé des avertissements contre ce penchant fâcheux, mais notre tendance platonicienne à rechercher l'essence cachée sous les apparences continue à l'emporter sur la prudence nécessaire. On peut ricaner, avec le bénéfice que donne le recul du temps, du psychiatre T.V. Moore qui, en 1933, postula l'existence de gènes spécifiques pour la dépression dans ses diverses manifestations, catatonique, délirante, maniaco-dépressive, cognitive et constitutionnelle, parce que son analyse factorielle avait regroupé les prétendues mesures de ces syndromes sur des axes séparés (*in* Wolfle, 1940). Cependant, en 1972, deux auteurs découvrirent une liaison entre la production laitière et l'exubérance du chant vocal sur le minuscule treizième axe — sur dix-neuf — de l'analyse factorielle des coutumes musicales de diverses cultures... et émirent l'idée que « cette source complémentaire de protéine explique de nombreux cas de vocalisation énergique » (Lomax et Berkowitz, 1972, p. 232).

La réification automatique est entachée de nullité pour deux raisons principales. En premier lieu, comme je le montre brièvement plus haut et comme je le développerai plus longuement, aucun ensemble de facteurs ne peut prétendre concorder exactement au monde réel. N'importe quelle matrice de coefficients de corrélation positifs peut être divisée en facteurs, comme Spearman le fit, entre *g* et un ensemble de facteurs subsidiaires ou, comme Thurstone le fit, entre un ensemble de facteurs « de structure simple » dépourvus généralement d'une direction unique dominante. Les deux solutions rendent compte de la même quantité d'informations, elles sont mathématiquement équivalentes. Qu'est-ce qui nous permet d'affirmer que c'est l'une ou l'autre qui reflète la réalité ?

En second lieu, tout ensemble unique de facteurs peut s'interpréter de diverses façons. Spearman considérait l'importance de son facteur *g* comme la preuve d'une réalité unique sous-jacente à toute activité mentale cognitive, comme une énergie générale située à l'intérieur du cerveau. Cependant le plus célèbre de ses collègues anglais spécialistes de l'analyse factorielle, Sir Godfrey Thomson, accepta les résultats mathématiques de Spearman, mais les interpréta, avec logique, d'une manière opposée. Selon Spearman, le cerveau se divisait en plusieurs machines spécifiques, alimentées par une énergie générale. Thomson, en partant des mêmes données, en déduisit que le cerveau n'avait pratiquement pas de structure spécialisée. Les cellules nerveuses, selon lui, sont excitées ou ne le sont pas du tout — elles sont branchées ou non, il n'y a pas de stade intermédiaire. Chaque test mental fait intervenir au hasard un jeu impressionnant de neurones. Les tests présentant de fortes saturations en *g* saisissent de nombreux neurones en activité ; ceux qui ont de faibles teneurs en g ont tout simplement utilisé une plus petite quantité de cerveau indifférencié. « Loin d'être divisé en quelques "facteurs unitaires", concluait Thomson (1939), l'esprit est un riche complexe d'influences innombrables, comparativement indifférencié, et, du point de vue physiologique, un réseau compliqué de possibilités d'intercommunications. » Si la même configuration mathématique peut amener à des interprétations aussi divergentes, quelle est la thèse qui peut prétendre représenter la réalité ?

SPEARMAN ET L'HÉRÉDITÉ DU FACTEUR G

Deux des thèmes favoris de Spearman se retrouvent dans la plupart des théories héréditaristes sur les tests mentaux : la notion selon laquelle l'intelligence est une « chose » unitaire et son corollaire, l'existence d'un substratum physique. Mais ces thèses ne constituent pas à elles seules l'intégralité de l'argumentation : une substance physique unique peut présenter des variations dues aux effets du milieu et de l'éducation, et non pas à ceux de différences innées. Il fallait suppléer à ce manque en avançant des arguments sur l'héritabilité de g. C'est ce à quoi Spearman s'employa.

L'assimilation entre le g et l'énergie, d'une part, et entre les s et les machines, d'autre part, a fourni à Spearman le cadre de sa théorie. Selon lui, les facteurs s traduisaient le niveau d'instruction et la force du g d'un individu reflétait sa seule hérédité. Comment le g peut-il être influencé par l'éducation, s'il cesse de croître vers l'âge de seize ans alors que l'acquisition des connaissances peut se poursuivre indéfiniment (trad. 1936, p. 301) ? Comment g peut-il être modifié par la scolarisation s'il mesure ce que Spearman appelait l'*éducation* (l'aptitude à synthétiser ou à établir des liaisons) et non la *rétention* (l'aptitude à apprendre les faits et à les mémoriser) — quand le rôle de l'école se borne à transmettre les connaissances ? Les machines peuvent être bourrées d'informations et façonnées par l'instruction, mais l'énergie générale du cerveau est la conséquence de sa structure innée.

> L'effet de l'instruction est limité au facteur spécifique et ne touche pas le facteur général ; physiologiquement parlant, certains neurones s'habituent à des types particuliers d'action, mais l'énergie libre du cerveau n'en est pas pour autant affectée. [...] Bien qu'indiscutablement le développement des aptitudes spécifiques dépende, dans une large mesure, des influences du milieu, celui de l'aptitude générale est presque totalement régi par l'hérédité (1914, pp. 233-234).

Le QI en tant que mesure de g, enregistre donc l'intelligence générale innée ; le mariage des deux grandes traditions de la psychométrie (la mesure du QI et l'analyse factorielle) était consommé sous l'égide de l'hérédité.

Sur le sujet contrariant des différences entre groupes humains, les opinions de Spearman s'accordaient aux convictions coutumières des principaux savants d'Europe occidentale de l'époque (voir fig. 5.9). Lorsqu'il donna son avis sur les Noirs (trad. 1936, p. 292), il fit appel au facteur *g* pour interpréter les Army Mental Tests.

> Les hommes de couleur furent, pour la moyenne de tous les tests, en retard d'environ deux ans sur les Blancs ; leur infériorité apparut dans tous les tests, mais elle fut précisément plus accusée dans ceux qui sont reconnus comme ayant la plus haute teneur en *g*.

En d'autres termes, les Noirs obtenaient les plus mauvaises notes aux tests ayant les plus fortes corrélations avec le facteur *g*, ou intelligence générale innée.

Quant aux Blancs originaires de l'Europe du Sud et de l'Est, voici ce que Spearman, qui approuvait la promulgation de l'Immigration Restriction Act de 1924, en disait (trad. 1936, p. 292) :

> La conclusion mise en avant par presque tous les chercheurs est que, en ce qui concerne l'*intelligence*, les races germaniques ont un avantage marqué sur les peuples du sud de l'Europe, et ce résultat paraît avoir eu en pratique des conséquences de la plus haute importance puisque c'est lui qui a inspiré des lois américaines récentes et très sévères sur l'admission des immigrants.

Cependant, il serait inexact de faire endosser à Spearman la responsabilité des théories héréditaristes sur les différences d'intelligence des groupes humains. Il en fournit certains éléments importants comme l'argument qui fait de l'intelligence une « chose » innée, unique et mesurable. Il avait aussi des opinions très conventionnelles sur l'origine des différences moyennes d'intelligence entre races et groupes nationaux. Mais il ne mettait pas l'accent sur le caractère inéluctable des différences. En fait, il attribuait les différences sexuelles à l'instruction et aux mœurs (trad. 1936, p. 177) et avait peu à dire sur les classes sociales. En outre, lorsqu'il abordait la question des différences raciales, il ne manquait jamais, tout en professant des opinions héréditaristes, d'ajouter que l'éventail des variations au sein de n'importe quel groupe racial ou national dépassait largement la petite différence moyenne entre les groupes et que l'on trouvait de nombreux membres d'une race « inférieure » qui surpassaient en intelligence la moyenne d'un groupe « supérieur » (trad. 1936, p. 293, par exemple)*.

---

* Richard Herrnstein et Charles Murray recourent à cette même argumentation pour éviter que l'on accuse *The Bell Curve* (1994) de racisme — voir les deux essais consacrés à la critique de cet ouvrage à la fin de ce volume.

5.9 Stéréotype raciste du financier juif, tiré de la première page d'un article de Spearman paru dans un numéro de l'*Eugenics Review* datant de 1914 (voir la bibliographie). Spearman se servit de cette caricature pour critiquer les thèses favorables aux facteurs de groupe dans les questions ayant trait à l'intellect, mais sa publication illustre bien les attitudes que l'on jugeait acceptables à cette époque révolue.

Spearman se rendit également compte de la force politique des positions héréditaristes, bien qu'il n'en eût abjuré ni les thèses ni la politique : « Tous les efforts tendant à améliorer les humains par une meilleure éducation sont contrecarrés par l'apathie de ceux qui affirment que la seule voie possible est une meilleure eugénique » (trad. 1936, p. 290).

Mais, ce qui est sûr, c'est que Spearman ne semblait pas prendre beaucoup d'intérêt aux différences héréditaires entre les peuples. Alors que le débat se déchaînait autour de lui et menaçait de noyer sa profession sous des flots d'encre, l'inventeur du *g*, celui qui avait apporté un argument fondamental à l'école héréditariste, se tenait hors de la mêlée, dans une apathie apparente. C'est avec la volonté de comprendre la structure du cerveau humain qu'il avait étudié l'analyse factorielle, et non pas comme un guide pour mesurer les différences entre les groupes, ni même entre les individus. Spearman pouvait ne pas avoir eu le feu sacré pour promouvoir la réunion, politiquement puissante, du QI et de l'analyse factorielle en une théorie héréditariste de l'intelligence, mais son successeur à la chaire de psychologie de l'University College — Cyril Burt — allait s'en charger. Spearman se souciait fort peu du caractère inné de l'intelligence, mais cette notion fut, sa vie durant, l'idée fixe de Sir Cyril.

Cyril Burt et la synthèse héréditariste

L'ORIGINE DE L'HÉRÉDITARISME INTRANSIGEANT DE BURT

Cyril Burt publia son premier article en 1909. Il y écrivit que l'intelligence est innée et que les différences entre classes sociales sont en grande partie le résultat de l'hérédité ; un de ses principaux arguments reposait sur le *g* de Spearman. Le dernier article de Burt publié dans une revue de large audience parut après sa mort en 1972. Il y chantait toujours le même refrain : l'intelligence est innée et l'existence du *g* de Spearman le prouve. Aussi suspectes qu'aient pu être ses autres qualités, Cyril Burt ne manquait certainement pas de constance. Voici ce que proclame l'article de 1972 :

> Les deux principales conclusions auxquelles nous avons abouti nous paraissent évidentes et ne laissent nulle place au doute. L'hypothèse d'un facteur général intervenant dans tous les types de processus cognitifs, suggérée à titre provisoire par des arguments tirés de la neurologie et de la biologie, est pleinement corroborée par les statistiques ; et l'affirmation selon laquelle les différences observées chez les individus dans la teneur en ce facteur général dépendent de la constitution génétique, apparaît incontestable. Le concept d'une aptitude innée, générale et cognitive, qui découle de ces deux suppositions, bien qu'il s'agisse, il faut le reconnaître, d'une pure abstraction, concorde parfaitement avec les faits empiriques (1972, p. 188).

Seule l'intensité des adjectifs de Sir Cyril avait changé. En 1912, il avait qualifié cette argumentation de « concluante » ; soixante ans plus tard, elle était devenue « incontestable ».

L'analyse factorielle se trouvait au cœur même de la définition que donnait Burt de l'intelligence : une aptitude i.g.c. (innée, générale, cognitive). Dans son principal ouvrage sur l'analyse factorielle (1940, p. 216), Burt a exposé l'utilisation caractéristique qu'il faisait de la thèse de Spearman. L'analyse factorielle montre qu'« un facteur *général* entre dans tous les processus *cognitifs* », et que « ce facteur général semble en grande partie, sinon en totalité, héréditaire ou *inné* » — on retrouve donc à nouveau l'aptitude i.g.c. Trois ans plus tard (1937, pp. 10-11), il avait lié *g* à une hérédité inéluctable de façon encore plus affirmée.

> Ce facteur intellectuel général, central et dominant, présente une caractéristique supplémentaire, que révèlent également les tests et les statistiques. Il s'avère héréditaire, ou au moins inné. Ni la connaissance ou la pratique, ni l'intérêt ou l'industrie ne parviennent à l'accroître.

D'autres, dont Spearman lui-même, avaient fait la liaison entre *g* et l'hérédité. Cependant, personne, hormis Sir Cyril, n'avait soutenu cette thèse avec un tel enthousiasme borné et presque obsessionnel ; et personne d'autre que lui ne s'en servit comme d'un véritable instrument politique. C'est la combinaison du préjugé héréditariste et de la réification de l'intelligence comme une entité unique et mesurable qui amena Burt à prendre cette position inflexible.

J'ai déjà parlé de l'origine de la seconde composante : l'intelligence comme facteur réifié. Mais comment la première composante — l'héréditarisme rigide — est-elle apparue dans la vision que Burt avait de l'existence ? Elle n'a pas résulté de l'analyse factorielle elle-même, car cela était impossible (voir pp. 289-291). Je ne tenterai pas de répondre à cette question en faisant appel au psychisme de Burt ou à son époque (bien que Hearnshaw, en 1979, avance quelques propositions en ce sens). Je tiens surtout à démontrer que l'argumentation héréditariste de Burt ne reposait pas sur son travail empirique (qu'il soit honnête ou truqué), mais qu'elle représentait un préjugé *a priori* et que celui-ci pesa de façon décisive sur les études qui étaient censées étayer l'argumentation. Il contribua également, chez cet homme hanté par son idée fixe, à fausser son jugement et finalement à l'inciter à la supercherie*.

Burt et sa « preuve » initiale du caractère inné de l'intelligence

Au cours de sa longue carrière, Burt cita sans cesse son premier article de 1909 comme preuve que l'intelligence est innée. Mais cette étude achoppa sur deux écueils, sur une faille logique d'abord (raisonnement circulaire) et sur le caractère remarquablement insuffisant et superficiel des données elles-mêmes. Cette publication ne prouve qu'une chose sur l'intelligence... c'est que Burt commença son étude avec la conviction *a priori* de son « innéité » et que sa démonstration l'a amené à suivre un cercle vicieux et à revenir à son point de départ.

---

* Des convictions de Burt sur le caractère inné de l'intelligence, Hearnshaw écrit (1979, p. 49) : « C'était presque pour lui un article de foi, qu'il était prêt à défendre contre toute attaque, plutôt qu'une hypothèse de travail à mettre, si possible, à l'épreuve des faits. Il est difficile de ne pas avoir le sentiment que Burt montra, presque dès ses débuts, une assurance excessive dans la finalité et dans la justesse de ses conclusions. »

Les preuves — ou ce qui en tenait lieu — n'étaient que des éléments de façade.

Dès le commencement de son article de 1909, Burt se proposait de répondre à trois questions. Les deux premières reflètent l'influence du travail de pionnier que Spearman effectua dans le domaine de l'analyse factorielle (« L'intelligence générale peut-elle être détectée et mesurée ? » ; « Sa nature peut-elle être isolée et sa signification analysée ? »). La troisième a trait aux propres soucis de Burt : « Le développement est-il déterminé d'une manière prédominante par l'influence du milieu et l'acquisition individuelle, ou dépend-il plutôt de l'hérédité d'un caractère racial ou d'un trait familial ? » (1909, p. 96).

Non seulement Burt déclare que la troisième question est « à de nombreux égards, la plus importante de toutes », mais il nous livre sa réponse en expliquant pourquoi nous devrions nous sentir concernés.

> On pense de plus en plus que les caractères innés de la famille sont plus puissants dans l'évolution que ceux acquis par l'individu ; de même on se rend progressivement compte que l'humanitarisme et la philanthropie incontrôlés peuvent suspendre l'élimination naturelle des souches inadaptées. Ces deux caractéristiques de la sociologie contemporaine font de l'hérédité des aptitudes une question d'une importance fondamentale (1909, p. 169).

Burt sélectionna quarante-trois garçons dans deux écoles d'Oxford, trente fils de petits commerçants provenant d'une école élémentaire et treize élèves d'une école préparatoire, issus de la haute bourgeoisie. Dans cette « démonstration expérimentale de l'hérédité de l'intelligence » (1909, p. 179), Burt appliqua à chacun des enfants de cet échantillon ridiculement mince, douze tests de « fonctions mentales aux degrés de complexité divers ». (La plupart de ces tests n'étaient pas directement cognitifs au sens habituel du terme, mais ressemblaient plus aux anciens tests de physiologie élaborés par Francis Galton : attention, discrimination sensorielle et temps de réaction.) Burt rassembla ensuite de « consciencieuses estimations empiriques de l'intelligence » pour chaque garçon. Et cela non pas à l'aide d'une rigoureuse application des tests Binet, mais en demandant à des observateurs « experts » de classer les enfants selon leur intelligence, indépendamment de leurs connaissances scolaires. Ces classifications lui furent fournies par les directeurs des écoles, par des enseignants et par « deux garçons compétents et impartiaux » qui faisaient partie de l'échantillon étudié. Écrivant à l'époque des prouesses du colonialisme britannique triomphant, Burt donna aux deux garçons ses instructions sur la signification de l'intelligence.

> Imaginez que vous ayez à choisir un chef pour diriger une expédition dans un pays inconnu, lequel de ces trente garçons considéreriez-vous

comme le plus intelligent ? Et, à défaut, qui viendrait après lui ? (1909, p. 106).

Burt ensuite rechercha des corrélations entre les résultats aux tests et les classifications de ses experts. Il trouva que cinq tests présentaient des coefficients de corrélation avec l'intelligence supérieurs à .5 et que les basses corrélations concernaient les tests des « sens inférieurs — le toucher et le poids », alors que les meilleures corrélations se rapportaient aux tests dans lesquels les éléments cognitifs étaient les plus évidents. Persuadé que les douze tests mesuraient l'intelligence, Burt étudia les résultats eux-mêmes. Il trouva que ceux-ci étaient meilleurs chez les garçons de l'aristocratie que chez les enfants de la petite bourgeoisie, dans tous les tests hormis ceux qui concernaient le poids et le toucher. Les garçons de la haute bourgeoisie devaient donc être plus intelligents.

Mais la supériorité dont avaient fait preuve les petits aristocrates était-elle innée ou acquise en fonction des avantages familiaux et scolaires ? Burt avança quatre arguments qui réfutaient l'influence de l'environnement.

1. Le milieu des garçons de la petite bourgeoisie n'est pas assez pauvre pour qu'une différence se fasse sentir puisque leurs parents peuvent se permettre de payer les neuf pence hebdomadaires par enfant demandés par l'école : « Maintenant, s'il s'agissait des enfants des classes les plus défavorisées, une infériorité générale aux tests mentaux pourrait être attribuable à de malheureuses influences environnementales et post-natales. [...] Mais ces conditions n'étaient pas susceptibles de se rencontrer chez des garçons qui, au tarif de neuf pence par semaine, fréquentaient l'École élémentaire centrale » (1909, p. 173). En d'autres termes, le milieu ne peut pas exercer le moindre effet à moins de réduire les enfants à la famine.

2. Les « influences éducatives du foyer et de la vie sociale » semblent faibles. En faisant cette supposition qu'il reconnaissait comme subjective, Burt avait recours à une intuition aiguisée par des années d'expérience viscérale. « Ici, cependant, il faut avouer que ce type d'argument n'emporte pas la conviction de ceux qui n'ont jamais été témoins de la façon réelle dont se comportent ces garçons en question. »

3. La nature même des tests écarte toute influence du milieu. Tout comme les tests de sensation ou de performance motrice, ils n'impliquent pas, « à un degré appréciable, de compétences ou de connaissances acquises. [...] Il y a donc tout lieu de croire que les différences qu'ils révèlent sont en grande partie innées » (1909, p. 180).

4. Une seconde séance de tests avec les mêmes garçons, dix-huit mois plus tard, alors que plusieurs d'entre eux étaient entrés dans la vie professionnelle ou avaient changé d'école, n'apporta que peu de modifications dans le classement. (Est-il jamais venu à l'idée de Burt

que le milieu pouvait exercer son influence la plus décisive dans les premières années de la vie et non pas seulement dans les situations immédiates ?)

Tous ces arguments et le projet de l'étude tout entière montrent qu'à l'évidence, le raisonnement tournait en rond. La thèse de Burt reposait sur des corrélations entre des résultats de tests et un classement de l'intelligence établi par des observateurs « impartiaux ». (Les arguments sur la « nature » des tests sont secondaires, car Burt n'en aurait pas tenu compte si les tests n'avaient pas été corrélés aux évaluations établies indépendamment.) On doit savoir ce que signifient ces classifications subjectives afin d'interpréter les corrélations et de faire un usage quelconque des tests eux-mêmes. Car si la classification des enseignants, des directeurs d'école et des camarades de classe, quelle que soit la sincérité avec laquelle elle avait pu être dressée, traduisent plus les avantages de l'éducation que les bénédictions de la génétique, c'est que la hiérarchie obtenue est avant tout due au milieu et que, donc, les résultats aux tests ne fournissent qu'une autre mesure (et plus imparfaite) de cette même influence. Burt utilisa la corrélation entre deux critères comme preuve de l'hérédité sans jamais établir si l'un ou l'autre de ces critères mesurait effectivement sa propriété favorite.

En tout cas, tous ces arguments en faveur de l'hérédité sont indirects. Mais Burt alléguait également, en dernier lieu, une preuve directe de l'hérédité : la corrélation entre l'intelligence des garçons et celle de leurs parents.

> Chaque fois qu'un processus est corrélé avec l'intelligence, les enfants de naissance supérieure ressemblent à leurs parents en ceci qu'ils sont eux-mêmes supérieurs. [...] Le succès à ces tests ne dépend pas de circonstances fortuites ou de l'instruction, mais de quelque qualité innée. La ressemblance des niveaux d'intelligence entre parents et enfants doit donc être due à l'hérédité. Nous disposons ainsi d'une démonstration expérimentale de l'hérédité de l'intelligence (1909, p. 181).

Mais comment Burt mesurait-il l'intelligence des parents ? La réponse, remarquable même selon le point de vue de Burt, est qu'il ne la mesurait pas : il l'estimait seulement à partir du niveau professionnel et social. Des parents aristocrates, intellectuels, devaient être, de naissance, plus intelligents que des commerçants. Mais l'étude était conçue pour évaluer si la performance aux tests provenait de qualités innées ou des conditions sociales. On ne peut donc pas tourner en rond et déduire l'intelligence du niveau social.

On sait que les dernières études de Burt furent frauduleuses. Cependant, ses premiers travaux, honnêtes ceux-là, sont entachés de défauts si fondamentaux qu'ils ne valent guère mieux que les derniers. Comme cette étude de 1909 où Burt soutenait incessamment la thèse de l'hérédité de l'intelligence en citant des corrélations entre les parents et leur progéniture, alors que l'intelligence des parents n'était estimée que d'après leur niveau social et non d'après des tests véritables.

Par exemple, après avoir terminé son étude d'Oxford, Burt entreprit à Liverpool un programme de recherche à base de tests mentaux. Là encore, il fit état de corrélations élevées entre parents et enfants dont il se servit comme un de ses principaux arguments en faveur du caractère inné de l'intelligence, mais jamais il ne publia les résultats concernant les parents. Cinquante ans plus tard, L.S. Penrose remarqua l'absence de ces données et demanda à Burt, alors très âgé, comment il avait mesuré l'intelligence des parents. Celui-ci répondit (*in* Hearnshaw, 1979, p. 29) :

> L'intelligence des parents a été évaluée surtout sur la base de leur métier et vérifiée par des interviews personnelles ; environ un cinquième subirent également des tests de manière à normaliser ces appréciations subjectives.

« De sérieuses omissions et d'imprudentes conclusions, commente Hearnshaw (1979, p. 30), marquent la première incursion de Burt dans le domaine génétique. On trouve ici, au tout début de sa carrière, les germes de bien des déboires à venir. »

Même lorsque Burt testait des sujets, il publiait rarement les notes réelles, mais les « adaptait », car il les estimait inaptes à mesurer la vraie intelligence telle que lui et d'autres experts la jugeaient subjectivement. Dans un de ses ouvrages principaux, il reconnut ce point (1921, p. 280).

> Je ne prenais pas mes résultats de tests exactement comme ils me parvenaient. Ils étaient attentivement discutés avec des enseignants et corrigés librement chaque fois qu'il semblait probable que l'opinion de l'enseignant sur les mérites relatifs de ses propres élèves donnait une meilleure estimation que les notes brutes des tests.

Une telle attitude n'est pas *a priori* condamnable, car elle part d'une bonne intention. Elle admet qu'un simple nombre, calculé au cours d'une courte série de tests, est incapable de rendre compte d'une notion aussi délicate à cerner que l'intelligence. Elle donne effectivement aux enseignants et à d'autres qui ont une grande connaissance personnelle des sujets l'occasion de faire valoir un point de vue autorisé. Mais il est alors parfaitement ridicule de prétendre que l'hypothèse a été vérifiée par des tests rigoureux et objectifs. Car si l'on croit par avance que les enfants bien élevés sont, de naissance, les plus intelligents, dans quelle direction les tests seront-ils adaptés* ?

---

* Parfois, Burt s'enfonçait plus encore dans l'illogisme circulaire et affirmait que les tests devaient mesurer l'intelligence innée parce qu'ils avaient été conçus pour cela : « En vérité, de Binet à nos jours, pratiquement tous les chercheurs qui ont essayé

Malgré la petitesse ridicule de son échantillon, ses arguments illogiques et ses procédés critiquables, Burt termina son article de 1909 par l'affirmation d'un triomphe personnel (p. 176).

L'intelligence des parents peut donc s'hériter, l'intelligence individuelle être mesurée et l'intelligence générale analysée ; et tout cela à un degré que peu de psychologues, jusqu'à présent, se sont risqués à soutenir.

Lorsqu'en 1912 Burt recycla ces données pour les publier dans l'*Eugenics Review*, il y ajouta des « preuves » supplémentaires tirées d'un échantillon encore plus restreint, à savoir les deux filles d'Alfred Binet. Il remarqua que leur père avait été peu enclin à lier les signes physiques aux prouesses mentales et fit remarquer que la blonde, à tête volumineuse, aux yeux bleus et à l'aspect teutonique, était impartiale et franche, alors que l'autre, aux cheveux plus foncés, tendait à être sentimentale et à manquer d'esprit pratique. Touché.

Burt n'était pas sot. J'avoue qu'avant de commencer à le lire, j'avais le sentiment, nourri par des articles de presse retentissants sur son travail frauduleux, qu'il ne fut rien d'autre qu'un charlatan rusé et sournois. À dire la vérité, c'est bien ce qu'il était devenu (voir pp. 273-278). Mais au fur et à mesure que ma lecture avançait, Burt gagna peu à peu mon respect par son énorme érudition, par sa remarquable sensibilité dans certains domaines et par l'habileté et la complexité de ses déductions ; je finis, à mon corps défendant, par m'attacher au personnage. Et cependant, ce jugement que je porte sur lui rend d'autant plus curieuse l'extraordinaire faiblesse de son raisonnement sur l'innéité de l'intelligence. S'il avait simplement été sot, la stupidité des arguments aurait au moins dénoté un esprit cohérent avec lui-même.

Mon dictionnaire définit l'idée fixe comme une « idée dominante ou obsédante, souvent trompeuse, dont l'esprit ne peut pas se détacher ». L'innéité de l'intelligence était l'idée fixe de Burt. Lorsqu'il appliquait ses talents intellectuels à d'autres domaines, il raisonnait juste, avec subtilité, et parfois même avec une grande perspicacité. Mais quand il abordait le sujet de l'hérédité de l'intelligence, ses œillères l'empêchaient de penser et tout s'évaporait devant le dogme héréditariste à qui il devait sa réputation et qui, finalement, devait causer sa perte intellectuelle. Il est sans doute étonnant que Burt ait pu abriter dans son esprit une telle dualité de styles de raisonnement. Mais je trouve qu'il est encore plus surprenant que tant d'autres aient pu croire à ses thèses sur l'intelligence alors que ses arguments et ses

---

d'élaborer des "tests d'intelligence" ont, avant tout, tenté d'obtenir une mesure de l'aptitude *innée* qui puisse se distinguer des connaissances ou des compétences acquises. Avec cette interprétation, il devient bien évidemment stupide de se demander ce que doit l'"intelligence" au milieu et ce qu'elle doit à la constitution innée : la définition même suppose la question résolue » (1943, p. 88).

données, tous aisément disponibles dans des publications bien connues, renfermaient tant d'erreurs grossières et d'affirmations spécieuses. Cela ne nous apprend-il pas que le dogme partagé se cache souvent sous le masque de l'objectivité ?

Les arguments ultérieurs

Peut-être peut-on penser que j'ai fait preuve de quelque injustice en choisissant de m'en prendre à la toute première œuvre de Burt ? Peut-être les sottises de la jeunesse ont-elles cédé la place à la sagesse et à la prudence de l'âge mûr ? Mais il n'en a rien été ; à défaut d'autre chose, Burt montra toujours une grande cohérence ontogénétique. L'argumentation de 1909 n'a jamais changé d'un iota, ne s'est jamais affinée et s'acheva en s'appuyant sur des données truquées. L'innéité de l'intelligence continua à prendre la forme d'un dogme. Regardons l'argument principal du livre le plus célèbre de Burt *The Backward Child* (1937) [« l'enfant arriéré », non traduit], qu'il écrivit à l'apogée de sa puissance et avant de s'enfoncer dans la fraude.

L'arriération, note Burt, se définit par les résultats scolaires, non pas par des tests d'intelligence : les enfants arriérés sont ceux qui ont plus d'un an de retard à l'école. Selon Burt, les effets du milieu, si tant est qu'ils soient importants, devraient surtout se faire sentir sur les enfants de cette catégorie (ceux qui sont beaucoup plus retardés souffrent davantage de manifestes détériorations génétiques). Burt entreprit donc une étude statistique du milieu en corrélant le pourcentage d'enfants arriérés avec des mesures de la pauvreté dans les arrondissements *(boroughs)* de Londres. Il calcula un nombre impressionnant de fortes corrélations : .73 avec le pourcentage de personnes sous le seuil de pauvreté, .89 avec la promiscuité dans les logements, .68 avec le chômage et .93 avec la mortalité juvénile. Ces données semblent à première vue donner raison à l'idée d'une influence dominante du milieu sur l'arriération, mais Burt soulève une objection. Il y a une autre possibilité. Peut-être les lignées pourvues du patrimoine inné le plus pauvre sont-elles à l'origine de la création des pires quartiers où elles gravitent ? Le niveau de pauvreté ne serait donc ainsi qu'un reflet imparfait de la médiocrité génétique.

Burt, guidé par son idée fixe, opta pour la stupidité innée comme cause première de la pauvreté (1937, p. 105). Son principal argument faisait appel aux tests d'intelligence. La plupart des enfants arriérés présentent un écart type de 1 à 2 au-dessous de la moyenne (70-85) dans une catégorie d'individus appelés techniquement « subnormaux » *(dull)*. Le QI donnant une mesure de l'intelligence innée, la plupart des enfants arriérés obtiennent de mauvais résultats à l'école parce qu'ils sont *dull* et non pas parce qu'ils sont pauvres (ou seulement indirectement). De nouveau, Burt s'enferme dans le même cercle vicieux. Il désire prouver que la déficience de l'intelligence innée est la cause principale des mauvais résultats scolaires. Il sait fort bien que la liaison entre la note de QI et le caractère inné est une question restée sans réponse dans les débats animés sur la signification du QI — et il admet, à de nombreuses reprises, que le test Stanford-Binet n'est, au mieux, qu'une mesure imparfaite de l'innéité (par exemple, 1921, p. 90). Cependant, il utilise les notes de tests pour conclure :

> Dans beaucoup plus de la moitié des cas, l'arriération semble due principalement à des facteurs mentaux intrinsèques ; ici, en conséquence, elle est primaire, innée et, dans cette mesure, irrémédiablement incurable (1937, p. 110).

Dans cette citation, la définition du mot inné est pour le moins étrange. Un caractère inné, c'est-à-dire congénital et, dans le langage de Burt, héréditaire, fait partie intégrante de la constitution biologique d'un organisme. Mais la démonstration qu'un trait représente la nature à l'état pur, non affectée par l'acquis, ne certifie pas qu'il restera inéluctablement ainsi. Burt, par exemple, hérita d'une mauvaise vue et aucun médecin ne lui refit des yeux tout neufs selon un modèle parfait, mais Burt porta des lunettes correctrices... et les seuls troubles de la vision dont il souffrit ensuite furent d'ordre conceptuel.

The Backward Child abonde aussi en faux-fuyants qui trahissent ses préjugés héréditaristes. À propos d'un handicap environnemental — le rhume chronique chez les pauvres —, il parle d'une prédisposition héréditaire (tout à fait plausible) avec une argutie saisissante par son pittoresque.

> [Elle est] exceptionnellement répandue chez ceux dont le visage est marqué de défauts du développement — un front arrondi et fuyant, un museau saillant, un nez court et retroussé, des lèvres épaisses — qui se combinent pour donner au profil de l'enfant des bas quartiers une allure négroïde ou presque simiesque. [...] « Des singes qui sont à peine des anthropoïdes », commentait un directeur d'école qui avait le sens de la formule (1937, p. 186).

S'interrogeant sur les talents intellectuels des Juifs, il les attribue en partie à une myopie héréditaire qui les tient éloignés des terrains de jeu et les rend plus disponibles pour se pencher sur des livres de compte.

> Avant l'invention des lunettes, le Juif, dont la vie dépendait de son aptitude à tenir des comptes et à les lire, aurait été, dès l'âge de cinquante ans, dans l'incapacité d'exercer son métier, s'il avait montré une tendance fréquente à l'hypermétropie ; d'autre part (comme je peux en porter témoignage personnellement) le myope [...] peut se passer de lunettes pour le travail de près sans grande perte d'efficacité (1937, p. 219).

L'aveuglement de Burt

On peut se faire une plus juste idée de la puissance de l'aveugle-ment héréditariste de Burt en étudiant son approche de sujets autres que l'intelligence. Car là, il faisait constamment preuve d'une louable prudence. Il y analysait les causes des phénomènes dans toute leur complexité et reconnaissait les influences que le milieu peut exercer. Il s'élevait contre les simplifications abusives et évitait de porter des jugements lorsqu'il ne disposait pas des preuves nécessaires. Mais dès qu'il retournait à son sujet favori, l'intelligence, ses œillères se remet-taient en place et le catéchisme héréditariste l'emportait de nouveau. Burt écrivit des pages fortes et pleines de sensibilité sur les effets débi-litants de la misère. Il remarque que 23 % des jeunes cockneys qu'il interrogea n'avaient jamais vu un champ ou un carré d'herbe, « même dans un parc public de la ville », 64 % jamais vu un train et 98 % jamais vu la mer. Le passage suivant, malgré ses stéréotypes et le paternalisme condescendant de l'auteur qu'il met en évidence, donne aussi une image puissante de la pauvreté qui régnait dans les foyers ouvriers et de l'effet de celle-ci sur les enfants (1937, p. 127).

> Son père et sa mère savent étonnamment peu de choses sur la vie de quiconque hormis sur la leur et n'ont ni le temps, ni le loisir, ni la capa-cité, ni la disposition d'esprit nécessaires pour communiquer le peu qu'ils savent. La conversation de la mère se limite à la cuisine, à la lessive et aux réprimandes. Le père, lorsqu'il ne travaille pas, passe le plus clair de son temps à se remettre des fatigues que son corps usé a endurées ou, après s'être débarrassé de son manteau et de sa casquette, à suçoter sa pipe, assis au coin du feu, dans un silence lugubre. Le vocabulaire que l'enfant enregistre se borne à quelques centaines de mots, la plupart d'entre eux inexacts, vulgaires ou mal prononcés, le reste étant inutili-sable à l'école. Dans la maison elle-même, il n'y a aucune littérature digne de ce nom ; et tout l'univers de l'enfant est clos, circonscrit par des murs de brique et un voile de fumée. D'un bout de l'année à l'autre, il ne va guère au-delà des quelques boutiques les plus proches ou du terrain de jeu du quartier. La campagne ou le bord de la mer ne sont pour lui que des mots, suggérant vaguement un endroit lointain où l'on envoie les infirmes après leur accident, qu'il imagine peut-être à travers une photographie portant la mention « Souvenir de Southend » ou quelque autre babiole touristique encadrée de coquillages, ramenée de Margate par ses parents lors d'une excursion de week-end, quelques semaines après leur mariage.

Burt joignit à sa description ce commentaire émanant d'un « grand gaillard de receveur d'autobus » : « Apprendre dans les bou-quins, c'est pas pour les gosses qu'auront à gagner leur pain. C'est tout juste bon pour ceux qui veulent se donner des grands airs d'intellectuel [*It's only for them as likes to give themselves the hairs of the 'ighbrow*]. »

Ce qu'il comprenait si bien, Burt pouvait l'appliquer à tout sujet sauf à l'intelligence. Il écrivit longuement sur la délinquance dont il attribuait la responsabilité à de complexes interactions entre les enfants et leur milieu : « Le problème ne tient jamais au seul "problème de l'enfant" : il provient toujours des relations entre l'enfant et le milieu » (1940, p. 243). Si les défauts du comportement pouvaient s'expliquer de cette façon, pourquoi tenir un langage différent lorsqu'il s'agissait de performances intellectuelles déficientes ? On pourrait penser que Burt s'appuyait de nouveau sur des notes de tests en prétendant que les délinquants y obtenaient de bons résultats et que leurs méfaits ne résultaient donc pas de leur stupidité innée. Mais, en fait, les délinquants, le plus souvent, avaient aux tests des scores aussi faibles que les enfants pauvres que Burt considérait comme congénitalement inintelligents. Il est vrai qu'il admettait que le QI des délinquants peut ne pas traduire un niveau d'aptitude inné, car ceux-ci s'insurgent généralement contre les tests eux-mêmes.

> Pour ce qui ne leur semble rien d'autre qu'une réminiscence d'examen scolaire, les délinquants, en règle générale, montrent peu d'inclination et beaucoup de répugnance. Avant même que de commencer, ils sont persuadés qu'ils vont plus probablement échouer que réussir, encourir des reproches que recevoir des félicitations. [...] À moins qu'afin de circonvenir leurs soupçons et de s'assurer de leur bon vouloir, on ne tente avec doigté de subtiles manœuvres, leurs prouesses apparentes à ce type de tests s'avéreront bien inférieures à leurs véritables possibilités. [...] Dans les causes de la délinquance juvénile, [...] la part prise par la déficience mentale a, sans aucun doute, été exagérée par ceux qui, mettant une confiance exclusive dans l'échelle Binet-Simon, ont ignoré les facteurs qui en dévalorisent les résultats (1921, pp. 189-190).

Mais pourquoi ne pas dire que la pauvreté occasionne une méfiance et une conduite d'échec similaires ?

Burt (1937, p. 270) considérait que les enfants gauchers souffrent d'une « inaptitude motrice [...] entravant considérablement les tâches scolaires quotidiennes ». En tant que principal psychologue des écoles de Londres, il consacra beaucoup d'effort à déterminer la cause de ce phénomène. Libre de toute conviction préalable sur ce sujet particulier, il entreprit de mettre à l'épreuve toute une série d'hypothèses sur des influences environnementales potentielles. Il étudia les tableaux du Moyen Âge et de la Renaissance pour voir si Marie y portait l'enfant Jésus sur le côté droit. S'il en était ainsi, cela signifierait que les bébés enlaçaient le cou de leur mère de leur bras gauche, laissant leur main droite libre pour des mouvements plus adroits (littéralement à-droite). Il se demanda si la plus grande fréquence des droitiers pouvait être le reflet de l'asymétrie des organes internes et du besoin de protection que nous imposent nos coutumes. Si le cœur et l'estomac sont situés à gauche de la ligne médiane du corps, il est normal qu'un guerrier et qu'un ouvrier ne présentent pas leur côté gauche face au danger possible, « fassent confiance à ce soutien plus solide qu'est le côté droit du tronc, et ainsi utilisent leur main et leur bras droits pour manier des armes et des outils pesants » (1937, p. 270). Finalement Burt choisit la prudence et en conclut qu'il ne pouvait pas se prononcer.

> Je soutiendrais, en dernier ressort, que, probablement, toutes les formes de latéralité à gauche ne sont qu'indirectement héréditaires : l'influence postnatale semble toujours intervenir. [...] Je dois en conséquence répéter que, ici comme partout ailleurs en psychologie, nos connaissances sont beaucoup trop sommaires pour nous permettre de distinguer avec assurance entre ce qui est inné et ce qui ne l'est pas (1937, pp. 303-304).

Remplacez « latéralité à gauche » par « intelligence » et vous aurez là un modèle de déduction pertinente et réfléchie. Et pourtant la latéralité à gauche est manifestement une entité aux contours mieux dessinés que l'intelligence, et vraisemblablement plus susceptible d'être due à une influence héréditaire précise et définissable. Mais, là où l'innéité était une cause plus soutenable, Burt envisagea tous les effets du milieu auxquels il put penser — certains étaient franchement tirés par les cheveux — et déclara au bout du compte que le sujet était trop complexe pour qu'une solution lui soit trouvée

L'usage politique que fit Burt de l'innéité

Burt n'étendit ses convictions sur le caractère inné de l'intelligence individuelle qu'à un seul aspect des différences moyennes entre groupes. Il n'avait pas le sentiment (1912) que les races présentaient de profondes variations héréditaires d'intelligence et, quant aux divergences de comportement entre garçons et filles, il déclara (1921, p. 197) qu'elles trouvaient en grande partie leur origine dans l'attitude des parents. Mais les différences de classes sociales — l'écart entre l'esprit brillant de ceux qui réussissent et la lourdeur des pauvres — sont des reflets de l'aptitude innée. Où l'on s'aperçoit que, si le problème racial tenait le premier rang des préoccupations sociales aux États-Unis, son équivalent en Grande-Bretagne était bien celui des classes.

Dans l'article qui marqua le tournant de sa carrière (1943)* et qui a pour sujet « l'aptitude et le revenu », Burt conclut que « la large inégalité de revenu est, en grande partie, mais non totalement, un effet indirect de la large inégalité de l'intelligence innée. » Les données « ne viennent pas confirmer l'opinion (encore partagée par de nombreux

---

* Hearnshaw (1979) pense que c'est dans cet article que Burt fit, pour la première fois, usage de données falsifiées.

partisans de réformes sociales et scolaires) selon laquelle l'apparente inégalité dans l'intelligence des enfants et des adultes est, en gros, une conséquence indirecte de l'inégalité des conditions économiques » (1943, p. 141).

Burt se défendait souvent de vouloir limiter les chances d'épanouissement en considérant les tests comme des mesures de l'intelligence innée. Il prétendait, au contraire, que les tests permettaient de sélectionner les quelques rares individus des classes inférieures dont la haute intelligence innée n'aurait pu autrement être reconnue sous le masque social désavantageux qui la recouvrait. Car, « parmi les nations, la réussite dans la lutte pour la survie dépendra sûrement de plus en plus du rôle joué par une petite poignée d'individus que la nature aura dotés d'un caractère et de talents exceptionnels » (1959, p. 31). Il faut donc être en mesure de les sélectionner et de les éduquer pour compenser « l'inaptitude du grand public » (1959, p. 31). On doit les encourager et les récompenser, car la grandeur et la décadence d'une nation ne dépendent pas des gènes particuliers à une race tout entière, mais des « changements dans la fécondité relative de ses membres dirigeants ou de ses classes dirigeantes » (1962, p. 49).

Les tests ont pu permettre à quelques enfants de se soustraire aux rigueurs d'une structure sociale passablement inflexible. Mais quel a été leur effet sur l'énorme majorité des enfants des classes défavorisées que Burt considérait injustement comme inaptes, de par leur hérédité, à développer leur intelligence, et donc indignes, pour cette raison, d'un statut social plus élevé ?

> Toutes les expériences récentes tendant à fonder notre future politique d'éducation sur l'hypothèse qu'il n'y a pas de différences véritables ou, en tout cas, pas de différences importantes, entre l'intelligence moyenne des diverses classes sociales, ne sont pas seulement vouées à l'échec ; elles risquent fort, en outre, d'entraîner des conséquences désastreuses pour le bien-être de la nation dans son ensemble et, en même temps, de causer d'inutiles déceptions aux élèves concernés. Les faits de l'inégalité génétique, qu'ils soient ou non en conformité avec nos aspirations et avec nos idéaux, sont une chose à laquelle on ne peut échapper (1959, p. 28). [...] Une limite précise des possibilités de chaque enfant est assignée par ses aptitudes innées (1969).

L'EXTENSION DONNÉE PAR BURT À LA THÉORIE DE SPEARMAN

Cyril Burt devait sa renommée publique à ses prises de position héréditaristes dans le domaine des tests mentaux, mais sa réputation de psychologue théoricien reposait, avant tout, sur ses apports à l'analyse factorielle. Certes, il n'avait pas inventé la technique, comme il le prétendit plus tard ; mais il fut le successeur de Spearman, tant au propre qu'au figuré, et, pour sa génération, devint le plus grand spécialiste de l'analyse factorielle en Grande-Bretagne.

Ses travaux enrichirent véritablement cette spécialité naissante et l'ouvrage dense et complexe qu'il publia sur le sujet (1940) marqua l'apogée de l'école de Spearman. Burt écrivit que ce livre pouvait, « de tout ce que j'ai écrit jusqu'à présent, se révéler comme la contribution la plus durable à la psychologie » (lettre à sa sœur, citée par Hearnshaw, 1979, p. 154). Burt fut également à l'avant-garde de l'étude de deux importants développements de l'approche de Spearman (mais il n'en fut pas l'inventeur) : une technique inversée que Burt appelait la « corrélation entre personnes » (connue actuellement en jargon technique sous le nom d'« analyse en plan Q ») et une addition à la théorie bifactorielle de Spearman sous la forme de facteurs de groupe ajoutés à un niveau intermédiaire entre g et s.

Burt, dans son article de 1909, se rangea sous la bannière de Spearman. Celui-ci avait insisté sur le fait que chaque test n'enregistrait que deux propriétés de l'esprit : un facteur général commun à tous les tests et un facteur spécifique particulier à ce seul test. Pour lui, des faisceaux de tests ne pouvaient pas montrer une tendance significative à former des « facteurs de groupe » entre ses deux niveaux, c'est-à-dire qu'il ne trouva pas de preuve de l'existence des « facultés » de la psychologie d'antan, aucun faisceau ne représentant l'aptitude verbale, spatiale ou arithmétique, par exemple. Dans son article de 1909, Burt notait une tendance, « discernable mais petite » au regroupement dans des tests apparentés. Mais il la déclara si faible (« minuscule au point de disparaître », selon son expression) qu'on pouvait l'ignorer et affirma que ses résultats « confirment et prolongent » la théorie de Spearman.

Mais Burt, contrairement à son prédécesseur, était un praticien des tests mentaux (responsable pour ce secteur d'activités de toutes les écoles de Londres). Des recherches ultérieures sur l'analyse factorielle avaient fait apparaître des facteurs de groupe, mais ceux-ci, malgré tout, restaient toujours accessoires par rapport à g. En tant qu'élément pratique de l'orientation des élèves, Burt se rendit compte qu'il ne pouvait plus ignorer les facteurs du groupe. Avec une approche purement spearmanienne en effet, que dire d'autre d'un enfant sinon qu'il est, sur un plan général, intelligent ou stupide ? Or les élèves devaient être orientées vers des professions en fonction de leurs points forts ou de leurs points faibles dans des domaines bien spécifiques.

À l'époque où Burt écrivit son œuvre majeure sur l'analyse factorielle, la laborieuse méthode des différences tétrades de Spearman avait été remplacée par l'approche en composantes principales. Burt isola des facteurs de groupe en étudiant la projection de tests individuels sur la deuxième composante principale et ses suivantes. Retournons à la figure 5.6. Sur une matrice de coefficients de corrélation positifs, les vecteurs représentant les tests individuels sont tous regroupés en faisceau. La première composante principale, le *g* de Spearman, passe au centre du faisceau et « explique » plus d'informations qu'aucun autre axe ne le pourrait. Burt reconnut qu'aucune configuration cohérente ne serait trouvée sur les axes suivants si la théorie bifactorielle de Spearman était validée ; car les vecteurs ne formeraient pas de sous-faisceaux tant que leur seule variance commune aurait été déjà prise en compte par *g*. Mais si les vecteurs forment des sous-faisceaux représentant des aptitudes plus spécialisées, c'est que la première composante principale qui est la meilleure moyenne adaptée à tous les vecteurs, doit passer *entre* les sous-faisceaux. La deuxième composante principale étant perpendiculaire à la première, certains sous-faisceaux doivent se projeter sur elle positivement et d'autres négativement (comme le montre la figure 5.6 avec ses projections négatives pour les tests verbaux et positives pour les tests arithmétiques). Burt appela ces axes des *facteurs bipolaires*, car ils comprenaient des faisceaux à projections positives et négatives. Il reconnut ces faisceaux eux-mêmes comme étant des *facteurs de groupe*.

Superficiellement, la mise en évidence des facteurs de groupe peut sembler contredire la théorie de Spearman, mais, en fait, elle apporta une extension et une amélioration que Spearman lui-même finit par accueillir avec joie. L'essence de la thèse de Spearman réside dans la prééminence de *g* et dans la subordination à ce facteur de tous les autres éléments constitutifs de l'intelligence. Les additions de Burt préservèrent cette notion de hiérarchie et la prolongèrent en ajoutant un autre niveau venant s'intercaler entre *g* et *s*. En réalité, les facteurs de groupe de Burt, en tant que niveau hiérarchique subalterne à *g*, sauvèrent la théorie de Spearman des données qui semblaient la mettre en danger. Spearman originellement refusait les facteurs de groupe, mais les preuves en leur faveur ne cessaient d'affluer. De nombreux analystes, commençant à considérer que ces éléments infirmaient l'existence d'un facteur *g* unique, menaçaient de s'en servir comme d'un levier pour renverser tout l'édifice échafaudé par Spearman. Burt consolida tout l'ensemble, préserva le rôle dominant de *g* et élargit la notion de Spearman en découvrant d'autres niveaux dépendant de *g*. Les facteurs, écrivit Burt (1949, p. 199), sont « organisés sur une base qu'on peut qualifier de hiérarchique. [...] Il y a tout d'abord un facteur général global, couvrant toutes les activités cognitives ; ensuite vient un nombre comparativement petit de larges facteurs de groupe, couvrant diverses aptitudes classées selon leur forme ou leur contenu. [...] Toute la série apparaît disposée en une succession de niveaux, les facteurs de l'échelon le plus bas étant les plus spécifiques et les plus abondants de tous ».

Spearman avait énoncé une théorie bifactorielle ; Burt avança une théorie quadrifactorielle : le facteur *général* ou *g* de Spearman, les facteurs particuliers ou *de groupe* qu'il avait mis en évidence ; les facteurs *spécifiques* ou *s* de Spearman (liés à un caractère unique et mesurés en toutes occasions) et ce que Burt nomma des facteurs *accidentels*, liés à un caractère unique et mesurés seulement en une occasion unique*. Burt avait synthétisé toutes les perspectives. Selon les termes de Spearman, sa théorie était monarchique, car elle reconnaissait la suprématie de *g*, oligarchique, car elle identifiait des facteurs de groupe, et anarchique par la présence d'un facteur *s* pour chaque test. Mais la configuration de Burt n'était pas un compromis ; ce n'était rien d'autre que la théorie de Spearman dotée d'un niveau supplémentaire subordonné à *g*.

En outre, Burt accepta et développa largement les vues de Spearman sur les divers niveaux de l'inné. Spearman avait considéré *g* comme héréditaire et *s* comme dépendant de l'acquis. Burt l'approuva, mais étendit également l'influence de l'éducation à ses groupes de facteurs. Il retint la distinction entre un *g* héréditaire et inéluctable et un ensemble de capacités plus spécialisées, susceptibles d'être améliorées par l'éducation.

> Bien que la déficience de l'intelligence générale fixe inévitablement une limite précise au progrès par l'éducation, la déficience dans des aptitudes intellectuelles particulières fait rarement de même (1937, p. 537).

Burt déclara aussi, avec sa vigueur et sa constance coutumières, que l'importance première de l'analyse factorielle résidait dans le fait qu'elle permettait de révéler les qualités permanentes et héréditaires de l'esprit.

> Dès les tout débuts de mon travail dans le domaine de l'éducation, il m'a semblé essentiel, non pas simplement de montrer qu'un facteur général est à la base du groupe cognitif des activités mentales, mais également que ce facteur général (ou une part importante de sa composition) est inné ou permanent (1940, p. 57).
>
> La recherche des facteurs consiste, dans une large mesure, à découvrir chez un individu, les potentialités congénitales qui, plus tard, l'aideront ou le limiteront dans son comportement (1940, p. 230).

---

* Cette variance accidentelle, représentant des singularités de certaines situations de tests, fait partie de ce que les statisticiens appellent l'« erreur de mesure ». Il est important de la quantifier, car elle peut constituer un niveau de comparaison permettant d'identifier les causes dans une famille de techniques appelées l'« analyse de la variance. » Mais elle intervient seulement au cours d'une application particulière d'un test particulier et n'est le signe d'aucune qualité ni du test ni de l'individu testé.

BURT ET LA RÉIFICATION DES FACTEURS

Les opinions de Burt sur la réification sont, comme l'a noté avec désenchantement Hearnshaw (1979, p. 166), inconsistantes et même contradictoires (parfois à l'intérieur d'une même publication*). Souvent, Burt mettait ses lecteurs en garde contre la tentation que représentait la réification des facteurs.

> Sans aucun doute, ce langage causal, pour lequel nous montrons tous un penchant plus ou moins prononcé, vient en partie de la disposition irrépressible de l'esprit humain à réifier et même à personnifier tout ce qu'il peut, à s'imaginer que ses déductions sont des réalités et à doter ces réalités d'une force active (1940, p. 66).

Il parla avec éloquence de ces errements de la pensée.

> L'esprit ordinaire aime à réduire les configurations à des entités uniques, semblables à des atomes, à traiter la mémoire comme une faculté élémentaire logée dans un organe phrénologique, à comprimer toute la conscience dans la glande pinéale, à qualifier de rhumatismaux une douzaine de symptômes différents et à les considérer comme l'effet d'un germe spécifique, à déclarer que la force réside dans les cheveux ou dans le sang, à faire de la beauté une qualité élémentaire que l'on peut étaler comme on ferait d'un vernis. Mais la science, dans son ensemble, tend actuellement à rechercher ses principes unificateurs, non pas dans de simples causes unitaires, mais dans la structure ou dans le système en tant que tel (1940, p. 237).

Et il déclara de la manière la plus explicite que les facteurs n'étaient pas des choses situées dans la tête (1937, p. 459).

> Les « facteurs », en bref, doivent être regardés comme des abstractions mathématiques commodes, et non comme des « facultés » mentales concrètes, logées dans des « organes » séparés du cerveau.

---

* D'autres chercheurs se sont souvent plaints de la tendance de Burt, lorsqu'il traitait de sujets difficiles et controversés, à noyer le poisson, à temporiser et à défendre les thèses contraires comme s'il s'agissait des siennes. D.F. Vincent, à propos de sa correspondance avec Burt sur l'histoire de l'analyse factorielle, rappelle la mésaventure suivante (*in* Hearnshaw, 1979, pp. 177-178) : « Il n'y eut pas moyen d'obtenir une réponse simple à une question simple. Il m'arriva une demi-douzaine de pages dactylographiées sur du papier d'écolier, toutes très polies et très cordiales, qui soulevaient une demi-douzaine de points accessoires qui ne m'intéressaient pas particulièrement, mais auxquels, par pure politesse, il me fallut bien répondre. [...] À la suite de quoi, je me retrouvai avec d'autres feuilles d'écolier tapées à la machine, abordant des sujets plus éloignés encore de la question. [...] Après ma première lettre, mon problème fut de trouver le moyen d'arrêter cette correspondance sans me montrer discourtois. »

Il est difficile de s'exprimer avec plus de clarté.

Malgré cela, dans un commentaire biographique, Burt (1961, p. 53) précisait que la discussion qui l'opposait à Spearman portait non pas sur la question de savoir si les facteurs devaient être réifiés, mais sur la manière dont ils devaient l'être : « Spearman lui-même assimilait le facteur général à l'"énergie cérébrale". Quant à moi, je l'assimilais à la structure générale du cerveau. » Dans le même article, il apportait des détails supplémentaires sur des localisations physiques supposées pour des entités assimilées à des facteurs mathématiques. Les facteurs de groupe, selon lui, sont des endroits précis du cortex cérébral (1961, p. 57), alors que le facteur général représente la quantité et la complexité du tissu cortical : « C'est le caractère général du tissu cérébral d'un individu — notamment le degré général de complexité systématique de l'architecture neuronale — qui me semble représenter le facteur général et expliquer les corrélations positives élevées obtenues entre les divers tests cognitifs » (1961, pp. 57-58 ; voir aussi 1959, p. 106*).

De peur que quelqu'un ne soit tenté de considérer ces opinions comme le revirement tardif d'un homme qui serait passé de l'attitude prudente du chercheur de 1940 aux aberrations du vieillard pris au piège de ses supercheries de faussaire, je tiens à préciser que Burt avait exposé les mêmes arguments en faveur de la réification dès 1940, à quelques pages à peine des avertissements mettant le lecteur en garde contre une telle attitude d'esprit.

> Maintenant, bien que je n'assimile le facteur général g à aucune forme d'énergie, je serais prêt à lui accorder autant d'« existence réelle » que l'énergie physique peut légitimement y prétendre (1940, p. 214). L'intelligence, je ne la considère pas comme désignant une forme particulière d'énergie, mais bien plutôt comme spécifiant certaines différences individuelles dans la structure du système nerveux central, différences dont on pourrait décrire la nature concrète en termes histologiques (1940, pp. 216-217).

Burt alla même jusqu'à suggérer que le caractère de tout ou rien du fonctionnement des neurones « vient étayer le besoin pressant

---

* On pourrait venir à bout de cette contradiction apparente en disant que Burt refusait de réifier les facteurs en se fondant sur les seules preuves mathématiques (en 1940), mais qu'il s'y résolut plus tard lorsque des informations neurologiques indépendantes confirmèrent l'existence de structures dans l'encéphale que l'on pouvait assimiler à des facteurs. Il est vrai que Burt apporta à l'appui de sa thèse certains arguments neurologiques (1961, p. 57, par exemple) en comparant le cerveau des individus normaux et celui des « déficients mentaux de bas degré ». Mais ces arguments sont sporadiques, superficiels et marginaux. Burt les répétait pratiquement textuellement, publication après publication, sans citer de sources ni produire de raison spécifique qui lui permettait d'associer des facteurs mathématiques à des propriétés corticales.

d'une analyse élémentaire en facteurs indépendants ou "orthogonaux" » (1940, p. 222).

Mais, peut-être, le meilleur indice de ce que Burt attendait de la réification est à trouver dans le titre même qu'il choisit pour sa grande œuvre de 1940. Il l'intitula « Les facteurs de l'esprit » *(The Factors of the Mind)*.

Burt se montra le digne successeur de Spearman en s'efforçant de trouver une localisation physique, dans le cerveau, des facteurs mathématiques extraits de la matrice des coefficients de corrélation des tests mentaux. Mais il alla plus loin encore et pénétra dans un domaine où Spearman lui-même n'aurait jamais osé s'aventurer. Car il ne se contenta pas, pour y loger ses facteurs, de quelque chose d'aussi vulgaire et d'aussi matériel qu'un morceau de tissu cérébral. Il avait une vision plus large qui faisait appel à l'esprit de Platon lui-même. Les objets matériels sur terre ne sont que des représentations immédiates et imparfaites d'un ordre supérieur appartenant à un monde idéal dépassant notre compétence.

Burt a soumis toutes sortes de données à l'analyse factorielle durant sa longue carrière. Ses interprétations des facteurs mettent en lumière sa croyance, toute platonicienne, en une réalité supérieure qui prend corps, imparfaitement, dans les objets matériels et que l'on peut discerner en idéalisant ce qui constitue en eux les propriétés essentielles sous-jacentes, dans les facteurs des composantes principales. Il analysa ainsi une série de caractères émotionnels (1940, pp. 406-408) et assimila sa première composante principale à un facteur d'« émotivité générale. » Il trouva aussi deux facteurs bipolaires pour extraverti-introverti et euphorique-morose. Il découvrit « un facteur général paranormal » dans une étude des données sur la perception extrasensorielle (*in* Hearnshaw, 1979, p. 222). Il analysa l'anatomie humaine et attribua à la première composante principale la valeur d'un type idéal pour l'humanité (1940, p. 113).

On n'est pas obligé, à partir de ces exemples, de conclure que Burt croyait en une réalité supérieure à proprement parler : peut-être, dans son esprit, ces facteurs généraux idéalisés n'étaient-ils que de simples principes de classification conçus pour venir en aide à l'entendement humain. Mais, dans une analyse factorielle du jugement esthétique, Burt exprima explicitement sa conviction en l'existence de véritables normes de la beauté, indépendantes de la présence d'êtres humains pour les apprécier. Il choisit cinquante cartes postales illustrées, allant de reproductions des tableaux de grands maîtres jusqu'aux « cartes d'anniversaire les plus vulgaires et les plus criardes que j'ai pu trouver dans une papeterie des bas quartiers ». Il demanda à un groupe de sujets de classer les cartes par ordre de beauté et réalisa une analyse factorielle des corrélations entre les classements. De nouveau, il isola un facteur général sous-jacent sur la première composante principale et déclara qu'il s'agissait là d'une norme universelle de beauté. La découverte de ce niveau supérieur de réalité lui donna l'occasion de faire part de la piètre estime personnelle dans laquelle il tenait la statuaire monumentale victorienne.

> Nous voyons la beauté parce qu'elle est là pour être vue. [...] Je suis tenté de soutenir que les liaisons esthétiques, comme les liaisons logiques, ont une existence objective, indépendante : la Vénus de Milo resterait plus belle que la statue de la reine Victoria dans le Mall, le Taj Mahâl plus beau que l'Albert Memorial, quand bien même chaque homme et chaque femme de ce monde seraient tués par les gaz d'une comète de passage.

Dans ses analyses de l'intelligence, Burt affirma souvent (1939, 1940, 1949, par exemple) que chaque niveau de sa théorie hiérarchique des quatre facteurs correspondait à une catégorie reconnue dans « la logique traditionnelle des classes » (1939, p. 85) : le facteur général au *genus*, les facteurs de groupe au *species*, les facteurs spécifiques au *proprium* et les facteurs accidentels à l'*accidens*. Il semblait considérer que ces catégories représentaient non pas seulement des voies commodes conçues par les humains pour ordonner la complexité du monde, mais, plus encore, des moyens nécessaires pour parvenir à analyser une réalité hiérarchiquement structurée.

Burt croyait certainement en des domaines d'existence situés au-delà de la réalité matérielle des objets quotidiens. Il acceptait une grande partie des données de la parapsychologie et postulait le principe d'une supra-âme ou « psychon », « une sorte d'esprit de groupe constitué par l'interaction télépathique subconsciente entre l'esprit de certaines personnes actuellement vivantes et, peut-être, le réservoir psychique à partir duquel l'esprit des individus maintenant décédés fut formé et dans lequel ils furent absorbés lorsque leur corps cessa de vivre » (Burt cité par Hearnshaw, 1979, p. 225). Dans ce domaine supérieur de la réalité psychique, les « facteurs de l'esprit » peuvent avoir une existence réelle en tant que modes d'une pensée véritablement universelle.

Burt est parvenu à adhérer à trois thèses contradictoires sur la nature des facteurs : ceux-ci furent tour à tour, voire simultanément, des abstractions mathématiques, simples outils d'analyse ; des entités réelles situées dans les propriétés physiques du cerveau ; et de véritables catégories de pensée dans un domaine supérieur de la réalité psychique, hiérarchiquement organisé. Spearman, dans ses propositions de réification, ne s'était pas montré très hardi ; il ne s'était guère aventuré au-delà de cette tendance aristotélicienne à localiser les abstractions idéalisées à l'intérieur des corps physiques eux-mêmes. Burt, au moins en partie, dépassa le domaine platonicien et s'éleva au-dessus et au-delà des corps physiques. En ce sens, la réification qu'il prôna fut la plus audacieuse et littéralement la plus large de toutes.

BURT ET LES UTILISATIONS POLITIQUES DU FACTEUR *G*

L'analyse factorielle porte ordinairement sur une matrice de corrélation de tests. Burt fut à l'avant-garde d'une forme « inversée » d'analyse factorielle, mathématiquement équivalente au style normal, mais basée sur des corrélations entre des personnes plutôt qu'entre des tests. Chaque vecteur dans l'analyse normale (appelée techniquement analyse en plan R) représente les résultats de plusieurs personnes à un seul test, alors que, dans l'analyse inversée de Burt (appelée analyse en plan Q), ce sont les résultats d'une seule personne à plusieurs tests qui sont reportés sur chaque vecteur. En d'autres termes, chaque vecteur représente une personne et non un test et les corrélations entre vecteurs donnent une mesure du rapport entre les individus.

Pourquoi Burt a-t-il consacré tant de pages à décrire une technique mathématiquement équivalente à la forme habituelle, mais généralement plus pesante et plus délicate à mettre en œuvre (car le protocole expérimental comprend presque toujours un nombre plus important de personnes que de tests) ? C'est dans ce singulier centre d'intérêt propre à Burt que se trouve la réponse. Spearman et la plupart des autres analystes désiraient connaître la nature de la pensée ou la structure de l'esprit en étudiant les corrélations entre les tests mesurant différents aspects du fonctionnement mental. Cyril Burt, en tant que psychologue officiel du London County Council (1913-1932), se préoccupait de la classification des élèves. Il écrivit dans un texte autobiographique (1961, p. 56) : « [Sir Godfrey] Thomson s'intéressait avant tout à la description des *aptitudes* testées et aux différences entre ces aptitudes ; je m'intéressais plutôt aux *personnes* testées et aux différences entre elles » (c'est Burt lui-même qui souligne).

La comparaison, pour Burt, n'était pas un sujet abstrait. Son but était d'évaluer les élèves à sa manière bien à lui, c'est-à-dire en se fondant sur ses deux principes directeurs : *primo* (le thème de ce chapitre), l'intelligence est une entité unique et mesurable (le *g* de Spearman) ; et *secundo* (l'idée fixe de Burt), l'intelligence générale d'un individu est presque entièrement innée et immuable. Ainsi, Burt cherchait à connaître le rapport existant entre les personnes dans un *classement unilinéaire de la valeur mentale héréditaire*. Il utilisait l'analyse factorielle pour valider cette échelle unique et pour y placer les individus. « L'objet même de l'analyse factorielle, écrivit-il (1940, p. 136), est de déduire d'un ensemble empirique de mesures obtenues par les tests, un chiffre unique pour chaque personne unique. » Burt était en quête (1940, p. 176) d'« un ordre idéal, agissant comme un facteur général, commun à tous les examinateurs et à tous les examinés, qui l'emporte sur les autres influences, tout en étant, sans aucun doute, perturbé par celles-ci ».

La conception de Burt d'un classement unique fondé sur l'aptitude héréditaire fut à l'origine du plus grand triomphe que connurent, en Grande-Bretagne, les théories héréditaristes sur les tests mentaux. Si l'Immigration Restriction Act de 1924 marqua la principale victoire des psychologues héréditaristes américains, c'est l'examen « eleven plus » (11 +) [l'équivalent, comme niveau, de l'examen d'entrée en sixième] qui fournit l'occasion à leurs collègues britanniques de remporter un succès aux effets comparables. Avec ce système de répartition des élèves dans les différentes écoles secondaires selon leur niveau, les enfants subissaient un examen approfondi à l'âge de dix ou onze ans. À la suite de ces tests, dont le but était en grande partie d'évaluer le *g* de Spearman pour chaque enfant, 20 % étaient dirigés vers une *grammar school* [lycée] au sortir de laquelle ils pourraient plus tard entrer à l'université, alors que les 80 % restants étaient relégués dans une école technique ou une *secondary modern school* [collège d'enseignement général] et considérés comme inaptes à aborder des études de haut niveau.

Pour Cyril Burt, cette séparation constituait une sage mesure pour « éviter le déclin et la chute qui ont eu raison des grandes civilisations du passé » (1959, p. 117).

> Il est essentiel, dans l'intérêt commun des enfants eux-mêmes et de la nation dans son ensemble, que ceux qui possèdent les aptitudes les plus hautes — les plus intelligents des intelligents — soient sélectionnés avec autant d'exactitude que possible. De toutes les méthodes qui ont été essayées jusqu'à présent, l'examen connu sous le nom de 11 + s'est révélé de loin le plus sûr (1959, p. 117).

Le seul regret exprimé par Burt (1959, p. 32), c'est que le test et la sélection qui s'ensuivait venaient trop tard dans la vie de l'enfant.

Ce système, composé de l'examen 11 + et de l'orientation vers des cycles d'enseignement de niveau différent, vit le jour à la suite d'une série de rapports officiels émanant de diverses commissions gouvernementales et s'étalant sur vingt ans (les rapports Hadow de 1926 et 1931, le rapport Spens de 1938, le rapport Norwood de 1943 et le Livre blanc sur la reconstruction éducative du ministère de l'Éducation nationale — *Board of Education* —, qui tous conduisirent au Butler Education Act de 1944, loi qui fit autorité jusqu'au moment où, vers le milieu des années 1960, le parti travailliste se jura de mettre fin à la sélection à l'examen 11 +). Dans les tirs tous azimuts qui suivirent les premières révélations sur les pratiques frauduleuses de Burt, on le considéra souvent comme un des artisans de l'examen 11 +. Ceci n'est pas exact ; Burt ne fut jamais membre d'aucune de ces commissions, mais, à l'occasion de celles-ci, on le consulta fréquemment et il écrivit de longues pages pour leurs rapports*. Cependant, peu importe que Burt ait ou non réellement tenu la plume qui a rédigé ces documents. Car il n'en reste pas moins que ces rapports véhiculent sur l'éducation une idéologie caractéristique qui s'apparente nettement à celle de l'école britannique d'analyse factorielle et qui, de toute évidence, est liée de la façon la plus étroite à la version de Burt.

L'examen 11 + était une application, sur le terrain, de la théorie hiérarchique de l'intelligence de Spearman, avec son facteur général inné présidant à toutes les activités cognitives. Un adversaire de ces rapports successifs a dit d'eux qu'il s'agissait de « chants de louanges à la gloire du facteur *g* » (*in* Hearnshaw, 1979, p. 112). Le premier rapport Hadow donne une définition de la capacité intellectuelle mesurée par les tests, s'inspirant directement des termes préférés de Burt : « Durant l'enfance, le développement intellectuel progresse comme s'il était régi en grande mesure par un facteur central unique, auquel on donne généralement le nom d'"intelligence générale", et que l'on peut définir comme une aptitude *innée, globale, intellectuelle* [c'est moi qui souligne cette formulation quasiment identique à l'i.g.c. de Burt — innée, générale et cognitive] ; elle semble intervenir dans tout ce que l'enfant dit, fait ou pense, et représenter le plus important des facteurs qui agissent sur le travail scolaire. »

L'examen 11 + devait sa raison d'être aux analystes britanniques ; en outre, on peut faire remonter l'origine de plusieurs de ses détails à l'école de Burt. Pourquoi, par exemple, l'examen de sélection a-t-il lieu à l'âge de onze ans ? Il est certain qu'il y avait des raisons pratiques et historiques à cela : onze ans est à peu près l'âge auquel s'assure traditionnellement la transition entre les enseignements, primaire d'une part, secondaire de l'autre. Mais les analystes y ont apporté deux importants appuis théoriques. En premier lieu, les études sur le développement des enfants ont montré que *g* présentait de grandes variations dans les premières années de la vie pour se stabiliser vers l'âge de onze ans. Spearman écrivit en 1927 (trad. 1936, p. 282) : « Si on a mesuré avec une réelle précision la valeur relative du *g* d'un enfant de onze ans environ, et si les maîtres et les parents espèrent le voir un jour s'élever à un classement (*standing*) plus élevé et être un *tard-éclos*, cet espoir semble illusoire. » En second lieu, les « facteurs de groupe »

---

* Hearnshaw (1979) signale que Burt exerça son influence la plus marquante sur le rapport Spens de 1938, qui recommandait le tri des élèves à l'examen 11 + et rejetait de manière formelle toute idée de scolarisation ultérieure un tant soit peu prolongée sous le même toit. Burt fut irrité par le rapport Norwood, car celui-ci fit peu de cas des considérations psychologiques ; mais, comme le note Hearnshaw, cette contrariété « masquait un accord de fond sur les recommandations qui, dans leurs principes, ne différaient guère de celles de la commission Spens qu'il avait approuvées cinq ans plus tôt ».

de Burt qui (dans la perspective de la ségrégation par valeur mentale générale) ne pouvaient être considérés que comme gênants pour le rôle de *g*, n'affectaient fortement les enfants qu'à partir de l'âge de onze ans. Le rapport Hadow de 1931 disait clairement que « les aptitudes spécifiques se révèlent rarement de façon notable avant l'âge de onze ans ».

Burt affirmait souvent pour la défense de l'examen 11 + que son intention première — qu'il qualifiait de « libérale » — était de permettre l'accès à une plus haute éducation à des enfants défavorisés dont les talents innés n'auraient pas pu être détectés autrement. Je ne doute pas que quelques enfants aient pu ainsi être aidés bien que Burt lui-même ne crût pas que les classes inférieures recèlent de nombreuses personnes très intelligentes. Il pensait également que leur nombre diminuait régulièrement au fur et à mesure que les personnes intelligentes s'élevaient le long de l'échelle sociale privant de plus en plus les classes inférieures de talent intellectuel (1946, p. 15.). R. Herrnstein (1971) causa un grand émoi, il y a quelques années, en exposant un argument analogue*.

Cependant, l'effet le plus grave de l'examen 11 + sur la vie et les espérances des individus a résidé primordialement dans son résultat quantitatif : 80 % des enfants furent ainsi déclarés inaptes à poursuivre des études au lycée en raison de la faiblesse de leur niveau intellectuel inné. Deux images restent gravées dans ma mémoire, souvenirs des deux années que j'ai passées en Grande-Bretagne à l'époque où sévissait l'examen 11 + : celle des enfants, déjà suffisamment marqués socialement par l'emplacement de leur école, traversant quotidiennement les rues de Leeds dans l'uniforme de leur établissement scolaire qui indiquait à tous qu'ils faisaient partie de ceux qui avaient échoué ; et celle d'une camarade qui avait raté son 11 +, mais qui était parvenue malgré tout à entrer à l'université en apprenant seule le latin, car sa *secondary modern school* n'enseignait pas cette matière que l'on exigeait encore pour s'inscrire à certains cours de l'université (combien d'adolescents des classes ouvrières avaient-ils les moyens ou les motivations pour arriver à ce résultat, quels qu'aient pu être leurs dons ou leurs désirs ?).

Burt, dans son combat eugénique pour sauver la Grande-Bretagne de la ruine, s'était engagé à trouver et à éduquer les quelques rares individus du pays au talent éminent. Quant aux autres, je suppose qu'il leur souhaitait de réussir et espérait accorder leur instruction à leurs aptitudes telles qu'il les percevait. Mais ces 80 % d'individus étaient exclus de son projet de sauvegarde de la grandeur britannique.

---

* C'est encore le même argument, mais à l'état pleinement développé, que Herrnstein et Murray ont réutilisé dans *The Bell Curve* (1994), à la fois comme angle d'attaque et comme base générale de la thèse présentée dans ce livre.

Une part essentielle de l'éducation de l'enfant devrait être consacrée à lui apprendre comment surmonter un éventuel échec au 11 + (ou à tout autre examen), exactement comme on devrait lui apprendre à accepter d'être battu dans une course d'un demi-mile, dans un combat de boxe ou dans un match de football avec une école rivale (1959, p. 123).

Peut-on penser que Burt était sensible à la souffrance que pouvaient causer ses diktats biologiques, lorsqu'on le voit comparer sérieusement le fait d'être marqué à vie du sceau de l'infériorité intellectuelle à une quelconque défaite dans une course à pied ?

L.L. Thurstone et les vecteurs de l'esprit

L'ANALYSE FACTORIELLE REVUE ET CORRIGÉE PAR THURSTONE

Louis Leon Thurstone naquit à Chicago en 1887, fut élevé dans cette « cité des vents », obtint en 1917 son doctorat (Ph. D.) à l'université de Chicago où il devint professeur de psychologie de 1924 à sa mort en 1955. Sans doute n'y a-t-il rien de surprenant à ce qu'un homme ayant écrit toute son œuvre au cœur de l'Amérique, en plein milieu de la Grande Crise, soit devenu l'ange exterminateur du *g* de Spearman ? On pourrait aisément en tirer une fable morale sur le mode héroïque : Thurstone, libre des dogmes et des préjugés de classe qui avaient aveuglé ses prédécesseurs perce à jour les erreurs de la réification et leurs hypothèses héréditaristes et parvient à démasquer *g* en montrant que ce prétendu facteur général est tout à la fois logiquement erroné, scientifiquement sans valeur et moralement équivoque. Mais il est rare que, dans notre époque complexe, la réalité vienne confirmer de tels contes et celui-ci est aussi faux et aussi creux que la plupart de ses semblables. S'il est vrai que Thurstone attaqua le facteur *g* pour quelques-unes des raisons évoquées ci-dessus, ce ne fut pas pour avoir reconnu les erreurs conceptuelles les plus profondes qui avaient présidé à la naissance de *g*. En fait, Thurstone n'aimait pas le facteur *g* parce qu'il avait le sentiment qu'il n'était pas assez réel !

Thurstone ne doutait nullement que l'objectif premier de l'analyse factorielle fût d'isoler des aspects réels de l'esprit qu'on puisse lier à des causes précises. Cyril Burt appela son principal ouvrage *The Factors of the Mind*, Thurstone qui inventa la représentation des tests et des facteurs sous forme de vecteurs (fig. 5.6 et 5.7) appela son livre le plus important (1935) *The Vectors of Mind* (« Les vecteurs de l'esprit »). « L'objet de l'analyse factorielle, écrivit Thurstone (1935, p. 53), est de découvrir les facultés mentales. »

D'après Thurstone, la méthode des composantes principales de Spearman et de Burt n'était pas parvenue à isoler de véritables facteurs de l'esprit, car elle plaçait les axes factoriels dans de mauvaises positions géométriques. Il formula de vigoureuses objections à l'encontre de la première composante principale (celle qui produisait le g de Spearman) et des composantes suivantes (celles qui mettaient en évidence des « facteurs de groupe » en faisceaux de projections de tests positives et négatives).

La première composante principale, le g de Spearman, est une moyenne globale de tous les tests dans une matrice de coefficients de corrélation positifs, où tous les vecteurs doivent se diriger dans la même direction générale (fig. 5.4). Quelle signification psychologique un tel axe peut-il avoir, demandait Thurstone, si sa position dépend des tests utilisés et change radicalement d'une batterie de tests à l'autre ?

Regardons la figure 5.10 qui est tirée de l'ouvrage (1947) qui fait suite à *The Vectors of Mind*. Les lignes courbes forment un triangle sphérique sur la surface d'une sphère. Chaque vecteur rayonne depuis le centre de la sphère (cette configuration n'apparaît pas ici) et coupe la surface de la sphère en un point représenté par un des douze petits cercles. Thurstone suppose que les douze vecteurs représentant des tests concernent trois facultés « réelles » de l'esprit, A, B et C (appelons-les verbale, numérique et spatiale, si vous le voulez bien). Le jeu de gauche, sur douze tests, en contient huit qui mesurent avant tout l'aptitude spatiale et tombent donc près de C ; deux tests mesurent l'aptitude verbale et sont situés près de A, alors que les deux tests restants traduisent l'habileté numérique. Mais il n'y a rien de sacro-saint quant au nombre ou à la distribution des tests dans une batterie. Ce type de décision relève de l'arbitraire ; en fait, un praticien n'est généralement pas en mesure d'imposer une décision, car il ne sait pas à l'avance quels sont les tests qui vont mesurer telle ou telle faculté sous-jacente. Il se peut fort bien qu'une autre batterie (fig. 5.10 à droite) renferme huit tests pour les dons verbaux et seulement deux pour chacune des deux autres aptitudes.

Les trois facultés, selon Thurstone, occupent une position réelle et invariante quel que soit le nombre de tests qui les mesurent dans n'importe quelle batterie. Mais regardons ce qu'il advient du facteur g. Ce n'est rien d'autre que la moyenne de tous les tests et sa position — le x de la figure 5.10 — change nettement de place pour la seule raison arbitraire qu'une batterie renferme plus de tests spatiaux (ce qui contraint le facteur g à se rapprocher du pôle spatial C) et l'autre davantage de tests verbaux (ce qui déplace g vers le pôle verbal A). Quelle signification psychologique peut-on accorder à g si ce n'est qu'une moyenne, renvoyée de-ci de-là, au gré du nombre de tests des diverses aptitudes ? Thurstone écrivit de g (1940, p. 208) :

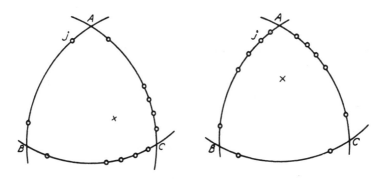

5.10 Cette illustration de Thurstone montre comment la position de la première composante principale (représentée par x dans les deux figures) est affectée par les types de tests que comprend une batterie.

Normalement, on peut toujours trouver ce facteur pour tout ensemble de tests corrélés positivement, et il ne représente rien d'autre qu'une moyenne globale des aptitudes prises en compte par la batterie tout entière. En conséquence, il varie d'une batterie à l'autre et n'a pas de signification psychologique fondamentale au-delà du regroupement arbitraire de tests que n'importe qui a pu rassembler. [...] Nous ne pouvons pas nous intéresser à un facteur général qui n'est que la moyenne d'un regroupement de tests dû au hasard.

Burt avait isolé des facteurs de groupe en cherchant des faisceaux de projection positive et négative sur la deuxième composante principale et ses suivantes. Thurstone contesta formellement cette méthode, non pas pour des raisons mathématiques, mais parce qu'il avait le sentiment que les tests ne pouvaient pas avoir de projections négatives sur des « choses » réelles. Si un facteur représentait un vrai vecteur de l'*esprit*, un test individuel devait alors ou bien mesurer partiellement cette entité et, donc, avoir une projection sur le facteur, ou bien ne devrait rien mesurer du tout et avoir, en conséquence, une projection nulle. Mais un test ne pouvait pas avoir de projection négative sur un vecteur de l'esprit réel.

Une valeur négative [...] devrait être interprétée comme signifiant que la possession d'une aptitude a un effet préjudiciable sur la performance réalisée au test. On peut aisément comprendre que la possession d'une certaine aptitude puisse constituer une aide dans la performance d'un test, et on peut imaginer qu'une aptitude n'ait pas d'effet sur une performance de test, mais il est difficile de penser à des aptitudes qui soient tout autant préjudiciables qu'utiles dans des performances aux tests. Il est certain qu'une matrice factorielle correcte pour des tests cognitifs ne comprend pas beaucoup de valeurs négatives et, de préférence, elle devrait ne pas en avoir du tout (1940, pp. 193-194).

Thurstone entreprit donc de trouver une « matrice de facteurs correcte » en éliminant les projections négatives des tests sur les axes et en rendant toutes les projections soit positives soit nulles. Les axes des composantes principales de Spearman et de Burt ne pouvaient pas parvenir à ce résultat parce qu'ils renfermaient forcément toutes les projections positives sur le premier axe *(g)* et des combinaisons de facteurs de groupe positifs et négatifs sur les axes « bipolaires » suivants.

La solution de Thurstone était ingénieuse et constitue, par sa simplicité, l'idée la plus étonnamment originale de l'histoire de l'analyse factorielle. Au lieu de faire du premier axe une moyenne globale de tous les vecteurs et de laisser les autres prendre en compte une quantité régulièrement décroissante de l'information restant dans les vecteurs, pourquoi ne pas essayer de placer tous les axes près des faisceaux de vecteurs ? Les faisceaux peuvent traduire des « vecteurs de l'esprit » réels, imparfaitement mesurés par plusieurs tests. Un axe factoriel placé près d'un de ces faisceaux présentera des projections positives élevées pour les tests qui mesurent cette aptitude primaire* et des projections nulles pour tous les tests mesurant d'autres aptitudes primaires, pourvu que les aptitudes primaires soient indépendantes et non corrélées (deux facteurs indépendants sont séparés de 90° et ont une projection nulle l'un sur l'autre, leur coefficient de corrélation étant de zéro).

Mais comment, mathématiquement, peut-on placer des axes factoriels près des faisceaux ? C'est là que Thurstone eut son éclair de génie. Les axes des composantes principales de Spearman et de Burt (fig. 5.6) ne sont pas situés dans les seules positions que des axes factoriels puissent prendre. Ils ne représentent qu'une solution possible, dictée par la conviction préalable de Spearman qu'une intelligence générale unique existait. Ils sont donc là, en d'autres termes, pour soutenir une théorie, sans être mathématiquement nécessaires ; et rien ne prouve la validité de la théorie. Thurstone décida de conserver une caractéristique du modèle Spearman-Burt : ses axes factoriels resteraient mutuellement perpendiculaires et donc mathématiquement non corrélés. Les vecteurs de l'esprit réels, selon le raisonnement tenu par Thurstone, doivent représenter des aptitudes primaires *indépendantes*. Thurstone calcula donc les composantes principales de Spearman-Burt, puis leur

---

* Thurstone réifia ses facteurs, les appelant « aptitudes primaires » ou « vecteurs de l'esprit ». Tous ces termes représentent le même objet mathématique du système de Thurstone, les axes factoriels placés près des faisceaux de tests.

fit subir une *rotation* pour les placer dans des positions différentes jusqu'à ce qu'elles se situent aussi près que possible des faisceaux de vecteurs (tout en demeurant perpendiculaires). Dans cette nouvelle position, chaque axe factoriel reçoit des projections positives élevées pour quelques vecteurs rassemblés en faisceaux dans sa proximité et des projections nulles ou quasi nulles pour tous les autres vecteurs. Lorsque chaque vecteur a une projection élevée sur un axe-facteur et des projections nulles ou quasi nulles sur tous les autres, Thurstone appelle ce résultat une *structure simple*. Le problème des facteurs devient, selon lui, la recherche de la structure simple, qui consiste donc à faire pivoter des axes-facteurs à partir de leur orientation de composantes principales jusqu'à des positions qui soient les plus proches possible des faisceaux de vecteurs-tests.

Les figures 5.6 et 5.7 illustrent géométriquement le processus. Les vecteurs sont disposés en deux faisceaux représentant des tests verbaux et mathématiques. Dans la figure 5.6, la première composante principale *(g)* est une moyenne de tous les vecteurs, alors que la seconde est une composante bipolaire, où les tests verbaux se projettent négativement et les tests mathématiques positivement. Le faisceau verbal et le faisceau arithmétique ne sont pas bien définis sur ce facteur bipolaire, la plupart de leurs informations ayant déjà été projetées sur *g*. Mais si les axes sont amenés par rotation à la structure simple de Thurstone (fig. 5.7), les deux faisceaux sont alors bien définis parce que chacun d'eux est proche d'un axe-facteur. Les tests arithmétiques ont une projection élevée sur le premier axe et faible sur le second ; les tests verbaux ont une projection élevée sur le second axe et faible sur le premier.

Ce n'est pas graphiquement que se résout le problème des facteurs, mais par le calcul. Thurstone utilisa plusieurs critères mathématiques pour découvrir la structure simple. L'un, toujours employé couramment, s'appelle « varimax » ; c'est une méthode cherchant la *variance maximum* dans chacun des axes-facteurs après rotation. La « variance » d'un axe se mesure par la dispersion *(spread)* de ses projections de tests. La variance est faible sur la première composante principale parce que tous les tests y ont à peu près la même projection positive et que la dispersion est limitée. Mais la variance est élevée sur les axes proches des faisceaux, car ces axes ont un petit nombre de projections très élevées alors que les autres projections y sont nulles ou quasi nulles, ce qui rend la dispersion maximale*.

---

* Les lecteurs qui ont abordé l'analyse factorielle à l'occasion d'un cours sur les statistiques ou la méthodologie appliquées aux sciences biologiques ou sociales (ce qui est très fréquent à notre époque où l'usage de l'ordinateur est si répandu), se souviendront peut-être de la rotation des axes en positions varimax. Comme à moi, on leur a sans doute enseigné ce procédé comme s'il s'agissait d'une déduction mathématique élaborée pour répondre au problème posé par les difficultés que l'on rencontre pour

Les deux solutions antagonistes, les composantes principales et la structure simple, sont mathématiquement équivalentes ; aucune des deux n'est « meilleure » que l'autre. Il n'y a pas d'information gagnée ou perdue en faisant tourner les axes ; elle est simplement distribuée différemment. Les préférences dépendent de la signification accordée aux axes-facteurs. L'existence de la première composante principale est aisément démontrable. Pour Spearman, elle tient toute sa valeur du fait qu'elle mesure l'intelligence générale innée. Pour Thurstone, ce n'est qu'une moyenne sans valeur, tirée d'une batterie de tests choisis au hasard, dépourvue de toute signification psychologique, et dont le calcul n'est qu'une étape intermédiaire conduisant, par rotation, à la structure simple.

Ce ne sont pas tous les ensembles de vecteurs qui ont une « structure simple » définissable. Une distribution due au hasard, ne présentant pas de faisceaux, ne peut pas être prise en compte par un ensemble de facteurs, dont chacun aurait un petit nombre de projections élevées et une quantité plus grande de projections autour de zéro. La découverte d'une structure simple implique que les vecteurs sont groupés en faisceaux et que ces faisceaux sont relativement indépendants les uns des autres. Thomson trouva continuellement une structure simple dans les vecteurs des tests mentaux et en conclut que les tests mesuraient un petit nombre d'« aptitudes mentales primaires » indépendantes, ou vecteurs de l'esprit, ce qui, en quelque sorte, était un retour à l'ancienne « psychologie des facultés » qui représentait l'esprit sous la forme d'une accumulation d'aptitudes indépendantes.

> Maintenant, il arrive très, très fréquemment que, face à une matrice de facteurs présentant un grand nombre de valeurs nulles, les valeurs négatives disparaissent en même temps. Il ne semble pas que cela puisse se produire par le seul effet du hasard. La raison doit en être probablement cherchée dans les processus mentaux distincts qui entrent en jeu dans les différentes épreuves. [...] Il s'agit là de ceux que j'ai appelés aptitudes mentales primaires (1940, p. 194).

Thurstone pensait qu'il avait découvert des entités mentales réelles dotées d'une position géométrique fixe. Les aptitudes mentales primaires (ou PMA, *primary mental abilities*, comme il les nommait) ne modifient pas leur position, et leur nombre ne change pas, dans des batteries de tests différentes. La PMA verbale existe en un lieu désigné,

---

isoler des faisceaux à l'aide des composantes principales. En fait, cette méthode est apparue dans un contexte historique précis, à savoir le conflit opposant deux théories de l'intelligence, celle de Thurstone qui croyait à des aptitudes mentales primaires et celle de Spearman et Burt, partisans d'un système hiérarchisé (intelligence générale et facteurs subsidiaires).

qu'elle soit mesurée par uniquement trois tests dans une batterie ou par vingt-cinq tests différents dans une autre.

> Les méthodes factorielles ont pour objet d'isoler les aptitudes mentales primaires grâce à des procédés expérimentaux et permettent ainsi de savoir de manière certaine combien d'aptitudes sont représentées dans un ensemble d'épreuves (1938, p. 1).

Thurstone réifia ses axes de structure simple sous la forme d'aptitudes mentales primaires et chercha à en déterminer le nombre. Son opinion varia au fur et à mesure qu'il découvrait de nouvelles PMA ou qu'il en condensait d'autres, mais son modèle de base en renfermait sept : V pour la compréhension verbale, W pour la fluidité verbale *(word fluency)*, N pour le facteur numérique (calcul), S pour le facteur spatial (visualisation), M pour la mémoire associative, P pour la vitesse de perception et R pour le raisonnement*.

Mais, après cette rotation d'axes, qu'était-il arrivé au facteur *g*, l'intelligence générale de Spearman, inéluctable et innée ? Il avait tout simplement disparu. La rotation l'avait éliminé (fig. 5.7). Thurstone étudiait les mêmes données qui permirent à Spearman et à Burt de découvrir *g*. Mais à présent, au lieu d'une hiérarchie comprenant une intelligence générale dominante et innée et quelques facteurs de groupe accessoires et sensibles à l'éducation, les mêmes données avaient mis en évidence un ensemble de PMA indépendantes et d'égale importance, sans hiérarchie ni facteur général dominant. À quelle signification *g* pouvait-il prétendre s'il ne représentait qu'une des traductions possibles d'informations sujettes à des interprétations radicalement différentes, mais mathématiquement équivalentes ? Thurstone commenta ainsi sa plus célèbre étude empirique (1938, p. VII) :

> Jusqu'à présent, dans notre travail, nous n'avons pas trouvé le facteur général de Spearman. [...] Pour autant que nous puissions le dire actuellement, les tests qu'on a supposés saturés en ce facteur général commun répartissent leur variance en facteurs primaires qui ne sont pas présents dans tous les tests. Nous n'avons rencontré aucun facteur général commun dans la batterie des 56 tests qui ont été analysés dans cette étude.

---

* Thurstone, comme Burt, soumit de nombreux autres ensembles de données à l'analyse factorielle. Burt, enchaîné à son modèle hiérarchique, trouva toujours un facteur général dominant et des axes bipolaires secondaires, dans toutes ses recherches, qu'elles soient anatomiques, parapsychologiques ou esthétiques. Thurstone pareillement lié à son propre modèle, ne cessa de découvrir des facteurs primaires indépendants. En 1950, par exemple, il étudia des tests de caractère à l'aide de l'analyse factorielle et trouva des facteurs primaires, de nouveau au nombre de sept. Il les appela activité, impulsivité, stabilité émotionnelle, sociabilité, intérêt athlétique, ascendant et pondération *(reflectiveness)*.

L'INTERPRÉTATION ÉGALITARISTE DES PMA

Les facteurs de groupe pour les aptitudes spécialisées ont connu une intéressante odyssée dans l'histoire de l'analyse factorielle. Dans le système de Spearman, ils étaient appelés des « perturbateurs » de l'équation tétrade et on s'en débarrassait fréquemment, de propos délibéré, en éliminant d'un faisceau tous les tests sauf un, ce qui est une façon remarquable de rendre une hypothèse inattaquable. Dans une célèbre étude, réalisée spécialement pour découvrir si les facteurs de groupe existaient, Brown et Stephenson (1933) firent passer vingt-deux tests successifs à trois cents enfants de dix ans. Ils trouvèrent un certain nombre de tétrades fâcheusement élevées et écartèrent d'emblée deux tests « car vingt est une quantité largement suffisante pour le but que nous poursuivons ». Puis ils en exclurent un autre qui produisait des tétrades trop importantes et s'en excusèrent en déclarant : « Au pis-aller, ce n'est pas un péché d'omettre un test dans une batterie qui en comprend tant. » D'autres valeurs élevées entraînèrent le rejet de toutes les tétrades incluant la corrélation entre deux des dix-neuf tests restants, car « la moyenne de toutes les tétrades comprenant cette corrélation est de cinq fois supérieure à l'erreur probable ». Finalement, avec environ un quart des tétrades en moins, les onze mille qui restaient présentèrent une distribution assez proche de la normale. La « théorie des deux facteurs » de Spearman, affirmèrent-ils, « a passé avec succès l'épreuve de l'expérience ». « Il faut voir dans cette démonstration la création et le développement d'une psychologie expérimentale scientifique ; et, en dépit de notre modestie, elle constitue, dans son domaine, une "révolution copernicienne" » (Brown et Stephenson, 1933, p. 353).

Pour Cyril Burt, les facteurs de groupe, quoique réels et importants pour l'orientation professionnelle, étaient dépendants d'un *g* dominant et inné.

Pour Thurstone, les anciens facteurs de groupe devenaient des aptitudes mentales primaires, qui étaient, elles, les entités mentales irréductibles, *g* n'étant qu'une illusion trompeuse.

La théorie héliocentrique de Copernic peut être considérée comme une pure hypothèse mathématique, offrant une représentation plus simple des mêmes données astronomiques que Ptolémée avait expliquées en plaçant la Terre au centre de l'univers. En vérité, les partisans de Copernic, y compris l'auteur de *De Revolutionibus*, restèrent prudents, gardèrent le sens pratique et recommandèrent vivement d'adopter une telle attitude dans un monde où régnaient l'Inquisition et l'Index. Mais la théorie de Copernic provoqua un scandale lorsque ses défenseurs, conduits par Galilée, insistèrent pour qu'on y voie l'organisation réelle du ciel, et non simplement une représentation numérique plus simple du mouvement des planètes.

Il en fut de même du conflit opposant Spearman-Burt et l'école de Thurstone. Leurs représentations mathématiques étaient équivalentes et les deux partis avaient dans leur jeu autant d'atouts l'un que l'autre. Si la controverse atteignit une telle intensité, c'est que les deux écoles mathématiques avançaient des thèses radicalement différentes sur la nature réelle de l'intelligence et que l'adhésion à l'une ou à l'autre entraînait des conséquences directes et fondamentales sur la pratique de l'éducation.

Avec le g de Spearman, chaque enfant peut être classé sur une échelle unique d'intelligence innée ; tout le reste est accessoire. L'aptitude générale peut être mesurée très tôt dans la vie et les enfants peuvent être sélectionnés selon leurs espérances intellectuelles (comme dans l'examen 11+).

Avec les PMA de Thurstone, il n'y a plus d'aptitude générale à évaluer. Certains enfants sont bons dans certains domaines, d'autres réussissent mieux dans des secteurs de l'esprit différents et indépendants. En outre, lorsque l'hégémonie de g fut brisée, les PMA purent s'épanouir comme les fleurs au printemps. Thurstone lui-même n'en reconnaissait qu'un petit nombre, mais d'autres systèmes influents en proposaient 120 (Guilford, 1956) ou peut-être plus (Guilford, 1959, p. 477) (les 120 facteurs de Guilford ne sont pas tirés de déductions empiriques, mais prédits d'après un modèle théorique — représenté sous la forme d'un cube de dimensions $6 \times 5 \times 4 = 120$ — qui désignait des facteurs que les études empiriques devraient s'efforcer de découvrir).

Le classement unilinéaire des élèves n'a plus sa place, même dans le monde de Thurstone limité à ses quelques PMA. La nature de chaque enfant devient son individualité.

> Même si l'on peut décrire chaque individu en ne faisant référence qu'à un nombre limité d'aptitudes indépendantes, il reste possible à chaque personne d'être différente de toute autre personne au monde. On pourrait décrire les individus en ne tenant compte que de leurs notes à un nombre limité d'aptitudes indépendantes. La quantité de permutations de ces notes serait probablement suffisante pour s'assurer que chacune d'elles conserve son individualité (1935, p. 53).

En plein cœur de la crise économique qui réduisit une bonne partie de l'élite intellectuelle des États-Unis à la pauvreté, une Amérique aux idéaux égalitaristes (certes, rarement mis en pratique) lança un défi à une Grande-Bretagne restée fidèle à une tradition dans laquelle la classe sociale d'un individu correspondait à la valeur innée de celui-ci. La rotation des axes avait fait disparaître le g de Spearman et, avec lui, la notion de valeur mentale générale s'était évanouie.

On pourrait interpréter le débat entre Burt et Thurstone comme une discussion mathématique portant sur la position à assigner aux axes-facteurs. Ce serait regarder le problème par le petit bout de la lorgnette ; cela équivaudrait à considérer que la lutte entre Galilée et l'Église se résumait à une polémique sur deux projets mathématiques équivalents décrivant le mouvement planétaire. Burt était indiscutablement conscient du contexte lorsque, face aux assauts de Thurstone, il prenait la défense de l'examen 11+.

> Dans la pratique éducative, avancer avec légèreté que le facteur général a été enfin démoli a beaucoup fait pour consacrer l'idée irréaliste que, en classant les enfants selon leurs aptitude diverses, on n'avait plus à prendre en compte leur degré d'aptitude générale et qu'il fallait uniquement les répartir dans des écoles de type différent suivant leurs aptitudes spécifiques ; en bref que l'examen 11+ ferait mieux de ressembler à la course à la Comitarde du pays des Merveilles où il n'y a que des gagnants et où chacun remporte un prix (1955, p. 165).

Thurstone, de son côté, menait campagne, accumulant tous les arguments (avec tests à l'appui) venant soutenir sa conviction que les enfants ne devraient pas être jugés par un chiffre unique. Il souhaitait, au lieu de cela, évaluer chaque personne comme un individu dont les forces et les faiblesses seraient mises au jour, grâce à ses notes, sur tout un ensemble de PMA (pour se faire une idée du succès qu'il remporta dans la modification de la pratique des tests aux États-Unis, voir Guilford, 1959, et Tuddenham, 1962, p. 515).

> Au lieu de décrire les dons mentaux de chaque individu par un seul indice, tel qu'un âge mental ou un quotient d'intelligence, il est préférable de dresser de lui un profil de tous les facteurs primaires connus pour leur importance. [...] Si quelqu'un insiste pour avoir un indice comme un QI, on pourra l'obtenir en prenant la moyenne de toutes les aptitudes connues. Mais un tel indice tend tellement à estomper la description de chaque homme que ses atouts et ses limites restent enfouis sous cet indice unique (1946, p. 110).

Deux pages plus loin, Thurstone associe explicitement sa théorie abstraite de l'intelligence à ses propres opinions sociales.

> Ces travaux correspondent non seulement au but scientifique poursuivi, la mise en évidence de fonctions mentales distinctes, mais ils semblent correspondre aussi au désir de différencier notre approche des hommes en reconnaissant en chaque personne les atouts mentaux et physiques qui font de lui un individu unique (1946, p. 112).

Thurstone procéda à sa reconstruction fondamentale sans attaquer aucun des deux postulats qui avaient motivé Spearman et Burt, la réification et l'héréditarisme. Il travailla dans le cadre des traditions qui s'étaient établies dans le domaine de l'analyse factorielle, aboutit à de nouveaux résultats et leur donna une nouvelle signification sans avoir modifié les prémisses.

Jamais il ne mit en doute le fait que ses PMA étaient des entités dont les causes étaient identifiables (voir un de ses premiers travaux, 1924, pp. 146-147, où l'on voit en germe sa tendance à réifier des concepts abstraits, le grégarisme en l'occurrence). Il pensait même que ses méthodes mathématiques permettraient de mettre en évidence des attributs de l'esprit avant que la biologie ne dispose des instruments pour les vérifier : « Il est fort probable que les aptitudes mentales primaires auront déjà été bien isolées par les méthodes factorielles avant d'être vérifiées par les méthodes de la neurologie ou de la génétique. Un jour viendra où les résultats de ces divers modes d'approche des mêmes phénomènes s'accorderont » (1938, p. 2).

Les vecteurs de l'esprit sont réels, mais leurs causes peuvent être complexes et très variées. Thurstone admettait que le milieu pouvait exercer une forte influence, mais il mettait l'accent sur la biologie innée.

> Il se peut que certains facteurs se révèlent définis par des effets endocrinologiques, d'autres par les paramètres biochimiques ou biophysiques des fluides corporels ou du système nerveux central, d'autres par des liaisons neurologiques ou vasculaires en certains points de l'anatomie ; d'autres encore peuvent mettre en jeu des paramètres dans la dynamique du système nerveux autonome ; et d'autres peuvent être définis en termes d'expérience et de scolarisation (1947, p. 57).

Thurstone attaqua l'école environnementaliste en mettant en avant des études sur les jumeaux vrais comme preuves de l'hérédité des PMA. Il déclara également que l'éducation renforce généralement les différences innées, même si elle améliore les performances des enfants mal doués comme des bien doués.

> L'hérédité joue un rôle important dans la performance mentale. Je suis personnellement persuadé que les arguments des environnementalistes sont beaucoup trop basés sur le sentimentalisme. Ils sont même souvent fanatiques sur ce sujet. Si les faits viennent appuyer une interprétation génétique, il n'y a aucune raison d'accuser les biologistes de se montrer antidémocratiques. À la question de savoir si les aptitudes mentales peuvent être améliorées par l'éducation, seule la réponse affirmative semble avoir du sens. Mais, par ailleurs, si deux garçons présentent, par exemple, une divergence marquée dans leur aptitude à visualiser reçoivent la même formation dans ce type de pensée, j'ai bien peur que leurs différences se seront accentuées lorsque leur instruction sera achevée (1946, p. 111).

Comme je l'ai souligné tout au long de ce livre, il ne faut pas effectuer de rapprochement simpliste entre les préférences sociales des hommes de science et les opinions qu'ils professent dans le domaine biologique. On ne peut pas se contenter d'un schéma manichéen dans lequel les méchants héréditaristes, reléguant des races, des classes et le sexe dans une infériorité biologique permanente, s'opposeraient aux bons environnementalistes exaltant la valeur irréductible de tous les êtres humains.

D'autres influences peuvent être également mises en facteur pour former une équation complexe. L'héréditarisme devient un instrument pour taxer les groupes d'infériorité lorsqu'il est associé à la conviction qu'il existe des différences de valeur humaine dûment classables. Burt réalisait cette union dans sa synthèse héréditariste. Thurstone le dépassait en prenant parti pour une forme naïve de réification et il ne s'opposa pas à l'héréditarisme (bien que, sans aucun doute, il n'en défendît jamais les thèses avec la détermination monomaniaque de Burt). Mais il jugea bon de ne pas classer et peser les gens sur une échelle unique du mérite et, en détruisant l'instrument primordial de classification de Burt, le g de Spearman, changea le cours de l'histoire des tests mentaux.

SPEARMAN ET BURT RÉAGISSENT

Lorsque Thurstone dispersa g en dénonçant son caractère illusoire, Spearman était toujours en vie et aussi pugnace que jamais, alors que Burt était, lui, à l'apogée de son pouvoir et de son influence. Spearman qui avait habilement défendu g pendant trente ans en incorporant les critiques au sein de son système, se rendit compte qu'il avait affaire, cette fois, à forte partie et qu'il ne pourrait arriver à un compromis de la sorte avec Thurstone.

> Jusqu'ici toutes les attaques [contre g] se sont révélées, au bout du compte, n'être que de simples approches pour l'expliquer plus simplement. À présent, cependant, c'est une crise très différente qui vient de surgir ; dans une étude récente, rien n'a été trouvé pour l'expliquer ; le facteur général a tout simplement disparu. En outre, cette étude n'a rien d'ordinaire. Quant à l'éminence de l'auteur, à la pertinence du propos et à la globalité du projet, il serait difficile de trouver l'équivalent du très récent travail sur les aptitudes mentales primaires de L. L. Thurstone (Spearman, 1939, p. 78).

Spearman admit que g, en tant que moyenne de plusieurs tests, pouvait changer de position d'une batterie à l'autre. Mais, selon lui, ce flottement était de faible étendue et g pointait toujours dans la même direction générale, déterminée par l'omniprésente corrélation positive entre les tests. Thurstone n'avait pas éliminé g, il l'avait simplement masqué par une astuce mathématique en distribuant les morceaux éclatés parmi un ensemble de facteurs de groupe : « La nouvelle opération a consisté essentiellement à disperser *g* entre des facteurs de groupe si nombreux que le fragment attribué à chacun séparément est devenu trop petit pour être remarqué » (1939, p. 14).

Spearman retourna ensuite l'argument de Thurstone contre celui-ci. Partisan convaincu de la réification, Thurstone pensait que les PMA étaient là, « quelque part », dans des positions fixes à l'intérieur d'un espace factoriel. Et il soutenait que si les facteurs de Spearman et de Burt n'étaient pas « réels », c'est parce qu'ils variaient en nombre et en position selon la batterie de tests utilisés. Spearman rétorqua que les PMA de Thurstone étaient également des artefacts des tests choisis et non des vecteurs stables de l'esprit. Une PMA pouvait être créée simplement en élaborant une série de tests redondants qui, en mesurant plusieurs fois la même chose, feraient apparaître un faisceau serré de vecteurs. De façon similaire, on pourrait faire disparaître n'importe quelle PMA en réduisant ou en éliminant les tests qui les mesurent. Les PMA n'occupent donc pas des positions stables, présentes avant qu'on ait inventé des tests pour les mettre en évidence ; ce sont des produits de ces tests eux-mêmes.

> Nous sommes amenés à considérer que les facteurs de groupe, loin de constituer un petit nombre d'aptitudes « primaires » aux contours bien nets, sont innombrables, de portée indéfiniment variable et même d'existence instable. Tout élément constitutif d'une aptitude peut devenir un facteur de groupe. Et cesser de l'être (1939, p. 15).

Spearman avait de bonnes raisons d'émettre des doutes. Deux ans plus tard, par exemple, Thurstone découvrit une nouvelle PMA, baptisée X_1, qu'il fut dans l'impossibilité d'interpréter (*in* Thurstone et Thurstone, 1941). Il l'avait mise en évidence par de fortes corrélations entre trois tests de comptage de points. Il admit même qu'il aurait complètement manqué X_1, si sa batterie n'avait compris qu'un seul test de comptage de points.

> Tous ces tests ont un facteur en commun ; mais les trois tests de comptage de points étant pratiquement isolés du reste de la batterie et sans aucune saturation dans le facteur numérique, nous avons fort peu de propositions à émettre sur la nature de ce facteur. C'est, sans aucun doute, le type de fonction qui aurait été ordinairement perdue dans la variance spécifique des tests si une seule et unique épreuve de comptage de points avait été incluse dans la batterie (Thurstone et Thurstone, 1941, pp. 23-24).

La fidélité de Thurstone à l'idée de réification l'empêcha de songer à une alternative évidente. Il postulait que X_1 existait réellement et qu'il ne l'avait pas isolé plus tôt pour ne jamais avoir inclus suffisamment de tests permettant de le mettre en évidence. Mais supposons que X_1 soit une création des tests, « découvert » uniquement parce que trois mesures redondantes font apparaître un faisceau de vecteurs (et une PMA potentielle), alors qu'un seul test différent ne peut être que considéré comme une bizarrerie.

Il y a un défaut général dans l'argumentation de Thurstone quand il soutient que les PMA ne sont pas dépendantes des tests et que toute batterie de tests correctement constituée engendre les mêmes facteurs. Il prétendait qu'une épreuve fait apparaître les mêmes PMA seulement dans les structures simples « complètes et surdéterminées » (1947, p. 363), en d'autres mots, uniquement une fois que tous les vecteurs de l'esprit ont été convenablement isolés et situés. En vérité, s'il n'y a réellement que quelques vecteurs de l'esprit et si nous sommes à même de savoir quand tous ont été isolés, tout test supplémentaire doit alors venir occuper sa position propre, fixée une fois pour toutes, à l'intérieur de la structure simple invariante. Mais il ne peut pas y avoir de structure simple « surdéterminée » dans laquelle tous les axes factoriels possibles ont été découverts. Peut-être le nombre des axes factoriels n'est-il pas fixe, mais au contraire sujet à un accroissement illimité au fur et à mesure que l'on ajoute de nouveaux tests ? Peut-être sont-ils véritablement dépendants des tests et pas du tout des entités réelles sous-jacentes ? Le fait même que les estimations sur le nombre d'aptitudes primaires aient varié de quelque sept chez Thurstone à cent vingt ou plus chez Guilford indique que les vecteurs de l'esprit ne sont peut-être que des créations de l'esprit.

Si Spearman contre-attaqua pour voler au secours de son cher g, Burt para aux coups en défendant un sujet auquel il était tout autant attaché, l'identification des facteurs de groupe par des faisceaux de projections négatives et positives sur les axes bipolaires. Thurstone avait attaqué Spearman et Burt tout en s'accordant avec eux sur la nécessité de réifier les facteurs, mais en critiquant la manière anglaise de s'y prendre. Il rejetait le g de Spearman pour sa position trop variable et les facteurs bipolaires de Burt parce que des « aptitudes négatives » ne peuvent pas exister. Burt répliqua, à juste raison, que Thurstone avait une notion trop rigide de la réification. Les facteurs ne sont pas des objets matériels logés dans la tête des gens, mais des principes de classification permettant d'ordonner la réalité (Burt a, du reste, fréquemment soutenu le contraire — voir pp. 327-332). La classification s'opère par dichotomie logique et par antithèse (Burt, 1939). Les projections négatives n'impliquent pas qu'une personne a moins que zéro d'une chose définie. Elles ne sont que le signe d'un contraste relatif entre deux qualités abstraites de la pensée. Une plus grande quantité d'une chose va habituellement de pair avec une moins grande quantité d'une autre : le travail administratif et la créativité scientifique, par exemple.

La carte maîtresse de Spearman, comme de Burt, consistait à

affirmer que Thurstone n'avait pas présenté une révision pertinente de leur réalité, mais seulement une alternative mathématique des mêmes données.

> On peut, bien entendu, inventer des méthodes de recherche factorielle qui donneront toujours une configuration de facteurs montrant, à un certain degré, une formation « hiérarchique » ou d'autres (si l'on préfère) qui mettront en évidence ce que l'on appelle parfois une « structure simple ». Mais, de nouveau, les résultats signifient peu de chose ou rien : en utilisant les premières méthodes, on pourrait presque toujours démontrer qu'un facteur général existe ; en employant les dernières, on pourrait presque toujours démontrer, avec les mêmes données, qu'il n'existe pas (Burt, 1940, pp. 27-28).

Mais Burt et Spearman n'ont-ils pas compris qu'avec ce système de défense, ils couraient à leur propre perte en même temps qu'ils provoquaient celle de Thurstone ? Ils avaient raison, sans conteste. Thurstone n'avait pas prouvé l'existence d'une réalité contradictoire. Il était parti de suppositions différentes sur la structure de l'esprit et avait inventé un modèle mathématique s'accordant davantage à ses préférences. Mais la même critique s'applique, avec une force égale, à Spearman et à Burt. Eux aussi avaient au départ des postulats sur la nature de l'intelligence et avaient conçu un système mathématique pour l'étayer. Si les mêmes données peuvent s'adapter à deux modèles mathématiques si différents, qu'est-ce qui pourrait nous permettre de dire avec assurance que l'un représente la réalité et que l'autre n'est qu'un bricolage destiné à faire diversion ? Il se peut que ces deux conceptions de la réalité soient fausses et que leur échec repose sur une commune erreur, la croyance en la réification des facteurs.

Copernic avait raison, même si des tableaux acceptables des positions planétaires pouvaient êtres tirés du système de Ptolémée. Burt et Spearman pourraient avoir raison, même si les procédés mathématiques de Thurstone traitent les mêmes données avec une égale aisance. Pour valider l'une des deux thèses, il convient de faire appel à des éléments extérieurs aux mathématiques abstraites. En l'occurrence, il faudrait découvrir quelque fondement biologique. Si les biochimistes avaient trouvé l'énergie cérébrale de Spearman, si les neurologistes avaient repéré les PMA de Thurstone dans des zones précises du cortex, on pourrait disposer d'une base permettant de fixer son choix. Les combattants des deux camps se tournèrent vers la biologie et avancèrent des arguments ténus, mais aucune liaison concrète entre un objet neurologique et un axe factoriel n'a jamais été confirmée.

Il ne nous reste donc que les mathématiques, c'est-à-dire que nous ne pouvons valider aucun des deux systèmes. Les deux souffrent de cette erreur conceptuelle qu'est la réification. L'analyse factorielle est un bel outil descriptif ; je ne pense pas qu'elle dévoilera un jour les facteurs, ou vecteurs, de l'esprit, notions insaisissables (et illusoires). Thurstone a détrôné *g* non pas parce que son système était exact, mais parce que les deux étaient également faux et que, par là même, ils révélaient les erreurs méthodiques de l'entreprise*.

LES AXES OBLIQUES ET LE *G* DE SECOND ORDRE

Au moment où Thurstone se lança dans l'étude de la représentation géométrique des tests-vecteurs, il est surprenant qu'il n'ait pas immédiatement saisi le défaut technique de son analyse. Les tests étant positivement corrélés, tous les vecteurs doivent former un ensemble dans lequel aucun d'eux n'est séparé d'un autre de plus de 90° (car un angle droit correspond à un coefficient de corrélation nul). Thurstone souhaitait placer les axes de sa structure simple le plus près possible des faisceaux à l'intérieur de l'ensemble total des vecteurs. Mais il insistait pour que les axes soient perpendiculaires les uns par rapport aux autres. Ce critère ne peut pas permettre de placer les axes véritablement près des faisceaux de vecteurs, comme la figure 5.11 l'indique. Car la séparation maximum des vecteurs est inférieure à 90° et l'un quelconque des deux axes, perpendiculaire par force, doit donc se situer à l'extérieur des faisceaux eux-mêmes. Pourquoi ne pas abandonner ce critère et faire en sorte que les axes eux-mêmes soient corrélés (séparés par un angle de moins de 90°), leur permettant ainsi de se placer à l'intérieur des faisceaux de vecteurs ?

Les axes perpendiculaires présentent un grand avantage conceptuel. Ils sont mathématiquement indépendants (non corrélés). Si l'on veut faire des axes-facteurs des « aptitudes mentales primaires », peut-être vaut-il mieux qu'ils ne soient pas corrélés, car s'ils le sont, la pause de la corrélation ne devient-elle pas elle-même plus « primaire » que les facteurs eux-mêmes ? Mais des axes corrélés ont aussi un avantage conceptuel d'un autre genre : ils peuvent être placés plus près des faisceaux de vecteurs susceptibles de représenter des « aptitudes mentales ». Il n'est pas possible d'avoir les deux solutions en même

---

* Voici ce que dit Tuddenham (1962, p. 516) : « Les créateurs de tests continueront à utiliser les procédés factoriels, tant que ceux-ci permettront d'améliorer l'efficacité et la puissance de prédiction de nos batteries de tests, mais l'espoir que l'analyse factorielle puisse fournir un court inventaire des "aptitudes fondamentales" diminue déjà. Les difficultés continues qu'a rencontrées l'analyse factorielle au cours du dernier demi-siècle laisse penser qu'il y a quelque chose de foncièrement faux dans les modèles qui conceptualisent l'intelligence sous forme d'un nombre fini de dimensions linéaires. À la maxime du statisticien pour qui tout ce qui existe peut se mesurer, le "factorialiste" a ajouté ce postulat selon lequel tout ce qui peut être "mesuré" doit exister. Mais la liaison peut fort bien ne pas être réversible, et le postulat peut être faux. »

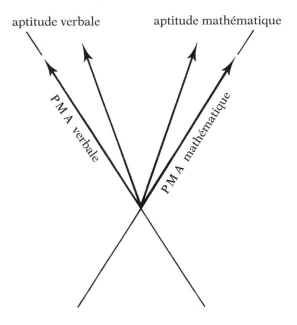

5.11 Axes obliques de la structure simple de Thurstone pour les quatre même tests mentaux présentés dans les figures 5.6 à 5.7. Les axes factoriel ne sont plus perpendiculaires l'un par rapport à l'autre. Dans cet exemple, l'axe factoriel et le vecteur périphérique de chaque faisceau coïncident. (PMA = aptitude mentale primaire.)

temps : les facteurs peuvent être indépendants et seulement proches des faisceaux ou bien corrélés et à l'intérieur des faisceaux. Aucun système n'est « meilleur » que l'autre ; chacun a ses avantages dans certaines circonstances. Les axes corrélés et non corrélés sont toujours employés et la discussion se poursuit, même à notre époque où l'ordinateur a rendu les opérations de l'analyse factorielle beaucoup plus élaborées.

Thurstone a inventé la rotation des axes et la structure simple au début des années 1930. Vers la fin de cette même décennie, il commença à travailler sur des structures simples obliques, c'est-à-dire des systèmes d'axes corrélés. Les axes non corrélés sont appelés « orthogonaux » — ils sont mutuellement perpendiculaires ; les axes corrélés sont dits « obliques » parce que les angles qui les séparent sont inférieurs à 90°. On a vu que l'on pouvait employer plusieurs méthodes pour déterminer la structure simple orthogonale ; il en va de même pour les axes obliques qui peuvent être calculés de diverses façons bien que le but consiste toujours à placer les axes à l'intérieur des faisceaux de vecteurs. Dans une méthode relativement simple, présentée dans la figure 5.11, des vecteurs réels occupant des positions extrêmes au sein de l'ensemble global servent d'axes factoriels. Remarquez, en comparant les figures 5.7 et 5.11, comment les axes factoriels des capacités verbale et mathématique se sont déplacés de l'extérieur des faisceaux (dans la solution orthogonale) aux faisceaux eux-mêmes (dans la solution oblique).

La plupart des analystes partent du principe que les corrélations peuvent avoir des causes et que les axes factoriels peuvent nous aider à les connaître. Si les axes factoriels sont eux-mêmes corrélés, pourquoi ne pas leur appliquer le même argument et se demander si cette corrélation ne reflète pas une cause supérieure ou plus fondamentale ? Les axes obliques d'une structure simple de tests mentaux sont généralement corrélés positivement (comme dans la figure 5.11). La cause de cette corrélation ne se trouve-t-elle pas dans le *g* de Spearman ? Le vieux facteur général n'est-il pas, après tout, inéluctable ?

Thurstone se débattit avec ce qu'il appelait ce *g* de « second ordre ». J'avoue que je ne saisis pas très bien pourquoi il a tant bataillé. C'est peut-être qu'à force d'avoir travaillé pendant de si longues années sur des solutions orthogonales, son esprit s'y était arrêté et que ce concept était trop neuf pour lui pour qu'il l'accepte d'emblée. Pourtant si quelqu'un a bien compris la représentation géométrique des vecteurs, c'est bien Thurstone. Or cette représentation va de pair avec le fait que les axes obliques sont corrélés positivement et qu'un facteur général de second ordre doit donc exister. Ce *g* de second ordre n'est guère autre chose qu'une façon plus compliquée de reconnaître ce que les coefficients de corrélation bruts montrent, à savoir que presque tous les coefficients de corrélation entre tests mentaux sont positifs.

En tout cas, Thurstone finit pas se rendre à l'évidence et admit l'existence d'un facteur général de second ordre. Il le décrivit même une fois en des termes quasi spearmaniens (1946, p. 110).

> Il semble qu'il existe un grand nombre d'aptitudes particulières que les méthodes factorielles permettent de reconnaître comme étant des « aptitudes primaires » et, sous-jacente à ces aptitudes particulières, il semble qu'il existe une sorte de facteur central qui apporte de l'énergie et provoque l'activité de toutes ces aptitudes particulières.

On pourrait croire de prime abord que tout le bruit et la fureur de la controverse entre Thurstone et les analystes britanniques se soient achevés dans une sorte de compromis plein de dignité, plus favorable à Burt et à Spearman et plaçant le pauvre Thurstone dans l'obligation peu enviable de lutter pour ne pas perdre la face. Si la corrélation des axes obliques amène un *g* de second ordre, Spearman et Burt n'avaient-ils pas raison, dès le début, d'insister sur l'existence d'un facteur général ? Thurstone avait peut-être finalement démontré que les facteurs de groupe étaient plus importants qu'aucun analyste britannique ne l'avait admis, mais la primauté de *g* ne s'était-elle pas imposée de nouveau d'elle-même ?

C'est l'interprétation que présente Arthur Jensen (1979), mais elle donne une fausse idée de l'historique du débat. Le *g* de second ordre n'a pas réuni les écoles divergentes de Thurstone et des analystes britanniques ; aucun compromis de quelque importance n'est même apparu. À titre d'illustration, il suffit de dire que les textes de Thurstone que j'ai cités ici, sur la futilité du classement par QI et sur la nécessité d'établir, pour chaque individu, un profil basé sur les aptitudes mentales primaires, ont été écrits après qu'il eut admis l'existence du facteur général de second ordre. Les deux écoles n'étaient donc pas réunies et le *g* de Spearman ne retrouvait pas sa place pour trois raisons fondamentales.

1. Pour Spearman et Burt, *g* ne peut pas se contenter d'exister, il doit dominer. La thèse *hiérarchique* — avec un *g* inné en position de contrôle et des facteurs de groupe éducables et subsidiaires — était fondamentale pour l'école britannique. Comment était-il possible autrement de soutenir l'idée d'un classement unilinéaire ? Et de défendre l'examen 11 + ? Car cet examen était censé mesurer une force mentale régulatrice qui déterminait le potentiel général d'un enfant et modelait tout son avenir intellectuel.

Certes, Thurstone admettait un *g* de second ordre, mais il le considérait comme d'importance *secondaire* par rapport à ce qu'il continuait à appeler les aptitudes mentales « primaires ». En dehors de toute considération psychologique, les mathématiques vont dans le sens des opinions de Thurstone. Il est rare que le *g* de second ordre (la corrélation des axes obliques de structure simple) prenne en compte plus qu'un faible pourcentage de l'information totale d'une matrice de tests. Par ailleurs, le *g* de Spearman (la première composante principale) englobe souvent plus de la moitié de l'information. Tout le système psychologique de l'école britannique et toutes les applications pratiques qui en découlaient, dépendaient de la prééminence de *g*, non de sa simple présence. Lorsque Thurstone révisa *The Vectors of Mind* en 1947, après avoir admis un facteur général de second ordre, il continua à se distinguer des analystes britanniques, car il proposait un modèle où les facteurs de groupe étaient considérés comme « primaires » et le facteur général de second ordre comme résiduel.

2. La raison centrale avancée pour affirmer que la thèse de Thurstone réfute la nécessité du *g* de Spearman, garde toute sa force. Thurstone a tiré son interprétation des mêmes données en plaçant les axes factoriels en des lieux différents. On ne peut donc plus passer directement des mathématiques — les axes factoriels — à une signification psychologique.

En l'absence de preuves biologiques venant corroborer l'une ou l'autre théorie, comment peut-on décider ? En fin de compte, bien que maint scientifique répugne à l'admettre, le choix devient une question de goût ou de préférence préalable fondée sur des préjugés personnels ou culturels. Spearman et Burt, citoyens privilégiés d'une Grande-Bretagne consciente de ses distinctions sociales, défendaient g et son classement linéaire. Thurstone penchait pour des profils individuels et de nombreuses aptitudes primaires. Dans un aparté involontairement ironique, Thurstone, en réfléchissant sur les différences techniques entre Burt et lui-même, en vint à penser que l'inclination de son adversaire pour la représentation algébrique plutôt que géométrique des facteurs provenait, chez lui, d'une déficience de sa PMA spatiale.

> Les interprétations faisant appel à des configurations déplaisent de toute évidence à Burt, car, dans son texte, on ne trouve pas un seul diagramme. Peut-être cela indique-t-il que, chez les hommes de science, des différences individuelles dans les types de représentation imagée entraînent des différences dans les méthodes et dans les interprétations ? (1947, p. IX).

3. Burt et Spearman fondaient leur interprétation psychologique des facteurs sur leur conviction de l'existence d'un g dominant et réel, c'est-à-dire d'une intelligence générale innée, marquant la nature profonde de chaque individu. L'analyse de Thurstone leur laissait, au mieux, un faible g de second ordre. Mais supposons qu'ils l'aient emporté et soient parvenus à bien établir la prééminence inévitable du facteur g. Leur argumentation aurait été tout aussi fausse pour une raison si fondamentale qu'elle a échappé à tous. Le problème reposait sur une erreur logique qu'ont commise tous les grands pionniers de l'analyse factorielle dont j'ai parlé, à savoir leur désir de réifier les facteurs, d'en faire des entités. Il est curieux de constater qu'en fait tout l'historique que j'ai retracé n'avait pas d'importance. Si Burt et Thurstone n'avaient pas existé, si toute la profession s'était contentée de la théorie bifactorielle de Spearman et avait chanté les louanges de son g depuis sa naissance, il y a trois quarts de siècle, la faille du raisonnement n'en serait pas restée moins béante.

Le fait de retrouver constamment des corrélations positives entre les tests mentaux doit constituer une des découvertes majeures les moins surprenantes de l'histoire de la science. Car l'apparition de corrélations positives est prédite par toutes les théories, même celles qui sont en désaccord total sur l'origine du phénomène, que ce soit l'héréditarisme pur et dur (que Spearman et Burt furent bien près de professer) ou l'environnementalisme absolu (qu'aucun penseur n'a été assez sot pour proposer). Les individus, de façon homogène, réussissent bien ou mal dans toutes les catégories de tests parce que, selon la première thèse, ils sont de naissance, soit intelligents, soit stupides et, selon la deuxième thèse, parce qu'au cours de leur enfance, par leur alimentation, leurs lectures, leur instruction et leurs conditions de vie, ils ont profité d'un milieu enrichi ou ont souffert d'un environnement appauvri. Les deux théories prédisant des corrélations positives, le fait de la corrélation lui-même ne peut confirmer ni l'une ni l'autre. Le facteur *g* n'étant qu'une manière élaborée d'exprimer les corrélations, son existence supposée ne nous renseigne pas sur les causes de celles-ci.

THURSTONE ET LES LIMITES DE L'ANALYSE FACTORIELLE

Il est arrivé à Thurstone de faire état d'ambitions grandioses sur la portée explicative de son travail. Mais on peut également déceler chez lui une tendance à la modestie que l'on aurait bien du mal à trouver chez Burt ou chez Spearman. Dans ses moments de réflexion, il admettait que le choix de l'analyse factorielle comme méthode d'investigation traduit l'état primitif des connaissances d'un domaine. L'analyse factorielle est une technique brutalement empirique que l'on utilise lorsqu'une discipline ne dispose d'aucun principe solidement établi, mais seulement d'une masse de données grossières, et qu'on espère que des configurations apparaissant dans les corrélations pourront suggérer des axes de recherche plus approfondis et plus féconds.

> Personne n'aurait l'idée de mener des recherches sur les lois fondamentales de la mécanique classique en faisant appel aux méthodes de corrélation et aux méthodes factorielles, parce que ces lois sont déjà bien connues. Si l'on ne savait rien de la loi de la chute des corps, il serait raisonnable d'analyser factoriellement un grand nombre d'attributs des objets qu'on jetterait ou qu'on laisserait tomber d'un point élevé. On découvrirait alors qu'un facteur est fortement saturé en temps de chute et en distance de chute, mais que ce facteur a une saturation nulle en poids de l'objet. L'utilité des méthodes factorielles se situe donc aux confins de la science (Thurstone, 1935, p. XI).

Rien n'avait changé lorsqu'il révisa *The Vectors of Mind* (1947, p. 56).

> Souvent on ne comprend pas le caractère exploratoire de l'analyse factorielle. Son utilité principale se situe aux confins de la science. [...] L'analyse factorielle est utile, particulièrement dans les disciplines où les concepts fondamentaux et fructueux font défaut et pour lesquelles il est difficile de concevoir des expériences concluantes. Ces nouvelles méthodes jouent un rôle modeste. Elles ne nous permettent guère que de tracer une esquisse des plus grossières d'un nouveau domaine.

Remarquez l'expression qui revient deux fois sous la plume de Thurstone : utile « aux confins de la science ». Selon lui, la décision d'employer l'analyse factorielle comme technique principale de recherche implique une ignorance profonde des principes et des causes. Le fait que les trois grands pionniers de l'analyse factorielle en psychologie n'aient jamais pu aller au-delà de ces méthodes — en dépit de tout ce qu'ils ont pu dire sur la neurologie, l'endocrinologie et tous les autres moyens permettant éventuellement de découvrir des aspects biologiques innés — montre à quel point Thurstone avait raison. Le plus tragique de tout cela, c'est que les héréditaristes britanniques ont, malgré tout, appliqué sur le terrain leur interprétation du facteur *g* dominant et ont, ce faisant, anéanti les espérances de millions de personnes.

Épilogue : Arthur Jensen et la résurrection du g *de Spearman*

Lorsqu'en 1979 j'ai entrepris mes recherches sur ce chapitre, je savais que le fantôme du *g* de Spearman hantait toujours les théories modernes de l'intelligence. Mais je pensais que son image s'était voilée et que son influence s'était largement estompée. J'espérais qu'une analyse historique des erreurs conceptuelles, commises tant dans sa formulation que dans son utilisation, pourrait dissiper les illusions cachées au sein de certaines thèses contemporaines sur l'intelligence et le QI. Je ne me serais pas attendu à trouver une justification du QI d'un point de vue explicitement spearmanien.

Car l'héréditariste le plus connu aux États-Unis, Arthur Jensen (1979) s'est révélé comme un spearmanien de stricte obédience en basant ses huit cents pages d'apologie du QI sur la réalité du facteur *g*. Plus récemment, Richard Herrnstein et Charles Murray se sont aussi fondés sur la même mystification pour écrire leur ouvrage *The Bell Curve* (1994), également de respectable épaisseur. Je vais faire ici l'analyse des erreurs de Jensen, renvoyant le lecteur aux deux premiers essais de la fin de ce volume pour la critique de celles de *The Bell Curve*. On sait que l'histoire bégaie souvent.

Jensen réalise la plupart de ses analyses factorielles selon la méthode préférée de Spearman et de Burt, celle des composantes principales (bien qu'il accepte aussi le *g* de Thurstone résultant des corrélations entre axes obliques de structure simple). Tout au long du livre, il nomme et réifie des facteurs en se référant, comme de coutume, aux seuls modèles mathématiques. On a des facteurs *g* pour l'intelligence générale certes, mais aussi pour l'aptitude sportive générale (avec des facteurs de groupe accessoires pour la force de la main et du bras, pour la coordination visuomotrice — œil-main — et pour l'équilibre corporel).

Jensen définit explicitement l'intelligence comme « le facteur *g* d'une batterie de tests en nombre illimité et varié » (p. 249). « Nous identifions l'intelligence à g, déclare-t-il. Dans la mesure où un test ordonne les individus selon g, on peut dire qu'il s'agit d'un test d'intelligence » (p. 224). Le QI est notre mesure d'intelligence la plus sûre, car il se projette fortement sur la première composante principale *(g)* dans les analyses factorielles de tests mentaux. Jensen signale que le QI global de l'échelle d'intelligence pour adultes de Wechsler présente une corrélation de .9 avec g, tandis que le Stanford-Binet de 1937 (test Terman-Merril) se projette avec une corrélation d'environ .8 sur un g qui demeure « très stable à tous les niveaux d'âge successifs » (alors que les quelques petits facteurs de groupe ne sont pas toujours présents et tendent, en tout cas, à être instables).

Jensen proclame l'« omniprésence » de g, étendant sa portée dans des domaines qui auraient embarrassé Spearman lui-même. En effet, il ne se contente pas de classer les humains ; il est persuadé que toutes les créatures de Dieu peuvent être rangées sur une échelle de g, depuis l'amibe tout en bas (p. 15) jusqu'aux intelligences extraterrestres tout au sommet (p. 248). Je n'avais pas rencontré une classification des êtres vivants aussi catégorique depuis ma dernière lecture des rêveries de Kant sur les êtres supérieurs habitant Jupiter et établissant la liaison entre l'homme et Dieu.

Jensen a associé deux des plus anciens préjugés culturels de la pensée occidentale : l'échelle de progrès comme modèle de l'organisation de la vie et la réification d'une qualité abstraite comme critère de classification. Il jette son dévolu sur l'« intelligence » et prétend effectivement que les performances obtenues par les invertébrés, les poissons et les tortues à de simples tests de comportement représentent, sous une forme amoindrie, la même essence que les hommes possèdent en plus grande abondance, à savoir g, ainsi réifié en objet mesurable. L'évolution devient donc une progression ascendante le long d'une échelle où la quantité de g va croissant.

En tant que paléontologue, je suis abasourdi par ce raisonnement ; car l'évolution forme un buisson dont les nombreux rameaux partent en tous sens et non une suite progressive linéaire. Jensen parle des « différents niveaux de l'échelle phylétique, c'est-à-dire, les vers de terre, les crabes, les poissons, les tortues, les pigeons, les rats et les singes ». Ne se rend-il pas compte que les vers de terre et les crabes actuels sont les produits de lignées qui ont évolué séparément des vertébrés depuis plus d'un milliard d'années ? Ce ne sont pas nos ancêtres ; ils ne sont même pas « inférieurs » ou moins complexes que les humains de manière significative. Ils représentent, pour le mode de vie qui est le leur, de bonnes solutions ; on ne doit pas les juger en se référant à cette notion orgueilleuse selon laquelle un primate particulier établit la norme de toutes les formes de vie. Quant aux vertébrés, « la tortue » n'est pas, comme le prétend Jensen, « phylogénétiquement plus élevée que le poisson ». Les tortues ont évolué bien avant la plupart des poissons actuels et elles comprennent des centaines d'espèces, alors que les poissons modernes à arêtes comptent presque vingt mille catégories distinctes. Qu'est-ce donc que « *le poisson* » et « *la tortue* » ? Jensen pense-t-il réellement que la liste pigeon-rat-singe-humain représente une séquence évolutive chez les vertébrés à sang chaud ?

La caricature d'évolution de Jensen reflète sa préférence pour une classification linéaire selon une valeur implicite. Dans une telle perspective, g devient presque irrésistible et Jensen l'utilise comme critère universel de classification.

> Les caractères communs qui se dégagent des tests expérimentaux élaborés par les spécialistes de la psychologie comparée et qui distinguent le plus nettement, par exemple, les poules des chiens, les chiens des singes [*monkeys*, c'est-à-dire ici tous les petits singes à longue queue] et les singes des chimpanzés, laissent penser que ceux-ci sont, en gros, classables selon une dimension g. [...] On peut considérer g comme un concept interespèces possédant une large base biologique qui culmine chez les primates (p. 251).

Non content de gratifier g du statut de maître de la classification terrestre, Jensen étend son emprise à l'univers entier en déclarant que toute intelligence concevable doit être mesurée par g.

> On s'aperçoit nettement de l'omniprésence du concept d'intelligence lorsque l'on aborde le sujet des êtres les plus culturellement différents que l'on puisse imaginer, les extraterrestres. [...] Peut-on imaginer des êtres « intelligents » chez qui il n'y aurait pas de g ou dont le g serait qualitativement, plutôt que quantitativement, différent du g tel que nous le connaissons ? (p. 248).

Jensen refuse de voir une critique de g dans le travail de Thurstone, car ce dernier finit par reconnaître l'existence d'un g de second ordre. Mais Jensen n'a pas admis que, si g n'est qu'un effet de second ordre, numériquement faible, il ne peut venir étayer l'idée d'une intelligence qui serait une entité dominante et unitaire du fonctionnement mental. Je pense que Jensen a pressenti cette difficulté, car, dans un tableau (p. 220), il calcule à la fois un g classique en position de première composante principale, puis fait pivoter tous les facteurs (y compris g) pour obtenir un ensemble d'axes de structure simple. Ainsi, il enregistre deux fois la même chose pour chaque test — g comme première composante principale et la même information répartie entre les axes de structure simple —, ce qui donne à certains tests une information totale de plus de 100 %. Comme le même tableau présente de gros facteurs g en même temps que de fortes saturations sur les axes de structure simple, on peut être amené à penser à tort que g reste important même dans les solutions à structure simple.

Jensen méprise la structure simple orthogonale de Thurstone, la rejette sans appel comme « catégoriquement fausse » (p. 675) et la qualifie d'« erreur grossière sur le plan scientifique » (p. 258). Puisqu'il reconnaît que la structure simple est mathématiquement équivalente aux composantes principales, pourquoi élimine-t-il la solution orthogonale avec tant d'intransigeance ? C'est que, selon lui, elle est mauvaise « non pas mathématiquement, mais psychologiquement et scientifiquement » (p. 675), car la rotation « cache ou recouvre artificiellement l'important facteur général » (p. 258). Jensen est tombé dans un cercle vicieux. Il considère *a priori* que *g* existe et que la structure simple est fausse car elle disperse *g*. Mais Thurstone a élaboré le concept de structure simple en grande partie pour montrer que *g* est un artefact mathématique. Son but était de faire disparaître le facteur *g* et il y a réussi ; ce n'est pas réfuter sa thèse que répéter qu'il y est parvenu.

Jensen se sert aussi plus spécifiquement de *g* pour affirmer que la différence moyenne de QI entre les Blancs et les Noirs traduit un défaut d'intelligence de ces derniers. Il estime que la citation de la p. 301 est une « hypothèse intéressante » : Spearman y déclare que les hommes de couleur obtiennent leurs plus mauvaises notes par rapport aux Blancs dans les tests présentant les plus fortes corrélations avec le facteur *g*.

> Cette hypothèse est importante pour l'étude des influences qui jouent sur les tests, car si elle est vraie, cela signifie que la différence entre Blancs et Noirs dans les résultats de tests n'est pas simplement attribuable aux particularités culturelles caractéristiques de tel ou tel, mais à un facteur général que tous les tests d'aptitude mesurent en commun. Une différence moyenne entre les populations se rattachant à un ou plusieurs petits facteurs de groupe semblerait mieux s'expliquer en termes de différences culturelles qu'une différence moyenne entre les groupes plus étroitement liée à un vaste facteur général, commun à un grand nombre de tests variés (p. 535).

Nous avons affaire ici à une réincarnation du plus vieil argument de la tradition spearmanienne, l'opposition entre un *g* dominant et inné et des facteurs de groupe sensibles à l'éducation. Mais, comme je l'ai montré, rien ne prouve que *g* soit une chose, et, si c'était le cas, il ne serait pas nécessairement inné. Quand bien même existerait-il des données venant confirmer l'« intéressante hypothèse » de Spearman, les résultats ne viendraient pas pour autant soutenir la notion de Jensen d'une différence inéluctable et innée.

Je suis au moins reconnaissant à Jensen d'une chose : il a démontré par l'exemple qu'un facteur *g* de Spearman réifié était toujours la seule justification prometteuse des théories héréditaristes sur les différences moyennes de QI entre les groupes humains. L'ouvrage de Herrnstein et Murray, *The Bell Curve* (1994), a encore mis plus nettement en évidence à quel point est faible, insoutenable, en fait, cette justification d'une théorie de l'intelligence comme entité unimodale, innée, susceptible de se prêter à un classement par ordre de grandeur, et pratiquement impossible à modifier — car ces auteurs fondent également tout leur édifice sur le caractère illusoire du facteur *g* de Spearman. Les erreurs conceptuelles de la réification ont sapé *g* dès le départ et la critique de Thurstone reste aussi valide aujourd'hui qu'en 1930. Le *g* de Spearman n'est en rien une entité inéluctable ; il ne représente qu'une solution mathématique parmi de nombreuses autres alternatives équivalentes. La nature chimérique de *g* est la pierre pourrie sur laquelle repose l'édifice de Jensen, de *The Bell Curve* (1994) et de l'école héréditariste tout entière.

Une dernière pensée

> Les hommes ont toujours montré une forte tendance à croire que tout ce qui a reçu un nom doit être une entité ou un être ayant une existence propre. Quand ils n'ont pu trouver aucune entité réelle répondant à ce nom, ils n'ont pas, pour autant, supposé qu'aucune n'existe, mais ont imaginé qu'il s'agissait de quelque chose de particulièrement abscons et mystérieux.
>
> John STUART MILL

CHAPITRE VI

Une conclusion positive

Walt Whitman, ce grand poète au petit cerveau, nous recommandait de « faire grand cas des aspects négatifs des choses », et certains pourraient répliquer sur un ton vengeur que ce livre n'a pas manqué de suivre ce conseil. Bien que peu d'entre nous nient l'utilité d'un bon coup de balai, l'objet lui-même fait rarement naître des sentiments d'affection ; il est certain que son rôle n'est pas l'intégration. Je ne considère pas ce livre comme un exercice négatif de démolissage, n'offrant rien d'autre en contrepartie de cette dénonciation des erreurs du déterminisme biologique comme préjugés sociaux. Je pense que nous avons beaucoup à apprendre sur nous-mêmes en partant du fait indéniable que nous sommes des animaux nés de l'évolution. Cette prise de conscience ne parvient pas à pénétrer dans ces habitudes de pensée profondément enracinées qui nous conduisent à réifier et à classifier, habitudes qui apparaissent dans des circonstances sociales précises qu'elles viennent en retour consolider. Mon message, au moins tel que je pense le communiquer, est fortement positif pour trois raisons principales.

Le démolissage comme science positive

L'impression très répandue que la réfutation représente un côté négatif de la science provient d'une idée courante, mais erronée de l'histoire. La notion d'un progrès linéaire est non seulement à la base de toutes les classifications raciales — qui, comme je l'ai montré au cours de tout le livre, sont l'expression de préjugés sociaux —, elle donne également une fausse image de la manière dont la science s'élabore. Selon cette conception, toute science naît dans le néant de l'ignorance et se bâtit un chemin vers la vérité en amassant de plus en plus d'informations et en construisant des théories au fur et à mesure que les faits s'accumulent. Au sein de cet univers, le démolissage est une pratique essentiellement négative, car il ne consiste qu'à jeter quelques pommes, pourries certes, hors du tonneau où s'entassent les connaissances. Mais la barrique de la théorie est, elle, toujours remplie ; les sciences, dans le but d'expliquer les faits dès leur apparition, les incluent dans un contexte global. La biologie créationniste avait complètement tort sur l'origine des espèces, mais le créationnisme spécifique de Cuvier n'en était pas pour cela une vision plus vide ou moins développée que celle de Darwin. La science progresse surtout par remplacement, non par adjonction. Car si le tonneau est toujours plein, il faut bien se débarrasser des pommes pourries pour faire de la place à de meilleures.

Les scientifiques ne démolissent pas seulement pour nettoyer et purger leur discipline. Ils réfutent les idées plus anciennes *à la lumière* d'une vision différente de la nature des choses.

Apprendre en démolissant

Si l'on veut que ses effets résistent au temps, un bon démolissage ne doit pas uniquement consister à remplacer un préjugé social par un autre. Il doit utiliser des éléments plus valables de la biologie pour chasser les idées fausses. Les préjugés sociaux peuvent se montrer particulièrement récalcitrants, mais on peut, au moins, se débarrasser de certains arguments biologiques sur lesquels ils s'appuient.

On a pu réfuter de nombreuses théories spécifiques du déterminisme biologique parce que nos connaissances sur la biologie humaine, l'évolution et la génétique se sont accrues. Par exemple, les erreurs grossières commises par Morton ne pourraient plus être répétées sous une forme aussi flagrante par les scientifiques actuels tenus de respecter les canons de la procédure statistique. L'antidote à la thèse de Goddard sur le gène unique responsable de la débilité mentale fut moins un changement des mentalités qu'un progrès important réalisé en génétique théorique, l'idée de l'hérédité polygénétique. Aussi absurde que cela puisse nous apparaître aujourd'hui, les premiers mendéliens essayèrent effectivement d'attribuer les traits les plus subtils et les plus complexes (de l'anatomie apolitique aussi bien que du caractère) à l'action d'un gène unique. L'hérédité polygénétique consiste en la participation de nombreux gènes — auxquels se joignent une foule d'effets environnementaux et d'interactions — à l'apparition de caractères tels que la couleur de la peau chez l'homme.

Abordons à présent un point plus important, qui plaide en faveur de la nécessité des recherches biologiques : la remarquable absence de différenciation génétique entre les groupes humains. Cet argument biologique majeur qui vient infirmer les thèses du déterminisme est un fait résultant de l'histoire de l'évolution et non un *a priori* ou une vérité nécessaire. Le monde aurait pu être ordonné de manière différente. Supposez, par exemple, qu'une ou plusieurs espèces du genre dont nous descendons, les australopithèques, aient survécu. C'est là un scénario parfaitement plausible, en théorie, puisque les nouvelles espèces apparaissent non pas par la transformation globale de toute la population, mais en se séparant des anciennes espèces qui survivent généralement, au moins pendant quelque temps. Nous — c'est-à-dire les *Homo sapiens* — nous trouverions alors confrontés à de graves problèmes moraux. Car quelle attitude prendre face à une espèce humaine aux capacités mentales sans conteste inférieures ? Quelle solution adopter ? l'esclavage ? l'élimination ? les zoos ?

Notre propre espèce aurait pu pareillement être composée de plusieurs sous-espèces (races) aux aptitudes génétiques significativement distinctes. Si — comme beaucoup d'animaux — nous étions sur cette terre depuis quelques millions d'années et que ces races avaient été géographiquement séparées pendant la plus grande partie de ce temps, sans échanges importants, de grandes différences génétiques se seraient lentement accumulées entre les groupes. Mais l'*Homo sapiens* n'est âgé que de quelques dizaines de milliers d'années, au mieux quelques centaines, et toutes les races humaines actuelles ne se sont séparées d'une lignée commune qu'il y a quelques dizaines de milliers d'années. Des caractères extérieurs remarquables nous ont amenés à juger subjectivement que ces différences étaient importantes. Mais les biologistes ont récemment affirmé — comme on s'en doutait depuis longtemps — que les différences génétiques globales entre les races humaines sont étonnamment petites. Bien que la fréquence des divers états d'un gène diffère entre les races, on n'a pas découvert de « gènes raciaux », c'est-à-dire de gènes présents dans certaines races et absents dans toutes les autres. Lewontin (1972) a étudié les variations entre dix-sept gènes codant les différences du sang et a trouvé que seuls 6,3 % des variations peuvent être attribués à une appartenance raciale. Le pourcentage de variation de loin le plus marqué — 85,4 % — se produit au sein des populations locales (les 8,3 % restants constituent des différences entre populations locales au sein d'une même race). Comme Lewontin le remarquait (communication personnelle), si l'holocauste arrivait et que les seuls survivants en soient une petite tribu au fin fond des forêts de la Nouvelle-Guinée, la quasi-totalité de toutes les variations génétiques qui s'expriment actuellement au sein des innombrables groupes d'une population de quatre milliards d'hommes serait préservée.

Ces informations sur les différences génétiques limitées entre les groupes humains sont aussi utiles qu'intéressantes, même au sens le plus profond, dans la perspective de la sauvegarde de vies humaines. Lorsque les eugénistes américains attribuaient les maladies de la pauvreté aux déficiences génétiques des pauvres, ils ne pouvaient pas proposer d'autre remède qu'une stérilisation systématique. Quand Joseph Goldberger prouva que la pellagre n'était pas une anomalie génétique, mais le résultat d'une carence en vitamines liée à certaines formes de malnutrition, il fut en mesure de la guérir.

Biologie et nature humaine

Si les hommes sont si similaires génétiquement et si toutes les thèses qui, jusqu'à présent, ont voulu interpréter les affaires humaines comme le reflet direct de notre constitution biologique, n'ont fait qu'exprimer nos préjugés et non la nature, cela signifie-t-il que la biologie n'a rien à proposer pour nous guider dans notre quête d'une meilleure connaissance de nous-mêmes ? Après tout, sommes-nous, à la naissance, cette table rase, cette cire vierge imaginée par certains philosophes empiristes du XVIIIe siècle ? En tant que biologiste de l'évolution, je ne pourrais pas souscrire à cette position nihiliste sans renier la vision fondamentale apportée par ma profession. L'unité entre les humains et tous les autres organismes dans l'évolution est le principal message laissé par la pensée darwinienne à la plus arrogante des espèces de notre globe.

Nous faisons inextricablement partie de la nature, mais en disant cela, on ne nie pas pour autant le caractère unique des humains. « Rien d'autre qu'un animal » est une formule aussi trompeuse que « créé à l'image de Dieu ». Ce n'est pas forcément de l'orgueil que d'affirmer que l'*Homo sapiens* est, en un certain sens, unique, car chaque espèce est unique à sa façon. Qu'est-ce qui nous permet de juger ce qui vaut le mieux, entre la danse des abeilles, le chant de la baleine à bosse ou l'intelligence humaine ?

Les conséquences du caractère unique de l'homme ont été énormes parce qu'il a institué un nouveau type d'évolution qui a permis la transmission des connaissances et des comportements acquis de génération en génération. Le caractère unique de l'homme réside, avant tout, dans notre cerveau. Il s'est exprimé dans la culture née de notre intelligence et du pouvoir qu'elle nous donne pour manipuler le monde. Les sociétés humaines se transforment par évolution culturelle, non pas à la suite de modifications biologiques. On n'a aucune preuve d'un quelconque changement dans la taille ou la structure du cerveau depuis que l'*Homo sapiens* a fait son apparition dans les archives fossiles il y a quelque cinquante mille ans. Broca avait raison en déclarant que la capacité crânienne des hommes de Cro-Magnon était égale, si ce n'est supérieure, à la nôtre. Tout ce que nous avons réalisé depuis — et qui constitue le plus profond bouleversement que notre planète ait connu en un laps de temps si court, depuis que sa croûte s'est solidifiée il y a près de quatre milliards d'années — est le produit de l'évolution culturelle. L'évolution biologique (darwinienne) se poursuit au sein de notre espèce, mais son rythme, comparé à celui de l'évolution culturelle, est d'une telle lenteur que le rôle qu'elle joue sur l'histoire de l'*Homo sapiens* est bien mince. Le temps que la fréquence du gène de l'anémie à hématies falciformes ait décru chez les Noirs américains, nous avons inventé le chemin de fer, l'automobile, la radio et la télévision, la bombe atomique, l'ordinateur, l'avion et le vaisseau spatial.

Ce qui permet à l'évolution culturelle de progresser à une telle vitesse, c'est que, contrairement à l'évolution biologique, elle le fait sur un mode « lamarckien », c'est-à-dire par la transmission des caractères acquis. Une génération peut communiquer à la suivante tout ce qu'elle a appris par l'écriture, l'instruction, l'inculcation, les coutumes, la tradition et par une quantité de méthodes que les hommes ont conçues pour assurer la continuité de la culture. L'évolution darwinienne, quant à elle, est un processus indirect : il faut d'abord disposer d'une variation génétique pour élaborer un caractère favorable et c'est ensuite à la sélection naturelle de le sauvegarder. Comme cette variation génétique se produit au hasard, sans être préférentiellement dirigée vers des caractères présentant des avantages, le processus darwinien agit lentement. L'évolution culturelle est non seulement rapide, mais aussi aisément réversible, car ses résultats ne sont pas codés dans nos gènes.

Les arguments classiques du déterminisme biologique sont sans valeur car les caractères qu'ils sélectionnent pour faire des distinctions entre les groupes sont généralement des produits de l'évolution culturelle. Les déterministes ont bien cherché des preuves dans les traits anatomiques dus à l'évolution biologique, et non à la culture. Mais, ce faisant, il ont essayé d'utiliser l'anatomie pour en tirer des déductions sur les aptitudes et les comportements qu'ils liaient à l'anatomie et que nous considérons aujourd'hui comme nés de la culture. La capacité crânienne n'avait en soi pas plus d'intérêt pour Morton et Broca que la longueur du troisième orteil ; ils ne se souciaient que des caractéristiques mentales qu'ils supposaient associées aux différences de la taille moyenne du cerveau entre les groupes. On pense à présent que les divers attitudes et styles de pensée que l'on trouve dans les groupes humains sont habituellement des effets de l'évolution culturelle et non de la génétique. En bref, la *base biologique* du caractère unique des humains nous conduit à rejeter le déterminisme biologique. Notre gros cerveau constitue l'assise biologique de l'intelligence ; l'intelligence est le fondement de la culture ; et la transmission culturelle crée un nouveau mode d'évolution plus efficace que les processus darwiniens dans les limites de son champ d'application, à savoir la transmission « héréditaire » et la modification du comportement acquis. Comme le philosophe Stephen Toulmin le déclarait (1977, p. 4) : « La culture a le pouvoir de s'imposer de l'intérieur à la nature. »

Cependant, si la biologie humaine engendre la culture, il est également vrai que la culture, une fois qu'elle a pris corps, évolue sans se référer, ou fort peu, à la *variation* génétique entre les groupes humains. La biologie limite-t-elle donc là sa participation à l'analyse du comportement humain ? Ne propose-t-elle donc aucune autre perspective que celle de reconnaître, ce qui ne nous éclaire guère, que la culture complexe exige un certain niveau d'intelligence ?

La plupart des biologistes s'accorderaient à penser, avec moi, que la plus grande part des *différences* de comportement observées entre les groupes et le *changement* de complexité des sociétés humaines intervenu dans l'histoire récente de notre espèce, ne possèdent pas de base génétique. Mais qu'en est-il des aspects que l'on suppose constants dans la personnalité et le comportement, de ces caractéristiques de l'esprit que les humains partagent dans toutes les cultures ? Que dire, en un mot, d'une « nature humaine » générale ? Certains biologistes pensent que les processus darwiniens ont largement contribué non seulement à mettre en place, il y a bien longtemps, un ensemble de comportements adaptatifs qui forment une « nature humaine » biologiquement conditionnée, mais aussi qu'ils continuent activement à jouer un rôle aujourd'hui. Je pense que cette argumentation traditionnelle ancienne — qui a trouvé son expression la plus récente dans la « sociobiologie humaine » — est sans valeur, non pas parce que la biologie n'a rien à voir dans l'affaire et que le comportement humain n'est que le reflet d'une culture désincarnée, mais parce que la *biologie*, dans son analyse de la nature humaine, semble indiquer que la génétique remplit une fonction différente et moins contraignante.

La sociobiologie ouvre son argumentation par une interprétation moderne de ce qui concerne directement la sélection naturelle, les différences dans le succès reproductif des individus. Selon l'impératif darwinien, les individus sont sélectionnés pour rendre maximale la contribution de leurs propres gènes aux futures générations, et rien de plus. Le darwinisme n'est pas une théorie du progrès, de la complexité croissante ou de l'harmonie acquise pour le bien de l'espèce ou des écosystèmes. Paradoxalement (comme il semble à beaucoup), l'altruisme peut, aussi bien que l'égoisme, être choisi pour répondre à ce critère : des actes de bienveillance peuvent profiter à des individus soit parce qu'ils établissent des liens d'obligation mutuelle, soit parce qu'ils aident un parent porteur de gènes semblables à ceux de l'altruiste.

Les sociobiologistes examinent donc nos comportements en gardant à l'esprit ce critère. Lorsqu'ils isolent un comportement qui semble adaptatif parce qu'il contribue à la transmission des gènes d'un individu, ils en font remonter l'origine à la sélection naturelle qui aurait agi sur la variation génétique en influençant l'acte spécifique lui-même. (Ces reconstitutions sont rarement étayées par des preuves autres que cette déduction fondée sur l'adaptation.) La sociobiologie humaine est une théorie qui soutient que les *comportements adaptatifs spécifiques* naissent et se maintiennent grâce à la *sélection naturelle** ; ces comportements doivent donc avoir une *base génétique*, puisque la sélection naturelle ne peut pas agir en l'absence de variation génétique. Les sociobiologistes ont essayé, par exemple, de découvrir un fondement génétique, adaptatif, pour l'agressivité, la rancune, la xénophobie, le conformisme, l'homosexualité**, et peut-être pour l'ascension sociale également (Wilson, 1975).

Je pense que la biologie moderne fournit un modèle qui se situe à mi-chemin entre cette thèse décourageante selon laquelle la biologie n'a rien à nous apprendre sur le comportement humain et la théorie

---

* Le tohu-bohu qu'a suscité la sociobiologie, ces années passées, fut causé par la version dure de cette argumentation, celle qui proposait (en s'appuyant sur une déduction de l'adaptation) une intervention génétique dans des comportements humains spécifiques. D'autres spécialistes de l'évolution ont pris ce même nom de « sociobiologistes », mais ont rejeté ce type de considérations intuitives sur des exemples précis. Si un sociobiologiste est quelqu'un qui croit que l'évolution biologique n'est pas sans rapport avec le comportement humain, je suppose alors que tout le monde (à l'exception des créationnistes) est sociobiologiste. Parvenu à ce point, du reste, le terme perd sa signification et on peut très bien l'abandonner. La sociobiologie humaine a fait son entrée dans la littérature (professionnelle et de vulgarisation) comme une théorie bien précise traitant de la base génétique et adaptative des caractères spécifiques du comportement humain. Si elle a échoué dans son dessein — comme je le pense —, l'étude des rapports entre la biologie et le comportement humain devrait recevoir un autre nom. Dans un monde inondé de jargon, je ne vois pas pourquoi la « biologie comportementale » *(behavioral biology)* ne pourrait pas prendre sous son égide ce prolongement légitime de son domaine.

** Pour qu'on ne considère pas l'homosexualité comme peu susceptible d'aider à l'adaptation, les homosexuels exclusifs n'ayant pas d'enfants, voici l'argumentation développée par E.O. Wilson (1978). La société humaine était jadis formée d'un grand nombre d'unités familiales concurrentes. Certaines d'entre elles étaient exclusivement hétérosexuelles ; dans d'autres unités, le pool génétique comprenait des facteurs d'homosexualité. Les homosexuels contribuaient à l'éducation des enfants de leur parentèle hétérosexuelle. Ce comportement profitait à leurs gènes puisque ces nombreux enfants apparentés qu'ils aidaient à élever étaient porteurs d'une quantité de copies de leurs gènes plus grande que celle dont aurait été porteuse leur propre progéniture (s'ils avaient été hétérosexuels). Les groupes comprenant des assistants hétérosexuels élevaient davantage de descendants, puisqu'ils pouvaient plus que contrebalancer, grâce à des soins plus attentifs et à un taux de survie plus élevé, la perte potentielle due à l'infécondité de leurs membres homosexuels. Ainsi, au bout du compte, les groupes possédant des membres homosexuels l'emportèrent sur les groupes exclusivement hétérosexuels et les gènes de l'homosexualité ont survécu.

déterministe d'après laquelle les comportements spécifiques sont génétiquement programmés par l'action de la sélection naturelle. Je vois deux domaines où la biologie peut apporter ses lumières.

1. Les analogies fécondes. La plus grande part des comportements humains sont d'ordre adaptatif ; s'il n'en était pas ainsi, nous ne serions plus là. Mais l'adaptation, chez les humains, n'est pas un argument approprié, ni même tout simplement un bon argument, en faveur d'une influence génétique. Car chez les humains, l'adaptation peut se réaliser par le biais de l'évolution culturelle, non génétique. Celle-ci étant incomparablement plus rapide que l'évolution darwinienne, son influence prévaudra dans la diversité des comportements dont font preuve les groupes humains. Mais, même lorsqu'un comportement adaptatif n'est pas génétique, l'analogie biologique peut servir à en déchiffrer la signification. Les contraintes adaptatives sont souvent fortes et certaines fonctions doivent parfois emprunter des chemins obligatoires, que leur impulsion profonde sous-jacente soit les connaissances ou la programmation génétique.

Par exemple, les écologistes ont développé une puissante théorie quantitative appelée stratégie optimale de chasse et de cueillette (optimal foraging strategy) dont le but est l'étude des modèles d'exploitation de la nature (les herbivores par les carnivores, les plantes par les herbivores). Un anthropologiste de l'université Cornell, Bruce Winterhalder, a montré qu'une communauté de peuples de langue Cree du nord de l'Ontario suivent certaines prédictions de la théorie dans leur façon de pratiquer la chasse et le piégeage. Bien que Winterhalder ait utilisé une théorie biologique pour comprendre certains aspects de la chasse humaine, il ne pense pas que les hommes qu'il a étudiés soient génétiquement sélectionnés pour chasser comme la théorie écologique le prévoit.

> Il devrait aller sans dire [...] que les causes de la variabilité humaine dans la pratique de la chasse et de la cueillette appartiennent au domaine socioculturel. Pour cette raison, les modèles que j'ai utilisés étaient adaptés, non adoptés, et ensuite appliqués à un domaine d'analyse bien délimité. [...] Par exemple, les modèles nous aident à analyser quelle espèce un chasseur cherchera parmi toutes celles qu'il a à sa disposition *une fois que la décision d'aller chasser a été prise* [c'est lui qui souligne]. Ils nous servent donc à répondre à une pléthore de questions importantes, notamment à analyser pourquoi les Cree continuent à chasser (ils n'en ont pas besoin), comment ils décident du jour où ils iront chasser ou de celui où ils se joindront à une équipe de construction, quelle est la signification de la chasse pour un Cree (communication personnelle, juillet 1978).

Dans ce domaine, les sociobiologistes sont souvent tombés dans l'une des erreurs les plus communes du raisonnement, consistant à déduire de la découverte d'une analogie une similitude génétique. Les analogies sont utiles, mais limitées ; elles peuvent traduire des contraintes communes, mais pas forcément des causes communes.

2. Potentialité biologique contre déterminisme biologique. Les humains sont des animaux et tous nos actes sont accomplis, en un certain sens, sous la férule de notre biologie. Certaines contraintes font tellement partie intégrante de notre être que nous nous en rendons rarement compte, car jamais il ne nous viendrait à l'idée que la vie puisse se dérouler autrement. Prenons, par exemple, l'étroite variabilité des tailles moyennes des adultes et les conséquences qu'entraîne le fait de vivre dans le monde gravitationnel des organismes de grandes dimensions et non dans celui des forces superficielles habité par les insectes (Went, 1968 ; Gould, 1977). Ou le fait de naître sans défense (ce qui n'est pas le cas de tous les animaux, loin de là), de nous développer lentement, de devoir dormir pendant une bonne partie de la journée, d'être incapables de réaliser la photosynthèse, de digérer à la fois viande et végétaux, de vieillir et de mourir. Ces caractéristiques sont dues à notre édifice génétique et toutes exercent une forte influence sur la nature humaine et sur la société.

Ces limitations biologiques sont si évidentes qu'elles n'ont jamais donné lieu à des controverses. Les sujets litigieux portent sur des comportements spécifiques qui nous touchent particulièrement et dont nous nous efforçons, avec beaucoup de mal, de nous débarrasser (ou, au contraire, que nous apprécions et que nous craignons de perdre) : l'agressivité, la xénophobie, la domination masculine, par exemple. Les sociobiologistes ne sont pas des déterministes génétiques comme l'étaient les eugénistes d'hier pour qui il existait un gène unique correspondant à chaque comportement, aussi complexe soit-il. Tous les biologistes savent qu'il n'y a pas de gène « pour » l'agression, pas plus que pour votre dent de sagesse inférieure gauche. Nous admettons tous que l'influence génétique peut se répartir de manière diffuse entre les nombreux gènes et que ceux-ci fixent les limites des possibilités de variation ; ils ne fournissent pas de plans permettant d'obtenir des répliques exactes. En un sens, le débat entre les sociobiologistes et leurs adversaires se résume à une évaluation différente des marges de variabilité. Pour les sociobiologistes, celles-ci sont suffisamment étroites pour que, à partir de la possession de certains gènes, on puisse prédire la programmation d'un comportement bien particulier. Selon leurs contradicteurs, les marges autorisées par ces facteurs génétiques sont assez larges pour inclure tous les comportements que les sociobiologistes atomisent en caractères distincts, codés par des gènes séparés.

Mais, par ailleurs, le conflit qui m'oppose à la sociobiologie humaine n'est pas qu'un désaccord quantitatif sur la portée des gènes. Il ne pourra pas se régler à l'amiable à mi-chemin des deux thèses, les sociobiologistes acceptant des marges moins rigides et leurs adversaires une contrainte un peu plus forte. Les avocats des deux partis n'occupent pas des positions différentes dans un continuum homogène ; ils soutiennent des théories qualitativement divergentes sur la nature biologique du comportement humain. Si les marges de variation sont étroites, c'est que les gènes codent des caractères spécifiques et que la sélection naturelle peut engendrer et maintenir séparément des comportements individuels. Si ces marges ont pour caractéristique d'être larges, c'est que la sélection établit bien des lois constitutives à un niveau très profond mais que les comportements spécifiques sont des épiphénomènes de ces lois et non des objets dignes de l'attention darwinienne.

Je crois que les sociobiologistes ont commis une erreur de catégories. Ils pensent trouver la base génétique du comportement humain à un niveau qui n'est pas le sien. Ils mènent leur enquête parmi les produits spécifiques des lois constitutives (l'homosexualité de l'un ou la peur des étrangers de l'autre), alors que ce sont les lois elles-mêmes qui sont les structures génétiques profondes du comportement humain. Par exemple, E.O. Wilson (1978, p. 153) écrit : « Les êtres humains sont-ils naturellement agressifs ? Voilà la question préférée des séminaires d'université et des conversations mondaines, question propre à soulever l'émotion chez les idéologues politiques de tous bords. La réponse est oui. » Wilson cite comme preuve le caractère généralisé des guerres dans l'histoire, tout en refusant de prendre en compte tous les cas de répugnance au combat : « Les tribus les plus pacifiques d'aujourd'hui sont souvent celles qui commirent les plus grands ravages hier et au sein desquelles se recruteront les soldats et les tueurs de demain. » Mais si certains peuples sont paisibles maintenant, ce n'est donc pas l'agression elle-même qui est codée dans nos gènes, mais seulement sa potentialité. Or si inné ne signifie que possible, ou même probable dans certains environnements, alors tout ce que nous faisons est inné et le mot n'a plus de signification. L'agression est une expression d'une même loi constitutive qui, dans d'autres circonstances, peut conduire à une attitude pacifique. La variété des comportements qui résulte de cette loi est impressionnante et apporte un bon témoignage de cette flexibilité qui est la caractéristique spécifique du comportement humain. Celle-ci ne doit pas être obscurcie par l'erreur de langage consistant à qualifier d'« innées » certaines manifestations prévisibles de la loi dans certains milieux.

Les sociobiologistes agissent comme si Galilée avait réellement gravi la tour de Pise (il ne semble pas qu'il l'ait fait), y avait jeté d'en haut une série d'objets divers et avait cherché une explication séparée pour chacun d'eux : le plongeon du pavé serait un effet de sa « pavéité » ; le lent vol plané de la plume tiendrait à sa « plumité ». On sait ce qu'il en est de la chute des corps. Les formes très diverses qu'elle peut prendre proviennent de l'interaction de deux lois physiques, la pesanteur et la résistance de l'air. On peut ainsi obtenir un millier de styles variés de descente. Si on se concentre sur les objets et qu'on cherche en chacun d'eux l'explication des phénomènes observés, on est perdu.

La recherche de la base génétique de la nature humaine dans les comportements spécifiques des hommes est un exemple de *déterminisme biologique*. En s'efforçant de dégager les lois constitutives, on aboutit au concept de *potentialité biologique*. La question ne se pose pas en termes de nature biologique opposée à un acquis non biologique. Le déterminisme et la potentialité sont deux théories biologiques, mais elles cherchent la base génétique de la nature humaine à des niveaux fondamentalement différents.

Si l'on poursuivait l'analogie galiléenne, si l'on pensait que les pavés agissent de par leur pavéité et les plumes de par leur plumité, il ne nous resterait qu'une chose à faire, concocter quelque explication de la signification adaptative de chacun des phénomènes. Jamais il ne nous viendrait à l'idée de réaliser la grande expérience historique qui consiste à uniformiser les conditions de milieu en plaçant les deux objets dans le vide, seule solution expérimentale permettant d'observer que les chutes sont identiques. Cet exemple imaginaire nous permet de saisir le rôle social du déterminisme biologique. Car cette doctrine est fondamentalement une théorie des limites. Elle considère que la gamme des comportements dans les environnements actuels est l'expression d'une programmation génétique directe, plutôt qu'une manifestation limitée d'un potentiel beaucoup plus large. Si une plume agit par plumité, il nous est impossible, tant qu'elle reste une plume, de changer son comportement. Si, par contre, celui-ci est une expression de lois générales, liée à des circonstances particulières, on peut s'attendre à trouver une grande variété de réactions suivant les milieux.

Pourquoi les comportements humains présenteraient-ils une si grande variabilité, alors que, sur le plan anatomique, les possibilités sont généralement plus restreintes ? Cette idée de flexibilité des comportements n'exprime-t-elle qu'un espoir social ou est-elle corroborée par la biologie ? Deux arguments différents m'amènent à conclure que la grande variabilité observée doit découler des conséquences de l'évolution et de l'organisation structurale du cerveau. En premier lieu, voyons les raisons adaptatives qui ont pu entraîner le développement d'un cerveau aussi volumineux. Le caractère unique des humains réside dans la flexibilité des capacités de leur cerveau. Qu'est-ce que l'intelligence sinon l'aptitude à résoudre les problèmes de façon non programmée (ou, comme nous disons souvent, créatrice) ? Si l'intelligence nous assigne une place à part dans le monde vivant, je pense alors qu'il est probable que la sélection naturelle ait agi de manière à rendre maximale la flexibilité de notre comportement. Qu'est-ce qui aidera le plus à l'adaptation d'un animal qui pense et apprend : des gènes choisis pour l'agression, la rancune, la xénophobie, ou la sélection de lois d'apprentissage qui engendreront une attitude agressive dans certaines circonstances appropriées ou une conduite pacifique dans d'autres ?

En second lieu, il faut bien prendre garde à ne pas accorder trop de pouvoir à la sélection naturelle en considérant toutes les capacités fondamentales de notre cerveau comme des adaptations directes. Je ne doute pas un instant que la sélection naturelle ait joué un rôle actif dans l'apparition de notre cerveau démesuré et je pense, avec la même certitude, que notre encéphale a pris de telles proportions pour s'adapter à des rôles bien précis (probablement pour assurer de multiples fonctions agissant les unes sur les autres). Mais ces deux hypothèses ne doivent pas nous amener à croire, comme le font trop souvent les darwiniens stricts, que les principales facultés de notre cerveau sont des produits directs de la sélection naturelle. Notre cerveau est un ordinateur extraordinairement élaboré. Si on installe un ordinateur beaucoup plus simple dans une entreprise pour y tenir les comptes, cette machine pourra également y accomplir de nombreuses autres tâches, plus complexes et sans rapport avec sa vocation première. Ces extensions sont des conséquences inéluctables de la structure de l'instrument, mais non des adaptations directes. Il y eut aussi des raisons précises qui présidèrent à la construction de notre ordinateur organique — ô combien plus complexe qu'une machine de bureau —, mais celui-ci offre aussi une quantité presque terrifiante de possibilités supplémentaires, y compris, à mon avis, la plupart de celles qui font de nous des humains. Nos ancêtres ne savaient ni lire ni écrire, ne se demandaient pas pourquoi la plupart des étoiles ne changent pas leur position relative alors que cinq points lumineux et deux disques de dimensions plus larges suivent un chemin appelé à présent le zodiaque. On ne doit pas nécessairement voir en Bach un heureux effet secondaire du rôle joué par la musique dans la cohésion tribale ou en Shakespeare une conséquence bénéfique de la fonction unificatrice qu'assumaient le mythe et le récit épique dans les groupes de chasseurs. La plupart des « traits » de comportement que les sociobiologistes essaient d'expliquer ont fort bien pu n'avoir jamais été directement soumis à l'action de la sélection naturelle et peuvent donc présenter une flexibilité que des caractères essentiels à la survie ne peuvent jamais montrer. Ces conséquences complexes de la conception structurale méritent-elles le nom de « traits » ? Cette tendance à atomiser un répertoire comportemental en une série de « choses » distinctes n'est-elle pas un autre exemple de cette réification qui a vicié les études de l'intelligence au cours de tout notre siècle ?

La flexibilité est la marque caractéristique de l'évolution humaine. Si les humains ont évolué, comme je le pense, par néoténie (voir chapitre III et Gould, 1977, pp. 352-404), c'est à perpétuité que nous sommes des enfants, et cela en un sens qui n'est pas seulement métaphorique. Dans la néoténie, le développement se ralentit et les stades de jeunesse des ancêtres deviennent les phases adultes des descendants. De nombreux caractères essentiels de notre anatomie nous rattachent aux phases fœtales et juvéniles des primates : un visage petit, un crâne voûté et un cerveau volumineux proportionnellement à la taille du corps, des gros orteils alignés sur les autres, un trou occipital placé sous le crâne, ce qui permet d'orienter la tête dans la bonne direction quand le corps est en position verticale, une pilosité limitée avant tout à la tête, aux aisselles et à la zone pubique. Une image vaut souvent mieux que de longues explications et la figure 6.1 illustrera parfaitement mon propos. Chez d'autres mammifères, l'exploration, le jeu et la flexibilité du comportement sont les qualités que l'on rencontre chez les jeunes, rarement chez les adultes. Nous avons gardé non seulement l'empreinte anatomique de l'enfance, mais aussi sa souplesse mentale. L'idée que, en ce qui concerne l'évolution humaine, la sélection naturelle a dû travailler dans le sens d'une plus grande flexibilité n'est pas une notion née uniquement d'une vision optimiste de la vie, mais une implication de ce processus fondamental de notre évolution qu'est la néoténie. Les humains sont des animaux capables d'apprendre.

Dans le roman de T.H. White, *The Once and Future King*, un blaireau rapporte une parabole sur l'origine des êtres vivants. Dieu, raconte-t-il, créa tous les animaux sous la forme d'embryons et les convoqua un par un devant son trône en leur proposant d'ajouter à leur anatomie tout ce qu'ils désiraient. Tous choisirent des caractères adultes spécialisées : le lion des griffes et des dents acérées, le cerf des bois et des sabots. L'embryon humain s'avança en dernier et dit :

> Mon Dieu, je pense que Vous m'avez donné la forme qui est la mienne pour des raisons connues de Vous seul et qu'il serait malséant de vouloir en changer. Si je dois effectuer un choix, je souhaiterais rester comme je suis. Je ne changerais aucun des organes que Vous m'avez donnés. [...] Je resterais toute ma vie un embryon sans défense, en m'ingéniant à me fabriquer quelques faibles outils à partir du bois, du fer et des autres matériaux que Vous aurez jugé bon de mettre devant moi. [...] » « Bien joué, s'exclama le Créateur ravi. Approchez, vous autres embryons, venez, avec vos becs et vos machins, venez regarder Notre premier Homme. Il est le seul à avoir deviné Notre énigme. [...] Quant à toi, Homme, [...] tu ressembleras à un embryon jusqu'au jour de ton enterrement, mais tous les autres seront des embryons devant ton pouvoir. Éternellement immature, tu demeureras toujours en puissance à Notre image, capable de voir certains de Nos chagrins et de ressentir certaines de Nos joies. Nous sommes en partie désolé pour toi, Homme, mais en partie rempli d'espoir. Va donc ton chemin et fais de ton mieux. »

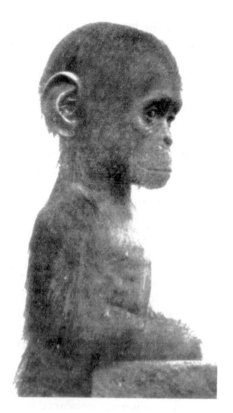

6.1 Bébé chimpanzé adulte. La ressemblance entre le jeune singe et les humains illustre le principe de la néoténie dans l'évolution humaine.

Épilogue

En 1927, Oliver Wendell Holmes Jr. prononça la décision de la Cour suprême qui, dans l'affaire Buck/Bell confirmait la loi de l'État de Virginie sur la stérilisation. Carrie Buck, jeune mère d'un enfant prétendument débile, avait obtenu un âge mental de neuf ans sur l'échelle métrique Stanford-Binet. La mère de Carrie Buck, qui avait alors cinquante-deux ans, avait présenté aux tests un âge mental de sept ans. Holmes écrivit, dans une des déclarations les plus célèbres et les plus terrifiantes de notre siècle :

> Nous avons vu plus d'une fois que la collectivité peut, pour le bien de tous, demander à ses meilleurs citoyens de faire don de leur vie. Il serait étrange qu'elle ne puisse pas demander à ceux qui déjà sapent la force de l'État de consentir à ces sacrifices bien moindres. [...] Trois générations d'imbéciles, cela suffit.

(Cette dernière phrase est souvent rapportée sous une forme erronée : « Trois générations d'idiots [...]. » Mais Holmes connaissait le jargon technique de son temps et les Buck, quoique n'entrant pas dans la catégorie des individus « normaux » selon les critères établis par le Stanford-Binet, se situaient à un degré au-dessus des idiots.)

L'affaire Buck/Bell est un jalon de l'histoire, un événement évoquant dans mon esprit un passé lointain et révolu. Je fus d'autant plus heurté par un article paru dans le *Washington Post* du 23 février 1980, car il y a peu de choses qui soient aussi déroutantes qu'une brusque juxtaposition d'événements que l'on croyait nettement ordonnés et séparés dans le temps. Le titre du journal disait : « Plus de 7 500 personnes stérilisées en Virginie. » La loi que Holmes entérina avait été appliquée pendant quarante-huit ans, de 1924 à 1972. Les opérations avaient été effectuées dans des établissements psychiatriques, principalement sur des hommes et des femmes de race blanche considérés comme faibles d'esprit et antisociaux, notamment « des mères célibataires, des prostituées, des petits délinquants et des enfants présentant des problèmes disciplinaires ».

Carrie Buck, qui avait alors plus de soixante-dix ans, vivait encore près de Charlottesville. Plusieurs journalistes et scientifiques lui ont rendu visite, ainsi qu'à sa sœur, Doris, pendant leurs dernières années. Ces deux femmes, bien que peu instruites, étaient manifestement saines d'esprit et intelligentes. Néanmoins, Doris Buck a été stérilisée en 1928 en vertu de la même loi. Plus tard, elle se maria avec un plombier, Matthew Figgins. Mais jamais on ne l'informa de ce qui lui était arrivé. « Ils m'ont dit, se souvient-elle, qu'ils m'opéraient d'une appendicite et d'une hernie. » Son mari et elle tentèrent d'avoir un enfant. Ils consultèrent des médecins dans trois hôpitaux différents ; aucun d'entre eux ne reconnut que ses trompes utérines avaient été sectionnées. L'année dernière, Doris Buck Figgins finit par découvrir ce qui avait causé le chagrin de toute sa vie.

On pourrait se livrer à un froid calcul et dire que la déception de Doris Buck ne pèse pas lourd à côté des millions de morts, victimes de guerres provoquées par l'ambition démente ou l'orgueil de dirigeants. Mais peut-on mesurer la souffrance que cause un seul rêve insatisfait, l'espérance d'une femme sans défense brisée par la puissance publique au nom d'une idéologie prônant la purification de la race ? Puissent les paroles simples et éloquentes de Doris Buck porter témoignage pour les millions de morts, les millions d'espoirs bafoués et nous aider à nous souvenir que le sabbat est fait pour l'homme et non l'homme pour le sabbat : « Je me suis mise à pleurer. Mon mari et moi, on voulait tellement avoir des enfants. On en avait terriblement envie. Je n'avais jamais su ce qu'ils m'avaient fait. »

Critique de *The Bell Curve*

THE BELL CURVE

Le livre de Richard J. Herrnstein et Charles Murray, *The Bell Curve*, fournit une excellente occasion, sortant de l'ordinaire, d'examiner la valeur de la démarche expérimentale en tant que méthode scientifique. L'objectif premier de toute expérience est de démêler les effets des variables agissant simultanément. Pour faire face dans nos laboratoires au bouillonnement des phénomènes intervenant dans le monde, nous essayons de le simplifier artificiellement en ne faisant varier qu'un facteur à la fois et en maintenant tous les autres constants. Il est fréquent, cependant, qu'on ne puisse recourir à la méthode expérimentale, particulièrement dans le cas des phénomènes sociaux, dès l'instant où l'étude en laboratoire du phénomène que l'on désire comprendre ne peut conduire qu'à son anéantissement — et l'on ne peut alors qu'attendre avec impatience que le monde extérieur nous fournisse les moyens de pratiquer les simplifications recherchées. Et si cet événement se produit effectivement, sous la forme du maintien à un niveau constant de certains facteurs cruciaux, nous ne pouvons alors que dire « merci » à ce monde extérieur pour son concours au progrès des connaissances.

Lorsqu'un livre fait l'objet d'autant d'attention que *The Bell Curve*, on a envie d'en connaître les causes. On peut soupçonner que son contenu lui-même constitue la principale d'entre elles : il s'agit peut-être d'une idée nouvelle et surprenante ; ou d'une vieille hypothèse qui se trouve à présent vérifiée grâce à des observations convaincantes. Mais la raison peut tout aussi bien se trouver dans son acceptabilité sociale, ou purement et simplement dans le battage publicitaire accompagnant le livre. *The Bell Curve* ne contient aucun argument nouveau, ni ne présente aucune preuve irrésistible pour étayer son social-darwinisme anachronique. Je suis donc obligé d'en conclure qu'il n'est arrivé à attirer une telle attention qu'en raison du climat déprimant de notre époque, marqué par l'abandon de l'esprit de générosité à un point sans précédent, de telle sorte que les mesures de restriction de l'aide sociale peuvent maintenant être encouragées par des théories affirmant qu'il ne sert à rien d'aider les plus démunis, puisqu'ils sont, d'après elle, dotés héréditairement de capacités intellectuelles inférieures, comme le prouvent (prétendument) leurs faibles résultats aux tests de QI.

The Bell Curve fait appel à deux thèses distinctes qui se complètent et représentent, prises ensemble, la plate-forme classique du déterminisme biologique, en tant que théorie sociale. La première (avancée dans le cadre des douze premiers chapitres) ressasse les principes classiques du social-darwinisme, tel qu'il a été originellement formulé. (L'expression « darwinisme social » est souvent employée pour désigner n'importe quelle sorte d'explication des différences entre les êtres humains sur des bases de biologie évolutive, mais sa signification se rapportait, à l'origine, à une théorie particulière de la structuration de la société industrielle en différentes classes, en vertu de laquelle, notamment, il existait une classe inférieure de pauvres en permanence, composée de personnes héréditairement sous-douées et condamnées inévitablement à ce destin pour cette raison biologique.)

Cette première partie social-darwiniste de *The Bell Curve* invoque un égalitarisme paradoxal. Elle affirme, en effet, que dans la mesure où des personnes peuvent se retrouver au sommet de la hiérarchie sociale parce que le hasard de leur naissance les a dotées d'un nom à particule ou de parents riches, et où les membres des couches moins favorisées ne peuvent pas s'élever quel que soit leur talent, la structuration de la société en classes ne reflète pas le mérite intellectuel, et l'intelligence supérieure figure dans toutes les couches sociales. Mais, s'il existait une véritable égalité des chances dans l'obtention des emplois et des postes, alors les personnes intelligentes pourraient s'élever dans l'échelle sociale, tandis que les classes inférieures ne retiendraient plus que les personnes intellectuellement incompétentes.

Cette argumentation datant du XIXe siècle a séduit toute une série de personnages au XXe siècle, notamment le psychologue de l'université Stanford, Lewis M. Terman, qui a importé le test mis au point originellement par Binet en France, et a élaboré ce que l'on a appelé le test de QI Stanford-Binet, en donnant une interprétation héréditariste aux résultats ainsi obtenus (démarche que Binet avait vigoureusement combattue, lorsqu'il avait mis au point ce type de test) ; le Premier ministre de Singapour Lee Kuan Yew, qui a essayé d'instaurer un programme eugéniste, en encourageant les femmes titulaires de diplômes à procréer davantage ; et Richard Herrnstein, co-auteur de *The Bell Curve* et auteur en 1971 d'un article de *The Atlantic Monthly* qui avait développé la même argumentation que ce dernier ouvrage, mais sans s'appuyer sur aucune donnée. Cette première thèse social-darwiniste, défendue des chapitres 1 à 12 de *The Bell Curve*, n'est globalement ni inintéressante ni illogique, mais demande que soient vérifiées quatre hypothèses douteuses (Herrnstein et Murray affirment qu'elles sont toutes quatre confirmées, mais sans guère le démontrer). Il faut, selon ces quatre hypothèses, que l'intelligence puisse se quantifier au moyen d'un seul chiffre ; qu'elle puisse donner lieu à un classement des individus selon un ordre linéaire ; qu'elle soit déterminée génétiquement ; et qu'elle soit pratiquement impossible à modifier. Si l'une ou l'autre de ces quatre hypothèses n'est pas vérifiée, la totalité de la thèse s'effondre. Par exemple, si toutes les hypothèses sont vérifiées, à l'exception de l'inchangeabilité, alors, on pourra envisager des programmes d'aide scolaire précoce, susceptibles d'améliorer définitivement le QI des individus concernés, tout comme une paire de lunettes est susceptible de corriger un défaut de vision d'origine génétique. La première thèse de *The Bell Curve* (qui est en même temps sa thèse centrale) est indéfendable, parce que la plupart des hypothèses sur lesquelles elle repose ne peuvent pas être confirmées.

La seconde thèse (du chapitre 13 au chapitre 22) est celle qui a polarisé l'attention de la plupart des commentaires. Elle consiste à passer de l'idée d'une stratification des classes sociales en fonction des capacités intellectuelles héréditaires à celle de l'existence supposée de différences héréditaires entre les races en matière de QI : on constaterait, paraît-il, une petite supériorité des Asiatiques par rapport aux Caucasiens, et une grande supériorité des Caucasiens par rapport aux individus d'origine africaine. Cette thèse est, en fait, aussi vieille que l'étude des races. Vingt ans plus tôt, le débat s'était cristallisé autour du travail très élaboré d'Arthur Jensen (bien plus étoffé et varié que tout ce qui est présenté dans *The Bell Curve*, et constituant donc une bien meilleure source pour comprendre et critiquer la seconde thèse qui est avancée dans ce dernier ouvrage), ainsi qu'autour des propositions biscornues de William Shockley.

L'erreur capitale de la position héréditariste est bien connue de tout le monde, et est même admise par Herrnstein et Murray : elle consiste à invoquer l'importante héritabilité du QI au sein des groupes (celui des Blancs, par exemple) pour expliquer la différence de moyennes entre les groupes (Blancs versus Noirs, par exemple). Il n'est pas inutile de revenir sur ce point, en se référant à un exemple. Considérons un trait physique présentant une héritabilité bien plus élevée que tout ce qui a été affirmé au sujet du QI, mais ne suscitant aucune controverse politique : la taille corporelle. Supposez que je mesure la taille des hommes adultes vivant dans un village indien pauvre, où règne une malnutrition chronique. Je vais, par exemple, trouver que la taille moyenne de ces hommes adultes est de 1,67 mètre, c'est-à-dire bien en dessous de la taille moyenne actuelle des habitants des États-Unis (1,75 mètre). L'héritabilité de la taille au sein du village est élevée, ce qui veut dire que les pères de grande taille (par exemple, mesurant en moyenne 1,72 mètre) tendent à avoir des fils de grande taille, tandis que les pères de petite taille (1,62 mètre de moyenne) tendent à avoir des fils de petite taille. Mais ce n'est pas parce que l'héritabilité de la taille est élevée au sein du village que cela empêchera une meilleure alimentation d'élever la moyenne de ses habitants jusqu'à 1,77 mètre (c'est-à-dire au-dessus de la moyenne des Américains) en quelques générations. De la même manière, ce n'est pas parce que la différence moyenne de quinze points aux résultats des tests de QI entre les Blancs et les Noirs aux États-Unis est accompagnée d'une héritabilité élevée du QI dans les lignée familiales au sein de chacun de ces deux groupes ethniques, qu'il faut en conclure que la moyenne des Noirs ne pourrait jamais égaler ou surpasser la moyenne des Blancs, même si les premiers pouvaient bénéficier de meilleures conditions sociales.

Puisque Herrnstein et Murray connaissent cette critique et admettent qu'elle est justifiée, c'est sans doute par pure conviction qu'ils attribuent à un déterminisme génétique irrévocable la plus grande partie de la différence entre Blancs et Noirs (tout en soulignant, fort justement, qu'on ne doit pas invoquer cette différence entre les moyennes pour juger des capacités de telle ou telle personne, étant donné que de nombreux Noirs ont des résultats aux tests de QI qui dépassent la moyenne de QI des Blancs). Indépendamment du caractère douteux de ce type d'argument usé jusqu'à la corde (« certains de mes meilleurs amis appartiennent à tel groupe ethnique »), Herrnstein et Murray font preuve d'une certaine malhonnêteté, puisqu'ils transforment un problème complexe ne pouvant conduire qu'à l'agnosticisme en un plaidoyer tendancieux en faveur de différences permanentes et héritables. Ils impriment cette orientation aux données disponibles en grossissant énormément tout ce qui va dans leur sens, et en minimisant les fortes indications en faveur d'une importante malléabilité du QI et du niveau faible des différences génétiques moyennes (augmentation considérable du QI chez enfants noirs d'origine modeste adoptés par des familles riches et de niveau intellectuel élevé ; augmentation du QI chez certaines nations, depuis la Seconde Guerre mondiale, dans une mesure égale aux quinze points de différence séparant actuellement les Blancs et les Noirs aux États-Unis ; impossibilité de trouver la moindre différence dans les capacités intellectuelles respectives d'enfants naturels de soldats américains noirs et blancs, nés en Allemagne et élevés dans ce pays en tant que citoyens allemands).

Ce n'est pas seulement que je trouve désarmant le côté anachronique de *The Bell Curve* ; je suis encore plus navré par la malhonnêteté dont il est totalement imprégné. Les auteurs passent sous silence des faits, utilisent de façon erronée les méthodes statistiques, et semblent ne pas vouloir admettre les conséquences de leurs propres affirmations.

MALHONNÊTETÉ DU CONTENU

The Bell Curve a fait énormément de bruit dans les médias, parce que, comme Murray et Herrnstein l'ont dit (juste avant la sortie du livre) dans le numéro du 31 octobre 1994 de *The New Republic*, « la question de l'intelligence est un sujet brûlant pour le grand public, car elle touche à celle des différences génétiques entre les races ». Et, cependant, depuis que l'ouvrage est paru, Murray ne cesse de louvoyer et de dire que la question des différences entre races n'en constitue pas même une partie importante ; bien plus, il accuse la presse de malhonnêteté en cherchant à attiser cette querelle. Dans *The New Republic*, il a écrit avec Herrnstein (qui est mort juste un mois avant la parution du livre) : « Voici le message que nous voudrions faire passer dans le débat. Nous l'écrivons en italique, faute de pouvoir l'écrire en lettres fluorescentes : *les différences en question n'ont pas tellement d'importance.* »

Il pourrait formuler ainsi le message principal de son livre, si celui-ci se bornait à stipuler que des individus brillants existent dans tous les groupes ethniques, même s'ils sont relativement moins nombreux dans le groupe en moyenne inférieur (ce qui impliquerait qu'il ne faudrait donc jamais juger tel ou tel individu d'après la moyenne de son groupe). Mais Murray ne peut nier que *The Bell Curve* traite des races, en tant que seconde thèse majeure de l'ouvrage, occupant autant de place que la première ; il ne peut pas non plus prétendre que des affirmations nettement formulées en matière de différences entre groupes ethniques n'ont aucun impact politique, alors que notre pays est obsédé par la question des races et de leur rapport. La toute première phrase de la préface de *The Bell Curve* reconnaît explicitement que deux sujets seront abordés de concert : celui des différences entre individus et celui des différences entre groupes. Cette première phrase dit en effet : « Ce livre porte sur les différences de capacités intellectuelles entre individus et entre groupes ethniques, et sur l'importance que revêtent ces différences pour l'avenir de l'Amérique. » Et l'article de Murray et Herrnstein dans *The New Republic* débute en soulignant que les différences entre races représentent un sujet d'importance cruciale : « Les discours tenus dans le privé sur les races sont très différents de ceux qui sont affichés publiquement. »

MALHONNÊTETÉ DE L'ARGUMENTATION

The Bell Curve est un chef-d'œuvre de scientisme et s'appuie au maximum sur l'anxiété que suscitent les chiffres chez les commentateurs non scientifiques. L'ouvrage comprend huit cent quarante-cinq pages, dont plus de cent d'appendices bourrés de diagrammes. Le texte en paraît donc compliqué et les auteurs qui doivent rendre compte de ce livre sont généralement intimidés. Ils déclarent presque systématiquement que, tout en soupçonnant des erreurs dans l'argumentation, ils ne sont pas vraiment en mesure de porter un jugement. C'est ainsi que Mickey Kaus écrit dans *The New Republic* (31 octobre 1994) : « En tant que non-scientifique, je suis incapable de juger loyalement de *The Bell Curve* », de même que Leon Wieseltier dans le même numéro : « Murray dissimule également la sévérité de ses options politiques derrière la sévérité de ses démonstrations scientifiques. Mais celles-ci, à ce qu'il me semble, ne sont pas très solides [...] du moins, c'est que je crois, car je ne suis pas scientifique, et je ne connais pas la psychométrie. » Ou Peter Passel dans le *New York Times* (27 octobre 1994) : « Mais l'auteur de ce compte rendu n'est pas biologiste et laisse donc aux experts le soin de trancher. »

En fait, *The Bell Curve* est un ouvrage extraordinairement unilatéral. Ce livre n'essaie à aucun moment de passer en revue la gamme des données disponibles, et, de façon étonnante, ne prête que très peu d'attention à l'histoire riche d'enseignements de ce sujet controversé. (Il est bon ici de se rappeler de la maxime de Santayana*, qui est devenue un cliché repris dans de nombreuses œuvres de réflexion : « Ceux qui ne peuvent se rappeler le passé sont condamnés à le répéter. ») Pratiquement toute l'argumentation développée dans ce livre ne repose que sur une seule série de données, analysée au moyen d'une seule technique — analyse qui a probablement été entièrement exécutée en un seul traitement à l'ordinateur. (Je reconnais que les auteurs ont effectivement utilisé la technique la plus appropriée [la régression multiple] et la meilleure source pour leurs données [le « suivi longitudinal de la jeunesse au niveau national »], mais je montrerai plus loin que leur méthode est entachée d'une erreur fondamentale.) Cependant, une approche aussi limitée ne peut tout simplement pas permettre de défendre adéquatement (c'est-à-dire de soumettre à l'épreuve de la réfutation ou de la confirmation) des thèses d'aussi vaste portée que celles avancées dans *The Bell Curve*.

Les non-scientifiques qui ont fait des comptes rendus critiques de ce livre auraient pu en saisir les erreurs et les insuffisances flagrantes, si seulement ils ne s'étaient pas laissé intimider par les chiffres — car Herrnstein et Murray écrivent vraiment de façon très claire, et leurs erreurs sont manifestes et très accessibles. Je vais maintenant les décrire, en les rangeant en deux catégories : les unes représentent des omissions et des confusions ; les autres sont des erreurs de fond.

---

* George Santayana (1863-1952), philosophe américain d'origine espagnole. (*N.d.T.*)

1. *Omissions et confusions.* Tout en disant qu'il n'était pas, par lui-même, capable de juger, Mickey Kaus (dans *The New Republic)* a correctement signalé qu'au moins deux postulats devaient, au préalable, être parfaitement établis, pour que puisse être défendue « la thèse pessimiste des "différences interethniques" » : « 1) Les aptitudes mentales doivent pouvoir être évaluées par une mesure globale unique ; 2) les tests de QI, censés mesurer ces aptitudes [...] ne doivent pas être socialement biaisés. »

Dans *The Bell Curve*, le point qui m'a le plus agacé est que les auteurs ne présentent jamais aucune justification de leur postulat central, qui est le *sine qua non* de toute leur théorie, à savoir que le QI mesure véritablement une caractéristique réelle située dans la tête, le célèbre « facteur général » de l'intelligence (appelé *g*), originellement décrit par Charles Spearman en 1904. Murray et Herrnstein affirment simplement que cette question a été réglée, comme ils le disent par exemple dans leur article de *The New Republic* : « Chez les spécialistes, le stade des batailles entre experts est maintenant dépassé sur le point de savoir s'il existe réellement un facteur général sous-tendant les aptitudes cognitives, de grandeur variable selon les individus. Il existe également un consensus pour reconnaître que ce facteur général est mesuré raisonnablement bien par divers tests standardisés, les meilleurs de tous étant les tests de QI, qui ont été mis au point spécialement dans ce but. »

Une telle affirmation constitue un exemple extraordinaire de désinformation, obtenue en définissant les « experts » comme les psychométriciens qui adhèrent aux notions traditionnelles de *g* et de son avatar, le QI. Murray et Herrnstein admettent même (pp. 14-19) qu'il existe actuellement trois grandes écoles en matière de psychométrie, et qu'une seule d'entre elles soutient leur conception de *g* et du QI (ces trois écoles sont, selon eux : la « classique », dont la thèse est défendue dans *The Bell Curve*, concevant l'intelligence à l'instar d'un organe ; la « révisionniste », interprétant l'intelligence comme un processus de traitement de l'information ; et la « radicale », envisageant l'intelligence comme une entité aux facettes multiples).

On ne peut pas se prononcer sur ce problème capital, ni même le comprendre, sans discuter des arguments liés à la notion de *g*, depuis que Spearman a inventé le concept en 1904, arguments basés sur l'analyse factorielle. Le fait que ce dernier sujet n'est pratiquement pas traité dans *The Bell Curve* (il est mentionné très brièvement dans deux paragraphes) constitue le reproche majeur qui peut être adressé à ce livre, et montre bien son manque de consistance. Comment Herrnstein et Murray ont-ils pu écrire un livre de huit cents pages traitant de la notion de QI comme mesure d'une aptitude cognitive générale qui existerait réellement, en discutant à peine de la base théorique d'une telle conviction ? Divers clichés viennent alors à l'esprit, dans le genre de : « C'est *Hamlet* sans le prince du Danemark. »

Certes, l'analyse factorielle est un sujet mathématique difficile, mais on peut l'expliquer à des lecteurs néophytes grâce à une formulation géométrique mise au point par L.L. Thurstone dans les années 1930. J'ai eu recours à celle-ci dans le chapitre V de *La Mal-Mesure de l'homme*. Il est impossible de l'expliquer en quelques paragraphes ; bien que j'en donne quelques aperçus ci-dessous, les lecteurs ne doivent pas douter de leur propre QI, si le sujet leur reste assez impénétrable.

En bref, les résultats d'une personne donnée à divers tests mentaux tendent à être corrélés positivement (autrement dit, si vous réussissez bien un type de test particulier, vous tendrez à réussir également bien aux autres). Cette observation n'est guère surprenante, et on peut en donner une explication purement génétique (en postulant l'existence, dans la tête, d'une certaine entité assurant le succès aux tests) ou purement environnementale (les bons livres et la bonne alimentation durant l'enfance augmentant la proportion des bons résultats). Par conséquent, la corrélation positive entre les notes obtenues à différents tests ne permet, par elle-même, de tirer aucune conclusion en ce qui concerne les causes.

Charles Spearman s'est servi de l'analyse factorielle pour identifier un axe unique — qu'il a appelé g — rendant bien compte d'un facteur commun sous-tendant les corrélations positives entre les tests. Mais Thurstone a montré ultérieurement qu'on pouvait faire disparaître g simplement en faisant pivoter les axes factoriels en différentes positions. Dans le cadre de l'une de ces opérations de rotation, il a choisi de placer les axes près des vecteurs correspondant aux aptitudes les plus largement distinctes au sein des tests, ce qui a donné naissance à la théorie de l'intelligence comme entité aux multiples facettes (verbale, mathématique, spatiale, etc.), non régies par un facteur g dominant. Cette théorie (appelée « radicale » par Herrnstein et Murray) a été, depuis, soutenue par de nombreux psychométriciens éminents, comme J.P. Guilford dans les années cinquante, et notamment par Howard Gardner, aujourd'hui. Dans ces conditions, on ne peut absolument pas considérer g comme une entité réelle, car il se manifeste seulement dans le cadre d'une façon particulière de représenter les corrélations obtenues entre les résultats à différents tests, mais disparaît (ou s'atténue énormément, au moins) dans le cadre d'autres formes de représentation, qui sont entièrement équivalentes par la quantité d'informations dont elles rendent compte. Quoi qu'il en soit, on ne peut pas du tout faire comprendre ce problème, si l'on n'a pas clairement exposé l'analyse factorielle (et *The Bell Curve* est complètement en défaut sur ce sujet capital).

En ce qui concerne le second point avancé par Mickey Kaus, celui du « biais social » imposé aux tests, la position de *The Bell Curve* est similaire à celle d'Arthur Jensen et d'autres héréditaristes, et consiste à entretenir la confusion entre la notion technique (parfaitement légitime) de « biais statistique » et celle de « biais social », entièrement différente et vernaculaire, qui est celle à laquelle on se réfère dans les débats destinés au grand public. Tous ces auteurs jurent leurs grands dieux (et je suis complètement d'accord avec eux) que les tests de QI ne comportent pas de biais statistique. Cela veut dire que des individus appartenant à différents groupes ethniques qui ont obtenu la même note de QI, auront la même probabilité d'accomplir toutes les choses que le QI est censé prédire. (Il faut, en effet, espérer que les tests mentaux ne soient pas statistiquement biaisés ; la psychométrie ne serait pas une discipline très sérieuse, si ses praticiens n'étaient pas capables d'éliminer une source aussi évidente de gauchissement des résultats, grâce à un choix judicieux du type et de la forme des questions.)

Mais la question du « biais social », qui préoccupe le public, est complètement différente, bien qu'elle emprunte, malheureusement, le même terme de « biais ». Il s'agit ici de savoir si l'on peut dire que les Noirs ont un QI moyen de 85 (contre 100 pour les Blancs) parce que la société ne les traite pas équitablement. Autrement dit, leurs résultats inférieurs aux tests de QI traduiraient un favoritisme social jouant à leur encontre — et c'est en ce sens que l'on pourrait parler de tests « socialement biaisés ». On ne connaît pas la réponse à cette question cruciale ; mais il est certain qu'on ne peut pas la résoudre en démontrant qu'il n'existe pas de « biais statistique » dans les tests de QI (seul problème traité, d'ailleurs correctement, dans *The Bell Curve*).

2. *Erreurs de fond.* Comme dit ci-dessus, pratiquement toutes les données présentées dans *The Bell Curve* proviennent d'une seule étude : il s'agit de l'analyse, par une technique appelée la régression multiple, de comportements sociaux particuliers, tels que la criminalité, le chômage, la procréation d'enfants illégitimes (comportements pris comme variables dépendant d'autres facteurs), dans leurs rapports avec le QI et le statut socio-économique des parents (facteurs contrôlés par les chercheurs). Les auteurs maintiennent d'abord le QI constant et étudient comment les comportements sociaux en question sont liés au statut socio-économique des parents. Puis, ils maintiennent ce dernier constant et étudient comment ces mêmes comportements sociaux sont liés au QI. De manière globale, ils ont trouvé une corrélation plus élevée entre les comportements sociaux en question et le QI, qu'entre ces mêmes comportements sociaux et le statut socio-économique des parents. Ainsi, les individus de faible QI ont une probabilité plus élevée de ne pas poursuivre leur scolarité au lycée que les individus ayant des parents de bas niveau socio-économique.

Mais les analyses de ce type doivent nécessairement envisager deux aspects de la relation entre les variables dépendantes et les facteurs déterminants : sa forme et sa *force*. Or Herrnstein et Murray ne traitent que de l'aspect qui semble soutenir leur point de vue, tout en laissant de côté (et dans un passage crucial, l'escamotant presque volontairement) l'autre aspect qui milite fortement contre eux. Leurs nombreux graphiques ne présentent que la *forme* de la relation entre facteurs déterminants et variables dépendantes — autrement dit, ils dessinent les courbes de régression de leurs variables par rapport au QI et au statut socio-économique. Mais, dérogeant à toutes les pratiques statistiques que je connais, ils ne font *que* tracer les courbes de régression et ne montrent pas l'ampleur de la variation autour des courbes, de sorte que leurs graphiques ne disent rien de la *force* de la relation entre facteurs déterminants et variables dépendantes (autrement dit, ils ne montrent pas la faible ampleur de la variation qui, dans les comportements sociaux, est expliquée par le QI et le statut socio-économique).

Or, pourquoi Herrnstein et Murray tendent-ils à se concentrer sur la forme et à laisser de côté la force de la relation entres facteurs déterminants et variables dépendantes ? C'est que presque toutes les relations qu'ils mettent en évidence sont faibles : cela veut dire qu'une petite partie seulement de la variation dans les comportements sociaux est susceptible d'être expliquée soit par le QI, soit par le statut socio-économique (même si cette petite partie tend à se situer dans la direction qu'ils attendent). En bref, le QI n'est pas un facteur qui détermine de façon très importante la variation observable dans presque tous les comportements sociaux qu'ils ont étudiés ; et les conclusions dont ils sont si fiers s'effondrent, ou perdent tellement de leur force, qu'elles ne peuvent plus soutenir leur pessimisme et leur programme social conservateur.

Herrnstein et Murray l'avouent presque dans un passage crucial de la page 117, mais le dissimulent ensuite. Ils écrivent : « Le QI explique presque toujours moins de 20 % de la variance, pour employer le terme statistique, généralement moins de 10 % et souvent moins de 5 %. Cela veut dire dans le langage ordinaire que, étant donné la note de QI d'une personne donnée, vous ne pouvez pas prédire ce qu'elle va faire [...]. D'un autre côté, en dépit de la faiblesse de la relation au niveau individuel, de grandes différences de comportement social peuvent distinguer des groupes d'êtres humains, dès lors que ces groupes diffèrent en moyenne au plan intellectuel. » Et, abandonnant ensuite toute prudence, ils affirment carrément dans la phrase suivante l'existence d'une forte causalité : « Nous soutenons que la différence entre les groupes s'explique par l'intelligence en tant que telle, et non pas seulement par le biais de sa corrélation avec le statut socio-économique. » Mais reconnaître qu'un phénomène est déterminé statistiquement dans une proportion de quelques pour cent ne permet pas de dire qu'on lui a trouvé une explication causale (et de toute façon, une corrélation, même lorsqu'elle est forte, n'est pas équivalente à une cause — comme on peut le voir, par exemple, à propos de la corrélation positive extrêmement forte entre l'accroissement de mon âge et l'augmentation de la dette nationale). En outre, les auteurs se mettent dans une position encore plus difficile dans le cas crucial des déterminismes génétiques.

Ils parlent, en effet, d'une héritabilité du QI de 60 % ; il faut donc presque diviser par deux les quelques pour cent de la variance dans les comportements sociaux expliqués par le QI, si vous voulez évaluer la force du déterminisme génétique dans ce cas, d'après leurs propres critères !

Mon accusation de malhonnêteté se trouve maximalement confortée par une phrase rejetée en première page de l'appendice 4, page 593, qui déclare : « Dans le texte principal de ce livre, nous ne mentionnons pas les évaluations classiques de l'ajustement des régressions multiples, R^2, mais nous les présentons ici pour permettre une analyse croisée. » Mais pourquoi ont-ils exclu du texte principal pour les renvoyer dans un appendice que bien peu de personnes liront, voire consulteront, des chiffres qui, de leur propre aveu, représentent « les évaluations classiques de l'ajustement des régressions multiples » ? Je ne peux que conclure qu'ils n'ont pas voulu avouer dans leur texte principal l'extrême faiblesse des relations dont ils se targuent tant.

Les coefficients de corrélation de Herrnstein et Murray sont généralement eux-mêmes assez bas pour qu'on ne puisse pas leur faire confiance. (Les coefficients de corrélation mesurent la force des relations linéaires entre des variables ; les valeurs positives vont de 0, pour une absence de relation, à 1 pour une relation linéaire parfaite.) Bien que des valeurs faibles ne soient pas atypiques dans les sciences sociales où de vastes études peuvent mettre en jeu de nombreuses variables, la plupart des corrélations de Herrnstein et Murray sont très faibles (souvent comprises entre 0,2 et 0,4). Il peut sembler qu'un chiffre de 0,4 représente quelque chose d'assez important, mais, et nous en arrivons au point crucial, R^2 est le carré du coefficient de corrélation. Or le carré d'un nombre compris entre 0 et 1 est un nombre plus petit que le nombre lui-même. Ainsi, une corrélation de 0,4 donne un carré de 0,16 seulement. Dans l'appendice 4, donc, nous découvrons que la vaste majorité des valeurs de R^2, non mentionnées dans le texte principal, sont inférieures à 0,1. Ces très faibles valeurs de R^2 mettent en évidence la faiblesse, dans tous les sens du terme, de presque toutes les relations considérées comme centrales dans *The Bell Curve*.

MALHONNÊTETÉ DE LA DÉMARCHE

A l'instar de beaucoup d'idéologues de droite qui dénoncent l'épouvantail largement imaginaire d'un « politiquement correct » étouffant, Herrnstein et Murray affirment qu'ils cherchent seulement à exposer des conceptions mal vues, pour que se manifeste enfin la vérité. Et, là, pour une fois, je suis entièrement d'accord. En tant que partisan de l'application quasi absolue du Premier Amendement*, j'applaudis à la

---

* Le Premier Amendement de la Constitution américaine garantit la liberté de parole et de croyance. *(N.d.T.)*

publication de conceptions mal vues, que certains peuvent juger dangereuses. Je suis vraiment très content que *The Bell Curve* ait été écrit. Cela permet, en effet, de bien montrer ses erreurs, car Herrnstein et Murray ont raison de souligner qu'il existe une différence entre les positions sur les races qui sont affichées en public et celles qui sont exprimées en privé, et il nous faut donc lutter pour arriver à faire se modifier également ces dernières.

Mais on ne peut guère qualifier *The Bell Curve* de traité scientifique en matière de théorie sociale et de génétique des populations. Ce livre est un manifeste en faveur de l'idéologie conservatrice, et s'il déforme les faits à ce point, c'est en raison de son objectif prioritaire : faire de la propagande avant tout. Il fait écho au lugubre et redoutable battage orchestré par les laboratoires idéologiques de la droite en faveur d'un certain nombre de mesures telles que l'élimination ou la réduction des allocations de chômage ; la fin des aides accordées aux minorités ethniques dans le but de leur assurer une véritable égalité des chances à l'école et au travail ; la fin du programme fédéral d'aide aux écoliers défavorisés et des autres formes d'aides à l'éducation préscolaire ; la diminution des aides destinées à soutenir les écoliers et les étudiants apprenant le plus lentement, couplée au transfert des fonds ainsi recueillis en faveur des écoliers et étudiants doués (Dieu sait que j'aimerais bien qu'on accorde plus d'attention aux étudiants talentueux, mais pas au prix de cette mesure cynique et cruelle).

L'avant-dernier chapitre présente une vision apocalyptique de la société, nous montrant une classe inférieure qui va en grandissant, tout en restant engluée dans l'inévitable paresse qui est le corollaire de son bas niveau de QI. Elle va, selon les auteurs, devenir prépondérante dans les centres urbains, continuant à procréer des enfants illégitimes (car beaucoup de ses membres ne sont pas assez intelligents pour pratiquer le contrôle des naissances), à commettre des crimes, et finalement à requérir une sorte de prise en charge, davantage pour mettre ses membres sous contrôle (et les tenir à distance de nos quartiers où règnent les QI élevés) que dans l'espoir d'améliorer leur QI (puisque, selon cette idéologie, celui-ci ne peut, de toute façon, pas être amélioré). Herrnstein et Murray écrivent réellement (p. 526) : « En bref, par prise en charge, nous pensons à des sortes de réserves d'Indiens, aménagées avec davantage de "high-tech" et de moyens, destinées à une partie importante de la population, tandis que le reste de l'Amérique continuerait à s'occuper de ses affaires comme à l'ordinaire. »

Le chapitre final essaie alors d'envisager une alternative ; mais je n'ai jamais rien lu d'aussi faible, d'aussi invraisemblable, d'aussi inadéquat à un point presque grotesque. Les auteurs font part de leur romantique nostalgie pour « la bonne vieille époque » où, dans les villes et les quartiers, tous les gens pouvaient obtenir des tâches intéressantes, et où, à tous les niveaux de la hiérarchie du QI, l'amour-propre trouvait à être satisfait (de sorte que, transposée à notre époque, cette vision nous montrerait peut-être M. Simplet en train de faire la collecte des vêtements pour la loterie des bonnes œuvres de la paroisse, tandis que M. Murray et autres brillantes personnes s'occuperaient de l'organisation de la manifestation et de sa comptabilité. Ont-ils oublié les Juifs miséreux obligés de vivre de l'autre côté de la voie ferrée, dans ces idylliques villages ?). Le concept de voisinage me paraît bon, et je veux bien me battre pour le remettre à l'honneur. J'ai passé mon enfance dans ce type de conditions au sein du quartier mosaïque de Queens à New York ; mais qui peut sérieusement croire qu'elles pourraient fournir des solutions (et pas seulement d'intéressants palliatifs) aux maux dont souffre la société ?

Cependant, si Herrnstein et Murray ont tort en ce qui concerne le QI, vu comme une entité localisée dans la tête, impossible à modifier et permettant de classer les êtres humains sur une échelle unique de capacité générale (au bas de laquelle figureraient des masses d'individus incompétents nécessitant des mesures spéciales de surveillance), alors s'effondre toute leur théorie aux sombres perspectives, et réapparaît la conception d'une merveilleuse diversité des capacités humaines, attendant d'être convenablement éduquées. Il faut combattre la doctrine promue par *The Bell Curve*, à la fois parce qu'elle est fausse et parce qu'elle pourrait conduire, si elle était appliquée, à la suppression des conditions adéquates d'épanouissement de l'intelligence de tout un chacun. Bien sûr, tout le monde ne peut pas être ingénieur à la NASA ou neurochirurgien (pour reprendre les clichés de la langue populaire sur les professions censées demander le maximum d'intelligence), mais ceux qui n'en ont pas la capacité peuvent éventuellement devenir des musiciens de rock ou des athlètes professionnels (et, de ce fait, jouir d'un prestige et d'un salaire bien plus importants) — tandis que les autres doivent effectivement occuper des emplois d'exécutants.

Dans *La Mal-Mesure de l'homme*, le chapitre V porte sur l'absence de réalité du facteur *g* et sur l'erreur consistant à envisager l'intelligence comme une entité unimodale, innée, localisée dans la tête (au lieu de regarder ce terme comme une expression vernaculaire grossière pour évoquer une vertigineuse gamme de capacités largement indépendantes). Je l'ai conclu par une merveilleuse citation de John Stuart Mill, qu'il vaut la peine de répéter afin de démystifier cette nouvelle tentative d'expliquer la génétique de l'intelligence par le déterminisme biologique :

> Les hommes ont toujours montré une forte tendance à croire que tout ce qui a reçu un nom doit être une entité ou un être ayant une existence propre. Quand ils n'ont pu trouver aucune entité réelle répondant à ce nom, ils n'ont pas, pour autant, supposé qu'elle n'existait pas, mais ont imaginé qu'il s'agissait de quelque chose de particulièrement abscons et mystérieux.

Comme il est étrange que nous nous laissions diviser par un simple chiffre, alors que tous les êtres humains sont unis par leur origine évolutive commune et récente — partageant ainsi un noyau commun d'humanité sous une enveloppe dont les apparences extrêmement variées ne peuvent être escamotées par les pratiques et les coutumes. *E pluribus unum**.

---

* Devise des États-Unis signifiant : « Unité dans la pluralité. » *(N.d.T.)*

LA COURBE EN CLOCHE DU TEMPS JADIS JOUE LES REVENANTS

Je ne sais pas si les Blancs de sexe masculin sont généralement bons ou non au saut (bien que je puisse certifier, à la suite de longues observations, que Larry Bird ne l'est pas — mais, oh mon Dieu, comme il joue bien au basket-ball* !). Et c'est le cadet de mes soucis, même si j'admets que ce sujet pourrait avoir quelque intérêt et une vague légitimité dans le cadre de recherches d'un autre type, qui éviteraient ces catégories aussi dépourvues de signification biologique que le sont les « Blancs » et les « Noirs ». Et cependant, je ne peux jamais prononcer une conférence sur la diversité humaine sans m'attirer quelque variante de cette question, dans la période suivant mon exposé où la parole est à la salle. Mais si l'on m'interroge ainsi sur les « aptitudes sportives » respectives des différentes « races », c'est, je crois, parce que cela sert de substitut plus acceptable à une autre question qui préoccupe réellement les gens de bonne volonté (et ceux de mauvaise, mais pour d'autres raisons).

Dans l'ancien temps, lorsque le racisme s'étalait ouvertement, on n'avait pas de tels scrupules. Lorsque le grand-père du racisme scientifique moderne, le comte Joseph Arthur de Gobineau (1816-1882), posa une question du même genre sur la nature des différences, supposées innées et définitives, entre les groupes raciaux, il ne mâcha pas ses mots. Le chapitre de conclusion du « Livre premier » de son ouvrage le plus important, *Essai sur l'inégalité des races humaines*, s'intitule : « Caractéristiques morales et intellectuelles des trois grandes variétés**. » Nos préoccupations ont toujours porté sur la vivacité de l'esprit et les dispositions morales, non sur l'aptitude au saut ou la susceptibilité à l'infarctus cardiaque.

Et Gobineau ne laissa aucun doute sur sa position :

> L'idée d'une inégalité native, originelle, tranchée et permanente entre les diverses races, est, dans le monde, une des opinions les plus anciennement répandues et adoptées [...] À l'exception de ce qui s'est passé dans nos temps les plus modernes, cette notion a servi de base à presque toutes les théories gouvernementales. Pas de peuple, grand ou petit, qui n'ait débuté par en faire sa première maxime d'État. Le système des

---

* Larry Bird est un célèbre joueur de l'équipe de basket de Boston, ville de résidence de l'auteur. *(N.d.T.)*

** Dans l'édition originale en français, le titre du chapitre de conclusion du Livre premier est rédigé de la façon suivante : « Récapitulation ; caractères respectifs des trois grandes races ; effets sociaux des mélanges ; supériorité du type blanc, et, dans ce type, de la race aryenne. » *(N.d.T.)*

castes, des noblesses, celui des aristocraties [...] n'ont pas d'autre origine. [...] Avec cette doctrine concordent la répulsion pour l'étranger et la supériorité que chaque nation s'adjuge à l'égard de ses voisines.

Gobineau a, sans aucun doute, été le raciste scientifique le plus important du XIXe siècle. Ses écrits ont fortement influencé des intellectuels comme Wagner ou Nietzsche, et inspiré un mouvement social appelé le gobinisme. En grande partie par l'intermédiaire de leur adepte, l'Anglais Houston Stewart Chamberlain, les idées de Gobineau ont servi de fondement aux théories racistes avancées par Adolf Hitler. Gobineau, aristocrate royaliste, mena de front une carrière d'écrivain et de diplomate au service du gouvernement français. Il écrivit plusieurs romans et ouvrages d'histoire (par exemple, sur les Perses ou la Renaissance), mais acquit la célébrité surtout par le biais de son livre en quatre volumes sur l'inégalité raciale, publié entre 1853 et 1855.

On peut aisément résumer la thèse fondamentale de Gobineau : le destin des civilisations est largement déterminé par la composition raciale, leur déclin et leur chute étant généralement attribuables à l'altération des races pures par le métissage. (Gobineau se demandait avec inquiétude si l'affaiblissement de la France à son époque, qui la mettait en position d'infériorité face à l'Allemagne, ne pouvait pas « être attribué à la composition de sa population, où figurait une pléthore d'éléments ethniques hétéroclites », comme son traducteur l'a écrit, en 1856, dans l'introduction de la première édition aux États-Unis de l'*Essai sur l'inégalité des races*.) Les races blanches (et surtout les sous-groupes supérieurs des Aryens) pourraient garder leur position dominante, espérait Gobineau, à la seule condition qu'elles se gardent de trop se métisser avec les races intellectuellement et moralement inférieures, les Jaunes et les Noirs (Gobineau employait crûment ces termes de couleur pour désigner les trois grands groupes ethniques qu'il reconnaissait).

Personne ne doute de l'impact politique de telles idées, et personne ne peut croire que Gobineau a écrit ce livre dans le seul intérêt de la vérité pure, sans intention de défendre une cause. Néanmoins, il n'est pas inutile de souligner que la traduction américaine, publiée à Philadelphie en 1856, tandis que Dred Scott comparaissait devant la Cour suprême, peu de temps avant que n'éclate notre guerre de Sécession*, toucha sûrement une corde sensible à cette époque d'extrême tension — car les notions spécifiquement mises en avant par Gobineau, la pureté raciale et le danger du métissage, ne pouvaient qu'avoir

---

* Dred Scott était un esclave noir qui, en application d'une loi fédérale, pouvait être affranchi. La Cour suprême des États-Unis a estimé, par un arrêt de 1857, que la loi fédérale ne pouvait supplanter la loi interne de l'État du Sud, dont Dred Scott était ressortissant, et qui interdisait cet affranchissement. Cette décision a prélude à l'éclatement de la guerre de Sécession (en 1860) entre États du sud des États-Unis, esclavagistes, et États du nord, abolitionnistes. *(N.d.T.)*

un grand retentissement dans notre pays où la diversité ethnique était maximale et où l'on avait réduit les Noirs à l'esclavage et décimé les Indiens. J.C. Nott de Mobile, l'écrivain américain qui a le plus fait pour répandre dans le grand public des notions d'anthropologie raciste, écrivit un long appendice à la traduction de l'*Essai sur l'inégalité des races humaines* (son manuel, *Types of Mankind* [« Les types de l'humanité »], écrit en 1854 avec G.R. Gliddon, à la même époque que l'ouvrage de Gobineau, était alors le « best-seller » américain dans le domaine). De peur qu'on ne s'aperçoive pas de l'importance pour l'Amérique de ce traité venu d'Europe, le traducteur écrivit dans sa préface :

> [L'étude des différences raciales] est assurément un noble but, et ses résultats ne peuvent qu'être instructifs pour les hommes politiques et les historiens, tout comme d'ailleurs pour le grand public en général. Dans ce pays, cette recherche est particulièrement intéressante et importante, car notre immense territoire abrite les trois variétés les mieux définies de l'espèce humaine — le Blanc, le Nègre et l'Indien —, auxquelles l'intense immigration des Chinois sur notre côte Pacifique est en train d'en ajouter une quatrième. Et en outre, le brassage des diverses nationalités n'est nulle part aussi rapide et complet que sur notre sol.

Cependant, Gobineau avait besoin de preuves pour soutenir ses affirmations. (Remarquez que dans la citation ci-dessus, tirée de son livre, il est seulement dit que tout le monde croit à l'inégalité innée des races, et aucune preuve n'est avancée pour étayer cette impression très répandue.) C'est pourquoi dans le dernier chapitre de son ouvrage, Gobineau définit la démarche qui pourrait fournir les données d'observation nécessaires à soutenir ses conceptions racistes. Il commence par nous expliquer comment il *ne faut pas* s'y prendre. Il est inutile, souligne-t-il, de décrire les piètres aptitudes de tel ou tel individu dans les « races inférieures », car une telle stratégie est utilisable à rebours par les égalitaristes, qui peuvent signaler d'éventuels exploits au sein des groupes ethniques de bas niveau général. Gobineau commence son dernier chapitre en écrivant (la citation est longue et horrifiante, mais vaut la peine d'être rapportée, même si elle prend de la place, car elle nous rappelle quelles sortes de « certitudes » étaient professées il n'y a pas si longtemps) :

> Selon mon analyse, les diverses branches de la famille humaine se distinguent donc par des différences permanentes et inextirpables, à la fois sur le plan mental et physique. Elles sont inégales dans leurs capacités intellectuelles, dans la beauté des types, et dans le domaine de la force physique.... Pour soutenir cette conclusion, j'écarte totalement la méthode, malheureusement trop chère aux ethnologistes, et [qui est], pour le moins, ridicule. Je ne discute pas, comme eux, sur la valeur morale et intellectuelle des individus pris isolément. [...]

Je n'attendrai pas que les amis de l'égalité des races viennent me montrer tel passage de tel livre de missionnaire ou de navigateur, d'où il ressort qu'un Yolof s'est montré charpentier vigoureux, qu'un Hottentot est devenu bon domestique, qu'un Cafre danse et joue du violon, et qu'un Bambara sait l'arithmétique.

J'admets, oui, j'admets, avant qu'on me le prouve, tout ce qu'on pourra raconter de merveilleux, dans ce genre, de la part des sauvages les plus abrutis [...]. Je vais même plus loin que mes adversaires, puisque je ne révoque pas en doute qu'un bon nombre de chefs nègres dépassent par la force et l'abondance de leurs idées, par la puissance de combinaison de leur esprit, par l'intensité de leurs facultés actives, le niveau commun auquel nos paysans, voire même nos bourgeois convenablement instruits et doués, peuvent atteindre.

(La force des préjugés se manifeste jusque dans des détails inconscients. Remarquez que Gobineau, avec toute la prétendue générosité que certains lui attribuent, est cependant incapable d'imaginer qu'un chef africain puisse atteindre un statut intellectuel plus élevé que celui de la paysannerie européenne, ou peut-être celui des membres les plus médiocres de la bourgeoisie — mais, en aucun cas, à Dieu ne plaise, celui des éléments même les plus mauvais des classes supérieures !)

Comment peut-on alors caractériser le niveau respectif des différentes races, si l'on ne peut se fonder sur des cas individuels ? Gobineau déclare qu'il nous faut absolument trouver une méthode de mesure, de préférence bénéficiant du prestige des mathématiques, afin de définir les caractéristiques moyennes des différents groupes :

> Encore une fois, et cent fois, ce n'est pas sur le terrain étroit des individualités que je me place. Il me paraît trop indigne de la science de s'arrêter à de si futiles arguments... Laissons donc ces puérilités, et comparons, non pas les hommes, mais les groupes [...]. Ce travail difficile et délicat ne pourra s'acomplir tant qu'on n'aura pas balancé de la manière la plus exacte, et, en quelque sorte, par des procédés mathématiques, la situation relative des races.

J'ai été, je l'avoue, incité à relire Gobineau à la suite de l'actuel brouhaha déclenché par *The Bell Curve* (« La courbe en cloche »), livre écrit par Charles Murray et mon collègue aujourd'hui décédé, Richard Herrnstein, car je me suis aperçu que ces auteurs mettent en œuvre exactement le même type d'argumentation au sujet des individus et des groupes, bien que dans un dessein tout à fait différent ; et je trouve intéressant et révélateur que des auteurs recourant à la même démarche se séparent néanmoins de cette façon. Murray et Herrnstein affirment, eux aussi, que les différences dans le niveau moyen d'intelligence entre les groupes raciaux sont réelles et importantes (et aussi en grande partie innées et définitivement fixées), et ils prennent aussi soin de dire que la constatation de telles disparités entre les groupes humains ne doit influencer en rien le jugement qu'on peut porter sur les individus. De cette façon, ils espèrent éviter l'accusation de racisme et se présenter comme des défenseurs des droits de l'homme, car, selon eux, aucun individu noir ne devrait être méprisé pour la seule raison qu'il appartient à un groupe racial héréditairement moins intelligent que celui des Blancs ; après tout, tel individu particulier peut parfaitement être un sujet brillant, à titre d'exception rare au sein d'une race d'intelligence moyenne faible. (Je dois dire que je considère cette argumentation comme malhonnête ou naïve, et je ne peux pas croire que M. Murray soit naïf, étant donné que la réalité des attitudes racistes aux États-Unis rend bien problématique l'espoir de voir juger tous les individus sur la base de leurs seuls mérites personnels, indépendamment de leur appartenance à tel ou tel groupe ethnique.)

Gobineau voulait qu'on distingue le jugement que l'on pouvait porter sur les groupes de celui qu'on pouvait porter sur les individus, parce qu'il désirait que la « réalité » des différences entre groupes ne soit pas brouillée par des réussites individuelles, dépourvues de signification globale. Herrnstein et Murray veulent que l'on tienne compte de cette distinction, en raison d'un climat politique très différent ; ils insistent sur le fait que les cas de réussite individuelle supérieure représentent une *réalité* (et ils ne l'écartent pas, au titre de perturbation ennuyeuse), ceci afin d'éviter (fort à propos) l'accusation de racisme, tout en avançant une thèse assez proche de celle de Gobineau : les groupes raciaux présentent des différences en matière d'intelligence et il est peu vraisemblable que celles-ci ne s'effacent jamais. (Je vous prie de bien noter que je ne cherche pas à noircir Herrnstein et Murray en les rangeant sous la bannière d'un auteur d'autrefois. Je n'essaie pas d'établir leur lien indirect avec le Troisième Reich — et il ne faut pas non plus blâmer Gobineau de l'usage extrémiste que Hitler a fait de ses théories, via Chamberlain. Mais je trouve véritablement fascinant que la structure de certaines idées soit si semblable par-delà les siècles, et que des auteurs ayant fondamentalement la même orientation mettent l'accent sur des parties différentes de leur même discours, en fonction du climat politique dominant des différentes époques.)

Gobineau a donc cherché à établir les différences d'intelligence entre groupes ethniques sur des bases mathématiques ; et, dans ce but, il a mis en œuvre les pratiques grossières qui étaient celles de la science raciste du xixᵉ siècle : elles consistaient à comparer les formes et à mesurer les dimensions du crâne et d'autres parties du corps (car on n'avait pas encore mis au point la technique de mesure de l'intelligence, prétendue « directe », que représentent les tests mentaux). Par exemple, Gobineau lisait le statut inférieur des Noirs dans leur anatomie externe :

> La variété mélanienne est la plus humble et gît au bas de l'échelle. Le caractère d'animalité empreint dans la forme de son bassin lui impose

sa destinée, dès l'instant de sa conception [...]. Le front étroit et fuyant du nègre semble signaler des capacités de raisonnement inférieures.

En outre, d'une façon tout à fait caractéristique de cette pseudo-science, Gobineau s'arrange pour que toutes ses observations au sujet des Noirs confirment son préjugé sur leur infériorité. Même les traits manifestement favorables sont réinterprétés dans le sens du racisme, de façon à paraître inférieurs. Par exemple, à propos du stoïcisme supposé des Noirs face à la douleur, Gobineau cite le témoignage d'un médecin : « Ils supportent les opérations chirurgicales bien mieux que les Blancs, et un nègre pourrait presque ignorer ce qui, chez l'homme blanc, serait la cause d'une douleur insupportable. J'ai amputé la jambe de nombreux nègres, lesquels ont maintenu eux-mêmes la partie supérieure de leur membre durant l'opération. » Pour des faits de ce genre, tout homme blanc aurait droit à des louanges, célébrant sa bravoure, son courage et sa noblesse, mais Gobineau attribue la prétendue tolérance à la douleur des Noirs à « une lâcheté qui se réfugie volontiers dans la mort, ou à une impassibilité monstrueuse ».

Tout comme la mesure des dimensions crâniennes a représenté la méthode grossière et guère satisfaisante (de son propre aveu) du racisme scientifique, la technique plus raffinée des tests mentaux — consistant à mesurer le subtil intérieur, pour ainsi dire, plutôt que l'indirect extérieur — a constitué, au xxᵉ siècle, le fondement des théories sur l'inégalité humaine. (Comme je l'explique en plus grand détail dans le corps de ce livre, je ne suis pas opposé à toute forme de tests mentaux et je ne pense absolument pas que cette méthode soit intrinsèquement raciste ou qu'elle ne vise qu'à soutenir la notion de différences définitives entre les hommes — car elle a été souvent employée dans un but exactement opposé, les tests mentaux servant à mesurer l'amélioration apportée par une éducation appropriée.)

Cependant, il faut reconnaître qu'une approche particulière des tests mentaux a effectivement sous-tendu la plupart des thèses sur les différences d'intelligence entre « races » humaines, qui ont été avancées durant notre siècle et que l'on peut regrouper sous le nom de « théorie héréditariste du QI ». En outre, cette approche a résulté directement des techniques grossières de mesures crâniennes qui ont servi de base aux théories sur l'inégalité raciale, au xixᵉ siècle — et en ce sens, nous pouvons apercevoir un fil continu menant de Gobineau à la théorie héréditariste du QI. J'avais cru que cette dernière avait, de nos jours, perdu toute influence, parce que les erreurs figurant dans ses concepts généraux avaient bien été mises en évidence et que ses hypothèses fondamentales n'avaient pas été confirmées par les données de l'observation. Mais Herrnstein et Murray ont totalement ressuscité, dans *The Bell Curve*, la théorie héréditariste du QI dans sa forme originelle, et il nous faut donc revenir aux sources historiques des erreurs.

La conception « gobiniste » des tests mentaux — son emploi dans le but de soutenir qu'il existe des différences d'intelligence innées et définitives entre groupes humains — s'appuie sur quatre prémisses successives et liées entre elles ; chacune d'entre elles doit nécessairement être vraie individuellement (et leurs liens doivent également être vrais), sans quoi tout l'édifice s'effondre :

1. L'ensemble de qualités humaines merveilleusement variées et multidimensionnelles que nous appelons intelligence, dans le langage vernaculaire, est sous-tendu par un facteur unique de capacité intellectuelle générale, appelé *g* ou facteur général d'intelligence (voir la critique que j'ai faite de cette notion et de ses bases mathématiques dans le chapitre V de ce livre).

2. La « quantité » d'intelligence « générale » présente chez chaque personne peut se ramener à un seul chiffre (généralement appelé le QI). Le classement des individus d'après leur note de QI reflète donc une hiérarchie dans les différences d'intelligence. Et, finalement (c'est l'aspect sociologique de la théorie), la réussite que connaissent les gens dans leur vie, et leur rang dans les hiérarchies de la richesse et du mérite social, sont fortement corrélés à leur note de QI.

3. Ce chiffre unique mesure une dimension innée de la constitution génétique, hautement héritable d'une génération à l'autre.

4. La note de QI d'une personne donnée est stable et permanente — elle ne peut pas être modifiée beaucoup, quel que soit le programme d'éducation ou de modification du milieu que l'on entreprenne (et si on arrive à la faire varier, ce n'est que de façon temporaire et légère, au prix d'une sorte de bricolage).

En d'autres termes, pour résumer chacun de ces quatre points de la conception « gobiniste » des tests mentaux, l'intelligence humaine peut se concevoir comme une grandeur (mesurable par un chiffre unique) ; peut se distribuer selon une échelle hiérarchique ; est hautement héritable ; et est, de fait, fixée à une valeur invariable. Si l'une quelconque de ces quatre thèses est mise en défaut, toute la théorie s'effondre, entraînant avec elle les conceptions politiques corollaires. Par exemple, si le quatrième point seulement, celui de l'impossibilité de faire varier la note de QI, est faux, alors, des programmes d'enseignement adapté peuvent parfaitement faire monter, de façon importante et définitive, un QI dont la faiblesse est innée et hautement héréditaire — tout comme je puis acheter une paire de lunettes, afin de corriger un défaut de vision entièrement inné et totalement héritable. (Une erreur capitale traîne depuis longtemps dans ce débat, c'est le signe égale posé entre « héritable » et « inchangeable » ou « définitif ».)

Je ne peux, dans le cadre de cet essai, faire une critique complète de *The Bell Curve* (voir l'essai précédent pour plus de détails). Je voudrais seulement ici rappeler certaines sources historiques de ce débat et mettre à jour l'accablant paradoxe qui pèse sur toute cette affaire. L'argumentation présentée dans ce livre, affirmant qu'il existe des différences dans l'intelligence moyenne d'un groupe racial à l'autre, mesurée par le QI, n'est pas différente de celle avancée à l'origine par Gobineau, et n'est pas davantage appuyée par des preuves. Elle bénéficie surtout d'un changement de méthodologie et d'un plus grand raffinement — au lieu de se baser sur la mesure des caractéristiques crâniennes, elle recourt à la mesure du « contenu de la tête », sous la forme des tests d'intelligence. Mais cette théorie de l'inégalité raciale basée sur le QI fait appel à des hypothèses (les quatre points énoncés ci-dessus) qui sont tout aussi dépourvues de preuves que l'étaient les théories gobinistes du XIXe siècle qui se fondaient sur des différences de dimensions du crâne. Dans cette optique, il est intéressant de réexaminer les conceptions générales et les intentions de l'homme qui a inventé les tests mentaux dans la première décennie de notre siècle — le psychologue français Alfred Binet (dont on retrouve le nom dans le test mis au point ultérieurement par le professeur de l'université Stanford, Lewis M. Terman, lequel a importé la technique aux États-Unis, en a élaboré une version locale, et l'a baptisé « test de QI Stanford-Binet »).

Je vais montrer que les intentions de Binet étaient en totale contradiction avec la théorie héréditariste du QI : il croyait très fermement que l'éducation pourrait remédier à une insuffisance d'intelligence et a rejeté explicitement toute interprétation héréditariste de ses résultats. Ironiquement, la théorie héréditariste du QI (qui a plaqué la méthodologie de Binet sur les conceptions de Gobineau) a été élaborée aux États-Unis, terre de liberté et de justice pour tous (mais dans la période où nous avons connu notre plus forte poussée de nationalisme chauviniste, aux alentours de la Première Guerre mondiale). Mettre à jour les intentions originelles de Binet ne suffit pas à prouver qu'il avait raison, ni que les héréditaristes présents et passés ont tort (invoquer les intentions de départ est un argument encore moins indiqué dans le domaine de la science que dans celui de la justice !). Bien plutôt, Binet avait raison parce que ses conceptions restent valables aujourd'hui et le fait que l'on ait dénaturé sa théorie, alors qu'elle était empreinte de sagesse et d'humanité, doit être regardé comme l'une des grandes tragédies de la science du XXe siècle.

En 1904, Binet a reçu mission du ministère de l'Éducation nationale français de mettre au point une technique permettant d'identifier les enfants de l'école primaire dont les difficultés à suivre les cours normaux laissaient penser qu'ils avaient besoin d'un enseignement adapté. (Dans les écoles publiques françaises, les classes tendaient à être surchargées et les cours étaient les mêmes pour tout le monde ; les instituteurs n'avaient guère le temps de se pencher sur les cas individuels, présentant des besoins éducatifs particuliers). Binet adopta une démarche purement pratique. Il inventa un ensemble de tests consistant en une série hétéroclite de tâches rappelant celles de la vie quotidienne (comme compter des pièces de monnaie, par exemple) et dont on pouvait supposer qu'elles faisaient appel à des processus de base dans le domaine du raisonnement (logique, classement, correction d'erreurs), et non pas à des aptitudes explicitement acquises, comme la lecture. En mélangeant un nombre suffisamment grand d'épreuves de différents types, Binet pensait qu'il pourrait cerner, au moyen d'un seul chiffre, une sorte d'aptitude générale chez les enfants. Il souligna la nature empirique, grossière et simpliste de sa technique en déclarant sous forme de maxime : « Peu importent les tests, pourvu qu'ils soient nombreux. »

La méthode mise au point par Binet fut ultérieurement appelée de façon globale « test de quotient intellectuel (ou QI) », lorsque le psychologue allemand W. Stern proposa de formuler les résultats des sujets en divisant leur « âge mental » (défini par la note obtenue au test global) par leur âge chronologique. Le psychologue français nia explicitement que le QI mesurait une caractéristique biologique interne pouvant être appelée « intelligence générale ». Avant tout, il pensait que ce trait complexe aux multiples facettes, appelé intelligence, ne pouvait pas s'exprimer par un seul chiffre, à partir duquel on pouvait classer les enfants selon une hiérarchie linéaire. Il écrivit en 1905 :

> Cette échelle [métrique de l'intelligence] ne permet pas à proprement parler la mesure de l'intelligence — car les qualités intellectuelles ne se superposent pas comme des longueurs, elles ne sont pas superposables.

En outre, Binet craignait que les enseignants n'interprètent la note de QI comme reflétant une grandeur innée et rigidement fixée, au lieu de la considérer (ainsi qu'il l'avait envisagé) comme une jauge permettant d'identifier les écoliers ayant besoin d'une aide particulière. Dès lors, il était possible qu'ils utilisent les résultats au test de QI de façon injuste comme un bon argument pour se débarrasser des écoliers posant des problèmes, plutôt que pour les aider. Il écrivit au sujet de pédagogues de ce genre : « Ils paraissent se faire le raisonnement suivant : "Voilà une bonne occasion de nous débarrasser des enfants qui nous gênent", et sans aucun esprit critique, ils désignent au hasard tout ce qu'il y a de turbulent et d'apathique dans une école. » Binet redoutait aussi le phénomène très important qui a été appelé par la suite « l'autoaccomplissement de la prophétie » ou « l'effet Pygmalion* » : si l'on dit à un enseignant que tel écolier est foncièrement incapable d'apprendre quoi que ce soit, parce qu'on a mal

---

* Pygmalion était, dans la mythologie grecque, un sculpteur qui était tombé amoureux d'une statue de femme qu'il avait réalisée, et que Vénus accepta de rendre vivante. Par analogie, l'« effet Pygmalion » désigne donc une relation entre deux personnes humaines (par exemple, entre un maître et son élève), telle que l'une est entièrement façonnée par l'autre. *(N.d.T.)*

interprété la signification d'un faible résultat au test de QI, il cessera d'essayer de l'éduquer, et l'en déclarera incapable, ce qui entraînera qu'effectivement, l'enfant n'apprendra rien. Mais ce sera, pour l'écolier en question, la conséquence d'une « mauvaise nourriture de son esprit », et non pas celle d'une « mauvaise nature foncière » de ce dernier*. Invoquant l'affaire qui secouait alors l'opinion publique en France, Binet écrivit :

> Il est vraiment trop facile de découvrir les signes d'arriération chez un individu quand on est prévenu. Autant opérer comme ces graphologues qui, du temps où l'on croyait Dreyfus coupable, découvraient dans son écriture les signes d'un traître et d'un espion.

Le psychologue français pensait que son test pouvait se montrer le plus utile dans la détection des formes modérées du retard mental ou de l'incapacité à apprendre. Mais même dans ces cas sérieux et spécifiques, il rejetait catégoriquement l'idée que son test pouvait en identifier les causes, et en particulier leur base éventuelle dans la constitution biologique héréditaire. Il voulait seulement déceler les enfants qui avaient des besoins spéciaux, et que l'on pouvait aider :

> Notre but est, lorsqu'un enfant sera mis en notre présence, de faire la mesure de ses capacités intellectuelles, afin de savoir s'il est normal ou arriéré [...]. Nous négligerons son étiologie, et notamment, nous ne ferons pas de distinction entre l'idiotie acquise et l'idiotie congénitale [...]. Nous ne cherchons point à établir ou à préparer un pronostic, et nous laissons sans réponse la question de savoir si son arriération est curable ou non, améliorable ou non. Nous nous bornerons à recueillir la vérité sur son état présent.

Binet s'abstint de faire référence à quelque limitation biologique que ce soit, parce qu'il savait qu'une telle interprétation (non justifiée par les résultats donnés par son test, de toute façon) viendrait, de façon perverse, s'opposer à l'objectif recherché, qui était d'aider les enfants en difficulté scolaire. Il morigéna les enseignants qui posaient un diagnostic d'irrémédiable stupidité sur tel ou tel individu, afin de se dispenser de l'effort particulier que ceux-ci requéraient :

> Ils n'ont pour eux ni sympathie, ni même de respect, car leur intempérance de langage leur fait tenir devant ces enfants des propos tels que celui-ci : « C'est un enfant qui ne fera jamais rien [...] il n'est pas intelligent du tout. » J'ai entendu trop souvent de ces paroles imprudentes.

---

* Dans la culture de langue anglaise, le débat sur les rôles respectifs de l'inné et de l'acquis dans le développement de certaines aptitudes s'exprime par l'opposition entre « nature » (la constitution biologique) et « nurture » (= nourriture, c'est-à-dire les apports de l'apprentissage). *(N.d.T.)*

Dans un passage éloquent, Binet donna libre cours à sa colère contre les enseignants qui affirment qu'un écolier donné ne pourra « jamais » arriver à rien, en raison de la faiblesse de sa constitution biologique :

> Jamais ! Quel gros mot ! Quelques philosophes récents semblent avoir donné leur appui moral à ces verdicts déplorables en affirmant que l'intelligence d'un individu est une quantité fixe, une quantité qu'on ne peut pas augmenter. Nous devons protester et réagir contre ce pessimisme brutal ; nous allons essayer de démontrer qu'il ne se fonde sur rien.

Finalement, il se réjouit des succès obtenus par les enseignants qui se servirent de son test pour identifier les écoliers ayant besoin d'une aide spéciale et la leur fournirent. Il défendit le principe de cet enseignement adapté et souligna que les progrès ainsi enregistrés devaient être regardés comme d'authentiques accroissements d'intelligence :

> C'est dans ce sens pratique, le seul accessible pour nous, que nous disons que l'intelligence de ces enfants a pu être augmentée. On a augmenté ce qui constitue l'intelligence d'un écolier, la capacité d'apprendre et de s'assimiler l'instruction.

Comme tout cela est tragique et paradoxal. Si les tests de QI avaient constamment été employés comme Binet l'avait voulu, il n'en aurait résulté rien que du bien (et dans ce sens, comme je l'ai dit plus haut, je ne suis pas opposé, dans leur principe, aux tests mentaux, mais seulement à certaines de leurs versions et conceptions idéologiques sous-jacentes). Mais l'interprétation même, innéiste et antiméliioriste, que Binet avait prévue et dénoncée à l'avance, est devenue dominante, et on a vu se déployer le contraire de ses intentions. Et ce retournement — l'établissement de la théorie héréditariste du QI — s'est produit dans l'Amérique démocratique, et non dans l'Europe élitiste. Les principaux protagonistes de l'importation de la méthode de Binet dans notre pays se firent les avocats de la version biodéterministe à laquelle Binet s'était opposé — et on continue, hélas, à entendre, à notre époque, l'écho de cette dernière, comme le prouve la parution de *The Bell Curve*.

Regardez les deux chefs de file de l'introduction du test de QI aux États-Unis. Le psychologue H.H. Goddard, qui traduisit les articles de Binet en anglais et fit une intense propagande pour que l'emploi du test se généralise, était partisan à la fois du point de vue héréditariste rigide et de la conception de l'intelligence comme entité unitaire :

> Dit de la façon la plus carrée, notre thèse est que le déterminant majeur des conduites humaines est un processus mental unitaire que nous appelons intelligence ; que ce dernier est conditionné par un mécanisme nerveux qui est inné ; que le degré d'efficacité pouvant être atteint par ce mécanisme nerveux, ainsi que le niveau mental ou intellectuel cor-

respondant, chez chaque individu, est déterminé par le type de chromosomes dont ce dernier a été doté lors de sa conception ; que le niveau de l'intelligence n'est que peu affecté par les influences rencontrées ultérieurement, à l'exception des sérieux accidents susceptibles de détruire des parties du mécanisme nerveux sous-jacent.

Lewis M. Terman, qui adapta le test de QI aux États-Unis, sous la forme du test appelé Stanford-Binet, soutenait les mêmes opinions. Voici d'abord ce qu'il disait de l'intelligence en tant qu'entité unitaire mesurable : « Est-ce que l'aptitude intellectuelle est un compte en banque, d'où l'on peut tirer de l'argent pour satisfaire n'importe quel dessein ; ou bien est-ce un ensemble d'effets bancaires, sur chacun desquels on peut tirer de l'argent dans un but spécifique, et qui ne sont pas convertibles les uns dans les autres ? » Terman était partisan de l'image du compte en banque. Quant à ses convictions héréditaristes, il les exprimait ainsi : « Cette étude renforce mon impression que les dons importent relativement plus que l'apprentissage, dans la détermination du rang que peut occuper un individu dans la hiérarchie de l'intelligence. »

Mais Binet avait fourni tous les arguments nécessaires pour s'opposer à ce type de conceptions — et ses paroles, même aujourd'hui, peuvent servir d'introduction à une réfutation scientifiquement correcte et éthiquement fondée de l'ouvrage de Herrnstein et Murray, *The Bell Curve*, l'héritier actuel de cette lignée de travaux qui a représenté, dans le cadre des tests mentaux, la contribution particulière de l'Amérique, sous la forme de la théorie héréditariste du QI. L'intelligence, nous a dit Binet, ne peut se ramener à un seul chiffre. La notion de QI est un outil intéressant pour identifier les enfants ayant besoin d'une aide, et n'exprime nullement une réalité biologique inéluctable. Une telle aide peut se révéler efficace, car l'esprit humain est, par-dessus tout, flexible. Nous ne sommes pas tous égaux sur le plan des dons, et nous ne venons pas au monde dans un état comparable à celui d'une ardoise vierge ; mais on peut pallier dans une grande mesure la plupart des déficiences, et la conséquence la plus tragique de la doctrine du déterminisme biologique est de décourager d'agir dans ce sens — car, si nous abandonnons (parce que nous accordons foi à la doctrine des limites innées, rigidement fixées à jamais), alors que nous aurions pu apporter de l'aide, nous aurons commis l'erreur la plus grave, celle qui consiste à laisser l'esprit humain enchaîné.

Pourquoi faut-il que nous reprenions toujours cette fausse opposition : « constitution biologique innée et supposée définitivement fixée », versus « flexibilité des réponses acquises par apprentissage » — autrement dit « nature versus nourriture* », pour reprendre cette expression fadasse par laquelle on la désigne communément dans le

---

* Voir la note de la p. 401.

grand public ? La constitution biologique ne scelle pas le destin ; l'éducation ne consiste pas à outrepasser les limites biologiques. Bien plutôt, nos vastes capacités d'amélioration par l'apprentissage traduisent une disposition génétique unique en son genre, accordée seulement à l'homme dans tout le règne vivant.

J'ai éprouvé à la fois de la joie et de la tristesse à la lecture d'un article récemment paru dans *Newsweek* (du 24 octobre 1994), concernant un lycée du Bronx* qui s'est engagé à obtenir de très bons résultats avec des écoliers initialement désavantagés. *Newsweek* rapportait :

> Ces trois cents lycéens noirs et latino-américains fournissent la base d'un démenti cinglant à l'ouvrage *The Bell Curve*. Richard Herrnstein et Charles Murray estiment que le QI est largement déterminé par le patrimoine génétique et qu'un QI faible signifie qu'on ne s'élèvera guère dans la société. Donc, soutiennent-ils, ni un enseignement efficace ni un meilleur environnement ne peuvent changer beaucoup le destin qui attend une personne donnée. Cependant, à Hostos, les résultats en lecture ont presque doublé en deux ans. Le taux de renvois est faible, et l'assiduité élevée. Près de 70 % de la promotion de 1989 a terminé ses études au bout du temps normal, ce qui est deux fois plus que la moyenne de la ville de New York.

Ce sont là de magnifiques nouvelles, qui mettent bien en valeur les idées de Binet. Mais je ne peux que désapprouver le titre de cet article : « Un défi à Darwin », ainsi que la phrase initiale : « Aujourd'hui, à l'angle de la 149e rue et de l'avenue Grand Concourse, un lycée public accueillant des enfants désavantagés défie quotidiennement Darwin. »

Pourquoi Darwin est-il un ennemi et un obstacle ? Peut-être que l'article de *Newsweek* n'avait en vue que la métaphore sous laquelle on présente souvent le darwinisme (et qui est aussi une conception sérieusement erronée), autrement dit : la lutte dans un monde brutal, la plupart des combattants étant éliminés. Mais je pense que les rédacteurs de *Newsweek* se sont servis du nom de Darwin pour parler (mal) de la « constitution biologique héréditaire » — et ils ont voulu nous dire que les résultats obtenus dans cette école venaient réfuter la notion de limites génétiques définitivement fixées. Mais la constitution biologique ne s'oppose pas à la flexibilité humaine ; elle en est au contraire à la source, et elle la rend possible (tandis que la théorie du déterminisme biologique met en œuvre une conception erronée de la constitution biologique). Et le darwinisme ne repose nullement sur l'idée qu'il existe des différences génétiques fixées à jamais ; il repré-

---

* Quartier déshérité de New York, habité en majeure partie par des Noirs et des Latino-Américains. *(N.d.T.)*

sente la théorie centrale d'une discipline — la biologie de l'évolution — qui a mis en évidence l'unité de l'espèce humaine, par l'observation de distances génétiques minimes entre ses races, et de l'origine commune de toutes ces dernières, lors d'une naissance qui remonte à hier soir, géologiquement parlant.

Des races et du racisme
au cours des siècles

_____

VIEILLES MYSTIFICATIONS THÉORIQUES
ET OLFACTIVES

Nous frissonnons d'horreur rien qu'à la pensée de répéter les
péchés primordiaux commis par notre genre. Ainsi, l'oncle d'Hamlet
se lamente sur son acte de fratricide, en rappelant le meurtre d'Abel
par Caïn :

> Oh, mon crime est fétide, il empeste le ciel,
> La plus vieille malédiction, celle du premier fratricide,
> Pèse sur lui* !

Les métaphores prenant pour thème les mauvaises odeurs sont
particulièrement puissantes, parce que notre sens de l'odorat est profondément ancré dans notre constitution biologique telle qu'elle a été
édifiée par l'évolution, et, cependant (et peut-être pour cette raison),
ne suscite, dans notre culture, que peu d'attention, quand on ne l'oublie
pas complètement. Un écrivain anglais du XVIIe siècle se rendit compte
de ce pouvoir et mit particulièrement en garde ses lecteurs contre l'utilisation des métaphores olfactives, parce que les gens du peuple
pouvaient les prendre de façon littérale :

> L'expression métaphorique se transformait souvent en une proposition
> à prendre au sens littéral, mais qui était alors erronée [...]. Qu'il est dan-
> gereux, dans les domaines délicats, d'user de métaphores à destination
> du peuple ; que d'absurdes opinions celui-ci ne va-t-il pas se former, sur
> la base d'une compréhension à la lettre.

_____

* _Hamlet_, Acte III, scène 3 (trad. Y. Bonnefoy).

Cette citation est tirée du chapitre d'un ouvrage publié en 1646 par Sir Thomas Browne : *Pseudodoxia Epidemica : or Enquiries into Very Many Received Tenents [sic], and Commonly Presumed Truths* (« Pseudodoxia Epidemica : ou Recherches sur de très nombreuses opinions reçues, et vérités généralement admises »). Thomas Browne, qui était médecin à Norwich, est plus connu pour son merveilleux livre de 1642, encore largement lu, en partie autobiographique, en partie philosophique et en partie fantaisiste : *Religio Medici* (« La religion d'un médecin »). L'ouvrage intitulé *Pseudodoxia Epidemica* (titre en latin faisant allusion à la pléthore des fausses vérités) est l'ancêtre de ce type de littérature très honorable, qui suscite encore beaucoup de travaux de nos jours : la réfutation des contre-vérités très répandues et la dénonciation des méfaits de l'ignorance (car certaines fausses croyances sont susceptibles de provoquer des maux sociaux).

J'ai tiré la citation de Browne du chapitre (le livre en comprend plus de cent) qui va très vraisemblablement susciter un frisson chez les lecteurs de notre époque : il est consacré à la réfutation de la croyance alors très répandue selon laquelle « les Juifs puent ». Thomas Browne était philosémite au regard des normes de son époque, mais n'était pas totalement libre de tout préjugé à l'égard des Juifs. Il attribuait le bobard au sujet de la mauvaise odeur des Juifs à l'interprétation au sens littéral (d'où la citation ci-dessus) de la métaphore appliquée légitimement (du moins, le pensait-il) aux descendants du peuple qui avait demandé la crucifixion de Jésus. Browne écrit : « Or cette assertion s'est peut-être fondée sur l'aversion éprouvée par les chrétiens vis-à-vis des juifs, en raison de cette vilenie. Celle-ci rend donc ces derniers exécrables au point que tous les hommes ne peuvent plus les sentir. » (J'invite les apôtres du « politiquement correct » à se pencher sur la gamme de tout ce que Browne n'inclut pas dans son expression : « tous les hommes », dans ce contexte.)

Browne mentionne une raison valable de chercher à démystifier les erreurs très répandues. Il remarque, à juste raison, que les fausses croyances découlent de conceptions incorrectes au sujet du monde matériel ; elles poussent, par conséquent, à développer les connaissances, et ne sont donc pas uniquement des sottises émises par des esprits primitifs : « Pour acquérir tout un ensemble de connaissances claires et bien assurées, il est nécessaire d'oublier la plupart de ce que nous savons. » En outre, remarque Browne, la vérité est difficile à établir, et l'ignorance est bien plus répandue que les connaissances exactes. Écrivant au milieu du XVIIe siècle, Browne évoque « les Amériques » pour parler des zones d'ignorance qui n'ont pas encore été explorées, et il se plaint de notre incapacité à utiliser les bons outils de la raison comme boussole pouvant nous guider au sein de ces *terra incognita* : « Il n'y a pas de trouée dans cet épais fourré [...] ; et c'est bien souvent au hasard que nous sommes obligés de parcourir les Amériques et autres régions inexplorées de la vérité. »

Dans son ouvrage *Pseudodoxia Epidemica*, Browne pérégrine au sein du labyrinthe de l'ignorance humaine au long de cent treize chapitres répartis en sept livres, abordant des sujets généraux qui portent sur les minéraux, les végétaux, les animaux, les hommes, les récits bibliques, les mythes historiques et géographiques. Browne démystifie toute une série d'opinions largement répandues, comme, par exemple, que les éléphants n'ont pas d'articulations, que les blaireaux possèdent des pattes plus courtes d'un côté du corps que de l'autre, et que les autruches peuvent digérer du fer.

Pour se faire une idée du type de thèse qu'il réfute, prenons, par exemple, le chapitre 4 du Livre 3 : « De la tactique du castor qui, pour échapper à un prédateur, se coupe les testicules d'un coup de dent. » Il s'agit d'une coutume brutale qui, selon la légende, a pour effet de désorienter le prédateur en train de poursuivre le castor ou de l'engager à se mettre à manger, même s'il s'agit d'un plus petit repas que ne le promettait le corps entier. Browne considère que cette « croyance est très ancienne, et a donc eu tout le temps de se répandre largement. [...] Les Égyptiens s'y sont aussi laissés aller dans leurs hiéroglyphes, lesquels décrivent la punition de l'adultère en montrant un castor se coupant les testicules, pratique qui était chez eux la pénalité appliquée à cette inconduite ».

Browne s'enorgueillit de recourir à un mélange de raisonnement et d'observations pour étayer sa démystification. Il cherche d'abord à identifier la source de l'erreur : il s'agit dans ce cas d'une déduction étymologique erronée portant sur le nom latin de cet animal, *castor**. Ce dernier n'a pas la même étymologie (contrairement à ce qu'affirme la légende) que « castration », mais dérive en dernière analyse d'un mot sanscrit pour « musc ». Une autre source de l'erreur était constituée par l'interprétation erronée de l'apparente absence de testicules chez cet animal : ces glandes sont, en effet, chez lui, situées à l'intérieur de l'abdomen, et leur invisibilité externe avait donc conduit à croire que le castor pouvait s'automutiler. Browne rapporte, en effet, qu'il existe réellement des mâles intacts, et montre, par le raisonnement, qu'un castor ne pourrait même pas atteindre ses propres testicules s'il voulait les couper d'un coup de dent (et ainsi, très habilement, la raison originelle de l'erreur — l'invisibilité des testicules dans la morphologie externe — devient la preuve de la fausseté de la croyance !).

Les testicules, pour les nommer correctement, sont de plus petite taille

---

* Le mot latin est passé tel quel en français ; toutefois, au Moyen Age, ce rongeur était aussi appelé « bièvre » (d'où le nom d'une rivière, affluent de la Seine, au sud de Paris), ce qui rappelle le terme anglais *beaver*, de même étymologie celtique ou germanique. *(N.d.T.)*

et localisés à l'intérieur du corps au niveau des reins ; et par conséquent, il n'était pas seulement difficile, mais réellement impossible qu'ils se castrent eux-mêmes, ou que d'autres les castrent.

Le chapitre 2 du Livre 7 démystifie la légende selon laquelle « l'homme possède une côte de moins que la femme » — « une opinion très répandue, ayant pour origine l'histoire de la Genèse, dans laquelle il est stipulé qu'Ève a été façonnée à partir d'une côte d'Adam ». (J'ai constaté que cette absurdité — l'absence d'une côte chez l'homme — est malheureusement encore admise par quelques-uns. J'ai récemment participé à une émission télévisée destinée aux lycéens, dans laquelle ceux-ci pouvaient poser des questions par téléphone, et une jeune fille adhérant au dogme du créationnisme a cité ce « fait bien connu » comme preuve de l'inerrance de la Bible et de la fausseté de la théorie de l'évolution.) De nouveau, Browne recourt à la fois au raisonnement et à l'observation, et déclare : « Ce fait n'est compatible ni avec la raison ni avec l'examen. » Il suffit de compter les côtes sur des squelettes (Browne était médecin) pour constater l'égalité de leur nombre chez les deux sexes. En outre, le raisonnement ne permet pas de conclure que la perte d'une seule côte chez Adam devait nécessairement se transmettre dans sa descendance aux autres membres de son sexe :

> Bien que nous puissions admettre qu'il manquait une côte dans le squelette d'Adam, il est cependant contraire au raisonnement et à l'observation courante que sa postérité devait, elle aussi, comporter cette lacune. Car nous observons que les mutilations ne sont pas transmises de père en fils ; l'aveugle procrée des enfants qui voient ; les hommes borgnes, des enfants ayant deux yeux ; et les estropiés, mutilés dans leur propre personne, engendrent une descendance parfaite.

Le chapitre 10 du Livre 4 traite des « Juifs qui puent ». C'est l'un des plus longs, et il présente manifestement une grande importance pour le docteur Browne. Son argumentation est plus complexe, mais elle obéit à la même démarche que celle employée pour réfuter les mythes moins pernicieux : cela consiste à la fois à citer des observations contredisant cette croyance et à invoquer des arguments tirés de la logique et du raisonnement.

Browne commence par exposer la proposition mystificatrice : « C'est une opinion reçue que les Juifs puent naturellement, autrement dit, que chez leur race et leur nation, il existe une mauvaise odeur. » Puis, il admet que les espèces peuvent avoir des odeurs qui leur sont propres, et qu'il en est certainement ainsi pour les êtres humains individuels : « Aristote dit qu'aucun animal ne sent bon, excepté le léopard. Nous admettons qu'outre l'odeur propre aux espèces, il peut y avoir des odeurs individuelles, et que tout homme peut en posséder une qui lui est particulière ; et que, bien que non perceptible aux êtres humains, qui n'ont qu'un faible odorat, elle est décelable par les chiens, de sorte que ces derniers peuvent reconnaître leur maître dans le noir. »

En principe donc, des groupes particuliers d'êtres humains pourraient présenter des odeurs caractéristiques, mais ni la raison ni l'observation ne permettent d'attribuer ce trait aux Juifs en tant que groupe : « Nous ne pouvons admettre, dès lors qu'on l'examine correctement, la croyance selon laquelle une odeur déplaisante est attachée à la nation juive ; et cette proposition ne peut pas non plus être déduite sur le plan de la Raison ou de l'Intelligence. »

Dans le domaine des faits, l'observation directe ne fournit aucune preuve en faveur de cette légende pernicieuse : « On ne peut en aucune façon trouver d'odeur nauséabonde dans leurs synagogues, où, en raison de leur nombre, elle ne pourrait pas être cachée ; on ne peut pas non plus en déceler dans le commerce ou la conversation avec ceux qui sont vêtus proprement et dont la maison est bien tenue. » Le cas « test » des Juifs convertis au christianisme prouve bien ce point, car même les pires bigots ne les accusent pas de sentir mauvais : « Personne n'attribue d'odeur déplaisante aux Juifs convertis, qui sont pourtant de même souche que les autres ; comme si leur conversion les parfumait, ils perdent leur odeur avec leur religion, et ne sentent plus du tout mauvais. » S'il était possible de reconnaître les personnes de souche juive par l'odeur, l'Inquisition aurait grandement bénéficié d'un moyen sûr d'identifier les convertis insincères : « Il y a maintenant des milliers de Juifs convertis en Espagne [...] et certains ont même exercé en tant que prêtres ; c'est une question de grande importance, et si on pouvait les reconnaître d'après leur odeur, ce serait d'un grand avantage, non seulement pour l'Église du Christ, mais aussi pour les Coffres du Prince. »

Passant ensuite aux arguments tirés de la raison, il était envisageable que les mauvaises odeurs auraient pu provenir soit de mauvaises habitudes alimentaires, soit de manque d'hygiène. Mais les règles de l'alimentation chez les Juifs garantissent que la modération et le bon sens règnent en ce domaine, tandis que la consommation de boisson tend, chez eux, vers la sobriété — « ils pèchent rarement par l'ébriété ou l'excès de boisson, ni ne se laissent aller à la voracité ou à la consommation superflue d'aliments ; et de ce fait, ils préviennent indigestions et maux d'estomacs, et par conséquent, la putréfaction des humeurs. »

Si l'on ne peut donc trouver aucune raison dans le mode de vie des Juifs, la seule explication concevable d'une odeur raciale nauséabonde pourrait être dans une « malédiction jetée sur eux par le Christ [...] en tant que signe distinctif marquant le peuple qui a crucifié leur Sauveur ». Mais Browne rejette cette proposition encore plus catégoriquement, en tant qu'« opinion sans aucune justification ; et en tant que procédé facile pour étouffer le débat sur tout point obscur ». Invoquer le miracle, lorsqu'on ne peut trouver d'explication naturelle, est bon pour le paresseux ou le couard qui cherche à éviter la déroute de l'esprit. (Browne ne conteste pas que des interventions célestes peuvent se produire dans de très grandes occasions, comme dans le cas du déluge de Noé ou de l'ouverture de la mer Rouge ; mais faire appel au miracle pour expliquer de petites choses, telles que l'hypothétique odeur raciale d'un peuple injustement stigmatisé, c'est se moquer de la grandeur divine. Le médecin de Norwich poursuit en tournant également en ridicule la légende selon laquelle il n'y aurait pas de serpents en Irlande, parce que saint Patrick les aurait expulsés de cette île au moyen de sa baguette. Il est vraiment inapproprié de tabler ainsi sur des myriades de petits miracles, et cela n'a pour tout effet que d'étouffer le débat sur la nature des phénomènes et la compréhension des véritables causes.)

Mais Browne couronne sa réfutation de la croyance selon laquelle « les Juifs puent » par un argument encore plus fort, basé sur le raisonnement. Tout cela n'a aucun sens, soutient-il, parce que la catégorie en question — le peuple juif — ne représente pas une entité pouvant comprendre, au nombre de ses attributs, une odeur nationale distinctive.

Parmi les grandes fautes de raisonnement, de telles « catégorisations erronées » sont particulièrement courantes lorsqu'on essaie de définir des groupes en établissant la liste de leurs caractères distinctifs — un problème qui intéresse particulièrement les taxinomistes tels que moi-même. La plus grande partie du livre de Browne est archaïque par son contenu, et suscite donc une étrange fascination en tant que collection de « conceptions fossiles ». Mais la bataille qu'il mène contre les catégorisations erronées afin de démystifier la croyance selon laquelle « les Juifs puent » présente un aspect moderne et justifie que l'on puisse s'intéresser actuellement aux arguments avancés dans *Pseudodoxia Epidemica*.

Browne commence par noter que les traits des individus ne peuvent pas automatiquement être pris comme caractéristiques définissant un groupe. Il ne fait pas de doute que tout individu possède une odeur distinctive, mais un groupe donné peut comprendre la totalité de la gamme des différences individuelles, et il n'aura donc aucune identité particulière sur ce plan. Quel type de groupe faut-il donc envisager pour qu'il puisse être caractérisé par une particularité aussi spécifique ?

Browne explique qu'un tel groupe doit être défini de façon étroite, soit par le critère strict de la généalogie (de sorte que ses membres possèdent les mêmes traits en raison d'une lignée héréditaire commune), soit par des habitudes communes dans le domaine des coutumes et du style de vie (mais le médecin de Norwich avait déjà montré que les règles de modération et d'hygiène respectées par les

Juifs s'opposaient à l'idée que ce groupe pouvait être caractérisé par une odeur déplaisante).

Browne en arrive alors à son argument décisif : il soutient que le peuple juif ne représente pas un groupe généalogique strict. Les Juifs ont été dispersés dans le monde entier, insultés et méprisés, expulsés et exclus. De nombreux sous-groupes ont été perdus par assimilation, d'autres dilués par de très nombreux mariages mixtes. En fait, la plupart des nations sont fortement mélangées et ne représentent donc pas des groupes strictement définis par une même généalogie. Cette caractéristique commune à toutes les nations a été fortement exagérée dans le cas des Juifs. Ceux-ci ne forment pas un groupe héréditaire distinct, et ne peuvent donc posséder une propriété telle qu'une odeur nationale.

> Il n'est facile d'attribuer à aucune nation une quelconque caractéristique matérielle ou mentale [...] et c'est encore beaucoup plus difficile dans le cas des Juifs ; bien qu'on prétende que leur race soit pure, ils ont connu des mélanges définitifs avec des nations de toutes sortes... Si l'on admet donc que certains groupes de Juifs ont été perdus, que d'autres sont mêlés, et que, dans leur ensemble, il n'est pas sûr qu'ils soient distincts, il va donc être difficile d'établir qu'une propriété particulière [une odeur nationale] est attachée aux Juifs.

Depuis des années que je réfléchis sur les théories erronées du déterminisme biologique, et que je dois admettre leur extraordinaire persistance et tendance à réapparaître après leur extirpation supposée, il m'est apparu qu'il doit exister, dans ce domaine, un phénomène que j'appelle « le principe de substitution ». On peut trouver des imputations spécifiques dirigées contre tel ou tel groupe particulier (les Juifs puent ; les Irlandais boivent ; les femmes aiment le vison ; les Africains sont incapables de penser), mais chacune d'entre elles fonctionne comme substitut pour toutes les autres. La forme générale de l'argumentation est toujours la même, et elle met toujours en jeu les mêmes erreurs au cours des siècles. Décortiquez un peu la proposition selon laquelle les femmes ne peuvent pas, étant donné leur nature biologique, être de bons chefs d'État, et vous découvrirez la même batterie de mauvaises déductions sous-tendant la thèse avancée par quelqu'un d'autre, selon laquelle les Afro-Américains ne fourniront jamais une grande proportion des candidats au Ph. D.*.

Ainsi, la bataille de jadis menée par Browne pour réfuter le mythe de la « mauvaise odeur des Juifs » présente un intérêt pour les luttes similaires d'aujourd'hui, puisque la forme de son argumentation peut s'appliquer aux discours de notre époque prétendant qu'il existe une

---

* Ph. D. : abréviation de *philosophiae doctor*, autrement dit « doctorat ès-sciences ». *(N.d.T.)*

infériorité innée et définitive de l'intelligence ou du sens moral chez certains êtres humains. Fort heureusement (puisque j'appartiens à ce groupe), les Juifs ne sont pas vraiment visés de nos jours (bien qu'il soit à peine besoin de mentionner les événements dramatiques qu'a connus la génération de mes parents pour rappeler à chacun que l'atténuation actuelle de l'antisémitisme ne doit pas nous faire relâcher notre vigilance). Très récemment, un mythe a fait grand bruit, en renouant avec une autre vieille antienne de l'infâme répertoire des calomnies de même forme générale : l'ouvrage *The Bell Curve* a proclamé que les personnes d'origine africaine possédaient, en moyenne, une intelligence innée inférieure à celle des autres.

En reprenant la démarche de Browne, on peut réfuter cette assertion en recourant à la fois à des faits d'observation et à des arguments logiques. Je ne vais pas ici me livrer à la totalité de la démonstration, sinon le présent essai risquerait de prendre les dimensions d'un livre (voir les deux essais précédents). Mais j'aimerais souligner que l'argument décisif de Browne pour réfuter la croyance que « les Juifs puent » — la faute de catégorisation consistant à définir les Juifs comme un groupe biologique — est aussi utilisable pour démonter le mythe moderne de l'infériorité intellectuelle des Noirs, défendu par Jensen et Shockley dans les années soixante et par Murray et Herrnstein aujourd'hui.

La population d'Afro-Américains vivant aujourd'hui aux États-Unis ne représente pas une unité généalogique, de la même façon que les Juifs ne forment pas une lignée généalogique homogène, comme l'avait reconnu Browne. En vertu d'un stéréotype hérité de notre hideuse tradition de racisme aux États-Unis, quiconque affiche des traits rappelant avec évidence des ancêtres africains est catalogué « Noir », même si de nombreuses personnes ainsi qualifiées possèdent également de nombreux ancêtres caucasiens, et même parfois en nombre prépondérant. (Une vieille question « piège » chez les aficionados du base-ball consiste à demander : « Comment s'appelait le joueur italo-américain qui a réalisé plus de quarante coups-de-circuits pour les Brooklyn Dodgers en 1953 ? » La réponse est « Roy Campanella », dont le père était italien et la mère noire, mais qui, en raison de nos conventions sociales, aux États-Unis, était considéré comme Noir.)

(Soit dit en passant pour faire le tour de la notion de substitution, on peut constater que les thèses invoquant l'erreur de catégorisation en ce qui concerne les Juifs et les Noirs, empruntent souvent la même forme hautement contestable consistant à blâmer la victime. Browne, bien que généralement et fort heureusement libre de tout sentiment antijuif, avance un argument particulièrement détestable pour expliquer le taux élevé de métissage entre les Juifs et les chrétiens : les femmes juives seraient prétendument lascives et préféreraient les blonds chrétiens aux Juifs noirauds et peu séduisants. Browne écrit :

« La fornication n'est pas rare entre eux [femmes juives et hommes chrétiens] ; selon une opinion très généralement répandue, leurs femmes désirent copuler avec ceux-ci plutôt qu'avec des membres de leur propre nation, et prisent la sensualité chrétienne bien plus que les plaisirs sexuels avec les circoncis. » Les racistes aux États-Unis avancèrent souvent des idées similaires à l'époque de l'esclavage, ce qui était un mensonge particulièrement ignoble dans ce cas, car cela revenait à excuser les violeurs en blâmant des femmes qui ne pouvaient absolument pas se défendre. Par exemple, Louis Agassiz écrivit en 1863 : « Dès que le désir sexuel s'éveille chez les jeunes hommes du Sud, il leur est aisé de le satisfaire à la maison avec les domestiques de couleur [mulâtresses]... Dès lors, cela oriente leurs meilleurs instincts dans cette direction et les conduit peu à peu à rechercher des partenaires d'un goût plus relevé, comme je l'ai entendu dire des Noires de race pure par des jeunes hommes aux mœurs dissolues. »

Il est évident que l'on ne peut pas affirmer que les « Noirs » sont caractérisés par tel ou tel trait héréditaire, si la catégorie de population ainsi visée ne représente pas une unité généalogique. Mais cette catégorisation est erronée en raison d'un phénomène bien plus profond que la simple dilution de population par de larges mélanges avec d'autres populations. On est en train de faire des découvertes extrêmement passionnantes en paléoanthropologie et en génétique humaine, qui vont nous forcer à repenser entièrement et de façon radicale la question des catégories de populations humaines. Nous allons être obligés de reconnaître que l'entité des « Noirs africains » n'est pas un groupe racial de même statut que les regroupements classiques de populations tels que « Amérindiens », « Caucasiens européens » ou « Est-Asiatiques », mais qu'il s'agit d'une catégorie bien plus riche que toutes les autres combinées, qu'elle n'est pas réellement définissable comme groupe en soi, et qu'on ne peut donc pas la caractériser de façon mystificatrice par des formules telles que « les Noirs africains sont moins intelligents » ou « les Noirs africains sont automatiquement de bons joueurs de basket ».

Les recherches en anthropologie, durant la dernière décennie, ont été animées par un vif débat sur la question de l'origine de la seule espèce du genre humain qui existe actuellement, *Homo sapiens*. Est-ce que notre espèce est apparue séparément sur trois continents (Afrique, Europe et Asie) à partir de populations souches d'*Homo erectus* vivant dans ces trois régions (théorie dite de « l'origine multirégionale ») ? Ou est-ce qu'*Homo sapiens* est né en un seul lieu, probablement en Afrique, à partir d'une seule des populations ancestrales d'*Homo erectus*, puis se serait répandu ensuite dans le reste du monde (théorie dite de « l'expansion à partir de l'Afrique ») ?

Les arguments « pour » et « contre » n'ont cessé d'aller de l'une à l'autre, mais des données récentes semblent faire pencher la balance en faveur de la théorie de « l'expansion à partir de l'Afrique ». À mesure que l'on séquence de plus en plus de gènes, que l'on analyse leurs variantes d'un groupe racial à l'autre et que l'on reconstruit des arbres généalogiques sur la base de ces différences génétiques, la même conclusion semble pouvoir être tirée de plus en plus nettement : *Homo sapiens* est né en Afrique ; sa migration dans le reste du monde s'est effectuée entre – 112 000 et – 280 000 ans, les études les plus sophistiquées sur le plan technologique pointant vers la limite inférieure (la date la plus récente) de cette fourchette.

En d'autres termes, *l'ensemble* de la diversité raciale non africaine — les Blancs, les Jaunes, les Rouges, tout le monde, depuis les Hopis jusqu'aux Norvégiens et aux habitants des îles Fidji — n'a sans doute pas plus de cent mille ans. Par contraste, *Homo sapiens* vit en Afrique depuis bien plus longtemps. Or, dans la mesure où la diversité génétique est grossièrement proportionnelle à la durée pendant laquelle peut s'opérer le changement évolutif, celle des seuls Africains dépasse la totalité de la diversité génétique de l'ensemble des autres populations dans le monde ! Dès lors, est-il possible de réunir tous les « Noirs africains » en un seul groupe et de leur attribuer des traits favorables ou défavorables, alors qu'ils ont été l'objet d'un phénomène évolutif plus vaste et que leur diversité génétique est plus grande que tout ce que l'on peut observer dans l'ensemble des populations du reste du monde ? L'Afrique représente la plus grande part de la nature humaine, quelle que soit la représentation généalogique que l'on adopte ; toutes les autres populations n'occupent qu'une seule branche au sein de l'arbre africain. Bien entendu, le rameau non africain s'est épanoui jusqu'à aujourd'hui, mais il ne représentera jamais, sur le plan de la topologie, qu'une sous-section au sein d'un arbre fondamentalement africain.

Il nous faudra de nombreuses années, et beaucoup de réflexion, avant de bien comprendre les révisions qu'implique sur le plan théorique, conceptuel et iconographique, cette étonnante réorientation de notre appréhension de la nature et du sens de la diversité humaine. Pour les néophytes, cependant, je suggère que nous abandonnions enfin toutes ces assertions absurdes telles que « les Noirs africains sont plus sensibles au rythme, moins intelligents et plus doués pour l'athlétisme ». De telles affirmations, mis à part leur caractère socialement pernicieux, n'ont aucun sens, dès lors qu'on ne peut regarder les Africains comme un groupe cohérent, étant donné qu'ils présentent bien plus de diversité que l'ensemble des populations du monde entier.

Les plus grandes découvertes sur le plan des concepts s'effectuent souvent en notre for intérieur, et non à l'issue de recherches acharnées sur la Terre ou dans les étoiles pour mettre à jour de nouveaux faits ou de nouveaux phénomènes. Elles résultent alors de la nécessité de mettre fin à d'anciens préjugés et d'élaborer de nouvelles structures conceptuelles. Aucune quête n'a de récompense plus douce, ni d'objectif plus admirable que celle visant passionnément à réviser complètement notre mode de compréhension — c'est une aventure intérieure qui fait vibrer les vrais chercheurs et passionne tout le monde. C'est ainsi que nous avons besoin de suivre de nouvelles routes pour appréhender de façon nouvelle la généalogie de l'espèce humaine et la signification de la diversité évolutive. Thomas Browne — car il faut lui laisser le dernier mot — appréciait le plaisir procuré par ce type d'aventure intérieure au-dessus de toutes les émotions associées à la recherche intellectuelle. De façon intéressante, il a aussi invoqué l'Afrique comme métaphore désignant les prodiges inconnus. Il n'aura jamais su à quel point ce qu'il disait (dans *Religio Medici*, Livre 1, section 15), serrait de près la réalité.

Je ne pouvais absolument pas me contenter de prendre seulement en considération ces grands sujets d'émerveillement que sont le flux et le reflux de la mer, les crues du Nil, l'orientation de l'aiguille de la boussole vers le nord ; et je me suis attaché à l'étude de phénomènes plus évidents et négligés, mais pouvant égaler les précédents, et que sans faire d'autre voyage, je pouvais atteindre au sein de mon propre univers intérieur ; nous portons en nous les merveilles que nous cherchons à l'extérieur ; il y a, en nous, toute l'Afrique et ses prodiges ; nous sommes vraiment un extraordinaire phénomène de la nature.

GÉOMÉTRIE RACIALE

Les mots d'apparence capricieuse ou semblant mal construits recèlent souvent d'intéressantes histoires. Pourquoi, par exemple, dit-on des partisans des réformes politiques radicales qu'ils sont de « gauche », tandis que les partisans du conservatisme sont dits de « droite » ? Dans la plupart des assemblées parlementaires européennes, les membres possédant le plus haut statut social se sont toujours assis à la droite du président, en raison d'une tradition de courtoisie aussi ancienne que nos préjugés en faveur de la main droite, qui est dominante chez la plupart des gens. (Ces préjugés sont manifestes dans de nombreux domaines, dépassant largement celui de la structure des ouvre-boîtes ou de la configuration des bureaux sur lesquels on écrit, pour s'étendre jusqu'au langage lui-même, où « dextérité » vient du mot latin pour « droite » et « sinistre » du mot latin pour « gauche ».) Puisque les personnes de plus haut statut social (nobles et autres « gros bonnets ») tendaient à épouser des opinions conservatrices, les ailes droite et gauche des assemblées parlementaires en sont venues à définir une géométrie des opinions politiques.

Parmi les mots apparemment capricieux rencontrés dans ma discipline, la biologie évolutionniste, aucun ne paraît plus curieux, et suscite plus de questions dans mon courrier, ou de vive voix à la fin de mes conférences, que le terme de « Caucasiens », officiellement retenu pour désigner les populations à peau blanche d'Europe, d'Asie occidentale et d'Afrique du Nord. Pourquoi a-t-on donné à ce groupe racial très répandu de l'Europe de l'Ouest un nom tiré de celui d'une chaîne de montagnes de Russie ? C'est au naturaliste allemand J.F. Blumenbach (1752-1840) que l'on doit cette initiative : il a établi la plus influente de toutes les classifications raciales, et inventé ce nom en 1795, dans la troisième édition de son ouvrage fondamental *De generis humani varietate nativa* (« Des variétés naturelles du genre humain »). Dans sa définition originelle, Blumenbach a avancé deux raisons pour ce choix : la beauté maximale du peuple vivant dans cette petite région ; et la probabilité que le genre humain ait été créé dans cette aire géographique. Il écrivait :

> *Variété caucasienne* : J'ai choisi ce nom d'après la variété des monts du Caucase, parce que cette région, et notamment son flanc méridional, produit la plus belle race d'hommes, et parce que [...] dans cette aire, plus que partout ailleurs, nous devrions avoir la plus grande probabilité de trouver les [formes originelles] autochtones de l'humanité.

Blumenbach, qui fut l'un des plus grands et des plus honorés des naturalistes de la période des Lumières, fit toute sa carrière en tant que professeur à l'université de Göttingen, en Allemagne. Son ouvrage *De generis humani varietate nativa* fut d'abord une thèse de doctorat soutenue à la faculté de médecine de Göttingen en 1775, au moment où les miliciens de Lexington et de Concord initiaient la révolution américaine. Il publia une version plus grand public de cet ouvrage en 1776, tandis que le Congrès historique de Philadelphie proclamait notre indépendance. La publication simultanée de trois grands textes — la Déclaration d'indépendance de Jefferson (relative à la politique fondant la liberté) ; l'ouvrage d'Adam Smith, *The Wealth of Nations* (« La richesse des nations », traitant de l'économie individualiste) ; et le traité de Blumenbach sur la classification des races (portant sur la science de la diversité humaine) — traduit parfaitement le bouillonnement social de cette époque, et montre bien la nature du contexte général qui a rendu la classification de Blumenbach, et son choix du qualificatif de « caucasienne » pour la race européenne, si importants pour notre histoire et pour les questions qui nous préoccupent aujourd'hui.

La solution des grandes énigmes dépend souvent de détails minuscules, qu'on peut facilement ne pas apercevoir ou laisser de côté. Je suggère que la clé permettant de comprendre cette classification de Blumenbach, qui est à l'origine d'une part importante des idées qui continuent à nous influencer et à nous perturber aujourd'hui, réside dans le critère très particulier auquel il a recouru pour qualifier la race européenne de « caucasienne » : la beauté maximale supposée des peuples vivant dans ces montagnes de Russie. Pourquoi, avant tout, fallait-il attribuer une telle importance à un jugement esthétique de nature évidemment subjective ? Et pourquoi, ensuite, fallait-il qu'un critère esthétique serve de base à une hypothèse scientifique sur le lieu d'origine de la race européenne ? Pour répondre à ces questions, il nous faut nous tourner vers le travail original de Blumenbach de 1775, puis passer aux modifications qu'il a introduites en 1795, lorsqu'il a donné leur nom aux Caucasiens.

La classification finale de Blumenbach de 1795 a rangé la totalité des êtres humains en cinq groupes définis à la fois par la géographie et leur apparence physique : en suivant son ordre, il s'agit donc de la « variété caucasienne », pour les peuples à peau blanche d'Europe et des régions voisines ; la « variété mongolienne* », pour les habitants de l'Asie orientale, comme la Chine et le Japon ; la « variété éthiopienne » pour les populations à peau noire d'Afrique ; la « variété

---

* Au chapitre III (fin de la section sur « Le recul de Lombroso »), il est rappelé que certains handicapés mentaux (que l'on sait aujourd'hui être affectés par une trisomie 21) ont été appelés « mongoliens » par le médecin britannique J.L.H. Down au XIXe siècle, en raison de certaines caractéristiques morphologiques qu'il croyait rappeler celles des populations orientales qui avaient été appelées « variété mongolienne » par Blumenbach. *(N.d.T.)*

américaine » pour les populations indigènes du Nouveau Monde ; et la « variété malaise », pour les Polynésiens et Mélanésiens des îles du Pacifique ainsi que les aborigènes d'Australie. Mais la classification originelle de Blumenbach en 1775 ne reconnaissait que quatre de ces cinq groupes, et mettait dans la même catégorie les membres de la « variété malaise » et les autres peuples de l'Asie, que le naturaliste allemand allait plus tard qualifier de « mongoliens ».

Il est assez paradoxal que Blumenbach soit, de façon générale, reconnu comme l'inventeur de la classification raciale moderne. En fait, son système originel à quatre races, comme je vais le montrer plus loin, n'avait pas été établi sur la base de ses observations ou de ses réflexions théoriques, mais reprenait, comme Blumenbach le reconnaissait volontiers, la classification adoptée et prônée par son maître et gourou, Carl Linné, dans son ouvrage fondateur de la taxinomie, *Systema Naturae*, publié en 1758. La seule contribution originale de Blumenbach à la classification raciale a été constituée par l'addition, en 1795, de la « variété malaise » au système à quatre races, variété correspondant à des peuples du Pacifique qui étaient précédemment inclus dans le groupe asiatique. Ce changement semble vraiment mineur. Pourquoi, donc, considère-t-on Blumenbach, et non pas Linné, comme le fondateur de la classification raciale ? (Une « considération » qui le « déconsidère » peut-être quelque peu, dans la mesure où ce type de travaux ne jouit pas de nos jours, et pour de bonnes raisons, d'une haute réputation.) Je voudrais soutenir ici que la modification apparemment petite apportée par Blumenbach correspond, en fait, à un changement théorique d'une portée incomparable, qui était lourd de conséquences. La plupart des commentateurs n'ont généralement pas aperçu ou ont mal interprété ce changement, car les scientifiques des périodes ultérieures n'ont pas compris un principe philosophique et historique crucial : les théories sont des représentations qui peuvent être traduites sous forme graphique, en obéissant généralement à une géométrie clairement définie.

En passant du système à quatre races de Linné à son propre système à cinq races, Blumenbach a radicalement changé la configuration géométrique de la distribution théorique des groupes humains. Il est, en effet, parti d'un modèle basé sur la géographie dans lequel il n'y avait pas de classement par rang de mérite, pour arriver à une double échelle hiérarchique au sein de laquelle les races étaient rangées en fonction de leur valeur (en fait, étrangement, selon leur plus ou moins grande beauté) et cette double échelle se déployait en éventail à partir de la figure idéale du Caucasien. L'addition de la catégorie malaise, comme nous le verrons, a constitué une étape cruciale dans cette reformulation géométrique. Le changement apparemment « mineur » que Blumenbach a effectué entre 1775 et 1795 a donc été au centre d'une véritable révolution conceptuelle ; cela n'a pas simplement été un petit raffinement consistant en des observations supplémentaires plaquées sur un vieux schéma. (L'idée que les révolutions scientifiques mettent en jeu de tels changements de géométrie m'a été fournie par ma femme, Rhonda Roland Shearer, que je remercie ici ; elle a traité elle-même de ce type de thème dans ses sculptures, et dans un livre à paraître, *The Flatland Hypothesis*, dont le titre est tiré du grand ouvrage de science-fiction d'Abbott de 1884, qui portait sur les limites imposées par la géométrie sur la pensée en général et sur les théories sociales en particulier*.)

Blumenbach révérait par-dessus tout son maître, Linné. Sur la première page de l'édition de 1795 de sa classification raciale, il couvrait ce dernier de louanges, le qualifiant d'« immortel Linné » et d'« homme qui avait été exactement celui qu'il fallait pour étudier les caractéristiques des œuvres de la nature, et les ranger au sein d'une classification systématique ». Blumenbach reconnaissait également dans son ouvrage qu'il avait pris à Linné son système originel de classification en quatre races : « J'ai suivi Linné en ce qui concerne le nombre, mais ai délimité mes variétés au moyen d'autres frontières » (édition de 1775). Plus tard, en ajoutant sa « variété malaise », Blumenbach admit qu'il se séparait de Linné, son vieux gourou : « Il est devenu très clair qu'on ne peut plus adhérer à la façon dont Linné avait divisé l'espèce humaine ; et c'est pourquoi, dans ce petit ouvrage, j'ai cessé, comme d'autres, de suivre cet homme illustre. »

Linné avait délimité, dans l'espèce qu'il avait baptisée *Homo sapiens*, quatre variétés, définies en priorité par l'origine géographique, et secondairement par trois caractéristiques : la couleur de la peau, le tempérament et l'attitude générale. (Il avait également décrit deux autres variétés, erronées ou fantaisistes, au sein d'*Homo sapiens* : l'une était appelée *ferus*, et désignait les « enfants sauvages » occasionnellement trouvés dans les bois et qui avaient peut-être été élevés par des animaux [la plupart se révélèrent être de jeunes retardés ou malades mentaux qui avaient été abandonnés par leurs parents] ; l'autre était appelée *monstrosus*, et désignait de prétendus êtres humains dotés de fourrure et d'une queue, mentionnés dans les récits des explorateurs et dans d'autres fables du même genre.)

Linné a rangé ses quatre grandes variétés d'après leur origine géographique, et *non pas* — c'est intéressant à noter — dans l'ordre hiérarchique prisé ultérieurement par la plupart des auteurs européens de la tradition raciste. Dans son traité, il a donc présenté successivement *Americanus*, *Europeus*, *Asiaticus*, et *Afer* (autrement dit, les Africains). Cette conception n'avait rien d'original ; elle rapportait simplement la distribution des êtres humains aux quatre régions géographiques reconnues traditionnellement par la cartographie.

---

* Edwin A. Abbott (1838-1926), pasteur anglican, a écrit un livre de fiction scientifique et mathématique : *Flatland. A Romance of Many Dimensions* (1884), dont il a paru une traduction française en 1996 sous le titre *Flatland* aux Éditions Anatolia. (*N.d.T.*)

Dans la première ligne de description de ses variétés, Linné caractérisait celles-ci par trois termes, se référant à la couleur de la peau, au tempérament et à l'attitude générale, dans cet ordre. De nouveau, aucune de ces trois catégories n'impliquait de classement en fonction d'une plus ou moins grande valeur. En outre, pour faire ces choix, Linné avait obéi aux théories classiques de la taxinomie plutôt que cherché à faire appel à ses propres observations. Par exemple, en distinguant les différentes variétés humaines par le tempérament (ou « humeur »), il avait suivi une théorie médiévale ancienne selon laquelle l'humeur, chez une personne donnée, était le résultat d'un équilibre entre quatre liquides (« humeur » signifie en latin humidité) : le sang, le flegme (ou lymphe), la bile et l'atrabile (ou bile noire). Normalement, l'une de ces quatre substances dominait, et la personne allait être sanguine (autrement dit, vivante comme le sang), ou bien flegmatique (c'est-à-dire peu active), ou bien colérique (portée aux colères) ou bien mélancolique (triste)*. Quatre régions géographiques, quatre humeurs, quatre races.

Linné a décrit la variété américaine comme « *rufus, cholericus, rectus* » (rouge, colérique et droite) ; l'européenne comme « *albus, sanguineus, torosus* » (blanche, sanguine et énergique) ; l'asiatique comme « *luridus, melancholicus, rigidus* » (jaune, mélancolique et rigide) ; l'africaine comme « *niger, phlegmaticus, laxus* » (noire, flegmatique et relâchée).

Je ne nie pas que Linné partageait l'opinion commune sur la supériorité de la variété européenne, à laquelle il appartenait, par rapport à toutes les autres. Il adhérait très certainement aux conceptions racistes qui étaient quasi universelles à son époque (et être sanguin et énergique comme un Européen est sûrement mieux qu'être mélancolique et rigide comme un Asiatique). En outre, Linné a ajouté une note plus ouvertement raciste dans la dernière ligne de description de ses variétés, en essayant de cerner par un seul mot la façon dont chacune était censée se comporter : la variété américaine était ainsi *consuetudine*, c'est-à-dire régie par la coutume ; l'européenne, *ritibus*, c'est-à-dire régie par le rite ; l'asiatique, *opinionibus*, c'est-à-dire régie par l'opinion ; et l'africaine, *arbitrio*, c'est-à-dire par le caprice. Il ne fait pas de doute qu'un comportement régi par le rite, consciemment établi et respecté, vaut mieux qu'un comportement régi de façon inconsciente et automatique par la coutume ou l'opinion, et tous ces différents types de conduite sont évidemment supérieurs au comportement régi par le caprice — de sorte que l'on arrive bien à l'échelle classique du racisme :

---

* Dans le cas des tempéraments « sanguin » et « flegmatique », leur nom indique clairement leur rapport avec les « humeurs », c'est-à-dire, respectivement, le sang et le flegme. Dans le cas des tempéraments « colérique » et « mélancolique », il faut savoir que « colère » a pour étymologie le terme grec *khôlé* (« bile »), et que « mélancolie » a pour étymologie l'expression grecque *mélan khôlé* (« bile noire »). *(N.d.T.)*

les Européens d'abord ; les Asiatiques et les Amérindiens au milieu ; et les Africains en bas.

Néanmoins, en dépit de cet arrière-plan, la configuration géométrique du modèle de Linné n'est ni linéaire ni hiérarchique. Lorsque nous essayons de nous représenter l'essence de sa théorie sous la forme d'un schéma fondamental, nous voyons une carte du monde divisée en quatre régions, les peuples de chacune d'entre elles étant caractérisés par une série de traits différents. En bref, Linné a recouru à un principe cartographique pour rendre compte de la distribution des variétés humaines. S'il avait voulu les classer sur une échelle de valeurs, il aurait certainement mis les Européens en premier, et les Africains en dernier ; mais, au lieu de cela, il a commencé par les Amérindiens.

Le passage d'un classement de la diversité humaine par région géographique à un autre, reposant sur une échelle hiérarchique, a marqué une transition fatidique dans l'histoire de la science occidentale, car cette nouvelle conception a eu presque autant d'impact pratique (et dans ce cas, presque entièrement négatif) sur la vie collective et les nations que le chemin de fer et la bombe atomique. De façon ironique, Blumenbach a été à l'épicentre de ce changement, car sa théorie des cinq races est devenue une référence obligée, et elle a modifié la configuration géométrique de la distribution des variétés humaines, la faisant passer d'un arrangement géographique à un classement sur une échelle linéaire par ordre de valeur supposée.

Je dis qu'il s'agit là d'une ironie de l'histoire, parce que Blumenbach était le moins raciste, le plus égalitariste et le plus génial de tous les auteurs des Lumières ayant écrit sur le thème de la diversité humaine. Comme il est étrange que l'homme qui croyait le plus à l'unité de tous les êtres humains et au peu d'importance des différences morales et intellectuelles entre les groupes ethniques, ait opéré la transformation de la représentation géométrique de la diversité humaine en un modèle qui allait par la suite promouvoir le racisme. Cependant, à y regarder de près, il n'y a rien là de si exceptionnel ou inhabituel, car la plupart des scientifiques n'ont jamais fait attention aux mécanismes mentaux, et particulièrement aux représentations visuelles ou géométriques qui sous-tendent leurs efforts théoriques.

Selon une vieille tradition, les changements apportés aux théories scientifiques seraient imposés par de nouvelles observations. Croyant en cette conception simpliste, la plupart des scientifiques estiment, en effet, que lorsqu'ils changent d'interprétation, c'est seulement parce qu'ils comprennent mieux des faits nouvellement découverts. Ils tendent à ne pas se rendre compte que leurs propres représentations mentales filtrent le fouillis des phénomènes ambigus qui interviennent dans le monde. Ces représentations mentales canalisantes ont diverses origines, telles que les prédispositions psychologiques et le contexte social. Blumenbach vivait à une époque où l'idée du progrès et celle de la supériorité culturelle de l'Europe dominait le monde politique et social. La notion d'un classement hiérarchique des races, implicite et formulée de façon vague (ou même inconsciente), cadrait parfaitement bien avec une telle vision du monde ; il est probable que tout autre arrangement taxinomique aurait paru anormal. En faisant passer la configuration géométrique de la distribution des races humaines d'un arrangement en fonction de la géographie à un système de classement en fonction de la valeur, je doute que Blumenbach ait consciemment agi en faveur du racisme. Je crois qu'il n'a fait, et largement de façon passive, que traduire la vision sociale qui était dominante à son époque. Mais les idées ont des conséquences, quelles que soient les motivations et les intentions de leurs promoteurs.

Blumenbach a sûrement pensé que son passage du système à quatre races de Linné à sa propre conception basée sur cinq races — autrement dit, son fatidique changement de configuration géométrique ayant mené d'un arrangement géographique à une échelle hiérarchique — lui avait été inspiré par une meilleure compréhension des faits de la nature. C'est ce qu'il déclare dans la deuxième édition (1781) de son traité, lorsqu'il présente la modification qu'il a opérée : « Précédemment, dans la première édition de cet ouvrage, j'avais divisé toute l'humanité en quatre variétés ; mais après avoir étudié plus activement les différentes nations d'Asie orientale et d'Amérique, et, pour ainsi dire, les avoir regardées de plus près, j'ai été poussé à abandonner cette division, et à la remplacer par une division en ces cinq variétés examinées ci-dessous, qui m'ont paru davantage en consonance avec la nature. » Et, dans la préface à la troisième édition de 1795, Blumenbach déclare qu'il a abandonné le système de Linné, afin de « rendre compte des variétés humaines d'une façon s'accordant mieux à la vérité de la nature ». Lorsque les scientifiques adhèrent au mythe selon lequel les théories surgissent seulement des observations, et n'examinent pas les inclinations personnelles et sociales qui proviennent de leur propre psychisme, ils passent non seulement à côté des causes de leur changement d'opinion, mais sont également incapables de comprendre les pesanteurs mentales profondes imprégnant leur propre théorie nouvelle.

Blumenbach soutenait fortement la notion d'unité de l'espèce humaine, et s'opposait à une conception concurrente selon laquelle chacune des grandes races avait été créée séparément, conception qui était en train de gagner en popularité à son époque (et qui pouvait sûrement se prêter plus facilement aux formes conventionnelles du racisme). Il acheva la troisième édition de son traité en écrivant : « Il ne fait plus de doute que nous avons très probablement raison de rapporter toutes les variétés humaines [...] à une seule et même espèce. »

Comme argument majeur en faveur de cette notion d'unité, Blumenbach notait que tous les caractères raciaux étaient distribués de façon continue d'un peuple à l'autre, et ne pouvaient définir aucun groupe distinct et séparé des autres.

Il semble y avoir de très grandes différences entre des nations très éloignées les unes des autres, à tel point que les habitants du cap de Bonne-Espérance, ceux du Groënland et ceux de Circassie pourraient être pris pour autant d'espèces distinctes. Mais lorsqu'on examine de très près cette question, on s'aperçoit que toutes les variétés humaines se fondent les unes dans les autres, et qu'on passe si graduellement de l'une à l'autre qu'il est impossible de définir les limites entre elles.

Blumenbach s'élevait particulièrement contre l'assertion très répandue selon laquelle les Africains noirs, en tant que variété la plus bas située sur l'échelle raciste classique, présentaient des traits uniques en leur genre révélant leur infériorité : « Il n'existe aucun caractère unique qui serait particulier aux Éthiopiens, et n'importe lequel des traits observés chez eux peut se rencontrer partout dans d'autres variétés humaines. »

Blumenbach pensait qu'*Homo sapiens* avait été créé en une région particulière, puis s'était répandu sur tout le globe. La diversité raciale de notre espèce, soutenait-il, avait résulté de la migration de la population originelle vers d'autres climats et d'autres lieux, ce qui avait entraîné l'adoption de différents modes de vie et habitudes, dans ces diverses régions. Suivant la terminologie de son époque, Blumenbach parlait de ces changements comme de « dégénérescences » — ce qui ne voulait pas dire « détérioration » comme l'implique le sens actuel, mais signifiait littéralement l'éloignement par rapport à la forme originelle qu'avait l'humanité au moment de la création (les racines latines *de* et *genus* signifient respectivement « à partir » et « genre », ce terme désignant notre souche originelle).

La plupart de ces dégénérescences, soutenait Blumenbach, avaient directement été produites par des différences de climat. Ces dernières avaient, en effet, été responsables de phénomènes de grande ampleur, tels que la corrélation de la peau sombre avec les milieux tropicaux, ou bien avaient induit des caractéristiques plus particulières (et fantaisistes), comme, par exemple, la fente palpébrale étroite de certains peuples australiens, peut-être formée en réponse « aux constants nuages de moucherons [...] poussant les habitants de ces régions à contracter en permanence le visage ». Et d'autres modifications avaient été induites par les modes de vie variés adoptés dans les différentes régions. Par exemple, dans les nations où l'on comprimait la tête des bébés au moyen d'un système d'emmaillotement comprenant des planches (comme dans le cas des hottes de transport des « papooses »), les êtres humains présentaient, à l'âge adulte, un allongement notable du crâne. Blumenbach soutenait que « presque toute la diversité des formes de la tête dans les différentes nations est attribuable au mode de vie ou aux artifices ».

Blumenbach ne niait pas que ces modifications, entretenues pendant des générations pouvaient finalement devenir héréditaires

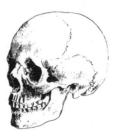

3. Caucasien

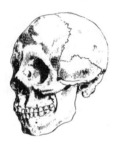

2. Indien d'Amérique

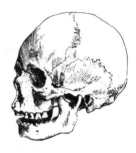

4. Malais

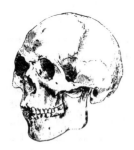

1. Oriental

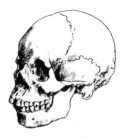

5. Africain

Représentation géométrique de la théorie raciale de Blumenbach : deux séries de « dégénérescences » partent d'un « idéal » central, la rase caucasienne, et passent par des étapes intermédiaires avant d'atteindre leur terme. D'après *Anthropological Treatises*, J.F. Blumenbach, 1865.

(par un processus appelé « lamarckisme » ou « hérédité des caractères acquis » de nos jours, mais qui était admis de tout le monde à la fin du XVIIIe siècle, et n'était nullement propre à Lamarck, comme le montre la propre position de Blumenbach). « Le temps passant, écrivait ce dernier, l'artifice peut se muer en une seconde nature. »

Mais Blumenbach soutenait fermement que la plus grande partie des variations raciales, résultant des influences superficielles du climat et du mode de vie, pouvaient être facilement altérées ou annulées, lorsque les êtres humains concernés se rendaient dans de nouvelles régions ou adoptaient de nouveaux styles de comportement. Les Européens blancs vivant pendant des générations sous les tropiques étaient susceptibles d'acquérir une peau noire, tandis que les Africains déportés comme esclaves vers les latitudes élevées pouvaient finalement devenir blancs : « La couleur de la peau, quelle que soit ses causes, c'est-à-dire l'influence de la bile, du soleil, de l'air ou du climat, est, de toute façon, un phénomène fortuit et facilement modifiable ; elle ne peut jamais constituer la base d'une diversification de l'espèce. »

S'appuyant sur cette notion de la nature superficielle des variations raciales, Blumenbach défendait vigoureusement l'idée de l'unité mentale et morale de tous les peuples. Il tenait particulièrement à affirmer l'égalité des Africains noirs et des Européens blancs, peut-être parce que les Africains avaient été extrêmement stigmatisés par les croyances racistes traditionnelles.

Blumenbach s'était constitué une bibliothèque particulière, exclusivement consacrée aux écrits des auteurs noirs. Certains inclineront peut-être à qualifier son attitude de « protectrice », comme lorsqu'il louait « les bonnes dispositions et facultés de nos frères noirs » ; mais le paternalisme est préférable au mépris. Il fit campagne pour l'abolition de l'esclavage, à une époque où ce mot d'ordre ne recueillait pas l'assentiment général. Et il affirmait que les esclaves étaient moralement supérieurs à leurs exploiteurs, disant qu'« ils avaient le cœur naturellement tendre, et que cette disposition ne s'était jamais démentie, même dans les sinistres conditions qu'ils connurent à bord des vaisseaux qui les emmenaient loin de l'Afrique, ou sous la férule de leurs bourreaux blancs dans les plantations de canne à sucre des Antilles ».

Blumenbach soutint que « les facultés mentales et les talents des Noirs étaient perfectibles », et il cita une liste de belles œuvres ornant sa bibliothèque, en faisant particulièrement l'éloge de la poésie de Phillis Wheatley*, un esclave de Boston dont on vient seulement de

---

* Phillis Wheatley (1753-1784), poétesse noire, née au Sénégal, déportée comme esclave à l'âge de huit ans en Amérique. Remarquée par ses maîtres, elle put apprendre à lire et à écrire à l'âge de quatorze ans, et se mit par la suite à écrire une œuvre poétique. *(N.d.T.)*

redécouvrir et de republier les écrits, aux États-Unis : « Je possède des recueils de poèmes en anglais, en hollandais et en latin par plusieurs [auteurs noirs], parmi lesquels il faut mentionner tout spécialement ceux de Phillis Wheatley, de Boston, auteur qui a, à juste titre, conquis la célébrité. » Finalement, Blumenbach nota que de nombreuses nations caucasiennes ne pouvaient pas se targuer d'une aussi belle série d'auteurs et de chercheurs qu'en avaient donné les Africains noirs, dans les conditions les plus décourageantes, lorsqu'ils étaient en butte aux préjugés et à l'esclavage : « Il ne serait pas difficile de trouver des régions entières et bien connues en Europe, dont vous ne pourriez pas vous attendre qu'elles donnent spontanément d'aussi bons auteurs, poètes, philosophes et correspondants de l'Académie de Paris. »

Néanmoins, lorsque Blumenbach brossa son tableau de la diversité humaine, faisant implicitement allusion aux capacités mentales des variétés (tableau qui faisait passer celles-ci de l'arrangement géographique de Linné à un classement hiérarchique), il choisit d'attribuer à l'un des groupes ethniques un rôle central en tant que variété la plus proche de l'idéal, tel qu'il avait été créé ; et il avait ensuite caractérisé les autres groupes en fonction de leur éloignement par rapport à cet archétype. Il était donc arrivé à une représentation (voir la figure, tirée de son traité) dans laquelle une race unique figurait au pinacle, en raison de sa très grande ressemblance avec l'archétype originellement créé, tandis que deux séries en partaient, s'en écartant de plus en plus, en fonction d'une « dégénérescence » allant croissant.

Nous pouvons à présent revenir à l'énigme du nom de Caucasien, et à la raison pour laquelle Blumenbach avait ajouté une cinquième race, la variété malaise. Ce dernier avait donc choisi de considérer la variété européenne, à laquelle il appartenait, comme la plus proche de celle qui avait été créée originellement sous une forme idéale. Puis il avait cherché au sein de la variété européenne le plus petit groupe présentant la plus grande perfection — la crème de la crème, pour ainsi dire. Comme nous l'avons vu, il avait trouvé que les peuples vivant dans la région des monts du Caucase incarnaient ce qui se rapprochait le plus de l'archétype idéal originel, et il avait donc baptisé la totalité de la race européenne du nom de ses meilleurs représentants.

Mais Blumenbach se retrouva alors confronté à un dilemme. Il avait précédemment affirmé que tous les peuples étaient égaux sur le plan mental et moral. Il ne pouvait donc pas se servir des critères classiques de la classification hiérarchique raciste pour définir les degrés d'éloignement respectifs des différentes variétés par rapport à l'idéal caucasien. Il se rabattit alors, pour faire son classement, sur un critère que nous jugerions subjectif (et même risible) de nos jours : la beauté physique. Il affirma simplement que les Européens étaient très beaux, le peuple du Caucase figurant au pinacle de l'échelle esthétique (d'où le lien qu'il établit, dans la définition présentée au début de cet article, entre la beauté maximale et le lieu d'apparition originelle de l'espèce humaine, car il pensait que toutes les variations ultérieures avaient représenté un éloignement par rapport à l'archétype idéal créé à l'origine, et les plus beaux êtres humains actuels devaient donc vivre non loin du lieu de notre demeure primitive).

Les descriptions que donne Blumenbach des variétés humaines sont totalement tributaires de son appréciation personnelle de leur beauté respective, présentée comme s'il discutait de caractéristiques objectives et mesurables, sur lesquelles on ne peut avoir le moindre doute ou désaccord. Il décrit le crâne d'une femme de Géorgie (région la plus proche des monts du Caucase) figurant dans sa collection, en disant qu'il s'agit « réellement de la plus belle forme de crâne ; il [...] accroche toujours automatiquement l'œil, même de l'observateur le moins attentif ». Puis il défend sa définition de la variété européenne sur des bases esthétiques :

> En premier lieu, cette variété possède [...] la plus belle forme de crâne, dont les autres variétés s'éloignent par des gradations insensibles, comme si elles s'écartaient d'un type moyen et primordial [...]. En outre, il est de couleur blanche, et on peut penser sans grand risque de se tromper que celle-ci a été la couleur primitive de l'humanité, puisque [...] il est très facile pour cette teinte de dégénérer vers le brun, tandis que l'inverse est bien plus difficile.

Blumenbach arrangea ensuite toutes les variétés humaines en deux lignées s'écartant de sa figure caucasienne idéale et se terminant par les deux variétés les plus « dégénérées » (ce qui voulait dire « les moins belles », et non pas « les plus basses sur le plan moral », ni « les plus obtuses sur le plan des aptitudes mentales ») : l'asiatique, d'un côté ; l'africaine, de l'autre. Mais il voulait aussi positionner des formes intermédiaires entre l'archétype idéal et les variétés les plus dégénérées — surtout que la gradation insensible représentait son argument fondamental en faveur de la notion d'unité humaine. Dans son premier système à quatre races, il pouvait mettre les Amérindiens en position intermédiaire entre les Européens et les Asiatiques ; mais quelle population pouvait représenter une forme de transition entre les Européens et les Africains ?

Le système à quatre races ne contenait aucun groupe approprié, et on ne pouvait donc le transformer en un autre système organisé géométriquement de façon à présenter un sommet, correspondant à la forme idéale, et deux branches symétriques, s'en dégageant pour conduire à des formes maximalement divergentes. Il fallait inventer une cinquième catégorie raciale qui puisse représenter la forme intermédiaire entre les Européens et les Africains, complétant le nouvel arrangement géométrique — et Blumenbach a donc ajouté la race malaise, non pas en tant que raffinement mineur des données d'observation, mais en tant que moyen de réaliser une transformation géométrique totale dans le domaine des théories (autrement dit, dans le domaine des images mentales) rendant compte de la diversité humaine. En tant qu'intermédiaire entre les Européens et les Africains, la variété malaise a fourni un élément de symétrie qui s'est révélé crucial pour la classification hiérarchique de Blumenbach. Cette addition malaise a, en effet, permis d'effectuer une transition géométrique complète, menant d'une distribution géographique où ne figurait aucun classement par ordre de valeur, à une configuration hiérarchique classique où les variétés étaient rangées d'après leur valeur supposée, notion qui a, depuis, suscité énormément de maux sociaux. Blumenbach a donc concrétisé sa conception de la diversité humaine sous cette forme géométrique, et a défendu explicitement la nécessité de l'addition d'une variété malaise.

> J'ai donné la première place à la variété caucasienne [...] car j'estime qu'elle constitue la forme primordiale. À partir d'elle, deux lignées divergent dans deux directions, menant à deux variétés, très éloignées et très différentes l'une de l'autre, d'un côté, nommément, la variété éthiopienne, et de l'autre, la variété mongolienne. Les deux variétés restantes occupent les positions intermédiaires entre la primordiale et les deux extrêmes ; il s'agit de la variété américaine, entre la caucasienne et la mongolienne ; et de la malaise, entre la caucasienne et l'éthiopienne.

Les chercheurs croient souvent que les idées scientifiques ne peuvent que rester neutres ; tout au plus, ils peuvent aller jusqu'à admettre qu'elles peuvent parfois servir à distraire ou même à instruire. Mais les idées ne s'élaborent pas dans une tour d'ivoire, comme le veut la métaphore que l'on emploie classiquement pour dépeindre la recherche scientifique en tant qu'activité indépendante de la société. Les êtres humains, comme l'a dit Pascal, sont des roseaux pensants, et les idées sont des facteurs qui jouent un rôle moteur dans l'histoire humaine. Qu'aurait été Hitler sans le racisme, ou Jefferson sans la liberté ? Blumenbach a vécu, durant toute sa carrière de professeur, une vie retirée du monde, mais ses idées trouvent encore un écho dans les guerres et les conquêtes que nous menons, ainsi que dans les souffrances qui nous affectent et les espoirs qui nous animent. Je termine donc en revenant à la coïncidence qui s'est produite en 1776 : la publication de la Déclaration d'indépendance rédigée par Jefferson, et la première édition en latin du traité de Blumenbach. Voyez ce que dit Lord Acton* de la capacité des idées à impulser l'histoire, tandis qu'elles quittent leur forme figée dans le latin pour se muer en des actes :

---

* John Emerich Edward Acton (1834-1902) fut un historien et philosophe anglais. (*N.d.T.*)

C'est d'Amérique que [...] des idées longtemps retenues dans le for intérieur de penseurs solitaires, et dissimulées au sein de pages en latin,
bondirent tout à coup comme des conquérants sur ce monde qu'elles
allaient dès lors transformer, sous le nom des Droits de l'homme.

LA MORALITÉ À TAHITI ET CELLE DE DARWIN

La précocité juvénile est un phénomène mystérieux et fascinant. Mais il ne faut pas en oublier les limites : l'âge et l'expérience apportent aussi leurs bienfaits. Les compositions que Mozart a écrites à l'âge de quatre et cinq ans ne sont pas d'impérissables chefs-d'œuvre, aussi suaves soient-elles. Il existe même un terme signifiant « œuvres littéraires ou artistiques réalisées durant la jeunesse d'un auteur », selon la définition de l'*Oxford English Dictionary* : les *juvenilia**. Ce mot a toujours possédé un sens un peu péjoratif ; les artistes, sans aucun doute, escomptent bien s'améliorer énormément avec l'âge ! John Donne, dans le second cas attesté d'utilisation de ce terme en langue anglaise (1633), a intitulé ses premières œuvres : « Juvenilia : ou certains paradoxes et problèmes. »

Je ne voudrais pas me ranger en si auguste compagnie, mais il me faut faire un aveu. Ma première œuvre a été un poème sur les dinosaures, écrit à l'âge de huit ans. Tout penaud, j'en rapporte ici les premiers vers :

> Il était une fois un *Triceratops*.
> Avec ses cornes, il donnait de grands coups.
> Il en donna à un allosaure
> Qui déguerpit sans un rugissement.

(Plus penaud encore, je vais vous rapporter la façon dont il a finalement été révélé en public. Je l'avais envoyé au scientifique que j'admirais le plus quand j'étais petit : Ned Colbert, conservateur des dinosaures au Muséum américain d'histoire naturelle. Quinze ans plus tard, alors que je suivais le cours de ce dernier, en tant qu'étudiant de troisième cycle, Colbert, en mettant de l'ordre dans ses archives, a, par hasard, retrouvé mon poème et l'a joyeusement lu devant tous mes camarades.)

Maintenant, voici une petite question dans le même registre : quelle fut la première œuvre publiée de Charles Darwin ? Une spéculation sur l'évolution ? Peut-être le récit d'une découverte scientifique sur le *Beagle* ? Non, le plus grand et le plus révolutionnaire de tous les biologistes, celui qui a renversé l'ordre établi, publia sa première œuvre dans le *South African Christian Recorder* de 1836 — un article écrit en commun avec le capitaine du *Beagle*, Robert FitzRoy, et portant sur « La moralité à Tahiti ». (Le catalogue officiel des publications de Darwin mentionne une œuvre précédant celle-ci : une brochure ras-

---

* Le terme de *juvenilia* existe aussi bien en anglais qu'en français. Selon le *Grand Robert de la langue française*, il s'agit « d'œuvres, de poésies d'enfance et d'extrême jeunesse ». *(N.d.T.)*

semblant les lettres du *Beagle* adressées au professeur Henslow et imprimée par la Société philosophique de Cambridge en 1835. Mais cet opuscule n'a été publié que pour une distribution privée au sein de cette société — cela correspond un peu à notre photocopiage informel d'aujourd'hui. « La moralité à Tahiti » représente la première expression publique sous forme imprimée de Darwin, et les biographes la comptent comme sa première publication — même si l'article est, en grande partie, dû à la plume de FitzRoy et ne comporte que de longs extraits du journal de Darwin, présentés en tant que tels.)

Au début du XIXᵉ siècle, le grand explorateur russe Otto von Kotzebue avait jeté de l'huile sur le feu d'une vieille querelle de dimension internationale, lorsqu'il avait soutenu que les missionnaires chrétiens avaient fait plus de mal que de bien, de par le monde, dans la mesure où ils avaient détruit des cultures indigènes (et souvent préparé cyniquement l'établissement du pouvoir colonial), en prétendant les « moraliser ». FitzRoy et Darwin écrivirent cet article pour attaquer Kotzebue et pour défendre le bon travail des missionnaires anglais à Tahiti et en Nouvelle-Zélande.

Nos deux coauteurs commencèrent par rapporter avec tristesse qu'ils avaient constaté l'existence de sentiments d'hostilité à l'encontre des missionnaires, lorsque le *Beagle* avait fait escale au Cap :

> Même un voyageur qui ne s'arrêterait que peu de temps au cap de Bonne-Espérance pourrait se convaincre de l'omniprésence de vifs sentiments d'hostilité à l'encontre des missionnaires en Afrique du Sud. Les habitants du Cap savent probablement très bien ce qui est à l'origine de cette attitude si regrettable. Nous ne pouvons qu'en prendre note, et nous en attrister.

Après avoir défendu sur le plan général l'activité missionnaire, FitzRoy et Darwin passèrent aux cas spécifiques qu'ils avaient eux-mêmes antérieurement observés, et décrivirent notamment l'amélioration de « la moralité » à Tahiti :

> Laissant le domaine des opinions [...] on peut maintenant essayer de voir ce qui a été fait à Otaheite (à présent appelé Tahiti) et en Nouvelle-Zélande, pour civiliser les « barbares » [...]. Le *Beagle* a passé une partie du mois de novembre dernier à Otaheite ou Tahiti. Dans aucun autre endroit du monde, je n'ai vu de société plus pacifique, calme et policée. Tous les Tahitiens paraissent désirer vivement rendre service, et faire naturellement preuve de bonne humeur et de gaieté. Nous avons constaté qu'ils avaient le plus grand respect pour les missionnaires, leur témoignant la bonne volonté la plus complète ; [...] et ces derniers nous ont paru tout à fait mériter de tels sentiments.

FitzRoy et Darwin eurent, bien entendu, conscience que l'on pouvait leur objecter que les Tahitiens avaient toujours été aussi gentils et que les missionnaires n'avaient été pour rien dans leurs bonnes qualités si appréciées des Européens. L'article est en grande partie consacré à réfuter cette interprétation et à défendre la notion d'une amélioration directe et profonde de la moralité à Tahiti, grâce aux missionnaires. Darwin, en particulier, avance deux arguments, tous deux directement tirés de son journal. Premièrement, le christianisme des Tahitiens semble profond et authentique ; ce n'est nullement une attitude « affichée », et seulement en présence des missionnaires. Darwin rapporte une anecdote relative à l'un de ses voyages à l'intérieur de l'île en compagnie de Tahitiens indigènes, loin de tout regard scrutateur. (Cet épisode a dû vivement impressionner Darwin, car il l'a raconté dans plusieurs lettres adressées aux membres de sa famille, lorsqu'il a été de retour chez lui, et l'a également inclus dans son livre *Voyage à bord du Beagle*) :

> Avant de nous coucher pour dormir, le plus âgé des Tahitiens se mit à genoux et récita une longue prière. Il semblait prier en tout point comme un chrétien, révérant Dieu comme il convient, sans piété ostentatoire, ni crainte du ridicule. À l'aube, après leur prière du matin, mes compagnons préparèrent un excellent breakfast, composé de bananes et de poisson. Aucun d'eux ne mangeait jamais sans dire auparavant un court bénédicité. Ceux des voyageurs qui insinuent que les Tahitiens ne prient que lorsque les yeux des missionnaires sont fixés sur eux auraient peut-être pu prendre en compte ce genre d'observations.

Deuxièmement, et ceci est encore plus important, les bonnes qualités dont font preuve les Tahitiens leur ont été communiquées par les missionnaires ou, du moins, ceux-ci ont encouragé leur développement. Les habitants de Tahiti, affirme Darwin, étaient des gens pas très recommandables avant l'arrivée de la civilisation occidentale.

> Globalement, à mon avis, l'état de la morale et de la religion à Tahiti est tout à fait digne d'éloges... Les sacrifices humains, les aspects les plus sanguinaires de la guerre, le parricide et l'infanticide, le pouvoir des sorciers et le système de débauche le plus débridé de l'histoire du monde, tout cela a été aboli, et la malhonnêteté, le dévergondage et l'intempérance ont été grandement réduits par l'introduction du christianisme.

(Au sujet de la liberté sexuelle des femmes, qui a si longtemps été un thème de débat et de légende chez tous les voyageurs passés à Tahiti depuis le capitaine Cook jusqu'à Fletcher Christian*, FitzRoy remarqua : « Je ne voudrais pas m'aventurer à donner un avis global, après une prise

---

* Fletcher Christian a été le chef de l'une des plus célèbres mutineries de l'histoire de la marine, celle du *Bounty,* qui a éclaté en 1789, après une escale de ce bateau à Tahiti. *(N.d.T.)*

de contact de si courte durée ; mais il me semble pouvoir dire que je n'ai été témoin d'aucune inconvenance. » Néanmoins, il admit effectivement qu'« il ne faut pas croire que la nature humaine à Tahiti soit supérieure à ce qu'elle est, c'est-à-dire dévoyée, dans le reste du monde ». Darwin ajouta alors une observation pénétrante sur l'hypocrisie des voyageurs occidentaux de sexe masculin. Ceux-ci ne tenaient généralement pas les missionnaires en haute estime et, selon Darwin, il fallait en rechercher l'explication dans leur frustration personnelle : « Je crois véritablement que, désappointés de ne pas trouver le champ de la licence aussi ouvert qu'auparavant, et dans l'état où ils l'espéraient, ils ne veulent pas louer les progrès de la moralité. »)

De nombreux arguments sont avancés tout au long de cet intéressant article, mais on peut sûrement en résumer le thème dominant par un seul mot : paternalisme. Nous savons ce qui est bon pour les primitifs — et, Dieu merci, ils l'acceptent et les mœurs sont en train de s'améliorer à Tahiti, dans la mesure où les coutumes et les comportements deviennent de plus en plus européens. Il faut faire l'éloge des missionnaires pour leur travail exemplaire. Dans l'un des passages, là encore dû à FitzRoy, ce point de vue est bien mis en relief, et l'attitude « protectrice » de ce dernier, même vis-à-vis de personnages royaux, apparaît spécialement déplaisante (au regard des normes actuelles) :

> La reine et toute sa suite ont passé quelques heures à bord du *Beagle*. Leur comportement était extrêmement correct, et leurs manières, pacifiques. À en juger par des récits antérieurs, et par ce dont nous avons été témoins, je crois vraiment qu'ils s'améliorent d'année en année.

Nous pouvons donc maintenant revenir au problème que j'ai posé au début de ce chapitre : celui des *juvenilia*. Devons-nous classer l'article sur « La moralité à Tahiti », le tout premier de Darwin, dans la catégorie de ceux que l'on regrette beaucoup par la suite ? Est-ce que Darwin a beaucoup changé dans ses conceptions sur les peuples et les civilisations non occidentales, et a-t-il fini par regarder sa position paternaliste de ses premiers temps comme une attitude sotte due à l'inexpérience de la jeunesse ? C'est ce qu'affirmeraient la plupart des auteurs commentant l'œuvre de Darwin sur le mode hagiographique — et on peut extraire des citations de-ci, de-là allant dans le sens de cette interprétation (car Darwin avait une personnalité complexe, et il a bataillé toute sa vie autour de grands problèmes, les abordant quelquefois de façon contradictoire).

Mais je voudrais m'opposer ici à cette thèse. Je ne crois pas que Darwin ait jamais fondamentalement révisé ses conceptions anthropologiques. Il a continué à soutenir, en gros : « ils » sont inférieurs, mais peuvent s'améliorer. Son mode d'argumentation a changé au cours de sa vie. Il n'a plus cherché à fonder son attitude en se référant au christianisme traditionnel et au travail des missionnaires. Il a tempéré son paternalisme par la prise en compte croissante (et on pourrait dire : désabusée, mais ce serait un terme trop fort) des faiblesses de la nature *humaine*, dans toutes les cultures, y compris la sienne. (Nous voyons les signes avant-coureurs de cette sagesse dans son commentaire, cité plus haut, sur les raisons pour lesquelles les voyageurs, frustrés sur le plan sexuel, ne se répandent pas en louanges sur l'activité des missionnaires à Tahiti.) Mais il n'a pas varié dans sa conception fondamentale d'une hiérarchie du progrès culturel, les Européens blancs figurant au sommet, et les indigènes de différentes couleurs, tout en bas.

Si l'on se tourne maintenant vers un ouvrage de l'époque de la maturité de Darwin, *The Descent of Man* (1871), on y trouve le passage suivant, résumant bien son point de vue à ce moment-là :

> Les races diffèrent aussi sur le plan de la constitution physique, de l'adaptation au climat et de la vulnérabilité à certaines maladies. Leurs caractéristiques mentales sont, de même, très différentes ; principalement, semble-t-il, dans leurs facultés émotionnelles, mais, aussi, partiellement, dans leurs aptitudes intellectuelles. Tous ceux qui ont eu l'occasion de faire des comparaisons ont invariablement été frappés par le contraste entre les Indiens d'Amérique du Sud, taciturnes, voire même moroses, et les Nègres, enjoués et loquaces.

Dans un autre contexte, au sein de ce dernier livre, on peut lire un passage encore plus frappant. Darwin est ici en train de développer l'idée que les discontinuités dans la nature ne plaident pas contre l'évolution, car beaucoup de formes intermédiaires sont, à présent, éteintes. Imaginez un instant, nous dit-il, combien le fossé séparant les grands singes et l'homme serait plus béant, si les quadrumanes les plus évolués et les peuples les plus inférieurs étaient exterminés.

> Dans un avenir plus ou moins proche, pas très éloigné en termes de siècles, les races civilisées auront presque certainement anéanti et pris la place des races sauvages, partout dans le monde. En même temps, les singes anthropomorphes [...] auront, sans aucun doute, été également exterminés. Le fossé entre l'espèce humaine et les singes sera donc encore plus large, car il se situera entre l'homme arrivé à un stade plus civilisé, espérons-le, que le Caucasien, et quelque singe aussi peu évolué que le babouin, au lieu qu'il figure, comme à présent, entre le Nègre ou l'Australien et le gorille.

L'idée très répandue (et erronée) selon laquelle Darwin adhérait à l'égalitarisme se fonde en grande partie sur des citations sélectives. Darwin a exprimé un vif intérêt pour certains peuples par ailleurs souvent méprisés par les Européens, et quelques écrivains en ont ultérieurement déduit que cela traduisait une attitude générale. Lors de son voyage sur le *Beagle*, par exemple, il parla avec grande estime des Africains noirs réduits à l'esclavage au Brésil :

Il est impossible de voir des Nègres et ne pas éprouver de la sympathie pour eux ; ils ont une telle expression d'honnêteté, d'ouverture et de bonne humeur, et leur corps est si finement musclé ; je n'ai jamais pu voir l'un de ces petits Portugais, et leurs comportements d'assassins, sans presque souhaiter que le Brésil ne suive l'exemple d'Haïti.

Mais, en ce qui concernait d'autres peuples, comme, en particulier, les Fuégiens, habitant la pointe la plus extrême de l'Amérique du Sud, Darwin ne ressentait que du mépris : « Je crois bien que, même si l'on cherchait dans le monde entier, on ne pourrait pas trouver race d'homme plus inférieure. » Développant ce point plus tard, dans le cours de son voyage, Darwin écrivit :

À voir ces hommes, avec leur peau rouge sale et graisseuse, leurs cheveux emmêlés, leurs voix criardes, leurs gesticulations violentes et dépourvues de toute dignité, on a presque du mal à se convaincre qu'ils sont nos semblables, habitant le même monde que nous [...]. On se pose fréquemment la question au sujet des animaux les moins bien dotés : ont-ils seulement du plaisir à vivre ? Il serait encore bien plus sensé de se le demander à propos de ces hommes.

En ce qui concerne les différences entre sexes, substitut si fréquent des attitudes racistes, Darwin écrit dans *The Descent of Man* (en faisant une comparaison directe avec les différences supposées entre les niveaux de la civilisation) :

On admet généralement que les capacités d'intuition, de perception rapide et peut-être d'imitation, sont plus marquées chez les femmes que chez les hommes ; mais certaines, au moins, de ces facultés sont caractéristiques des races inférieures, et donc d'un état antérieur et moins élevé de la civilisation. On peut se rendre compte des différences de capacités intellectuelles entre hommes et femmes, en remarquant que les premiers peuvent atteindre un plus haut niveau que les femmes, quel que soit le domaine dans lequel ils s'investissent — qu'il requière de la profondeur de pensée, de l'aptitude au raisonnement ou de l'imagination, ou simplement des sens aiguisés ou une grande habileté manuelle.

Darwin attribue ces différences à la lutte évolutive que sont obligés de livrer les mâles en vue du succès reproductif : « Ces diverses facultés ont donc continuellement été mises à l'épreuve et sélectionnées durant l'âge viril. » Dans un remarquable passage, il se réjouit que les innovations évolutives de chacun des deux sexes tendent à se transmettre, via l'hérédité, aussi bien aux hommes qu'aux femmes — sinon la disparité entre les hommes et les femmes se serait toujours accrue, en raison des progrès effectués seulement par les hommes.

Il est, en fait, fort heureux que la loi sur la transmission égale des caractères chez les deux sexes se soit maintenue dans l'ensemble de la classe des mammifères ; autrement, il est probable que l'homme aurait dépassé la femme en facultés mentales dans la même mesure que le paon dépasse la paonne en matière de beauté du plumage.

Faut-il alors simplement qualifier Darwin de raciste et de sexiste, et dire qu'il a toujours gardé cette attitude, depuis les sottes publications de la jeunesse jusqu'aux écrits sérieux de l'âge mûr ? Une position de ce genre, catégorique et peu charitable, ne peut pas être d'un grand secours pour comprendre le passé, et essayer d'en tirer des enseignements. C'est pourquoi je vais, au contraire, plaider en faveur de Darwin, en mettant en avant deux arguments, l'un d'ordre général, l'autre d'ordre personnel.

Le premier est évident et facile à faire comprendre. Comment reprocher à quelqu'un de reprendre à son compte une opinion communément admise à son époque, aussi déplorable puissions-nous légitimement la trouver de nos jours ? À l'ère victorienne, chez les membres de la classe supérieure de sexe masculin, l'inégalité entre les races et les sexes ne faisait pas l'ombre d'un doute — il n'y avait pas là plus matière à controverse que le théorème de Pythagore. Darwin a effectivement élaboré une argumentation nouvelle pour justifier une croyance répandue — et sur ce point, nous pouvons essayer de formuler un jugement. Mais je ne vois pas l'utilité de le critiquer sévèrement parce qu'il a accepté de façon passive une idée alors largement répandue. Il vaut donc mieux essayer de comprendre pourquoi cette absurdité passait alors pour connaissance certaine.

Si je choisis de condamner tel ou tel personnage historique pour son adhésion aux opinions détestables de son époque, il ne restera bientôt plus personne digne d'admiration, dans certaines des périodes les plus intéressantes de notre histoire. Par exemple, et en parlant en mon nom propre, si je devais rejeter comme indigne de mon attention tous les auteurs et compositeurs de l'époque victorienne ayant eu une attitude antisémite, je ne pourrais plus prendre en considération qu'une gamme d'œuvres musicales et littéraires lamentablement restreinte. Il n'est certes pas question d'accorder la moindre once de sympathie aux individus qui ont activement participé aux persécutions ; mais je ne peux blâmer tel ou tel individu parce qu'il a acquiescé passivement aux opinions alors socialement admises. Il faut bien plutôt critiquer ces dernières, et essayer de comprendre ce qui motivait les hommes de bonne volonté.

Le plaidoyer se fondant sur le plan personnel est plus difficile à soutenir et demande une connaissance approfondie de la biographie de Darwin. Les opinions sont une chose ; les actes, une autre — c'est donc à leurs fruits que vous les reconnaîtrez*. Où les opinions racistes

* Matthieu, 7, 20. *(N.d.T.)*

de Darwin l'ont-elles conduit, et ses actes se sont-ils conformés aux pratiques de ses contemporains, ou, au contraire, s'en sont-ils démarqués ? J'estime qu'en recourant à ce critère de jugement approprié, le grand biologiste britannique mérite notre admiration.

Darwin était un mélioriste* dans le cadre de ses options paternalistes, et ne pensait pas que l'inégalité était à jamais biologiquement fixée. L'une ou l'autre de ces deux attitudes (méliorisme ou déterminisme) peut entraîner à énoncer d'affreuses déclarations au sujet des peuples méprisés, mais les actes auxquels l'une ou l'autre conduisent sont très différents. Le mélioriste peut vouloir éliminer certaines pratiques culturelles et faire preuve de morgue et d'inflexibilité dans ses jugements sur les prétendues différences raciales ; mais il considère que les circonstances sociales ont été déterminantes dans le fait que les « sauvages » (selon les propres termes de Darwin) sont des « primitifs » et que ces derniers sont donc biologiquement capables de « s'améliorer » (lire de « s'occidentaliser »). Mais le déterministe considère que les sociétés « primitives » reflètent une infériorité biologiquement inaltérable, et quelle politique pouvait en découler à l'époque de l'expansion coloniale, sinon l'élimination de certains peuples, leur esclavage ou leur domination permanente ?

Même pour les Fuégiens qu'il méprisait tant, Darwin comprit qu'il existait une petite différence intrinsèque entre eux et lui — eux, tout nus, et lui, paré de ses habits de maître. Il attribua leurs défauts à la vie dans un climat particulièrement rude, et, sur le mode paternaliste qui lui était habituel, il forma le vœu qu'ils puissent s'améliorer. Il écrivit dans son journal du *Beagle*, à la date du 24 février 1834 :

> Le pays qu'ils habitent est une région de chaos rocheux, de collines escarpées et de forêts sauvages, où le brouillard est roi et les tempêtes interminables [...]. Les facultés mentales supérieures sont bien peu amenées à s'exercer : à quoi bon ici avoir de l'imagination pour peindre, de la raison pour comparer, du jugement pour décider ? Détacher une patelle de son support rocheux ne requiert pas même de l'astuce, cette faculté mentale inférieure [...]. Bien qu'il s'agisse fondamentalement des mêmes créatures, l'esprit de l'un quelconque de ces êtres ne ressemble que bien peu à celui d'un homme éduqué. Sur l'échelle du perfectionnement, il a fallu parcourir un long chemin pour passer des facultés d'un sauvage fuégien à celles d'un Sir Isaac Newton !

Le dernier paragraphe de Darwin sur les Fuégiens (dans *Le Voyage à bord du Beagle*) contient un résumé intéressant et révélateur : « Je pense que, dans cette région la plus extrême de l'Amérique du Sud, l'homme se trouve, sur l'échelle du progrès, au niveau le plus bas que

---

* Le méliorisme est une doctrine philosophique affirmant qu'il y a plus de bien que de mal dans le monde, et que ce dernier peut donc être amélioré. *(N.d.T.)*

l'on puisse rencontrer dans le monde entier. » Vous pouvez critiquer ce paternalisme, mais « le niveau le plus bas sur l'échelle du progrès » indique au moins la possibilité d'une fraternité. Et d'ailleurs Darwin avait reconnu la poutre dans l'œil de ses compagnons de bord : il avait noté que certains d'entre eux manifestaient des comportements irrationnels comparables à ceux des Fuégiens :

> Chaque famille ou tribu [fuégienne] possédait un sorcier ou un guérisseur [...]. [Cependant] je ne pense pas que nos Fuégiens étaient plus superstitieux que certains de nos matelots ; car un vieux marin du *Beagle* croyait fermement que les cinq grands coups de vent successifs que nous avions essuyés au large du cap Horn avaient été provoqués par le fait que nous avions des Fuégiens à bord.

Je dois signaler une péripétie remarquablement ironique à propos du voyage de Darwin sur le *Beagle*. C'est une bizarre et merveilleuse histoire que je ne pourrai résumer que trop brièvement. Si le paternalisme n'avait pas existé à cette époque, le *Beagle* n'aurait jamais levé l'ancre, et Darwin n'aurait probablement jamais eu rendez-vous avec l'histoire. Vous pouvez regretter le paternalisme, en rire, ou le fuir à toutes jambes, reconnaissez qu'il a eu un effet bénéfique, bien qu'indirect, pour Darwin. Le capitaine FitzRoy avait déjà fait un voyage à la Terre de Feu. À cette occasion, il avait « acquis », au moyen de rançons et d'achats, quatre autochtones, et il les avait ramenés en Angleterre, pour mener à bien une expérience complètement folle, visant à « améliorer » des « sauvages ». Ces Fuégiens étaient arrivés à Plymouth en octobre 1830 et étaient restés dans ce pays jusqu'à ce que le *Beagle* lève l'ancre de nouveau en décembre 1831.

L'un des quatre était mort rapidement de la variole, mais les trois autres avaient vécu à Walthamstow, où on leur avait appris à se comporter comme des Anglais, à parler leur langue et à pratiquer leur religion. Ils avaient beaucoup attiré l'attention, et avaient même été avertis officiellement qu'ils recevraient la visite du roi Guillaume IV. FitzRoy, par paternalisme, s'obstinait à vouloir mener à bien son expérience, et projeta de faire le prochain voyage avec le *Beagle*, principalement dans le but de ramener les trois Fuégiens, en compagnie d'un missionnaire anglais et d'une grosse cargaison d'objets totalement disparates et inutiles (comme des plateaux à thé et des ensembles de fine porcelaine) donnés par des paroissiennes, avec la plus grande des naïvetés et la meilleure volonté du monde. Ainsi, FitzRoy avait l'intention d'établir une mission en Terre de Feu, afin de mettre en route son grand programme d'amélioration des êtres humains les plus humbles.

Le capitaine britannique envisageait donc d'affréter un bateau avec ses propres deniers, afin de ramener York Minster, Jemmy Button et Fuegia Basket dans leur pays. Mais l'Amirauté, sous les pressions des puissants parents de FitzRoy, arma le *Beagle* et envoya le bouillant capitaine de nouveau en mission, cette fois-ci en compagnie de Darwin. Ce dernier apprécia beaucoup les trois Fuégiens, et d'avoir été longtemps en contact avec eux dans l'espace confiné du bateau l'aida à se convaincre que tous les êtres humains présentent la même constitution biologique, quelles que soient leurs disparités culturelles. Vers la fin de sa vie, il écrivit dans *The Descent of Man* (1871) :

> Les Indiens d'Amérique, les Nègres et les Européens diffèrent entre eux au niveau du fonctionnement mental autant que peuvent le faire trois races distinctes ; cependant, j'ai été sans cesse frappé, lorsque j'ai vécu avec les trois Fuégiens à bord du *Beagle*, qu'en ce qui concernait de nombreux petits traits de caractère leurs dispositions mentales étaient exactement semblables aux nôtres.

Comme il fallait s'y attendre, la grandiose expérience de FitzRoy se termina par un désastre. Après avoir accosté au voisinage de la région natale de Jemmy Button, les navigateurs construisirent des baraques pour le fonctionnement de la mission, plantèrent des légumes européens, et installèrent M. Matthews, véritable réincarnation du Christ chez les païens, ainsi que les trois Fuégiens. Matthews tint environ deux semaines. Son service en porcelaine brisé, ses légumes piétinés, il reçut l'ordre de FitzRoy de revenir sur le *Beagle*. Le capitaine britannique le laissa finalement en Nouvelle-Zélande, où il retrouva son frère missionnaire.

FitzRoy revint en Terre de Feu une année et un mois plus tard. Il rencontra Jemmy Button, qui lui dit que York et Fuegia lui avaient volé tous ses vêtements et ses outils, et étaient partis en canoë pour rejoindre leur propre région natale dans le voisinage. Entre-temps, Jemmy était « revenu » complètement à son mode de vie antérieur, bien qu'en continuant à se rappeler un peu d'anglais. Il exprima beaucoup de gratitude à FitzRoy et lui demanda de prendre quelques cadeaux destinés à ses anciens amis : « Un arc et un carquois plein de flèches pour le maître d'école de Walthamstow... et deux pointes de lance faites expressément pour M. Darwin. » Faisant contre mauvaise fortune bon cœur, FitzRoy tira le meilleur parti possible de ce désastre personnel. Il écrivit en conclusion :

> Peut-être qu'un marin naufragé bénéficiera plus tard de l'aide et des bons soins des enfants de Jemmy Button ; car il sera difficile qu'ils n'y soient pas poussés par ce qu'ils auront entendu des traditions d'autres pays ; et par l'idée, aussi faible soit-elle, de leurs devoirs envers Dieu aussi bien qu'envers leurs prochains.

Mais s'il faut admirer Darwin, ce n'est pas au nom du caractère relativement généreux de son paternalisme mélioriste, mais en raison de ses prises de position, qui allaient bien au-delà de ce dernier. Il est impossible de faire des comparaisons avec la gamme des options politiques actuelles — celle qui va de Bork à Marshall* — au sujet des droits des minorités ethniques, par exemple. Le côté représenté par Thurgood Marshall n'existait pas chez les politiciens du temps de Darwin. Ils étaient tous racistes, au regard des critères de jugement modernes. Mais ceux que nous jugerions le plus durement soutenaient que le statut d'infériorité des Noirs excusait leur aliénation et leur réduction à l'état d'esclaves, tandis que ceux que nous admirons beaucoup en rétrospective avançaient le principe moral des droits égaux et de la non-exploitation, quel que soit le statut biologique des individus.

Darwin soutenait cette seconde position, de même que les deux Américains qui ont joui de la plus grande considération aux yeux de l'histoire ultérieure : Thomas Jefferson et l'âme sœur de Darwin (parce qu'il est né le même jour que lui), Abraham Lincoln. Jefferson, bien que s'exprimant seulement sur le mode de la suggestion, écrivit : « J'avance donc l'idée, mais seulement à titre d'hypothèse, que les Noirs sont inférieurs aux Blancs dans les capacités physiques aussi bien que mentales. » Mais il ne désirait pas fonder là-dessus une politique d'inégalité sociale obligatoire : « Quelles que soient leurs capacités, leurs droits ne leur sont nullement proportionnés. » En ce qui concerne Lincoln, de nombreuses sources ont rapporté ses effrayants (et fréquents) jugements sur l'infériorité des Noirs. Cependant, il est considéré comme le héros national numéro un, dans la mesure où il a séparé ses jugements sur le plan biologique de ses prises de position morales et sociales.

Darwin était aussi un fervent partisan de l'abolition de l'esclavage. On trouve, dans le dernier chapitre du *Voyage à bord du Beagle*, certains des passages les plus émouvants jamais écrits à l'encontre du commerce des esclaves. Le bateau de Darwin, après avoir visité Tahiti, la Nouvelle-Zélande, l'Australie et l'Afrique du Sud (où FitzRoy et Darwin soumirent leur échantillon de juvenilia à un journal local), s'arrêta pour finir au Brésil, avant de rentrer directement en Angleterre. Darwin écrivit :

> Le 19 août, nous quittâmes enfin les côtes du Brésil. Je prie Dieu de ne plus jamais visiter de pays esclavagiste... Près de Rio de Janeiro, j'habitais en face d'une vieille dame qui utilisait des poucettes pour enserrer les doigts de ses esclaves féminines. Je demeurais dans une maison où un jeune domestique mulâtre était quotidiennement, et à longueur de temps,

* Robert Bork est un juge américain dont la nomination par Ronald Reagan à la Cour suprême des États-Unis, en 1987, a été annulée par le Sénat, en raison de ses positions d'extrême droite. Thurgood Marshall (1908-1993) a été, de 1967 à 1991, le seul juge noir à siéger à la Cour suprême, où il a constamment défendu les droits civiques des minorités ethniques. *(N.d.T.)*

injurié, battu et persécuté dans des proportions telles que cela aurait suffi à briser l'énergie vitale de l'animal le plus inférieur. J'ai vu un petit garçon de six ou sept ans frappé trois fois d'un fouet de palefrenier sur sa tête nue (avant que je ne m'interpose), parce qu'il m'avait apporté un verre d'eau pas tout à fait propre... J'étais présent lorsqu'un propriétaire, connu par ailleurs pour son bon cœur, était sur le point de séparer à jamais les hommes, les femmes et les petits enfants d'un grand nombre de familles, toutes personnes qui vivaient ensemble depuis longtemps.

Puis Darwin laisse de côté la description pour passer aux réfutations et aux prises de position :

Je ne ferai même pas allusion aux nombreuses atrocités à fendre le cœur dont j'ai entendu parler ; et je n'aurais d'ailleurs pas mentionné les détails révoltants ci-dessus, si je n'avais pas rencontré plusieurs personnes qui s'aveuglaient tellement avec l'idée de la gaieté constitutionnelle du Nègre qu'elles pouvaient concevoir l'esclavage comme un mal tolérable.

Réfutant l'argument classique selon lequel les esclaves sont bien traités, Darwin continue, en recourant à une comparaison frappante tirée des mœurs de son propre pays :

On dit souvent que la conscience de leurs intérêts empêcherait les propriétaires de commettre des actes de cruauté excessive ; comme si cette même conscience protégeait nos animaux domestiques, lesquels risquent cependant beaucoup moins de susciter la colère de leurs féroces maîtres que ces esclaves abrutis.

Bien que je les aie lues cent fois, je continue à ressentir un profond frisson en relisant les lignes de conclusion de Darwin, tant ce texte est fort ; et je ne peux m'empêcher d'éprouver une grande fierté pour un héros intellectuel qui avait aussi un tel sens admirable de l'humain (ces deux qualités ne sont pas très souvent réunies chez le même homme).

Ceux qui considèrent le propriétaire de l'esclave avec tendresse et l'esclave avec froideur, n'ont sans doute jamais essayé de s'imaginer à la place de ce dernier ; quelle sombre perspective, sans le moindre espoir de changement ! Représentez-vous la menace, toujours suspendue au-dessus de votre tête, que votre femme et vos petits enfants — ces êtres que la nature oblige même l'esclave à déclarer siens — vous soient arrachés et vendus comme des bêtes au premier enchérisseur venu ! Et ces actes sont commis et excusés par des hommes qui prétendent aimer leur prochain comme eux-mêmes, qui croient en Dieu, et qui prient pour que Sa volonté soit faite sur la terre ! Cela fait bouillir le sang, mais aussi frémir le cœur, de penser que nous autres, Anglais, avons été coupables à ce point, comme le sont encore nos descendants américains, malgré toutes leurs fanfaronnades sur la liberté.

Donc, si nous décidions de réunir un tribunal, plus de cent cinquante ans après les faits — une idée assez insensée, de toute façon, bien que nous semblions attirés par de telles entorses à l'histoire —, je crois que Darwin passerait les portes de nacre*, avec peut-être l'obligation d'un bref séjour au purgatoire pour réfléchir au sujet du paternalisme. Existe-t-il un antidote à ce dernier et à ses versions modernes consistant à ne pas faire grand cas de la diversité humaine (attitude qui va trop facilement de pair avec celle posant le signe égale entre sa propre façon d'être particulière, largement fortuite, et le mérite universellement reconnu) ? Ce ne peut être que l'étude directe et attentive de la diversité culturelle — le sujet le plus fascinant du monde, en tout cas, quelles que soient, par ailleurs, ses vertus au regard de l'apprentissage de la morale. Et c'est bien là le véritable objectif de ce louable mouvement actuel en faveur du pluralisme dans l'étude de la littérature et de l'histoire — connaître les œuvres et les cultures des minorités ethniques et des groupes sociaux méprisés, dans la mesure où elles ont toujours été passées sous silence jusqu'ici dans le monde académique.

Je ne nie pas qu'il y ait eu des abus occasionnels de la part de personnes fortement motivées à agir en faveur de cette bonne cause ; est-ce là quelque chose de nouveau ? Mais que des conservateurs encore plus militants essaient de dénaturer et de caricaturer le mouvement qui défend le pluralisme, en le qualifiant de « fascisme de gauche » cherchant à imposer le « politiquement correct », cela relève de l'écran de fumée répandu avec cynisme pour dissimuler une lutte de pouvoir sur l'orientation des programmes d'études universitaires. Oui, Shakespeare d'abord et toujours (et Darwin aussi). Mais enseignez aussi que les Pygmées ont développé une excellente connaissance de la brousse, et que les Fuégiens ont parfaitement réussi à survivre dans les conditions climatiques les plus dures du monde. La grandeur et la clarté de l'esprit peuvent se manifester sous bien des formes différentes. Faut-il accorder plus de prix aux fanfaronnades patriotardes de George Armstrong Custer qu'à l'éloquence du chef Joseph dans la défaite** ?

Pour finir, réfléchissez sur cet autre passage de Darwin — le plus grand, peut-être — tiré de son chapitre sur l'esclavage dans le *Voyage à bord du Beagle*. Nos recherches sur la diversité nous amènent à comprendre, pas seulement à accepter.

> Grande est notre faute, si la misère de nos pauvres découle non pas de lois naturelles, mais de nos institutions.

---

* Les portes du paradis, telles qu'elles sont décrites dans la Bible (Apocalypse, XXI, 21). *(N.d.T.)*

** George Armstrong Custer (1839-1876) était un capitaine de l'armée américaine, dont le régiment a été écrasé et qui a lui-même trouvé la mort, lors de la célèbre bataille de Little Big Horn contre les Sioux (1876). Le chef Joseph (1840-1904) fut un célèbre chef des Nez-Percés, qui a, de son côté, perdu une grande bataille contre l'armée américaine ; en se rendant, il a prononcé un célèbre et bref discours. *(N.d.T.)*

Bibliographie

Agassiz, E.C. 1887. *Louis Agassiz, sa vie et sa correspondance*. Traduit de l'anglais par A. Mayor. 1895. Neuchâtel, A.G. Berthoud.

Agassiz, L. 1850. The diversity of origin of the human races. *Christian Examiner* 49 : 110-145.

Ashley Montagu, M.F. 1945. Intelligence of northern Negroes and southern whites in the First World War. *American Journal of Psychology* 58 : 161-188.

Ashley Montagu, M.F. 1962, Time, morphology and neoteny in the evolution of man. In *Culture and the evolution of man*, sous la direction de M.F. A. Montagu. New York : Oxford University Press, pp. 324-342.

Bean, Robert Bennett. 1906. Some racial peculiarities of the Negro brain. *American Journal of Anatomy* 5 : 353-432.

Binet, A. 1898. Historique des recherches sur les rapports de l'intelligence avec la grandeur et la forme de la tête. *L'Année psychologique* 5 : 245-298.

Binet, A. 1900. Recherches sur la technique de la mensuration de la tête vivante, plus quatre autres mémoires sur la céphalométrie. *L'Année psychologique* 7 : 314-429.

Binet, A. 1909 (édition 1973). *Les idées modernes sur les enfants* (préface de Jean Piaget). Paris : Flammarion, 232 pp.

Binet, A. 1911. Nouvelles recherches sur la mesure du niveau intellectuel chez les enfants d'école. *L'Année psychologique* 19 : 145-201.

Binet A. et Simon Th. 1905. Application des méthodes nouvelles au diagnostic des enfants normaux et anormaux d'hospice et d'école primaire. *L'Année psychologique* 13 : 245-336.

Binet A. et Simon Th. 1908. Le développement de l'intelligence chez les enfants. *L'Année psychologique* 16 : 1-94.

Block, N.J. et Dworkin, G. 1976. *The I.Q. controversy*. New York : Panthéon.

Blumenbach, J.F. 1825. *A manual of the elements of natural history*. Londres : W. Simpkin and R. Marshall, 415 pp.

Boas, F. 1899. The cephalic index. *American Anthropology* 1 : 448-461.

Boas, F. 1911. Changes in the bodily form of descendants of immigrants. Senate Document 208, 61st Congress, 2nd Session.

Bolk, L. 1926. *Das Problem der Menschwerdung*. Iena : Gustav Fischer, 44 pp.

Bolk, L. 1929. Origin of racial characteristics in man. *American Journal Physical Anthropology* 13 : 1-28.

Borgaonkar, D. et Shah, S. 1974. The XYY chromosome, male — or syndrome. *Progress in Medical Genetics* 10 : 135-222.

Bordier, A. 1879. Étude anthropologique sur une série de crânes d'assassins. *Revue d'Anthropologie*, 2ᵉ série, vol. 2, pp. 265-300.

Brigham, C.C. 1923. *A study of American intelligence*. Princeton, N.J. : Princeton University Press, 210 pp.

Brigham, C.C. 1930. Intelligence tests of immigrant groups. *Psychological Review* 37 : 158-165.

Brinton, D.G. 1890. *Races and peoples*. New York : N.D.C. Hodges, 313 pp.

Broca, P. 1861. Sur le volume et la forme du cerveau suivant les individus et suivant les races. *Bulletins Société d'Anthropologie Paris* 2 : 139-207, 301-321, 441-446.

Broca, P. 1862a. Sur les proportions relatives du bras, de l'avant-bras et de la clavicule chez les Nègres et les Européens. *Bulletins Société d'Anthropologie Paris*, vol. 3, 2ᵉ partie, 13 pp.

Broca, P. 1862b. Sur la capacité des crânes parisiens des diverses époques. *Bulletins Société d'Anthropologie Paris* 3 : 102-116.

Broca, P. 1862c. Sur les projections de la tête et sur un nouveau procédé de céphalométrie. *Bulletins Société d'Anthropologie Paris* 3 : 32 pp.

Broca, P. 1866. Anthropologie. In *Dictionnaire encyclopédique des sciences médicales*, sous la direction de A. Dechambre. Paris : Masson, pp. 276-300.

Broca, P. 1868. *Mémoire sur les crânes des Basques*. Paris : Masson, 79 pp.

Broca, P. 1873a. Sur les crânes de la caverne de l'Homme-Mort (Lozère). *Revue d'Anthropologie* 2 : 1-53.

Broca, P. 1873b. Sur la mensuration de la capacité du crâne. *Mémoires Société Anthropologie*, 2ᵉ série, vol. 1, 92 pp.

Broca, P. 1876. *Le programme de l'anthropologie*. Paris : Cusset, 22 pp.

Brown, W. et Stephenson, W.A. 1933. A test of the theory of two factors. *British Journal of Psychology* 23 : 352-370.

Burt, C. 1909. Experimental tests of general intelligence. *British Journal of Psychology* 3 : 94-177.

Burt, C. 1912. The inheritance of mental characters. *Eugenics Review* 4 : 168-200.

Burt, C. 1914. The measurement of intelligence by the Binet tests. *Eugenics Review* 6 : 36-50, 140-152.

Burt, C. 1921. *Mental and scholastic tests*. London County Council, 432 pp.

Burt, C. 1937. *The backward child*. New York : D. Appleton, 694 pp.

Burt, C. 1939. Lines of possible reconcilement. *British Journal of Psychology* 30 : 84-93.

Burt, C. 1940. *The factors of the mind*. Londres : University of London Press, 509 pp.

Burt, C. 1943. Ability and income. *British Journal of Educational Psychology* 13 : 83-98.

Burt, C. 1946. *Intelligence and fertility*. Londres : Eugenics Society, 43 pp.

Burt, C. 1949. The structure of the mind. *British Journal of Educational Psychology* 19 : 100-111, 176-199.

Burt, C. 1955. The evidence for the concept of intelligence. *British Journal of Educational Psychology* 25 : 158-177.

Burt, C. 1959. Class differences in general intelligence : III. *British Journal of Statistical Psychology* 12 : 15-33.

Burt, C. 1959. The examination at eleven plus. *British Journal of Educational Studies* 7 : 99-117.

Burt, C. 1961. Factor analysis and its neurological basis. *British Journal of Statistical Psychology* 14 : 53-71.

Burt, C. 1962. Francis Galton and his contributions to psychology. *British Journal of Statistical Psychology* 15 : 1-49.

Burt, C. 1972. The inheritance of general intelligence. *American Psychology* 27 : 175-190.

Bury, J.B. 1920. *The idea of progress*. Londres : MacMillan, 377 pp.

Chase, A. 1977. *The legacy of Malthus*. New York : A. Knopf, 686 pp.

Chorover, S.L. 1979. *From genesis to genocide*. Cambridge, Ma : Massachusetts Institute of Technology Press.

Combe, G. et Coates, B.H. 1840. Review of Crania Americana. American *Journal of Science* 38 : 341-375.

Conway, J. (vraisemblablement un pseudonyme de Cyril Burt). 1959. Class differences in general intelligence : II. *British Journal of Statistical Psychology* 12 : 5-14.

Cope, E.D. 1887. *The origin of the fittest*. New York : MacMillan, 467 pp.

Cope, E.D. 1890. Two perils of the Indo-European. *The Open Court* 3 : 2052-2054 et 2070-2071.

Count, E.W. 1950. *This is race*. New York : Henry Schuman, 747 pp.

Cox, Catherine M. 1926. The early mental traits of three hundred geniuses. Vol. II, sous la direction de L.M. Terman. *Genetic studies of genius*. Stanford, CA : Stanford University Press, 842 pp.

Cox, Catherine M. 1952. Les enfants bien doués. In *Manuel de Psychologie de l'enfant*, sous la direction de Leonard Carmichael. Paris : Presses Universitaires de France, t. 3 : 1482-1499.

Cravens, H. 1978. *The triumph of evolution : American scientists and the heredity-environment controversy, 1900-1941*. Philadelphie : University of Pennsylvania Press, 351 pp.

Cuvier, G. 1812. *Recherches sur les ossements fossiles*. Vol. 1. Paris : Deterville.

Darwin, C. 1871. *La descendance de l'homme et la sélection sexuelle*. Traduit par E. Barbier. 1881. Paris : Reinwald.

Davenport, C.B. 1928. Crime, heredity and environment. *Journal of Heredity* 19 : 307-313.

Dorfman, D.D. 1978. The Cyril Burt question : new findings. *Science* 201 : 1177-1186.

Down, J.L.H. 1866. Observations on an ethnic classification of idiots. *London Hospital Reports*, pp. 259-62.

Ellis, Havelock. 1894. *Man and woman*. New York : Charles Scribner's Sons, 561 pp.

Ellis, Havelock. 1910. *The criminal*. New York : Charles Scribner's Sons, 440 pp.

Epstein, H.T. 1978. Growth spurts during brain development : implications for educational policy and practice. In *Education and the brain*, pp. 343-370, sous la direction de J.S. Chall et A.F. Mirsky. 77th Yearbook, National Society for the Study of Education. Chicago : University of Chicago Press.

Eysenck, H.J. 1953. The logical basis of factor analysis. *American Psychologist* 8 : 105-114.

Eysenck, H.J. 1971. *The IQ argument. Race, intelligence and education.* New York : Library Press, 155 pp.

Eysenck, H.J. 1973. *L'inégalité de l'homme*, trad. par Jeanne Etoré. 1977. Paris : Copernic, 285 pp.

Ferri, E. 1893. *La sociologie criminelle.* Traduction de Léon Terrier, 2ᵉ édition 1905. Paris : F. Alcan, 640 pp.

Ferri, E. 1911. Diverses contributions à la sociologie criminelle. *Bericht 7. Internationaler Kongress der Kriminalanthropologie*, pp. 49-55, 138-139.

Galton, F. 1884. *Hereditary genius.* New York : D. Appleton, 390 pp.

Galton, F. 1909. *Memories of my life.* London : Methuen.

Goddard, H.H., 1912. *The Kallikak family, a study in the heredity of feeble-mindedness.* New York : Macmillan, 121 pp.

Goddard, H.H. 1913. The Binet tests in relation to immigration. *Journal of Psycho-Asthenics* 18 : 105-107.

Goddard, H.H. 1914. *Feeble-mindedness : its causes and consequences.* New York : MacMillan, 599 pp.

Goddard, H.H. 1917. Mental tests and the immigrant. *Journal of Delinquency* 2 : 243-277.

Goddard, H.H. 1917. Review of L.M. Terman, *The Measurement of Intelligence. Journal of Delinquency* 2 : 30-32.

Goddard, H.H. 1919. *Psychology of the normal and subnormal.* New York : Dodd, Mead and Company, 349 pp.

Goddard, H.H. 1928. Feeble-mindedness : a question of definition. *Journal of Psycho-Asthenics* 33 : 219-227.

Gossett, T.F. 1965. *Race : the history of an idea in America.* New York : Schocken Books, 510 pp.

Gould, S.J. 1974. Allometry in primates, with emphasis on scaling and the evolution of the brain. *In* Approaches to Primate Paleobiology. *Contributions to Primatology*, 5 : 244-292.

Gould, S.J. 1977. *Darwin et les grandes énigmes de la vie*, trad. de D. Lemoine, 1979. Paris : éd. Pygmalion / Gérard Watelet, 258 pp.

Gould, S.J. 1977. *Ontogeny and Phylogeny.* Cambridge, Ma : Harvard University Press.

Gould, S.J. 1978. Morton's ranking of races by cranial capacity. *Science* 200 : 503-509.

Guilford, J.P. 1956. The structure of intellect. *Psychological Bulletin* 53 : 267-293.

Guilford, J.P. 1959. Three faces of intellect. *American Psychology* 14 : 469-479.

Hall, G.S. 1904. *Adolescence. Its psychology and its relations to physiology, anthropology, sociology, sex, crime, religion, and education.* 2 vols. New York : D. Appleton and Company, 589 et 784 pp.

Haller, J.S., Jr. 1971. *Outcasts from evolution : scientific attitudes of racial inferiority, 1859-1900.* Urbana, Ill. : University of Illinois Press, 228 pp.

Hearnshaw, L.S. 1979. *Cyril Burt psychologist.* Londres : Hodder and Stoughton, 370 pp.

Herrnstein, R. 1971. IQ *Atlantic Monthly*, Sept., pp. 43-64.

Hervé, G. 1881. Du poids de l'encéphale. *Revue d'Anthropologie*, 2ᵉ série, vol. 4, pp. 681-698.

Humboldt, A. de. 1855-1859. *Cosmos : essai d'une description du monde*, trad. par H. Faye, 4 vol. Paris : Gide et Baudry.

Jarvik, L.F., Klodin, V. et Matsuyama, S.S. 1973. Human aggression and the extra Y chromosome : fact or fantasy ? *American Psychologist* 28 : 674-682.

Jensen, A.R. 1969. How much can we boost IQ and scholastic achievement ? *Harvard Educational Review* 33 : 1-123.

Jensen, A.R. 1979. *Bias in mental testing*. New York : Free Press.

Jerison, J.J. 1973. *The evolution of the brain and intelligence*. New York : Academic Press.

Jouvencel, M. de. 1861. Discussion sur le cerveau. *Bulletins Société d'Anthropologie Paris* 2 : 464-474.

Kamin, L.J. 1974. *The science and politics of IQ*, Potomac, Md. : Lawrence Erlbaum Associates.

Kevles, D.J. 1968. Testing the army's intelligence : psychologists and the military in World War I. *Journal of American History* 55 : 565-581.

Kidd, B. 1898. *The control of the tropics*. New York : MacMillan, 101 pp.

Le Bon, G. 1879. Recherches anatomiques et mathématiques sur les lois des variations du volume du cerveau et sur leurs relations avec l'intelligence. *Revue d'Anthropologie* 2ᵉ série, t. 2 : pp. 27-104.

Linné, C. 1758. *Systema naturae*.

Lippmann, Walter. 1922. The Lippmann-Terman debate. In *The IQ controversy*, N.J. Block and G. Dworkin. New York : Pantheon Books, 1976, pp. 4-44.

Lomax, A. et Berkowitz, N. 1972. The evolutionary taxonomy of culture. *Science* 177 : 228-239.

Lombroso, C. 1887. *L'homme criminel*. Paris : F. Alcan, 682 pp.

Lombroso, C. 1895. Criminal anthropology applied to pedagogy. *Monist* 6 : 50-59.

Lombroso, C. 1896. Histoire des progrès de l'Anthropologie et de la Sociologie criminelles pendant les années 1895-1896. *Trav. 4ᵉ Cong. Int. d'Anthrop. Crim.* Genève, pp. 187-199.

Lombroso, C. 1899. *Le crime : causes et remèdes*. Paris : Schleicher, 583 pp.

Lombroso-Ferrero, G. 1911. Applications de la nouvelle école au nord de l'Amérique, *Bericht 7. Internationaler Kongress der Kriminalanthropologie*, pp. 130-137.

Lovejoy, A.O. 1936. *The great chain of being*. Cambridge, Ma : Harvard University Press.

Ludmerer, K.M. 1972. *Genetics and American society*. Baltimore, Md. : Johns Hopkins University Press.

Mall, F.P. 1909. On serveral anatomical characters of the human brain, said to vary according to race and sex, with especial reference to the weight of the frontal lobe. *American Journal of Anatomy* 9 : 1-32.

Manouvrier, L. 1903. Conclusions générales sur l'anthropologie des sexes et applications sociales. *Revue de l'École d'anthropologie* 1 : pp. 405-423.

Mark, V. et Ervin, F. 1970. *Violence and the brain*. New York : Harper and Row.

McKim, W.D. 1900. *Heredity and human progress*. New York : G.P. Putnam's Sons. 279 pp.

Medawar, P.B. 1977. Unnatural science. *New York Review of Books*, 3 February, pp. 13-18.

Meigs, C.D. 1851. *A memoir of Samuel George Morton, M.D.* Philadelphie : T.K. and P.G. Collins, 48 pp.

Montessori, M. 1913. *Pedagogical anthropology.* New York : F.A. Stokes Company, 508 pp.

Morton, S.G. 1839. *Crania Americana* or, a comparative view of the skulls of various aboriginal nations of North and South America. Philadelphie : John Pennington, 294 pp.

Morton, S.G. 1844. Observations on Egyptian ethnography, derived from anatomy, history, and the monuments. Cet article fut réimprimé séparément sous le titre de *Crania Aegyptiaca*, le titre ci-dessus devenant le sous-titre. *Transactions of the American Philosophical Society* 9 : 93-159.

Morton, S.G. 1847. Hybridity in animals, considered in reference to the question of the unity of the human species. *American Journal of Science* 3 : 39-50, et 203-212.

Morton, S.G. 1849. Observations on the size of the brain in various races and families of man. *Proceedings of the Academy of Natural Sciences Philadelphia* 4 : 221-224.

Morton, S.G. 1850. On the value of the word *species* in zoology. *Proceedings of the Academy of Natural Sciences Philadelphia* 5 : 81-82.

Morton, S.G. 1851. On the infrequency of mixed offspring between European and Australian races. *Proceedings of the Academy of Natural Sciences Philadelphia* 5 : 173-175.

Myrdal, G. 1944. *An American dilemma : the Negro problem and modern democracy.* New York : Harper and Brothers, 2 vols., 1483 pp.

Newby, I.A. 1969. *Challenge to the court. Social scientists and the defense of segregation, 1954-1966.* Baton Rouge : Louisiana State University Press, 381 pp.

Nisbet, R. 1980. *History of the idea of progress.* New York : Basic Books, 370 pp.

Nott, J.C. et Gliddon, G.R. 1854. *Types of Mankind.* Philadelphie : Lippincott, Grambo and Company.

Nott, J.C. et Gliddon, 1868. *Indigenous races of the earth.* Philadelphie : J.B. Lippincott.

Parmelee, M. 1918. *Criminology.* New York : MacMillan, 522 pp.

Pearl, R. 1905. Biometrical studies on man. I. Variation and correlation in brain weight. *Biometrika* 4 : 13-104.

Pearl, R. 1906. On the correlation between intelligence and the size of the head. *Journal of Comparative Neurology and Psychology* 16 : 189-199.

Pearl, R. et Fuller, W.N. 1905. Variation and correlation in the earthworm. *Biometrika* 4 : 213-229.

Popkin, R.H. 1974. The philosophical basis of modern racism. In *Philosophy and the civilizing arts*, sous la direction de C. Walton et J.P. Anton, pp. 126-165.

Provine, W.B. 1973. Geneticists and the biology of race crossing. *Science* 182 : 790-796.

Pyeritz, R., Schreier, H., Madansky, C., Miller, L. et Beckwith, J. 1977. The XYY male : the making of a myth. In *Biology as a social weapon*, pp. 86-100. Minneapolis : Burgess Publishing Co.

Schreider, E. 1966. Brain weight correlations calculated from original results of Paul Broca. *American Journal of Physical Anthropology* 25 : 153-158.

Serres, E. 1860. Principes d'embryogénie, de zoogénie et de tératogénie. *Mémoires de l'Académie des Sciences* 25 : 1-943.

Sinkler, G. 1972. *The racial attitudes of American presidents from Abraham Lincoln to Theodore Roosevelt*. New York : Doubleday Anchor Books, 500 pp.

Spearman, C. 1904. General intelligence objectively determined and measured. *American Journal of Psychology* 15 : 201-293.

Spearman, C. 1914. The heredity of abilities. *Eugenics Review* 6 : 219-237.

Spearman, C. 1914. The measurement of intelligence. *Eugenics Review* 6 : 312-313.

Spearman, C. 1923. *The nature of « intelligence » and the principles of cognition*. Londres : MacMillan, 358 pp.

Spearman, C. 1927. *Les aptitudes de l'homme. Leur nature et leur mesure*. Londres : MacMillan. Trad. française de la 2ᵉ édition (1932) par F. Brachet. Paris : Conservatoire National des Arts et Métiers, 1936, 351 pp.

Spearman, C. 1931. Our need of some science in place of the word « intelligence ». *Journal of Educational Psychology* 22 : 401-410.

Spearman, C. 1937. *Psychology down the ages*. Londres : MacMillan, 2 vols., 454 et 355 pp.

Spearman, C. 1939. Determination of factors. *British Journal of Psychology* 30 : 78-83.

Spearman, C. 1939. Thurstone's work re-worked. *Journal of Educational Psychology* 30 : 1-16.

Spearman, C. et Wynn Jones, Ll. 1950. *Human ability*. Londres : MacMillan, 198 pp.

Spencer, H. 1910. *Principes de sociologie*, trad. par M.E. Cazelles. 8ᵉ édition. Paris : Félix Alcan, 5 vol.

Spitzka, E.A. 1903. A study of the brain of the late Major J.W. Powell. *American Anthropology* 5 : 585-643.

Spitzka, E.A. 1907. A study of the brains of six eminent scientists and scholars belonging to the American Anthropometric Society, together with a description of the skull of Professor E.D. Cope. *Transactions of the American Philosophical Society* 21 : 175-308.

Stanton, W. 1960. *The leopard's spots : scientific attitudes towards race in America 1815-1859*. Chicago : University of Chicago Press, 245 pp.

Stocking, G. 1973. *From chronology to ethnology. James Cowles Prichard and British Anthropology 1800-1850*. Dans le fac-similé de l'édition de 1813 du livre de J.C. Prichard, *Researches into the physical history of man*. Chicago : University of Chicago Press, pp. IX-CXVII.

Strong, J. 1900. Expansion under new world-conditions. New York : Baker and Taylor, 310 pp.

Sully, James. 1895. Studies of childhood. XIV. The child as artist. *Popular Science* 48 : 385-395.

Taylor, I., Walton, P., et Young, J. 1973. *The new criminology : for a social theory of deviance*. Londres : Routledge and Kegan Paul, 325 pp.

Terman, L.M. 1906. Genius and stupidity. A study of some of the intellectual processes of seven « bright » and seven « stupid » boys. *Pedagogical Seminary* 13 : 307-373.

Terman, L.M. 1916. *The measurement of intelligence*. Boston : Houghton Mifflin, 362 pp.

Terman, L.M., et 12 autres. 1917. *The Stanford Revision extension of the Binet-Simon scale for measuring intelligence.* Baltimore : Warwick & York, 179 pp.

Terman, L.M. 1919. *The intelligence of school children.* Boston : Houghton Mifflin, 317 pp.

Terman, L.M. et 5 autres. 1923. *Intelligence tests and school reorganization.* Yonkers-on-Hudson, N.Y. : World Book Compagny, 111 pp.

Terman, L.M. et Merrill, Maud A. 1937. *Measuring intelligence. A guide to the administration of the new revised Stanford-Binet tests of intelligence.* Boston : Houghton Mifflin, 461 pp.

Thomson, G.H. 1939. *L'analyse factorielle des aptitudes humaines.* Londres : University of London Press. Trad. française (3ᵉ édit., 1948) par P. Naville. Paris : Presses Universitaires de France, 1950, 421 pp.

Thorndike, E.L. 1940. *Human nature and the social order.* New York : Mac-Millan, 1019 pp.

Thurstone, L.L. 1924. *The nature of intelligence.* Londres : Kegan Paul, Trench, Trubner and Company, 167 pp.

Thurstone, L.L. 1935. *The vectors of mind.* Chicago : University of Chicago Press, 266 pp.

Thurstone, L.L. 1938. *Primary mental abilities.* Chicago : University of Chicago Press, Psychometric Monographs 1, 121 pp.

Thurstone, L.L. 1940. Current issues in factor analysis. *Psychological Bulletin* 37 : 189-236.

Thurstone, L.L. 1946. Theories of intelligence. *Scientific Monthly*, February, pp. 101-112.

Thurstone, L.L. 1947. *Multiple factor analysis.* Chicago : University of Chicago Press, 535 pp.

Thurstone, L.L. 1950. The factorial description of temperament. *Science* 111 : 454-455.

Thurstone, L.L. 1955. Problèmes actuels et méthodes nouvelles en analyse factorielle. *L'analyse factorielle et ses applications.* Paris : CNRS, pp. 31-44.

Thurstone, L.L. et Thurstone, T.G. 1941. *Factorial studies of intelligence.* Chicago : University of Chicago Press, Psychometric Monographs 2, 94 pp.

Tobias, P.V. 1970. Brain-size, grey matter, and race-fact or fiction ? *American Journal of Physical Anthropology* 32 : 3-26.

Todd, T.W. et Lyon, D.W., Jr. et Lyon, D.W., Jr. 1924. Endocranial suture closure. Its progress and age relationship. Part 1. Adult males of white stock. *American Journal of Physical Anthropology* 7 : 325-384.

Todd, T.W. 1925a. Cranial suture closure. II. Ectocranial closure in adult males of white stock. *American Journal of Physical Anthropology* 8 : 23-40.

Todd, T.W. 1925b. Cranial suture closure. III. Endocranial closure in adult males of Negro stock. *American Journal of Physical Anthropology* 8 : 47-71.

Topinard, P. 1876. *L'anthropologie.* Paris : C. Reinwald, 574 pp.

Topinard, P. 1887. L'anthropologie criminelle. *Revue d'Anthropologie*, 3ᵉ série, vol. 2 : 658-691.

Topinard, P. 1888. Le poids de l'encéphale d'après les registres de Paul Broca. *Mémoires de la Société d'Anthropologie de Paris*, 2ᵉ série, vol. 3 : 1-41.

Toulmin, S. 1977. Back to nature. *New York Review of Books*, 9 juin, pp. 3-6.

Tuddenham, R.D. 1962. The nature and measurement of intelligence. In *Psychology in the making,* sous la direction de L. Postman, pp. 469-525. New York : Alfred A. Knopf.

Vogt, Carl. 1864. *Lectures on man* : Londres : Longman, Green, Longman et Roberts, 475 pp.

Voisin, F. 1843. *De l'idiotie chez les enfants*. Paris : J.-B. Ballière.

Washington, B.T. 1904. *Working with the hands*. New York : Doubleday, Page and Company, 246 pp.

Went, F.W., 1968. The size of man. *American Scientist* 56 : 400-413.

Weston, R.F. 1972. *Racism in US imperialism : the influence of racial assumptions on American foreign policy 1893-1946*. Columbia : University of South Carolina Press, 291 pp.

Wilson, E.O. 1978. *L'humaine nature : essai de sociobiologie*. Traduit par R. Bauchot. 1979. Paris : Stock, 317 pp.

Wilson, L.G. 1970. *Sir Charles Lyell's scientific journals on the species question*. New Haven : Yale University Press, 572 pp.

Wolfle, Dael. 1940. *Factor analysis to 1940*. Psychometric Monographs 3, Psychometric Society. Chicago : University of Chicago Press, 69 pp.

Yerkes, R.M. 1917a. The Binet version versus the point scale method of measuring intelligence. *Journal of Applied Psychology* 1 : 111-122.

Yerkes, R.M., 1917b. How may we discover the children who need special care. *Mental Hygiene* 1 : 252-259.

Yerkes, R.M. (sous la direction de). 1921. Psychological examining in the United States army. *Memoirs of the National Academy of Sciences*, vol. 15, 890 pp.

Yerkes, R.M. 1941. Man power and military effectiveness : the case for human engineering. *Journal of Consulting Psychology* 5 : 205-209.

Zimmern, H. 1898. Criminal anthropology in Italy. *Popular Science Monthly* 52 : 743-760.

Index

Table

CET OUVRAGE A ÉTÉ REPRODUIT
ET ACHEVÉ D'IMPRIMER
PAR L'IMPRIMERIE FLOCH À MAYENNE
EN AOÛT 1997

N° d'impression : 42062.
N° d'édition : 7381-0508-X.
Dépôt légal : août 1997.

Imprimé en France